W0261817

Der Verkauf elektrischer Arbeit

Zweite, umgearbeitete und vermehrte Auflage von
„Die Preisstellung beim Verkaufe
elektrischer Energie"

Von

Dr.-Ing. G. Siegel

Mit 27 Abbildungen

Springer-Verlag Berlin Heidelberg GmbH
1917

Copyright 1917 by Springer-Verlag Berlin Heidelberg
Ursprünglich erschienen bei Verlag von Julius Springer, Berlin 1917
Softcover reprint of the hardcover 2nd edition 1917

ISBN 978-3-642-90409-7   ISBN 978-3-642-92266-4 (eBook)
DOI 10.1007/978-3-642-92266-4

Vorwort.

Die erste Auflage dieses Buches erschien vor etwa 10 Jahren unter
dem Titel: „Die Preisstellung beim Verkaufe elektrischer Energie",
in der gleichen Gestalt, in der sie als Doktorarbeit der Technischen
Hochschule in Darmstadt vorgelegt wurde. Sie beruhte weniger auf
eigenen Erfahrungen als auf dem Studium der engeren und weiteren
Fachliteratur und der Statistik; gleichwohl fand sie in den Kreisen der
Fachgenossen Verbreitung und Anerkennung. Namentlich die in ihr
zum ersten Male auf wissenschaftlicher Grundlage erhobene Forderung,
bei der Preisgestaltung der Wertschätzung, die der Abnehmer der elektrischen Arbeit auf Grund seiner wirtschaftlichen Verhältnisse entgegenbringt, einen größeren Einfluß einzuräumen, fand Billigung und be-
gann sich in der Praxis durchzusetzen.

Inzwischen war es mir vergönnt, in der Verwaltung eines der größten
deutschen, mit dem Betrieb von Elektrizitätswerken beschäftigten Unternehmens tätig zu sein und die früher theoretisch entwickelten Grundsätze unter den verschiedensten Verhältnissen zur Durchführung zu
bringen. Dabei die Zustimmung weitblickender Männer zu finden, die
seit vielen Jahren an der Elektrizitätsversorgung Deutschlands füh-
renden Anteil nehmen, war mir eine besondere Genugtuung.

Die Frucht der bei dieser Tätigkeit selbst gesammelten und der
ständig beobachteten fremden Erfahrungen ist die vorliegende Arbeit.
Sie unterscheidet sich von der ersten Auflage hauptsächlich durch den
wesentlich erweiterten Inhalt; die Abschnitte über die Werbetätigkeit,
die Anwendungsgebiete der verschiedenen Tarife, die Tarife fremder
Länder, die allgemeinen Stromlieferungsbestimmungen und das Abrechnungswesen sind neu hinzugekommen. Auch machten die in der
Zwischenzeit gesammelten Erfahrungen und statistischen Ergebnisse
manche Umarbeitung und Ergänzung notwendig; die Grundlagen und
die Gliederung der ersten Auflage sind jedoch beibehalten. Einzelne
kürzere Abschnitte sind bereits an anderer Stelle veröffentlicht; einer
Anregung des Vereins für Sozialpolitik folgend, ließ ich im Jahre 1914
in den Schriften dieses Vereins eine Abhandlung über „Die Preisbewegung beim Verkaufe elektrischer Arbeit seit 1898" erscheinen, eine
Studie, in der die Grundlagen, die Geschichte der Tarifbildung und die
Durchschnittspreise elektrischer Arbeit behandelt sind. Zum Teil ist

der Inhalt dieser Arbeit unter Hinzufügung kritischer Würdigung der dort behandelten Methoden und Ergebnisse in das vorliegende Buch übernommen.

Bei der Beschaffung des Stoffes bin ich von zahlreichen Elektrizitätsunternehmungen des In- und Auslandes bereitwillig unterstützt worden; ihnen allen sage ich verbindlichen Dank, insbesondere der Elektricitäts-Lieferungs-Gesellschaft, Berlin, die mir in weitherziger Weise die Veröffentlichung wertvoller Erfahrungen gestattet hat. Bei der Abfassung des Abschnittes über die allgemeinen Stromlieferungsbestimmungen leistete mir Herr Rechtsanwalt Mihaltsek, Berlin, erwünschte Unterstützung, für die ich ihm auch an dieser Stelle meinen Dank ausspreche.

In seiner neuen Gestalt wendet sich das Buch an alle Kreise, die sich mit der Frage der öffentlichen Elektrizitätsversorgung beschäftigen, an die engeren und weiteren Fachgenossen, an Studierende und Volkswirtschaftler, an die Mitglieder gemeindlicher und staatlicher Behörden und Körperschaften, die zahlreiche wichtige Entscheidungen auf diesem Gebiete zu treffen haben, oft leider ohne genügend unterrichtet zu sein. Die Darstellung mußte daher vielfach weiter ausholen und manches dem Sachkenner Geläufige behandeln; dennoch dürfte sie auch ihm Neues bieten und ihn an mancherlei Zusammenhänge erinnern, die gerade der Fachmann aus Gewohnheit leichter übersieht.

Obwohl die gegenwärtige Zeit für die beschauliche Betrachtung wirtschaftlicher Probleme wenig geeignet erscheint, übergebe ich dennoch die nachfolgenden Ausführungen der Öffentlichkeit, einmal im Hinblick darauf, daß die Frage der Elektrizitätsversorgung in Deutschland trotz des Weltkrieges dauernd allgemeiner Aufmerksamkeit begegnet und weiter in der Hoffnung, daß sich aus meiner Arbeit manch nützliche Anregung ergeben möge, die unserer wirtschaftlichen Rüstung für die schwere Zeit nach dem Kriege zugute kommen könnte.

Berlin, Anfang 1917.

Inhaltsverzeichnis.

Zweites Buch:

Die Preisformen und Verkaufsbestimmungen.

Zahlentafeln.

Einleitung.

Die kulturelle und wirtschaftliche Bedeutung der Elektrizitätswerke.

Innerhalb weniger Jahre haben sich die öffentlichen Elektrizitätswerke, d. h. die Unternehmungen, die im Besitze von Privaten oder öffentlichen Körperschaften elektrische Arbeit der Allgemeinheit zum Verkaufe stellen, auf dem Gebiete der Kultur und der Volkswirtschaft eine beherrschende Stellung errungen. In kultureller Hinsicht sind alle die Fortschritte, die die Elektrizität überhaupt gebracht hat, in erster Linie den öffentlichen Elektrizitätswerken zu verdanken; denn ohne sie wäre es der Elektrizität nicht möglich gewesen, unser gesamtes häusliches, berufliches und öffentliches Leben so schnell und so tief zu durchdringen, daß wir ihre Hilfe fast auf keinem Gebiet menschlicher Betätigung mehr entbehren können.

Die elektrische Beleuchtung ist heute bei uns Gemeingut aller Volksklassen, auch der ärmeren, geworden. Ihre Einführung ist als ein Kulturfortschritt zu bewerten, da sie hinsichtlich gesundheitlicher Vorzüge, Feuersicherheit, Zweckmäßigkeit und Bequemlichkeit alle anderen künstlichen Lichtquellen übertrifft.

Die Anwendung des elektrischen Betriebes im Beförderungswesen hat zunächst innerhalb der Städte Erleichterung und Beschleunigung des Personenverkehrs mit sich gebracht und zahlreiche wohltätige Folgen, wie die Verbesserung der Wohnungsverhältnisse und die Begünstigung von Sport und Erholung, nach sich gezogen.

Die Heimarbeit hat der Elektromotor erleichtert, die Lage des Handwerks gehoben und seine Entwicklung zum Kleingewerbe begünstigt. Hierdurch ist nicht nur von vielen Angehörigen dieser Berufsstände die Gefahr des drohenden wirtschaftlichen Zusammenbruchs abgewendet, sondern ihnen auch eine bessere Lebenshaltung ermöglicht worden.

In der Landwirtschaft ist durch die Einführung des elektrischen
Betriebes die schon drückend empfundene Leutenot gemildert, und,
wie überhaupt bei den meisten Anwendungen der elektrischen Arbeit
zum Zwecke der Krafterzeugung, in weitem Umfang menschliche und
tierische Arbeitskraft durch mechanische ersetzt und für andere, höhere
Zwecke freigemacht worden.

In der Industrie schließlich begünstigt die Verwendung der Elektrizität, insbesondere, wenn öffentliche Elektrizitätswerke als Quelle
in Frage kommen, eine planvolle Zusammenfassung der Krafterzeugung, die, wie jede Ersparnis bei der Hervorbringung von Gütern, als
Kulturfortschritt zu bewerten ist.

Alle die genannten kulturellen Errungenschaften machen sich mittelbar auch in wirtschaftlicher Beziehung geltend; von größerer
Wichtigkeit jedoch ist die unmittelbare Einwirkung der Elektrizitätswerke auf unser Wirtschaftsleben. Ihre Bedeutung in dieser Hinsicht
beruht einmal auf ihrem Umsatz an Geld, Stoff und Arbeit, d. h. auf
ihrem Verbrauch an Gütern einerseits und ihren Erzeugnissen andererseits, und weiterhin auf ihrer engen Verkettung mit den übrigen Kreisen
der Volkswirtschaft. In dieser Hinsicht gibt es kaum ein anderes Arbeits-
gebiet, das so bedeutungsvolle Beziehungen aufzuweisen hat als die
öffentlichen Elektrizitätswerke. Zu ihrem Aufbau und Betrieb werden
die Märkte für Geld, Baustoffe, Metalle, Brennstoffe, Arbeitskräfte, in
umfangreichem Maße in Anspruch genommen, während ihr Erzeugnis,
die elektrische Arbeit, in unzähligen Adern dem Wirtschaftskörper
wieder zugeführt und dort in Ausübung zahlreicher wichtiger Funktionen
wieder verbraucht wird. In dieser Tatsache liegt es begründet, daß die
weit jüngere Industrie der Elektrizitätslieferung an wirtschaftlicher Bedeutung ihren älteren Schwestern nicht nur nicht nachsteht, sondern
sie zum Teil überflügelt hat, obwohl viele dieser älteren Industrien, z. B.
Bergbau, Eisenindustrie, Textilgewerbe und andere, größere Anlagewerte
vertreten, auch an Umsatz den Elektrizitätswerken weit überlegen
sind. Hierüber mögen die Angaben in Zahlentafel I einigen Aufschluß
geben.

Bei der Würdigung dieser Zahlen ist noch zu berücksichtigen, daß
die Entwicklungszeit der aufgeführten Wirtschaftszweige eine sehr
verschiedene ist. Während der Steinkohlenbergbau auf eine bis weit
ins Mittelalter reichende Geschichte, die Eisenbahnen und Gaswerke
auf eine fast hundertjährige Entwicklung zurückblicken können, beträgt der Zeitraum, in dem sich die Geschichte der Elektrizitätswerke
abgespielt hat, kaum 30 Jahre. Trotzdem lassen die Zahlen erkennen,
daß sich die Elektrizitätswerke neben die übrigen gewerblichen und
kaufmännischen Großbetriebe, neben die Verkehrs- und Wohlfahrts-
einrichtungen als wirtschaftliche Unternehmungen von allererster Be-

Zahlentafel I.

Anlagekosten und Leistungen verschiedener Wirtschaftsgebiete.

1	2	3	4	5	6	7	8	9	10
			Anlagekapital						Einkommen in Millionen ℳ
Art der Unternehmung	Berichtsjahr	Anzahl der Betriebe	im Ganzen in Millionen ℳ	pro Kopf der Bevölkerung in ℳ	Leistung	Einnahmen	Ausgaben	Zahl	
						in Millionen ℳ		der beschäftigten Personen	
Eisenbahnen[1] . .	1913	—	19 245	287	33 513	3556	2490	782 731	1237
Steinkohlenbergbau[2]	1913	350	4 400	66	190 109	2136	—	654 017	1095
Braunkohlenbergbau[3]	1913	465			87 233	192	—	58 958	80
Elektrizitätswerke öffentlich[4] . . .	1913	4040	2 200	33	2 800	420	200	28 000	51
Einzelanlagen[5] .	1913	—	3 000	45	10 000	—	350	20 000	30
Gesamt	1913	—	5 200	78	12 800		550	48 000	81
Gaswerke[6]	1913	1700	1 522	23	2 600	503 (385)	286	23 000	40
Wasserwerke[7] . .	1913	998	1 100	16	1 327	165	60	10 000	20

deutung gestellt haben. Diese Entwicklung ist nicht etwa bloß auf Deutschland beschränkt geblieben; wie die nachfolgende Aufstellung (Zahlentafel II) zeigt, ist sie auch in anderen Ländern zu verzeichnen.

Es sind also gewaltige Summen, nicht unbeträchtliche Teile des Nationalvermögens der verschiedenen Länder, in diesen Unternehmungen festgelegt und die Frage ihres Ertrags berührt die gesamte Volkswirtschaft weit über die Kreise der Unternehmer hinaus.

---

[1]) Nach St. J. D. R. (L 14), Leistung (Spalte 6) in Millionen Wagenachskilometern.

[2]) und [3]) nach St. J. D. R. (L 14), Anlagekapital (Spalte 4) nach Schätzung, Leistung (Spalte 6) in 1000 Tonnen.

[4]) Die Angaben sind der St. E. W. zum Teil entnommen, zum Teil auf Grund ihrer Angaben, sowie derjenigen der St. V. E. W. berechnet; zu Spalte 9 siehe auch Fasolt (L 68). Leistung (Spalte 6) in Millionen Kilowattstunden.

[5]) Auf Grund verschiedener Angaben Dettmars (L 66) berechnet. Leistung (Spalte 6) in Millionen Kilowattstunden.

[6]) Nach Greineder (L 59). Spalten 9 und 10 Schätzungen des Verfassers; Leistung (Spalte 6) in Millionen Kubikmeter.

[7]) Nach Angaben von Schaars „Kalender für das Gas- und Wasserfach 1914"; Spalten 7—10 Schätzungen des Verfassers; Leistung (Spalte 6) in Millionen Kubikmeter.

Zahlentafel II.

Zahl, Leistungsfähigkeit und Anlagekapital der Elektrizitätswerke verschiedener Länder.

1	2	3	4	5	6
Land	Berichts-jahr	Zahl	Leistungs-fähigkeit der Kraft-werke in 1000 KW	Anlage-kapital in Millionen ℳ	Quellenangabe
Deutschland . .	1895	148	38	100	St. E. W. (L 17) und St. V. E. W. (L 18)
	1900	652	230	400	
	1906	1338	723	1 400	
	1913	4040	2096	2 470	
Österreich . . .	1907	446	169	—	St. Österreich (L 19)
	1913	854	457	380	
Schweiz	1903	259	120	150	St. Schweiz (L 20)
	1907	607	200	206	
	1913	1000	434	367	
England	1894	30	32	89	St. Engl. Dir. (L 27)
	1899	100	113	238	
	1904	225	455	766	
	1909	290	795	1 156	
	1912	323	908	1 276	St. Engl. El. T. (L 29)
Nordamerika . .	1902	3620	1212	2 120	St. Amerika (L 31)
	1907	4712	2709	4 610	
	1912	5221	5134	10 500	
Dänemark . . .	1906	77	18	24,1	St. Dänemark (L 23)
	1909	194	43	48,3	
	1911	295	52	63,3	

Zu dieser Bedeutung konnten die Elektrizitätswerke erst nach einer gewissen Vervollkommnung der technischen Grundlagen gelangen. Erfindung und Erfahrung haben zusammengewirkt, um die technischen Schwierigkeiten so weit zu überwinden, daß heutzutage ein gesicherter Betrieb in technischer Hinsicht vollkommen gewährleistet ist. Was die wirtschaftliche Seite anbelangt, so konnte von einem Erfolg solange nicht die Rede sein, als sie sich noch im Zustand des Versuches befanden; obwohl man heute sagen darf, daß dieser seit einigen Jahren überwunden ist, kann das wirtschaftliche Ergebnis, namentlich in Hinsicht auf die Ausbreitung der elektrischen Arbeit, im allgemeinen noch immer nicht gleich günstig beurteilt werden wie der technische Erfolg; und doch ist diese Frage weitaus die wichtigere, da alle technischen Errungenschaften nur dann einen vollen Wert besitzen, wenn sie auch mit wirtschaftlichen Erfolgen verknüpft sind. Ein solcher Erfolg liegt aber nur dann vor, wenn einerseits auf seiten der Unternehmer durch Erzeugung bzw. Verkauf der elektrischen Arbeit, andererseits auf seiten der Verbraucher durch die Anwendung derselben irgendein Gewinn erzielt wird, der zwar nicht immer unmittelbar in günstigen wirtschaftlichen Ergebnissen seinen Ausdruck zu finden braucht, im allgemeinen jedoch mittelbar in einer oder der anderen Weise in einer Geldfrage seine Bewertung findet. Der Erfolg muß aber auf beiden Seiten irgendwie vorhanden sein, und zwar unter möglichster Ausnutzung der aufgewendeten Mittel. Da beide, Unternehmer sowohl wie Verbraucher, die Glieder eines Körpers sind, so kann von einem wirklichen Gewinn nur dann gesprochen werden, wenn beiden gleichzeitig genutzt wird. Es folgt also, daß die Elektrizitätswerke als wirtschaftliche Unternehmungen die Aufgabe haben müssen, möglichst viel wirtschaftliche Vorteile für sich und für die Verbraucher zu erzielen. Dieser Satz sei an die Spitze der ganzen folgenden Erörterungen gestellt.

Unter der Voraussetzung, daß die Anlagen allen Forderungen entsprechen, die hinsichtlich der Zweckmäßigkeit des Baues und des Betriebes gestellt werden können, daß ferner der Betrieb selbst in zweckentsprechender Weise geführt wird, ist sowohl der Ertrag der Elektrizitätswerke als auch der Nutzen der elektrischen Arbeit für den Verbraucher hauptsächlich von der Frage abhängig, wie sich der Verkauf der elektrischen Arbeit gestaltet. Ein Verkauf zwischen zwei Parteien kommt zustande, wenn auf der einen Seite, bei dem Käufer, der Wunsch vorhanden ist, irgendein Gut gegen Hingabe eines anderen zu erwerben und auf der anderen Seite, bei dem Verkäufer, der Wille besteht, jenes Gut gegen irgendeine Gegengabe abzutreten. Die Gesamtheit aller Umstände, die diesen Wunsch auf seiten des Käufers beeinflussen, bedingen die „Nachfrage" und auf seiten des Verkäufers das „Angebot". Das Angebot sowohl wie die Nachfrage werden bedingt durch die „Wertschätzung", die Käufer wie Verkäufer dem zu tauschenden Gute entgegenbringen. Die Wertschätzung selbst ist das Gefühl oder die Überzeugung, daß irgendein Gut, eine Handlung für die Befriedigung eines wirtschaftlichen oder kulturellen Bedürfnisses dienlich sei. Ihren Ausdruck findet die Wertschätzung sowohl beim Käufer als auch beim Verkäufer in dem geforderten bzw. gezahlten Preis der Ware.

Ein Verkauf kommt um so leichter zustande, je mehr der Preis der Wertschätzung sowohl des Käufers wie des Verkäufers angepaßt wird. Gerade in diesem Punkt aber läßt die Preisstellung der Elektrizitätswerke noch immer sehr viel zu wünschen übrig. Prüft man die Erörterungen über diesen Gegenstand, die in der Fachliteratur einen außerordentlich breiten Raum einnehmen, so begegnet man allzu häufig großer Einseitigkeit; in vielen Fällen wird irgendeinem unwichtigen Umstand weitgehend Rechnung getragen, vor allen Dingen aber wird immer noch die Rücksicht auf die Erzeugung der elektrischen Arbeit nicht bloß in den Vordergrund gestellt, sondern vielfach noch für die einzig maßgebende erklärt. Daß bei der Befolgung dieses Grundsatzes einige Unternehmungen gute Ergebnisse aufweisen, ist keineswegs ein Beweis für die Richtigkeit dieses Verfahrens, denn einmal zeigt die Erfahrung, daß auf diesem Wege ein dauernder Erfolg nicht erzielt werden kann und ferner lehrt eine einfache Überlegung, daß bei wirtschaftlichen Unternehmungen schließlich der am besten fährt, der zugleich den Vorteil der anderen Partei wahrt. Darin liegt die Forderung begründet, daß in der Preisstellung nicht bloß die Interessen der Erzeugung, sondern auch die des Verbrauches Berücksichtigung finden müssen, mit anderen Worten, es muß auch beim Verkauf der elektrischen Arbeit der erste und wichtigste Grundsatz der Preisbildung wie folgt lauten: „Der Preis muß durch Angebot und Nachfrage bestimmt werden".

Die Aufgabe der Preisstellung ist daher folgende:

Es sind sämtliche Umstände technischer und wirtschaftlicher Art zu prüfen, die einerseits auf den Verbrauch, andererseits auf die Erzeugung der elektrischen Arbeit Einfluß ausüben. Die Preisstellung ist dann so zu gestalten, daß diese Umstände je nach Möglichkeit und Wichtigkeit Berücksichtigung finden.

Nach dem Vorausgehenden beruht jeder Preis auf einer Summe von Wertschätzungen; in diesen sind demnach die Grundlagen der Preisbildung zu suchen. Im folgenden wird also zunächst festzustellen sein, welche Umstände die Wertschätzung auf beiden Seiten, d. h. die Nachfrage und das Angebot, zu beeinflussen vermögen. In zweiter Linie ist dann zu untersuchen, in welchem Umfang dies geschieht, d. h. wie weit dieser Einfluß zahlenmäßig ausgedrückt werden kann. Von dieser Feststellung wird es abhängen, ob diese Umstände als Grundlage der Preisstellung brauchbar sind. An Hand der so erhaltenen Ergebnisse wird es möglich sein, die Vor- und Nachteile der jetzt bestehenden Preisformen zu erkennen und die allgemeinen Richtlinien anzugeben, die bei der Aufstellung von Preisformen einzuhalten sind.

Bei dem Verkauf der elektrischen Arbeit ist außer auf die Preisstellung aber noch auf anderes Gewicht zu legen. Wie bei fast jeder Verkaufstätigkeit, so sind auch bei dem Verkauf der elektrischen Arbeit zahlreiche Hemmungen, die ihrer Verwendung entgegenstehen, zu beseitigen. Dies geschieht einmal durch eine entsprechend ausgestaltete Werbetätigkeit, die man als eine Beeinflussung der Nachfrage bezeichnen kann, sodann durch andere Erleichterungen bei dem Verbrauch. Es treten ferner einmal infolge davon, daß die elektrische Arbeit unsichtbar ist, daß ferner der Verbraucher durch die Zuführungswege der elektrischen Arbeit in ständiger Verbindung mit dem Elektrizitätswerk steht, daß schließlich eine einzige Erzeugungsstätte mit einer sehr großen Anzahl einzelner Abnehmer zu rechnen hat, gewisse Schwierigkeiten im Verkehr zwischen Verkäufer und Verbraucher auf, die durch besondere Bestimmungen nach Möglichkeit eingeschränkt werden müssen. Diese Bestimmungen sind ebenfalls von nicht geringer Wichtigkeit bei dem Verkaufe elektrischer Arbeit; sie werden demgemäß in die folgenden Darlegungen mit einbezogen werden.

Schließlich ist durch den schon erwähnten Umstand, daß ein einziger Verkäufer, das Elektrizitätswerk, einer sehr großen Zahl von Abnehmern gegenübersteht, noch eine besondere Schwierigkeit zu überwinden, nämlich die zweckmäßige Erhebung der von dem Verbraucher zu entrichtenden Geldsummen. Die Verschiedenheit der Verhältnisse hat auch auf diesem Gebiete zahlreiche Ausführungsarten gezeitigt, die in dem Rahmen dieser Arbeit erörtert werden sollen.

Bei der Bearbeitung dieses umfangreichen Gebietes ergab sich die Notwendigkeit, die Darlegungen auf das Wesentliche zu beschränken und manche Einzelheiten und Vorschläge, die in den Fachzeitschriften ausführlich erörtert worden sind, nur anzudeuten oder bei geringerer Wichtigkeit ganz zu übergehen; in letzterem Falle sind sie im Literaturverzeichnis erwähnt.

Erstes Buch

Die Verkaufsgrundlagen

Erster Teil.

Die Nachfrage nach elektrischer Arbeit.

I. Die Wertschätzung als Grundlage der Nachfrage.

Dem raschen Wachstum der Anzahl und Größe der Elektrizitätswerke liegt das stets steigende Verlangen nach elektrischer Arbeit zugrunde. Nun ist die Elektrizität als unmittelbares Erzeugnis der Elektrizitätswerke, als Gegenwert für die Aufwendung von Geld, Stoff und Arbeit zwar an und für sich ein wirtschaftliches Gut; Gegenstand wirtschaftlicher Bedürfnisse wird sie aber erst durch ihre Eigenschaften, die sie wirtschaftlich wertvoll machen, nämlich durch ihre Fähigkeiten, Licht zu spenden, mechanische Arbeit zu leisten, Wärme zu erzeugen und chemische Vorgänge herbeizuführen. Die Verwendung des elektrischen Stromes im Nachrichtendienst hier zu nennen erübrigt sich, weil elektrische Arbeit zu diesem Zweck von den Elektrizitätswerken nur in ganz beschränktem Umfang und in seltenen Fällen abgegeben wird.

Diese Eigenschaften des elektrischen Stromes werden nutzbar gemacht, um folgende wirtschaftliche Bedürfnisse zu befriedigen: erstens die Forderung nach künstlicher Beleuchtung, das Lichtbedürfnis, zweitens das Verlangen nach mechanischer Arbeitskraft, das Kraftbedürfnis, weiter die Notwendigkeit künstlicher Erzeugung höherer Temperaturen, das Wärmebedürfnis und schließlich das Bedürfnis nach elektrochemischer Arbeitsleistung.

Die Bedürfnisse, zu deren Befriedigung ein und derselbe Strom von genau gleicher Erzeugung verwendet werden kann, sind hinsichtlich ihrer Eigenart und der Einflüsse, die bei ihnen in Frage kommen, so durchaus verschieden, daß es zweckmäßig ist, ihre fernere Betrachtung zunächst zu trennen.

A. Die Wertschätzung der elektrischen Beleuchtung.

1. Das Lichtbedürfnis und seine Ursachen.

Ein Blick in die Geschichte der Beleuchtungstechnik zeigt, daß das Lichtbedürfnis mit dem Beginn der Kultur bereits vorhanden war. Die Scheu vor der Dunkelheit, die Furcht vor Gefahren, vor wilden

Tieren und feindlichen Menschen ließ in dem Lagerfeuer die erste künstliche Beleuchtung erstehen. Herdfeuer, Kienspan, Fackel, Öllampe, Talglicht, Petroleum-, Gas- und schließlich elektrische Beleuchtung sind dann in aufsteigender Linie die Folge des wachsenden Lichtbedürfnisses, die Stufen der fortschreitenden Beleuchtungstechnik.

Zu der Furcht vor Gefahren, jener ersten Ursache künstlicher Beleuchtung, ist noch eine große Anzahl anderer Umstände getreten, die das Lichtbedürfnis vergrößerten. Manche Gewerbe bedürfen schon zu ihrer Ausübung Tag und Nacht, wie die Verkehrseinrichtungen, die Hüttenwerke, die Brauereien usw. Auch die übrige Erwerbstätigkeit ist in unseren Tagen des schärfsten Wettbewerbes so gesteigert, daß in den meisten Fällen die Stunden des Tageslichts zu ihrer Ausübung nicht mehr ausreichen; unter dem Druck dieser Verhältnisse ist Unterhaltung und Zerstreuung, ist fast das gesamte gesellschaftliche Leben in die Abendstunden verlegt. Die steigenden Bodenpreise in Land und Stadt drängen ferner auf eine größere Ausnutzung der Grundfläche, so daß namentlich in den Städten zahlreiche Räume entstanden sind, deren Beleuchtung auf künstlichem Wege ergänzt, wenn nicht überhaupt erst geschaffen werden muß. Der gesteigerte Wettbewerb ist weiter dazu übergegangen, auch die künstliche Beleuchtung in umfangreichem Maße in seine Dienste zu stellen. Eine bedeutsame Rolle spielen schließlich die geographischen und klimatischen Verhältnisse, kurz, das Beleuchtungsbedürfnis hat an Umfang außerordentliche Maße angenommen. Aber auch seine Stärke ist gewachsen; der Wettbewerb der einzelnen Beleuchtungsarten hat die Bedürfnisse des Publikums überall gesteigert, das Luxusbedürfnis nimmt zu, gesundheitliche Gesichtspunkte heischen fort und fort Verbesserungen; so ist es denn nicht zu verwundern, daß das Lichtbedürfnis in unseren Tagen eine gewaltige Höhe erreicht hat. Über die fortgesetzte Steigerung geben nachfolgende Zahlentafeln einigen Aufschluß.

Aus dieser Zahlentafel geht die bemerkenswerte Tatsache hervor, daß das Lichtbedürfnis, wenn man einmal die pro Kopf abgegebenen Kerzenstunden als Maßstab annimmt, im Zeitraum von etwa 25 Jahren um das 12fache angewachsen ist; dabei ist nicht berücksichtigt, daß auch noch durch andere künstliche Lichtquellen, wie Spiritus-Glühlicht, Azetylen und andere, nicht unbeträchtliche Lichtmengen erzeugt werden. Die Werte der Zahlentafel III sind in Abb. 1 zeichnerisch dargestellt; die Schaulinien lassen nicht nur die im Laufe der Jahre eingetretenen Verbrauchsveränderungen, sondern auch den Einfluß technischer Verbesserungen deutlich erkennen. So steigt die Schaulinie der für elektrische Beleuchtung auf den Kopf abgegebenen Kerzenstunden schneller an als der Verbrauch an Kilowattstunden, eine Folge der fortwährenden Verminderung des Wattverbrauchs der Lam-

Zahlentafel III.

Steigerung des Lichtbedürfnisses in Deutschland. Verbrauch für Beleuchtung.

1	2	3	4	5	6	7	8	9	10	11	12
Jahr	Einwohnerzahl Deutschlands in Millionen	Verbrauch an Beleuchtungselektrizität			Leuchtgasverbrauch			Petroleumverbrauch			Gesamtsumme der Kerzenstunden pro Kopf
		im ganzen Millionen Kwstd.[1]	Kwstd. pro Kopf	Kerzenstunden pro Kopf[2]	im ganzen Millionen cbm[3]	cbm pro Kopf	Kerzenstunden pro Kopf[4]	im ganzen in 1000 t[5]	Liter pro Kopf	Kerzenstunden pro Kopf[6]	
1891	49,76	20	0,4	160	450	9,05	900	455	9,15	1830	2 890
1900	56,00	200	3,6	1 440	770	13,7	4 600	580	10,3	2950	8 990
1906	61,15	400	6,6	3 300	1070	17,5	11 700	626	10,2	2920	17 920
1911	65,36	600	9,2	6 120	1100	16,9	16 900	730	11,3	3540	26,560
1913	66,84	750	11,2	11 200	1100	16,5	18 300	700	10,5	3500	33 000

pen. Ebenso weist die Schaulinie der Gaskerzenstunden infolge der Verbreitung des Auerlichts und des Preßgases eine stetige Steigerung auf, obwohl der Gasverbrauch in Kubikmeter pro Kopf zurückgeht.

Die in der Zahlentafel III berechneten Zahlen geben insofern ein unvollkommenes Bild über den tatsächlichen Bedarf an künstlicher Beleuchtung als sie Durchschnittszahlen darstellen, d. h. für einzelne Gebiete zu hohe, für andere zu niedrige Werte angeben, da namentlich Gas und elektrische Beleuchtung ungleich über das Gesamtgebiet verteilt sind. Ein genaueres Bild erhält man, wenn man entsprechende Zahlen für einzelne Städte berechnet, was in der nachfolgenden Zahlentafel IV geschehen ist.

---

[1]) Gesamtsummen der von öffentlichen Werken und Einzelanlagen für Beleuchtung abgegebenen Arbeitsmengen, berechnet nach der St. E. W., sowie nach Angaben Dettmars (L 66).

[2]) Es ist angenommen, daß zur Erzeugung einer Kerzenstunde 1891 und 1900 je 2,5 Wattstunden pro Normalkerze, 1906: 2, 1911: 1,5, 1913: 1 Wattstunde erforderlich waren.

[3]) Berechnet auf Grund der von Greineder (L 59) gemachten Angaben, sowie der aus St. J. D. St. (L 15) und St. Gas (L 32) sich ergebenden Verhältniszahlen.

[4]) Es ist angenommen, daß zur Erzeugung einer Kerzenstunde notwendig waren: im Jahre 1891 10 Liter, 1900 3 Liter, 1906 1,5 Liter, 1911 1,0 Liter, 1913 0,9 Liter.

[5]) Berechnet nach St. J. D. R. (L 14).

[6]) Es ist angenommen, daß erforderlich waren:

im Jahre 1891   5   Gramm pro Kerzenstunde,
,,   ,,   1900   3,5   ,,   ,,   ,,
,,   ,,   1906   3,5   ,,   ,,   ,,
,,   ,,   1911   3,2   ,,   ,,   ,,
,,   ,,   1913   3,0   ,,   ,,   ,,

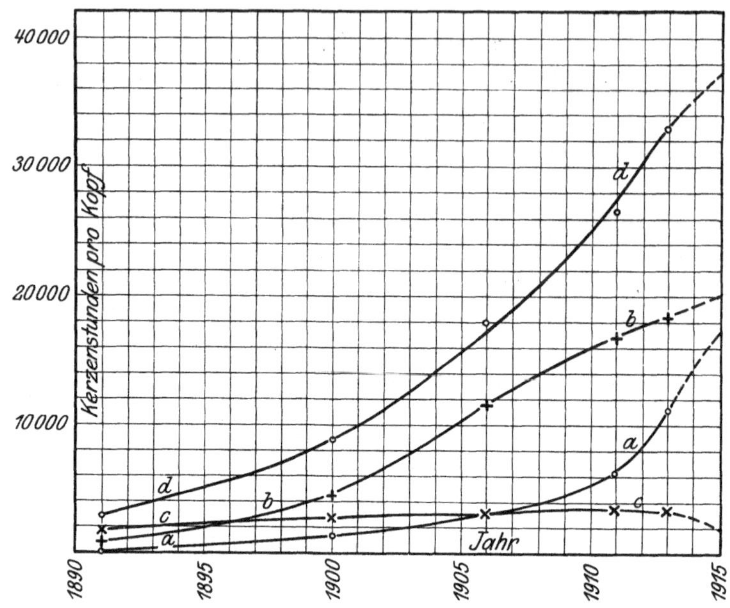

Abb. 1. Steigerung des Lichtbedürfnisses in Deutschland.

a—a Elektrizität (Kerzenstd. pro Kopf)   c—c Petroleum (Kerzenstd. pro Kopf)
b—b Gas (Kerzenstd. pro Kopf)   d—d Summe der Kerzenstd. pro Kopf.

Zahlentafel IV.
Anwachsen des Lichtbedürfnisses in einzelnen Städten.

1	2	3	4	5	6	7	8	9	10
Stadt	Jahr	Einwohnerzahl des Gasversorgungsgebietes in 1000	Leuchtgasverbrauch im ganzen in 1000 cbm	Leuchtgasverbrauch Kerzenstunden pro Kopf	Einwohnerzahl des mit Elektrizität versorgten Gebietes in 1000	Verbrauch an Beleuchtungselektrizität im ganzen in 1000 Kwstd.	Verbrauch an Beleuchtungselektrizität Kerzenstunden pro Kopf	Summe der Kerzenstunden	Zunahme in %
Breslau .	1898	405,1	10 630	10 500	396,0	803,4	800	11 300	
	1902	435,3	13 400	17 100	430,0	1184,0	1 100	18 200	370
	1907	488,3	19 549	26 600	484,0	2542,0	2 600	29 200	
	1912	533,0	23 000	43 200	548,0	5429,0	9 900	53 100	
Chemnitz	1898	176,5	8 350	18 900	176,0	306,2	600	19 500	
	1902	212,5	8 350	21 800	208,0	579,0	1 100	22 900	110
	1907	285,2	10 384	24 300	268,0	1722,0	3 200	27 500	
	1912	317,0	9 454	29 800	359,0	4062,0	11 300	41 000	
Halle . .	1898	127,4	4 810	15 100	—	—	—	15 100	
	1902	165,1	5 360	18 000	—	—	—	18 000	249
	1907	176,1	6 391	24 200	174,0	1689,0	4 800	29 000	
	1912	187,0	6 551	35 000	190,0	3367,0	17 700	52 700	

1	2	3	4	5	6	7	8	9	10
			Leuchtgas-verbrauch			Verbrauch an Beleuchtungs-elektrizität			
Stadt	Jahr	Einwohnerzahl des Gasversorgungs-gebietes in 1000	im ganzen in 1000 cbm	Kerzenstun-den pro Kopf	Einwohnerzahl des mit Elektrizität versorgten Gebietes in 1000	im ganzen in 1000 Kwstd.	Kerzenstun-den pro Kopf	Summe der Kerzen-stunden	Zu-nahme in %
Königs-berg	1898	181,5	4 440	9 800	181,0	414,0	900	10 700	
	1902	192,3	5 690	16 400	189,0	634,0	1 300	17 700	306
	1907	231,3	7 994	23 100	199,0	1321,0	3 300	26 400	
	1912	256,0	7 596	29 600	256,0	3530,0	13 800	43 400	
Magde-burg	1898	224,8	6 720	11 900	225,0	450,0	800	12 700	
	1902	228,6	5 250	12 700	230,0	925,0	1 600	14 300	209
	1907	253,6	8 991	22 600	246,0	2013,0	4 000	26 600	
	1912	269,0	8 571	31 900	593,0	4405,0	7 400	39 300	
Leipzig	1898	434,0	15 970	14 700	434,0	719,6	600	15 300	
	1902	479,5	19 000	22 100	475,0	1088,0	800	22 900	263
	1907	523,0	25 110	32 000	523,0	1914,0	1 800	33 800	
	1912	630,0	31 835	50 600	611,0	3000,0	4 900	55 500	
München	1898	454,0	10 320	9 000	407,0	1412,0	1 300	10 300	
	1902	512,0	10 130	11 000	512,0	3459,0	2 600	13 600	274
	1907	552,0	12 979	15 600	556,0	5556,0	5 000	20 600	
	1912	615,0	14 484	23 500	619,0	9258,0	15 000	38 500	
Nürnberg	1898	196,6	7 100	14 400	193,5	1159,0	2 400	16 800	
	1902	269,0	8 750	18 000	268,0	1511,0	2 200	20 200	226
	1907	300,0	12 114	26 900	312,0	2104,0	3 400	30 300	
	1912	354,0	16 208	45 800	353,0	3125,0	8 900	54 700	
Plauen	1898	61,0	2 380	15 600	60,0	108,2	700	16 300	
	1902	83,9	3 370	22 300	80,0	282,0	1 400	23 700	221
	1907	113,0	4 972	29 300	112,0	571,0	2 500	31 800	
	1912	126,0	5 694	45 200	157,0	1139,0	7 200	52 400	
Würzburg	1898	72,4	1 680	9 300	—	—	—	9 300	
	1902	78,8	1 980	13 900	78,0	195,0	1 000	14 900	273
	1907	83,5	2 280	18 200	84,0	330,0	2 000	20 200	
	1912	87,0	2 720	31 300	86,0	470,0	5 400	36 700	
Zwickau	1898	53,5	2 200	16 400	52,0	182,4	1 400	17 800	
	1902	58,3	2 590	24 700	56,0	183,0	1 300	26 000	178
	1907	76,0	3 132	27 500	70,0	286,0	2 000	29 500	
	1912	81,0	34 92	43 100	75,0	476,0	6 400	49 500	

Bemerkung: Die Verbrauchszahlen sind zum Teil dem St. J. D. St. (L 15), St. Gas. (L 32) und der St. V. E. W. (L 18) entnommen. Die Kerzenstunden sind unter Zugrundelegung der in den Fußnoten 2 und 4 Seite 13 genannten Verbrauchsziffern berechnet.

Obwohl in den Zahlen der Tafel IV der Verbrauch an Petroleum und anderen Lichtquellen nicht berücksichtigt ist, ergibt sich doch, daß das Lichtbedürfnis in den Städten noch wesentlich größer ist als in den Durchschnittszahlen für Deutschland zum Ausdruck kommt.

Wie bereits erwähnt, liegen dem Lichtbedürfnis sehr verschiedene Ursachen zugrunde. Diese Ursachen sind selbst wieder Bedürfnisse mannigfacher Art und lassen sich etwa in drei große Gruppen zusammenfassen: Selbsterhaltungstrieb, Erwerbstrieb und Luxusbedürfnis. Der Selbsterhaltungstrieb liegt der Furcht vor Gefahren zugrunde; als Ursache des Lichtbedürfnisses ist er heutzutage wohl eben so stark wie früher, tritt aber dennoch in den Hintergrund, weil die beiden anderen Ursachen in viel stärkerem Maße das heutige Bedürfnis hervorgerufen haben, und zwar sowohl was die Ausbreitung als auch die Stärke der Beleuchtung betrifft; er ist somit für diese beiden nicht bestimmend und kommt nur dort in Frage, wo er allein oder überwiegend auftritt. Dies ist in gewissem Maße z. B. bei der öffentlichen Beleuchtung der Fall, die sich nach der gesamten Sicherheit des öffentlichen Verkehrs richtet, ferner bei der Treppenbeleuchtung, die aus Sicherheitsgründen an vielen Orten behördlicherseits vorgeschrieben wird.

In den weitaus meisten Fällen aber ist das Lichtbedürfnis durch die beiden anderen Ursachen, den Erwerbstrieb und das Luxusbedürfnis, bestimmt. Unter dem „Erwerbstrieb" sei in der vorliegenden Untersuchung die Summe aller derjenigen Bedürfnisse verstanden, die den Menschen zwingen, eine berufliche Tätigkeit auszuüben; als dem „Luxusbedürfnis" entspringend wird weiterhin jede Beleuchtung bezeichnet werden, die nicht zu beruflicher Tätigkeit nötig ist. — Zu der ersten Gruppe wird also im folgenden die Beleuchtung sämtlicher Arbeitsstätten (Verkehrseinrichtungen, Krankenhäuser, Schulen, Fabriken, Werkstätten, Läden, Bureaus usw.), sowie die Beleuchtung zu Werbezwecken gerechnet, zu der zweiten im allgemeinen nur die Beleuchtung der Privatwohnungen und ihres Zubehörs. Eine strenge Trennung beider ist zwar oft recht schwierig und in manchen Fällen undurchführbar, denn gewerbliche Tätigkeit und häusliches Leben sind vielfach heutzutage untrennbar verbunden, so bei vielen geistigen Berufen, ferner bei der Landbevölkerung und bei den kleinen Gewerbetreibenden. Meist aber wird sich die oben angeführte Teilung ohne weiteres durchführen lassen, und dies ist von ganz besonderer Wichtigkeit, weil von den dem Lichtbedürfnis zugrunde liegenden Ursachen der Hauptfaktor der Nachfrage, die Wertschätzung der Beleuchtung, abhängt.

Diese Feststellungen gelten von jeder Beleuchtung, gleichgültig, ob es sich um Petroleum-, Gas- oder elektrische Beleuchtung handelt; die folgenden Erörterungen werden also zunächst ganz allgemeine

Geltung haben. Bei der elektrischen Beleuchtung treten dann noch eine Anzahl besonderer Umstände hinzu, welche geeignet sind, die Wertschätzung sehr wesentlich zu beeinflussen.

2. Die Wertschätzung der Beleuchtung im allgemeinen.

Je nachdem es sich um „Sicherheits-“, „Erwerbs-“ oder „Wohnungsbeleuchtung“ handelt, wie im folgenden die drei Hauptgruppen genannt werden sollen, wird die Wertschätzung eine verschiedene sein, weil jeder von ihnen Bedürfnisse verschiedener Art und Stärke zugrunde liegen.

Daneben beeinflußt aber noch eine große Anzahl verschiedener Umstände die Wertschätzung. Schon die Tatsache, daß letztere einem Gefühl entspringt, weist darauf hin, daß die persönlichen Eigenschaften der Verbraucher eine bedeutsame Rolle spielen: Geiz und Verschwendungssucht, Protzerei und Sparsamkeit, Eitelkeit, Neid, Nachahmungssucht mögen in einzelnen Fällen die Wertschätzung der Beleuchtung wesentlich verändern. Es kann sich aber hierbei nur um Ausnahmefälle oder um untergeordnete Erscheinungen handeln, bei denen die genannten Eigenschaften wohl hervortreten, niemals aber allein bestimmend sind, sondern sich den hauptsächlich der Wertschätzung zugrunde liegenden Ursachen gewissermaßen hinzuzählen oder abziehen, so daß doch die allgemeinen Ursachen ihre volle Gültigkeit behaupten. Da der Einfluß dieser persönlichen Eigenschaften in jedem besonderen Falle ein anderer ist, muß davon abgesehen werden, hierüber weitere Erörterungen anzustellen; es kann lediglich darauf hingewiesen werden, daß sie unter sonst gleichen Ursachen bewirken, daß sich die Wertschätzung in verschieden hohem Grade äußert.

In allen Fällen ist für die zum Ausdruck kommende Wertschätzung eine Grenze vorhanden, denn, wenn das für die Bereitstellung der Beleuchtung zu bringende Opfer, im allgemeinen also der für die Beleuchtung zu zahlende Preis, eine gewisse Höhe erreicht hat, unterbleibt die Beleuchtung oder wird eingeschränkt. Dieser höchste Preis ist somit der Ausdruck der Grenze der Wertschätzung. Je nach der Stärke der Bedürfnisse wird jeder hierfür den Teil seines Einkommens verwenden, der ihm nach Abzug aller der Ausgaben übrig bleibt, die zur Befriedigung wichtigerer Bedürfnisse nötig sind. Die Höhe aller dieser Ausgaben ist begrenzt durch die wirtschaftliche Leistungsfähigkeit des Verbrauchers, und somit stellt diese die Grenze der Wertschätzung dar.

a) Die Sicherheitsbeleuchtung.

Durch die Sicherheitsbeleuchtung sollen Gefahren für Leben, Gesundheit und Eigentum vermieden werden; ihre Wertschätzung wird daher in vielen Fällen eine sehr hohe sein, erforderlichenfalls bis zur Grenze der Leistungsfähigkeit gehen. Es ist jedoch zu berücksichtigen, daß hierbei häufig die Stärke der Beleuchtung — von Ausnahmen abgesehen, wie z. B. bei Verteidigungszwecken — zunächst eine untergeordnete Rolle spielt. Dies geht z. B. schon daraus hervor, daß in kleinen Orten die Straßenbeleuchtung bei Mondschein außer Betrieb gesetzt wird, daß ferner die behördlichen Vorschriften die Beleuchtung von Treppen in ganz geringem Umfang vorsehen. Erst nachdem die der Erwerbs- und Wohnungsbeleuchtung zugrunde liegenden Ursachen eine so gewaltige Steigerung des Lichtbedürfnisses herbeigeführt haben, sind auch die Ansprüche an die Stärke der Sicherheitsbeleuchtung gewachsen, so daß ihre Wertschätzung durch den Vergleich mit diesen anderen Beleuchtungsgebieten wesentlich beeinflußt ist, d. h. der Grad der Wertschätzung der Sicherheitsbeleuchtung ist vielfach durch den Erwerbstrieb und das Luxusbedürfnis mit bestimmt. Dies ist z. B. in ganz besonderem Maße bei der Beleuchtung der Hauptgeschäftsstraßen in Großstädten oder bei den Treppenhäusern vornehmer Mietswohnungen der Fall.

b) Die Erwerbsbeleuchtung.

Die Wertschätzung der Erwerbsbeleuchtung muß eine höhere sein als die der Wohnungsbeleuchtung, denn letztere beruht auf dem Luxusbedürfnis und ein solches kann im allgemeinen erst befriedigt werden, wenn die berufliche Tätigkeit mit Erfolg ausgeübt ist; zu dieser ist aber Beleuchtung notwendig. Die gewinnbringende Tätigkeit würde ohne Beleuchtung um vieles verkürzt, die gesamte Zeit der Dunkelheit wäre für die Ausübung des Berufes verloren, viele Gewerbe müßten ihre Tätigkeit ganz einstellen, die Abend- und Nachtarbeit in den Fabriken müßte unterbleiben, der Hauptverkehr in den Läden während der Abendstunden käme in Wegfall, die Bureaus müßten ihr Personal verdoppeln — kurz, der Mangel an Beleuchtung würde einen großen Schaden für alle Gewerbetreibenden bedeuten. Dieser Tatsache muß die Wertschätzung der Beleuchtung entsprechen; sie wird offenbar im Grenzfall so hoch sein, als dem Gewinn entspricht, den die Tätigkeit bei Beleuchtung bringen kann. So wird z. B. in einem Ladengeschäft der Kaufmann seine Ausgaben für Beleuchtung im äußersten Falle so hoch bemessen, daß sie noch durch den Gewinn der bei Licht verkauften Waren mindestens erreicht werden. Die Wertschätzung der Beleuchtung läßt sich also hier gewissermaßen zahlenmäßig ausdrücken und geht in jedem Falle bis zu einer durch äußere Umstände bestimmten Grenze.

Gewiß ist auch der Einfluß der Leistungsfähigkeit bei der Erwerbsbeleuchtung von größter Bedeutung, kommt aber nicht in der Schärfe wie z. B. bei der Wohnungsbeleuchtung zum Ausdruck. Bei ersterer ist nämlich der Verbraucher in der Lage, bis zu einem gewissen Grade die auf die Beleuchtung entfallenden Kosten als einen Teil seiner Betriebsausgaben zu verrechnen und sich durch einen entsprechenden Zuschlag zu dem Preis der Waren oder zu den Arbeitslöhnen schadlos zu halten. Dies ist nicht etwa so zu verstehen, als ob die bei Beleuchtung gekauften Waren teurer wären als die bei Tageslicht gekauften, wiewohl auch das vereinzelt vorkommt, vielmehr stellt der Verbraucher der Erwerbsbeleuchtung seine gesamten Preise so, daß auch die für Beleuchtung aufgewendeten Unkosten darin enthalten sind; der Preis, den er für Beleuchtung zahlt, kann daher in manchen Fällen höher sein als bei dem Verbraucher der Wohnungsbeleuchtung, der keine Gelegenheit hat, sich für diese Ausgaben schadlos zu halten und für den sie deshalb eine unmittelbare Belastung bilden. Dergleichen Erwägungen liegen auch dem Gesetz zugrunde, das bestimmt, daß bei der Versteuerung die geschäftlichen Unkosten von dem Gewinn abgezogen werden dürfen (Einkommensteuergesetz vom 14. Juli 1891 § 9 I). Somit hat der Verbraucher der Erwerbsbeleuchtung vor dem der Wohnungsbeleuchtung einen weiteren Vorteil voraus; der Teil des Gewinnes, der für die Wohnungsbeleuchtung verwendet wird, wird als Einkommen mit versteuert (a. a. O. § 9 II, Ziffer 2), während die für die Erwerbsbeleuchtung ausgegebenen Beträge steuerfrei sind. Nur für den Fall, daß die Wertschätzung sich der durch die Leistungsfähigkeit gegebenen Grenze nähert, kann unter Umständen der Fall eintreten, daß an ein und demselben Orte unter sonst gleichen Verhältnissen die Erwerbsbeleuchtung scheinbar einer geringeren Wertschätzung begegnet als die Wohnungsbeleuchtung.

Für den Verkauf elektrischer Arbeit ist es von Bedeutung, festzustellen, ob nicht eine weitere Einteilung der Erwerbsbeleuchtung benötigenden Kreise nach der Höhe der Wertschätzung möglich ist. Eine Unterscheidung kann hierbei nach verschiedenen Gesichtspunkten durchgeführt werden; man kann in Erwerbszweige trennen, bei denen die Beleuchtung unumgänglich notwendig ist, und in solche, bei denen sie durch eine andere Arbeitseinteilung erspart werden kann; oder man kann das Verhältnis des Wertes der Beleuchtung zum Werte der Tätigkeit oder des Erzeugnisses der weiteren Einteilung zugrunde legen, oder aber man kann schließlich nach Art der Gewerbe teilen und die hierauf beruhende Verschiedenheit der Wertschätzung zur Grundlage der Unterteilung machen.

Der Grad der Notwendigkeit der Beleuchtung kann sehr wesentlich auf die Höhe der Wertschätzung einwirken; denn es ist einleuchtend, daß dort, wo die Beleuchtung nicht entbehrt werden kann, wie z. B. bei den Verkehrseinrichtungen, in Bergwerken, in Brauereien, in Theatern, in Vergnügungsanstalten, in Hotels und Gastwirtschaften eine viel höhere Wertschätzung der Beleuchtung besteht, als bei denjenigen Erwerbszweigen, wo sie ohne Schwierigkeiten durch besondere Arbeitseinteilung vermieden werden kann, z. B. in Banken und Bureaus, wo man schon häufig nur mehr die reine Tageszeit zur beruflichen Tätigkeit benutzt. Es dürfte aber unmöglich sein, diese Einteilung überall durchzuführen, da in vielen Fällen die Notwendigkeit nur eine auf Grund der Begleitumstände angenommene ist und gerade von dem Preis der Beleuchtung abhängig gemacht wird. Sucht man ferner nach der Ursache der Notwendigkeit, so ergibt sich diese von selbst aus der Art des Gewerbes; somit kann der erste Unterscheidungsgrund auf den oben zuletzt genannten zurückgeführt werden.

Weiterhin ist für den Grad der Wertschätzung das Verhältnis des Wertes der Beleuchtung zum Wert der Tätigkeit oder der Erzeugnisse von Bedeutung. Dies Verhältnis ist ein außerordentlich verschiedenes, es ist z. B. sehr klein bei einem Goldschmied, der wertvolle Schmucksachen verarbeitet und ist dagegen groß bei dem Heimarbeiter, der Messerklingen schleift. Hierbei ist es ganz gleichgültig, ob der höhere Wert in der Tätigkeit oder in dem zu verarbeitenden Stoff begründet ist. Tatsächlich wird derjenige, der ein hochwertiges Gut verarbeitet, oder gut bezahlte Tätigkeit ausübt, die hierzu nötige Beleuchtung höher einschätzen als derjenige, dessen Arbeit gering veranschlagt wird, dessen Erzeugnisse geringen Wert besitzen. So ist es für einen Flickschneider, der pro Stunde für Lohn und Zutaten 50 Pfennig verrechnet, ein außerordentlicher Unterschied, ob er dabei für 3 oder für 5 Pfg. Beleuchtung verbraucht; brennt dagegen ein Kaufmann in seinem Laden 10 Lampen und gibt hierfür 30. oder 50 Pfg. aus, während seine Unkosten in dieser Zeit 30 Mark betragen, so ist der Unterschied viel geringer; er fällt noch weniger ins Gewicht bei einem Fabrikanten, der in einer Stunde etwa 6000 Mark Gesamtunkosten zu bestreiten hat und für Beleuchtung in der gleichen Zeit 30—50 Mark ausgibt. Bei dem niedrigeren Preis würden die Kosten für Beleuchtung im ersten Falle 6%, im zweiten Falle 1%, im dritten 0,5% betragen, während sich bei dem höheren Preis die entsprechenden Zahlen zu 10% bzw. 1,6% bzw. 0,8% ergeben. Offenbar könnten und würden die beiden letzteren im Notfalle höhere Preise zahlen als der erstere; selbst bei höheren Preisen würden bei diesem die Beleuchtungskosten immer noch einen kleineren Anteil der Unkosten ausmachen, oder mit anderen Worten, das Verhältnis der Beleuchtungskosten zum Wert der beleuchteten Gegenstände wäre immerhin noch gering. Wie man sieht, hängt auch dieses Verhältnis im großen und ganzen von der Art des Gewerbes ab; wenn es auch in ein und demselben Gewerbe von Fall zu Fall verschieden sein kann, so läßt sich doch für jeden Zweig ein ungefähres Mittel finden, das sich von dem der anderen Gewerbe unterscheidet. Es führt also auch diese Unterscheidung auf den zuletzt angegebenen Teilungsgrund, nämlich auf die Art des Gewerbes zurück. Für die Festsetzung des Grades der Wertschätzung genügt es, mehrere Hauptgruppen der Gewerbe zu bilden, zwischen denen eine klare Unterscheidung stattfinden kann.

So werden in einer ersten Gruppe alle Gewerbe zusammenzufassen sein, die eine offene Verkaufsstelle unterhalten. Die Wertschätzung der Beleuchtung ist hier eine besonders hohe, weil sich vielfach der Hauptgeschäftsverkehr in den Stunden der Beleuchtung abwickelt und eine ausgiebige Beleuchtung als ein hervorragendes Werbemittel angesehen wird. Ferner sind die Ausgaben für Beleuchtung im Verhältnis zu ihrem Nutzen und zu den übrigen Unkosten (Ladenmiete, Waren, Gehälter und Löhne usw.) gering. Eine besondere Wertung wird ferner derjenigen Beleuchtung zuteil, die ausschließlich werbenden Zwecken dient, der Reklamebeleuchtung. Hierbei ist die Wertschätzung allein abhängig von dem wirklichen oder erwarteten Nutzen, den sie gewährt bzw. gewähren soll.

In einer zweiten Gruppe dürften zweckmäßig sämtliche Arbeitsstätten kleineren und mittleren Umfangs, besonders die Werkstätten des Kleingewerbes einzubegreifen sein. Hier spielt die Beleuchtung nur dort eine wesentliche Rolle, wo es sich um besonders nutzbringende Arbeiten handelt; im allgemeinen werden zwar die Ausgaben für Beleuchtung, da gewöhnlich deren Stärke nicht sehr hoch gewählt zu werden pflegt, nicht besonders ins Gewicht fallen, doch wird die Wertschätzung infolge der durchschnittlich nicht sehr hohen Leistungsfähigkeit dieser Gewerbezweige sich in mäßigen Grenzen halten. Eine besondere Stellung nimmt das Gastwirtsgewerbe ein. Hier ist zwar die Wertschätzung der Beleuchtung eine sehr hohe, weil sich in noch viel höherem Maße als bei den Ladengeschäften der Hauptgeschäftsverkehr in den Beleuchtungszeiten abspielt und erfahrungsgemäß die Kundschaft dieser Kreise auf eine ausgiebige Beleuchtung großen Wert legt. Andererseits ist der Verbrauch an Beleuchtung im Vergleich zu den übrigen Unkosten ein so hoher, daß das hierfür aufzubringende Opfer meistenteils durch die Leistungsfähigkeit begrenzt ist. In manchen Fällen kann jedoch damit gerechnet werden, daß der Verbraucher der Beleuchtung in der Lage ist, die Unkosten zum Teil oder ganz auf seine Kundschaft abzuwälzen. Hiervon wird namentlich bei den Hotels und in Badeorten reichlich Gebrauch gemacht.

Im Gegensatz zu dieser Gruppe spielt bei der Landwirtschaft die Beleuchtung eine verhältnismäßig untergeordnete Rolle. Die Eigenart dieses Gewerbes bringt es mit sich, daß der größte Teil seiner Tätigkeit nur am Tage vorgenommen werden kann. Erst in neuerer Zeit hat gerade die elektrische Beleuchtung es ermöglicht, vielfach eine andere und zweckmäßigere Arbeitsteilung einzuführen. Es ist einleuchtend, daß in solchen Fällen dieser Beleuchtung eine besondere Wertschätzung beigelegt wird. Im übrigen ist das Lichtbedürfnis, abgesehen von der beruflichen Tätigkeit, in der Landwirtschaft gering, infolgedessen auch der Beleuchtung eine geringe Wertung entgegengebracht wird.

Schließlich ist als besondere Gruppe noch die Großindustrie anzuführen. Die Wertschätzung der Beleuchtung ist zwar hierbei keine einheitliche, weil ihre Notwendigkeit je nach der Betriebsdauer eine verschiedene ist; es hat jedoch hier in den meisten Fällen der Verkauf der Beleuchtungsenergie mit der eigenen Erzeugung in Wettbewerb zu treten. So hoch auch die Wertschätzung der Beleuchtung im einzelnen sein mag, so wird hier die Grenze jedoch stets durch die Opfer der eigenen Erzeugung gegeben sein, die in vielen Fällen weit unter der Grenze der Leistungsfähigkeit liegen.

Weitere Gruppen zu bilden erübrigt sich, weil fernerhin die Unterschiede zu geringfügig würden und weil bei einer weiteren Trennung bezeichnende Merkmale fehlen würden.

c) Die Wohnungsbeleuchtung.

Anders wie bei der Geschäftsbeleuchtung liegen die Verhältnisse bei der Wohnungsbeleuchtung. Die hier bei Licht vorgenommenen Tätigkeiten dienen der Erholung, der Unterhaltung, dem Vergnügen; müssen diese unterbleiben, so findet zunächst eine Schädigung in wirtschaftlicher Hinsicht nicht statt, im Gegenteil, es würden dann gewöhnlich auch noch andere Ausgaben erspart. Daß damit in den meisten Fällen eine Benachteiligung höherer Interessen verbunden wäre, die sich nach längerer oder kürzerer Zeit auch wirtschaftlich geltend machen würde, kann hier zunächst außer Betracht bleiben. Ein zahlenmäßiger Ausgleich für die Beleuchtung und eine durch den Zweck der Beleuchtung bestimmte Grenze für die Wertschätzung ist bei der Wohnungsbeleuchtung also nicht vorhanden, wohl aber sind die Opfer begrenzt, die der Verbraucher für die Beleuchtung aufbringen wird, und zwar durch seine wirtschaftliche Leistungsfähigkeit. Mag die Beleuchtung einen noch so großen Wert für ihn besitzen, so wird er sie doch nur so weit gebrauchen können, als es seiner wirtschaftlichen Leistungsfähigkeit, die gewöhnlich ihren Ausdruck in dem Einkommen des Verbrauchers findet, entspricht.

Eine weitere Unterteilung mit Bezug auf die Wertschätzung läßt sich bei der Wohnungsbeleuchtung nicht in der gleichen einfachen Weise durchführen, wie bei der Erwerbsbeleuchtung, weil sowohl Ursache als auch Umfang der Beleuchtung gleichartiger als bei letzterer sind. Die Unterschiede in der Wertschätzung gründen sich hier meist auf persönliche Eigenschaften und Erwägungen, deren weitere Verfolgung hier ausgeschlossen ist. Nur ein einziger von den in Betracht kommenden Umständen beruht nicht auf Schätzung, das ist die wirtschaftliche Leistungsfähigkeit des Verbrauchers. Auf Grund dieser letzteren kann man drei größere Gruppen unterscheiden. Einmal ist eine große Klasse vorhanden, bei der die Wertschätzung der Beleuchtung die Leistungsfähigkeit übersteigt. Dies dürfte hauptsächlich in den unteren Volksklassen, namentlich bei der Arbeiterbevölkerung, der Fall sein; das Lichtbedürfnis ist dort wohl schwächer als bei den wirtschaftlich stärkeren Kreisen, aber nicht in dem Maße als die Leistungsfähigkeit der Verbraucher abnimmt. Bei einer weiteren Gruppe werden Wertschätzung und Leistungsfähigkeit gewissermaßen sich das Gleichgewicht halten. Diese Gruppe wird gebildet durch die große Masse kleinerer und mittlerer Wohnungen des Mittelstandes. Schließlich ist bei einer dritten Gruppe, der namentlich die Inhaber größerer Wohnungen angehören, die Leistungsfähigkeit eine größere als der Wertschätzung entspricht. Diesen drei Gruppen scheint zwar ein äußeres bezeichnendes Merkmal zu fehlen; da jedoch die Leistungsfähigkeit bestimmt ist durch das Einkommen, könnte, wie bei der Besteuerung, die Höhe des letzteren als Grundlage für die Unterscheidung angenommen werden. Man könnte unter Berücksichtigung bestimmter örtlicher Verhältnisse Grenzen festsetzen, innerhalb deren eine klar unterschiedene Abstufung der Wertschätzung angenommen werden kann. Allein, wenn auch eine derartige Unterteilung möglich ist, so dürfte es unter den heutigen Umständen auf erhebliche Schwierigkeiten stoßen, dieselbe auch in Wirklichkeit durchzuführen. Es gibt jedoch eine ganze Anzahl anderer Größen, die als Maß des Einkommens und damit der Leistungsfähigkeit dienen können, so der Mietwert der Wohnungen, die Zahl der beleuchteten Räume, der eingerichteten Lampen oder die Größe des Verbrauches. Man kann im allgemeinen annehmen, daß der Betrag jeder der genannten Größen mit der Leistungsfähigkeit anwächst, und daß sich an jedem einzelnen Ort auf Grund der dort herrschenden Verhältnisse bestimmte Gruppen bilden lassen, bei denen verschieden große Wertschätzungen der Beleuchtung vorausgesetzt werden können. Eine Einteilung gerade nach diesem Gesichtspunkt kann mit Bezug auf die Preisbildung von besonderer Wichtigkeit sein.

3. Die Wertschätzung der elektrischen Beleuchtung im besonderen.

Die bisherigen Erörterungen bezogen sich, wie einleitend bemerkt wurde, auf die Wertschätzung der Beleuchtung im allgemeinen. Die elektrische Beleuchtung unterscheidet sich nun in einigen Punkten sehr wesentlich von den übrigen Beleuchtungsarten, und es ist zu untersuchen, wie diese Besonderheiten auf die Wertschätzung einwirken. Sie gewinnen erst durch den Vergleich mit anderen Beleuchtungsarten ihre Bedeutung, d. h. es kommt hier der Einfluß in Frage, den der Wettbewerb der verschiedenen Beleuchtungsarten auf die Wertschätzung der elektrischen Beleuchtung ausübt.

Bei einer künstlichen Beleuchtung sind folgende Momente von Wichtigkeit: Helligkeit, Farbe, Feuersicherheit, Teilbarkeit, Reinlichkeit, Bequemlichkeit der Bedienung, gesundheitliche Wirkungen und endlich die Art und Kosten der Einrichtung und des Betriebes. Hiervon sind Helligkeit, Feuersicherheit, gesundheitliche Wirkungen bei jeder Beleuchtung von Bedeutung, während andere Eigentümlichkeiten, wie die Farbe, die Teilbarkeit und die Bequemlichkeit, nur in besonderen Fällen eine Rolle spielen. Namentlich hinsichtlich der Bequemlichkeit in der Bedienung, der Feuersicherheit, der Reinlichkeit und der gesundheitlichen Wirkungen unterscheidet sich das elektrische Licht sehr vorteilhaft von den anderen künstlichen Lichtquellen. Da diese Eigenschaften bei jeder Beleuchtung ins Gewicht fallen und in möglichst hohem Maße angestrebt werden, folgt, daß unter sonst gleichen Umständen dem elektrischen Licht eine höhere Wertschätzung zuteil wird als den anderen Beleuchtungsarten. Freilich ist der Grad dieser höheren Wertschätzung ein sehr verschiedener und hängt von persönlichen, wirtschaftlichen und technischen Umständen ab. So werden z. B. Bequemlichkeit und gesundheitliche Vorzüge nur dort eine Rolle spielen können, wo alle anderen wichtigeren Bedürfnisse erfüllt sind, im allgemeinen also nur bei dem wirtschaftlich Stärkeren; der Schwächere wird so lange auf Bequemlichkeit verzichten müssen, als seine Mittel nur zum Nötigsten ausreichen. Er wird froh sein, überhaupt irgendeine Beleuchtung zu haben; durch die Bequemlichkeit und durch das Fehlen gesundheitsschädlicher Einflüsse wird bei ihm eine höhere Wertschätzung der elektrischen Beleuchtung nicht eintreten, oder vielmehr keinen Ausdruck finden können, während sie bei dem wirtschaftlich Stärkeren wohl in einem höheren Preis gegenüber anderen Lichtquellen in die Erscheinung tritt; das Ausschlaggebende ist also auch hierbei die Leistungsfähigkeit.

Feuersicherheit und Reinlichkeit werden ebenfalls eine Erhöhung der Wertschätzung herbeiführen, und zwar um so mehr, je schwerer diese beiden Eigenschaften ins Gewicht fallen. Insbesondere kann die Rücksicht auf Feuersicherheit den Wert der elektrischen Beleuchtung so hoch steigern, daß alle anderen künstlichen Lichtquellen weit zurückbleiben, so z. B. in Mühlen, in chemischen Fabriken, in Scheunen und Ställen, überhaupt in Räumen, wo feuergefährliche und explosible Stoffe anzutreffen sind. Offenbar wird hier die Wertschätzung der elektrischen Beleuchtung so hoch sein, als die Wertschätzung irgendeiner Beleuchtung, und der Preis der elektrischen Beleuchtung könnte im Notfalle um vieles teurer sein als der anderer künstlicher Lichtquellen. — Ähnlich, wenn auch in weit geringerem Maße, verhält es sich mit der Reinlichkeit. In Räumen z. B., wo wertvolle Decken sich befinden, wird eine elektrische Beleuchtung höherer Wertschätzung begegnen als jede andere.

Die übrigen Eigenschaften, besonders die Teilbarkeit und Färbung des Lichtes können nur in einzelnen Fällen, wo sie von besonderer Wichtigkeit sind, einen Einfluß auf die .Wertschätzung ausüben. So wird z. B. die Eigenschaft gewisser elektrischer Lampen, jede Farbe richtig erkennen zu lassen, in einem Tuchgeschäft höher eingeschätzt werden als in der Gastwirtschaft und die Teilbarkeit wird in einem Zeichensaal oder in einer Werkstätte von größerer Bedeutung sein als in einem Wohnzimmer. Offenbar wird in solchen Fällen die elektrische Beleuchtung einer anderen vorgezogen werden, d. h. ihre Wertschätzung ist eine höhere, aber immer nur in dem Maße, als der durch die besonderen Eigenschaften erreichte Vorteil den höheren Preis aufwiegt.

Was endlich noch die Art der Einrichtung anbelangt, so kann sie bei der elektrischen Beleuchtung im allgemeinen mehr zweckentsprechend, zierlicher und für die Bedienung bequemer ausgeführt werden als bei anderen künstlichen Lichtquellen; dies ist in manchen Fällen von Wert und geeignet, der elektrischen Beleuchtung, namentlich in besseren Räumen, eine höhere Wertschätzung zu verschaffen. In besonderem Maße ist dies von den Zuleitungen zu sagen, namentlich in schon bewohnten Räumen; dort kann z. B. der Umstand, daß die Herstellung einer Gaseinrichtung größere Unbequemlichkeiten mit sich bringt, zur Folge haben, daß das elektrische Licht selbst bei höheren Preisen eingeführt wird, d. h. also, daß dem elektrischen Licht eine höhere Wertschätzung beigelegt wird.

Aus dem Gesagten geht hervor, daß der elektrischen Beleuchtung infolge all der erwähnten Vorzüge eine höhere Wertschätzung zuteil wird, die in einzelnen Fällen mehr oder weniger zum Ausdruck kommt, aber nur dann, wenn sich die Leistungsfähigkeit des einzelnen dieser Wertschätzung anpassen kann. Auch wird die Leistungsfähigkeit die Wertschätzung nur dann begrenzen, wenn es sich um den Einkauf der elektrischen Arbeit handelt, nicht aber, wenn der Verbraucher in der Lage ist, sich die elektrische Arbeit selbst zu erzeugen, sich also alle die genannten Vorteile selbst zunutze machen kann. In solchen Fällen, d. h., wenn Einkauf und Selbsterzeugung in Wettbewerb stehen, bilden lediglich die Opfer der Bereitstellung, also die Erzeugungskosten, die Grenze der Wertschätzung

B. Die Wertschätzung der elektrischen Arbeit als Kraftquelle.

Die Berichte der Elektrizitätswerke weisen eine stetig steigende Abgabe von elektrischer Arbeit für Kraftzwecke auf. Nach der Statistik ist der Gesamtbetrag der für Kraftzwecke verwendeten Arbeitseinheiten weit größer als der für Beleuchtungszwecke und der Anteil der ersteren an dem Gesamtverbrauch wächst von Jahr zu Jahr; das zeigt folgende Zahlentafel:

Zahlentafel V.

Abgabe von Kraftstrom aus öffentlichen Elektrizitätswerken.

1	2	3	4
Jahr	Gesamtverbrauch Mill. Kwstd.	hiervon für Kraft	
		Mill. Kwstd.	% des gesamten Verbrauchs
1891	7	2	29
1900	140	90	64
1906	620	420	68
1911	1800	1460	78
1913	2800	2300	82

Die Angaben der Spalte 3 schließen den Verbrauch für elektrische Bahnen in sich. Die Zahlen sind auf Grund der in der St. E. W. angegebenen Kraftanschlußwerte und der aus der St. V. E. W. ermittelten durchschnittlichen Benutzungsdauer der Kraftanschlüsse schätzungsweise ermittelt.

Dieser ausgebreiteten Verwendung elektrischer Arbeit zu Kraftzwecken liegt das wirtschaftliche Bedürfnis nach mechanischer Arbeitskraft, „das Kraftbedürfnis", zugrunde. Es sind nun auch hierbei zunächst wieder alle Umstände zu untersuchen, die die Wertschätzung mechanischer Arbeitskraft im allgemeinen und der zu diesem Zweck verwendeten elektrischen Arbeit im besonderen beeinflussen.

1. Die Wertschätzung der mechanischen Arbeitskraft im allgemeinen.

Das Bedürfnis nach mechanischer Arbeitskraft ist vielleicht so alt wie das Lichtbedürfnis; allein es mußte erst eine bestimmte Kulturstufe erklommen und eine endlose Reihe von Schwierigkeiten überwunden werden, ehe es den Menschen gelang, in der Maschine die Naturkräfte zu meistern und so in zweckmäßiger Weise auf mechanischem Wege Arbeitskraft zu gewinnen. Das Bedürfnis nach einer solchen wurde dringend, als es nicht mehr möglich war, nach alter Gewohnheit durch menschliche oder tierische Arbeit die Gütererzeugung dermaßen zu steigern und zu verfeinern, wie es den in die Breite und in die Tiefe gewachsenen Anforderungen entsprach. Dazu kommt, namentlich in dem letzten Abschnitt unserer Zeitrechnung, daß das immerwährende Ansteigen der Arbeitslöhne die fortgesetzte Umwandlung menschlicher Tätigkeit in maschinelle zur gebieterischen Notwendigkeit macht. Wie sehr das Bedürfnis nach mechanischer Arbeitskraft angewachsen ist, möge durch einige Angaben in der nachfolgenden Zahlentafel gekennzeichnet werden. Die im gewerblichen Leben Deutschlands benötigten Kraftmengen werden vorzugsweise durch Elektrizität und durch Kohle beschafft. Der Verbrauch an beiden Energieträgern im Laufe der letzten Jahre geht aus den nachfolgenden Zahlen hervor.

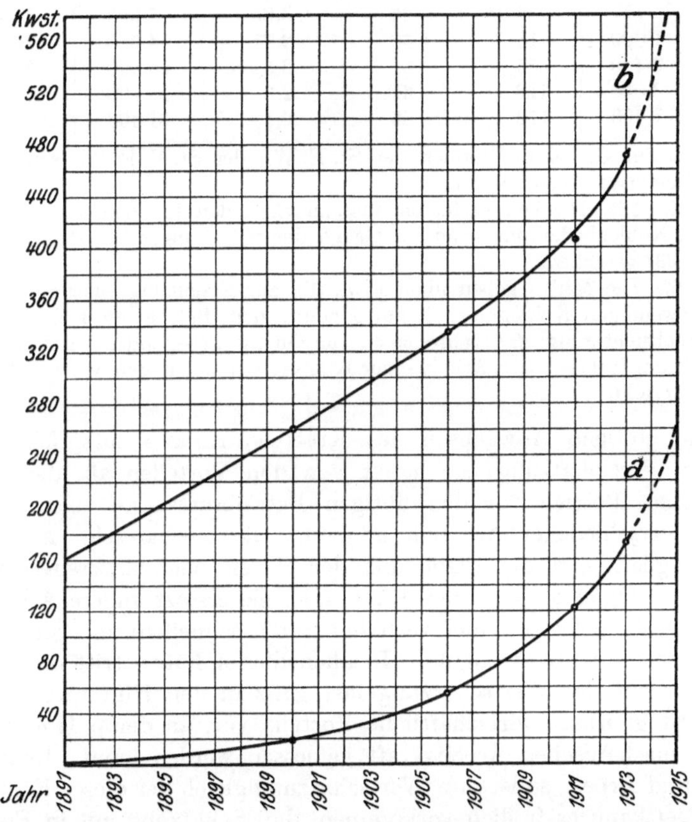

Abb. 2. **Anwachsen des Kraftbedürfnisses in Deutschland.**

a Elektrizitätsverbrauch für Kraftzwecke pro Kopf der Bevölkerung
b Kohlenverbrauch   „   „   „   „   „   „   in Kwstd. umgerechnet.

Um einen Vergleich zu ermöglichen, ist der Verbrauch an Kohle in Kilowattstunden umgerechnet. In diesen letzteren Zahlen ist der Verbrauch an elektrischer Arbeit nur zu einem — allerdings überwiegenden — Teil enthalten, während ein Bruchteil hiervon durch andere Kraftquellen erzeugt wird Die zeichnerische Darstellung (Abb. 2) zeigt auch, welch gewaltige Steigerung in Zukunft noch erwartet werden kann.

Zahlentafel VI.

Anwachsen des Kraftbedürfnisses.

1	2	3	4	5	6	7
Jahr	Elektrizitätsverbrauch für Kraftzwecke		Kohlenverbrauch zu Kraftzwecken			
	Mill. Kwstd.	pro Kopf Kwstd.	Mill. Tonnen	kg pro Kwstd.	Mill. Kwstd.	pro Kopf Kwstd.
1891	17	0,34	26	3,25	7 980	160
1900	1 000	18	40	2,75	14 550	260
1906	3 400	55	51	2,5	20 400	334
1911	8 000	122	61	2,3	26 400	405
1913	11 500	172	66	2,1	31 400	470

Spalte 2 auf Grund der Zahlen der St. E. W., der St. V. E. W., sowie der Angaben Dettmars (L 66) berechnet.

Spalte 4. Die Angaben umfassen ausschließlich den für Kraftzwecke aufgewendeten Kohlenbedarf und sind auf Grund der Mitteilungen in „Der Kohlenmarkt" (L 33) geschätzt.

Spalte 5. Die Zahlen geben nicht etwa die zur Erzeugung einer Kilowattstunde notwendigen Kohlenmengen an, sondern den Betrag an Kohlen, der unter Berücksichtigung der zahlreichen, ungünstig arbeitenden, namentlich kleineren Dampfanlagen der Arbeit einer Kilowattstunde in den verschiedenen Jahren entspricht.

Diesem stetigen Anwachsen des Kraftbedürfnisses entspricht die Höhe der Wertschätzung; sie hängt von den Vorteilen ab, die dem mechanischen Betrieb vor den übrigen Betriebsarten zu eigen sind, und sehr verschiedener Art sein können. Die mechanische Arbeitskraft ermöglicht erst die Erzeugung der Güter, oder sie erspart uns mittelbar ein Opfer an Zeit und Mühe, oder sie ersetzt andere Arbeitskräfte, oder sie verbessert und verbilligt durch schnellere und genauere Arbeitsweise die Gütererzeugung. In allen diesen Fällen tritt das subjektive Moment der Wertschätzung fast ganz in den Hintergrund; es liegen meist greifbare wirtschaftliche Vorteile vor, an deren Höhe der Wert der mechanischen Arbeitskraft gemessen werden kann. Erspart sie Mühe und Arbeit, so ist ihre Wertschätzung gleich der dieser Ersparnis. Hierbei kann es freilich vorkommen, daß Schätzung mit in Frage kommt, und daß diese nur dann zum Ausdruck gelangen kann, wenn die Leistungsfähigkeit des Verbrauchers eine entsprechend große ist. Verbessert und verbilligt die mechanische Arbeitskraft die Erzeugung, so ist damit ohne weiteres der durch sie erreichte Mehrgewinn gegeben und die Höhe der Wertschätzung bestimmt, ebenso wenn durch sie die Erzeugung der Güter erst ermöglicht ist. Diese verschiedenen Fälle können nun einzeln für sich oder auch in verschiedenen Verbindungen auftreten und die Höhe der Wertschätzung beeinflussen. In welchem Grade dies der Fall ist, hängt wiederum davon ab, in welchem Maße die Kraftleistung an der Gütererzeugung beteiligt ist. Um so höher wird die Wertschätzung der mechanischen Arbeitskraft sein, je größer ihr Anteil an der Gütererzeugung ist und je höher der Wert der erzeugten Güter geschätzt wird.

Nach dem Umfang, in dem die aufgezählten Gesichtspunkte maßgebend sind, kann man hinsichtlich der Wertschätzung der mechanischen Arbeitskraft vier größere Gruppen unterscheiden: das Beförderungswesen, die Großindustrie, das Kleingewerbe, die Landwirtschaft, und schließlich eine Gruppe der Haus-, Küchen- und Bureauarbeiten.

Auf dem Gebiete des Beförderungswesens werden die Ausgaben der Unternehmungen zum allergrößten Teil durch Arbeitslöhne und Kraftkosten gebildet. Bei den deutschen Eisenbahnen z. B. sind 80% sämtlicher Ausgaben auf Betriebsstoffe und Betriebslöhne zu rechnen. Bei elektrischen Straßenbahnen kommen je nach dem Umfang des Betriebes 20—60% der gesamten Jahresausgaben für elektrischen Strom in Frage. Dies zeigt schon, daß das Bedürfnis nach mechanischer Arbeitskraft bei dem Verkehr und allen seinen Einrichtungen ein äußerst großes ist, weil ohne sie zweckdienliche Beförderungseinrichtungen in moderner Form undenkbar sind. Haupterfordernisse des Verkehrs sind Sicherheit und Schnelligkeit; in dem Grade, in dem die mechanische Arbeitskraft diese Eigenschaften steigert, wird auch ihre Wertschätzung wachsen, namentlich dort, wo sie eine wichtige Rolle spielen, also besonders bei der Beförderung von Personen. Es kommt hinzu, daß, wie oben schon angedeutet, bei allen derartigen Unternehmungen die Ausgaben für Löhne einen sehr beträchtlichen Anteil an den gesamten Jahreskosten ausmachen. Schon um das fortwährende Ansteigen dieser Ausgaben zu vermeiden und sie womöglich zu verringern, wird mit allen Mitteln danach gestrebt, der mechanischen Arbeitskraft einen noch größeren Wirkungskreis zu verschaffen. Auch diese Tatsache ist geeignet, die Wertschätzung der mechanischen Arbeitskraft wesentlich zu steigern. Während sie in diesem letzteren Falle stets so hoch gehen wird, wie den Ersparnissen an Arbeitslöhnen entspricht, ist die Wertschätzung dort, wo es · sich um die Erhöhung von Sicherheit und Schnelligkeit durch mechanische Arbeitskraft handelt, eine mehr geschätzte, weil die Erreichung von Vorteilen auf diesem Gebiet nicht immer unmittelbar zahlenmäßig ausdrückbar ist.

Auch bei der gesamten Industrie spielt die mechanische Arbeitskraft eine ausschlaggebende Rolle; das Bedürfnis hiernach ist infolgedessen ein besonders großes, seine Befriedigung die erste und unerläßliche Bedingung industrieller Tätigkeit. Zwar ist der Anteil der mechanischen Arbeitskraft an den Erzeugnissen der Industrie ein sehr verschiedener; im Bergbau z. B. betragen die Ausgaben für den Maschinenbetrieb 10—15%, die Ausgaben für Löhne 55—60% der gesamten Selbstkosten. Bei der Holzstoff- und Pappen-Fabrikation sind allein ca. 40% auf Kraftkosten zu rechnen, bei der Müllerei dagegen nur 1—3%. Naturgemäß ist die Wertschätzung in gewissem Umfang von der Größe dieses Anteils abhängig; sie geht aber in jedem Falle bis zu der Grenze, die durch den Unterschied zwischen den überhaupt möglichen Verkaufspreisen und den übrigen Selbstkosten, namentlich der Rohstoffe, gegeben ist. Wie bei dem Beförderungswesen ist die Wertschätzung eine um so größere, in je höherem Maße noch Arbeitslöhne an diesen übrigen Unkosten beteiligt sind. Dabei ist freilich zu berücksichtigen, daß beim Ersatz menschlicher Arbeitskraft nicht allein die mechanische Arbeitskraft zu beschaffen ist, sondern auch die Arbeitsmaschinen, so daß an dem zahlenmäßigen Ausdruck der Wertschätzung der mechanischen Arbeitskraft die für die Arbeitsmaschine zu machende Aufwendung in Abzug kommt. Es handelt sich also hierbei nicht bloß um eine Wertschätzung der mechanischen Arbeitskraft allein, sondern überhaupt des maschinellen Betriebes.

Benötigt die Industrie die mechanische Arbeitskraft überhaupt zu ihrem Dasein, so hat sie dem Handwerk zu seinem Fortbestand verholfen. Durch sie ist das Handwerk, das sich durch die Einführung der maschinellen Arbeitskraft zum Kleingewerbe entwickelt hat, in die Lage versetzt worden, gegen den Wettbewerb der Industrie wieder aufzukommen und sich zu einem leistungsfähigen und blühenden Stande zu entwickeln, indem ihm durch die mechanische Arbeitskraft die Möglichkeit zu billigerer, besserer und schnellerer Gütererzeugung gegeben wurde. Die Wertschätzung, die der mechanischen Arbeitskraft von dieser Seite zuteil wird, ist somit auch hier durch die rein wirtschaftlichen Vorteile gegeben, die ihre Verwendung bietet. Der Handwerker ist heutzutage ohne weiteres in der Lage, festzustellen, wie er seine Unkosten verringern, bzw. wie er seine Gütererzeugung vermehren oder verbessern kann, wenn er mechanische Arbeitskraft einführt; entsprechend dem Ergebnis seiner Berechnungen wird er der Wertschätzung der mechanischen Arbeit in ganz bestimmter Höhe Ausdruck geben können.

Einige weitere Gesichtspunkte kommen bei der Bewertung der mechanischen Arbeitskraft in der Landwirtschaft in Frage. Da die Arbeitsbedingungen dortselbst wesentlich von den Elementen abhängen, kann die mechanische Arbeitskraft nicht die Umwälzung herbeiführen, wie sie in der Industrie und im Handwerk die Folge war. Zwar haben die stetig steigenden Anforderungen an die Landwirtschaft, die eine fortwährende Vergrößerung der bebauten Nutzflächen und eine Vermehrung der landwirtschaftlichen Erzeugnisse mit sich brachte, schon sehr früh zur Anwendung maschineller Arbeitsweise gedrängt, doch wurde zu dem Antrieb der Maschinen lange Zeit nur menschliche und tierische Arbeitskraft verwendet. Erst als dort infolge des Abströmens der Arbeitskräfte nach den Industrieplätzen die Leutenot zur ständigen Plage geworden war, war auch der Landwirt gezwungen, seine Zuflucht zu der mechanischen Arbeitskraft zu nehmen, die für ihn die Befreiung aus einer bedrängten wirtschaftlichen Lage bedeutete. Ihre Bewertung ist hier um so größer, als sie nicht bloß menschliche, sondern auch tierische Arbeitskraft ersetzt und dadurch zahlreiche mittelbare und unmittelbare Ersparnisse möglich macht. Es kommt hinzu, daß es sich bei der Landwirtschaft vielfach um Jahreszeitarbeiten handelt, die nur während einiger Monate im Jahre beansprucht werden. Menschliche und tierische Arbeitskraft hierzu gelegentlich zu erhalten, ist aber unter den heutigen Umständen sehr schwierig, während die Bereitstellung mechanischer Arbeitskraft auch zu gelegentlicher Verwendung wesentlich geringere Kosten verursacht. Schon die unmittelbaren Vorteile der Anwendung der mechanischen Arbeit in der Landwirtschaft sind also so groß, daß ihre Wertschätzung eine beträchtliche ist. Es kommt weiter hinzu, daß, wie überall, unmittelbare Ersparnisse an Arbeitskraft bzw. Erhöhung des Ertrags möglich sind, die zahlenmäßig in der Wertschätzung der Arbeitskraft ihre Berücksichtigung finden können.

Bei den übrigen Anwendungen der mechanischen Arbeitskraft, namentlich im Haus, in Küche und im Bureau, handelt es sich in einigen Fällen ebenfalls um Ersparnis an menschlicher Arbeitskraft, meistens aber um ein Luxusbedürfnis, wobei vielfach aus Bequemlichkeit die in Frage kommenden Verrichtungen durch Maschinen erledigt werden; hier werden z. B. Aufzüge, Ventilatoren, ferner Maschinen, die in der Häuslichkeit und in der Küche benutzt werden, wie Staubsauger, Nähmaschinen, Zerkleinerungsapparate u. a. m. zu Hilfe genommen. Die Wertschätzung hierbei beruht meistens auf persönlichen Erwägungen und ist daher weniger durch die tatsächlich erreichten wirtschaftlichen Vorteile als vielmehr durch die Leistungsfähigkeit begrenzt.

2. Die Wertschätzung des elektrischen Antriebs im besonderen.

Wo zur Erzeugung mechanischer Arbeitskraft die elektrische Energie benutzt wird, treten zu der allgemeinen Würdigung noch weitere Erwägungen hinzu, welche die besonderen Eigenschaften des elektrischen Antriebes den der übrigen in Frage kommenden mechanischen Antriebe gegenüberstellen und die Wertschätzung wiederum erheblich zu beeinflussen in der Lage sind. Als wichtige Gesichtspunkte für die Beurteilung einer Kraftmaschine sind zu berücksichtigen: die Art des Antriebs, die Geschwindigkeitsregelung, Größe, Schwere, Raumbedarf,

Wirkungsgrad, Einfluß auf die Umgebung durch Geräusch und Geruch, Anschaffungs- und Betriebskosten. In allen diesen Punkten unterscheidet sich der Elektromotor wesentlich von seinen Mitbewerbern, und zwar meistens zum Vorteil des Verbrauchers. Die allgemeine Wertschätzung der Kraftmaschine wird also in vielen Fällen noch erhöht, und zwar in dem Maße, in dem auf den einen oder anderen der erwähnten Vorzüge Gewicht gelegt wird. Freilich werden die genannten Eigenschaften weder in allen Fällen eine Erhöhung der Wertschätzung herbeiführen können, noch werden sie hierbei alle in gleicher Stärke Einfluß ausüben. So wird z. B. die geringe Raumbeanspruchung, ferner die Leichtigkeit des Anlassens und Abstellens im gesamten Kleingewerbe sehr wesentlich die Wertschätzung erhöhen können; sie werden dagegen weniger in Frage kommen, wo die Kraftmaschine mit gleichbleibender Last Tag und Nacht laufen muß, und wo kein Platzmangel herrscht, wie z. B. häufig beim Betrieb von Wasserwerkspumpen; dort wird vielmehr die Rücksicht auf die Betriebssicherheit und den hohen Wirkungsgrad in den Vordergrund treten. Die wirkliche Wertschätzung ist also gewissermaßen die Resultante aus mehreren Komponenten, die in jedem einzelnen Falle genau zu untersuchen sind. Welche Gesichtspunkte im einzelnen zu beachten sind, ist am einfachsten an einem Beispiel zu zeigen; hierfür seien die Verhältnisse der Papierfabrikation gewählt, und zwar in einer von einem Papierfabrikanten selbst herrührenden Darstellung. Er schreibt[1]:

„Vor Einführung des elektrischen Antriebes durchzogen umfangreiche Transmissionsanlagen die Räume; Seil-, Riemen- und Winkelradantriebe übertrugen die von den verschiedenen Dampfmaschinen erzeugte Kraft an die zahlreichen Verwendungsstellen. In mancher größeren Papierfabrik konnte man neben einer Hauptdampfmaschine noch zehn andere kleine Dampfmaschinen mit denkbar ungünstigem Dampfverbrauch arbeiten sehen.

Die immer steigenden Ausgaben für Kohlen, Instandhaltung der Transmissionen, für Riemen, Schmiermaterial, Löhne ließen den vom Wettbewerb bedrängten Fabrikanten Umschau halten nach Verbilligung und Modernisierung seines Betriebes. Hierbei fand sich als Helferin die Elektrizität.

An Stelle der vielen verschiedenen, vom Kesselhause entfernt liegenden Dampfmaschinen trat jetzt eine Kraftzentrale, von der aus große und kleine Elektromotoren gespeist wurden, wie sie für Maschinengruppen oder einzelne Maschinen erforderlich waren.

Durch die Einführung des elektrischen Betriebes wurden neben einer erheblichen Verminderung des Kohlenverbrauches noch weitere

---

[1] Die folgenden Äußerungen sind bereits in einer früheren Arbeit des Verfassers (L 67) veröffentlicht.

Vorteile erreicht: so z. B. Fortfall großer Transmissionsanlagen, Riementriebe und Dampfleitungen, Ersparnis an Raum, Bedienung und Öl; der Betrieb wurde übersichtlicher und gefahrloser; bequeme Zufuhr von Kraft an entlegene Stellen, z. B. auf Böden, für Aufzüge, ferner für Ausrüstungs- und Bearbeitungsmaschinen usw.

Ganz besonderen Vorteil bietet der elektrische Antrieb für Papiermaschinen. Er gestattet bei geringstem Raumbedarf die feinste Regelung der Geschwindigkeit in weiten Grenzen und sichert gleichmäßigen Gang. Bei dem Antrieb durch Dampfmaschinen konnte eine Regelung nur in den engen Grenzen erfolgen, die in der Veränderung der Umlaufzahl der Dampfmaschine lagen. Erst durch Zwischenschaltung von kraftverbrauchenden konischen Trommeln und Wechselrädern wurde der Übergang von großen auf kleine Geschwindigkeiten oder umgekehrt ermöglicht. Hierbei mußten aber die Papiermaschinen noch abgestellt werden. Diese teuren Stillstände werden durch die große Regelfähigkeit beim elektrischen Antrieb ganz vermieden.

Bei großen Bleichholländern, auch Mahlholländern, ist der elektrische Einzelantrieb mit Vorteil verwendbar. Außer Raumersparnis gibt er die Möglichkeit einer dauernden Überwachung des Kraftverbrauches dieser Maschinen, was bei Aufstellung von Berechnungen sehr wichtig ist.

Durch seine große Regelfähigkeit ist der elektrische Einzelantrieb der einzig richtige für Kalander. Nur hierdurch ist es möglich, einen Kalander voll und zweckmäßig auszunutzen, d. h. ein Papier mit der zur Erzielung der verlangten Glätte geeigneten höchsten Geschwindigkeit zu satinieren. Bei Gruppenantrieb der Kalander kommen neben der Einführungsgeschwindigkeit höchstens noch zwei weitere Geschwindigkeiten, die durch ein besonderes Vorgelege erreicht werden, in Betracht. Der elektrische Einzelantrieb gestattet aber außer der Einführungsgeschwindigkeit die Anwendung von Geschwindigkeiten von 30—150 m/min und darüber hinaus ohne Zwischenschaltung von besonderen Vorgelegen. Zudem erfolgt beim Einzelantrieb der Übergang auf höhere Geschwindigkeiten allmählich, ohne Stoß, während bei Gruppenantrieb mit zwei festgelegten Geschwindigkeiten der Übergang von einer zur anderen ruckweise vor sich geht und Veranlassung zum Abreißen der Papierbahn geben kann."

Was in den obigen Ausführungen für die Papierfabrikation geltend gemacht wird, kann mit geringfügigen Änderungen auch für die übrige gesamte Industrie als zutreffend bezeichnet werden.

In ähnlicher Weise kann auch auf dem Gebiete des Beförderungswesens die Erhöhung der Wertschätzung des elektrischen Antriebes durch bestimmte Vorteile veranlaßt werden. So ist es von besonderer Wichtigkeit, daß die Geschwindigkeit der Beförderung gegenüber anderen Betriebsformen regelmäßig erhöht werden kann, daß die Möglichkeit zur

Beförderung vervielfacht und ihre Häufigkeit erhöht wird, daß dabei die Kosten für die Beförderung herabgehen und Betriebsersparnisse möglich sind. Außerdem werden durch den elektrischen Antrieb mittelbar noch ganz besondere Vorteile erreicht, die zwar nicht in allen Fällen, wohl aber z. B. bei öffentlichen Unternehmungen wesentlich die Wertschätzung zu erhöhen in der Lage sind. So ist bei den Straßenbahnen durch die Einführung des elektrischen Betriebes eine bessere und billigere Beförderungsgelegenheit geschaffen worden, die die Trennung der Arbeits- und Wohnstätten und damit das Aufblühen der Vororte der größeren Städte ermöglicht hat. Dadurch war wiederum der Industrie Gelegenheit gegeben, da jetzt den Arbeitern bequeme Fahrgelegenheit zur Verfügung stand, sich an den Rand der Städte zurückzuziehen, wo sie günstigere Erzeugungsverhältnisse vorfand.

Bei den genannten beiden Gruppen: Transportwesen und Großindustrie ist besonders zu beachten, daß der Verkäufer elektrischer Arbeit nicht bloß mit dem Wettbewerb anderer mechanischer Arbeitskraft überhaupt, sondern auch mit dem selbsterzeugter elektrischer Arbeit zu rechnen hat; die genannten Verbrauchskreise sind nämlich vielfach in der Lage, sich die sämtlichen Vorteile des elektrischen Antriebes zunutze zu machen, ohne auf den Ankauf der elektrischen Arbeit angewiesen zu sein. Die Wertschätzung für den Ankauf ist also in diesem Falle einzig und allein durch die Selbstkosten der eigenen Erzeugung bestimmt. Freilich sind bei der Berechnung dieser Selbstkosten noch gewisse Erscheinungen mit in Betracht zu ziehen, die die Wertschätzung der gekauften bzw. der erzeugten elektrischen Arbeit erheblich zu beeinflussen in der Lage sind. So ist es z. B. von besonderem Wert, daß sowohl Großindustrie wie Transportunternehmungen durch Ankauf der elektrischen Arbeit die Festlegung großer Kapitalien ersparen können, die von ihnen anderweitig nutzbringender angelegt werden können; das ist dort von Wichtigkeit, wo in einer Industrie der Ertrag nur durch Vermehrung des Umsatzes gesteigert werden kann. Weiterhin sind häufig Ersparnisse durch zweckmäßige Betriebseinteilung möglich, sei es, daß beim Ankauf der elektrischen Arbeit der Betrieb länger, auch in wesentlich vermindertem Umfang, ohne Kraftverschwendung durchgeführt werden kann, sei es, daß durch Einschränkung des Betriebes in bestimmten Zeiten besonders billige Einkaufspreise gewährt werden. Ferner gibt es viele Industriezweige, die durch den Bezug elektrischer Arbeit von großen Elektrizitätswerken eine größere Gleichmäßigkeit im Gange ihrer Arbeitsmaschinen erreichen können, die vielfach eine Vermehrung und Verbesserung der Erzeugnisse mit sich bringt. So ist z. B. in Spinnereien und Webereien festgestellt, daß unter sonst gleichen Verhältnissen beim Anschluß an Elektrizitätswerke die Erzeugung um 5—12% gesteigert werden konnte.

Alle diese Erscheinungen werden die Wertschätzung in erheblichem Maße zu beeinflussen in der Lage sein.

Auf einer anderen Grundlage baut sich die Wertschätzung des elektrischen Antriebs bei dem Handwerk und in der Landwirtschaft auf. Selbsterzeugung der elektrischen Energie kommt dort nur in ganz seltenen Fällen in Frage, dagegen handelt es sich dort um den Vergleich mit anderen Kraftmaschinen, Lokomobilen, Gas- und Flüssigkeitsmotoren. Hier treten dann lediglich die oben angeführten Gesichtspunkte für die Beurteilung der Wertschätzung auf; sie wird sich auf Grund eines Vergleiches verschieden ergeben, je nach der Antriebsart, die .mit dem Elektromotor in Wettbewerb tritt.

Wo schließlich der mechanische Antrieb in Haus, Küche und Bureau Verwendung findet und meist zur Befriedigung eines Luxusbedürfnisses dient, ist die Wertschätzung der elektrischen Triebkraft gleichbedeutend mit der Wertschätzung des mechanischen Antriebs. Der Antrieb von Ventilatoren, Staubsaugern, sonstigen Haushaltungs-, Küchen- und Bureaumaschinen ist nämlich im allgemeinen nur mittels Elektrizität möglich. Eine andere mechanische Antriebsart ist in den seltensten Fällen vorhanden; der elektrische Antrieb ist somit in diesem Falle nicht geeignet, die Wertschätzung des mechanischen Antriebs irgendwie zu beeinflussen.

C. Die Wertschätzung der elektrischen Arbeit bei der Erzeugung von Wärme und chemischen Vorgängen.

Wie das Verlangen nach Beleuchtung und mechanischer Arbeitskraft ist auch das Bedürfnis nach künstlich erzeugter Wärme gewaltig gestiegen. Nicht bloß zahlreiche längst bekannte technische Vorgänge erfordern, entsprechend ihrer erweiterten Anwendung, immer größere Wärmemengen, es werden auch zur Verbesserung und namentlich zur Beschleunigung der Erzeugung stets neue Arbeitsweisen ersonnen, die Wärmemengen in großem Umfang erfordern, wie z. B. alle beschleunigten Trocknungs- und Wachstumsvorgänge. Ferner erfordern die hinsichtlich Gesundheit, Behaglichkeit und Bequemlichkeit gestiegenen Ansprüche überall dort, wo sich Menschen in geschlossenen Räumen längere Zeit aufhalten, weit größere Wärmemengen als früher. Ein zuverlässiges zahlenmäßiges Bild von dem Anwachsen des Wärmebedürfnisses zu geben, ist infolge des Mangels an statistischen Unterlagen nicht möglich; man kann lediglich schätzen, daß in dem Zeitraum von 1890—1912 die nur für unmittelbare Wärmeerzeugung verwendeten Kohlenmengen ausschließlich der zur Krafterzeugung benötigten von ca. 45 Millionen Tonnen auf ca. 100 Millionen Tonnen im Jahr angewachsen sind, und daß in der gleichen Zeit eine Vermehrung des Verbrauches an Heizgas von ca. 150 Millionen Kubikmeter auf rund 1200 Millionen Kubikmeter pro Jahr stattgefunden hat. Den beiden genannten Zahlen zusammen entspricht eine ungefähre Steigerung des Wärmeverbrauches von ca. 6,4 Millionen Kalorien auf ca. 10,7 Millionen Kalorien pro Jahr und pro Kopf der Bevölkerung. An diesen Ziffern gemessen, ist der Verbrauch von elektrischer Arbeit zu Wärmezwecken im ganzen noch sehr niedrig zu nennen; es erübrigt sich daher, an dieser Stelle eine eingehende Untersuchung des Wärmebedürfnisses im allgemeinen durchzuführen, es genügt, den Zusammenhang des Wärmebedürfnisses mit dem Verkauf elektrischer Arbeit für diese Zwecke zu erörtern.

Bei der Verwendung elektrischer Arbeit zur Erzeugung von Wärme sind zwei Gebiete zu unterscheiden, die Verwendung zu gewerblichen und zu häuslichen Zwecken. Im ersteren Falle ist die Wertschätzung lediglich durch die Opfer der Bereitstellung begrenzt, gleichgültig, ob der mit der elektrischen Arbeit beabsichtigte Zweck schon auf anderem Wege erreicht worden ist oder ob die Elektrizität bei bestimmten Arbeitsvorgängen erst die Anwendung künstlicher Wärme gestattet hat, wie bei der Getreidetrocknung in Mühlen; es kommt hierbei stets darauf an, daß die Selbstkosten durch die Anwendung der elektrischen Arbeit nicht oder nur in dem Maße der durch sie erreichten neuen Vorteile erhöht werden. Als solche sind in erster Linie zu nennen: Feuersicherheit, gleichmäßige Wärmewirkung und damit Verbesserung der Erzeugnisse (z. B. von Backwaren im elektrischen Backofen), Bequemlichkeit bzw. Ersparnis in der Bedienung (z. B. beim elektrischen Schweißen), Beschleunigung der Gütererzeugung (z. B. bei der elektrischen Getreidetrocknung). In allen diesen Fällen ist die Höhe der Wertschätzung durch den Nutzen gegeben, der durch die Anwendung der elektrischen Arbeit erzielt wird. Anders liegen die Verhältnisse, wenn die Anwendung elektrischer Arbeit zu Wärmezwecken im Hause, also zum Kochen, zur Raumheizung und zur Gesundheitspflege in Frage kommt. Hierbei erfreut sich die Elektrizität ganz besonderer Vorzüge und somit auch gesteigerter Wertschätzung. Allein, da es sich meist um die Befriedigung eines reinen Luxusbedürfnisses handelt, hängt es lediglich von der Leistungsfähigkeit des Verbrauchers ab, ob dieser Wertschätzung Folge geleistet werden kann. Zunächst gibt es hierbei eine Anzahl Fälle, bei denen Heizung auf anderem Wege überhaupt nicht oder nur unter großen Unbequemlichkeiten oder Gefahren möglich ist, wie bei der Verwendung von Fußwärmern, Wärmekissen, Heißluftduschen, Brennscherenwärmern und anderes mehr. Die hierbei in Frage kommenden Opfer sind gewöhnlich so gering, daß es die Leistungsfähigkeit vielen gestattet, ihrer Wertschätzung durch entsprechenden Gebrauch Ausdruck zu geben.

Weiterhin kommt häufig nur die gelegentliche Verwendung der elektrischen Arbeit zu Wärmezwecken in Frage. Die stete Bereitschaft, die Feuersicherheit, die große Bequemlichkeit und die Möglichkeit, den gewünschten Zweck vollständig zu erreichen, bewirkt es, daß der elektrischen Arbeit hierbei ebenfalls eine sehr große Wertschätzung entgegengebracht wird. Dies trifft besonders bei der Raumheizung in Übergangszeiten zu und in vorübergehend benutzten Räumen, ferner bei der Zubereitung heißer Getränke und Speisen an Orten und zu Zeiten, wo die gewohnte Herstellung auf besonders beheizten Apparaten unbequem und nur unter Aufwendung besonderer Mittel möglich ist, und schließlich beim Plätten der Wäsche. Wenn auch bei allen diesen Vorgängen die Opfer der Bereitstellung größer sind als in den zuerst genannten Fällen, so erreichen sie immerhin nur selten einen solchen Betrag, daß die Leistungsfähigkeit wesentlich die Befriedigung des Bedürfnisses auf elektrischem Wege verhindern würde. Die Vorteile, die der Gebrauch der elektrischen Arbeit hierbei bietet, werden vielmehr so hoch geschätzt, daß ihre Verwendung zu diesem Zwecke immer mehr an Umfang gewinnt.

Bei der dauernden Verwendung der elektrischen Arbeit zu Heiz- und Kochzwecken kommt aber, da es sich hierbei um Beträge handelt, die im Haushalt jedes einzelnen keine unwesentliche Rolle spielen, in erster Linie die Leistungsfähigkeit des Verbrauchers in Betracht. So groß auch die Vorzüge der Elektrizität hierbei sind und so groß infolgedessen auch die ihr entgegengebrachte Wertschätzung ist, so kann sie doch bis jetzt in verhältnismäßig wenig Fällen ihren Ausdruck finden, da die Leistungsfähigkeit meistens geringer ist als der Wertschätzung entsprechen würde. Es steht jedoch zu erwarten, daß die Übergangszeit, in der sich gegenwärtig die Elektrizitätswerke befinden, bald überwunden sein wird und die Verhältnisse so gestaltet werden können, daß die Wertschätzung jedes einzelnen auch der Leistungsfähigkeit angepaßt werden kann.

Bei der Verwendung der elektrischen Arbeit zu chemischen Vorgängen handelt es sich fast ausnahmslos um industrielle Verwertung, die in einzelnen Fällen einen gewaltigen Umfang angenommen hat, so z. B. in der Karbidfabrikation, bei der Stickstoffgewinnung, bei der Wasserstoff- und Sauerstoffbereitung, bei der Elektro-Stahlerzeugung und bei anderen metallurgischen Prozessen. Die Wertschätzung, die hierbei der elektrischen Arbeit entgegengebracht wird, ist lediglich durch ihren Anteil an den Erzeugungskosten, der in einzelnen Fällen, z. B. bei der Stickstoffgewinnung, ein weit überwiegender ist, bestimmt. Der Wert der Erzeugnisse ist hierbei im allgemeinen verhältnismäßig so niedrig und der Anteil der elektrischen Arbeit an der Erzeugung ein so hoher, daß nur Einkaufs- bzw. Erzeugungskosten in Frage kommen, wie sie erst in neuester Zeit durch die weitgehende Zusammenfassung der Elektrizitätserzeugung unmittelbar an den Kraftquellen möglich geworden sind.

Die Wertschätzung wird sich also auch in diesem Falle auf einen einfachen Rechnungsvorgang stützen.

D. Ausdruck und Maß der Wertschätzung.

Nachdem in den vorausgehenden Abschnitten diejenigen Umstände erörtert sind, die die Wertschätzung der elektrischen Arbeit beeinflussen, ist nunmehr zu untersuchen, wie weit diese Wertschätzung einen Ausdruck findet. Für Dinge, die wir wert schätzen, sind wir bereit, Opfer zu bringen; die Größe dieser Opfer gibt ein Maß für die Höhe der Wertschätzung. Im vorliegenden Falle wird das Opfer durch die Ausgaben dargestellt, die für die elektrische Arbeit aufgewendet werden; sie entsprechen im allgemeinen genau der Wertschätzung, die der Verbraucher der elektrischen Arbeit entgegenbringt, wenn auch in einzelnen Fällen das Opfer nicht immer die Grenze der Wertschätzung darstellt, dann nämlich, wenn Leistungsfähigkeit und Wertschätzung nicht in Übereinstimmung sich befinden. Die Betrachtung des Zusammenhanges zwischen Kosten und Wertschätzung wird zweckmäßig wiederum für Licht- und Kraftenergie getrennt.

1. Zusammenhang zwischen Wertschätzung und Kosten bei elektrischer Beleuchtung.

a) Die Erstellungskosten elektrischer Beleuchtung.

Die für die elektrische Beleuchtung von seiten des Verbrauchers aufzuwendenden Kosten können in einmalige und laufende unterschieden werden. Letztere, die in jedem Monat, Vierteljahr oder Jahr regelmäßig wiederkehren, bestehen zunächst in dem für die tatsächlich verbrauchte Arbeit oder irgendeinen entsprechenden Gleichwert zu zahlenden Preise; außerdem sind vielfach noch Nebenkosten zu entrichten, die die Beträge für die Zählergebühr und für den Ersatz und die Unterhaltung der Beleuchtungsmittel umfassen. Die einmaligen Kosten bestehen in den Ausgaben für die Herstellung der Beleuchtungsanlagen; hierzu treten an manchen Orten noch die Kosten des Hausanschlusses, d. h. für das Verbindungsstück zwischen Straßenleitung und Hausanlage und ferner sogenannte Abnahmegebühren, die für die Prüfung und den Anschluß der Hausanlagen an das Straßenleitungsnetz erhoben werden.

Die einmaligen Erstellungskosten hängen ab von der Größe und Art der Anlage und können für bestimmte Ausführungsformen jeweils auf einen gewissen Betrag für die angeschlossene Lichtstelle zurückgeführt werden. Unter den heutigen Verhältnissen kann im Durchschnitt mit einem Betrag von etwa 18 Mark für die Lampe gerechnet werden; es ergeben sich also nach der Lampenzahl mehr oder minder hohe Beträge. Die Überlegung, ob der Verbraucher diese Kosten aufwenden will, hängt zunächst von der Wertschätzung des Nutzens ab, den er von der Beleuchtung erwartet. Die Befriedigung der nach Beleuchtung verlangenden Bedürfnisse erstreckt sich nun aber im allgemeinen auf eine recht lange Zeit, folglich müßte zum Vergleich der aufgewendete Betrag auf die gleich lange Zeit verteilt werden; das ist dann angenähert möglich, wenn so viel flüssiges Kapital zur Verfügung steht, daß dessen Mangel im Augenblick nicht empfunden wird und sein Verlust durch jährliche Beträge für Verzinsung und Abschreibung zum Ausdruck gebracht werden kann. Dies dürfte im allgemeinen bei gewerblicher Beleuchtung der Fall sein; die Ausgaben für die Beleuchtungseinrichtung sind dem Anlagekapital zuzuschreiben, dessen Aufwendung in der Jahresrechnung des Geschäftsmannes durch Verzinsung und Abschreibung Rechnung getragen wird.

In allen anderen Fällen, und zwar sehr häufig bei der Wohnungsbeleuchtung, kann der Betrag nicht auf die Jahre verteilt werden und bedeutet somit eine einmalige unwiederbringliche Ausgabe. Ob diese gemacht werden kann, hängt ab von der Leistungsfähigkeit, also im allgemeinen von dem Einkommen des Verbrauchers bzw. von der Frage, ob nach Befriedigung der übrigen Bedürfnisse für den Verbraucher noch so viel von seinem Einkommen übrig bleibt, daß er die erforderlichen Ausgaben leisten kann.

In welchem Verhältnis derartige Ausgaben zu den übrigen Aufwendungen eines Haushalts stehen, mag aus folgenden Zahlenangaben hervorgehen, die aus den in der zeitgenössischen Nationalökonomie eine große Rolle spielenden Haushaltungsaufstellungen entnommen sind. Schmoller gibt z. B. im „Grundriß der allgemeinen Volkswirtschaftslehre", Band II (L 4), folgende Zahlenangaben:

Zahlentafel VII.

Haushaltaufstellungen.

Hiervon werden verbraucht für	Einkommen bis		
	1049 M. %	3045 M. %	7945 M. %
Nahrung	52,9	40,9	28,0
Kleidung	15,8	10,3	10,5
Wohnung	13,4	18,1	15,5
Heizung und Beleuchtung	5,7	3,0	3,0
Reinigung	2,8	2,5	2,7
Sonstiges	10,0	25,2	40,3
	100,0	100,0	100,0

Neuere Angaben[1]) zeigen folgende Verhältnisse:

	I Beamter M.	II Beamter M.	III Beamter M.	IV Arbeiter M.
Jahresausgaben	12 500	7 000	3 200	1 850
Ausgaben	%	%	%	%
für Ernährung	29,1	33,9	36,7	52,0
„ Kleidung	10,7	7,2	14,4	11,2
„ Wohnung	14,6	25,8	19,2	17,0
„ Heizung und Licht	4,3	4,9	3,8	4,3
Existenzbedarf	58,7	71,8	74,1	84,5
Kulturbedarf	41,3	28,2	25,9	15,5
Insgesamt	100,0	100,0	100,0	100,0

(Die Gruppe „Kulturbedarf" schließt hauptsächlich Körper- und Gesundheitspflege, Unterricht und Erziehung, Geistespflege, Geselligkeit, Befriedigung der Forderungen von Staat, Gemeinde und Kirche, Vorsorge und Fürsorge, Verkehrsmittel, Bedienung und Hilfe im Haushalt, Geldgeschenke und Unterstützungen außerhalb des Haushalts und manches andere ein.)

Für die Beurteilung der Zahlenangaben ist noch zu berücksichtigen, daß es sich hierbei nur um ganz angenäherte Mittelwerte handelt, die von Ort zu Ort verschieden sein können. Weiterhin hängt die Höhe der Ausgaben und ihre Verteilung auf die verschiedenen Gruppen von einer großen Anzahl Umstände ab, so von der Wohlhabenheit und von der Kopfzahl, von der verhältnismäßigen Zahl der Frauen, vom Altersaufbau, vom Beruf usw. Nach den beiden Aufstellungen hat es den Anschein, als ob der anteilige Betrag für Beleuchtung und Heizung nicht unwesentlich gestiegen sei; dies steht in Übereinstimmung mit der früher festgestellten Tatsache, daß das Licht- und Wärmebedürfnis im Laufe der Jahre wesentlich zugenommen hat. Man kann annehmen, daß von den Posten Heizung und Beleuchtung ungefähr $^3/_5$ für Heizung zu rechnen sind; es bleibt dann also gemäß der letzten Aufstellung für Beleuchtung:

bei Jahresausgaben von M.	%	M.
1 850,—	1,72	= 32,—
3 200,—	1,96	= 63,—
7 000,—	1,52	= 106,—
12 500,—	1,72	= 215,—

Nach der früheren Aufstellung ergeben sich:

bei einem Einkommen von M.	%	M.
1 049,—	2,28	= 24,—
3 045,—	1,2	= 37,—
7 945,—	1,2	= 95,—

[1]) Einem Artikel über Arbeiterhaushalt, Lebenskosten und Lohn von Bittmann im Berliner Tageblatt Nr. 374 vom 26. Juli 1914 entnommen.

Aus diesen Zahlen geht hervor, daß das Lichtbedürfnis bei dem mittleren und höheren Einkommen in größerem Maße als bei dem niedrigeren gestiegen ist bzw. daß die ersteren ihrer Wertschätzung in höherem Maße Ausdruck geben konnten als die letzteren.

Rechnet man nun als mindesterforderliche Beleuchtung bei einem Einkommen bis 1800 M. 4 Lampen, bis 3000 M. 6 Lampen, so würde eine solche Anlage rund 72 Mk. $= 4\%$ bzw. 108 Mk. $= 3,6\%$ des Einkommens beanspruchen. Da man nun annehmen muß, daß insbesondere für die unteren Einkommenstufen der in den obigen Haushaltungsaufstellungen angegebene Anteil die Höchstausgabe darstellt, die überhaupt für Beleuchtung verwendet werden kann, so folgt, daß eine einmalige Ausgabe von 4 bzw. $3,6\%$ des Einkommens zu hoch ist und infolgedessen unterbleiben muß. Nimmt man dagegen z. B. bei einem Einkommen von 7000 Mk. eine Anlage von 15 Lampen an, was einer Ausgabe von etwa 300—350 Mk. entspricht, so wäre selbst für den Fall, daß diese Ausgabe einen einmaligen dauernden Verlust bedeutet, der Posten „Sonstiges“ nicht in dem Verhältnis gekürzt wie bei dem niedrigeren Einkommen; man muß jedoch annehmen, daß auf dieser Einkommenstufe soviel Kapital flüssig ist, daß nur Verzinsung und Abschreibung in Frage kommen, also z. B. 20% von 350 Mk. $= 70$ Mk., d. h. die Mehrausgabe würde nur 1% betragen, was nach den angegebenen Zahlen wohl kaum schwer ins Gewicht fallen kann. Es folgt also, daß die Kosten für die Einrichtung elektrischer Beleuchtung in vielen Fällen so hoch sind, daß sie die Leistungsfähigkeit des Verbrauchers überschreiten und von der Benutzung der elektrischen Beleuchtung abschrecken müssen. Die Ausgaben für die Herstellung des Hausanschlusses und für die Prüfung und Abnahme der Anlage wirken stets im gleichen Sinne wie die Anschaffungskosten und können diese recht beträchtlich erhöhen. Während aber die Gegenleistung dieser letzteren, die gesamte Beleuchtungsanlage, in den Besitz des Verbrauchers übergeht, sieht er sich bei den Hausanschluß- und Abnahmegebühren keiner entsprechenden Gegenleistung gegenüber und erachtet daher diese Ausgaben für unnötig und ungerecht. Die obigen Berechnungen zeigen auch deutlich, daß es eine große Anzahl Fälle gibt, wo gerade das Hinzutreten dieser Ausgaben zu den Einrichtungskosten eine Überschreitung derjenigen Ausgabengrenze verursacht, die durch die Leistungsfähigkeit des Verbrauchers gezogen ist. Die Abwälzung dieser Kosten auf den Verbraucher ist also nicht geeignet, vorteilhaft für die Anschlußbewegung zu wirken und in vielen Fällen dürfte daher eine anderweitige Verrechnung im Interesse der Unternehmungen gelegen sein. Von derartigen Erwägungen ausgehend, hat man sogar in einzelnen Werken nicht nur von der Erhebung solcher Gebühren Abstand genommen, sondern auch die Anlagen im Hause des Verbrauchers auf Kosten des Werkes ausgeführt und berechnet entsprechende jährliche Verzinsung und Abschreibungsbeträge. Hierüber wird an anderer Stelle noch ausführlicher gesprochen werden.

b) Die laufenden Kosten.

Der Zusammenhang zwischen den laufenden Kosten und der Wertschätzung der Beleuchtung ist ein anderer, je nachdem es sich um Erwerbs- oder Wohnungsbeleuchtung handelt. Der grundlegende Unterschied besteht, wie schon angedeutet, darin, daß im ersteren Falle die Ausgaben für Beleuchtung als Geschäftsunkosten, im weiteren Sinne also als Betriebsmittel, angesehen werden, während die Ausgaben für Wohnungsbeleuchtung von dem Betriebserfolg, dem Gewinn, abgerechnet werden müssen. Abgesehen davon, daß jeder vorsichtige Kaufmann die Betriebsunkosten nach Möglichkeit zu verringern sucht, wird im allgemeinen die Höhe der Unkosten für Beleuchtung der Wertschätzung entsprechen. Letztere ist abhängig von dem Verhältnis dieser Unkosten zu den übrigen Betriebsausgaben. Dieses Verhältnis ist bei den einzelnen Gewerbezweigen ein sehr verschiedenes. Bei Geschäftsräumen ohne offene Verkaufsstelle bilden die Ausgaben für Beleuchtung einen äußerst geringen Anteil der Gesamtunkosten, oft weniger als 0,1%, bei offenen Verkaufsräumen, Gastwirtschaften usw. einen ziemlich hohen, namentlich wenn in ausgiebigstem Maße von Reklamebeleuchtung Gebrauch gemacht wird. Es ist ersichtlich, daß im ersten Falle die Ausgaben für Beleuchtung viel eher gesteigert werden können als im letzteren, d. h. die Wertschätzung der besonderen Vorteile der elektrischen Beleuchtung kann also in höherem Maße zum Ausdruck kommen als bei der Gruppe mit offenen Verkaufsstellen. Es folgt also, daß die gleiche Beleuchtung unter sonst ähnlichen Verhältnissen bei der Laden- und Gasthofbeleuchtung mit geringeren Preisen zu belegen ist als bei den übrigen Erwerbsgruppen, auch schon aus dem Grunde, weil die zur Beleuchtung erforderlichen Arbeitsmengen wesentlich höher sind als bei den letzteren. Dieser Tatsache wird in den meisten Verkaufsbedingungen der Elektrizitätswerke in irgendeiner Weise, wenn auch meist auf Umwegen, Rechnung getragen.

Bei der Wohnungsbeleuchtung können die Ausgaben der Wertschätzung nur insoweit entsprechen, als die Leistungsfähigkeit nicht überschritten wird, andererseits entspricht der Preis nicht der Wertschätzung, wenn die Leistungsfähigkeit bzw. das Einkommen des Verbrauchers sich über der der Wertschätzung entsprechenden Grenze bewegt. In welchem Verhältnis Ausgaben für Beleuchtung und Einkommen zueinander stehen, ist einigermaßen aus den oben angeführten Haushaltungsaufstellungen ersichtlich. Es geht daraus hervor, daß im allgemeinen der Anteil der Beleuchtungskosten mit der Höhe des Einkommens zurückgeht. Da dieser Anteil bei dem niedrigeren Einkommen wohl die Höchstgrenze darstellt, die überhaupt für Wohnungsbeleuchtung ausgegeben werden kann, ist aus diesem Rückgang des Anteils bei dem höheren Einkommen zu schließen, daß, je höher das Einkommen, um so weniger der Preis der Wertschätzung entspricht. Offenbar würde der Verbraucher mit größerem Einkommen im Notfalle einen höheren Preis bezahlen als tatsächlich von ihm verlangt wird, während bei dem Verbraucher mit geringer Leistungsfähigkeit die tatsächliche Ausgabe das höchste für Beleuchtung aufzuwendende Opfer darstellt. Infolgedessen wird bei dieser letzten Gruppe von Verbrauchern stets diejenige Preisstellung bevorzugt, bei der die Ausgaben für Beleuchtung feststehende sind und Unsicherheiten oder gar Überraschungen hinsichtlich der Rechnung ausgeschlossen sind. Überschreitet der Preis die Leistungsfähigkeit, bzw. ist der für das elektrische Licht zu zahlende Preis höher als für andere Beleuchtungsarten, dann können sämtliche Vorteile der elektrischen Beleuchtung bei den Verbrauchern mit geringem Einkommen seine Einführung nicht veranlassen; im äußersten Falle wird man vielleicht mit geringer Beleuchtung zufrieden sein und z. B. die gesundheitlichen Vorteile höher einschätzen, aber keinesfalls wird ein höherer jährlicher Betrag gezahlt werden können. Auf diesen Umstand sind auch die früher, namentlich bei kleineren Elektrizitätswerken, zahlreichen Fälle zurückzuführen, in denen die Verbraucher nach kurzer Bekanntschaft mit der elektrischen Beleuchtung wieder zu anderen künstlichen Lichtquellen zurückgekehrt sind. Es wird dann nur in den Räumen elektrische Beleuchtung benutzt, die zur Repräsentation dienen, oder wo es die Rücksicht auf Feuergefährlichkeit besonders wünschenswert erscheinen läßt. Bei einer derartigen Benutzung der elektrischen Beleuchtung leidet die gesamte Wertschätzung der elektrischen Arbeit, weil ihre Vorteile nicht in vollem Maße zur Geltung kommen können.

Aus dem Gesagten geht weiter hervor, daß es auch für die mittleren Einkommen erwünscht sein muß, wenigstens die ungefähre Größe der Beleuchtungsunkosten im voraus zu kennen und bestimmte Grenzen nicht zu überschreiten; auf dieser Tatsache beruht die Beliebtheit der sogenannten Gebührentarife (siehe Seite 190), bei denen der Verbraucher wenigstens den größten Teil seiner Ausgaben im voraus kennt. Erst bei dem höheren Einkommen ist es vom wirtschaftlichen Standpunkt aus nicht von der gleichen Wichtigkeit, in welcher Höhe die Beleuchtungsrechnung sich am Jahresende ergibt, weil dort der Gesamtbetrag überhaupt unter der Grenze der Wertschätzung bleibt.

Die laufenden Kosten sind aber keineswegs auf die Ausgaben für die

elektrische Arbeit allein beschränkt, sondern umfassen noch in vielen
Fällen weitere Posten, so in erster Linie die Zählergebühren, d. h.
einen monatlich oder vierteljährlich erhobenen Betrag für die zur Messung der verbrauchten elektrischen Arbeit vorgesehene Einrichtung
(gewöhnlich fälschlich „Zählermiete" genannt). Hierbei ist zunächst
zu vergleichen, in welchem Verhältnis die Ausgaben für Zählergebühren
zur Gesamtausgabe für Beleuchtung stehen. Nach der St. V. E. W.
1912/13 beträgt die Einnahme aus Zählergebühr pro nutzbar abgegebene
Kilowattstunde in Ausnahmefällen bis zu 5 $\mathcal{S}_{\mathfrak{h}}$, im Mittel etwa 1,2 $\mathcal{S}_{\mathfrak{h}}$,
während die durchschnittliche Einnahme pro Kilowattstunde im ganzen
im gleichen Jahre sich auf 19,5 $\mathcal{S}_{\mathfrak{h}}$ stellt, d. h. es sind im Durchschnitt
ca. 6% für Zählergebühren aufzubringen. Da der Verbraucher diese
Ausgabe im allgemeinen als eine nutzlose empfinden muß, glaubt er
dadurch die elektrische Beleuchtung im gleichen Maße verteuert. Für
einzelne Anlagen und für die Sommerzeit wird dieses Verhältnis noch
ungünstiger; es kann hierbei vorkommen, daß der Betrag für Zählergebühren höher ist als die Ausgabe für die Beleuchtung selbst, und es
ist einleuchtend, daß kleinere Verbraucher hierdurch überhaupt vom
Verbrauch elektrischer Arbeit abgeschreckt werden. Bei größeren Anlagen bzw. solchen mit größerem Verbrauch tritt die Ausgabe für
Zählergebühren immer mehr zurück und wird infolgedessen weniger
empfunden. Im ganzen können jedoch die Unternehmungen, wie
später gezeigt werden soll, auf einen Ersatz ihrer für die Messung der
elektrischen Arbeit sich ergebenden Auslagen nicht verzichten. Es fragt
sich nur, ob die Form der Erhebung einer besonderen Zählergebühr
mit Rücksicht auf die Wertschätzung der Verbraucher eine zweckmäßige Maßregel ist.

Außer der Zählergebühr kommen die Kosten für den Ersatz der Beleuchtungsmittel, also der Glühlampen bzw. der Bogenlichtkohlen,
hinzu. Was die ersteren betrifft, so kann bei einer normalen Metalldrahtlampe — und um solche handelt es sich heute in den meisten
Fällen — eine Lebensdauer von mindestens 1200 Stunden angenommen werden; durchschnittlich wird also jede Lampe alle 2—6 Jahre
ersetzt werden müssen, was selbst bei ganz geringem Verbrauch in
kleinen Anlagen einem Anteil von höchstens 2—3% der Energiekosten
entspricht. Im allgemeinen wird dieser Betrag also nicht schwer ins
Gewicht fallen und auf das Verhältnis der Wertschätzung zum Preis
kaum einen Einfluß auszuüben vermögen. Wichtiger ist, daß der Ersatz der Lampen häufig mit Unbequemlichkeiten für den Verbraucher
verknüpft ist, und dies erkennend haben manche Elektrizitätswerke
besondere Einrichtungen für den erleichterten Umtausch getroffen.
Wie gering übrigens der Einfluß dieser Kosten auf die Wertschätzung
ist, geht auch daraus hervor, daß der früher, zu der Zeit der Kohlen-

fadenlampe, nicht selten ausgeübte Gebrauch der Elektrizitätswerke den Verbrauchern freien Lampenersatz zu gewähren, ohne jegliche Beeinträchtigung der Ausbreitung der elektrischen Beleuchtung verschwinden konnte. Höhere Beträge als bei den Glühlampen ergeben die Kosten für den Ersatz der Bogenlampenkohlen; man muß hier mit etwa 4—8% der reinen Beleuchtungskosten rechnen, was immerhin nicht zu vernachlässigen ist. Trotzdem dürften dadurch die Unkosten niemals so hoch werden, daß die Wertschätzung überstiegen werden könnte; rechnet man nämlich den Gesamtbetrag der Kosten auf die Lichteinheit um und vergleicht diese Zahl mit anderen Beleuchtungsarten, so ergibt sich immer noch ein verhältnismäßig niedriger Preis. Zudem werden die Bogenlampen meistenteils in solchen Fällen angewendet, wo ohnehin der elektrischen Beleuchtung eine erhöhte Wertschätzung zuteil wird. Weitere laufende Ausgaben, wie z. B. die auf die Feuerversicherung der Anlagen entfallenden Beträge, sowie sonstige Unterhaltungs- und Bedienungskosten, sind so geringfügig, daß sie bei der Beurteilung der gesamten Kosten der elektrischen Beleuchtung nicht ins Gewicht fallen.

2. Zusammenhang zwischen Wertschätzung und Kosten bei elektrischem Kraftbetrieb.

Die Beträge, die bei elektrischer Kraftleistung von den Verbrauchern aufgewendet werden müssen, sind im Durchschnitt für den einzelnen ganz bedeutend höher als die entsprechenden Ausgaben für Beleuchtung. Auch hier ist wieder zwischen den einmaligen und den stets wiederkehrenden Ausgaben zu unterscheiden. Die einmaligen Kosten sind in den meisten Fällen so beträchtlich, daß der hierdurch entstandenen Vermögensminderung durch entsprechende Beträge für die Verzinsung und Abschreibung Rücksicht getragen werden muß. Die einmaligen Kosten sind so in laufende Ausgaben umgewandelt, und zwar in eine jährlich wiederkehrende feste Ausgabe, die vom Verbrauch unabhängig ist; dazu kommen dann die veränderlichen Kosten, und zwar wiederum die Ausgaben für die tatsächlich verbrauchte Arbeit und, wie beim Licht, zusätzliche Kosten für Zählergebühren, für Bedienung, Ölverbrauch, Bürstenersatz, Unterhaltung usw.

Die festen Kosten setzen sich zusammen aus den Ausgaben für den Motor, für die erforderlichen Schaltapparate und die Zuleitung. Sie sind im allgemeinen abhängig von der Leistung des Motors, steigen aber nicht im Verhältnis mit seiner Größe, sondern die Kosten für die Leistungseinheit werden mit wachsender Größe kleiner. Infolgedessen ändert sich auch das Verhältnis der Stromkosten zu den festen Ausgaben. Letztere fallen um so mehr ins Gewicht, je kleiner die Anlage und je geringer ihre Ausnutzung ist; sie betragen z. B. beim Kleingewerbe nicht selten 15—20% der Ausgaben für die elektrische Arbeit selbst. Berücksichtigt man hierbei die Lage des Kleingewerbes, so muß man zu der Erkenntnis gelangen, daß die Anschaffungskosten gar oft die Leistungsfähigkeit übersteigen, daß aber die Umwandlung dieser in feste laufende Ausgaben kaum sehr schwer empfunden werden wird, mit anderen Worten, wenn man dem Verbraucher die eigentlichen Anschaffungskosten erspart und ihm den Motor in Miete überläßt, so wird man in vielen Fällen erreichen können, daß die Wertschätzung noch innerhalb der Leistungsfähigkeit bleibt. In welchem Verhältnis diese Ausgaben zur Wertschätzung stehen, läßt sich in den meisten Fällen sehr leicht bestimmen. Da, wie oben ausgeführt, die Wertschätzung auf dem durch den Motor erreichten Gewinn beruht und dieser sich in Geldeswert ausdrücken läßt, ist die äußerste Grenze der Wertschätzung durch eine einfache Berechnung gegeben. Überlegt ein Handwerker z. B. die Einführung des elektrischen Betriebes, so dürfen die Gesamtausgaben nicht höher sein als dem bisherigen Kraftverbrauch und der voraussichtlichen Ersparnis an Arbeitslöhnen bzw. dem voraussichtlichen Gewinn an schnellerer und besserer Gütererzeugung entspricht; so hoch wird im äußersten Falle der Verbraucher die Kraftleistung schätzen, unter der Erwägung der sämtlichen Vorteile, welche ihm die gerade angewendete Form der mechanischen Arbeitskraft gewährt. Bietet ihm eine andere Kraftmaschine bei niedrigerem Preis dieselben Vorteile, oder sind im einzelnen Vorzüge des Elektromotors nicht von Belang, so wird er unter allen Umständen jene billigere Arbeitskraft beibehalten. Die Ausgaben, die er bei letzterer aufwenden würde, stellen also die unterste Grenze der Wertschätzung dar; sinkt der Preis unter diese, erreichen also die Kosten seine Wertschätzung nicht, so könnten diese erhöht werden. Dieser Zusammenhang wird leider bei der Preisstellung von seiten der Elektrizitätsunternehmungen häufig nicht beachtet. Gerade das Handwerk, namentlich soweit es sich mit der Herstellung von Lebensmitteln befaßt, und ferner die Landwirtschaft erzielen durch die Anwendung der elektrischen Arbeit meistenteils so große Ersparnisse an Löhnen, daß ihnen die Anwendung des elektrischen Betriebes selbst dann noch große Vorteile bringen würde, wenn die Preise wesentlich höher sind als die heute diesen Kreisen gewährten. Vielfach haben die Elektrizitätsunternehmungen in Vernachlässigung dieser wirtschaftlichen Zusammenhänge den naturgemäß auf stete Preisermäßigung hinzielenden Bestrebungen sehr zu ihrem Schaden nachgegeben, so daß in zahlreichen Unternehmungen die Preise wesentlich unter der Wertschätzung mancher Verbrauchsgruppen liegen. Andererseits wird vielfach übersehen, daß sich die Ausgaben für elektrische Arbeit um so mehr an der Grenze der Wertschätzung bewegen, je größer der Anteil der Kraftkosten an den gesamten Erzeugungskosten ist und daß dort geringfügige Preisunterschiede sehr häufig verursachen können, daß die Leistungsfähigkeit unter die Wertschätzung herabsinkt. Dies ist namentlich der Fall, wenn die elektrische Arbeit mit anderen Kraftmaschinen in Wettbewerb tritt; häufig genügt dann eine mäßige Preisherabsetzung, um die Wertschätzung mit der Leistungsfähigkeit in Einklang zu bringen.

3. Einfluß von Preisveränderungen auf die Wertschätzung und den Verbrauch.

Nach den bisherigen Ausführungen kann der Zusammenhang zwischen Wertschätzung, Verbrauch und Ausgaben im allgemeinen durch den Satz dargestellt werden: der Verbrauch entspricht der Wertschätzung, solange die Ausgaben die Leistungsfähigkeit nicht übersteigen, andererseits findet eine Einschränkung statt, wenn der Preis über die Wertschätzung oder über die Leistungsfähigkeit hinausgeht. Nach diesem Satz läßt sich der Einfluß von Preisveränderungen auf den Verbrauch und die Wertschätzung feststellen.

Da die Wertschätzung von Bedürfnissen abhängt, die letzteren aber zum größten Teil unabhängig von der Preisstellung sind, folgt zunächst, daß die Wertschätzung selbst von einer Preisveränderung nicht berührt wird und unverändert bleibt. Wohl aber wird der Verbrauch innerhalb der Wertschätzung durch den Preis bedingt, d. h. Preisveränderungen können selbst bei gleichbleibender Wertschätzung auf die Größe des Verbrauches einwirken.

Was zunächst die Erhöhung der Preise betrifft, so dürfte sich dieser Fall unter normalen Verhältnissen selten ereignen; er trat in gewissem Umfange durch die Einführung der Leuchtmittelsteuer ein und würde sich in erhöhtem Maße durch die Einführung einer wiederholt geplanten Besteuerung der Elektrizität bemerkbar machen. So lange nicht ein Sinken des Geldwertes in Frage kommt, ist die Folge dieser Erhöhung, daß diejenigen, bei denen die erhöhten Preise die Wertschätzung übersteigen, den Gebrauch der elektrischen Beleuchtung aufgeben, soweit nicht ein gewisses Trägheitsmoment eine Rolle spielt, indem einmal genossene Vorteile ungern aufgegeben werden, selbst für den Fall, daß höhere Opfer dafür gebracht werden müssen. Letzteres trifft nur zu, wenn durch die Preiserhöhung die Leistungsfähigkeit nicht überschritten wird. Da aber bei der weitaus größten Zahl aller Abnehmer der Verbrauch bis zur Grenze der Leistungsfähigkeit und Wertschätzung ausgedehnt ist, steht zu erwarten, daß jede, auch eine geringfügige Preiserhöhung, einen entsprechenden Rückgang in dem Verbrauch zur Folge haben muß. In jenen Fällen dagegen, wo die gezahlten Preise die Wertschätzung nicht erreichen, wird eine Verminderung des Verbrauches nicht stattfinden. Diese Folgerungen sind durch die mit den sogenannten Kriegszuschlägen gemachten Erfahrungen vollauf bestätigt worden [1]).

Von besonderer Wichtigkeit ist der Fall, daß die Preise vermindert werden, was bei den meisten Unternehmungen, die sich mit dem Verkauf elektrischer Arbeit befassen, in gewissen Zeiträumen immer von neuem verlangt und auch häufig zugestanden wird. Da das Licht- und Kraftbedürfnis, wie anfangs ausgeführt, in steter Steigerung begriffen ist, so wird die Entfernung jedes wirtschaftlichen Hindernisses, das seiner Befriedigung entgegensteht, z. B. hoher Preise, eine Vermehrung des Verbrauches im Gefolge haben. Eine Preisherabsetzung wird sich somit in doppelter Weise bemerkbar machen; einmal werden jene Verbraucher, welche elektrische Arbeit benutzen, sie in ausgedehnterem Maße verwenden, ohne aber im allgemeinen über die Gesamtsumme der bisher gezahlten jährlichen Ausgaben hinauszugehen, weil jeder, insbesondere bei geringerer wirtschaftlicher Leistungsfähigkeit immer nur den Betrag für Beleuchtung, Kraft usw. aufwendet, der ihm im äußersten Falle nach Befriedigung aller anderen wichtigeren Bedürfnisse übrigbleibt. Dies bestätigt auch die Erfahrung, indem man bemerkt hat, daß in Werken, wo Preisermäßigungen für Beleuchtung stattgefunden haben, die Verbraucher im allgemeinen dieselben Beträge im ganzen aufwenden als zuvor, d. h. sie machen wohl von der elektrischen Beleuchtung einen umfangreicheren Gebrauch als früher, ohne aber im ganzen höhere Ausgaben hierfür aufzuwenden. — Ferner wird bei einer Preisermäßigung für eine Anzahl Lichtverbraucher die erforderliche Ausgabe unter die Grenze ihrer Wertschätzung oder ihrer Leistungsfähigkeit herabsinken, so daß diese sich jetzt dem Gebrauch der elektrischen Arbeit zuwenden werden; die Anzahl dieser neuen Verbraucher kann aber nur dann eine nennenswerte sein, wenn die Preisermäßigung so groß ist, daß die im Wettbewerb stehenden Energieformen unterboten werden.

Jedoch wird auch bei der weitestgehenden Preisermäßigung der Verbrauch nur so weit gesteigert werden als dem Bedürfnis entspricht; dies ist namentlich bei der Verwendung der elektrischen Arbeit zu Kraftzwecken zu berücksichtigen. Kein Gewerbetreibender wird bei Preisermäßigungen mehr Kraft verbrauchen als seine Betriebsverhältnisse verlangen; er wird lediglich die für ihn durch eine Preisermäßigung sich ergebende Ersparnis begrüßen, ohne im allgemeinen zu einem

---

[1]) Hierbei ist zu berücksichtigen, daß während des Krieges eine allgmeine Entwertung des Geldes eingetreten ist, so daß angesichts der langen Dauer des Krieges die Erhöhung der Elektrizitätspreise lediglich eine Anpassung an den verminderten Geldwert bedeutet; würde diese Erhöhung unterbleiben, so wäre mit einer Entwertung der elektrischen Arbeit zu rechnen.

höheren Verbrauch veranlaßt werden zu können. Ferner wird auch das Lichtbedürfnis zu Zeiten, in denen es gering ist, durch eine Preisermäßigung in keiner Weise erhöht werden können, so daß Preiserniedrigungen für Lichtverbrauch im Sommer und am Tage nicht den von den Elektrizitätswerken erwarteten großen Erfolg gehabt haben. Im allgemeinen beträgt der Verbrauch in den Sommermonaten (Mai bis einschl. September) bei unseren Verhältnissen ungefähr $^{1}/_{4}$ des gesamten jährlichen Verbrauchs; dies beweist, daß das Bedürfnis nach Beleuchtung und damit ihre Wertschätzung in dieser Zeit gering sind. Die niedrigeren Preise entsprechen somit wohl der geringeren Wertschätzung, können aber einen erhöhten Lichtverbrauch im allgemeinen nicht herbeiführen. — Freilich gibt es auch nennenswerte Ausnahmen, z. B. in Städten mit ungünstigen klimatischen Verhältnissen, wie viele Hafenstädte, wo dichter Nebel häufig das Tageslicht verdunkelt, oder Orte mit enggebauten lichtarmen Häusern oder Läden mit großer Tiefe, bei denen die Schaufenster durch Schmuck und Behänge abgeschlossen sind. In allen diesen Fällen ist aber die Beleuchtung eine Notwendigkeit, ihre Wertschätzung wird also derjenigen am Abend entsprechen und Preisermäßigungen können nur insoweit einen Erfolg haben, als die Preise unter die der bisher angewendeten Beleuchtung sinken, wobei freilich die Vorteile der elektrischen Beleuchtung noch besonders zu bewerten sind. In ähnlicher Weise ist die Herabsetzung der Preise im Sommer mit Bezug auf den Verbrauch nur dort von Wirkung, wo viele Räumlichkeiten vorhanden sind, die nur im Sommer benutzt werden und bei denen das Bedürfnis nach Beleuchtung tatsächlich ein geringes ist; das dürfte im allgemeinen nur bei Sommerwohnungen und Gartenwirtschaften der Fall sein. Andererseits entspricht eine derartige Beleuchtung mehr einem Luxusbedürfnis, so daß in den meisten Fällen der Preis ohnehin unter der Wertschätzung bleibt und eine Preisherabsetzung nicht imstande ist, den Verbrauch zu steigern. Solche Verhältnisse liegen besonders in Badeorten vor; in der Erwägung des zuletzt genannten Umstandes werden dort die Preise für die Beleuchtung im Sommer häufig sogar beträchtlich höher gehalten als im Winter.

Die Berücksichtigung der Wertschätzung der Verbraucher bei Preisermäßigungen ist namentlich bei dem Verbrauch der elektrischen Arbeit zu Wärmezwecken von Bedeutung. Vielfach scheinen die Elektrizitätsverkäufer anzunehmen, daß schon eine geringe Ermäßigung der Strompreise genügt, um dem Bedürfnis nach elektrisch erzeugter Wärme entgegenzukommen. Es hat sich aber meist sehr bald herausgestellt, daß diese Annahme irrtümlich war, denn abgesehen von Ausnahmen und von gelegentlicher Verwendung der elektrischen Arbeit bleiben bei geringen Preisermäßigungen die Unkosten immer noch so wesentlich über der Wertschätzung bzw. der Leistungsfähigkeit, bestimmt aber über den Ausgaben, die durch andere Wärmequellen verursacht werden, daß eine ausgedehnte Verwendung der elektrischen Arbeit hierbei nicht eintreten konnte. Soll der Verbrauch auf diesem Gebiete wesentlich gesteigert werden, so muß die Preisermäßigung unter allen Umständen so weit herabgehen, daß die bei anderen Energiequellen erforderlichen Ausgaben unter Berücksichtigung der besonderen Vorteile, die die elektrische Arbeit bei der Erzeugung der Wärme gewährt, bedeutend unterschritten werden.

II. Die Beeinflussung der Nachfrage durch Werbetätigkeit.

Unser heutiges Wirtschaftsleben kennzeichnet sich im Gegensatz zu dem der früheren Jahre dadurch, daß die Erzeugung und der Verbrauch an Gütern nicht mehr in unmittelbarem Zusammenhang stehen. Während der Gewerbetreibende früher ausschließlich für den vorhandenen, eng umgrenzten und ihm von vornherein genau bekannten Bedarf arbeitete, erfolgt jetzt die Gütererzeugung meist ganz unabhängig von dem augenblicklichen Bedarf und der Ausgleich ergibt sich nicht mehr in unmittelbarer Wechselbeziehung zwischen Erzeugung und Verbrauch, sondern im freien Markt. Infolgedessen muß besondere Vorsorge für den Güterabsatz getroffen werden, und zwar um so mehr als der infolge der Gewerbefreiheit eingetretene Wettbewerb jeden vom Markt zurückdrängt, der den Absatz seiner Ware lediglich dem Zufall oder allein dem Begehren des Käufers überläßt. — Beim Verkaufe elektrischer Arbeit kommt hinzu, daß ursprünglich eine Nachfrage überhaupt nicht vorhanden war, da das Bedürfnis nach den Gütern, die die Elektrizitätswerke mittelbar erzeugen, Licht, Kraft, Wärme usw. in ausreichender Weise — wie es schien —. befriedigt wurde. Ferner ist für die Elektrizitätsunternehmungen die Notwendigkeit, in besonderem Maße für den Absatz zu sorgen, dadurch gegeben, daß die Anlagen bei Errichtung und Vergrößerung meist weit über den augenblicklichen Bedarf hinaus bemessen werden, daß daher hohe Anlagekosten in Frage kommen, denen zur Erzielung wirtschaftlicher Ausnutzung ein möglichst großer Umsatz gegenübergestellt werden muß; daß sich ferner mit steigendem Umsatz die unmittelbaren Erzeugungskosten verringern. Weiter kommt in Betracht, daß infolge der Eigenart der Elektrizitätserzeugung die Zeiten voller Ausnutzung der Betriebsmittel nur einen ganz geringen Bruchteil der Gesamtbetriebsstunden ausmachen, und daß die Werke bestrebt sein müssen, auch in den Stunden schwacher Belastung einen möglichst hohen Verbrauch zu erzielen. Neben diesen in der Eigenart der Elektrizitätsunternehmungen begründeten Verhältnissen sind sie schon durch die vielfältigen von fast sämtlichen übrigen geschäftlichen Unternehmungen gemachten Anstrengungen, die auf Absatzvergrößerung hinzielen, zu Maßnahmen ähnlicher Art gezwungen; die Aufmerksamkeit der in Betracht kommenden Abnehmerkreise würde — vielleicht unbewußt oder gar wider Willen — unter dem Einfluß eindringlicher Werbearbeit anderer Unternehmungen von der Elektrizitätsverwendung abgelenkt, wenn die Elektrizitätswerke sich nicht selbst dieser Waffe im Wettbewerb bedienen würden.

Aus allen diesen Gründen hat sich für die Elektrizitätsunternehmungen immer mehr die Notwendigkeit ergeben, eine umfangreiche Werbetätigkeit zu entfalten, um die Nachfrage nach elektrischer Arbeit zu erhöhen. Die Erfahrung weniger Jahre hat schon gezeigt, daß auf diesem Wege beträchtliche Erfolge zu erringen sind. Hauptbedingung hierfür aber ist, daß bei der Ausübung der Werbetätigkeit nicht planlos vorgegangen wird; dies ist nicht bloß mit Bezug auf die Wirkung erforderlich, sondern vor allem deshalb, weil eine eindringliche Werbearbeit große Kosten verursacht, die bei planlosem Vorgehen leicht vergebens ausgegeben sein können. Da die hierbei einzuschlagenden Wege und die zu erreichenden Ziele bei vielen Unternehmungen die gleichen sind, erweist sich ein gemeinsames Vorgehen von besonderem Vorteil, wie es durch die Geschäftsstelle für Elektrizitätsverwertung (Gefelek), die sich die deutschen Elektrizitätswerke und Fachverbände im Verein mit der Elektroindustrie und dem Installateurstand geschaffen haben, für einzelne Zweige der Werbetätigkeit ermöglicht worden ist.

Zu einer erfolgreichen Ausübung der Werbetätigkeit ist Klarheit darüber erforderlich, einmal, auf was sich die Werbetätigkeit beziehen soll, dann, welche Mittel hierzu zur Verfügung stehen und schließlich, in welcher Art sie anzuwenden sind; demgemäß sind im folgenden die Grundlagen, die Mittel und die Ausführung der Werbetätigkeit behandelt. Es kann sich hierbei entsprechend dem Rahmen dieser Arbeit nicht um ganz allgemeine Erörterung dieser Gegenstände handeln, sondern lediglich um ihre Besonderheiten beim Verkauf elektrischer Arbeit.

A. Die Grundlagen der Werbetätigkeit.

Für die Erhöhung der Nachfrage nach elektrischer Arbeit bieten sich im allgemeinen drei Wege dar:

    a) Erweiterung örtlicher Grenzen des Versorgungsgebietes durch Anschluß neuer Ortschaften,

    b) Vergrößerung der Zahl der Abnehmer innerhalb des bestehenden Versorgungsgebietes,

    c) Erhöhung des Verbrauches der einzelnen Abnehmer durch Erschließung neuer Verwendungsgebiete.

Da die Werbetätigkeit auf eine Erhöhung der Nachfrage hinzielt, die Erhöhung der Nachfrage aber untrennbar mit einer Erweiterung oder

Steigerung von Bedürfnissen verbunden sein muß, so müssen die Grundlagen der Werbetätigkeit in der Erkenntnis der Bedürfnisse beruhen. Letztere wiederum sind bedingt durch die wirtschaftlichen und kulturellen Verhältnisse jedes einzelnen und des Kreises, dem er angehört. Diese sind also zuerst zu ermitteln. Je nach der Richtung, in der sich die Werbetätigkeit bewegen soll, werden hierbei verschiedenartige Verhältnisse in Frage kommen. Sofern es sich um die Elektrizitätsversorgung neuer Ortschaften handelt, ist zunächst eine genaue Kenntnis des Charakters des Ortes erforderlich. Eine solche Kenntnis allgemeiner Art dürfte für die Werbetätigkeit dort vielfach genügen, wo ihre Bearbeitung durch Persönlichkeiten geschieht, die mit Land und Leuten vertraut sind, anderenfalls sind genaue Erhebungen erforderlich. Die erste Maßnahme hat eine örtliche Besichtigung zu bilden; hierbei ergibt sich schon, ob es sich um einen reichen oder armen Ort, um einen Wohn- oder Handelsplatz, um eine Industrie- oder Landstadt handelt. Dieser erste Eindruck kann erweitert und befestigt werden durch eine eingehende Durchsicht von vorhandenen Adreßbüchern, Stadtplänen und Führern. Zweckmäßig wird die örtliche Besichtigung am Tage und in den Beleuchtungsstunden ausgeführt, um einen Einblick in das vorhandene Lichtbedürfnis zu gewinnen. Gelegentlich der Besichtigung empfiehlt es sich, bei gut unterrichteten Einwohnern Aufschlüsse über Charakter der Bevölkerung, Geschäftsverkehr, Wohnungs- und Steuerverhältnisse, Lebensmittelpreise usw. zu erholen. Alle diese Maßnahmen genügen aber nur zu einem allgemeinen Überblick; zur unmittelbaren Einleitung einer ersprießlichen Werbetätigkeit sind genaue Aufstellungen anzufertigen, die etwa folgende Angaben enthalten müssen: Einwohnerzahl, Zunahme in den letzten Jahren, Zahl der Häuser, der Wohnungen (wenn möglich unterschieden nach Zimmerzahl), der Geschäftsbetriebe mit und ohne offene Verkaufsstellen, der Gewerbebetriebe, und zwar getrennt nach Kleingewerbe und Großindustrie (d. h. Betriebe mit eigener Krafterzeugung), ferner nähere Angaben über Art und Größe der letzten beiden Gewerbegruppen (Spezialindustrien, Heimarbeit), weiter über Steuersoll, Kommunalabgaben, Post- und Bahnverkehr, schließlich über die bisherige Licht- und Kraftversorgung (Gasanstalt, Petroleum-, Kohlenverbrauch, Zahl der Dampfmaschinen usw.). Die Beschaffung all dieser Angaben ist nicht immer leicht; aber abgesehen davon, daß sie für die Ertragsschätzung und den Entwurf der Leitungsanlagen erforderlich sind, wird die Werbetätigkeit je nach dem Ergebnis der Erhebungen verschieden zu gestalten sein. So gibt der Umfang des Post- und Bahnverkehrs einen gewissen Fingerzeig für die Eindringlichkeit der Werbearbeit, die Zahl der Wohnungen, Läden, Betriebe usw. Hinweise auf die Kreise, an· die sich die Werbearbeit besonders zu wenden hat; in einem Ort

mit ausgesprochener Großindustrie sind andere Werbemittel am Platze
als in einem Platze mit starkem Kleingewerbe, ein Ort landwirtschaftlichen Charakters erfordert eine andere Art von Werbetätigkeit und
andere Mittel als ein Platz mit Rentier- oder mit Arbeiterbevölkerung.

Die Werbetätigkeit zum Anschluß neuer Ortschaften muß zu der
auf die Gewinnung neuer Abnehmer und die Verbreiterung des Stromabsatzes hinzielenden überleiten. Die Beschaffung der Grundlagen
hierzu wird um so leichter durchzuführen sein, je frühzeitiger nach Aufnahme der Stromlieferung damit begonnen wird. Richtunggebend für
diese Art der Werbetätigkeit muß der Vergleich sein, und zwar besonders der Vergleich zwischen dem erreichten und dem möglichen Erfolg
bzw. zwischen Unternehmungen ähnlicher Art und Größe; demgemäß
muß aus den Unterlagen zu entnehmen sein, welche Verbraucher im
Verhältnis zu den überhaupt vorhandenen angeschlossen sind; sie werden zweckmäßig etwa in folgender Form zusammengestellt, und zwar
bei Überlandzentralen für jede einzelne Ortschaft und in einer gemeinsamen Übersicht.

I. Allgemeine Angaben.

	im ganzen vorhanden	davon angeschlossen	
		Zahl	%
1. Zahl der Einwohner			
2. a) Zahl der bewohnten Häuser . . .			
b) Zahl der unbewohnten Häuser .			
3. Zahl der Haushaltungen			
4. Zahl der Gewerbebetriebe			

II. Art und Zahl der Verbraucher.
A. Mit vorwiegendem Lichtverbrauch.

	im ganzen vorhanden	davon angeschlossen					
		mit Licht		mit Kraft		mit Heizung	
		Zahl	%	Zahl	%	Zahl	%
1. a) Wohnungen mit 1 Zimmer							
b) „ mit 2 u. 3 „							
c) „ „ 4 „ 5 „							
d) „ „ 6 — 8 „							
e) „ über 8 „							
f) Treppenhäuser							
2. Ärzte							
3. Läden							
4. Sonstige Geschäfts- und Bureauräume							
5. Wirtschaften							
6. Hotels							
7. Öffentliche Gebäude . . . mit entspr. Unterteilung							

B. Mit vorwiegendem Kraftverbrauch.

	im ganzen vorhanden	davon angeschlossen					
		mit Licht		mit Kraft		mit Heizung	
		Zahl	%	Zahl	%	Zahl	%
1. Kleingewerbe							
mit entspr. Unterteilung							
2. Großindustrie							
mit entspr. Unterteilung							
3. Landwirtschaft							
mit entspr. Unterteilung							
(z. B. nach der Größe des							
Landbesitzes, nach Vieh-							
stand usw.)							

III. Anschlußwerte.

	Zahl		KW	
	im ganzen	pro 1000 Einwohn.	im ganzen	pro 1000 Einwohn.
1. Glühlampen bis 100 HK einschl. . . .				
2. „ über 100 „				
3. Bogenlampen				
4. a) Motoren über 5 PS				
b) „ von 5 bis 0,3 PS				
c) „ unter 0,3 PS				
(Wenn nötig mit weiterer Unter-				
teilung, z. B. Haushaltungs-, Näh-				
maschinen.)				
d) Ventilatoren				
5. Apparate (mit weiterer Unterteilung,				
z. B. Bügeleisen, Kochapparate usw.)				

Diese Zusammenstellung kann je nach Bedarf vereinfacht oder erweitert werden; so z. B. kann in Abt. II noch der durchschnittliche Anschlußwert festgestellt werden, es kann ferner eine namentliche Aufzählung der vorhandenen Industrien nach Geschäftszweigen, Größe und Art der Antriebsmaschinen usw. hinzugefügt werden. — Diese Zusammenstellung ist jährlich zu ergänzen, falls erforderlich in Zwischenräumen von mehreren Jahren neu anzufertigen. Das ist zwar mit beträchtlicher Mühe, mit großen Umständen, bei ausgedehnten Leitungsnetzen auch mit großen Kosten verknüpft, doch gibt sie für die Werbetätigkeit so ausgezeichnete Fingerzeige, daß sich ihre Anfertigung unter allen Umständen lohnt. Sie zeigt z. B. sofort, welche Art Wohnungen, welches Kleingewerbe usw. besonders im Anschluß zurückgeblieben ist; sie zeigt ferner durch Vergleich ähnlicher Ortschaften, ob Schritte getan werden müssen, um den durchschnittlichen Anschlußwert ganzer Gruppen zu erhöhen.

Damit sind aber auch die allgemeinen Richtlinien für die Werbetätigkeit gegeben; für ihre Ausführung müssen nach Möglichkeit die in Frage kommenden Verhältnisse jedes einzelnen, der als Abnehmer in Betracht kommt, zusammengestellt werden. Dies geschieht am zweckmäßigsten in Form einer Kartensammlung; als Muster ist die von den Werken der Elektricitäts-Lieferungs-Gesellschaft benutzte Kartensammlung im Bilde wiedergegeben (siehe Abb. 3).

(Für jedes innerhalb des Stromversorgungsgebietes vorhandene Haus wird eine solche Karte vorgesehen, ausgefüllt und in einem passend hergestellten Kasten nach Straßen, innerhalb der Straßen nach Hausnummern oder auch nach den Anfangsbuchstaben geordnet. Die Karte ist am oberen Rande mit halbkreisförmigen Abschnitten versehen, auf denen links die hauptsächlichsten Abnehmergruppen, rechts ein zusammengedrängtes Alphabet vorgedruckt sind. Erstere dienen zur raschen und übersichtlichen Einreihung der Berufszweige, letztere für die Einordnung nach Straßen. Wenn z. B. eine Karte für ein Haus in der Kaiserstraße mit einem Bäckerladen und zwei Privatwohnungen ausgeschrieben ist, so bleiben lediglich die Abschnitte Priv. und Bäck. stehen, sämtliche anderen werden abgeschnitten. Sind die Karten dann in einem Kasten eingereiht, so übersieht man sofort jeden einzelnen Berufszweig und kann überdies feststellen, ob nicht die Karte in einer falschen Straße eingereiht ist. Außerdem tragen die Karten je rechts und links ein Alphabet, an dem die Anfangsbuchstaben jeder einzelnen Ortschaft eingekerbt werden, um eine Übersicht über die richtige Einreihung der Karten nach Ortschaften zu erhalten; alle Karten einer Ortschaft müssen daher stets an der gleichen Stelle die Einkerbung aufweisen und die falsch eingesteckte Karte einer Ortschaft müßte sofort auffallen. Ferner sind unterhalb der halbkreisförmigen Abschnitte die Monate durch römische Ziffern, die Tage durch arabische Ziffern vorgedruckt, durch Aufsetzen verschiedenfarbiger Reiter auf das betreffende Datum kann an die weitere Bearbeitung der auf der Karte bezeichneten Abnehmer erinnert werden. Der weitere Aufdruck ist je nach dem Bedürfnis zu gestalten und soll, um die Übersicht zu erleichtern, so einfach und knapp wie möglich gehalten sein.)

Auf Grund einer solchen Kartensammlung ist die eindringlichste Werbearbeit möglich, da damit jeder, der als Abnehmer in Betracht kommen kann, gewissermaßen ständig unter Beobachtung gestellt ist und bei der Ausübung der Werbetätigkeit nicht übergangen werden kann. Selbstverständlich können bei ausgedehnten Versorgungsgebieten für einzelne Abnehmergruppen je nach Bedürfnis besondere Kartensammlungen angelegt werden.

Die Kartensammlung kann auch bei der Erschließung neuer Verwendungsgebiete nutzbar gemacht werden, allerdings nur als Gedächtnishilfsmittel; für dieses Gebiet der Werbetätigkeit sind die Grundlagen vielmehr in einer gründlichen Kenntnis der neu einzuführenden Verwendungsgebiete bzw. Apparate zu suchen. Außer durch unmittelbare Anschauung und Versuche wird diese Kenntnis durch eingehende Durchsicht der Fachzeitschriften, sowie durch Sammlung und Aufbewahrung diesbezüglicher Abhandlungen unterstützt; zum raschen Auffinden empfiehlt sich die Anlage eines zweckentsprechenden Verzeichnisses,

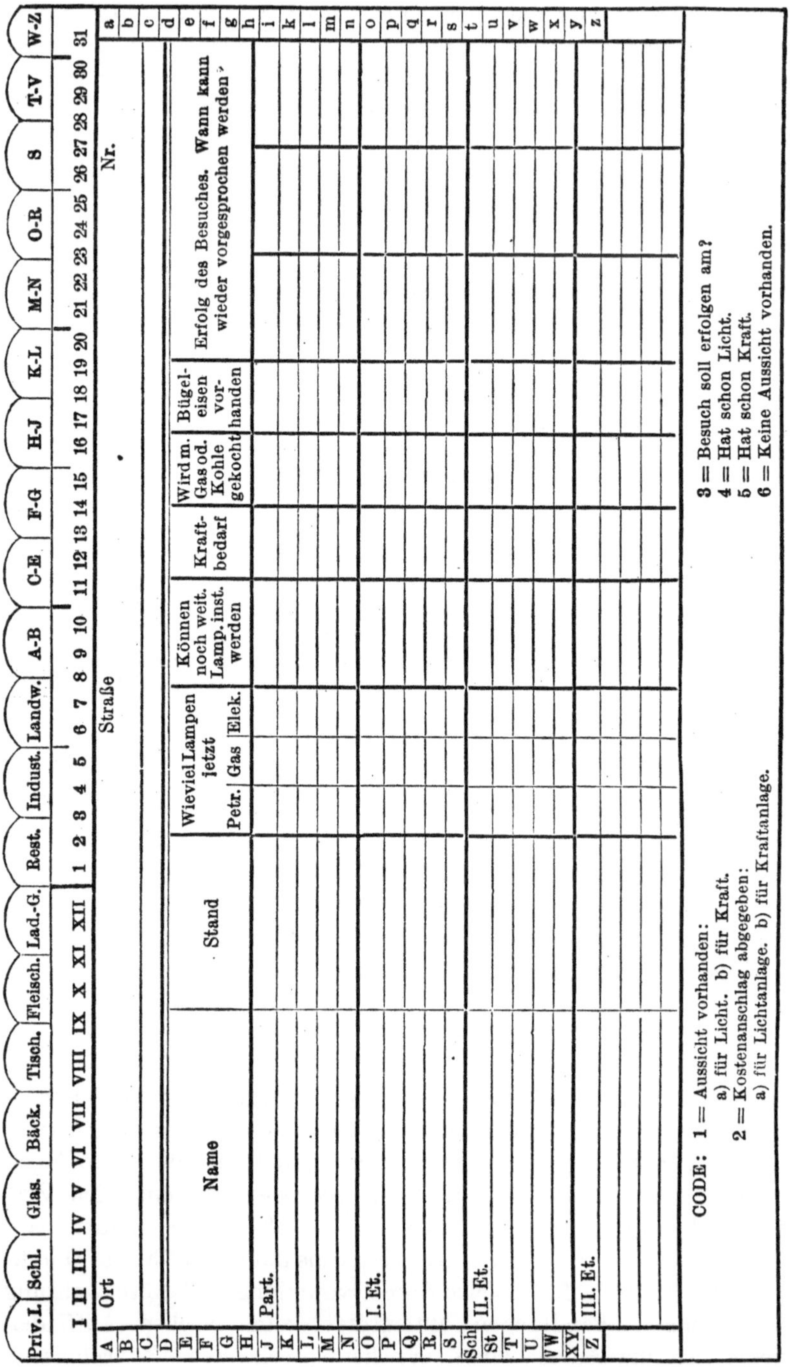

	Priv.L	Schl.	Glas.	Bäck.	Tisch.	Fleisch.	Lad.-G.	Rest.	Indust.	Landw.	A-B	C-E	F-G	H-J	K-L	M-N	O-R	S	T-V	W-Z
	I II III	IV V VI VII	VIII IX X XI XII	1 2 3 4 5	6 7 8 9 10	11 12 13 14 15	16 17 18 19 20	21 22 23 24 25	26 27 28 29 30 31											

	Name	Stand	Wieviel Lampen jetzt			Können noch weit. Lamp. inst. werden	Kraft-bedarf	Wird m. Gas od. Kohle gekocht	Bügel-eisen vor-handen	Erfolg des Besuches. Wann kann wieder vorgesprochen werden?	
			Petr.	Gas	Elek.						
A ... Z	Ort	Straße								Nr.	a ... z
	Part.										
	I. Et.										
	II. Et.										
	III. Et.										

CODE: 1 = Aussicht vorhanden:
    a) für Licht. b) für Kraft.
2 = Kostenanschlag abgegeben:
    a) für Lichtanlage. b) für Kraftanlage.

3 = Besuch soll erfolgen am?
4 = Hat schon Licht.
5 = Hat schon Kraft.
6 = Keine Aussicht vorhanden.

Abb. 3. **Sammelkarte für Werbetätigkeit.**

am besten wiederum in Form einer Kartensammlung. Zu den Grundlagen der Werbetätigkeit gehört ferner die genaue Kenntnis all derjenigen Energieformen, die mit der elektrischen Arbeit in Wettbewerb
treten; es muß daher von jeder Unternehmung Sorge getragen werden,
alle derartigen Angaben, namentlich über Preise und Verbrauchszahlen
zu sammeln und sie allen denjenigen, die mit der Werbearbeit betraut
sind, zugänglich zu machen. Namentlich nähere Angaben über Betriebsverhältnisse in gewerblichen Betrieben, und zwar sowohl vor als auch
nach der Einführung des elektrischen Betriebes, sind fortlaufend zu
beschaffen und zu sammeln. Als Beispiel für die Ausführung solcher
Maßnahmen kann auf das „Electrical Salesman's Handbook" hingewiesen werden, das von der Commercial Section der National Electric
Light Association (Nordamerika) für die Mitglieder dieser Gesellschaft
herausgegeben ist. So enthält z. B. das Jahrbuch 1912 kurze Angaben
über die in den Zeitschriften des Landes veröffentlichten Fortschritte
auf dem Gebiete des Elektrizitätsverbrauchs, sowie zahlreiche Angaben über Anschlußwerte und Verbrauch der verschiedensten Gewerbezweige; alle Angaben sind auf lose Blätter gedruckt und können
nach einem einfachen Schlüssel übersichtlich in eine Sammlung eingereiht werden.

B. Die Mittel der Werbetätigkeit.

Wenn die Grundlagen für die Werbetätigkeit beschafft sind, so
handelt es sich darum, festzustellen, welche Mittel hierzu in Anwendung
gebracht werden können. Da andere geschäftliche Unternehmungen
sich früher als die Elektrizitätswerke der Werbetätigkeit bedient haben,
liegt es nahe, zunächst nach den Mitteln dieser Werbetätigkeit Umschau zu halten und was sich dort bewährt hat, auch beim Verkauf
elektrischer Arbeit anzuwenden. Hierbei ist aber eine gewisse Vorsicht
am Platze; man wird die Auswahl so zu treffen haben, daß die angewendeten Werbemittel auch dem Ernst der Bedürfnisse entsprechen,
die die elektrische Arbeit befriedigen soll. Daher ist nicht jedes Mittel,
das z. B. bei Vertrieb von Schönheits- oder Genußmitteln mit großem
Erfolg angewendet wird, auch beim Verkauf elektrischer Arbeit am
Platze. Hierüber allgemeine Regeln aufzustellen, ist freilich nicht
möglich, hier muß nicht bloß der Geschäftssinn, sondern vor allem
auch der gute Geschmack entscheiden; es wird sich bei der Besprechung
der einzelnen Werbemittel Gelegenheit ergeben, auf bestimmte Grenzen hinzuweisen. — Mit den Werbemitteln bezweckt man einmal, die
Aufmerksamkeit für die Verwendung elektrischer Arbeit der großen
Menge zu wecken, dann sie aufzuklären und von den Vorteilen,
die die Verwendung elektrischer Arbeit mit sich bringt, zu überzeugen
und endlich, falls erforderlich, die wirtschaftlichen Hindernisse

zu beseitigen, die bei dem einzelnen der Verwendung elektrischer Arbeit entgegenstehen. Entsprechend dieser Reihenfolge bewegt sich die Werbetätigkeit gewissermaßen in aufsteigender Linie; es ist gleichzeitig leicht einzusehen, daß mit jeder Stufe der Kreis der Öffentlichkeit, an den sich die Werbetätigkeit wendet, immer enger wird. Demzufolge ergibt sich folgende Unterscheidung:

1. Werbemittel für möglichst unbeschränkte Öffentlichkeit, bestimmt, die Aufmerksamkeit der großen Menge auf die Anwendung elektrischer Arbeit hinzulenken.

2. Werbemittel mit beschränktem Wirkungskreis, bestimmt zur Aufklärung und Überzeugung der Interessenten.

3. Werbemittel für gewisse eng begrenzte Abnehmerkreise, bestimmt zur Behebung wirtschaftlicher Hindernisse. — Eine strenge Trennung der beiden erstgenannten Werbemittel läßt sich nicht immer durchführen.

1. Werbemittel zur Erregung der Aufmerksamkeit.

Zu der erstgenannten Gruppe gehören Plakate, Transparente, Lichtreklame, Veröffentlichungen in den Zeitungen u. a. m. Die Wirkung fast aller dieser Werbemittel ist eine schnell vorübergehende, sie kommt vielfach dem Beschauer im Augenblick der Betrachtung nicht zum Bewußtsein. Die Sprache, die sie reden, sei es durch Wort, Bild oder Farbe muß daher eine höchst eindringliche sein; alles Nebensächliche muß vermieden werden, so daß sich dem Beschauer auch bei flüchtigster Betrachtung irgendein Wort, ein kurzer Satz, ein Bild einprägt, sei es mit Bezug auf die allgemeine Verwendung elektrischer Arbeit, sei es mit Hervorhebung besonderer Anwendungsgebiete. Dies gilt in besonderer Weise von Plakaten, Transparenten und Lichtreklamen. Von diesen ist die Wirkung der Plakate am flüchtigsten; deshalb muß neben Wort und Bild auch die Farbe zu Hilfe genommen werden. Auch muß durch ihre Unterbringung gesorgt werden, daß die Flüchtigkeit der Wirkung durch die Häufigkeit der Anregung einigermaßen ausgeglichen wird. Darum kommen für ihre Unterbringung hauptsächlich Innenräume mit starkem Verkehr in Frage, wie Bahnhöfe, Gastwirtschaften, Wartehallen, Straßenbahnen, Friseure usw. Plakate, die einzelne Apparate oder bestimmte Verwendungsarten empfehlen, sind nur dort von Wert, wo der in Frage kommende Abnehmerkreis verkehrt, so z. B. Plakate mit der Empfehlung der Heißluftdusche beim Friseur, mit der Empfehlung der Bohrmaschine im Werkzeug- und Eisenwarengeschäft; der unbeschränkte, wahllose Aushang solcher Plakate ist unwirtschaftlich. Einen wirkungsvollen Ersatz für Plakate bildet das Bemalen der Transformatorensäulen, doch kommt dies bei der heutigen Ausgestaltung der Transformatorenhäuschen selten mehr in Frage. Transparente sind beleuchtete Plakate; bei ihrer Beurteilung als Werbemittel können daher ähnliche Gesichtspunkte wie für diese maßgebend sein; doch kommt für ihre Unterbringung mehr wie beim Plakat die Straße in Frage. So werden z. B. zweckmäßig Transparente mit Hinweis auf die Billigkeit elektrischer Beleuchtung gegenüber dem Petroleum an Wegen aufgestellt, die am Abend nach Fabrikschluß von zahlreichen Arbeiterscharen benutzt werden. — Die Lichtreklame schließlich, die sich, von Transparenten abgesehen, hauptsächlich auf die Darstellung einzelner Worte und kurzer Sätze beschränken wird, dient als Werbemittel, nicht bloß durch ihre unmittelbare Wirkung auf den Beschauer, sondern auch dadurch, daß sie anderen Unternehmern als Beispiel dient und zur Nachahmung veranlaßt. In dieser Hinsicht sind Lichtreklamen, wenn möglich in verschiedenartiger Ausführung, namentlich bei den Ausstellungs- und Verkaufsräumen der Elektrizitätswerke von Wert. Von guter Wirkung sind stattliche, leuchtende Firmenschilder an den Kraftwerken, namentlich wenn sie in der Nähe einer viel befahrenen Eisenbahnstrecke sich befinden.

Während die Ausführung der Lichtreklame sich im allgemeinen auf Wortdarstellung beschränkt und sich im Rahmen eng begrenzter technischer und mechanischer Ausführungsmöglichkeit halten muß, ist bei Plakaten und Transparenten der Phantasie ein weiter Spielraum eingeräumt. Man wird sich jedoch, zumal wenn es sich um längerdauernde Wirksamkeit handeln soll, hinsichtlich der Form- und Farbengebung eine gewisse Beschränkung auferlegen und allzu Aufdringliches, Gesuchtes und Schreiendes vermeiden, da sonst der Eindruck des Marktschreierischen erweckt werden könnte. Andererseits dürfen ausschließlich künstlerische und ästhetische Rücksichten allein nicht ausschlaggebend sein; man darf bei der Auswahl nicht vergessen, daß solche Darstellungen für die große Menge bestimmt sind und daher höchstens einer mittleren Geschmacksrichtung, häufig mit einer Neigung zum Gewöhnlichen, entsprechen sollen. Ein Anflug von Humor ist namentlich dort, wo es sich um Augenblickswirkungen handelt, wohl am Platze, dagegen eignen sich ernste oder gar pathetische Vorwürfe wenig zu Plakatzwecken; groteske Darstellungen, wie sie besonders in Amerika beliebt sind, haben sich bei uns nicht behaupten können; am meisten zweckentsprechend sind rein sachliche Darstellungen.

Zu den Werbemitteln mit unbeschränkter Öffentlichkeit, jedoch mit etwas kleinerem Wirkungskreis, gehören Anzeigen in Zeitungen, Adreßbüchern, Hausordnungen, Reklametafeln usw. Während die vorher genannten Werbemittel sich dem Beschauer ohne weiteres von selbst aufdrängen, ist die Wirkung der eben aufgezählten mehr eine zufällige, gelegentliche; die Aufmerksamkeit des Lesers ist meist auf etwas anderes gerichtet und es bedarf somit einer besonders eindringlichen Darstellung in Wort und Bild, wenn diese Werbemittel nicht erfolglos angewendet werden sollen. Hierauf ist um so mehr zu achten, als ihre Anwendung selbst in kleinem Umfang eine recht kostspielige ist. Für den Inhalt der Anzeigen gelte der Grundsatz, nicht zuviel in einer Anzeige unterbringen zu wollen; es ist vielmehr erforderlich, nur das Hauptsächlichste, das dem Leser eingeprägt werden soll, kurz und eindringlich zur Anschauung zu bringen. Die Ausführung hat so zu erfolgen, daß sich selbst bei flüchtiger Übersicht dem Schauenden das Wesentliche der Anzeige, und sei es unbewußt, einprägt. In größeren Versorgungsgebieten ist eine ständige Anzeige in den Tagesblättern nicht ohne Wert, die in bestimmten Zeiträumen möglichst an gleicher Stelle, in eindrucksvoller Umrahmung auf die verschiedenen Anwendungsmöglichkeiten der elektrischen Arbeit, der Jahreszeit entsprechend hinweist. — Von großem Vorteil ist es, neben der Anzeige im Schriftteil der Zeitung kleine belehrende und aufklärende Aufsätze erscheinen zu lassen, wie sie z. B. von der Gefelek ihren Mitgliedern allmonatlich zur Verfügung gestellt werden. Zur Behandlung eigen sich nicht bloß die verschiedenen Anwendungsgebiete der elektrischen Arbeit und neue Apparate, sondern auch allgemeine Hinweise auf die wirtschaftliche und kulturelle Bedeutung der Elektrizität, auf die Ausdehnung des Unternehmens, Umfang der Anlagen u. a. m.; dabei muß darauf geachtet werden, daß Form und Inhalt solcher Aufsätze dem Gesichtskreis der Leser angepaßt ist. — Sowohl für Anzeigen als auch für aufklärende Aufsätze kommen nicht bloß Tageszeitungen, sondern insbesondere solche Fachschriften in Frage, in deren Leserkreis die Anwendung der Elektrizität von besonderer Bedeutung ist, so neben technischen Zeitschriften solche der Landwirte, Ziegeleibesitzer, Bäcker, Fleischer usw. Freilich geht diese Art der Werbetätigkeit meist über den Rahmen einer Unternehmung hinaus, und es haben größere Interessenvertretungen an ihre Stelle zu treten. Die Anzeigen müssen dann mehr auf Einzelheiten eingehen, wie bei den Tageszeitungen, die Aufsätze können ausführlicher gehalten sein; falls ihnen besondere Beachtung zukommen soll, müssen sie streng unparteiisch sein und zweckmäßig von einem in dem betreffenden Kreise anerkannten Fachmann herrühren; sie sind besonders von Erfolg, wenn sie die Form von Gutachten mit Gegenüberstellung anderer Energiequellen erhalten (siehe z. B. Anwendung von Elektrizität in Brauereien, herausgegeben von E. W. Dortmund). Für Anzeigen kommen außer Zeitungen und Fachschriften alle anderen Veröffentlichungen in Frage, die einem größeren Kreis zugänglich und — neben ihrer eigentlichen Bestimmung — geeignet sind, die Aufmerksamkeit der Allgemeinheit auf die Verwendung elektrischer Energie hinzuweisen. Hierzu gehören z. B.

Adreßbücher, Hausordnungen, Anzeigetafeln, Löschblätter in Postschaltern, Straßenbahnfahrkarten, Fahrpläne, Programme in Vergnügungsanstalten, Scheinwerferreklame usw.

Ein sehr einfaches und billiges und daher häufig gebrauchtes Werbemittel sind Aufdrucke auf Briefumschlägen, Briefbogen, Rechnungen, Quittungen, Zählerkarten, überhaupt auf allen Drucksachen und Schriftstücken, die im Verkehr zwischen Publikum und Elektrizitätswerk gebräuchlich sind. Außer ganz allgemeinen Hinweisen über das Geschäftsbereich des Elektrizitätswerkes und über die Bedeutung der Verwendung elektrischer Arbeit in kurzen, eindrucksvollen Sätzen wird man sich hierbei auf eine Empfehlung derjenigen Verwendungsgebiete und Apparate beschränken, die im Haushalt oder im Gewerbe neben der Verwendung zu Licht- und Kraftzwecken in Betracht kommen, z. B. im Haushalt Bügeleisen, Ventilatoren, Staubsauger, im Gewerbe Leimtöpfe, Lötkolben, Gebläse u. a. m. Die Ausführung dieser Aufdrucke hat so zu erfolgen, daß zwar die Aufmerksamkeit des Empfängers sicher auf den Werbeaufdruck hingelenkt wird, daß aber durch ihn nicht der Hauptinhalt des Schriftstückes, z. B. die Rechnung, in unzulässiger Weise beeinträchtigt wird. — Eine Zeitlang war es Mode, die Aufdrucke durch die bekannten Reklamemarken zu ergänzen oder zu ersetzen; ihre Werbekraft war jedoch, da sie schließlich nur noch mit den Augen des Sammlers angesehen wurden, gering, sie sind deshalb heute nur noch in beschränktem Maße in Gebrauch. Will man die Aufmerksamkeit des Kundenkreises in erhöhtem Grade erwecken und den Kreis der Werbetätigkeit über denselben hinaus vergrößern, so ist nächst den Aufdrucken durch die Versendung von Postkarten und Flugblättern Werbetätigkeit auszuüben. Sie müssen ähnlich wie Plakate durch Wort, Bild und Farbe besonders eindringlich wirken, wenn sie nicht unbeachtet dem Papierkorb verfallen sollen. Hinsichtlich ihrer Ausstattung gilt das gleiche wie von den Plakaten, doch muß, da sie nicht auf eine so beschränkte Augenblickswirkung wie diese angewiesen sind, dem erläuternden Wort ein größerer Spielraum eingeräumt werden. Die Art der Verteilung dieser Werbemittel hat sich nach dem Gegenstand der Empfehlung zu richten. Handelt es sich um irgendeine Anwendung der Elektrizität bei schon angeschlossenen Verbrauchern, wie z. B. um die Empfehlung von Nähmaschinenmotoren, Wärmekissen usw., so ist die Verteilung durch Zählerableser oder Kassenboten am einfachsten und billigsten. Jedoch ist die Beschränkung der Werbetätigkeit lediglich auf vorhandene Abnehmer recht häufig eine unangebrachte Sparsamkeit und es empfiehlt sich vielfach selbst bei Gebrauchsgegenständen, die nur bei bereits vorhandenem Anschluß in Frage kommen, den Kreis der Werbetätigkeit möglichst auszudehnen, weil durch derartige, stets erneute Hinweise auf die verschiedenen Verwendungsmöglichkeiten der elektrischen Arbeit auch der Fernerstehende allmählich für ihre Einführung gewonnen werden kann. — Weiter kommt die Verteilung durch besondere Boten, durch die Post oder durch die Zeitungen in Frage. Erstere ist bei räumlich nicht allzu ausgedehnten Gebieten vorteilhaft, weil die Kosten verhältnismäßig gering sind und weil dadurch gleichzeitig die Aufmerksamkeit des Empfängers am meisten erregt wird. Die Versendung durch die Post ist bei umfangreichem Versorgungsgebiete umständlich und kostspielig; die Beilage in den Zeitungen ist zwar der einfachste und meist auch billigste Weg der Verteilung, erfordert aber die größte Zahl an Drucksachen und geht häufig über den vorgesehenen Wirkungskreis hinaus; dabei sollte stets in einigen Bemerkungen im Schriftteil der Zeitung auf die Beilage und ihren Inhalt hingewiesen werden.

Bei der Auswahl solcher Werbemittel muß man es jedoch vermeiden, zu Mitteln zu greifen, die mit dem Wesen und der Würde der durch die elektrische Arbeit zu befriedigenden Bedürfnisse nicht vereinbar sind. Dieser Hinweis ist insbesondere bei einigen zu dieser Gruppe zu rechnenden Werbemitteln zu beachten, die ebenfalls dazu dienen, das Interesse des Publikums zu erwecken und zu erhalten, denen aber der rein geschäftliche Zusammenhang mit dem Verkauf elektrischer Arbeit fehlt, dies sind z. B. Geschenkgegenstände, Preisaufgaben und dgl., wie sie namentlich in dem Geschäftsgebaren der Amerikaner beliebt sind (L 91; 107; 111).

2. Werbemittel zur Aufklärung und Überzeugung.

Zu der zweiten Hauptgruppe der Werbemittel, d. h. solchen, die mit beschränkterem Wirkungskreis zur Aufklärung und Überzeugung des Publikums bestimmt sind, gehören hauptsächlich Werbeschreiben, Broschüren, Zeitschriften, Vorträge, Ausstellungen u. a. m.; hierzu tritt dann als das wirksamste aller Werbemittel die persönliche Werbearbeit.

Werbeschreiben sind sowohl für allgemeine Empfehlung der Elektrizitätsverwendung als auch für alle Einzelheiten am Platze. Ihr Inhalt muß den persönlichen Verhältnissen des Empfängers angepaßt sein und in möglichst knapper Form die für den Empfänger wesentlichen Vorteile übersichtlich vor Augen führen. Sie werden zweckmäßig als Briefe in Schreibmaschinenschrift mit namentlicher Adresse dem Empfänger zugestellt; in beschränktem Umfang können sie auch mit Abbildungen ausgestattet werden. Von Vorteil ist es, den Werbeschreiben Antwortkarten, zuweilen Anfragen oder Anmeldebogen beizulegen.

Von dem Bestreben geleitet, das Publikum nicht bloß über einzelne Apparate und einzelne Vorteile, die bei den verschiedenen Verwendungsmöglichkeiten in Frage kommen, sondern über alle Vorteile bei möglichst ausgedehnter Verwendung zu unterrichten, hat man den Inhalt verschiedener Werbeschreiben, Flugblätter usw. zusammengefaßt und weiter ausgearbeitet und kommt so zu der Form der Broschüre als Werbemittel. Sie ist namentlich dort am Platze, wo es sich um die Aufzählung all der Verwendungsmöglichkeiten und Schilderung ihrer Vorteile bei einzelnen Abnehmergruppen handelt, so z. B. die Elektrizität in der Landwirtschaft, im kleinen Haushalt, in der Fleischerei u. a. m.; auf diesem Gebiet hat namentlich die Geschäftsstelle für Elektrizitätsverwertung Vorbildliches geleistet. — Inhalt, Form und Ausstattung dieser Broschüren müssen dem Leserkreis angepaßt sein; dem sachlichen Inhalt entsprechend müssen Form und Ausstattung ernster als z. B. bei Postkarten oder Flugblättern gehalten sein. Während bei letzteren Angaben über Anschaffungspreise der Einrichtungen möglichst zu vermeiden sind, müssen die Broschüren auch über Anschaffungs- und Betriebskosten ausführlich und wahrheitsgetreu Auskunft geben; zahlreiche, der Wirklichkeit entnommene Abbildungen sollen den Text veranschaulichen.

Geht man nunmehr noch einen Schritt weiter und läßt der Öffentlichkeit Nachricht und Aufklärung laufend und regelmäßig zugehen, so ergibt sich die Form der Werbezeitschrift. Eine solche Monatsschrift haben in Deutschland zum ersten Male in vorbildlicher Form die Berliner Elektricitätswerke als „Mitteilungen der B. E. W." erscheinen lassen, die bald Nachahmung fanden. Bei der Einrichtung einer solchen Zeitschrift ergeben sich zwei Hauptschwierigkeiten. Einmal sind die Kosten, namentlich bei guter Ausstattung, sehr hoch, es können daher nur Unternehmungen, denen große Mittel zur Verfügung stehen, von ihr Gebrauch machen, es sei denn, daß man durch Beifügung von Anzeigen eine teilweise oder ganze Kostendeckung herbeiführt. Dieser Weg ist gangbar, er erhöht sogar mitunter die Wirksamkeit der Zeitschrift, doch sollte sich das Elektrizitätswerk stets ein Mitbestimmungsrecht über Form und Inhalt der Anzeigen vorbehalten. — Die zweite Schwierigkeit ist durch die Verschiedenheit des Leserkreises verursacht und besteht infolgedessen darin, den Inhalt so zu gestalten, daß er für die Gesamtzahl oder wenigstens für die Mehrzahl der Leser stets Anziehendes bietet. Daher ist der Wert einer solchen Zeitschrift für Unternehmungen mit sehr verschiedenen Abnehmerkreisen ein zweifelhafter; die Schwierigkeit entfällt jedoch, wenn es sich um einen ziemlich gleichartigen Leserkreis handelt, wie z. B. bei ausgedehnten Überlandzentralen von ausschließlich landwirtschaftlichem Charakter (siehe z. B. Mitteilungen für das Gebiet der Amperwerke).

Bei den bis jetzt besprochenen Werbemitteln handelt es sich stets um mittelbare Beeinflussung des zu Werbenden. Das Unternehmen bzw. seine Angehörigen treten nicht in unmittelbare Beziehung zu letzterem, vielmehr ist stets ein Plakat, ein Leuchtschild, ein Flugblatt, ein Werbeschreiben, eine Zeitschrift u. a. m. der Vermittler zwischen beiden Parteien. Offenbar wird es auf diese Weise nur in wenigen Fällen möglich sein, das Ziel der Werbetätigkeit ohne weiteres zu erreichen; vielmehr wird es meist notwendig sein, unmittelbar auf den Kreis der Interessenten einzuwirken. Hierzu dienen zunächst Vorträge, Ausstellungen, Auskunftsstellen und Verkaufsräume; sie bedürfen zu erfolgreicher Wirksamkeit umfangreicher und sorgfältiger Vorarbeiten und unterscheiden sich auch schon dadurch von den bisher besprochenen Werbemitteln.

Das einfachste und daher am meisten angewandte Werbemittel dieser Gruppe ist der Vortrag; er erfreut sich auch von seiten der Interessenten großer Beliebtheit, weil sie auf diese Weise bequem und ohne Schwierigkeit Neues erfahren und ihren Gesichtskreis erweitern können. Damit ist auch der Fingerzeig gegeben, wie Vorträge auszugestalten sind: sie müssen den Zuhörer unterhalten und ihm in unaufdringlicher Form Aufklärung und Belehrung bieten; zu vermeiden ist es, den Werbezweck allzusehr hervortreten zu lassen. Im übrigen muß die Person des Vortragenden wie auch der Inhalt des Vortrags dem Zuhörerkreis angepaßt, dabei aber der Vortrag so anschaulich als möglich ausgestaltet sein. Am eindringlichsten wirken unmittelbare Vorführungen; falls dies nicht möglich ist, müssen sorgfältig ausgewählte Lichtbilder den Vortrag ergänzen. In neuerer Zeit hat man auch den Film der Werbetätigkeit dienstbar gemacht, ein Vorgehen, das bei der Vorliebe des Publikums für kinematographische Darbietungen großen Erfolg verspricht (siehe Schuster L 121). Wie der Inhalt des Vortrages, so müssen auch die Lichtbilder und die Films dem Gesichtskreis der Zuhörer angepaßt und der Wirklichkeit entnommen sein; besonders für den Vortragszweck zusammengestellte Aufnahmen werden leicht als solche erkannt und büßen dann an ihrer Werbekraft ein. — Weiter ist Zeit und Ort des Vortrages von Wichtigkeit. Der Ort soll so gewählt werden, daß er für die Mehrzahl der Besucher leicht zu erreichen ist; bei der Auswahl der Zeit muß darauf Rücksicht genommen werden, daß nicht zahlreiche Interessenten durch andere Veranstaltungen oder andere Sorgen, wie z. B. in der Weihnachtszeit, abgehalten werden. Auch muß darauf geachtet werden, daß nicht durch Häufung ähnlicher Veranstaltungen das Interesse der Öffentlichkeit abgeschwächt ist. — Hat man über alle diese Dinge eine Entscheidung getroffen, so ist die Abhaltung des Vortrages in geeigneter Weise bekanntzugeben. Dies geschieht durch Anzeige in den Zeitungen, denen im Schriftteile besondere Hinweise auf Inhalt und Bedeutung des Vortrages beizufügen sind, ferner durch Anhängezettel an Stromrechnungen und in besonderen Fällen durch namentliche Einladungen. Sollte es sich hierbei ermöglichen lassen, den Vortrag im Auftrag und mit Unterstützung städtischer Behörden oder in Anlehnung an gemeinnützige Vereine zu veranstalten, so ist dies für den Erfolg von Vorteil.

Es ist bei der Besprechung des Vortrages als Werbemittel schon darauf hingewiesen worden, daß praktische Vorführungen von besonderem Werte sind; es ist daher naheliegend, diese letzteren weiter auszugestalten und zum Hauptzwecke der Veranstaltung zu machen; so gelangt man zu der Ausstellung als Werbemittel. Ihr Zweck muß es sein, die verschiedenen Möglichkeiten und die Vorteile der Verwendung elektrischer Arbeit der Menge unmittelbar übersichtlich und überzeugend vor Augen zu führen. Für einzelne Elektrizitätswerke kann es sich — von besonderen Anlässen abgesehen — hierbei nicht um eine erschöpfende Darstellung des gesamten Gebietes handeln, wie es bei großen, länger dauernden Ausstellungen der Fall ist, sondern um die Darstellung der wichtigsten und bedeutendsten Anwendungen und insbesondere um die Vorführung von Sondergebieten und von Neuerungen. Von diesem Standpunkt aus ist die Auswahl der Ausstellungsgegenstände zu treffen; sie muß so erfolgen, daß letztere für die Mehrzahl der Besucher von unmittelbarem Interesse ist. Es ist z. B. ebenso verfehlt, in einem Landstädtchen eine Reihe künstlerisch ausgestatteter Schreibtischlampen oder ziselierter Teekocher auszustellen, wie in einer Stadt mit ausgesprochenem Wohnungscharakter elektrisch angetriebene Kreissägen oder tragbare Motoren. — Was die Vorbereitungen, Zeit und Art der Ausstellung betrifft, so gilt das bei Besprechung des Vortrages Gesagte in besonderem Maße; hinzuzufügen ist noch, daß die Dauer der Ausstellung nicht zu kurz bemessen sein darf, daß womöglich ein Sonntag zu den Ausstellungstagen gehören soll. Für größere Überlandzentralen empfiehlt sich die Einrichtung einer Wanderausstellung, die leicht von Ort zu Ort überzuführen ist; ebenso können sich mit großem Vorteil mehrere Elektrizitätswerke zu dem gleichen Zweck zusammenschließen, wodurch die nicht unbeträchtlichen Kosten solcher Veranstaltungen für die einzelne Unternehmung ganz wesentlich vermindert werden, wie ähnliche Veranstaltungen der Gefelek gezeigt haben. — Die Eröffnung der Ausstellung sollte in besonderer Weise erfolgen; unerläßlich ist, daß ihr ein Vortrag vorausgeht, in dem auf ihren Zweck hingewiesen wird und die ausgestellten Gegenstände, sowie ihr Anwendungsgebiet näher erläutert werden. Dabei müssen die Apparate soweit wie möglich im Betriebe vorgeführt werden, und es muß Sorge getragen sein, daß ausreichendes und genügend geschultes Personal zur Bedienung und Erläuterung vorhanden ist. Ferner muß jedem Apparat Benennung, kurze Beschreibung, Verwendungszweck, Preis und Betriebskosten beigegeben sein. Mit Vorteil

werden auch sonstige Werbemittel, wie Flugblätter, Postkarten usw.
zur Verteilung gebracht. Bei Ausstellungen zur Einführung des elektrischen Kochens werden vielfach Kochproben unentgeltlich ausgegeben, ein Verfahren, das zwar bei den Besuchern sehr beliebt ist
aber meist mißbraucht wird. Es muß ferner dafür Sorge getragen werden, daß sachliche Berichte über Umfang und Bedeutung der Ausstellung, möglichst auch während ihrer Dauer in den Tageszeitungen
aus sachverständiger Feder erscheinen.

Wird bei der Veranstaltung einer Ausstellung nach den angegebenen
Grundsätzen verfahren, so hat sie überall ihre große Werbekraft offen-
bart. Dieser Erfolg legt den Gedanken nahe, die Wirkung der Ausstellung zu einer dauernden zu gestalten; das kann in zweierlei Art
geschehen: Einmal, indem man eine wirkliche Ausstellung dauernd
unterhält, was freilich nur bei Unternehmungen größten Umfanges
möglich und lohnend ist. In diesem Falle wird man die Ausstellung
so einrichten, daß sie den Bedürfnissen des alltäglichen Lebens vollkommen entspricht, d. h. man wird nicht einzelne Apparate, sondern
vollständig eingerichtete Räume ausstellen, z. B. eine Wohnung, eine
Wäscherei, eine Schlosserwerkstatt usw. Hierbei wird man sich die
Mithilfe sowohl gemeinnütziger Anstalten, z. B. von Gewerbevereinen,
als auch einzelner Unternehmungen sichern, die aus der Ausstellung
Nutzen ziehen können, wie z. B. das Möbel-, Teppich-, Beleuchtungs-
körper-, Maschinengewerbe. Für die Einzelheiten solcher Ausstellungen müssen der besondere Zweck und die örtlichen Verhältnisse maßgebend sein; noch mehr als bei vorübergehenden Ausstellungen muß
für hinreichende Bekanntmachung, gute Lage, zweckmäßige Bedienung
und Führung gesorgt werden. Der zweite Weg, sich eine dauernde
Ausstellungswirkung zu sichern, besteht in der Errichtung von Ver-
kaufs- und Ausstellungsräumen in Verbindung mit der Verwaltung der Unternehmungen. Wie durch Ausstellungen soll dadurch
dem Publikum jederzeit bequeme Gelegenheit gegeben sein, nicht
bloß die Anwendungsgebiete der elektrischen Arbeit und namentlich
neue Apparate kennenzulernen, sondern auch alle normalen elektrischen Bedarfsartikel, wie Lampen, Sicherungen schnell und billig zu
erhalten, und endlich soll damit eine Stelle geschaffen sein, wo Aus-
kunftsuchende sich über alle Fragen unterrichten, Wünsche und Beschwerden vorgebracht werden können. An manchen Orten braucht
das Elektrizitätswerk nicht selbst solche Einrichtungen zu treffen, es
genügt vielfach, die ortsansässigen Installateure zu entsprechender Ausgestaltung ihrer Geschäftsräume anzuregen und sie hierbei zu unterstützen. Entsprechend dem dreifachen Zweck muß die Einrichtung
einer solchen Verkaufsstelle erfolgen; sie soll einen Warte- und Aus-
kunftsraum, einen Verkaufsraum und einen Vorführungsraum ent-

halten. Auf Grund örtlicher Verhältnisse können oder müssen hierbei Vereinfachungen vorgenommen werden, doch muß dann dafür gesorgt werden, daß wenigstens Kleinverkauf und Auskunftserteilung ohne gegenseitige Störung vor sich gehen können. Durch zweckentsprechende Anordnung soll erreicht werden, daß dem Besucher wichtigere und für allgemeine Verbreitung geeignete Apparate immer wieder in die Augen fallen, dagegen ist durchaus zu vermeiden, daß — wie es häufig zu beobachten ist — der Verkaufsraum völlig von Beleuchtungskörpern angefüllt ist und so der Besucher sich von dieser Fülle förmlich erdrückt fühlt. Man begnüge sich ferner nicht damit, nur gerade das vorzuführen, was gewünscht wird, sondern ergreife die günstige Gelegenheit, auch auf andere Anwendungsgebiete elektrischer Arbeit hinzuweisen und ihre Vorteile zu erläutern. — Wie bei jeder offenen Verkaufsstelle ist auch hier von besonderer Bedeutung das Schaufenster, es ist gewissermaßen die Einladungskarte für den Besuch der Verkaufsräume und seiner Ausstattung ist daher besondere Sorgfalt zuzuwenden. Durchaus zu vermeiden ist die wahllose Anhäufung von Gebrauchsgegenständen; wenige, aber geschickt angeordnete Apparate, den Erfordernissen der Jahreszeit und den örtlichen Verhältnissen angepaßt, wenn möglich in Betrieb gesetzt, müssen deutlich lesbare Bezeichnungsschilder erhalten, mit kurzem Hinweis auf ihre Vorteile, Leistungen und Betriebskosten. Verkaufspreise anzugeben ist nicht vorteilhaft; die Anordnung soll vielmehr so getroffen sein, daß der Beschauer sich veranlaßt fühlt, den Verkaufsraum zu betreten und sich über alles Wissenswerte zu unterrichten. — Von großer Wichtigkeit ist ferner die Innen- und Außenbeleuchtung des Verkaufsraumes, die stets mustergültig auszuführen ist. Namentlich die Außenwirkung der Beleuchtung muß so sein, daß sie auch dem achtlos Vorübergehenden vorteilhaft auffällt; auch ist es zweckmäßig, verschiedene Arten von Reklamebeleuchtungen anzubringen, die als Muster angesehen werden können.

In kleineren Orten, wo die Errichtung besonderer Verkaufsstellen, sei es von seiten des Elektrizitätswerkes, sei es von seiten der Installateure, nicht möglich ist, sollte man versuchen, andere Ladengeschäfte zu gewinnen, die den elektrischen Apparaten und Gebrauchsgegenständen einen vorteilhaften Platz in ihrem Schaufenster einräumen und den Verkauf übernehmen; namentlich ist es von Vorteil, Haushaltungs- und Möbelgeschäften elektrische Beleuchtungs- und Heizkörper und sonstige Apparate zur Vervollständigung ihrer Ausstellungen und Schaufenster leihweise abzugeben.

Durch die bis jetzt erwähnten Mittel wird es bei vielen Unternehmungen gelingen, zahlreiche Interessenten von den Vorzügen der Verwendung elektrischer Arbeit zu überzeugen und sie zu Abnehmern zu gewinnen. Immerhin wird die Zahl der neu gewonnenen jedem auf Vergrößerung des Absatzes bedachten Unternehmen nicht ausreichend erscheinen, es wird zu anderen Werbemitteln greifen müssen, und dies um so mehr, als der Widerstand des modernen Wirtschaftsmenschen gegen Geldausgaben für Leistungen, die ihm zum Teil unbekannt sind, im allgemeinen größer ist, als daß er durch die angegebenen Mittel durchaus zu beseitigen wäre. Vielmehr dienen diese letzteren — um ein Bild zu gebrauchen — bald als Düngemittel, bald als Saatkorn auf dem Felde des durch die Werbemittel zu bearbeitenden Wirtschaftsgebietes; es bedarf weiterer Anstrengungen, um die gewünschte Ernte einzuholen, und zwar muß jetzt die unmittelbare persönliche Bearbeitung des einzelnen Interessenten einsetzen. So wenig es einem Zweifel unterliegen kann, daß ein auf möglichst große Erfolge bedachtes Unternehmen sich der persönlichen Werbearbeit bedienen muß, so wenig ist andererseits die Ansicht vieler Betriebsleiter richtig, daß ausschließlich diese Art der Werbetätigkeit zu dem gewünschten Ziele führt. Die Erfahrung hat gezeigt, daß überall dort, wo der Boden bereits durch andere Werbemittel vorbereitet ist, die persönliche Werbearbeit am sichersten und schnellsten zum Ziele führt; fehlt diese Vorbereitungsarbeit, so ist die persönliche Werbearbeit zur Erreichung des gleichen Erfolges langwieriger, kostspieliger und schwieriger.

Für den Erfolg dieser Art der Werbetätigkeit ist in erster Linie die Persönlichkeit des Werbers von ausschlaggebender Bedeutung. Es genügt nicht, wie dies leider hier und da geschieht, irgendeine in einem anderen Beruf verunglückte, aber im übrigen — wie man sagt — „gerissene" Persönlichkeit auf das Publikum loszulassen; meist werden dann mangels genügender Sachkenntnis zu weit gehende Versprechungen gemacht, wohl auch einzelne zum Anschluß überredet, jedoch ist der dadurch dem Unternehmen später erwachsende Schaden größer als der augenblickliche Nutzen. Es ist zwar nicht in allen Fällen unbedingt notwendig, daß der Werber in erster Linie Fachmann sein muß; für einzelne Kreise, z. B. bei Arbeiterbevölkerung, Klein-Landwirtschaft, genügt es, ja ist es sogar vorteilhaft, wenn aus diesen Kreisen selbst zuverlässige, ortsbekannte und mit den dort eingebürgerten Gebräuchen und Eigentümlichkeiten vertraute Personen zur Werbetätigkeit herangebildet werden. Im allgemeinen ist jedoch auf eine möglichst weitgehende praktische — nicht theoretische — Fachausbildung Wert zu legen, die sich sogar nicht auf das Gebiet der Elektrizitätsverwertung allein beschränken darf, sondern auch möglichst die Gebiete umfassen soll, die mit der Elektrizität in Wettbewerb treten; derartige Kenntnisse sind namentlich bei der Werbetätigkeit auf Sondergebieten, insbesondere bei der Großindustrie, notwendig (siehe auch S. 57). — Weiter muß der Werber eine vertrauenswürdige und zuverlässige Persönlichkeit sein, die zu weit gehende Versprechungen und ebenso gehässige Herabsetzung der mit der Elektrizität in Wettbewerb stehenden Energieformen vermeidet; vielmehr sollte der Werber auf Grund seines Wissens und seiner Erfahrungen von dem Vorteil der Verwendung elektrischer Arbeit selbst so überzeugt sein, daß diese Überzeugung auch auf die andere Partei, die er zu gewinnen sucht, übergeht. Dabei darf freilich nicht vergessen werden, daß es sich um eine rein geschäftliche, auf Erwerb gerichtete Tätigkeit handelt, d. h. man soll den Werber, damit er seine Arbeit möglichst nachdrücklich gestaltet, an dem Erfolg beteiligen. In welchem Maße dies zu geschehen hat, ist eine große Streitfrage. Den Werber ausschließlich auf den Erfolg seiner Werbetätigkeit anzuweisen, ist, abgesehen von Ausnahmefällen, unzweckmäßig. Dies würde vielfach zu ungünstigen und überstürzten Abschlüssen führen. Am meisten scheint sich diejenige Art der Entlohnung zu bewähren, bei der der Werber ein festes Gehalt in solcher Höhe erhält, daß er entsprechend seinem Herkommen in ausreichender Weise leben kann, weiterhin sich aber jedes Mehr an Einkommen selbst durch seine Erfolge verdienen muß. Es ist ferner schwierig zu entscheiden, in welcher Höhe und nach welchen Grundsätzen der Anteil des Werbers am Erfolg zu bemessen ist. Die Höhe des Stromverbrauches selbst zur Grundlage der Entlohnung zu machen, ist selten anwendbar, da das Endergebnis von vornherein nicht leicht zu übersehen ist. Wo sich die Werbetätigkeit nicht bloß auf die Verwendung elektrischer Arbeit, sondern auch auf die Einrichtung von Anlagen und den Verkauf von Apparaten erstreckt, ist es vielfach üblich, dem Werber einen einmaligen, bestimmten Betrag pro Lampe oder pro Apparat, oder auch einen gewissen Anteil an der Gesamtrechnungssumme einzuräumen. Ersteres ist mehr am Platze, wenn die Tätigkeit des Werbers mit der Werbung selbst abgeschlossen ist, letzteres, wenn er gleichzeitig mit der Ausführung der Anlage oder deren Überwachung betraut ist. Die Bemessung der Vergütung nach Art und Anzahl der Stromverbrauchsstellen ist auch üblich, wenn es sich lediglich um die Werbung des Stromverbrauchs handelt.

Alle diese Wege sind ohne Schwierigkeiten gangbar, sobald es sich um die Gewinnung normaler Stromabnehmer für Licht und Kraft handelt; sie versagen aber vielfach, sobald es sich um die Werbung neuer Anwendungsgebiete bzw. Apparate handelt; in diesem Falle muß man zur Festsetzung besonderer Vergütungen schreiten, wie es überhaupt, um Streitigkeiten auszuschließen, zweckmäßig ist, das Verzeichnis der dem Werber zu vergütenden Anteile möglichst im einzelnen aufzustellen. Für die Berechnung der Höhe des Anteils sollte der zu erwartende Reingewinn aus dem Verkauf, sei es der Anlagen und Apparate, sei es der elektrischen Arbeit, maßgebend sein, und zwar auf der Grundlage ungefähr geschätzter oder bekannter Durchschnittswerte.

8. Die Beseitigung wirtschaftlicher Hindernisse.

Mit den bis jetzt angeführten Werbemitteln dürfte es meist gelingen, dem einzelnen die Überzeugung beizubringen, daß die Verwendung elektrischer Arbeit für ihn mit Vorteilen verknüpft ist; seine Wertschätzung der elektrischen Arbeit ist so beeinflußt, daß er sie zur Befriedigung seiner Bedürfnisse heranziehen wird, sofern nicht die hierfür erforderlichen Ausgaben seine Leistungsfähigkeit übersteigen. Diese Ausgaben setzen sich, wie im ersten Hauptteil ausgeführt, aus den laufenden Kosten für die elektrische Arbeit selbst und aus den einmaligen für die Beschaffung der hierzu erforderlichen Einrichtungen zusammen. Beide Ausgaben nach Möglichkeit so zu gestalten, daß sie für den Abnehmer innerhalb seiner Leistungsfähigkeit bleiben, ist eine der bedeutungsvollsten Aufgaben der Werbetätigkeit. Was die laufenden Ausgaben betrifft, so ist dies, wie bereits in der Einleitung bemerkt, außerordentlich schwierig, teils infolge des Mißverhältnisses in der Wertschätzung bei der Erzeugung und beim Verbrauch der elektrischen Arbeit, teils infolge der geschichtlichen Entwicklung der Preisbildung; die Erörterung dieser Aufgabe der Werbetätigkeit ist daher mit der Darlegung der Preisbildung gleichbedeutend, die in mehreren besonderen Abschnitten im folgenden behandelt wird. Es ist aber weiter im ersten Hauptteil bereits darauf hingewiesen worden, daß bei einer großen Zahl der Abnehmer die einmaligen Ausgaben die laufenden ganz wesentlich übersteigen und infolgedessen einen Hinderungsgrund für den Gebrauch elektrischer Arbeit bilden, deren laufende Kosten in solchen Fällen meist noch innerhalb der wirtschaftlichen Leistungsfähigkeit des einzelnen liegen. Diese wirtschaftlichen Hemmungen, die also nicht den Gebrauch, wohl aber die Einrichtung der elektrischen Arbeit betreffen, sind es, die eine umfassende und planvolle Werbetätigkeit ganz oder teilweise aus dem Wege zu räumen sich zum Ziele setzen muß. Doch sind hierbei bestimmte Grenzen einzuhalten. Grundsätzlich muß daran festgehalten werden, daß alle Einrichtungen, die unmittelbar dem Verbrauch der elektrischen Arbeit dienen und nach den besonderen Bedürfnissen und Wünschen jedes einzelnen Abnehmers hergestellt werden, auch von letzterem beschafft und bezahlt werden, solange es seine wirtschaftliche Leistungsfähigkeit erlaubt. Die allgemeine, vollständig kostenlose Beistellung dieser Einrichtungen ist unwirtschaftlich und daher verfehlt. Es kann sich vielmehr nur um Ausnahmefälle handeln, die zwar ganzen Abnehmergruppen zugute kommen können, die aber im allgemeinen nicht zur Regel werden sollen. Anders verhält sich dies bei einigen Ausgabeposten, die meist auf Grund langjähriger Gewohnheit von den Werken den Abnehmern in Rechnung gestellt werden, die aber aus Gründen der Zweckmäßigkeit von den

Werken übernommen werden sollten, es sind dies die Kosten des Hausanschlusses und der Prüfgebühren.

a) Hausanschlußgebühren.
(Siehe auch Seite 300ff.)

Unter „Hausanschluß" im weiteren Sinne versteht man gewöhnlich denjenigen Teil der Leitungsanlage, der die Verbindung zwischen der Straßenleitung und der Hauseinrichtung vermittelt; er umfaßt meist den Leitungsteil von den durchgehenden Straßenleitungen ab bis zur Hausanschlußsicherung, ferner die Anbringung der Meßvorrichtung. Umfang und Art der Kostenaufbringung hierfür ist sehr verschieden. Eine kleine Anzahl Werke verlangt von dem Abnehmer vorbehaltlos die Bezahlung sämtlicher hierfür aufgewendeter Kosten, gleichgültig, in welcher Höhe sie sich ergeben.

Beispiel 1:

Heidelberg. Die Herstellung der Anschlüsse von der Straßenleitung bis zur Hauptsicherung einschließlich der Lieferung und Aufstellung des Elektrizitätsmessers, sowie alle Ausbesserungen und Änderungen an diesen Teilen erfolgen auf Antrag und auf Kosten des Bestellers ausschließlich durch das Elektrizitätswerk. Sämtliche Anschlußteile bleiben Eigentum der Stadt.

Der Vorbehalt des Eigentums selbst bei Bezahlung von seiten des Abnehmers ist fast überall üblich und auch erforderlich, weil aus Sicherheitsgründen das Verfügungsrecht dem Elektrizitätswerk erhalten bleiben muß, auch weil eine genaue Trennung nicht möglich ist.

Um dem Abnehmer von vornherein einen Überblick über die entstehenden Kosten zu gewähren und die Ausarbeitung besonderer Kostenanschläge zu vermeiden, erheben manche Werke für den Hausanschluß bestimmte Einheitssätze.

Beispiel 2:

Würzburg. Die Herstellung der Hausanschlüsse geschieht bis auf weiteres nach folgendem Tarif:

Größe Nr. 1, ausreichend für 100 installierte Glühlampen à 50 Watt oder deren Äquivalent:

Grundtaxe $\mathcal{M}$ 35,—, Kosten pro lfd. Meter Anschluß $\mathcal{M}$ 6.—;

Größe Nr. 2, ausreichend für 200 installierte Glühlampen à 50 Watt oder deren Äquivalent:

Grundtaxe $\mathcal{M}$ 40.—, Kosten pro lfd. Meter Anschluß $\mathcal{M}$ 7.—

usw.

Die hergestellten Hausanschlüsse gehen in das Eigentum des Elektrizitätswerkes über.

Es ist ersichtlich, daß bei dieser Art der Berechnung große Ungerechtigkeiten unvermeidlich sind und daß sich leicht Ausgaben ergeben können, die namentlich bei wenig umfangreichen Einrichtungen das Vielfache dieser letzteren betragen können. Vom Standpunkt mög-

lichst gleicher Behandlung der Abnehmer bedeutet es schon einen Fort-
schritt, wenn auch bei einseitiger Leitungsführung die Straßenmitte
als Ausgangspunkt festgesetzt wird, oder wenn, wie in München, die
Kabellänge nur von dem Randstein des vor dem anzuschließenden
Grundstück liegenden Bürgersteigs gerechnet wird. Andere Werke
setzen, um Ungerechtigkeiten nach Möglichkeit fernzuhalten, einheitlich bestimmte Gebühren fest.

Beispiel 3:

Mannheim. Für Hochspannungsanschlüsse wird eine Gebühr von $\mathcal{M}$ 150,—,
für Niederspannungsanschlüsse eine solche von $\mathcal{M}$ 75,— erhoben, wenn die einfache Kabellänge innerhalb des Grundstücks 7 m nicht übersteigt; die Kosten
für Mehrlängen werden zum Selbstkostenpreis berechnet.

Eine wesentliche Erleichterung für den Abnehmer ergibt sich, wenn
er nur für einen Teil der Kosten aufzukommen hat; die Verteilung der
Kosten auf das Werk und den Abnehmer ist denn auch bei der Mehrzahl der deutschen Werke üblich. Dabei findet die Verteilung nach den
verschiedensten Grundsätzen statt; am gebräuchlichsten ist es, die
Kosten des Hausanschlusses bis zur Grundstücksgrenze auf das Werk
zu übernehmen und den restlichen Teil dem Hausbesitzer bzw. Abnehmer in Rechnung zu stellen.

Beispiele:

4 Kraftwerk Altwürttemberg. Die Herstellung der Anschlüsse erfolgt
hälftig auf Kosten des Abnehmers.

5 Leipzig. Die Kosten der Herstellung des Hausanschlusses trägt der Besteller, soweit die Einrichtung in das anzuschließende Grundstück zu liegen kommt.

6 Elektrizitätswerk Westfalen. Die Herstellung und Unterhaltung der
Anschlüsse erfolgt bis zu einer Länge von 7 m bei Kabelanschlüssen und 15 m bei
Freileitungsanschlüssen, von der Straßenmitte aus gerechnet, unentgeltlich, die
weitere Einrichtung auf Kosten des Abnehmers.

7 Eisenach. Die Herstellung der Hausanschlüsse erfolgt in der Entfernung
von 40 m vom Kabelnetz kostenfrei; bei größeren Entfernungen bleibt Vereinbarung vorbehalten.

8 Cassel. Die Anschlußleitungen werden bis zur Baufluchtlinie vom Werk
unentgeltlich hergestellt, falls sofort nach der Fertigstellung der Anschlußleitung
dauernd Strom entnommen wird.

Das letztgenannte Beispiel ist dadurch bemerkenswert, daß, wie
auch anderwärts in manchen Fällen, die teilweise unentgeltliche Beistellung des Hausanschlusses an bestimmte Verpflichtungen geknüpft
wird. Im übrigen ist aus den Beispielen ersichtlich, daß manche Werke
den Abnehmern schon sehr weit entgegenkommen, und daß dann die
größte Zahl der Abnehmer den Vorteil des kostenlosen Hausanschlusses
genießt. In einer etwas anderen Weise suchen sich manche Werke diesem Ziel zu nähern, indem sie entweder für die kostenfreie Herstellung
des Hausanschlusses bestimmte Garantien verlangen, oder aber bei

einem gewissen Mindestverbrauch die zuerst erhobenen Kosten zurückerstatten.

Beispiele:

9 Bielefeld. Hausanschlüsse fü rdas Niederspannungsnetz werden bis zum Kabelendverschluß einschließlich kostenlos ausgeführt, falls der Abnehmer sich verpflichtet, für die zum Anschluß angemeldete Anlage mindestens 5 Jahre lang elektrische Arbeit abzunehmen.

10 Iserlohn. Die Leitung zu dem Hausanschlußkasten wird in zwei Raten nach dem 3. und 5. Jahre zurückerstattet, wenn der Abnehmer jährlich für mindestens M. 18.— elektrische Arbeit entnommen hat.

11 München. Der Hausanschluß wird unentgeltlich ausgeführt, wenn sich der Hausbesitzer verpflichtet, mindestens 3 Lampen für Treppenhausbeleuchtung einzurichten und auf 5 Jahre zu betreiben, und außerdem die Steigleitung mit Abzweigungen für sämtliche Wohnungen herstellen zu lassen (s. M. V. Nr. 139/1913, S. 150).

Trotzdem es von diesem Verfahren bis zur vorbehaltlosen und völlig kostenlosen Herstellung nur ein kleiner Schritt ist, ist er nur in Ausnahmefällen und von wenigen Werken (z. B. Elbtalzentrale, Elektrizitätswerk Südwest A.-G., Schöneberg) gemacht worden. Ein solcher, wenn auch ziemlich häufiger Ausnahmefall liegt z. B. vor, wenn einzelne Unternehmungen während des Ausbaues des Ortsnetzes alle bis zu einer bestimmten Frist gemeldeten Hausanschlüsse kostenlos ausführen. Damit werden aber gerade meist die wirtschaftlich Stärkeren begünstigt, die ohne auf Erfahrungen zu warten, sich zum Bezug elektrischer Arbeit entschließen, während die wirtschaftlich Schwächeren, die gewöhnlich nicht so rasch zum Anschluß zu gewinnen sind, späterhin dann gerade mit besonderen Kosten belastet werden sollen.

Es bedarf wohl keines besonderen Nachweises, daß es der Anschlußbewegung jedes Unternehmens nur förderlich sein kann, wenn die Ausführung des Hausanschlusses möglichst erleichtert wird. Allerdings scheint es zu weitgehend, den Hausanschluß ohne jeden Vorbehalt und in jedem Fall kostenlos für den Abnehmer auszuführen; besonders ungünstig gelegene Abnahmestellen, die im Vergleich zu ihrem Verbrauch unverhältnismäßig hohe Kosten verursachen, oder ertragsarme Anschlüsse sollten wenigstens zum Teil zu den Ausgaben herangezogen werden. Die Länge der vom Werk zu übernehmenden Anschlußleitungen kann bei jedem Unternehmen auf Grund der örtlichen Bauweise so festgestellt werden, daß die überwiegende Zahl der Verbraucher mit den Kosten der Anschlußleitungen nicht belastet wird; selbstverständlich darf hierbei nicht so weit gegangen werden, daß dadurch die Rentabilität in Frage gestellt wird. Außerdem sollte an die kostenlose Beistellung die Bedingung geknüpft werden, daß der Hausanschluß alsbald nach Fertigstellung zu dauerndem Strombezug benutzt wird, andernfalls teilweise Nachberechnung der Kosten an den Besteller vorbehalten bleibt.

Wo die Übernahme der Kosten auf das Werk mit Rücksicht auf das Erträgnis oder auf bestehende Vertragsbedingungen nicht möglich ist, sollte wenigstens durch andere Maßnahmen die Herstellung der Hausanschlüsse erleichtert werden. So z. B. bedeutet es schon eine wesentliche Vergünstigung für den Abnehmer, wenn an Stelle einmaliger Gebühren eine geringe jährliche Miete erhoben wird (s. v. Miller L 90). So ist es ferner zweckmäßig, in Mietshäusern mit mehreren Wohnungen die Kosten des Anschlusses nicht von dem ersten Abnehmer ganz zu erheben, sondern auch auf die späteren Abnehmer zu verteilen.

Eine ähnliche Rolle bei den einmaligen Ausgaben für die Einrichtungen zur Verwendung elektrischer Arbeit wie die Hausanschlußkosten spielen bei größeren Mietshäusern die Ausgaben für die Steigleitungen. Doch werden sich hierbei nur bei älteren Häusern Schwierigkeiten ergeben, da in neueren Bauten meist die Hauptleitungen von vornherein vorgesehen werden. Da auch diese Kosten nicht selten beträchtlich höher sind als die Einrichtungskosten für eine kleinere Wohnung, bilden sie für den kleineren Abnehmer oft ein schwerwiegendes Hindernis. In erster Linie wird zu versuchen sein, den Hausbesitzer zur Ausführung der Steigleitungen zu veranlassen. Dies geschieht z. B. durch Erlaß der Kosten des Hausanschlusses (München s. Beispiel 11, S. 73) oder durch Gewährung billiger Preise für die Treppenbeleuchtung, oder durch Ausführung der Steigleitung auf Kosten des Werkes unter der Bedingung, daß alle Räume des Hauses innerhalb bestimmter Frist zu installieren sind (Mülhausen i. E.), oder durch mietweise Überlassung an den Hausbesitzer. Ist jedoch die Beteiligung des letzteren an den Kosten für die Steigleitungen nicht zu erlangen, so erleichtert man dem einzelnen Mieter die Herstellung durch Erhebung nur eines Teils der Kosten bzw. Verteilung auf spätere Abnehmer und erhebt selbst diesen Anteil in mehreren Jahresraten, die so bemessen sein müssen, daß sich etwaige Verluste an Ratenzahlungen ungefähr ausgleichen.

b) Prüfgebühren.

Nicht in dem gleichen Maße wie Hausanschluß und Steigleitungen, aber immerhin in recht merklichem Umfang erhöhen auch die vielfach erhobenen Prüfgebühren die einmaligen Einrichtungskosten. Von der Erwägung ausgehend, daß jede einzelne Leistung, die mit dem Anschluß der Abnehmer an das Netz verknüpft ist, von letzterem zu vergüten sei, ist es bis in die jüngste Zeit allgemeiner Brauch gewesen, für die Prüfung der Entwürfe, für die Überwachung der Ausführung, die Prüfung und Inbetriebsetzung der fertigen Anlage einmalige bestimmte Gebühren zu erheben. Die Grundlage der Berechnung bildet bald der Anschlußwert der Anlage, bald die Art und Zahl der Verbrauchsapparate, die Anordnung und Unterteilung der Leitungen u. a. m.

Beispiele:

12 Leipzig - Land. Die Prüfgebühr beträgt

bei Beleuchtungsanlagen für jedes angeschlossene
0,1 KW . . . . *ℳ* 0,50
bei Motor- und gewerblichen Anlagen für jedes angeschlossene 0,1 KW . . . . „ 0,30

insgesamt für jede Einrichtung mindestens *ℳ* 1,— und höchstens *ℳ* 25,—

13 Landshut. Prüfgebühr:

für die ersten 10 Glühlampen . . . . *ℳ* 3,—
„ „ nächsten 10 Glühlampen . . . . „ 1,—
„ jede weiteren angefangenen 10 Glühlampen . „ 0,50
„ jede Bogenlampe . . . . „ 0,50
„ Motorenanlagen bis 1 KW . . . . „ 4,—
„ jedes weitere KW bis einschl. 5 KW . . . . „ 1,—
über 5 KW pro 1 KW . . . . „ 0,50
bei Anlagen, die vorläufig nur mit Leitungseinrich-
tungen versehen sind:
bis 500 m Einzelleitung . . . . „ 3,—
„ 1000 „ „ . . . . „ 5,50
für je weitere 500 m . . . . „ 2,—

14 Plauen. Gebühr für Prüfung und Abnahme der Anlagen
für jeden selbständig gesicherten Verteilungsstrom-
kreis . . . . *ℳ* 2,—
„ jede Kraftanschlußstelle eine Grundgebühr von „ 1,—
bei Motoren für jedes angefangene KW außerdem „ 1,—

Die Prüfgebühr darf einen Gesamtbetrag von *ℳ* 200,— nicht übersteigen.

Die Prüfung erfordert namentlich bei ausgedehnten Netzen mitunter einen nicht unbeträchtlichen Zeit- und Personalaufwand, der
von dem Umfang der zu prüfenden Anlagen abhängt; es ist daher vom
Standpunkt des Verkäufers aus nicht unbillig, wenn das Werk hierfür
eine entsprechend abgestufte Bezahlung verlangt. Allein schon die
Tatsache der verschiedenartigen Berechnung und die Verschiedenheit
der bei sonst gleichen Anlagen sich ergebenden Beträge zeigt, daß
hierbei die Vergütung der Leistung in den Hintergrund getreten ist,
daß es sich eher um eine mehr oder minder „amtliche" Gebühr
handelt. Es ist aber — wenigstens unter den heutigen Verhältnissen —
widersinnig, auf der einen Seite alle Anstrengungen zu machen, Abnehmer zu gewinnen und auf der anderen Seite eine Gebühr für den
Anschluß zu erheben. Hiervon abgesehen, hat das Werk an der Prüfung und dem Anschluß der Anlage mindestens das gleiche, wenn nicht
ein höheres Interesse als der Abnehmer. Diesen Erwägungen haben
sich auch neuerdings viele Werke nicht verschlossen und haben die
Erhebung der Prüfgebühren abgeschafft. Dies ist für die erste Prüfung unter allen Umständen zweckmäßig; für den Fall, daß Prüfungen
von staatlichen Behörden — wie dies leider in Verkennung der tatsächlichen Verhältnisse vorkommt — verlangt werden und durch be-

sondere Organe ausgeführt werden müssen, kann freilich von einer Gebührenerhebung nicht abgesehen werden; es empfiehlt sich aber dann, die Gebühr bei entsprechend hoher und regelmäßiger Arbeitsentnahme zurückzuzahlen. Nur wenn die Prüfungen durch die Schuld oder auf Verlangen des Installateurs oder Abnehmers wiederholt werden müssen, ist die Erhebung geringer Sätze am Platze, wenngleich es von Vorteil ist, die Notwendigkeit der Erhebung in jedem einzelnen Falle besonders zu prüfen und möglichst selten hiervon Gebrauch zu machen.

c) Verminderung der Installationskosten.

In weit größerem Umfang als Hausanschlußkosten und Prüfgebühren bilden die Ausgaben für die unmittelbare Gebrauchseinrichtung der elektrischen Arbeit einen Hinderungsgrund für ihre Verwendung. Es kommen hier verschiedene Verbrauchergruppen in Betracht, und zwar in erster Linie die Beleuchtungsanlagen in kleinen Wohnungen. Auf Grund der Darlegungen im ersten Abschnitt (S. 38f.) kann gesagt werden, daß von einem bestimmten Einkommen ab zwar noch die laufenden Kosten für die elektrische Arbeit, nicht aber die erstmaligen Ausgaben für die Einrichtung bestritten werden können; die Grenze dürfte im allgemeinen bei einem Einkommen liegen, dem etwa eine Vierzimmerwohnung entspricht. Die Inhaber kleinerer Wohnungen dürften in der Regel kaum in der Lage sein, aus eigenen Mitteln die Einrichtungskosten durch eine einmalige Ausgabe zu bestreiten. Daneben besteht eine große Gruppe von Lichtverbrauchern, die entweder mit Rücksicht auf vorhandene andere Beleuchtungsanlagen oder auf ihr Mietsverhältnis nicht in der Lage oder nicht gewillt sind, die einmaligen Einrichtungskosten auf ihre Schultern zu übernehmen. Weiterhin kommt ein großer Kreis der Kleingewerbetreibenden in Betracht, die häufig mangels Kapitals nicht imstande sind, sich die zur Verbesserung ihres Betriebes nötigen maschinellen Einrichtungen, und zwar sowohl Kraft-, wie Arbeitsmaschinen zu beschaffen. Schließlich sind hier noch alle jene, namentlich zur Verwendung im Haushalt bestimmten Verbrauchsapparate, zu nennen, die andere eingebürgerte Arbeitsweisen verdrängen sollen und deren Anschaffung in den Augen des Abnehmers mangels Erfahrung ein Wagnis bedeutet.

Die Erleichterung bei der Beschaffung der Einrichtung in all den genannten Fällen kann auf verschiedene Weise erfolgen, und zwar:

a) durch die Übernahme sämtlicher Einrichtungskosten auf seiten des Werkes;

b) durch miet- oder leihweise Überlassung,

c) durch Abschlagszahlungen,

d) durch sonstige Erleichterungen.

Man muß sich bei der Einführung dieser Maßnahmen darüber klar sein, daß dadurch besondere Eigentumsverhältnisse geschaffen werden. Der Unternehmer wird sich in den meisten Fällen das Eigentumsrecht an den Einrichtungen unbeschränkt oder bis zu einem gewissen Zeitpunkt bzw. bis zu bestimmten Gegenleistungen vorbehalten, es steht jedoch nicht fest, ob dieses Eigentumsrecht unter allen Umständen anerkannt wird, da in der Rechtsprechung noch nicht einheitlich entschieden ist, ob derartige Einrichtungen als selbständige Sachen oder als Bestandteile oder Zubehör der Räume und Betriebe zu betrachten sind (B. G. B. § 93, 97). In diesen letzteren Fällen würde nämlich bei Konkursen, Pfändungen, Verkäufen usw. der betreffenden Räume oder Grundstücke der Eigentumsvorbehalt rechtlich unwirksam sein und das Elektrizitätswerk unter Umständen schweren Schaden leiden. Die Erfahrung zeigt jedoch, daß diese Gefahr eine sehr geringe ist, einmal durch die geringe Häufigkeit der Zweifelsfälle, dann aber neigt sich, namentlich soweit Motoren in Frage stehen, die Rechtsprechung immer mehr zu der Ansicht, daß an derartigen Einrichtungen Eigentumsvorbehalte rechtsgültig sind.

Was die einzelnen Erleichterungen betrifft, so wird die Übernahme sämtlicher Einrichtungskosten äußerst selten geübt; sie ist auch nur dann notwendig und berechtigt, wenn durch einen entsprechend hohen Verbrauch an elektrischer Arbeit ein Ausgleich für die Aufwendung dieser Kosten geboten wird. Diese Maßnahme muß daher stets eine bedingte und beschränkte bleiben.

Beispiele:

15 Colmar. Es werden in Wohnungen von 250—500 ℳ jährlichen Mietwerts die Leitungen für drei Lampen unentgeltlich hergestellt; Hauseigentümer sind von dieser Vergünstigung ausgeschlossen.

16 Elektrizitätswerk Westfalen. Die Ausführung von Anlagen auf Kosten des Werkes erfolgt nach dessen Ermessen bei Anmeldung von mindestens 2 und höchstens 50 Lampen. Für jede der angeschlossenen Lampen ist ein jährlicher Stromverbrauch zu garantieren und zwar

bis zu 10 Lampen	ℳ 9,—	pro Jahr und Lampe				
11 bis 20 „	„ 8.—	„	„	„	„	
21 „ 30 „	„ 7,—	„	„	„	„	
31 „ 50 „	„ 6,—	„	„	„	„	

Die Installation auf Kosten des Werkes umfaßt die gesamte Lichtanlage einschl. des Leitungsmaterials und der Schalter, Sicherungen und Beleuchtungskörper in einfacher Ausführung; die gesamte Anlage bleibt Eigentum des Elektrizitätswerks.

Von diesen Beispielen zeigt das eine die Beschränkung auf eine bestimmte Abnehmergruppe, sowie auf einen bestimmten kleinen Umfang der Anlagen, während im zweiten Falle gewisse Verbrauchsgarantien verlangt werden; diese sind so bemessen, daß aus dem verhältnismäßig hohen Verbrauch eine Abschreibung der Anlagen erfolgen kann. Die Festsetzung eines bestimmten Verbrauchs erübrigt sich, wenn allgemein ein Pauschaltarif eingeführt ist.

Beispiel 17:

Brand b. Aachen (Kreisamt für Abgabe elektrischer Kraft). Wird der Pauschaltarif in Ortschaften des Versorgungsgebietes neu eingeführt, so erhält der Anschlußnehmer innerhalb einer bestimmten Meldefrist sowohl den Hausanschluß als auch nach Wahl des Kreisamts drei Glühlampen einschl. einfachster Beleuchtungskörper fertig installiert oder den Installationswert der letzteren Anlage in bar bis zum Höchstbetrag von $\mathcal{M}$ 45,— erstattet.

Bemerkenswert an dem letztgenannten Beispiel ist die Möglichkeit der Barvergütung an den Abnehmer; ein solcher Weg wird dort stets zu beschreiten sein, wo die Ausführung der Installationen nicht durch das Werk selbst erfolgt.

Wie bereits ausgeführt, ist die vollständig kostenlose Überlassung von Einrichtungen, die den besonderen Bedürfnissen des Abnehmers angepaßt sind, vom volkswirtschaftlichen Standpunkt aus nur dort zu rechtfertigen, wo infolge völligen Unvermögens der Abnehmer wesentliche Vorteile für die Erzeugung und für den Verbrauch in Fortfall kommen müßten; diese Voraussetzung wird aber einwandfrei in den seltensten Fällen gegeben sein; meist wird es durch geeignete Bearbeitung der Abnehmer und durch andere weniger weitgehende Maßnahmen gelingen, den beabsichtigten Zweck, den Abnehmer zum Anschluß zu bewegen, zu erreichen.

Eine solche Maßnahme besteht in der miet- oder leihweisen Überlassung der Gebrauchseinrichtungen. Der Unternehmer beschafft diese zwar auf seine Kosten und überläßt sie dem Abnehmer zur Verfügung, erhebt aber für den Gebrauch eine bestimmte Miet- oder Leihgebühr. Dies Verfahren wird häufig für einzelne Verbrauchsapparate, wie z. B. Beleuchtungskörper, Bügeleisen, Staubsauger, Dreschmotoren u. a. m., doch auch für ganze Anlagen, angewendet.

Beispiele:

18 München. Durch die städtischen Elektrizitätswerke können Einrichtungsgegenstände, wie einfache Beleuchtungskörper, Zählergrundplatten mit Sicherungen, Bügeleisen und sonstige elektrische Hausgeräte an die Stromabnehmer zur Benutzung abgegeben werden. Die Benutzungsgebühren werden durch die städtischen Elektrizitätswerke unter Berücksichtigung eines angemessenen Betrages für Verzinsung und Abschreibung festgesetzt. Die abgegebenen Gegenstände bleiben dauernd Eigentum der städtischen Elektrizitätswerke.

19 Frankfurt a. M. Mietsinstallationen werden auf Kosten der Städtischen Elektrizitätswerke nur ausgeführt, wenn sie gleichzeitig von mindestens drei Wohnungsinhabern eines Hauses beantragt werden. Die Installation muß für jede Wohnung mindestens drei und darf höchstens sechs Stromentnahmestellen umfassen.... Die Benutzung der Mietsinstallationen wird dem Wohnungsinhaber zum monatlichen Mietpreise von 25 $\mathcal{Pf}$ für jede Stromentnahmestelle überlassen.... Die

auf Kosten der Betriebsdirektion hergestellten Hausleitungen nebst Zubehör können jederzeit seitens des Grundstückseigentümers käuflich zu einem zu vereinbarenden Preise erworben werden.

Dem Begriff der Miete entsprechend müßte die Gebühr dauernd bezahlt werden und könnte in diesem Falle unter Berücksichtigung der Lebensdauer verhältnismäßig niedrig angesetzt werden. Das aber schließt für die Elektrizitätswerke eine gewisse Gefahr in sich, da es kaum angängig ist, die in Frage kommenden Hauseigentümer oder Wohnungsmieter auf so lange Zeit zu verpflichten. Um diese Gefahr zu vermindern, sind die Beträge fast allgemein wesentlich höher angesetzt, so daß die Anlagen nach einer kürzeren Reihe von Jahren abgeschrieben sind. Die Beträge werden dann nach dieser Zeit nicht mehr weiter erhoben. Damit trotzdem der Begriff des Mietgeschäftes aufrecht erhalten bleibt, gehen die Anlagen nicht in den Besitz der Verbraucher über.

Beispiel 20:

Elektricitäts-Lieferungs-Gesellschaft. Abnehmer, welche eine von dem Elektrizitätswerk eingerichtete Anlage benutzen wollen, sind verpflichtet, der Gesellschaft eine Miete zu entrichten. Diese Verpflichtung erlischt, sobald die Miete für die betreffende Leitung zehn Jahre hindurch, gleichviel von wem, an das Elektrizitätswerk entrichtet ist. Der Abnehmer hat die Genehmigung des Hauseigentümers beizubringen, daß dieser mit der Verlegung der Leitungen nebst Zubehör innerhalb des Grundstücks, sowie mit der etwa erforderlichen Wegnahme einverstanden ist, und darf ohne Erlaubnis des Elektrizitätswerkes die elektrische Einrichtung weder selbst benutzen, noch anderen die Benutzung derselben gestatten. Dagegen verpflichtet sich das Elektrizitätswerk dem Hauseigentümer gegenüber, die Einrichtung nicht zu entfernen, solange die Miete für dieselbe pünktlich entrichtet wird. Die Miete für die Hausinstallation beträgt jährlich

a) für die Leitung pro Brennstelle mit 1 Ausschalter $\mathcal{M}$ 2,—
b) „ „ „ „ „ „ 2 Ausschaltern „ 2,50 usw.

Die Höhe der Miete auf elektrische Leitungen für Kraftzwecke bleibt besonderer Vereinbarung vorbehalten.

Bemerkenswert bei diesem Verfahren ist die Tatsache, daß für alle Anlagen ohne Rücksicht auf die Herstellungskosten ein gleicher Mietssatz erhoben wird, der selbstverständlich so berechnet sein muß, daß er den durchschnittlichen Anlagekosten und der Abschreibungsdauer entspricht.

In besonders einfacher Weise läßt sich diese Installationserleichterung in Verbindung mit Pauschal- und Gebührentarifen einführen, bei denen die Installationsmiete dem Pauschal- oder Grundgebührensatz ohne weiteres hinzugerechnet wird.

Beispiel 21:

Elektricitäts-Lieferungs-Gesellschaft. Auf Wunsch des Abnehmers erfolgt die Einrichtung der elektrischen Beleuchtungsanlage auf Kosten des

Werkes. Eine geringfügige Miete ist in die Stromgebühren eingerechnet. — Für jede der angeschlossenen Lampen sind folgende Pauschalgebühren allmonatlich im voraus zu bezahlen:

$$\text{bei Lampen bis zu } 16\,\text{NK} \dots \mathscr{M}\ 0,75$$
$$\text{,,} \quad \text{,,} \quad 25 \quad \text{,,} \quad \dots \text{,,}\ 1,05$$
$$\text{,,} \quad \text{,,} \quad 32 \quad \text{,,} \quad \dots \text{,,}\ 1,30$$
$$\text{,,} \quad \text{,,} \quad 50 \quad \text{,,} \quad \dots \text{,,}\ 1,65$$

In diesen Gebühren sind die Kosten des Stromes, der Installation in einfacher Ausführung und einfache Beleuchtungskörper, jedoch ohne Lampen, eingeschlossen.

Bei Abnehmern, die die Anlage auf eigene Kosten und gegen sofortige Berechnung ausführen lassen, ermäßigen sich die Pauschalgebühren um $\mathscr{M}$ 0,15 pro Monat und Lampe.

Die auf Kosten des Werkes ausgeführten Anlagen bleiben Eigentum des Elektrizitätswerkes. Der Verbraucher übernimmt die Kosten der Unterhaltung und Reparaturen der Anlage und verpflichtet sich, dieselbe in Höhe des von dem Elektrizitätswerk angegebenen Betrages gegen Feuersgefahr zu versichern.

Diese Mietsanlagen erfreuen sich einer großen Beliebtheit und haben nicht wenig dazu beigetragen, die Verwendung der Elektrizität in Kreisen zu verbreiten, in denen sie ohne diese Erleichterungen kaum Fortschritte gemacht hätte. — Nun ist es aber, namentlich bei alteingesessener und seßhafter Bevölkerung nicht jedermanns Sache, auf seinem Grundstück oder in seiner Wohnung eine Anlage zu haben, über die er nicht frei verfügen kann. Sind die Mittel zur Einrichtung auf eigene Kosten nicht vorhanden, so bleibt in solchen Fällen noch ein weiterer Weg übrig, nämlich, die Anlage zwar auf Kosten des Elektrizitätswerkes zu errichten, dieselbe aber dann durch Teilzahlungen allmählich in den Besitz des Abnehmers übergehen zu lassen. Alsdann liegt ein sogenanntes Abzahlungsgeschäft vor. Der Charakter dieses Verfahrens wird nicht geändert, wenn die Teilzahlungen aus bestimmten Gründen ,,Mietgebühren'' genannt werden. Dieses Verfahren ist vielfach bei der Einrichtung von Motorenanlagen im Kleingewerbe üblich geworden.

Beispiel 22:

Elektricitäts - Lieferungs - Gesellschaft. Einzelnen Abnehmern werden auf Wunsch Elektromotoren mietweise überlassen, sofern der Abnehmer sich zu einer mindestens dreijährigen Mietsvertragsdauer verpflichtet. Die Überlassung erfolgt zu den nachstehenden in monatlichen Raten zahlbaren Preisen:

$$\text{bis zur Stärke von } \tfrac{1}{2} \text{ Pferdekraft} \quad \mathscr{M}\ 75,\!- \text{ pro Jahr}$$
$$\text{,,} \quad 1 \quad \text{,,} \quad \text{,,}\ 90,\!- \text{ ,, ,,}$$
$$\text{usw.}$$

Der Motor nebst Zubehör bleibt während der Zeit der mietweisen Überlassung Eigentum des Elektrizitätswerkes; der Mieter ist jedoch berechtigt, den Motor nebst Zubehör jederzeit käuflich zu erwerben, wenn er den Unterschied zwischen dem bei Auftragsbestätigung vereinbarten Anschaffungspreis zuzüglich 5% Zinsen vom Tage der mietweisen Überlassung an und der bis zur Übernahme gezahlten monatlichen Mietsraten in bar entrichtet. Der Motor nebst Zubehör geht ohne weiteres in den Besitz des Mieters über, sobald die gezahlten Mietsraten zusammengenommen die Höhe des dem Mieter genannten Anschaffungspreises zuzüglich 5% Zinsen für die Dauer der mietweisen Überlassung erreicht haben.

Auch für Lichtanlagen ist diese Art der Installationserleichterung, namentlich in neuerer Zeit, vielfach in Gebrauch gekommen.

Beispiele:

23 Elektrizitätswerke des Kantons Zürich. Die Elektrizitätswerke können den Bestellern auf Wunsch die Zahlung der Installationsrechnungen in monatlichen oder vierteljährlichen Raten bewilligen. Hierfür gelten folgende Bestimmungen:

Die erste Rate beträgt 10% des Rechnungsbetrages und ist innerhalb 14 Tage nach Zustellung der Rechnung zu entrichten, die folgenden Monatsraten betragen 5% des Rechnungsbetrages. Zum Rechnungsbetrag werden für die Zeit von der Rechnungsstellung an bis zur Leistung der letzten Monatsrate für Zinsen und Spesen $3^1/_2$% des Rechnungsbetrages zugeschlagen.

24 Elektricitäts-Lieferungs-Gesellschaft. Das Elektrizitätswerk liefert Beleuchtungsanlagen auf Miete, und zwar mit und ohne Beleuchtungskörper. Der Kaufpreis einer solchen Anlage wird entweder bei Bestellung oder nach Fertigstellung festgestellt. Die monatlichen Raten betragen den 24. Teil des Kaufpreises. Die Anlage bleibt solange Eigentum des Werkes, bis der Kaufpreis nebst 5% Zinsen durch die Summe der gezahlten Mietsraten getilgt ist. Nach dieser Zeit geht die Anlage ohne weiteres in das Eigentum des Mieters über.

In neuerer Zeit ist ein ähnliches Verfahren auch für die Einführung von Heiz- und Kochanlagen zur Anwendung gekommen.

Beispiel 25:

Elektricitäts-Lieferungs-Gesellschaft. Die Herstellung der Anlage und die Lieferung der Apparate erfolgt auf Kosten des Werkes. Der Abnehmer hat für Benutzung der Anlage und der Apparate die folgenden Gebühren zu entrichten:

1. Für einen Schnellkocher ca. 1 l Inhalt 0,55 $\mathcal{M}$ pro Monat
2. „ „ Kochtopf „ $2^1/_2$ l „ 0,75 „ „ „
2a. „ „ „ „ 3 „ „ 1,00 „ „ „
3. „ eine Bratpfanne „ 1 „ „ 0,80 „ „ „

usw.

Die Übernahmepreise für die Apparate und Installation stellen sich wie folgt:

	Apparate	Installation
Für Pos. 1 auf	$\mathcal{M}$ 13,—	$\mathcal{M}$ 5,—
„ „ 2 „	„ 22,—	„ 5,—
„ „ 2a „	„ 30,—	„ 5,—
„ „ 3 „	„ 25,—	„ 5,—

usw.

Die Gebühren werden monatlich im voraus erhoben und sind so lange zu entrichten, bis die Übernahmepreise gezahlt sind. Der Übergang in den Besitz des Abnehmers erfolgt dann ohne weiteres. Die Apparate und die Anlage bleiben während der Zeit der mietsweisen Überlassung Eigentum des Werkes. Der Abnehmer ist nicht berechtigt, durch Verkauf, Verpfändung, Vermietung oder sonstwie darüber zu verfügen und verpflichtet sich, die gelieferten Gegenstände sachgemäß zu behandeln, dauernd in sauberem, gebrauchsfähigem Zustande zu erhalten und für erforderlich werdende Reparaturen aufzukommen.

Ähnlich wie beim Pauschaltarif können auch beim Zählertarif die Teilzahlungen durch Erhöhung des Strompreises erhoben werden. Diese Art der Erhebung ist jedoch weniger vorteilhaft, da dann ein bestimmter Mindeststromverbrauch festgesetzt werden muß, der von dem Abnehmer häufig als drückende Verpflichtung empfunden wird.

Beispiel 26:

Neuburg a. D. Das Elektrizitätswerk führt in Straßen, die bereits mit Leitungen belegt sind, in jeder Wohnung, in der mindestens 3 Lampen angemeldet werden, die Installation bis zu 3 Lampen auf eigene Kosten aus. Der Abnehmer verpflichtet sich, mindestens auf die Dauer seines Mietvertrages seine Räume ausschließlich elektrisch zu beleuchten und allmonatlich mindestens $\mathcal{M}$ 3,— an das Elektrizitätswerk zu entrichten. Für diesen Betrag kann der Abnehmer bis zu 60 Kwstd. im Jahre verbrauchen, jede Kilowattstunde darüber hinaus wird mit 50 $\mathcal{P}$ (normaler Tarif) berechnet. Die drei kostenlos für den Abnehmer installierten Lampen bzw. das hierzu verwendete Material bleibt vorläufig Eigentum des Werkes, jedoch geht nach sechsjähriger regelmäßiger Benutzung die Gesamtanlage in den Besitz des Abnehmers über.

Die bis jetzt besprochenen Arten der Teilzahlungen sind ohne weiteres überall dort anzuwenden, wo das Elektrizitätswerk die Installationen selbst ausführt oder aber sie Installateuren nach vorher genau vereinbarten Preisen überträgt. Letzteres ist aber nicht überall durchführbar oder es erfordert eine genaue und kostspielige Prüfung. In solchem Falle ist es zweckmäßiger, nicht die Installation als solche auf Kosten des Werkes ausführen zu lassen, sondern dem Abnehmer bestimmte Beträge zur Verfügung zu stellen, die entweder an ihn selbst oder an den Installateur abgeführt werden. Freilich liegt dann die Möglichkeit vor, daß mit den gleichen aufgewendeten Summen weniger erreicht wird, als wenn die Installationskosten unmittelbar vom Werk bestritten werden, da im Falle der Beitragsleistung der Installateur als Geschäftsmann das natürliche Bestreben haben muß, die Anlage des Abnehmers so zu gestalten, daß er selbst einen möglichst hohen Verdienst dabei findet. Andererseits hat dieses Verfahren den großen Vorzug der Einfachheit, es enthebt das Werk einer langwierigen und kostspieligen Prüfung und läßt die oft recht schwierigen Verhandlungen mit den Installateuren vermeidlich erscheinen.

Beispiel 27:

Altona. Das Elektrizitätswerk übernimmt auf Antrag die Kosten für den Hausanschluß sowie eines Teiles der Installation, und zwar in der Weise, daß von ihm

für die Steigeleitung für 1 Stockwerk bis zu $\mathcal{M}$ 20,—
  ,, eine Stromentnahmestelle bis zu . . . . . ,, 10,—
  ,, ,, Steckdose bis zu . . . . ,, 5,—

auf Grund eines genauen Kostenanschlages eines bei dem Elektrizitätswerk zugelassenen Installateurs an den betreffenden Hausbesitzer gezahlt werden. Die Installation muß für jede Wohnung mindestens 3 und darf höchstens 8 Stromentnahmestellen umfassen. Nach endgültiger Abnahme der Anlage wird die in

Frage kommende Summe an den betreffenden Hauswirt verliehen; letzterer ist verpflichtet, die geliehene Summe in der Weise zu tilgen, daß er für jede Mark dieser Summe monatlich 2 ₰ auf die Dauer von 5 Jahren zahlt. Das Elektrizitätswerk bleibt Eigentümer der Anlage, bis die Kosten der Gesamtanlage getilgt sind.

Außer diesen drei genannten Maßnahmen der kostenlosen, mietweisen und durch Abschlagszahlungen zu tilgenden Einrichtungen sind von den Elektrizitätswerken noch andere angewendet worden, wenn sie sich von diesen einfachen Systemen einen größeren Erfolg nicht versprochen haben. So z. B. sind vielfach mehrere der genannten Erleichterungen gleichzeitig angewendet worden. Man kann z. B. einen Teil der Anlage kostenlos dem Abnehmer zur Verfügung stellen und für die restlichen Kosten Abschlagszahlungen vorsehen. Am bekanntesten von diesen Systemen ist das in Straßburg i. Els. angewendete, das viele Nachahmer gefunden hat.

Beispiel 28:

Straßburg i. Els. In Wohnhäusern, die bereits an das Straßenleitungsnetz des Elektrizitätswerkes angeschlossen sind, werden Lichtanlagen von 1—4 Lampen unter folgenden Bedingungen ausgeführt:

1. Die Installation für die erste Lampenleitung ohne Beleuchtungskörper erfolgt kostenlos, wenn sich der Besteller verpflichtet, während 6 Jahre jährlich Strom im Betrage von ℳ 18,— zu vergüten.
2. Für jede weiterhin installierte Lampenleitung sind 25 ₰ monatlich Beisteuer auf 6 Jahre zu entrichten.

Hierbei, wie bei sämtlichen bisher aufgezählten Maßnahmen für die Erleichterungen der Installation muß das Elektrizitätswerk zunächst die Kosten selbst aufbringen; bei größeren Versorgungsgebieten und eifriger Werbetätigkeit handelt es sich hierbei oft um Summen, die einen beträchtlichen Bruchteil des Gesamt-Anlagekapitals ausmachen. Nicht jedes Werk ist in der Lage, über solche Summen zu verfügen, namentlich in städtischen Werken dürfte es oft Schwierigkeiten machen, die für die Geldbewilligung maßgebenden Stellen von der Notwendigkeit und Wichtigkeit der in Frage kommenden Aufwendungen zu überzeugen. Um das zu vermeiden, ist wiederholt ein anderes Verfahren eingeschlagen worden. Man läßt zwar den Abnehmer die Einrichtung beschaffen, liefert ihm aber so lange Strom umsonst, bis die Kosten der Einrichtung durch einen gleich hohen Betrag an Stromkosten ausgeglichen sind. Dieses Verfahren wurde zum ersten Male, und zwar mit gutem Erfolge in der Stadt Gotenburg eingeführt und hat auch in Deutschland Nachahmung gefunden.

Beispiel 29:

Elektrizitätswerk Schlesien. Das Elektrizitätswerk Schlesien veröffentlichte Anfang Oktober 1914 eine Bekanntmachung, derzufolge für alle Beleuchtungsanlagen bis zu 15 Glühlampen, die bis Ende Dezember 1914 zur Anmeldung gelangten, Strom kostenlos bis zum 1. Oktober 1915 geliefert werden sollte.

Der Vorteil einer solchen Maßnahme besteht vor allen Dingen darin, daß zwar dem Abnehmer eine bedeutende Ersparnis ermöglicht wird, daß aber das Elektrizitätswerk selbst in Wirklichkeit nicht die ganze Summe dieser Ersparnisse zu tragen hat, sondern nur die Selbstkosten der gelieferten elektrischen Arbeit.

Es ist aber ersichtlich, daß dieses System nur bei denjenigen Abnehmern Erfolg haben kann, bei denen genug Kapital vorhanden ist, um die Kosten der Anlage zu bestreiten. Wo dies fehlt, wie z. B. vielfach in Arbeiterkreisen, kann natürlich eine solche Maßnahme den gewünschten Erfolg nicht aufweisen. Andererseits ist nicht zu verkennen, daß bei einer sparsamen, im übrigen aber leistungsfähigen Bevölkerung durch die Verheißung einer teilweise kostenlosen Stromlieferung eine größere Zahl neuer Abnehmer gewonnen werden kann.

Alle die genannten Maßnahmen sind, namentlich in neuerer Zeit, in nicht geringem Umfange zur Ausführung gebracht worden, und es gibt kaum ein Werk, das nicht von dem gewünschten Erfolg zu berichten hätte. Welche der besprochenen Methoden hierbei angewendet wird, hängt von der Art des Stromversorgungsgebietes, von dem Charakter der Bevölkerung, von der Höhe der zur Verfügung gestellten Mittel, und vor allem von einer entsprechenden Werbetätigkeit ab. Man hüte sich vor gedankenloser Übertragung eines unter bestimmten Verhältnissen gut gewählten und erfolgreichen Systems auf beliebige andere Verhältnisse, da die Erfahrung gezeigt hat, daß trotz der gleichen Absicht, die allen diesen Maßnahmen zugrunde liegt, nicht überall der gleiche Erfolg erzielt wird. Es ist z. B. oben angedeutet worden, daß das Gotenburger System namentlich in ärmeren Gegenden unmöglich zu einem Erfolg führen kann, wie andererseits in wohlhabenderen Plätzen die Einführung von Miets- oder Abzahlungsanlagen mit geringen Jahresgebühren eine überflüssige Maßregel darstellt. Was die Höhe der Miets- oder Teilzahlungen anbelangt, so hat man sich hier wiederum nach dem Charakter und dem Wohlstand der Bevölkerung zu richten. Bei hoch bemessenen Gebühren ist zwar das Wagnis des Unternehmers ein geringeres, der Kreis der in Frage kommenden Abnehmer wird aber naturgemäß um so größer sein, je niedriger die Mietsraten bemessen sind. Andererseits darf damit nicht zu weit gegangen werden, weil man sich sonst leicht zahlungsunfähige und gewissenlose Abnehmer schafft, die bei geringen Konjunkturschwankungen das Elektrizitätswerk schwer schädigen können. Infolgedessen sind auch bei allen diesen Maßnahmen gewisse Vorsichtsmaßregeln am Platze, wenn man auch nie vergessen darf, daß sie eine Erleichterung des Strombezuges herbeiführen sollen, daß sie also dem Abnehmer so wenig Auslagen wie möglich machen dürfen. Immerhin sollte sich das Werk unter allen Umständen das Eigentum bis zur vollständigen Tilgung der Anlagen vorbehalten, es muß ferner den Abnehmer zur Instandhaltung und zur Feuerversicherung verpflichten, weiterhin verlangen, daß ihm von allen Eigentumsveränderungen der in Frage kommenden Räume Kenntnis gegeben wird, daß eine gewisse Mindestverpflichtung hinsichtlich der Höhe oder wenigstens der Zeit der Stromentnahme vorgesehen wird, und daß endlich, wenn irgend möglich, der Hausbesitzer eine bestimmte Gewähr für Einnahmeausfälle übernimmt.

In Anbetracht der außerordentlichen Vorteile, die die Verwendung der elektrischen Arbeit, namentlich in gewerblichen Betrieben, mit sich bringt, hat man auch versucht, staatliche Körperschaften zur Mithilfe bei der Einführung von Erleichterungen der Einrichtungen zu gewinnen. So hat z. B. die sächsische Regierung Vorsorge getroffen, um das dortige Kleingewerbe zu unterstützen. Es besteht in Sachsen eine staatliche Stiftung, aus der an Gemeinden und gewerbliche Genossenschaften zur Förderung des Handwerks und des Kleingewerbes Darlehen zur Anschaffung von Antriebs- und Arbeitsmaschinen, und zwar ausschließlich im Kleingewerbe gewährt werden können. Der zu unterstützende Handwerker erhält das Darlehen von der Gemeinde, die sich als Selbstschuldnerin zur Verzinsung und Rückzahlung des Darlehns verpflichten muß. Das Darlehn selbst ist in 10 Jahren zu tilgen und jährlich, mit Ausnahme des ersten Jahres, mit 2% zu verzinsen.

In ähnlicher Weise hat sich z. B. auch das Gewerbeförderungs-Institut der Handels- und Gewerbekammer für Österr.-Schlesien die Erleichterung bei der Beschaffung von elektrischen Einrichtungen für Kleinhandwerker zur Aufgabe gemacht.

C. Die Ausführung der Werbetätigkeit.

Bereits bei der Besprechung der Werbemittel ist vereinzelt darauf hingewiesen worden, in welcher Art sie anzuwenden sind; es handelt sich jetzt noch darum, festzustellen, wie eine planmäßige Werbetätigkeit von ihnen im ganzen zur Erreichung ihrer Ziele Gebrauch macht. Hierbei unterscheidet sich nur die Werbetätigkeit zum Anschluß neuer Ortschaften einigermaßen in der Wahl der Mittel und der Reihenfolge ihrer Anwendung von derjenigen zur Gewinnung neuer Abnehmer und zur Verbreiterung und Vertiefung bestehender Absatzgebiete.

1. Die Werbetätigkeit beim Anschluß neuer Ortschaften.

Bei der Vergrößerung des örtlichen Versorgungsgebietes bedarf es in erster Linie Maßnahmen, die geeignet sind, die Bekanntschaft der Allgemeinheit mit den Wirkungen und Vorteilen der elektrischen Arbeit zu vermitteln. Erschwert wird diese Aufgabe vielfach dadurch, daß die Öffentlichkeit gleichzeitig über die wirtschaftliche und rechtliche Form der Unternehmung, über den Inhalt der abzuschließenden Verträge oft in hohem Maße in Anspruch genommen ist. Dennoch darf sich hierdurch die Werbetätigkeit nicht in den Hintergrund drängen lassen, wenn sie sich auch, solange die Form der Elektrizitätsversorgung noch nicht entschieden ist, auf Hinweise allgemeiner Art beschränken muß. Hierher gehören kurze Notizen und belehrende Aufsätze in den Tageszeitungen über das Wesen und den Nutzen der elektrischen Arbeit, über Ergebnisse der Elektrizitätswirtschaft in anderen ähnlichen Orten, über den Umfang und die Art der Elektrizitätsversorgung. Die so erweckte Aufmerksamkeit muß nun wach gehalten und vertieft werden und hierzu ist zunächst der Vortrag am geeignetsten, und zwar wenn irgend möglich mit Lichtbildern, Films und Vorführungen ausgestattet. Vorträge dieser Art werden sich in der Hauptsache nur mit allgemeinen, die Elektrizitätsversorgung betreffenden Fragen befassen, daneben aber auch Nutzanwendungen auf die örtlichen Verhältnisse, insbesondere die der Zuhörerschaft anführen, auch die Kosten der Einrichtung und des Verbrauchs in zahlreichen Einzelbeispielen erläutern müssen. Um alle hierbei bestehenden Zweifel und Unklarheiten nach Möglichkeit auszuschalten, soll den Zuhörern nach dem Vortrage Gelegenheit gegeben werden, in freier Aussprache alle ihre Bedenken und Wünsche vorzubringen. Ist die Versorgung des gerade in Frage stehenden Ortes beschlossene Sache, so ist die Eröffnung einer Geschäftsstelle nächstes Erfordernis; wenn sich dies in kleineren Orten nicht lohnt, kann für mehrere gemeinsam eine Geschäftsstelle errichtet werden, oder es genügt auch, einen rührigen und geschäftstüchtigen Einwohner, der das Vertrauen seiner Mitbürger genießt, entsprechend zu unterrichten und mit der Wahrnehmung der Interessen des Werkes zu betrauen. Die Lage, Arbeitszeit der Geschäftsstelle usw. wird in zweckmäßiger Weise wiederholt in den Zeitungen, gegebenenfalls auch durch Plakate oder Rundschreiben, bekanntgegeben, ebenso sind die Stromlieferungsbedingungen und Preise zunächst in den Tagesblättern zu veröffentlichen und zu erläutern. Sodann beginnt die Einzelbearbeitung der in Aussicht genommenen Verbraucher, und zwar etwa in der Form, daß je nach Verbrauchsgruppen mit verschiedener beruflicher oder wirtschaftlicher Grundlage verschiedene Werbeschreiben verfaßt und verschickt werden. Die Trennung nach Berufszweigen, nach der Art der Verwendung elektrischer Arbeit ist erforderlich, weil sonst in dem Inhalt des Werbeschreibens zuviel zusammengedrängt werden müßte. Im allgemeinen genügt es, etwa folgende Verbrauchsgruppen zu unterscheiden: Größere Wohnungen, Kleinwohnungen, Ladengeschäfte, Gastwirtschaften, Ärzte, Handwerker, Fabriken, Landwirte; je nach Umfang und Art kann die Zahl der Gruppen vermindert oder vermehrt werden. Wohl gibt es in jedem Ort eine größere Anzahl von Einwohnern, die schon auf die geschilderte Werbetätigkeit hin oder gar ohne eine solche, sich zum Anschlusse melden; die Mehrzahl der Abnehmer aber muß durch persönliche Bearbeitung gewonnen werden. Deshalb hat schon während oder gleich nach Versendung der Werbeschreiben die persönliche Werbetätigkeit einzusetzen, die durch die Anlage der Kartensammlung vorbereitet ist (s. S. 55f.).

Von ganz besonderer Bedeutung ist die Frage, ob sich die Werbetätigkeit von seiten des Elektrizitätswerkes lediglich auf die Verwendung der elektrischen Arbeit, oder auch auf die Herstellung der hierzu nötigen Einrichtungen erstrecken soll (L 129, 134—140). Während die Werke selbst vielfach der Meinung sind, daß die Ausführung der Hausanlagen zu ihrem Geschäftsbereich gehöre und nicht aufgegeben werden dürfe, bekämpfen die Installateure, namentlich bei Werken in öffentlicher Verwaltung, diese Tätigkeit der Werke auf das heftigste und haben auch in einzelnen Fällen die gänzliche Einstellung durchgesetzt (L. 136). Das Verlangen der Installateure wird hauptsächlich damit begründet, daß die Elektrizitätswerke öffentliche Unternehmungen seien und mit ihnen, als Steuerzahler, in ihrem Gewerbebetrieb nicht in Wettbewerb treten dürften. Allein, dieser Standpunkt ist ungerechtfertigt, da er dem Grundsatz der Gewerbefreiheit widerspricht, ganz abgesehen davon, daß die Elektrizitätswerke mit dem einzelnen Installateur zwar in Wettbewerb treten, ursprünglich aber dem ganzen Gewerbe Arbeitsgelegenheit geschaffen und seine Lebensbedingungen ganz wesentlich verbessert haben. Mit der gleichen Berechtigung könnten z. B. die Petroleum-, Kohlen-, Benzinverkäufer, die Lokomobil- und Gasmotorenverkäufer u. a. m. die Einstellung des Verkaufs elektrischer Arbeit überhaupt verlangen. Es sprechen überdies eine große Anzahl Zweckmäßigkeitsgründe für die Beibehaltung der Installationstätigkeit der Elektrizitätswerke. Letztere haben als wirtschaftliche Unternehmungen in erster Linie die Aufgabe, den Absatz elektrischer Arbeit zu fördern, und hierzu ist es erforderlich, daß die Werke soweit als möglich alle Arbeiten in ihren Tätigkeitsbereich ziehen, die mit dem Verbrauch elektrischer Arbeit verknüpft sind. Die Einrichtungen in den Häusern und gewerblichen Stätten sind aber ebenso Bestandteile der Elektrizitätsversorgung, wie die Kraftwerke und Straßenleitungen und an ihrer zweckmäßigen Ausführung und Unterhaltung haben nächst dem Abnehmer die Elektrizitätswerke selbst das größte Interesse. Sie müssen, wenn anders sie ihrer wirtschaftlichen Aufgabe möglichster Verbreitung der elektrischen Arbeit gerecht werden wollen, dauernd in engstem Zusammenhang mit den Verbrauchern bleiben, und dies kann, abgesehen von zufälligen Nachrichten, von Mitteilungen der Zählerableser, Kassenboten, Prüfungsbeamten u. a. m.

in der wirksamsten Weise durch die Ausführung der Anlagen und den Verkauf von Gebrauchsapparaten geschehen. Beim Elektrizitätswerk müssen alle Maßnahmen, auch die Handhabung der Installations- und Verkaufstätigkeit, nur das eine Ziel eines möglichst wirtschaftlichen, umfangreichen und gesicherten Stromabsatzes haben; es gibt aber zahlreiche Fälle, wo dieses Ziel mit den Interessen des Installateurs nicht übereinstimmt, wo er als Geschäftsmann seine Interessen über die des Werkes stellen muß. So z. B. wird der Installateur bei ausgedehnten Überlandzentralen in abgelegenen kleinen Orten Ausbesserungen und Nacharbeiten nur selten übernehmen wollen; bei nicht genügend rascher und sachgemäßer Abhilfe wird der Abnehmer die Unzufriedenheit hierüber leicht auf den Gebrauch der elektrischen Arbeit überhaupt übertragen und das Werk müßte, um dies zu verhindern, solche unlohnenden Arbeiten mit sehr hohen Kosten übernehmen, wenn es nicht schon über eine entsprechend ausgebaute Installationsabteilung verfügt. Gleichzeitig kann es diese, wenigstens zum Teil, zur Überwachung und Unterhaltung der Leitungsnetze heranziehen, so daß die Angliederung der Installationstätigkeit schon vom Standpunkt der günstigsten Kräfteausnutzung und Arbeitsteilung geboten ist. — Diese Erwägungen schließen es nicht aus, daß in besonderen Fällen dort, wo ein leistungsfähiger und rühriger Installateurstand vorhanden ist, von der Ausführung von Hausanlagen und dem Verkauf von Verbrauchsapparaten abgesehen werden kann; in der Regel wird jedoch die Ausführung solcher Arbeiten von seiten des Werkes beizubehalten sein. Ebenso verfehlt wie die völlige Aufgabe der Installationstätigkeit sind aber auch Maßnahmen, die etwa eine Erschwernis oder gar Ausschaltung fremder Installationstätigkeit zur Folge haben können. Gerade im Interesse einer eindringlichen Werbetätigkeit muß jedem Unternehmen die Mitarbeit leistungsfähiger und geschäftstüchtiger Installateure erwünscht sein und es nützt sich nur selbst, wenn es ihre Tätigkeit nach Möglichkeit unterstützt und namentlich auch unnütze Preisunterbietungen vermeidet.

2. Die Werbetätigkeit zur Gewinnung neuer Abnehmer.

Eine schroffe Trennung der Werbearbeit zum Anschluß neuer Ortschaften und zur Gewinnung neuer Abnehmer ist bei der Natur der Sache nicht durchführbar, die eine muß zur anderen überleiten. Sie unterscheiden sich weniger durch die Auswahl der Mittel als vielmehr durch den Grad der Eindringlichkeit, mit dem die Werbemittel zur Gewinnung von neuen Abnehmern angewendet werden müssen. Das Wesentliche dieser Werbetätigkeit ist die stete Wiederholung der Anregungen, die immer wieder an den einzelnen, dem die Werbearbeit gilt, herantreten müssen. Seine Aufmerksamkeit muß bald durch ein Plakat,

durch eine Anzeige, ein Flugblatt, eine Broschüre, ein Geschenk, einen
Werbebesuch u. a. m. immer wieder in mehr oder weniger eindringlicher Weise auf die Verwendung der elektrischen Arbeit hingewiesen
werden. Natürlich darf dies nicht planlos geschehen, sondern so, daß
eine gewisse Steigerung in der Eindringlichkeit der Werbung eintritt,
auch muß der Zeitpunkt jeder einzelnen Anregung wohl erwogen sein.
Es ist deshalb zweckmäßig, zu Beginn jeden Geschäftsjahres einen
möglichst genauen Plan über die beabsichtigte Werbetätigkeit aufzustellen, der etwa den Zeitpunkt, den Gegenstand, die Mittel und die
voraussichtlichen Kosten der Werbetätigkeit enthalten muß und wie
folgendes Beispiel ausgestaltet sein kann.

Plan für die Werbetätigkeit im Jahre . . .

Monat	Gegenstand und Mittel der Werbetätigkeit	Monatsanzeige in den Zeitungen	Aufdruck auf den Stromrechnungen	Voraussichtliche Kosten $\mathcal{M}$
Januar. .	Erneuerung laufender Abschlüsse über Zeitungsanzeigen, Postschalterreklame.	Wärmekissen und Fußwärmer	Zimmeröfen	360
	Werbeschreiben an die Hausbesitzer über Treppenbeleuchtung (Versendung durch die Post).			20
Februar .	Aufsatz in den Tageszeitungen über die Entwicklung des Unternehmens, Hinweis auf besondere Steigerung der Licht- und Kraftabgabe.	Elektr. Nähmaschine	Heißluftdusche	—
März . .	Flugblatt: Elektrische Zimmeröfen als Übergangsheizung (Bessere Wohnungen; Verteilung durch Boten).	Tee- u. Wasserkocher	Staubsauger	35
April . .	Vortrag über elektrische Heiz-, Koch- und Haushaltungsapparate.	Staubsauger	Elektr. Nähmaschine	150
	Ausgabe von Stundenplänen mit Aufdruck an die Schulkinder.			40
Mai . . .	Werbeschreiben: Der Sommer ist die beste Zeit zur Einrichtung elektrischer Beleuchtung. (Versand durch die Post.)	Ventilatoren	Bügeleisen	60

Monat	Gegenstand und Mittel der Werbetätigkeit	Monatsanzeige in den Zeitungen	Aufdruck auf den Stromrechnungen	Voraussichtliche Kosten $\mathcal{M}$
Juni . . .	Ausgabe einer Postkarte mit Bestellkarte auf probeweise Abgabe von Bügeleisen. (Verteilung durch die Zählerableser.)	Kochapparate	Ventilatoren	80
Juli . . .	Flugblatt über Ventilatoren (Zeitungsbeilage).	Bügeleisen	Kochapparate	108
August .	Versendung der Broschüre „Die Elektrizität im Haushalt".	Beleuchtung	Haushaltungsmotor	60
September	Plakat für elektrische Beleuchtung. Bekanntgabe der Installationserleichterungen. Kirchenheizung (Versendung von Empfehlungsschreiben).	Haushaltungsmotor	Treppenbeleuchtung	140 5
Oktober .	Anzeige einer Ausstellung im November. Kirchenheizung (Besuche).	Zimmeröfen	Tee- u. Wasserkocher	30
November	Ausstellung von Koch-, Heiz- und Haushaltungsapparaten. Flugblatt über Christbaumbeleuchtung (Zeitungsbeilage).	Elektrische Apparate als Weihnachtsgeschenke	Christbaumbeleuchtung	500 108
Dezember	Empfehlung von Heiz- und Kochapparaten als Weihnachtsgeschenke durch Werbeschreiben. Ausgabe von Wandkalendern.	Christbaumbeleuchtung	Wärmekissen und Fußwärmer	35 150

Insgesamt 1881

Dieser Plan kann gleichzeitig für die persönliche Werbearbeit, z. B. für die Bearbeitung bestimmter Verbrauchsgruppen, Anhaltspunkte geben, im allgemeinen jedoch muß der Werber seine Arbeit in anderer Weise verteilen; damit er hierbei einigermaßen planmäßig vorgeht, kann er sich mit besonderem Vorteil der früher beschriebenen Kartensammlung (s. S. 55) bedienen, die gleichzeitig für die Betriebsleitung zur Überwachung der Werbearbeit dient. Eine solche Überwachung ist erforderlich, nicht nur um eine Höchstleistung der

Werber zu erzielen, sondern auch um stets über die Schwierigkeiten und Hindernisse der Werbearbeit unterrichtet zu sein und mit entsprechenden Maßnahmen eingreifen zu können. Der Werber erhält die Karten der zu bearbeitenden Haushaltungen oder Betriebe für den Tag oder bei größeren Gebieten für die Woche und schickt die Karten mit entsprechenden Vermerken allabendlich an die Ausgabestelle zurück. Falls erforderlich, oder wo eine Kartensammlung nicht vorhanden ist, sind kurze Mitteilungen mit knappen und klaren Angaben einzusenden; langatmige Berichte sind zu vermeiden, da die hierfür aufgewendete Zeit in anderer Weise besser nutzbar gemacht werden kann. Die Kartensammlung muß als Grundlage für die Werbetätigkeit stets ergänzt werden; hierzu müssen z. B. alle Wohnungsveränderungen, Neubauten usw. vermerkt werden. Die hierfür notwendigen Unterlagen werden am besten durch ständige Fühlungnahme mit den Baumeistern, Vermietungsbureaus, durch die Beachtung der Mietgesuche und -angebote in den Zeitungen beschafft.

In größeren Gebieten, wo mehrere Werber tätig sind, lasse man sie in bestimmten Zwischenräumen zusammenkommen, um die gesammelten Erfahrungen auszutauschen und zu besprechen. Hierbei werden z. B. auch Klagen über fehlerhafte Anlagen und Apparate auftauchen; diese sind an die richtigen Stellen weiterzuleiten. Es gehört zu einer zielbewußten Werbetätigkeit, alle derartigen Erfahrungen bis zu den Herstellern gelangen zu lassen, wie überhaupt eine möglichst enge Fühlungnahme zwischen dem Werk und den Verfertigern elektrischer Apparate und Einrichtungen notwendig ist. Daher soll man auch den Werbern von Zeit zu Zeit Gelegenheit geben, die Fabrikationsstätten selbst aufzusuchen und in unmittelbaren Meinungsaustausch mit dem Hersteller zu treten. Bei der Werbearbeit in kleingewerblichen Betrieben, wo neben den elektrischen Apparaten noch Arbeitsmaschinen verschiedener Art gebraucht werden, kann man sogar noch einen Schritt weitergehen und die Hersteller solcher Arbeitsmaschinen unmittelbar zur Werbearbeit mit heranziehen. Dies ist schon aus dem Grunde geboten, weil es sich in solchen Betrieben zuweilen erforderlich macht, eine Anlage zunächst probeweise zur Verfügung zu stellen. Freilich muß hierbei, um unnötige Kosten zu vermeiden, mit der nötigen Vorsicht vorgegangen werden, doch wird der erfahrene Werber meist unterscheiden können, ob es sich nur um Neugierde oder um ernsthaftes Interesse eines zahlungsfähigen Unternehmers handelt.

Neben der Gewinnung neuer Verbraucher und Absatzgebiete wird eine zielbewußte Werbetätigkeit auch die angeschlossenen Abnehmer nicht vernachlässigen; der Abnehmer empfindet dies als eine gewisse Fürsorge, ganz abgesehen davon, daß die von ihm gewonnenen Erfahrungen für die weitere Werbetätigkeit von Wert sind. In manchen

Fällen empfiehlt es sich hierbei, die Ausstellung von Empfehlungs-
schreiben zu erbitten, die dann an anderen Stellen nutzbar gemacht
werden können. Die Beobachtung der Abnehmer soll sich sogar nicht
bloß auf ihre Erfahrungen, sondern auch auf die Höhe ihres Verbrauches
erstrecken; hierzu sind die Ableser und Abrechnungsbeamten mit
heranzuziehen. Gar oft kann auf diesem Wege ein zu niedriger oder zu
hoher Verbrauch festgestellt werden, was beides zu verhindern im Interesse des Werkes liegt. Letzteres kann z. B. durch ungünstige Licht-
verteilung und Lampen, oder unzweckmäßige Verbrauchsapparate verursacht sein; der Abnehmer gewinnt Vertrauen, wenn er hierauf auf-
merksam gemacht wird. Ein zu geringer Verbrauch, namentlich in
Lichtanlagen, weist häufig auf gleichzeitige Verwendung anderer Lichtquellen, besonders von Petroleum, hin; es bedarf in solchen Fällen meist
nur geringer Werbearbeit, um den Abnehmer von der geringen Wirtschaftlichkeit eines solchen Verfahrens zu überzeugen.

Zur Ausführung der Werbearbeit sind auch alle Maßnahmen zu
rechnen, die zwar nicht unmittelbar zum Verbrauch elektrischer Arbeit
führen, die Werbearbeit aber späterhin zu erleichtern geeignet sind.
Hierzu gehört es, das Interesse und Verständnis der Jugend für den
Verbrauch elektrischer Arbeit zu erwecken. Von besonderer Wichtigkeit
ist ferner, die Bauunternehmer und Architekten zu veranlassen, daß
sie bei Neu- und Umbauten die Anlage elektrischer Einrichtungen vorsehen und erleichtern; hierzu ist es erforderlich, diesen Kreisen nicht
bloß die Überzeugung von den Vorteilen der Verwendung elektrischer
Arbeit beizubringen, sondern auch sie in technischer Hinsicht zweckentsprechend zu beraten, ihnen von Neuerungen Kenntnis zu geben
u. a. m. In ähnlicher Weise können auch Behörden und Berufsgenossen-
schaften auf die Feuersicherheit und Gefahrenverhütung durch die Anwendung elektrischer Arbeit an Hand statistischer Aufstellungen hingewiesen werden.

Die Zeit, in der die Elektrizitätswerke — wenigstens die deutschen —
eine eindringliche Werbetätigkeit betreiben, ist verhältnismäßig kurz;
es sind kaum einige Jahre her, daß die privaten Unternehmungen in
dieser Hinsicht nach amerikanischen Vorbildern vorangingen, daß dann
die Gründung der Geschäftsstelle für Elektrizitätsverwertung erfolgte,
die die Werke in ihren Werbebestrebungen ermunterte und unter-
stützte. Aber die kurze Zeit hat genügt, um zu zeigen, daß die Ausbreitung der elektrischen Arbeit auf diesem Wege erheblich gefördert
werden kann. Freilich muß hierbei berücksichtigt werden, einmal, daß
eine beharrlich durchgeführte Werbearbeit beträchtliche Kosten verursacht, und daß der Erfolg sich selten sofort beim Aufnehmen der Werbetätigkeit, sondern, je nach dem Charakter der Bevölkerung, oft recht
viel später zeigt. Was die Kosten anbelangt, so lassen sich allgemein

zutreffende Angaben nicht machen, da die Werbetätigkeit nach Art und Umfang bei den einzelnen Werken zu sehr verschieden ist. Immerhin kann zu einem ungefähren Kostenüberschlag auf Grund der Erfahrung zahlreicher Werke angenommen werden, daß mit einem jährlichen Betrag von M 0,10 (bei kleineren Werken) bis M 0,03 (bei großen Unternehmungen) pro Einwohner des Versorgungsgebietes eine Erfolg versprechende Werbetätigkeit entfaltet werden kann; in diesen Zahlen sind die Ausgaben für die Gehälter und Gewinnanteile der Werber nicht enthalten, ebenso nicht diejenigen Summen, die zur Beseitigung wirtschaftlicher Hemmnisse aufgewendet sind, schließlich nicht die Aufwendungen für einen Verkaufsraum, dessen Unkosten meist aus dem Verkauf der Apparate gedeckt werden können. Wo es sich um die erstmalige Einführung der Werbearbeit, namentlich in kleineren Werken, handelt, empfiehlt es sich, zunächst geringere Summen aufzuwenden und den Erfolg abzuwarten; diesen einwandfrei nachzuweisen ist nicht immer ohne weiteres möglich, da auf das Endergebnis, auf das es schließlich ankommt, noch eine große Anzahl anderer Umstände, wie z. B. die allgemeine Wirtschaftslage, einwirken. Wenn die Werbetätigkeit sich auf die Verbreitung einzelner Apparate und Anwendungsgebiete beschränkt, wird zwar in den meisten Fällen der Erfolg zahlenmäßig erwiesen werden können; dabei darf aber nicht außer acht gelassen werden, daß auch bei solch beschränkter Werbetätigkeit die Wirkung sich nicht ausschließlich bei dem besonderen Gegenstand der Werbetätigkeit zeigt, sondern häufig, wenn auch nicht unmittelbar nachweisbar, sich allgemeiner äußert. Der Erfolg der gesamten Werbetätigkeit muß sich schließlich in der Steigerung des Gesamtverbrauchs oder desjenigen einzelner Abnehmergruppen zeigen und kann dann durch Vergleich mit den Ergebnissen früherer Jahre oder anderer Werke nachgewiesen werden; dort, wo die Ausführung der Hausanlagen und der Verkauf von Apparaten durch das Werk stattfindet, ist natürlich auch der hierdurch sich ergebende Umsatz ein Maßstab des Erfolges.

Zweiter Teil

Das Angebot elektrischer Arbeit.[1]

In der Einleitung wurde erwähnt, daß sich die Preisbildung beim Verkaufe elektrischer Arbeit allzu einseitig auf die Verhältnisse der Erzeugung stützt. Diese Tatsache tritt in Gegensatz zu Erscheinungen auf anderen Gebieten, die sich hinsichtlich der Preisbildung mit den Elektrizitätswerken vergleichen lassen. Man sieht hier bei der Preisbildung in den meisten Fällen den Wertschätzungen der Käufer einen bedeutenden Einfluß eingeräumt, obwohl doch die natürliche Absicht des Verkäufers darauf gerichtet ist, seinen eigenen Vorteil allein zu wahren. Namentlich bei der Preisbildung der Verkehrseinrichtungen, insbesondere der Post und der Eisenbahnen, ist weitgehende Rücksicht auf die Wertschätzung derer genommen, die ihrer Leistungen bedürfen. Geht man aber in der Geschichte der Tarifbildung der Bahnen einige Jahrzehnte zurück, so findet man ganz ähnliche Verhältnisse, wie sie heute noch bei den Elektrizitätswerken bestehen; d. h. man nimmt auch dort wahr, daß die Preise ausschließlich auf die Interessen der Unternehmer zugeschnitten waren.

Offenbar hat man es hier mit einer allgemeinen Erscheinung zu tun. Sie erklärt sich dadurch, daß auf diesen Gebieten zuerst eine Nachfrage nach den betreffenden Leistungen nicht vorhanden war, so daß die Unternehmer ihre Ware zunächst ohne Nachfrage anbieten mußten. Infolgedessen konnten sie bei der Preisbildung nur Rücksicht auf die Erzeugung nehmen, und erst nach und nach konnte sich in dem Maße, wie die Nachfrage wuchs, ein Einfluß der Wertschätzung der Käufer geltend machen. Letztere tritt also gewissermaßen als eine Komponente zu den übrigen durch die Erzeugung bestimmten hinzu, und die Summe aller dieser ergibt als Resultante den Preis.

Nachdem im vorausgehenden die Umstände, welche die Nachfrage beeinflussen, erörtert worden sind, werden nunmehr alle Erscheinungen, die auf das Angebot bestimmend einwirken, einer genauen Betrachtung unterworfen. Sie finden ebenso wie bei der Nachfrage ihren zusammenfassenden Ausdruck in der „Wertschätzung", die der Erzeuger der elektrischen Arbeit beilegt. Während aber bei der Nachfrage diese Wertschätzung bedingt ist durch die Art der Bedürfnisse und durch den

---

[1] Bei der Beurteilung der nachfolgenden Preis- und Kostenangaben ist zu berücksichtigen, daß es sich überall um die Verhältnisse vor dem Kriege handelt; in welcher Weise sich die Preisgestaltung nach dem Kriege entwickeln wird, ist noch nicht abzusehen. Aller Wahrscheinlichkeit nach ist mit einer dauernden, wesentlichen Erhöhung aller Kosten zu rechnen.

Grad ihrer Befriedigung, ist dies bei dem Angebot ausgeschlossen, da der Erzeuger das erzeugte Gut nur zum allerkleinsten Teile selbst verbrauchen kann; er bemißt also den Wert des Gutes nicht nach dem Grad seiner Brauchbarkeit und Nützlichkeit (Gebrauchswert), sondern lediglich nach den Opfern, die er zur Erzeugung der elektrischen Arbeit aufwenden muß (Verkaufswert). Diese Opfer bestehen nun meistenteils nicht in Verbrauchsgütern oder persönlicher Arbeitskraft, sondern in den für diese aufzubringenden Geldmitteln und werden unter dem Namen „Selbstkosten" zusammengefaßt. Somit ist die Wertschätzung der elektrischen Arbeit auf seiten des Erzeugers durch die Selbstkosten bestimmt.

Die weitere Untersuchung muß sich nun mit der Frage beschäftigen, aus welchen Teilen die Selbstkosten bestehen, und welche Umstände auf sie von Einfluß sind. Dabei hat aber diese Aufgabe eine gewisse Einschränkung zu erfahren. Es ist klar, daß die technische Gestaltung der Unternehmung: die Art des Stromsystems und der Verteilung, die Zahl und Beschaffenheit der Maschinen, Kessel u. a. m. von großer Bedeutung für die Selbstkosten sind. Allein die Erledigung dieser Fragen liegt vor dem Beginn der kaufmännischen Unternehmertätigkeit, und es wird die Voraussetzung gemacht, daß in dieser Hinsicht die denkbar günstigste Anordnung getroffen ist; im Rahmen der vorliegenden Arbeit werden daher nur die Umstände technischer und wirtschaftlicher Art einer genaueren Betrachtung unterzogen, die unmittelbar mit dem Verbrauch oder Verkauf der elektrischen Arbeit im Zusammenhang stehen.

I. Die Selbstkosten bei der Erzeugung elektrischer Arbeit.

Unter den Selbstkosten wird allgemein nicht bloß die Summe aller einzelnen Aufwendungen verstanden, die zur unmittelbaren Erzeugung der elektrischen Arbeit und zur Aufrechterhaltung des technischen und kaufmännischen Betriebes notwendig sind, sondern auch derjenige Betrag des Einkommens, der unter allen Umständen vorhanden sein muß, um eine bestimmte Mindestverzinsung der angelegten Gelder und diejenigen Rücklagen zu bestreiten, die zu einer ordnungsmäßigen und auf sicheren Grundlagen beruhenden Geschäftsführung notwendig sind. — Demgemäß sind bei den Selbstkosten zwei wesentlich verschiedene Teile zu unterscheiden, die eigentlichen „Betriebskosten" und die „Kapitalkosten", oder, wie sie häufig weniger bezeichnend genannt werden, die „direkten" und „indirekten" Betriebskosten. Während die Betriebskosten meist zum überwiegenden Teile durch die Größe des Verbrauchs bzw. durch den Umfang der Erzeugung selbst bestimmt werden, sind die Kapitalkosten unabhängig von der jeweilig erzeugten Menge. Man spricht deshalb auch von „festen" und „veränderlichen" Kosten.

Bei flüchtiger Betrachtung scheint diese letztere Unterscheidung mit der Trennung in „Kapital-" und „Betriebskosten" gleichbedeutend zu sein. Das trifft aber nicht ganz zu; da nämlich Betrieb und Verwaltung auch aufrecht erhalten werden müssen, wenn die Arbeitsabgabe zeitweise ganz eingestellt würde, muß auch ein Teil der Betriebskosten zu den festen Kosten gerechnet werden. — Diese Tatsache der Scheidung in feste und veränderliche Kosten spielt zwar bei allen Preisberechnungen eine große Rolle, nirgends aber ist sie von so ausschlaggebender Bedeutung, wie bei dem Elektrizitätsverkauf, weil hier die festen Kosten einen weit größeren Anteil an den gesamten Selbstkosten ausmachen als dies unter sonst gleichen Bedingungen auf anderen Gebieten der Fall ist. Nur bei der Preisbildung der Verkehrseinrichtungen, besonders im Eisenbahnwesen, sind ähnliche Verhältnisse vorhanden.

A. Die Kapitalkosten.

Da die Höhe der Kapitalkosten wesentlich von der Größe der angelegten Kapitalien abhängt, ist es zweckmäßig, einige Zahlenbeispiele über die Anlagekosten von Elektrizitätswerken anzuführen und hierzu die Entstehung solcher Unternehmungen in großen Zügen zu betrachten.

Meist sind zunächst umfangreiche Vorarbeiten zur Erlangung der Konzessionen, zur Ermittlung des voraussichtlichen Bedarfs und zur Aufstellung der Planungen zu erledigen. Die hierdurch entstehenden Kosten werden späterhin gewöhnlich auf die einzelnen Anlageposten verteilt. Auf Grund der Ermittlungen über den voraussichtlichen Bedarf und über die sonstigen Betriebsverhältnisse werden die Lage des Kraftwerkes, die Größe der Maschineneinheiten und sonstige technische Einzelheiten bestimmt; sodann wird der geeignete Platz für das Kraftwerk beschafft, es werden die erforderlichen Gebäude errichtet und darin alle zum Betriebe nötigen Maschinen und Apparate aufgestellt. Gleichzeitig wird das Leitungsnetz verlegt und der Anschluß der einzelnen Verbrauchseinrichtungen bewerkstelligt.

1. Die Anlagekosten.

In Zahlentafel VIII sind die Anlagekosten einiger Unternehmungen angeführt. Die Auswahl der Werke ist so erfolgt, daß möglichst verschiedenartige Verhältnisse zur Darstellung kommen. Die Anlagekosten sind in einzelne Teile zerlegt, und zwar derart, daß die Höhe des Anteils jeder Gruppe von einem bestimmten vom Verbrauch abhängigen Umstand beeinflußt wird. So sind die Ausgaben für Grundstück und Gebäude durch den überhaupt möglichen, die Kosten der maschinellen Einrichtung durch den wirklichen Umfang der Maschinenleistungsfähigkeit jeweils bedingt. Die Kosten des Leitungsnetzes hängen von der Höhe des gleichzeitigen Verbrauchs und von der Entfernung der Verbrauchsstellen von dem Krafthaus, die der Zähler von ihrer Anzahl bzw. der der Verbraucher ab. Mit Bezug auf die Selbstkostenverteilung ist es daher nicht unwichtig, den Anteil jeder Gruppe an den Gesamtkosten festzustellen, was ebenfalls in Zahlentafel VIII geschehen ist.

Aus der Zahlentafel ist zunächst ersichtlich, daß das Anlagekapital im Laufe der Jahre überall rasch, stetig und zum Teil recht beträchtlich angewachsen ist — eine Folge der in die Breite und Tiefe anwachsenden Ausbreitung der Elektrizität; die Unternehmungen suchten mit Erfolg durch Erhöhung des Verbrauchs einzelner Abnehmer, durch die Erschließung neuer Verwendungsgebiete, durch Gewinnung neuer Verbraucher innerhalb der versorgten Gebiete und endlich durch die Angliederung noch unversorgter Landstriche die Abgabe elektrischer Arbeit zu steigern und mußten dabei fortwährend ihre Anlagen erweitern —, eine Notwendigkeit, die bei dem heutigen Stand der Entwicklung immer von neuem an die Unternehmer herantritt. — Ihren zahlenmäßigen Ausdruck finden die Erweiterungen außer im Anlagekapital hauptsächlich in der Vergrößerung der Leistungsfähigkeit der Kraftwerke; hierüber sind in Spalte 3 der Zahlentafel VIII für die einzelnen Jahre Angaben gemacht. Man sieht, daß diese Größe, rein ziffernmäßig gemessen, meist in weit höherem Maße gestiegen ist als das Anlagekapital.

Um ein ungefähres Bild über die zeitliche Veränderung der Anlagekosten, bezogen auf die Leistungseinheit, das Kilowatt, zu erhalten, sind in Spalte 5 der Zahlentafel die Kosten für das Kilowatt Leistungsfähigkeit berechnet. Hierbei fällt die Tatsache auf, daß sich diese Zahlen nicht bloß von Werk zu Werk, was selbstverständlich ist, sondern auch bei den einzelnen Werken in sehr verschiedener Weise verändern. In einigen Fällen nehmen die Kosten pro Kilowatt Leistungsfähigkeit mit den Jahren zu, das ist namentlich dort der Fall, wo ausgedehnte Überlandnetze den ursprünglich örtlichen Werken angegliedert wurden (z. B. Straßburg und Plauen), oder wo bei gleicher Leistungsfähigkeit größere Netzerweiterungen stattfanden (z. B. Kaiserslautern in den Jahren 1900—1905). Bei einer geringen Anzahl von Unternehmungen bleiben die Kosten ziemlich gleich, insbesondere dort, wo, wie bei Wasserkraftanlagen, die Wasserbauten, und dort, wo die Leitungsnetze einen so großen Bruchteil des gesamten Anlagekapitals ausmachen, daß Veränderungen in der Größe der Leistungsfähigkeit einen nennenswerten Einfluß auf die Größe der Einheitskosten nicht ausüben (z. B. Wasserkraftanlagen A und C).

98 Die Selbstkosten bei der Erzeugung elektrischer Arbeit.

Żahlentafel VIII.

Anlagekosten von Elektrizitätswerken.

1	2	3	4	5	6	7	8	9	10	11	12	13
							Anlagekosten					
Ort	Jahr	Gesamtes Anlagekapital	Gesamte Leistungsfähigkeit einschl. Akkumulatoren	Kosten pro KW Leistungsfähigkeit	d. Grundst., Gebäude u. äuß. Einrichtungen		d. maschinellen Einrichtungen		d. Leitungsnetze einschl. Transformatoren		der Zähler	
					im ganzen	v. Ges.Kapital	im ganzen	v. Ges.Kapital	im ganzen	v. Ges.Kapital	im ganzen	v. Ges.Kapital
		in 1000 $\mathcal{M}$	KW	$\mathcal{M}$	$\mathcal{M}$	%	$\mathcal{M}$	%	$\mathcal{M}$	%	$\mathcal{M}$	%
Bonn	1900	1 119	980	1140	198	18	429	38	430	38	62	5,5
	1901	1 132	980	1150	198	18	429	38	440	39	65	5,7
	1902	1 175	1 075	1090	199	17	458	39	446	38	72	6,1
	1903	1 185	1 075	1095	195	17	455	39	448	38	86	7,3
	1904	1 334	1 265	1045	299	22	483	36	456	34	95	7,1
	1905	1 387	1 265	1095	312	22	484	35	485	35	106	7,6
	1906	2 035	2 305	885	459	23	796	39	661	32	118	5,8
	1907	2 132	2 305	922	452	21	799	37	752	35	129	6,1
	1908	2 139	3 825	560	455	21	777	36	772	36	135	6,3
	1909	2 476	3 825	648	459	19	1071	43	803	32	143	5,8
	1910	2 575	4 620	557	422	16	1201	47	743	29	159	6,2
	1911	2 737	4 620	594	434	16	1191	44	886	32	176	6,4
	1912	2 790	4 620	605	434	16	1201	43	910	33	195	7,0
	1913	3 065	6 570	467	404	13	1466	48	931	30	214	7,0
Breslau . . .	1900	3 502	3 021	1160	779	22	1278	37	1278	37	168	4,8
	1901	6 045[1])	6 151	985	1022	27	1282	34	1333	35	185	4,8
	1902	7 584[1])	6 598	1145	1011	26	1319	34	1379	35	221	5,6
	1903	8 382[1])	6 769	1235	2041	30	3064	45	1485	22	274	4,0
	1904	9 143	8 219	1110	2357	26	3741	41	2626	29	418	4,6
	1905	9 703[1])	8 834	1100	2427	26	3745	40	2855	30	463	4,9
	1906	10 442[1])	10 764	965	2414	24	3827	39	3084	31	552	5,6
	1907	11 536[1])	11 070	1035	2425	24	3887	38	3251	32	635	6,2
	1908	12 359[1])	11 070	1115	2429	23	3972	37	3547	33	725	6,8
	1909	12 750	11 070	1150	2762	22	4603	36	4560	36	826	6,5
	1910	12 885	15 430	838	2797	22	4608	36	4567	35	912	7,1
	1911	13 029	19 803	657	2834	22	4613	35	4577	35	1005	7,8
	1912	18 198	19 113	953	2995	17	6352	35	6965	38	1604	8,8
	1913	20 803	24 870	835	2714	13	7243	35	9002	43	1561	7,5
Chemnitz . .	1900	2 096	1 700	1230	209	10	487	23	1282	61	119	5,7
	1901	2 373	1 700	1390	229	10	789	33	1355	57	—	—

[1]) In den Jahren 1901, 1902, 1903, 1905, 1906, 1907, 1908 sind die gesamten Anlagekosten um den Betrag eines noch nicht aufgeteilten Baufonds größer als die Summe der Spalten 6, 8, 10 und 12.

1	2	3	4	5	6	7	8	9	10	11	12	13
					Anlagekosten							
Ort	Jahr	Gesamtes Anlagekapital in 1000 ℳ	Gesamte Leistungsfähigkeit einschl. Akkumulatoren KW	Kosten pro KW Leistungsfähigkeit ℳ	d. Grundst., Gebäude u. äuß. Einrichtungen im ganzen ℳ	v. Ges.-Kapital %	d. maschinellen Einrichtungen im ganzen ℳ	v. Ges.-Kapital %	d. Leitungsnetze einschl. Transformatoren im ganzen ℳ	v. Ges.-Kapital %	der Zähler im ganzen ℳ	v. Ges.-Kapital %
Chemnitz	1902	2 870	2 400	1195	307	11	1062	37	1500	52	—	—
	1903	3 015	2 400	1260	453	15	1061	35	1501	50	—	—
	1904	3 245	2 400	1350	455	14	1110	34	1681	52	—	—
	1905	3 722	2 940	1260	467	13	1223	33	1842	50	190	5,1
	1906	4 832	4 590	1050	827	17	1563	32	2203	46	239	4,9
	1907	5 152	4 670	1100	836	16	1620	32	2440	47	256	5,0
	1908	6 056	5 670	1070	906	15	1846	31	3004	50	300	4,9
	1909	7 209	7 450	970	1192	17	2070	29	3604	50	343	4,7
	1910	8 611	9 460	910	1403	16	2479	29	4278	50	452	5,3
	1911	9 471	14 858	635	1385	15	2321	25	5196	55	570	6,0
	1912	11 723	14 763	793	1924	16	3197	27	5964	51	614	5,3
	1913	13 280	19 558	680	2334	18	3436	26	6751	51	714	5,4
Dahme	1900	180	117	1540	42	23	70	39	48	27	21	12,0
	1901	183	117	1560	42	23	70	38	50	27	22	12,0
	1902	188	117	1600	42	22	70	37	51	27	25	13,0
	1903	191	117	1630	43	22	71	37	53	28	26	14,0
	1904	195	117	1670	43	22	70	36	54	28	30	15,0
	1905	230	153	1500	44	19	100	44	55	24	32	14,0
	1906	243	153	1590	46	19	100	41	64	26	34	14,0
	1907	248	153	1620	46	19	101	41	67	27	35	14,0
	1908	255	153	1665	46	18	103	41	69	27	38	15,0
	1909	260	153	1700	46	18	105	40	71	27	39	15,0
	1910	268	153	1750	46	17	105	39	75	28	42	16,0
	1911	275	153	1800	46	17	105	38	79	29	46	17,0
	1912	281	153	1830	47	17	105	37	81	29	49	17,5
	1913	335	261	1280	63	19	133	40	85	25	54	16,1
Deuben	1900	1 320	1 040	1270	290	22	395	30	596	45	39	3,0
	1901	1 457	1 040	1400	300	21	414	28	707	48	36	2,4
	1902	1 595	1 317	1210	304	19	450	28	798	50	44	2,5
	1903	1 608	1 317	1220	307	19	450	28	803	50	48	2,7
	1904	1 637	1 317	1240	308	19	469	29	811	49	50	3,0
	1905	1 657	1 317	1255	309	19	475	29	820	49	53	3,2
	1906	1 672	1 317	1260	309	19	476	28	836	50	52	3,1
	1907	1 691	1 317	1280	309	18	477	28	849	50	56	3,3
	1908	1 797	1 317	1360	313	17	507	28	921	51	57	3,2
	1909	1 966	1 992	990	318	16	634	32	952	48	61	3,1
	1910	2 083	1 992	1040	377	18	683	33	960	46	63	3,0
	1911	2 692	1 992	1350	1419	53	in 6	—	1201	45	71	2,6
	1912	3 085	4 032	768	761	25	1008	33	1241	40	75	2,4
	1913	3 415	4 032	850	786	23	1135	33	1418	41	76	2,2

7*

1	2	3	4	5	6	7	8	9	10	11	12	13
					Anlagekosten							
Ort	Jahr	Ge-samtes Anlage-kapital	Gesamte Leistungs-fähigkeit einschl. Akkumulatoren	Kosten pro KW Leistungsfähigkeit	d. Grundst., Gebäude u. äuß. Ein-richtungen		d. maschi-nellen Ein-richtungen		d. Leitungs-netze ein-schl. Trans-formatoren		der Zähler	
		in 1000 ℳ	KW	ℳ	im ganzen ℳ	v. Ges.-Kapital %	im ganzen ℳ	v. Ges.-Kapital %	im ganzen ℳ	v. Ges.-Kapital %	im ganzen ℳ	v. Ges.-Kapital %
Eisenach . . .	1900	504	610	826	66	13	255	51	136	27	47	9,3
	1901	528	643	822	68	13	260	49	146	28	55	10,0
	1902	543	644	845	71	13	253	47	159	29	60	11,0
	1903	614	644	954	72	12	310	50	169	28	64	10,4
	1904	647	406	1590	72	11	331	51	176	27	68	10,5
	1905	667	405	1650	72	11	331	50	192	29	72	10,8
	1906	688	405	1700	73	11	331	48	207	30	77	11,1
	1907	855	530	1600	97	11	402	47	268	31	88	10,3
	1908	877	530	1650	94	11	402	46	292	33	88	10,0
	1909	884	530	1670	94	11	403	46	299	34	88	9,9
	1910	937	530	1770	119	13	404	43	326	35	88	9,4
	1911	1 132	734	1540	168	15	492	44	375	33	99	8 8
	1912	1 192	734	1620	212	18	463	39	408	34	109	9,6
	1913	1 220	734	1665	212	17	463	38	425	35	120	9,9
Kaiserslautern .	1900	1 212	945	1280	273	23	467	39	406	34	66	5,5
	1901	1 329	945	1410	825	62	in 6	in 7	431	25	73	5,5
	1902	1 398	945	1480	907	65	,,	,,	408	29	83	5,9
	1903	1 407	945	1490	907	64	,,	,,	414	29	86	6,1
	1904	1 428	945	1510	859	60	,,	,,	474	33	95	6,6
	1905	1 456	945	1540	859	59	,,	,,	490	33	107	7,3
	1906	1 474	1050	1400	859	59	,,	,,	501	34	114	7,8
	1907	1 502	1050	1430	862	57	,,	,,	514	34	125	8,3
	1908	1 572	1050	1495	896	57	,,	,,	540	34	136	8,7
	1909	1 648	1775	927	937	57	,,	,,	563	34	148	9,0
	1910	1 707	1775	960	249	15	689	40	595	35	153	9,0
	1911	1 755	1775	983	249	14	716	41	605	35	164	9,4
	1912	1 790	1775	1005	249	14	716	40	632	35	172	9,6
	1913	1 816	1775	1020	249	14	716	39,4	654	36	177	9,7
Lahr	1906	386	268	1440	89	23	141	37	125	32	32	8,3
	1907	441	268	1640	90	20	141	32	161	37	49	11,0
	1908	457	753	607	96	21	142	31	165	36	54	12,0
	1909	755	1268	595	178	24	288	38	220	29	70	9,3
	1910	1 038	1268	819	275	26	441	43	244	23	79	7,6
	1911	1 099	1168	940	276	25	429	39	303	28	92	8,4
	1912	1 139	2268	502	276	24	428	38	336	29	100	8,8
	1913	1 182	2268	520	297	25	415	35	352	30	119	10,0
	1914	1 475	2268	650	390	26	584	40	372	25	130	8,8
München Städt. E.-W.	1900	13 293	8540	1560	—	—	—	—	—	—	—	—
	1901	13 730	9445	1450	—	—	—	—	—	—	—	—
	1902	13 928	9244	1510	—	—	1430	10	4030	29	749	5,4

1	2	3	4	5	6	7	8	9	10	11	12	13
Ort	Jahr	Gesamtes Anlagekapital in 1000 $\mathcal{M}$	Gesamte Leistungsfähigkeit einschl. Akkumulatoren KW	Kosten pro KW Leistungsfähigkeit $\mathcal{M}$	Anlagekosten d. Grundst., Gebäude u. äuß. Einrichtungen im ganzen $\mathcal{M}$	v. Ges.-Kapital %	Anlagekosten d. maschinellen Einrichtungen im ganzen $\mathcal{M}$	v. Ges.-Kapital %	Anlagekosten d. Leitungsnetze einschl. Transformatoren im ganzen $\mathcal{M}$	v. Ges.-Kapital %	der Zähler im ganzen $\mathcal{M}$	v. Ges.-Kapital %
München	1903	14 509	10 726	1350	3 455	24	6 044	42	4 180	29	830	5,7
Städt.	1904	15 076	10 881	1385	3 425	23	6 250	41	4 459	30	943	6,2
E. W.	1905	16 356	11 179	1460	3 425	21	6 993	43	4 766	29	1172	7,1
	1906	18 238	11 534	1580	4 603	25	7 204	40	5 092	28	1339	7,4
	1907	23 436	20 916	1120	7 349	31	8 398	36	6 213	27	1476	6,3
	1908	27 850	22 030	1260	8 962	32	10 396	37	6 817	25	1681	6,1
	1909	30 379	22 989	1320	10 494	35	10 909	36	7 169	24	1807	6,0
	1910	31 419	24 177	1295	11 400	36	9 987	32	8 045	26	1827	5,8
	1911	33 285	24 198	1375	11 782	35	10 608	32	8 933	27	1962	5,9
	1912	35 600[1])	24 198	1470	12 041	34	10 809	30	10 138	28	2613	7,3
	1913	38 974[1])	24 557	1580	12 099	31	11 311	29	12 201	31	3363	8,6
Oberschlesien	1900	8 397	7 057	1190	1 465	17	2 582	31	4 108	49	242	2,9
	1901	9 324	7 057	1320	1 533	16	2 773	30	4 707	51	311	3,3
	1902	9 733	9 277	1049	1 610	17	2 788	29	4 949	51	387	4,0
	1903	11 581	10 557	1095	1 954	17	3 524	30	5 633	49	471	4,0
	1904	14 404	14 857	968	2 676	19	4 874	34	6 314	44	539	3,7
	1905	15 540	14 857	1040	2 837	18	5 297	34	6 809	44	597	3,8
	1906	17 558	17 567	999	3 230	18	5 949	34	7 670	44	709	4,0
	1907	20 045	26 567	752	3 740	19	6 997	35	8 504	42	803	4,0
	1908	22 064	26 567	830	4 003	18	7 904	36	9 298	42	859	3,9
	1909	24 813	34 967	710	4 605	19	9 330	38	9 938	40	942	3,8
	1910	26 044	34 967	744	4 854	19	9 147	35	10 348	40	993	3,8
	1911	28 118	44 967	625	5 518	20	9 530	34	11 310	40	1011	3,6
	1912	29 130	44 967	648	5 951	20	10 028	35	11 260	39	1078	3,7
	1913	31 647	59 000	536	6 097	19	10 930	35	12 565	40	1136	3,6
Plauen .	1900	1 683	1 260	1330	165	10	430	26	919	55	168	10,0
	1901	2 038	1 300	1570	257	13	649	32	941	46	191	9,4
	1902	2 220	1 300	1700	257	12	649	29	1 094	49	220	9,9
	1903	2 303	1 300	1770	257	11.	649	28	1 252	54	145	6,3
	1904	2 782	2 440	1140	354	13	795	29	1 458	53	174	6,3
	1905	3 307	2 440	1355	456	14	1 010	31	1 623	49	217	6,6
	1906	3 527	2 650	1330	487	14	1 162	33	1 634	46	245	6,9
	1907	3 796	3 100	1220	621	16	1 186	31	1 728	46	261	6,9
	1908	4 004	3 100	1290	687	17	1 233	31	1 803	45	281	7,0
	1909	4 087	3 100	1320	713	17	1 234	30	1 839	45	300	7,3
	1910	4 153	3 100	1340	687	17	1 128	27	2 018	49	320	7,7
	1911	6 229	3 100	2000	672	11	1 443	23	3 577	58	513	8,2
	1912	6 714	4 960	1350	663	10	1 585	24	3 869	58	570	8,5
	1913	7 037	4 960	1420	664	10	1 578	23	4 118	59	623	8,8

[1]) abzüglich Beteiligungen.

1	2	3	4	5	6	7	8	9	10	11	12	13
					Anlagekosten							
Ort	Jahr	Gesamtes Anlagekapital	Gesamte Leistungsfähigkeit einschl. Akkumulatoren	Kosten pro KW Leistungsfähigkeit	d. Grundst., Gebäude u. äuß. Einrichtungen		d. maschinellen Einrichtungen		d. Leitungsnetze einschl. Transformatoren		der Zähler	
					im ganzen	v. Ges.-Kapital	im ganzen	v. Ges.-Kapital	im ganzen	v. Ges.-Kapital	im ganzen	v. Ges.-Kapital
		in 1000 ℳ	KW	ℳ	ℳ	%	ℳ	%	ℳ	%	ℳ	%
Straßburg i. Els.	1900	5 586	5 055	1100	925	17	1765	32	2 378	43	515	9,2
	1901	6 393	5 255	1210	1040	16	2065	32	2 691	42	589	9,2
	1902	7 509	6 190	1210	1094	15	2267	30	3 479	46	664	8,8
	1903	8 752	7 100	1230	1498	17	2745	31	3 762	43	744	8,5
	1904	9 657	7 100	1360	1591	16	2812	29	4 326	45	894	9,3
	1905	10 983	7 100	1550	1917	17	3141	29	4 930	45	973	8,9
	1906	14 085	7 750	1820	2102	15	3392	24	7 471	53	1112	7,9
	1907	16 288	8 750	1860	2175	13	3626	22	9 280	57	1200	7,4
	1908	17 478	10 122	1730	1990	11	3915	22	10 253	59	1308	7,5
	1909	19 195	10 260	1860	2055	11	4338	23	11 484	60	1312	6,8
	1910	22 719	12 608	1800	3564	16	5208	23	12 270	54	1677	7,4
	1911	24 773	16 608	1480	3583	14	5310	21	13 790	56	2090	8,4
	1912	27 348	16 780	1625	3712	14	5772	21	15 580	57	2285	8,4
	1913	31 004	24 000	1290	3872	12	5188	17	19 338	62	2607	8,4
Werdau .	1907	1 662	1 900	875	164	9,9	524	32	852	51	122	7,4
	1908	2 696	2 900	930	213	7,9	700	26	1 597	59	186	6,9
	1909	3 314	2 900	1140	288	8,7	736	22	2 014	61	277	8,4
	1910	3 700	2 900	1270	277	7,4	803	22	2 250	61	369	10,0
	1911	4 324	2 900	1490	304	7,0	817	19	2 786	65	417	9,7
	1912	4 689	8 500	552	333	7,1	884	19	3 009	64	463	9,9
	1913	5 927	8 500	698	607	10,0	1322	22	3 465	59	534	9,0
Wasserkraftwerk A.	1908/09	1 709	825	2070	1081	63	120	7	452	26	29	1,7
	1909/10	5 581	3 655	1530	2376	43	792	14	2 282	41	85	1,5
	1910/11	8 150	6 415	1270	3549	44	1073	13	3 297	41	163	2,0
	1911/12	10 504	7 515	1400	3925	37	1249	12	5 007	48	248	2,4
	1912/13	11 266	7 515	1490	4044	36	1307	12	5 544	49	321	2,8
	1913/14	12 056	7 515	1600	4065	34	1312	11	6 274	52	404	3,3
Wasserkraftwerk B.	1904/05	8 082	7 000	1150	5031	62	1839	23	1 143	14	69	0,9
	1906/07	8 701	7 000	1240	5112	59	1903	22	1 519	18	167	1,9
	1908/09	12 175	10 000	1217	7185	59	2730	22	2 025	17	235	1,9
	1910/11	12 626	10 000	1263	7210	57	2730	22	2 338	19	348	2,8
	1912/13	16 900	15 600	1080	8993	53	3121	18	4 280	25	506	3,0
	1913/14	20 200	15 600	1290	9100	45	4100	20	6 300	31	700	3,5
Wasserkraftwerk C.	1906/07	9 181	8 400	1090	5623	61	535	5,8	3 023	33	—	—
	1908/09	9 410	8 400	1120	5816	62	536	5,7	3 058	33	—	—
	1910/11	9 543	8 400	1130	5845	61	536	5,6	3 162	33	—	—
	1912/13	9 791	9 590	1020	5870	60	536	5,5	3 384	34	—	—

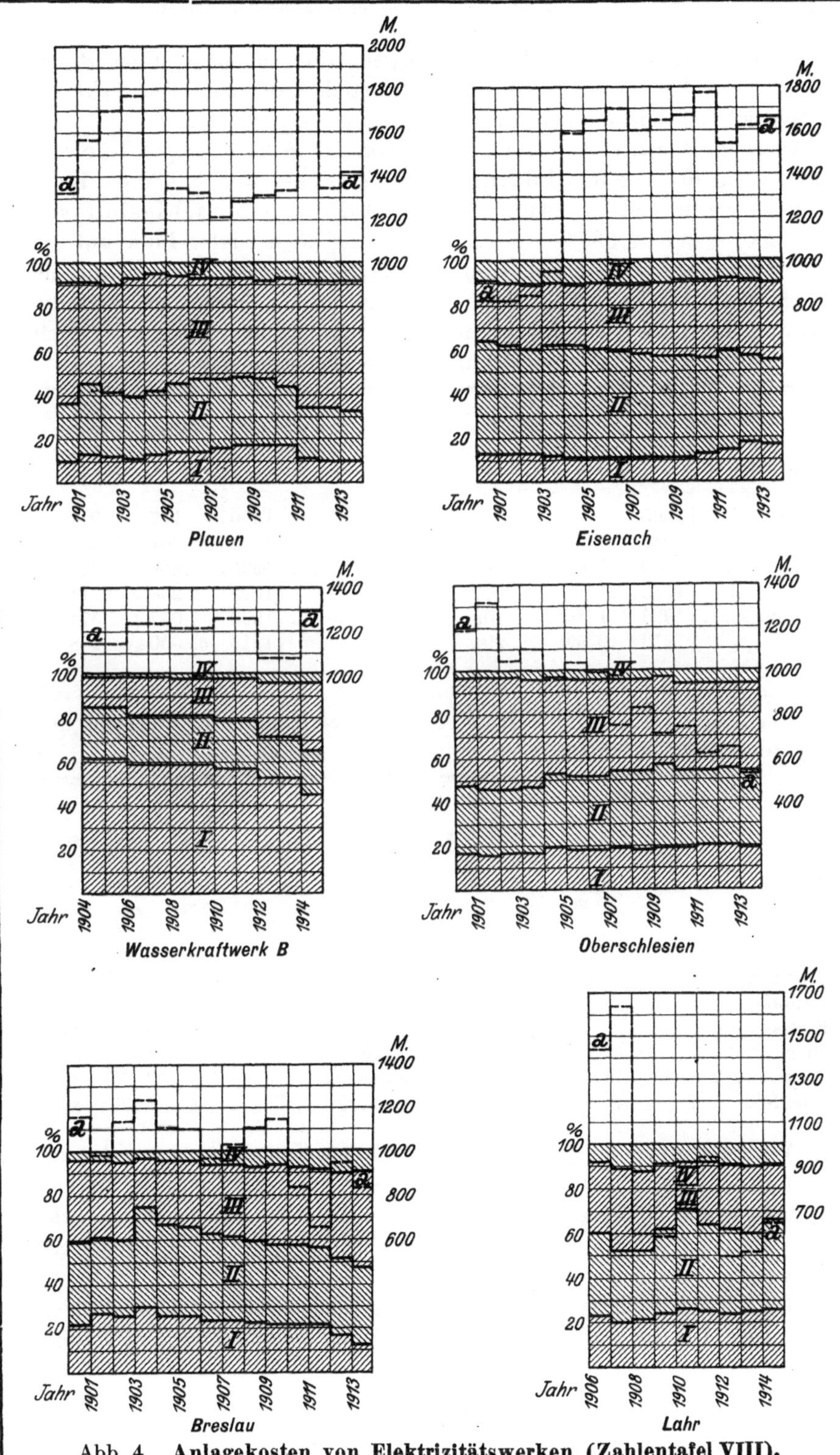

Abb. 4. Anlagekosten von Elektrizitätswerken (Zahlentafel VIII).

I. Grundstücke und äußere Einrichtung. II. Maschinelle Einrichtung. III. Leitungsnetz. IV. Zähler.
a – a Kosten des Kilowatts Leistungsfähigkeit.

Bei der Mehrzahl der Werke dagegen läßt sich ein stetiger Rückgang der Anlagekosten pro Kilowatt feststellen, der zum Teil recht beträchtlich ist (siehe auch die zeichnerische Darstellung Abb. 4). So weist z. B. Bonn eine Verminderung von ca. $\mathcal{M}$ 1140,— pro Kilowatt auf ca. $\mathcal{M}$ 467,— auf, Chemnitz von $\mathcal{M}$ 1230,— auf $\mathcal{M}$ 680,—, Kaiserslautern von $\mathcal{M}$ 1410,— auf $\mathcal{M}$ 1020,—, Oberschlesien von $\mathcal{M}$ 1200,— auf $\mathcal{M}$ 536,—. Dieser Rückgang ist in erster Linie auf die Verminderung der Anlagekosten für die Kraftwerke, bezogen auf die Einheit der Leistungsfähigkeit, zurückzuführen. Berechnet man die Kosten hierfür ausschließlich für das Kraftwerk allein, so ergibt sich für einige in der Zahlentafel aufgeführte Werke folgendes:

Ort	Jahr	Leistung KW	Kosten des Kraftwerks pro KW $\mathcal{M}$	Ort	Jahr	Leistung KW	Kosten des Kraftwerks pro KW $\mathcal{M}$
Bonn	1900	980	640	Dahme . . .	1900	117	957
	1913	6 570	284		1913	261	752
Breslau . . .	1900	3 021	682	Lahr	1906	268	857
	1913	24 870	400		1913	2 268	314
Chemnitz . .	1900	1 700	409	Oberschlesien	1900	7 057	574
	1913	19 560	294		1913	59 000	288

Ein ähnliches Ergebnis erhält man, wenn man einige Werke neueren und neuesten Datums mit älteren Anlagen vergleicht, wie dies aus der nachfolgenden Zusammenstellung ersichtlich ist:

1898				1911			
Ort	Zahl der Maschinen	Leistungs-fähigkeit KW	Kosten pro KW $\mathcal{M}$	Ort	Zahl der Maschinen	Leistungs-fähigkeit KW	Kosten pro KW $\mathcal{M}$
Frankfurt	5	3130	620	Reichenbach . . .	4	4900	230
Nürnberg	6	2600	540	Neukölln	3	3750	436
Hannover	6	2240	740	Steglitz	5	2560	465
Breslau	8	1800	1110	Haidhof	2	2500	440
Chemnitz	7	1440	502	Würzburg	4	1520	575
Bremen	4	1084	1080	Neubrandenburg .	3	1350	377
Elberfeld	7	926	1330	Arnsberg	2	830	404

Wie man sieht, ist der Unterschied in den Kosten für das Kilowatt Leistungsfähigkeit bei Werken älteren und neueren Datums von ungefähr gleicher Größe etwa so groß, wie bei ein und demselben Werk, bei anfänglich kleiner und später beträchtlich gestiegener Leistungsfähigkeit.

Die Ursachen dieser Ermäßigung eingehend zu besprechen, ist hier nicht der Ort; sie sind fast ausschließlich auf technischem Gebiet und

vor allem in der durch erhöhte Baustoffbeanspruchung ermöglichten
räumlichen Verkleinerung der Einheiten gleicher Leistung und insbesondere in der Vergrößerung der Einzelleistungen der Einheiten zu
suchen[1]). Dies gilt namentlich bei Dampfanlagen. Bei diesen letzteren
erhellt die Bedeutung der Zusammenfassung der Betriebskraft in großen
Einheiten für die Höhe der Anlagekosten am besten aus der Tatsache,
daß heute die Anlagekosten von Kraftwerken mit 1000 bzw. 5000 bzw.
20 000 Kilowatt Einheiten mit entsprechender Reserve ca. $\mathcal{M}$ 300
bzw. $\mathcal{M}$ 200 bzw. $\mathcal{M}$ 150 pro Kilowatt eingebauter Maschinenleistung
betragen[2]). Es ist ersichtlich, daß schon allein diese Tatsache für die
Preisfestsetzung der elektrischen Arbeit von einschneidender Bedeutung sein muß und es ist erklärlich, daß man sich in neuerer Zeit lebhaft bestrebt, die Erzeugung der elektrischen Arbeit in großen Kraftwerken immer mehr zusammenzufassen.

Was die Wasserkraftanlagen betrifft, so sind zwar in der Zahlentafel VIII einige Beispiele angeführt, jedoch ist ihre Zahl, sowie die der
überhaupt in Deutschland befindlichen Wasserkraftanlagen zu gering,
um ein allgemeines Urteil zu ermöglichen. Auf diesem Gebiete können
die Mitteilungen schweizerischer Elektrizitätswerke (nach der Statistik
der Starkstromanlagen der Schweiz) einige Anhaltspunkte geben. Die
durchschnittlichen Anlagekosten pro Kilowatt bei ausschließlichen
Wasserkraftbetrieben betrugen:

im Jahre	1906	963 $\mathcal{M}$	Mittelwert aus	87	Anlagen mit ca.			63 000	KW	Leistung
,,	,, 1907	830 ,,	,,	,, 87	,,	,,	,,	59 000	,,	,,
,,	,, 1908	795 ,,	,,	,, 90	,,	,,	,,	66 000	,,	,,
,,	,, 1909	765 ,,	,,	,, 89	,,	,,	,,	86 000	,,	,,
,,	,, 1910	680 ,,	,,	,, 91	,,	,,	,,	105 000	,,	,,
,,	,, 1911	765 ,,	,,	,, 61	,,	,,	,,	76 000	,,	,,
,,	,, 1912	600 ,,	,,	,, 77	,,	,,	,,	130 000	,,	,,

Es ist hierbei zu berücksichtigen, daß diese Kosten die Gesamt-
anlagen umfassen; auf die Kraftwerke allein, einschließlich Antriebsmaschinen, jedoch ausschließlich des elektrischen Teiles, entfallen
folgende Beträge auf 1 Kilowatt:

Jahr	$\mathcal{M}$	Jahr	$\mathcal{M}$
1906	526	1909	430
1907	470	1910	389
1908	455	1911	448
		1912	335

---

[1]) Einige Zahlenangaben über den Preisrückgang wichtiger Bestandteile von
Kraftwerken sind in des Verfassers Arbeit „Die Preisbewegung elektrischer Arbeit
seit 1898" (L. 10) enthalten.

[2]) Siehe Klingenberg (L. 163). (Es handelt sich hierbei natürlich um
Friedenspreise.)

Also auch hier ist ein beträchtlicher Rückgang der Anlagekosten festzustellen.

Gegenüber dieser Verbilligung wesentlicher Teile der Kraftwerke erfordern einzelne wichtige Anlageteile heute weit höhere Kosten als früher. Namentlich bei Schaltanlagen haben die Erhöhung der Spannung, die Forderung größerer Betriebssicherheit, die Selbst- und Fernbetätigung der Schalt- und Steuerapparate bedeutend höhere Ausgaben als früher notwendig gemacht. So kommt es, daß die Ermäßigung der Anlagekosten der Maschineneinheiten durch die Verteuerung anderer Teile zum Teil wieder aufgehoben wird, und namentlich bei älteren Werken nicht, oder nur wenig, in Erscheinung tritt.

Schwieriger als bei den Kraftwerken ist die Veränderung der Anlagekosten bei den Leitungsnetzen zu übersehen. Bei den hierbei hauptsächlich verwendeten Baustoffen, wie Kupfer und Isolierstoffen, ist fast durchweg eine beträchtliche Preissteigerung eingetreten. Auch sind die Arbeitslöhne, die hier einen weit größeren Anteil als bei den Kraftwerken ausmachen, fortwährend gestiegen; die Erhöhung der Spannung und die Ansprüche auf größere Betriebssicherheit haben weiterhin eher eine Verteuerung der Anlagen, bei sonst gleichen Verhältnissen, als eine Verbilligung herbeigeführt. Andererseits hat die Verwendung von Mehrphasensystemen und von Hochspannung eine Verminderung des Kupferverbrauchs — bei Leitungen gleicher Länge und gleicher Übertragungsfähigkeit — zugelassen, jedoch sind diese Ersparnisse bei den einzelnen Unternehmungen wiederum durch stetig wachsende Ausdehnung der Netze ausgeglichen worden. Auf die Einheit des Anschlußwertes umgerechnet, sind die Netzkosten meistenteils zurückgegangen, weil der Anschlußwert stärker gestiegen ist als die gleichzeitige Inanspruchnahme der Netze.

Die Kosten der Zähler schließlich richten sich nach ihrer Anzahl. Die Einheitspreise für Zähler gleicher Art sind zwar gesunken, so daß die Kosten der Meßapparate des einzelnen Verbrauchers ebenfalls im allgemeinen zurückgegangen sind, doch nicht entsprechend dem Preise der Zähler, weil vielfach die Anwendung verwickelter Apparate, wie Doppeltarif- und Höchstverbrauchs-Zähler, die Verbilligung wieder ausgeglichen hat.

Hier dürfte ein Vergleich der Gesamtanlagekosten der verschiedenen Länder von Interesse sein. Es kann sich hierbei nur um die Angabe von Durchschnittswerten handeln, die auf Grund der Statistiken, und zwar durch Teilung der Gesamtanlagekosten durch die Gesamtleistungsfähigkeit jedes Landes ermittelt sind. — Es ergeben sich folgende Anlagewerte für das Kilowatt Kraftwerksleistungsfähigkeit:

Land	Jahr	$\mathscr{M}$
für Deutschland	1905	2300
	1911	1650
	1913	1300
für England	1904	1710
	1909	1465
	1911	1352
für die Vereinigten Staaten . .	1902	1540
	1907	1520
	1912	1470
für die Schweiz	1906	1065
	1909	995
	1912	824
für Dänemark	1907	1685
	1909	1580
	1911	1480

Das Verhältnis der Kosten der einzelnen Anlageteile zueinander ist in erster Linie von der Art der Stromerzeugung abhängig. Um einen raschen Überblick über diese Verhältnisse zu ermöglichen, sind für einige der in der Zahlentafel angeführten Beispiele zeichnerische Darstellungen beigefügt (s. Abb. 4, S. 103), aus denen die Zusammensetzung der einzelnen Kostenanteile, ferner auch die Veränderungen der Kosten pro Kilowatt Leistungsfähigkeit ersichtlich ist. Es ist zu bemerken, daß Anlagen mit Wärmekraftmaschinen eine völlig andere Zusammensetzung aufweisen als Wasserkraftwerke. Während bei ersteren Grundstücke, Gebäude und äußere Einrichtungen ungefähr ein Fünftel der Gesamtkosten beanspruchen, fallen bei Wasserkraftanlagen durchschnittlich die Hälfte, ja zwei Drittel der Anlagekosten auf diesen Teil. In der Hauptsache rührt dies von der Höhe der für den Erwerb der Wasserkraft und für den kostspieligen Ausbau aufzuwendenden Summen her.

Bei den Wärmekraftzentralen bedingen im übrigen weder die Art der Betriebskraft noch das Stromsystem wesentliche Unterschiede, wohl aber macht sich ein solcher zwischen Orts- und Überlandwerken deutlich bemerkbar, indem bei letzteren das Leitungsnetz einen weit höheren Anteil an den Gesamtkosten beansprucht als bei den Ortswerken. Dies ist in noch viel höherem Maße bei den neuesten Großunternehmungen mit ihren ganze Kreise und Provinzen umfassenden Netzen der Fall. — Der Anteil der Zähler an den Gesamtanlagekosten schließlich ist, wie die Zahlentafel zeigt, nicht unbedeutend. Namentlich bei kleineren Werken und bei Anlagen mit ausgedehntem Kleinabnehmerkreis stellen diese Apparate einen beträchtlichen Anteil der gesamten Anlagekosten dar.

Wie weiter aus der Zahlentafel ersichtlich, verschiebt sich im Laufe
der Zeit das Verhältnis der Kosten der einzelnen Anlageteile innerhalb
gewisser Grenzen, jedoch ohne bestimmt erkennbare Regelmäßigkeit;
im allgemeinen geht der Anteil der äußeren Einrichtungskosten in den
ersten Jahren etwas zurück, weil Grundstück und Gebäude so groß
gewählt werden, daß für spätere Maschinenerweiterungen Raum vorhanden ist. — Andererseits steigt dann der Anteil der maschinellen
Einrichtungen gewöhnlich in den ersten Jahren an, während die Kosten
des Leitungsnetzes, das gewöhnlich von vornherein so ausgebaut wird,
daß es für eine Reihe von Jahren den Verbrauchszuwachs aufnehmen
kann, anfänglich zurückgehen, um dann mit der wachsenden Ausdehnung der Netze wieder anzusteigen. Der Anteil der Zähler weist
im allgemeinen einen steigenden Wert auf, weil die Zahl der Abnehmer
stärker wächst als Anschlußwert und andere Umstände, die die Größe
der Elektrizitätswerke bedingen.

2. Die Bestandteile der Kapitalkosten.

Wie bei jeder Unternehmung ist das in den Elektrizitätswerken
festgelegte Kapital zunächst als eine Arbeitsgröße zu betrachten
und hat als solche Anspruch auf einen bestimmten Ertrag, die Zinsen
des Kapitals. Es stellt weiterhin ein Vermögen, einen Wert dar, und
erleidet als solcher durch mannigfache Ursachen Einbußen, die jeder
Unternehmer nach Möglichkeit auszugleichen bestrebt ist. Dies geschieht dadurch, daß man gewisse Werte aus dem Ertrag herauszieht
und sie zum Ausgleich der vorhandenen oder erwarteten Wertminde-
rungen verwendet; diese Werte werden mit dem Namen „Rückstellungen“ bezeichnet. Demzufolge sind die Bestandteile der Kapitalkosten: die Zinsen und die Rückstellungen. Welche Werte hierfür bei den Elektrizitätswerken in Betracht kommen, ist aus der folgenden Zusammenstellung (Zahlentafel IX) zu entnehmen, in der für
einige Werke an Hand der Jahresberichte die Aufwendungen für Zinsen
und Rückstellungen angegeben sind; ihnen sind die Betriebskosten
gegenübergestellt und, indem die Summe dieser drei Teile als gesamte
Selbstkosten betrachtet werden, ist der Anteil jeder Gruppe an diesen
letzteren berechnet.

a) Die Zinsen

Der für die Verzinsung des Kapitals aufzuwendende Betrag ergibt
sich nach der Zusammenstellung etwa zu einem Viertel der gesamten
Selbstkosten; er ist bestimmt durch die Höhe des Anlagekapitals und
des Zinsfußes. Letzterer ist abhängig von den besonderen Umständen,
unter denen das Kapital aufgenommen ist: von der Form der Kapital-

Zahlentafel IX.

Kapital- und Betriebskosten.

1	2	3	4	5	6	7	8	9	10	11
Ort	Jahr	Anlage-kapital in 1000 ℳ	Zinsen in 1000 ℳ	%	Abschrei-bungen in 1000 ℳ	%	Tilgung in 1000 ℳ	%	Betriebs-kosten in 1000 ℳ	%
Bielefeld . .	00/01	1 139	—	—	—	—	in 6 u. 7 enthalten		—	—
	01/02	1 176	43	39,0	—	—			68	61,0
	02/03	1 276	48	26,2	61	33,2			74	40,4
	03/04	1 314	49	25,5	55	28,9			87	45,6
	04/05	1 396	49	25,7	57	29,7			86	44,8
	05/06	1 471	49	24,0	64	31,4			91	44,6
	06/07	1 545	48	21,8	67	30,0			107	48,2
	07/08	1 633	46	17,8	80	30,6			135	51,7
	08/09	2 175	63	21,3	81	27,4			151	51,2
	09/10	2 285	65	18,9	126	36,6			153	44,4
	10/11	2 428	66	18,0	114	31,4			184	50,5
	11/12	2 637	67	16,6	133	33,0			203	50,5
	12/13	4 954	110	15,9	268	38,6			316	45,6
	13/14	5 308	151	20,0	263	34,9			340	45,1
	14/15	6 889	145	19,3	278	37,1			327	43,6
Breslau . . .	00	3 502	95	22,2	86	19,9	34	8,1	214	50,0
	01	6 045	126	17,7	242	34,0	50	7,1	294	41,3
	02	7 584	184	19,3	293	30,8	78	8,2	397	41,7
	03	8 382	222	19,1	408	35,1	80	6,9	450	38,8
	04	9 143	223	18,6	405	33,7	103	8,6	471	39,2
	05	9 703	219	17,5	389	31,2	111	8,9	528	42,3
	06	10 442	215	16,4	384	29,3	114	8,7	591	45,1
	07	11 536	211	15,0	326	23,1	219	15,5	654	46,3
	08	12 359	254	16,2	361	23,0	218	13,9	733	46,7
	09	12 750	272	17,1	429	26,9	144	9,1	742	46,7
	10	12 885	261	16,2	497	30,9	154	9,6	700	43,4
	11	13 029	326	19,2	441	25,9	155	9,1	777	45,7
	12	18 198	380	17,2	477	21,6	201	9,1	1154	52,0
	13	20 803	433	16,5	663	25,3	258	9,8	1268	48,5
Eisenach . .	00	504	20	23,5	27	31,4	—	—	39	45,5
	01	528	21	22,4	38	40,0	—	—	36	37,6
	02	543	22	24,3	30	34,2	—	—	37	41,5
	03	614	25	26,0	31	32,8	—	—	39	41,1
	04	647	26	24,2	32	30,0	—	—	49	46,0
	05	667	27	20,7	33	25,5	—	—	69	53,7
	06	688	28	20,6	34	25,6	—	—	72	53,6
	07	855	34	21,5	43	27,2	—	—	81	51,2
	08	877	35	20,5	45	26,0	—	—	92	53,5
	09	884	35	19,6	47	25,9	—	—	98	54,6
	10	937	37	19,9	45	24,1	—	—	105	55,9
	11	1 132	45	21,2	51	23,8	—	—	118	55,0
	12	1 192	48	20,1	52	22,0	—	—	137	57,8
	13	1 220	49	18,8	55	21,2	—	—	156	60,2

1	2	3	4	5	6	7	8	9	10	11
Ort	Jahr	Anlagekapital in 1000 ℳ	Zinsen in 1000 ℳ	%	Abschreibungen in 1000 ℳ	%	Tilgung in 1000 ℳ	%	Betriebskosten in 1000 ℳ	%·
Elberfeld . .	00	5 708	207	23,6	312	35,6			358	40,8
	01	7 751	261	21,1	656	53,0			320	25,9
	02	8 592	281	29,8	358	38,0			305	32,3
	03	9 123	288	29,4	365	37,3	in 6 u. 7		326	33,4
	04	9 389	309	29,7	354	34,2	enthalten		374	36,0
	05	9 726	242	23,3	342	32,9			456	44,0
	06	10 031	324	29,5	331	30,0			445	40,5
	07	10 814	286	23,6	368	30,4			560	46,1
	08	11 501	325	25,4	379	29,6			574	44,9
	09	11 886	278	22,7	376	30,7			571	46,6
	10	12 436	267	20,2	393	29,8			659	50,0
	11	12 640	259	16,8	498	32,4			780	50,7
	12	13 140	253	19,3	392	30,0			662	50,6
	13	13 866	246	17,4	407	29,8			752	53,2
Halle a. S. .	01	3 124	69	35,2	47	24,0	—	—	80	40,7
	02	3 242	111	30,8	86	23,8	31	8,7	133	36,9
	03	3 673	122	30,0	90	22,1	36	8,95	159	39,0
	04	4 304	144	28,8	90	18,0	68	13,6	198	39,6
	05	4 365	153	26,3	119	20,5	51	8,82	258	44,4
	06	4 732	153	23,9	119	18,6	55	8,65	312	48,7
	07	5 089	159	23,6	119	17,7	57	8,50	338	50,2
	08	5 184	164	22,5	119	16,3	71	9,80	373	51,3
	09	6 026	170	16,2	119	11,3	74	7,07	690	65,5
	10	7 081	192	18,5	119	11,5	77	7,50	648	62,5
	11	7 619	219	19,0	119	10,3	80	6,93	733	63,7
	12	8 013	229	19,4	328	27,8	in 6	in 7	627	53,0
	13	8 758	243	19,4	388	31,0	in 6	in 7	616	49,2
Nürnberg . .	00	3 523	148	19,3	218	28,5			399	52,1
	01	3 725	147	19,0	235	30,4			391	50,6
	02	3 961	145	22,7	134	21,0			359	56,2
	03	4 022	145	23,3	124	19,9	in 4 u. 5		352	56,6
	04	4 093	145	24,2	120	20,0	enthalten		335	55,8
	05	4 183	146	24,6	115	19,4			333	56,1
	06	4 344	150	23,0	112	17,2			391	60,0
	07	4 527	158	24,2	115	17,7			378	58,1
	08	4 690	167	23,2	119	16,5			434	60,3
	09	4 864	175	23,2	121	16,1			457	60,7
	10	5 066	182	21,8	124	14,8			528	63,3
	11	5 419	189	20,9	131	14,5			586	64,7
	12	5 833	202	20,3	143	14,4			647	65,2
	13	.6 624	218	18,6	159	13,5			796	68,0
Straßburg i.E.	00	5 586	251	28,9	205	23,6	—	—	413	47,5
	01	6 393	288	29,4	228	23,2	—	—	466	47,5
	02	7 508	338	32,3	258	24,6	—	—	450	43,0
	03	8 752	394	31,7	284	22,9	—	—	563	45,4
	04	9 657	435	33,4	304	23,4	—	—	560	43,0

1	2	3	4	5	6	7	8	9	10	11
Ort	Jahr	Anlage-kapital in	Zinsen in		Abschrei-bungen in		Tilgung in		Betriebs-kosten in	
		1000 ℳ	1000 ℳ	%	1000 ℳ	%	1000 ℳ	%	1000 ℳ	%
Straßburg. .	05	10 983	494	33,6	338	23,0	—	—	638	43,3
	06	14 085	634	35,8	398	22,5	—	—	734	41,5
	07	16 288	733	38,6	393	20,6	—	—	778	40,9
	08	17 478	787	35,0	422	18,8	—	—	1029	46,0
	09	19 195	864	39,0	248	11,2	—	—	1098	49,7
	10	22 719	1022	40,0	299	11,7	—	—	1217	48,0
	11	24 773	1115	39,2	401	14,1	—	—	1315	46,3
	12	27 348	1231	37,3	536	16,2	—	—	1535	46,7
	13	31 004	1395	38,5	576	15,8	—	—	1666	45,9
Wasserkraft-werk B.	03/04	7 631	343	68,0	114	23,0	—	—	45	8,9
	05/06	8 336	375	56,0	125	19,0	—	—	165	25,0
	07/08	11 877	534	53,0	178	18,0	—	—	297	30,0
	09/10	12 367	557	58,0	186	20,0	—	—	210	22,0
	11/12	14 816	667	55,0	222	18,0	—	—	319	26,0

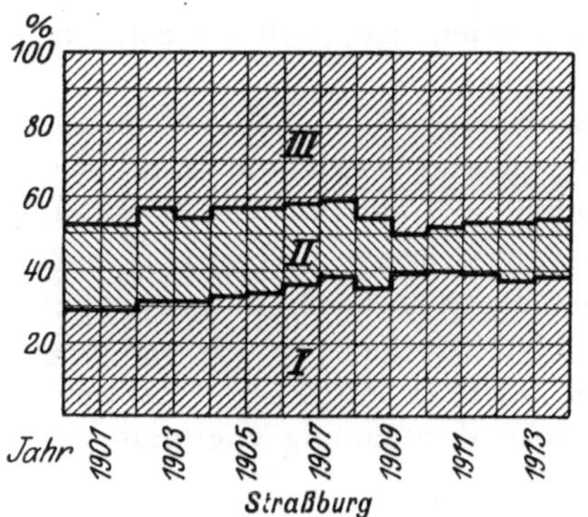

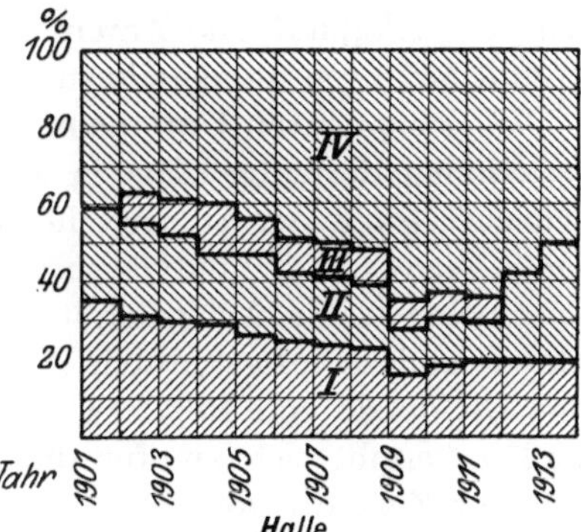

Abb. 5. Verhältnis zwischen Kapital- und Betriebskosten (Zahlentafel IX).

I. Verzinsung. II. Abschreibung. III. Betriebskosten.

I. Verzinsung. II. Abschreibung. III. Tilgung. IV. Betriebskosten.

aufnahme bzw. der Unternehmung, von der Lage des Geldmarktes bzw. von den örtlichen und politischen Verhältnissen. Hierbei ist festzustellen, daß etwa in den letzten 25 Jahren infolge Abnahme des Geldwertes eine allmähliche Erhöhung des Zinsfußes eingetreten ist. Während die gemeindlichen Werke noch bis vor kurzem mit einer Verzinsung von 4% rechnen konnten, mußten die privaten Unternehmungen schon früher zu einer $4^{1}/_{2}$ prozentigen Verzinsung ihrer Schuldverschreibungen schreiten. So verzinst z. B. das Rheinisch-Westfälische Elektrizitätswerk in Essen seine im Jahre 1905/1906 aufgenommene Schuld mit 4%, die Anleihe des Jahres 1908 bzw. 1911 mit 4,5 %, ebenso das Elektrizitätswerk Südwest Aktiengesellschaft die Ausgabe des Jahres 1906 mit 4%, die des Jahres 1912 mit $4^{1}/_{2}$%, die Elektrizitätswerke Liegnitz ihre Anleihe vom Jahre 1907 mit 4%, vom Jahre 1910 mit $4^1/_2$%; das Märkische Elektrizitätswerk hat sich sogar entschlossen, seine zu Anfang des Jahres 1913 begebene Anleihe mit 5% zu verzinsen. Ob man in Anbetracht der durch den Krieg herbeigeführten außerordentlichen Geldentwertung in Zukunft mit diesem Zinsfuß wird auskommen können, läßt sich auf Grund der heutigen Verhältnisse nicht übersehen. Die angegebenen Sätze stellen das geringste Maß an Verzinsung dar, das unter allen Umständen erwirtschaftet werden muß. Was sich darüber hinaus ergibt, ist bei öffentlichen Unternehmungen willkommener Zuschuß für die öffentlichen Kassen. Anders bei privaten Unternehmungen. Diese müssen darauf bedacht sein, einen möglichst großen Ertrag zu erwirtschaften, der übrigens dauernd nur dann zu erzielen ist, wenn auch die Abnehmer bei der Benutzung der elektrischen Arbeit ihren Vorteil finden. Damit ist für alle auf gesunder wirtschaftlicher Grundlage errichteten Werke die Grenze für die Höhe der Verzinsung gegeben. Andererseits darf eine Mindestverzinsung nicht unterschritten werden, wenn anders dem Privatkapital ein· Anreiz gegeben werden soll, sich an solchen Unternehmungen zu beteiligen.

Bei den privaten Unternehmungen wird daher für die Selbstkostenberechnung derjenige Zins in Rechnung gesetzt werden müssen, der sich auf Grund der zu erreichenden Dividende und des Verhältnisses von Aktien- und Schuldverschreibungs-Kapital ergibt. Wenn z. B. ein Unternehmen das Anlagekapital zu zwei Dritteln durch Ausgabe von Aktien und den Rest durch Anleihen beschafft hat und für ersteres eine Dividende von 10% erwirtschaften, letzteres mit 4,5 % verzinsen muß, so ergibt sich ein für die Selbstkostenberechnung zugrunde zu legender Zinssatz von

$$\frac{2 \cdot 10 + 1 \cdot 4,5}{3} = 8,17 \%.$$

Diese Ausführungen sind bei der Bewertung der in der Zahlentafel IX aufgeführten Beispiele zu berücksichtigen. Dort sind bei den städtischen Werken als Ausgaben für Verzinsung die tatsächlich hierfür ausgegebenen Beträge eingesetzt. Bei den anderen Beispielen sind als Zinsen diejenigen Beträge angenommen, die sich ergeben hätten, wenn das gesamte Anlagekapital durch Schuldverschreibungen hätte beschafft werden müssen. Diese Art der Zinsberechnung hat aber nach den obigen Ausführungen für Privatwerke keine praktische Bedeutung, sie soll lediglich einen Vergleich ermöglichen. Weiter ist bei den Beispielen noch zu berücksichtigen, daß die städtischen Werke meist die Zinsen immer nur von dem durch die Tilgung verminderten Kapital berechnen, was zwar von finanzpolitischem Standpunkt aus bequem und richtig, nicht aber dazu angetan ist, die Übersicht über die wirtschaftlichen Verhältnisse zu erleichtern.

Nach dem Vorausgehenden hat man es also mit zwei Arten der Verzinsung zu tun, mit einer festliegenden für geliehenes Kapital und mit einer erstrebten als Ertrag der Unternehmung. Die beiden Arten unterscheiden sich noch in einer anderen Beziehung. Nach dem Wortlaut des Gesetzes nämlich (§ 9 des Handelsgesetzbuches) ist der Unternehmer berechtigt, die Zinsen gewerblicher Schulden, also die erstgenannte Art der Zinsen, als nicht versteuerbar vom Reingewinn abzuziehen, während die Zinsen von eigenem und Aktienkapital, also die letztgenannte Art der Zinsen, als Geschäftsgewinn gelten und daher als Einkommen zu versteuern sind.

Folgt man hierbei den Erwägungen des Gesetzgebers, so muß man die Frage aufwerfen, ob denn die Kapitalzinsen ohne weiteres als Selbstkosten aufzufassen sind. Zwar kann kein Zweifel bestehen, daß sie in gewissem Umfang erwirtschaftet werden müssen und daß ein Elektrizitätsunternehmen ebensowenig lebensfähig ist, wenn nicht eine bestimmte Mindestverzinsung erzielt wird, wie wenn z. B. die Brennstoffe oder die Löhne oder sonstige Betriebsstoffe nicht bezahlt werden können. Und doch besteht ein Unterschied zwischen den Selbstkosten für die Betriebsführung und den Selbstkosten für die Verzinsung. Während jene unmittelbare Betriebsausgaben sind, sind letztere Betriebszweck, Betriebserfolg. Ferner sind die Ausgaben für die Verzinsung mit dem Betrieb an sich nicht verknüpft. Eine Anlage kann ganz oder zum Teil still stehen, und trotzdem müssen die Zinsen aufgebracht werden. Oder aber die Anlage ist, was gerade beim Elektrizitätswerkbetrieb häufiger vorkommt, zu groß gebaut; es müssen dann auch für die Verzinsung viel mehr Kosten aufgewendet werden, als dem wirklichen Betrieb entsprechen. Man wird sich also der Ansicht nicht verschließen können, daß manche Gründe dafür sprechen, die Zinsen nicht unmittelbar zu den Selbstkosten zu rechnen. Aus dieser Erkenntnis werden sehr wichtige Folgerungen zu ziehen sein, wenn es sich darum handelt, die Kapitalkosten auf die Einzelverbraucher zu verteilen.

b) Die Rückstellungen.

Einen weiteren, höchst wichtigen und daher viel umstrittenen Teil der festen Selbstkosten bilden die Rückstellungen. In dem hier vorliegenden Falle können drei gänzlich verschiedene Arten hiervon unterschieden werden:

1. Ist die Aufnahme des zur Erstellung der Anlage nötigen Kapitals auf dem Wege der Anleihe erfolgt, so muß dieses Kapital im Laufe

der Zeit zurückgezahlt werden, und zwar je nach den vereinbarten Bedingungen in längerer oder kürzerer Zeit. Man hat es hierbei mit einer reinen Geldmaßnahme zu tun, die mit der Betriebswirtschaft keinerlei Zusammenhang hat. Man bezeichnet diese Art der Rückstellungen als „Tilgung des Anlagekapitals". Sie kommt insbesondere bei Unternehmungen öffentlicher Körperschaften in Frage, die fast ausschließlich mit geliehenen Geldern arbeiten, die ganz unabhängig von ihrem Verwendungszweck in bestimmten Raten zurückgezahlt werden müssen. Es liegt dann nicht eigentlich eine „Rückstellung" vor, da der hierfür bestimmte Betrag nicht mehr der Verfügung des Unternehmers untersteht. Da diese Summen jedoch, wie die wirklichen Rückstellungen, aus dem Ertrag herausgezogen werden und daher mit Bezug auf ihre Zugehörigkeit zu den Selbstkosten nach den gleichen Gesichtspunkten wie jene zu beurteilen sind, werden sie zweckmäßig unter die Rückstellungen eingereiht. Es kommt auch vor, daß die Rückzahlung nicht alljährlich in einzelnen Raten, sondern am Ende eines bestimmten Zeitraumes auf einmal zu erfolgen hat. Bei dieser Art der Tilgung handelt es sich um eine wirkliche Rückstellung, da die hierfür vorgesehenen Summen einstweilen in der Verfügung des Unternehmers verbleiben.

Einer solchen Tilgung ihrem Wesen nach verwandt ist eine Maßnahme, die meist nur bei Privatunternehmungen in Frage kommt, dann nämlich, wenn durch Verträge bestimmt wird, daß die von dem Unternehmer erstellte Anlage nach einer Reihe von Jahren schuldenfrei und betriebsfähig an den Konzessionsverleiher, d. i. in den meisten Fällen eine öffentliche Körperschaft, übergehen soll. Der Unternehmer würde in diesem Falle durch die Übergabe der Anlage ohne weiteres den Wert des Kapitals verlieren, wenn er es nicht getilgt hat.

2. Für die Erstellung der sämtlichen zum Betriebe nötigen Anlagen ist das Kapital verbraucht, und die damit beschafften Gegenstände stellen dieses Kapital dar. Der Unternehmer wird und muß bestrebt sein, dasselbe in seinem vollen Wert zu erhalten. Durch die Einflüsse der Zeit, durch den Gebrauch nützt sich aber die gesamte Anlage fortwährend ab, verliert somit stetig an Wert und würde nach einer bestimmten Reihe von Jahren wertlos sein, d. h. das aufgewendete Kapital wäre verloren. Um dies zu verhindern, wird alljährlich ein Teil des Ertrages zurückgelegt, dessen Größe so bemessen wird bzw. werden soll, daß nach völligem Zerfall wieder das gesamte ursprüngliche Kapital vorhanden ist; man sagt: der Wert des Gegenstandes ist „amortisiert" oder „abgeschrieben"; der zurückgelegte Betrag wird in seltenen Fällen als besondere Geldsumme, meist wie das Kapital selbst, wieder werbend angelegt.

Rückstellungen dieser Art sind von dem Gesetz vorgeschrieben. § 40 HGB., Absatz 2, bestimmt:

„Bei der Aufstellung des Inventars und der Bilanz sind sämtliche Vermögensgegenstände und Schulden nach dem Werte anzusetzen, der ihnen in dem Zeitpunkt beizulegen ist, für welchen die Aufstellung stattfindet.‘‘

Für Aktiengesellschaften kommt außerdem § 261,3 in Frage:

„Anlagen und sonstige Gegenstände, die nicht zur Weiterveräußerung, vielmehr dauernd zum Geschäftsbetriebe der Gesellschaft bestimmt sind, dürfen ohne Rücksicht auf einen geringeren Wert zu dem Anschaffungs- oder Herstellungspreis angesetzt werden, sofern ein der Abnutzung gleichkommender Betrag in Abzug gebracht oder ein ihr entsprechender Erneuerungsfonds in Ansatz gebracht wird.‘‘

Diese Bestimmungen geben jedoch hinsichtlich der Festsetzung „des Wertes der Vermögensgegenstände, der ihnen in dem Zeitpunkt der Bilanzaufstellung beizulegen ist‘‘, als auch der Höhe des „der Abnutzung gleichkommenden Betrages‘‘ keine bestimmten und eindeutig auszulegenden Vorschriften, so daß sowohl in der Rechts- und Handelsliteratur als auch in der Praxis zahlreiche verschiedene Auslegungen möglich sind. Namentlich über den Begriff „Abnutzung‘‘, sowie über den ihr entsprechenden Betrag gehen die Ansichten auseinander. Vorherrschend sowohl in den Fachschriften als auch in der Praxis ist die Anschauung, daß unter Abnutzung nur die durch den Betrieb selbst sich ergebende Wertminderung, nicht aber Entwertung durch neue Erfindungen, besondere Schäden und anderes zu verstehen ist. Der Ausdruck „Erneuerungsfonds‘‘ im Wortlaut des Gesetzes ist daher als unzutreffend zu bezeichnen. Er soll nur besagen, daß dem Gesetz genügt wird, wenn statt eines Abzuges an den Vermögenswerten in der Bilanz ein entsprechendes Konto, dem der Gesetzgeber lediglich den Namen „Erneuerungsfonds‘‘ gegeben hat, auf der Schuldenseite der Bilanz aufgeführt wird. In der Praxis dagegen wird unter Erneuerungsfonds eine besondere Rücklage verstanden, die auf folgenden Erwägungen beruht:

3. Bei technischen Betrieben und insbesondere in elektrischen Anlagen ist die Gefahr vorhanden, daß größere Betriebsunfälle, technische Neuerungen usw. mit einem Schlage unvermutet einen Teil der Gesamtanlage entwerten können; dadurch würde den Unternehmer ein empfindlicher Schaden treffen. Will er gegen solche Zufälligkeiten geschützt sein, so wird er aus dem Ertrag einen gewissen Teil zurücklegen, der die ausschließliche Bestimmung hat, im Falle derartiger Geschehnisse verwendet zu werden; diese Rücklagen werden „Erneuerungsfonds‘‘ genannt.

Ein so beschickter Erneuerungsfonds hat mit den durch die Abnutzung hervorgerufenen Abschreibungen nichts zu tun und ist auch nicht gesetzlich vorgeschrieben. Er wird häufig als „echter Reservefonds" bezeichnet, während die der Abnutzung entsprechende Abschreibung eine sogenannte „unechte Reserve" darstellt.

Nach diesen Erklärungen sind also die Ursachen und der Zweck jeder dieser drei Kapitalrückstellungen durchaus verschieden. Die Tilgung ist durch vertragliche Bedingungen festgelegt, ist eine reine Geldmaßnahme und bezweckt die über eine Reihe von Jahren verteilte Rückgabe des geliehenen Kapitals; die Abschreibung ist durch Abnützung hervorgerufen und bezweckt die Werterhaltung des Vermögens. Der Erneuerungsfonds beruht auf Vorsichtserwägungen und bezweckt die Vermeidung neuer Kapitalsanlagen. Mißverständnisse auf diesem Gebiete waren früher gerade bei den Elektrizitätswerken nicht selten; es wurden häufig diese verschiedenen Gruppen durcheinander geworfen und auf Grund so erhaltener Zahlen falsche Schlüsse gezogen.

Von diesen drei Arten der Rückstellungen ist hinsichtlich ihrer Höhe nur die Tilgung unumstritten. Sie hängt lediglich von den Aufnahmebedingungen bzw. der Konzessionsdauer ab; danach richtet sich die Tilgungsdauer und der Tilgungsplan. Dagegen bildete die Höhe der beiden anderen Arten der Rücklagen bis in die letzten Jahre eine oft und lebhaft erörterte Frage. Während die einen Sätze von 10—12% gerade noch für hinreichend erachteten, hielten andere solche von 2—2,5% für reichlich. Diese Verschiedenheit der Ansichten rührte einmal davon her, daß man über die Lebensdauer der einzelnen Teile der Anlage auf Schätzung angewiesen war, und daß man vielfach Erneuerung und Abschreibung zusammengeworfen hat.

Die Höhe der gesetzlichen Abschreibung ergibt sich aus der Bestimmung, daß lediglich ein der Abnutzung entsprechender Betrag in Ansatz gebracht wird. Ein Gegenstand ist ganz abgenutzt, wenn er für den Betrieb als solchen wertlos ist und nur noch einen gewissen Stoffwert besitzt. Nach dem Sinne des Gesetzes und nach allgemeinem Gebrauch wird daher die Abschreibung so bemessen, daß nach völliger Abnutzung ein dem ursprünglichen Anschaffungswert entsprechender Betrag, vermindert um den voraussichtlichen Altwert, vorhanden ist. Demgemäß verteilt sich die Abschreibung auf die gesamte „Lebensdauer" der abzuschreibenden Vermögenswerte. Streng genommen müßte für jeden einzelnen Anlageteil eine seiner Lebensdauer entsprechende Abschreibung vorgesehen werden. Dies ist bei einigen Elektrizitätswerken gebräuchlich. Da aber die Lebensdauer einzelner Anlageteile nur mit Unsicherheit angenommen werden kann und es sich bei der Abschreibung nicht so sehr um die Werterhaltung einzelner

Teile als vielmehr um die des gesamten Vermögens handelt, wird die Abschreibung meist auf den gesamten Anlagewert bezogen, wodurch gleichzeitig die Übersichtlichkeit der Bilanz und die Einfachheit der Buchführung erhöht werden.

Zur richtigen Festsetzung der Abschreibung kommt es somit darauf an, zutreffende Annahmen über die mittlere Lebensdauer von Elektrizitätsanlagen zu machen. Die Erfahrung gibt hierfür nur insofern Anhaltspunkte, als bei der vorliegenden Entwicklungzeit der bestehenden Elektrizitätsanlagen von etwa 30 Jahren von einer völligen Entwertung infolge Abnutzung überhaupt nicht gesprochen werden kann. Bei keinem auch der älteren Unternehmungen sind die Anlagen im ganzen infolge betrieblicher Abnutzung ersetzt worden. Daß trotzdem keines dieser Unternehmungen den ursprünglichen Zustand mehr aufweist, hängt mit ganz anderen Ursachen zusammen. Jedenfalls steht fest, daß die Elektrizitätsanlagen im ganzen eine längere Lebensdauer als 30 Jahre aufweisen. Dieser Tatsache wird denn auch heute in der Bemessung der Abschreibungen Rücksicht getragen.

In Zahlentafel X a sind für eine Anzahl von Elektrizitätsunternehmungen, die in der Form der Aktiengesellschaft betrieben werden, die für die Betriebsanlagen aufgewendeten Kapitalien (mit Abzug der aus der Bilanz ersichtlichen Grundstückskosten), ferner, soweit feststellbar, die für die gesetzliche Abschreibung allein ausgeworfenen und schließlich die für Abschreibung und Erneuerung zusammen vorgesehenen Beträge aufgeführt. Sämtliche Zahlen beziehen sich auf das Geschäftsjahr 1913 bzw. 1912/13. Dieses Jahr ist gewählt, da in demselben noch normale Verhältnisse vorlagen, die nicht durch den Kriegszustand beeinflußt waren. — Es ergibt sich, daß bei einem gesamten Anlagekapital der Unternehmungen von rd. 202 000 000 $\mathcal{M}$ für Abschreibung allein rd. $\mathcal{M}$ 3 089 000, — und bei einem Kapital von rd. 485 000 000 $\mathcal{M}$ für Abschreibung und Erneuerung zusammen rd. $\mathcal{M}$ 16 300 000,— zurückgelegt worden sind. Es sind also bei jährlich gleichbleibendem Prozentsatz ohne Berechnung von Zins und Zinseszins durchschnittlich

> für Abschreibung allein . . . . 1,52% und
>
> für Abschreibung und Erneuerung zusammen . . 3,35%

ausgeworfen.

In Zahlentafel X b sind einige Angaben über gebräuchliche Sätze zusammengestellt von Unternehmungen, die auf die einzelnen Anlageteile abschreiben.

Zahlentafel X a.

Rücklagen von Elektrizitätsunternehmungen.

1	2	3	4	5	6	7
Unternehmung	Jahr	Anlagekapital	Rücklagen für Abschreibung allein		Rücklagen für Abschreibung und Erneuerung	
		ℳ	ℳ	%	ℳ	%
Amperwerke	12/13	11 200 000	156 000	1,4	156 000	1,4
Abo	13	3 500 000	91 000	2,6	106 000	3,0
Berggeist	12/13	14 800 000			814 000	5,5
Berliner Elektricitäts-Werke	12/13	130 000 000			5 000 000	3,8
Crottorf	12/13	2 100 000	40 000	1,9	90 000	4,3
Derenburg	12/13	1 900 000			58 000	3,1
Eisenach	13	1 730 000	55 000	3,2	55 000	3,2
Fulda	13	700 000	13 000	1,9	23 000	3,3
Hamburgische E. W. . . .	12/13	56 000 000			2 300 000	4,1
Königsberg	13	6 000 000	140 000	2,3	140 000	2,3
Lechwerke	12/13	16 400 000	269 000	1,6	269 000	1,6
Landkraftwerke Leipzig . .	12/13	8 000 000	35 000	0,4	180 000	2,3
Märkisches E. W.	13	13 200 000	144 000	1,1	233 000	1,8
Kommunales E. W. Mark . .	13	16 600 000			1 000 000	6,0
Niederrhein. Licht- & Kraft- werke	12/13	10 000 000			200 000	2,0
Niedersächsische Kraftwerke	13	10 400 000	190 000	1,8	190 000	1,8
Oberrheinische Kraftwerke .	12/13	13 800 000	63 000	0,5	202 000	1,5
Oberschlesische E. W. . . .	13	32 200 000			1 900 000	5,9
Rheingau E. W.	13	3 100 000	51 000	1,6	86 000	2,8
E. W. Rheinhessen.	12/13	3 900 000	27 000	0,7	27 000	0,7
Sächs. Elektricitäts-Liefer.- Ges.	13	16 900 000	178 600	1,1	507 600	3,0
Elektricitäts- u. Gasvertriebs- Ges. Saarbrücken	13	950 000	10 600	1,1	20 600	2,2
Siegerland	13/14	7 400 000			236 000	3,2
Stettiner E. W.	12/13	6 800 000	97 000	1,4	284 000	4,2
Straßburg i. E.	13	30 500 000	416 000	1,4	447 000	1,5
Thorn	13	1 800 000	14 000	0,8	44 000	2,4
Thür. Elektr. & Gaswerke Apolda	13	3 700 000	56 000	1,5	130 000	3,5
Thür. Elektr.-Liefer.-Gesell- schaft	12/13	6 000 000	73 800	1,2	155 400	2,6
Unterelbe, Altona	12/13	6 200 000	108 000	1,7	108 000	1,7
Westfälisches Verbands-E.W.	12/13	14 400 000			450 000	3,1
E. W. Westfalen	12/13	18 300 000	500 000	2,7	540 000	2,95
Zwickauer E. W. u. Straßen- bahn	13	17 100 000	361 000	2,1	361 000	2,1
Sa.		485 580 000 202 280 000	— 3 089 000	1,53	16 312 600	3,35

(Die beiden unteren Zahlen betreffen die Werke, von denen die Abschreibung allein angegeben ist.)

Zahlentafel Xb.

Abschreibungssätze einiger gemeindlicher Unternehmungen.

	Düssel-dorf[1] 1913 %	Elber-feld[1] 1913 %	Mün-chen[1] 1913 %	Nürn-berg[1] 1913 %	Darm-stadt 1910 %	Halle 1913 %	Biele-feld 1913 %
Gebäude	3,0	5,0	1,5	1,0	1,0	2,0	2,0
Hof-, Wege-, Gleisanlagen . .	6,0	5,0	1,5	1,0	2,0	2,0	2,0
Maschinen	10,0	10,0	5,0	7,5	5,0	4,0	8,0
Kessel- und Rohrleitungen . .	10,0	7,5	5,0	7,5	5,0	4,0	7,0
Akkumulatoren	10,0	10,0	9,0	7,5	7,5	10,0	10,0
Apparate	10,0	10,0	8,5	6,0	5,0	4,0	8,0
Kabelnetz, unterirdisch . . .	3,0	3,0	3,0	4,0	3,0	3,0	4,0
Straßenarbeiten	3,0	3,0	3,0	1,0	3,0	3,0	4,0
Freileitungsnetz	3,0	3,0	4,0	—	3,0	3,0	4,0
Zähler	15,0	10,0	8,5	15,0	—	10,0	8,0
Im Durchschn. bezogen auf das ges. ursprüng. Anlagekapital	4,4	2,94	2,75	2,4	1,36	3,8	4,95

In dem Vertrage der Stadt Königsberg mit der Allgemeinen Elektricitäts-Gesellschaft sind folgende Abschreibungssätze vorgesehen:

1. Für Fundamente, Gebäude 1,0%
2. Kabel 1,5%
3. Gleisanlagen, Transformatoren, Schaltanlagen . . 2,0%
4. Dynamomaschinen, Akkumulatoren, Zähler . . . 4,0%
5. Dampfmaschinen, Turbinen, Kessel mit Zubehör und Arbeitsmaschinen 6,0%

Die Gesamtsumme der Abschreibungen muß nach diesem Vertrage mindestens 3% des Kapitals abzüglich der Aufwendungen für den Grunderwerb betragen, die Abschreibungen dürfen aufhören, sobald der Buchwert nicht höher ist als der Marktpreis der Baustoffe (Materialwert).

Der Magistrat der Stadt Berlin hat nach Übernahme der Werke folgende Sätze vorgeschlagen: für Wohngebäude 2%, Betriebsgebäude 4%, Bekohlungsanlagen 7,5%, Maschinen, Kessel usw. 10%, Transformatoren, Schaltanlagen 7,5%, Akkumulatoren, Zähler 10%, Straßenbeleuchtungsnetz, Hausanschlüsse 5%, Kabelnetz 3%, Telephonanlagen, Straßenbeleuchtung 15%, Automobile $33\frac{1}{3}$%, Betriebswerkzeuge und Inventar 100%.

Die Statistik der V. E. W. ergibt für 1911 einen Mittelwert von ca. 4,1% einschließlich Tilgung, für 1912 von ca. 4,5%.

Alle die genannten Sätze sollten sich auf das ursprüngliche Anlagekapital beziehen, nicht, wie vielfach üblich, auf den durch die

---

[1] Abschreibung erfolgt auf die Buchwerte.

jeweiligen Abschreibungen verminderten Buchwert. Letztere Form der
Abschreibung wird heute beim Elektrizitätswerksbetrieb selten angewendet, weil die Abschreibung auf den Anlagewert ein klareres Bild
der Vermögensverhältnisse ergibt. Auch ist hierbei eine richtigere
Verteilung der Abschreibungen auf die einzelnen Betriebsjahre möglich,
indem nicht, wie bei der Zugrundelegung des Buchwertes, gerade in
den ersten schwierigen und gewöhnlich ertragsärmeren Betriebsjahren
viel höhere Summen aus dem Ertrag herausgezogen werden müssen
als in den späteren besseren Jahren; ja, die Abschreibung auf den Buchwert widerspricht geradezu dem Sinne der Abschreibung, da in den
späteren Betriebsjahren bei steigender Entwertung immer kleinere
Summen hierbei zurückgelegt werden, während das Umgekehrte der
Fall sein sollte. In der Tat wird denn auch in neueren Pachtverträgen
vielfach die Bestimmung getroffen, daß die Abschreibungssätze mit
den Jahren anwachsen. Eine solche Maßnahme liegt ebensosehr im
Interesse des Pächters, der in den ersten Jahren geringere Beträge ab-
führen muß, wie sie den tatsächlichen Verhältnissen entspricht.
Bei der Berechnung der Abschreibungen auf Grund des Anlagekapitals
bleiben die Beträge bei gleichbleibendem Anlagekapital dieselben,
somit sind auch die Grundlagen für die Preisberechnung sicherer.
Schließlich ergeben sich bei Neuanlagen und Erweiterungen bei der
Buchwertabschreibung ungleiche Werte für die einzelnen Anlageteile
und unübersichtliche Verhältnisse.

Eine weitere Meinungsverschiedenheit betrifft die Frage, ob die Abschreibungssätze unter Berücksichtigung einer Verzinsung festgesetzt
werden können.

Ein solches Verfahren wird in den Fachschriften zum Teil als recht-
mäßig nicht anerkannt (Rehm L. 146), zum Teil als einzig richtiges
bezeichnet (Schiff L. 148). Abgelehnt wird es mit dem Hinweis, daß
der Abschreibungsfonds keinen wirklichen Wert, sondern das Fehlen
von Werten feststelle und daß infolge der Zins- und Zinseszinsrechnung die jährliche Abschreibungsquote von Anfang an niedriger bemessen würde als der wirklich während der einzelnen Jahre eingetretenen Entwertung entspräche.

Beide Gründe sind jedoch anfechtbar, denn in der Tat wird doch
für die Abschreibung ein wirklicher Wert aus dem Jahreserträgnis ausgeschieden. Ob dieser Wert in barem Gelde bei einer Bank oder in
Wertpapieren oder in Anlageteilen angelegt wird, ist gleichgültig;
jedenfalls ist er in Wirklichkeit vorhanden und arbeitet in dem Rahmen des Unternehmens zinsbringend mit, sofern überhaupt das Unternehmen einen Zinsertrag erbringt. Aber selbst wenn letzteres nicht der
Fall wäre, so würden die hierfür aufzuwendenden Zinsen buchmäßige
Schulden darstellen, ebenso wie auch die Abschreibung selbst für den

Fall, daß der Ertrag die wirkliche Berücksichtigung der Wertverminderung nicht zuließe. — Wenn gegen die Zins- und Zinseszinsrechnung weiter eingewendet wird, daß infolgedessen die Abschreibungsquote anfangs der wirklich eintretenden Entwertung nicht entsprechend und zu niedrig angesetzt würde, so ist dem entgegenzuhalten, daß die wirklich eintretende Entwertung überhaupt nicht feststellbar ist. Es ist ganz unmöglich, bei einem Gebäude oder bei einer Maschine oder gar bei einer Leitungsanlage anzugeben, daß am Ende eines Jahres eine Entwertung infolge Abnutzung um einen bestimmten Betrag eingetreten ist. Ebensowenig ist es nachweisbar, daß etwa eine gleichbleibende Entwertung im Laufe der Jahre den Tatsachen entspricht. Diese Annahme ist lediglich eine rechnerische Schätzung aus Bequemlichkeitsgründen und kann sich keineswegs auf tatsächliche Beweise stützen, im Gegenteil zeigt die Erfahrung, daß die Abnutzung in den ersten Jahren des Gebrauchs wesentlich geringer ist und erst mit fortschreitender Zeit stärker und oft nach Jahren erst bemerkbar wird. Schließlich kommt es überhaupt nicht darauf an, ob man die Möglichkeit, daß die in der Bilanz als Wertverminderungskonto nachgewiesenen Beträge Zinsen erbringen, zugibt oder nicht. Die Anwendung der Zins- und Zinseszinsrechnung kann · als eine reine Formsache angesehen werden, um die Abschreibungssätze in der ersten Zeit, in der die Elektrizitätsunternehmungen ohnedies auf der einen Seite mit schwierigeren Verhältnissen und auf der anderen Seite mit einer geringeren Abnutzung zu rechnen haben, niedriger als in den späteren Jahren zu halten, was ganz von selbst bei Anwendung der Zins- und Zinseszinsrechnung der Fall ist. Gerade aus dieser letzteren Erwägung heraus findet man denn auch in der Praxis die Zins- und Zinseszinsrechnung häufig angewendet; namentlich bei Bahnunternehmungen ist diese Art der Berechnung geradezu gebräuchlich, aber auch bei Elektrizitätswerken nicht selten. Diese Erwägungen beziehen sich lediglich auf die Abschreibung. Bei der Tilgung ist die Anwendung der Zins- und Zinseszinsrechnung unbestritten. Bei dem eigentlichen Erneuerungsfonds kommt sie nicht in Anwendung, weil ihm seinem Wesen entsprechend jährlich ungleiche Beträge zugeführt werden, die gewöhnlich von dem Erfolg abhängig gemacht werden.

Wie bei den Zinsen erhebt sich auch bei den Rückstellungen die Frage, ob sie ohne weiteres als Selbstkosten zu bezeichnen und demgemäß gleichmäßig auf alle Verbraucher zu verteilen sind. Dies scheint am meisten noch bei den Abschreibungen zuzutreffen; sie sind durch Abnutzung hervorgerufen, der Betrieb ist ohne Abnutzung nicht durchzuführen, und so scheint zunächst die allgemeine Übung gerechtfertigt, die Abschreibungen auf die Selbstkosten zu übernehmen. Dieser Ansicht hat sich auch der Gesetzgeber angeschlossen, wenn er bestimmt, daß Abschreibungen in der Bilanz gemacht werden müssen (§ 40 und § 261 des HGB.), und daß die hierfür in Betracht kommenden Summen von der Versteuerung frei sind, d. h. den Betriebskosten zugezählt werden können. Andererseits ist aber zu erwägen, daß die Abnutzungen nicht Mittel, sondern Folge des Betriebes sind. Es lassen sich also auch hier Gründe anführen, die dagegen sprechen, die Abschreibungen ohne weiteres als Selbstkosten im Sinne der Betriebskosten anzusehen. In der Tat sind derartige Erwägungen bei der Behandlung dieser Frage in städtischen Betrieben schon geltend gemacht worden. Dort ist die Anlage aus Gemeindemitteln erbaut; der Wert des aufgewendeten Kapitals braucht also keineswegs an das Werk gebunden zu sein, sondern kann sich auf die einzelnen Mitglieder der Gemeinde verteilen; kann somit infolge der Verwendung der elektrischen Arbeit eine Erhöhung des Wohlstandes festgestellt werden, so ist der Gleichwert für das verbrauchte Kapital in der Verbesserung der wirtschaftlichen Verhältnisse des einzelnen zu suchen. Selbstverständlich wird bei privatwirtschaftlichem Betrieb diese Überlegung nicht Platz greifen können.

Sind die Abschreibungen mittelbar durch den Betrieb selbst bedingt, so ist bei der Tilgung ein solcher Zusammenhang nicht mehr vorhanden. Durch Vertrag wird festgesetzt, daß nach einer bestimmten Reihe von Jahren das gesamte aufgenommene Kapital zurückgezahlt oder wieder vorhanden sein muß; abhängig von dieser Zeit ist der jährliche Tilgungssatz zu berechnen. Die Höhe desselben ist also vom Betrieb völlig unabhängig und wird nur nach der Zeitdauer der Tilgung bemessen. Da die Tilgung die Rückerstattung des aufgewendeten Kapitals bezweckt, ist sie ähnlich wie die Abschreibung eine verhüllte Form der Werterhaltung, die aber von der tatsächlichen Wertveränderung der das Kapital darstellenden Gegenstände vollständig absieht. Die hierfür nötigen Summen können daher als Selbstkosten im Sinne der Betriebskosten nicht mehr bezeichnet werden, da sie weder durch den Betrieb bedingt, noch zu seiner Aufrechterhaltung nötig sind. Nichtsdestoweniger müssen sie aus den Erträgnissen herausgewirtschaftet werden und bilden somit einen Teil des Betriebserfolgs. Eine gleiche Beurteilung bezüglich ihrer Zugehörigkeit zu den Selbstkosten ist bei den Rücklagen für Erneuerung am Platze, ferner beim gesetzlichen Reservefonds der Aktiengesellschaften und bei den verschiedenen Spezialreserven, die ihre Entstehung irgendwelchen finanzpolitischen Erwägungen verdanken. Derartige Rücklagen stehen offenbar mit dem Betrieb in keinerlei Zusammenhang mehr. Sie bilden vielmehr eine gewisse Selbstversicherung großen Stils und können deshalb nur dann angelegt werden, wenn sich entsprechende Überschüsse ergeben haben. Auf Grund dieser Erwägungen ist die häufig gebräuchliche Zusammenlegung der Abschreibung und Erneuerung, wobei statt der kleineren, für die reine Wertverminderung ausreichenden Quoten höhere Prozentsätze vorgesehen werden, nicht zweckmäßig; sie sind vielmehr nach dem Vorausgehenden, schon mit Rücksicht auf ihre Abhängigkeit von der Betriebsdauer, zu trennen. Infolgedessen ist der Betrag der Abschreibungen im voraus festgelegt, während die Höhe der Erneuerung erst nach dem Erfolgausweis zu bemessen ist.

Da die Rücklagen, wie aus der Seite 109 zusammengestellten Zahlentafel IX ersichtlich ist, einen beträchtlichen Teil der Aufwendungen ausmachen, ist es natürlich, daß sich Mißgriffe hinsichtlich der Rücklagen sehr unliebsam bemerkbar machen müssen. Nach zwei Richtungen hin wird häufig gefehlt. Der eine Fehler ist die völlige Unterlassung von Abschreibungen in der Absicht, einen höheren Reingewinn ausweisen zu können; wird ein solches Verfahren auch nicht immer in den ersten Jahren zu Mißerfolgen führen, so wird doch die gesicherte Fortführung des Unternehmens in Frage gestellt, und unter Umständen müssen die Gewinne der ersten Jahre mit empfindlichen Vermögenseinbußen späterhin bezahlt werden.

Ebenso bedenklich ist es aber auch, die Beträge der Rücklagen im voraus zu hoch anzusetzen. Von der vermeintlichen Tatsache ausgehend, daß die hohen Rückstellungen notwendige Betriebsausgaben darstellen, müssen dann die Verkaufspreise entsprechend hoch angesetzt werden; die Folge ist ein kleiner Absatz, das Unternehmen entwickelt sich nicht, und statt der vorhandenen Rücklagen weist der Jahresabschluß Verluste auf. Dies alles kann vermieden werden. Ist die Größe der Anlage dem wirklichen Bedürfnis angepaßt, werden die tatsächlich notwendigen Rücklagen richtig bemessen, so werden sich bei gerechter und zweckmäßiger Verteilung der Selbstkosten stets Überschüsse erzielen lassen. Dann allerdings ist darauf zu sehen, in den Rücklagen möglichste Deckung gegen Unvorhergesehenes zu haben. Verkehrt wäre es dann, wie dies namentlich in städtischen Betrieben vorkommt, alle Überschüsse in anderer Weise zu verwerten. Ersatzanschaffungen, technische Verbesserungen werden dann selten mehr bewilligt, weil neue Kapitalien hierzu nicht mehr aufgenommen werden sollen; das Unternehmen steht nicht mehr auf der Höhe der Zeit und geht zurück.

3. Verhältnis zwischen Kapital- und Betriebskosten.

Schon eine flüchtige Betrachtung der Zahlentafel IX zeigt, daß es sich bei der Verzinsung und bei den Rückstellungen um recht ansehnliche Beträge handelt; schon allein hieraus kann der Schluß gezogen werden, daß diese Kosten bei der Preisbemessung eine ausschlaggebende Rolle spielen müssen. Dies tritt ganz besonders deutlich vor Augen, wenn man untersucht, welches Verhältnis sich zwischen den Kapitalkosten und den Betriebskosten ergibt; in der Zahlentafel IX sind für einige Werke die Anteile der einzelnen Unkostengruppen an den Gesamtausgaben berechnet. Die genaue Kenntnis dieser Beziehung bildet die Grundlage für eine richtige Preisstellung. Das wesentlichste aus der Zahlentafel zu entnehmende Ergebnis ist die Tatsache, daß selbst bei der angenommenen Mindestverzinsung ungefähr die Hälfte der gesamten Erzeugungsausgaben auf die Kapitalkosten zu rechnen sind. Man kann also auf Grund dieser Erkenntnis feststellen, daß im allgemeinen die Einnahmen die reinen Betriebsausgaben um das Doppelte übersteigen müssen, wenn eine bescheidene Rentabilität erzielt werden soll. Dies gilt dort, wo es sich in der Hauptsache um Erzeugung durch Wärmekraftmaschinen handelt. Bei Wasserkraftwerken, wie bei dem letzten Beispiel der Zahlentafel IX, ist jedoch der Anteil der Betriebskosten an den Gesamtausgaben ein viel geringerer. Die Betriebskosten können hier auf den vierten Teil der Gesamtaufwendungen, ja noch weiter, zurückgehen. Im übrigen übt weder die Art der Antriebskraft noch das System der Stromverteilung auf das Verhältnis der Betriebskosten zu den Gesamtaufwendungen einen großen Einfluß aus. Zwar nimmt man allgemein an, daß bei Öl- und Sauggasanlagen die reinen Betriebskosten einen wesentlich geringeren Anteil an den Gesamtaufwendungen beanspruchen. Das trifft zwar in einzelnen Fällen, namentlich bei kleineren Anlagen, zu, doch ergibt sich bei Betrachtung einer größeren Anzahl von Anlagen und längeren Betriebszeiträumen kein von den Dampfanlagen wesentlich verschiedenes Bild. Auch die Größe der Unternehmungen spielt keine entscheidende Rolle; es ist deshalb von der Anführung weiterer Beispiele abgesehen.

Aus den angegebenen Zahlen ist weiter ersichtlich, daß sich der Anteil der einzelnen Unkostengruppen an den gesamten Aufwendungen mit den einzelnen Jahren verschiebt; diese Erkenntnis ist mit Bezug auf die Stetigkeit der Preisgebarung der Werke von Wert. Der besseren Übersicht halber ist die Zusammensetzung der Kosten für einige Beispiele der Zahlentafeln auch noch zeichnerisch dargestellt (s. Abb. 5, S. 111). Man sieht, daß zwar irgendeine regelmäßige Veränderung nicht vorhanden ist, daß aber namentlich bei den Dampfkraftwerken der Anteil der Betriebskosten allmählich anwächst, indem bei gleichbleibendem oder mäßig erhöhtem Anlagekapital die Abgabe von elektrischer Arbeit und damit die Betriebskosten in höherem Maße wachsen — ein Zeichen besserer Ausnutzung der Betriebsanlagen —; auch ist hierbei von Einfluß, daß die Zinsen und Tilgungssätze, namentlich bei städtischen Unternehmungen, im Laufe der Jahre geringer werden, dann ist allerdings die Erhöhung des Anteils der Betriebskosten lediglich rechnerischer Natur und läßt keinen Rückschluß auf die bessere Ausnutzung der Betriebsanlagen zu. Umgekehrt vermindert sich der Anteil der

Betriebskosten, wenn der Verbrauch bei gleichbleibenden Rückstellungen nicht entsprechend den Erhöhungen des Anlagekapitals fortschreitet; doch darf diese Erscheinung bei gut geleiteten Werken nur eine vorübergehende sein.

B. Die Betriebskosten.

Die Betriebskosten, die nach Zahlentafel IX bei Wärmekraftanlagen ungefähr 40—60%, bei Wasserkraftwerken ca. 20—40 % sämtlicher jährlichen Aufwendungen ausmachen, setzen sich aus einer sehr großen Anzahl verschiedener Ausgabeposten zusammen; als solche sind namentlich zu nennen: Gehälter für die Betriebsleitung, die Löhne der in den verschiedenen Teilen der Anlage beschäftigten Arbeiter, die Ausgaben für die Arbeiter- und Angestellten-Versicherungen und -Krankenkassen, die Kosten der verschiedenen Betriebsstoffe: Feuerung, Wasser, Schmierung, Putzzeug, Packungen und Dichtungen, die Aufwendungen für Unterhaltung und Ausbesserung der Anlagen, die allgemeinen Unkosten für den kaufmännischen Betrieb, namentlich für die Buchhaltung, die Rechnungserteilung, den Geldeinzug, für Miete, Steuern, Versicherungen u. a. m. Die Zusammenfassung und Unterteilung der einzelnen Ausgaben geschieht hierbei häufig nach Regeln, die außerordentlich voneinander abweichen, so daß ein Vergleich der Werte recht schwierig ist. Um die hier herrschende große Verschiedenheit zu zeigen, seien die Einzelposten der Betriebsberichte von einigen größeren Werken nebeneinander gestellt:

A.	B.	C.	D.
1. Gehälter,	1. Gehälter und Löhne,	1. Besoldungen,	1. Allgemeine Unkosten,
2. Löhne,	2. Kohlen,	2. Ruhegehälter,	2. Unterhaltung,
3. Kohlen,	3. Wasser,	3. Allgemeine Unkosten,	3. Betriebsunkosten.
4. Schmier- und Putzmaterial.	4. Schmier- und Putzmaterial,	4. Kosten der Stromerzeugung,	
5. Unterhaltung,	5. Bureaubedarf,	5. Unterhaltung,	
6. Allgemeine Unkosten.	6. Unterhaltung,	6. Sonstiges.	
	7. Steuern u. Versicherungen,		
	8. Sonstige Ausgaben.		

Die größte deutsche Betriebsgesellschaft, die Elektricitäts-Lieferungs-Gesellschaft, benutzt für ihre Betriebsberichte folgende Aufstellung:

    A. Allgemeine Ausgaben (Verwaltung);

    B. Steuern, Versicherungen, Mieten;

    C. Betrieb des Kraftwerks:

        a) Gehälter und Löhne,

        b) Materialien,

        c) Strombezug;

    D. Unterhaltung, Ausbesserung des Kraftwerks:

        a) Gebäude,

        b) Maschinen, Kessel und Rohrleitungen,

c) Schaltanlage und Verbindungsleitungen,
d) Akkumulatoren,
e) Gradierwerk mit Zubehör,
f) Verschiedenes;

E. Betrieb des Netzes;
F. Unterhaltung und Ausbesserung des Netzes:
    a) der Leitungen und Bestandteile,
    b) der Gestänge;
G. Unterhaltung der Hausanschlüsse;
H. Unterhaltung und Ausbesserung der Zähler;
J. Öffentliche Beleuchtung:
    a) Gehälter und Löhne,
    b) Materialien;
K. Automobilunterhaltung.

In der Statistik der Vereinigung der Elektrizitätswerke (18) — die Hauptquelle für vergleichende Untersuchungen auf dem Gebiete der Elektrizitätserzeugung — ist die Trennung der Betriebsausgaben bis zum Jahre 1910 nachfolgenden Ausgabeposten erfolgt:

1. Brennmaterial,
2. Schmier-, Packungs- und Dichtungsmaterial,
3. Gehälter und Löhne,
4. Unterhaltung,
5. Kostenfreier Glühlampenersatz,
6. Sonstiges.

Seit dem Jahre 1910 wird die nachstehende Unterteilung benutzt:

Allgemeine Verwaltung;
Stromerzeugung:
    Brennmaterial,
    Wasser,
    Schmier-, Packungs- und Dichtungsmaterial,
    Unterhaltung,
    Gehälter und Löhne;
Stromfortleitung:
    Unterhaltung,
    Gehälter und Löhne,
Strommessung:
    Unterhaltung,
    Gehälter und Löhne;
Sonstiges.

Abweichend hiervon teilt das von der V. E. W. empfohlene Buchungsschema die Ausgaben in folgende Hauptposten:

Gehälter und Löhne;
Betriebsmaterialien,
Unterhaltung,
Allgemeine und besondere Ausgaben.

In den englischen Statistiken sind durchweg die Ausgabeposten wie folgt angegeben: 1. Kohlen und anderes Heizmaterial,
2. Sonstige Betriebsmaterialien,
3. Betriebsarbeiterlöhne,
4. Reparaturen und Unterhaltung,
5. Miete und Steuern,
6. Verwaltungsausgaben, einschl. Gehälter.

In den Vereinigten Staaten verlangen die Behörden alljährlich über die Betriebsverhältnisse genaue Berichte, die in einheitlicher Form aufgestellt sind und nachstehende Unterabteilungen der Betriebskosten aufweisen:

Stromerzeugungskosten (Produktion),
Stromfortleitungskosten (Transmission),
Stromaufspeicherungskosten (Storage),
Stromverteilungskosten (Distribution),
Verbrauchsapparatekosten (Utilization),
Werbekosten (New Bushiness),
Kaufmännische Verwaltung (Commercial Expense),
Allgemeine Unkosten (General-Expense),
Sonstiges (Miscellaneous).

Je nach der Größe der Unternehmung werden einzelne Abteilungen zusammengezogen oder weitere Untergruppen eingeführt; so z. B. werden die fünf erstgenannten Hauptteile zunächst nach Betrieb (Operation) und Unterhaltung (Maintenance) und beide wiederum je nach Bedürfnis weiter unterteilt, z. B. nach Verwaltung, Arbeitslöhnen, Betriebsstoffen, Unterhaltung.

Es handelt sich bei diesen Einteilungen keineswegs um eine reine Formsache, vielmehr wird durch sie sowohl die Gestaltung der Buchführung als auch die leichte und schnelle Übersicht über den Aufbau der Selbstkosten gefördert oder gehemmt. Einzelne Ausgabengruppen sind von bestimmten Umständen des Verbrauches in verschiedener Weise abhängig, so z. B. die Verwaltungskosten von der Zahl der Abnehmer, die der Strommessung von der Zahl der Zähler, die der Stromerzeugung, und hiervon wiederum besonders die Kosten der Brennstoffe, in gewissem Umfang von der Anzahl der erzeugten Kilowattstunden. Es ist daher ersichtlich, daß eine diesen Abhängigkeiten möglichst Rechnung tragende Einteilung der Betriebskosten ganz andere Aufschlüsse über den Aufbau der Betriebskosten gestattet als eine zum Zwecke einfacher Buchführung zu weit getriebene Zusammenfassung einzelner Ausgabeposten. Leider ist die in dieser Hinsicht zweckmäßige Einteilung der Statistik der V. E. W. erst in den letzten Jahrgängen angewendet, so daß ein Vergleich mit den früheren Jahren nur in beschränktem Umfang möglich ist. — Die folgende Zahlentafel XI gibt über die Größe der einzelnen Ausgaben und ihren Anteil an den Gesamtbetriebskosten nach den Angaben der St. V. E. W. einigen Aufschluß. Die tatsächlichen Ausgaben in Pfennigen sind jedoch nicht auf die erzeugten, sondern auf die nutzbar abgegebenen Kilowattstunden bezogen, d. h., es sind die Gesamtausgaben jeder Gruppe durch die Anzahl der zum Verkauf gelangten Kilowattstunden geteilt. Dadurch sind gewissermaßen die Verluste, die durch die Fortleitung, Messung und Umwandlung, zum Teil auch durch Aufspeicherung der elektrischen Arbeit verursacht sind, auf die einzelnen Ausgabegruppen verteilt. — In der Zahlentafel, die lediglich über die Höhe und Veränderung der einzelnen Betriebskosten und ihren Anteil an den gesamten Betriebsaufwendungen im Laufe der Jahre Aufschluß geben soll, ist wiederum ein Anzahl Werke verschiedenen Charakters zusammengestellt.

Zahlentafel XI.

Betriebsausgaben von Elektrizitätswerken für die abgegebene Kilowattstunde.

In der nachfolgenden Aufstellung sind entsprechend den Angaben der St. V. E. W. die Betriebsausgaben bis zum Jahre 1909 einschl. geteilt in die Ausgaben für Brennstoff, Schmierung, Unterhaltung, Löhne und Sonstiges. Die Kosten für Löhne umfassen hierbei die Ausgaben für sämtliche Gehälter und Löhne; erst vom Jahre 1910 ab ist die weitere Unterteilung in Verwaltung, Kraftwerk, Netz, Meßkosten und Sonstiges vorgenommen; der Posten „Löhne" umfaßt dann nur noch die Gehälter und Löhne für den Betrieb des Kraftwerkes.)

1	2	3	4	5	6	7	8	9	10	11	12	13	14	15	16	17	18	19	20	21
									Ausgaben für											
Unternehmung	Jahr	Verwaltung		Brennstoff		Schmierung, Putzzeug u. Dichtungen		Unterhaltung		Gehälter und Löhne		Stromerzeugung $(5+7+9+11)$		Stromfortleitung		Strommessung		Sonstiges		Ges.-Ausgab. f. d. abgegeb. Kwstd.
		₰-Kwstd.	%	₰	%	₰	%	₰	%	₰	%	₰	%	₰	%	₰	%	₰	%	₰
Arnstadt . . .	04	—	—	7,88	41,8	0,80	4,2	0,49	2,6	4,75	25,2	—	—	—	—	—	—	4,92	26,2	18,64
	05	—	—	7,65	36,0	0,88	4,1	0,77	3,6	4,78	22,4	—	—	—	—	—	—	7,24	34,1	21,32
	06	—	—	7,78	37,2	0,61	2,9	0,63	3,0	4,41	21,1	—	—	—	—	—	—	7,48	35,7	20,91
	07	—	—	8,18	50,2	0,47	2,9	1,89	11,6	4,92	30,2	—	—	—	—	—	—	0,81	5,0	16,27
	08	—	—	7,70	50,1	0,40	2,6	1,06	6,9	4,67	30,4	—	—	—	—	—	—	1,54	10,0	15,37
	09	—	—	7,75	50,5	0,51	3,3	1,54	10,0	4,48	29,2	—	—	—	—	—	—	1,07	7,0	15,30
	10	1,76	13,0	6,68	49,5	0,64	4,7	0,78	5,8	2,86	21,1	10,95	81,5	0,17	1,3	0,49	3,6	0,12	0,9	13,49
	11	1,75	14,4	5,76	47,6	0,89	7,4	0,61	5,0	1,83	15,0	9,10	75,0	0,20	1,7	0,44	3,6	0,62	5,1	12,10
	12	1,50	11,8	6,21	49,0	0,77	6,1	0,73	5,8	1,91	15,1	9,65	76,0	0,17	1,3	0,39	3,1	0,97	7,7	12,65
	13	1,49	12,5	6,03	50,8	0,67	5,6	0,54	4,5	1,75	14,7	8,97	75,5	0,18	1,5	0,38	3,2	0,86	7,2	11,88
Düsseldorf . .	00	—	—	3,05	48,2	0,73	11,5	in 11 u. 12		1,95	30,8	—	—	—	—	—	—	0,60	9,5	6,33
	01	—	—	3,10	44,9	0,40	5,8	0,10	1,4	2,00	29,0	—	—	—	—	—	—	1,30	18,9	6,90
	02	—	—	2,72	43,2	0,28	4,4	0,16	2,5	1,83	29,1	—	—	—	—	—	—	1,31	20,8	6,30
	03	—	—	2,84	37,2	0,33	4,3	0,72	9,4	2,74	35,9	—	—	—	—	—	—	1,00	13,1	7,63
	04	—	—	2,66	39,2	0,33	4,9	0,19	2,8	2,43	35,8	—	—	—	—	—	—	1,17	17,3	6,79
	05	—	—	2,95	41,9	0,30	4,2	0,18	2,5	2,33	33,2	—	—	—	—	—	—	1,27	18,1	7,03
	06	—	—	2,94	43,2	0,25	3,7	0,11	1,6	2,35	34,5	—	—	—	—	—	—	1,17	17,2	6,82
	07	—	—	2,94	47,8	0,19	3,1	0,06	1,0	2,07	33,7	—	—	—	—	—	—	0,89	14,5	6,15
	08	—	—	2,82	46,6	0,17	2,8	0,18	2,9	2,05	33,9	—	—	—	—	—	—	0,83	13,7	6,05

Stadt																				
	10	0,70	14,0	2,36	47,2	0,08	1,6	0,44	8,8	0,96	19,1	3,83	76,6	0,18	3,6	0,24	4,8	0,05	1,0	5,00
	11	0,58	13,4	2,29	53,1	0,04	0,9	0,29	6 7	0,66	15,2	3,38	78,0	0,15	3,5	0,18	4,2	0,14	3,2	4,33
	12	0,40	9,5	2,52	60,0	0,04	0,9	0,29	6,9	0,56	13,3	3,49	83,0	0,14	3,3	0,14	3,3	0,12	2,9	4,21
	13	0,37	8,8	2,49	59,2	0,05	1,2	0,33	7,9	0,59	14,0	3,52	84,0	0,11	2,6	0,13	3,1	0,14	3,3	4,20
Elberfeld . . .	00	—	—	8,30	42,8	1,49	7,7	0,96	4,9	5,39	27,7	—	—	—	—	—	—	3,29	16,9	19,43
	01	—	—	3,60	38,8	0,50	5,3	1,10	11,8	3,40	36,6	—	—	—	—	—	—	0,70	7,5	9,30
	02	—	—	2,40	33,3	0,30	4,1	0,72	10,0	3,08	42,8	—	—	—	—	—	—	0,70	9,7	7,20
	03	—	—	1,82	32,4	0,18	3,2	0,76	13,5	2,40	42,6	—	—	—	—	—	—	0,46	8,2	5,62
	04	—	—	1,94	34,4	0,15	2,6	1,01	17,7	2,19	38,7	—	—	—	—	—	—	0,37	6,5	5,66
	05	—	—	1,98	19,3	0,14	1,4	1,01	9,8	2,00	19,5	—	—	—	—	—	—	5,13	50,0	10,26
	06	—	—	1,92	40,0	0,12	2,5	0,78	16,2	1,71	35,7	—	—	—	—	—	—	0,26	5,5	4,79
	07	—	—	2,22	40,5	0,07	1,3	0,69	12,5	1,66	30,3	—	—	—	—	—	—	0,84	15,3	5,49
	08	—	—	2,21	43,5	0,07	1,4	0,88	17,3	1,61	31,7	—	—	—	—	—	—	0,31	6,1	5,08
	09	—	—	2,08	45,9	0,05	1,1	0,86	19,0	1,52	33,6	—	—	—	—	—	—	0,02	0,4	4,53
	10	0,40	8,3	2,18	45,4	0,07	1,5	0,61	12,7	0,64	13,3	3,50	72,7	0,38	7,9	0,11	2,3	0,42	8,7	4,81
	11	0,36	7,1	1,97	38,9	0,06	1,2	0,47	9,3	0,62	12,2	3,19	62,9	0,35	6,9	0,12	2,4	1,11	21,9	5,07
	12	0,36	9,0	2,03	50,7	0,05	1,2	0,41	10,2	0,59	14,7	3,14	78,5	0,32	8,0	0,11	2,8	0,13	3,3	4,00
	13	0,40	9,2	2,17	49,7	0,05	1,1	0,45	10,3	0,55	12,6	3,28	75,1	0,34	7,8	0,11	2,5	0,31	7,1	4,37
Engers	10	2,78	17,3	7,46	46,6	0,48	3,0	0,56	3,5	3,60	22,5	12,10	75,7	0,30	1,9	0,27	1,7	0,56	3,5	16,04
	11	3,11	21,7	6,50	45,5	0,31	2,2	0,35	2,4	3,30	23,0	10,50	73,5	0,35	2,4	0,24	1,7	0,14	1,0	14,30
	12	1,16	9,5	6,77	55,2	0,37	3,0	0,48	3,9	2,87	23,4	10,49	85,7	0,40	3,3	0,15	1,2	0,06	0,5	12,25
	13	1,11	7,8	6,88	48,4	0,35	2,5	0,58	4,1	2,58	18,1	10,40	73,2	0,33	2,3	0,23	1,6	2,15	15,1	14,20
Halberstadt	03	—	—	4,70	29,3	0,87	5,4	1,00	6,3	4,00	25,0	—	—	—	—	—	—	5,46	34,1	16,00
	04	—	—	3,49	30,9	0,66	5,8	1,36	12,1	4,37	38,8	—	—	—	—	—	—	1,39	12,3	11,27
	05	—	—	3,30	33,8	0,43	4,4	1,15	11,8	4,01	41,3	—	—	—	—	—	—	0,85	8,7	9,74
	06	—	—	4,37	29,8	0,35	2,4	1,25	8,5	2,66	18,1	—	—	—	—	—	—	6,03	41,0	14,68
	07	—	—	3,98	37,9	0,22	2,1	2,47	23,5	2,92	27,8	—	—	—	—	—	—	0,95	9,0	10,54
	08	—	—	3,32	38,6	0,21	2,4	1,47	17,1	2,72	31,6	—	—	—	—	—	—	0,89	10,3	8,61
	09	—	—	3,11	41,8	0,16	2,2	1,12	15,1	2,30	31,0	—	—	—	—	—	—	0,73	9,8	7,43
	10	0,92	12,6	2,97	40,7	0,25	3,4	0,84	11,5	1,28	17,5	5,31	72,7	0,58	7,9	0,15	2,1	0,33	4,5	7,30
	11	0,61	6,2	2,76	27,9	0,23	2,3	0,79	8,0	1,15	11,6	4,93	49,9	0,71	7,2	0,15	1,5	3,49	35,4	9,89
	12	0,68	6,0	3,73	32,9	0,20	1,8	0,85	7,5	1,35	11,9	6.16	54,5	0,95	8,4	0,15	1,3	3,42	30,2	11,33
	13	0,65	6,0	3,30	30,2	0,14	1,3	1,18	10,8	1,28	11,7	5,92	54,2	0,66	6,1	0,13	1,2	3,52	32,2	10,91

1	2	3	4	5	6	7	8	9	10	11	12	13	14	15	16	17	18	19	20	21
											Ausgaben für									Ges.-Ausgab. f. d. abgegeb Kwstd.
Unternehmung	Jahr	Verwaltung		Brennstoff		Schmierung, Putzzeug u. Dichtungen		Unterhaltung		Gehälter und Löhne		Stromerzeugung (5+7+9+11)		Stromfortleitung		Strommessung		Sonstiges		
		₰-Kwstd.	%	₰	%	₰	%	₰	%	₰	%	₰	%	₰	%	₰	%	₰	%	₰
Jena	06	—	—	5,12	44,6	0,52	4,5	2,18	18,9	3,64	31,6	—	—	—	—	—	—	0,09	0,7	11,55
	07	—	—	5,50	50,2	0,66	6,0	1,21	11,0	2,77	25,3	—	—	—	—	—	—	0,81	7,4	10,95
	08	—	—	4,51	42,3	0,32	3,0	1,80	16,9	2,71	25,5	—	—	—	—	—	—	1,32	12,4	10,66
	09	—	—	4,19	43,0	0,36	3,7	0,90	9,3	3,06	31,4	—	—	—	—	—	—	1,23	12,6	9,74
	10	2,79	26,6	4,16	39,7	0,40	3,8	0,59	5,6	1,37	13,0	6,50	62,0	0,63	6,0	0,32	3,1	0,22	2,1	10,46
	11	2,08	21,5	4,47	46,3	0,36	3,7	0,71	7,4	1,24	12,8	6,75	70,0	0,50	5,2	0,24	2,5	0,06	0,6	9,65
	12	1,24	13,7	4,10	45,4	0,37	4,1	0,70	7,8	1,30	14,4	6,49	71,9	0,99	10,9	0,29	3,2	0,06	0,7	9,03
	13	3,14	26,4	4,17	35,0	0,39	3,3	1,85	15,5	1,07	9,0	7,49	63,0	0,73	6,1	0,30	2,5	0,33	2,8	11,90
Kaiserslautern	00	—	—	9,84	57,0	1,06	6,1	0,89	5,1	4,73	27,2	—	—	—	—	—	—	0,80	4,6	17,32
	01	—	—	9,54	53,7	0,83	4,6	1,88	10,5	5,13	28,7	—	—	—	—	—	—	0,46	2,5	17,84
	02	—	—	8,50	51,9	0,60	3,6	1,60	9,8	4,90	29,9	—	—	—	—	—	—	0,80	4,8	16,40
	03	—	—	7,91	51,3	0,59	3,8	1,64	10,6	4,60	29,8	—	—	—	—	—	—	0,67	4,4	15,41
	04	—	—	7,05	50,8	0,55	3,9	1,69	12,2	4,10	29,6	—	—	—	—	—	—	0,48	3,4	13,87
	05	—	—	6,63	51,1	0,50	3,8	1,86	14,3	3,55	27,3	—	—	—	—	—	—	0,46	3,5	13,00
	06	—	—	6,33	51,4	0,52	4,2	1,61	13,1	3,43	27,7	—	—	—	—	—	—	0,48	3,8	12,37
	07	—	—	6,96	54,6	0,35	2,7	1,38	10,8	3,45	27,0	—	—	—	—	—	—	0,63	5,0	12,77
	08	—	—	6,58	54,2	0,30	2,4	1,34	11,0	3,12	25,7	—	—	—	—	—	—	0,79	6,5	12,13
	09	—	—	5,87	51,3	0,21	1,8	1,31	11,4	3,23	28,2	—	—	—	—	—	—	0,84	7,3	11,46
	10	1,27	12,5	4,70	46,5	0,16	1,6	1,06	10,5	1,43	14,1	7,51	74,4	0,81	8,0	0,28	2,8	0,40	4,0	10,10
	11	1,18	12,4	4,14	43,4	0,13	1,4	1,03	10,8	1,32	13,8	6,72	70,5	0,76	8,0	0,36	3,8	0,60	6,3	9,54
	12	1,25	16,1	3,49	45,0	0,10	1,3	0,41	5,3	1,23	15,8	5,30	58,2	0,60	7,7	0,31	4,0	0,36	4,6	7,76
	13	1,27	16,5	3,56	46,3	0,08	1,0	0,59	7,7	1,06	13,8	5,37	69,9	0,52	6,8	0,27	3,5	0,32	4,2	7,69
Leipzig	00	—	—	3,61	32,0	0,51	4,6	2,39	21,3	3,82	33,6	—	—	—	—	—	—	0,94	8,5	11,27
	01	—	—	3,65	37,5	0,43	4,4	1,33	13,7	3,77	38,8	—	—	—	—	—	—	0,54	5,6	9,72

	02	—	—	3,20	35,6	0,40	4,4	1,30	14,5	3,40	37,8	—	—	—	—	—	—	0,70	7,7	9,00
	03	—	—	3,39	39,1	0,42	4,8	1,18	13,6	3,23	37,2	—	—	—	—	—	—	0,46	5,3	8,68
	04	—	—	3,28	40,2	0,46	5,6	0,85	10,4	3,16	38,8	—	—	—	—	—	—	0,42	5,1	8,17
	05	—	—	—	—	—	—	—	—	—	—	—	—	—	—	—	—	—	—	—
	06	—	—	4,06	31,1	0,50	3,8	1,66	12,7	3,86	29,6	—	—	—	—	—	—	2,98	22,8	13,06
	07	—	—	4,10	37,5	0,40	3,7	2,12	19,4	3,81	34,8	—	—	—	—	—	—	0,50	4,6	10,93
	08	—	—	3,69	39,9	0,31	3,2	1,66	17,9	3,22	34,8	—	—	—	—	—	—	0,36	3,9	9,24
	09	—	—	3,03	37,3	0,25	3,1	1,50	18,4	2,94	36,2	—	—	—	—	—	—	0,41	5,0	8,13
	10	1,38	17,2	2,68	33,4	0,23	2,9	0,25	3,1	1,28	15,9	4,44	55,2	0,79	9,8	0,47	5,9	0,95	11,8	8,04
	11	1,70	17,2	3,05	31,0	0,21	2,1	0,50	5,1	1,94	19,7	5,74	58,3	0,68	6,9	0,49	5,0	1,26	12,8	9,85
	12	1,20	14,1	2,83	33,4	0,15	1,8	0,54	6,4	1,70	20,0	5,25	61,8	0,59	7,0	0,36	4,2	1,12	13,2	8,49
	13	0,85	13,0	2,46	37,9	0,13	2,0	0,32	4,9	0,71	10,9	3,65	56,2	0,69	10,6	0,15	2,3	1,19	18,3	6,50
Oberschlesien .	00	—	—	2,09	33,8	0,43	6,7	0,32	5,2	2,23	36,2	—	—	—	—	—	—	1,11	18,1	6,18
	01	—	—	1,84	33,7	0,63	11,6	0,14	2,5	1,93	35,4	—	—	—	—	—	—	0,92	16,8	5,46
	02	—	—	1,60	32,7	0,10	2,0	0,50	10,5	1,90	38,8	—	—	—	—	—	—	0,80	16,3	4,90
	03	—	—	1,35	30,2	0,19	4,2	0,49	10,9	1,78	39,7	—	—	—	—	—	—	0,67	15,0	4,48
	04	—	—	0,84	23,8	0,18	5,1	0,62	17,6	1,37	38,9	—	—	—	—	—	—	0,52	14,7	3,53
	05	—	—	0,73	22,7	0,15	4,6	0,66	20,6	1,09	34,0	—	—	—	—	—	—	0,58	18,1	3,21
	06	—	—	0,70	25,8	0,13	4,7	0,57	21,0	0,85	31,3	—	—	—	—	—	—	0,47	17,2	2,72
	07	—	—	0,92	33,6	0,09	3,3	0,53	19,3	0,77	28,1	—	—	—	—	—	—	0,43	15,7	2,74
	08	—	—	0,93	38,5	0,04	1,6	0,46	19,0	0,66	27,3	—	—	—	—	—	—	0,33	13,6	2,42
	09	—	—	0,88	38,8	0,03	1,3	0,39	17,2	0,61	26,4	—	—	—	—	—	—	0,36	15,9	2,27
	10	0,40	19,5	0,78	38,0	0,11	5,4	0,18	8,8	0,39	19,0	1,47	71,9	0,11	5,4	0,06	2,9	0,01	0,5	2,05
	11	0,36	19,1	0,76	40,3	0,04	2,1	0,14	7,5	0,32	17,0	1,41	75,0	0,13	6,9	0,05	2,7	0,08	4,3	1,88
	12	0,30	17,1	0,77	44,0	0,03	1,7	0,13	7,4	0,30	17,1	1,28	73,2	0,10	5,7	0,05	2,9	0,07	4,0	1,75
	13	0,31	17,4	0,79	44,3	0,03	1,7	0,13	7,3	0,30	16,8	1,30	73,0	0,11	6,2	0,05	2,8	0,07	3,9	1,78
Offenbach . .	07	—	—	5,26	58,4	0,82	9,1	in 7 u. 8		2,68	29,7	—	—	—	—	—	—	0,25	2,8	9,02
	08	—	—	4,43	52,1	0,32	3,7	1,27	14,9	2,10	24,7	—	—	—	—	—	—	0,39	4,6	8,51
	09	—	—	3,57	49,6	0,21	2,9	0,52	7,2	1,94	27,0	—	—	—	—	—	—	0,95	13,2	7,20
	10	0,73	10,0	3,93	54,0	0,11	1,5	0,34	4,7	1,02	14,0	5,42	74,2	0,08	1,1	0,01	0,1	1,03	14,1	7,29
	11	0,66	10,2	3,68	57,1	0,10	1,6	0,52	8,1	0,89	13,8	5,32	82,5	0,17	2,6	0,01	0,2	0,43	6,7	6,45
	12	0,81	13,6	2,91	49,2	0,05	0,8	0,36	6,1	0,73	12,3	3,99	67,5	0,07	1,2	0,10	1,7	0,89	15,0	5,92
	13	1,34	20,5	2,71	41,5	0,04	0,6	0,34	5,2	0,72	11,0	3,82	58,5	0,10	1,5	0,05	0,8	1,23	18,8	6,53

1	2	3	4	5	6	7	8	9	10	11	12	13	14	15	16	17	18	19	20	21
		Verwaltung		Brennstoff		Schmierung, Putzzeug u. Dichtungen		Unterhaltung		Gehälter und Löhne		Strom-erzeugung (5+7+9+11)		Strom-fortleitung		Strom-messung		Sonstiges		Ges.-Ausgab. f. d. abgegeb. Kwstd.
Unternehmung	Jahr	₰/Kwstd.	%	₰	%	₰	%	₰	%	₰	%	₰	%	₰	%	₰	%	₰	%	₰
Potsdam	02	—	—	5,03	53,6	0,80	8,5	0,03	0,3	3,10	33,1	—	—	—	—	—	—	0,43	4,5	9,39
	03	—	—	3,23	42,0	0,32	4,1	0,36	4,6	2,96	38,5	—	—	—	—	—	—	0,83	10,8	7,70
	04	—	—	2,72	39,9	0,21	3,1	0,30	4,3	2,70	39,5	—	—	—	—	—	—	0,90	13,2	6,83
	05	—	—	3,03	45,6	0,29	4,3	0,41	6,1	2,22	33,3	—	—	—	—	—	—	0,70	10,6	6,65
	06	—	—	3,19	46,0	0,17	2,5	0,51	7,4	2,26	32,8	—	—	—	—	—	—	0,78	11,3	6,91
	07	—	—	3,34	52,0	0,11	1,7	0,41	6,4	1,94	30,2	—	—	—	—	—	—	0,61	9,5	6,42
	08	—	—	2,61	46,7	0,04	0,7	0,36	6,4	1,73	31,0	—	—	—	—	—	—	0,85	15,2	5,59
	09	—	—	2,30	45,4	0,04	0,8	0,30	5,9	1,67	32,9	—	—	—	—	—	—	0,76	15,0	5,07
	10	0,99	19,0	2,13	40,9	0,05	1,0	0,15	2,9	0,65	12,5	2,97	57,0	0,33	6,3	0,22	4,2	0,70	13,4	5,21
	11	0,94	18,9	2,06	41,4	0,04	0,8	0,15	3,0	0,57	11,4	2,83	56,8	0,29	5,8	0,21	4,2	0,72	14,4	4,98
	12	1,06	20,8	2,00	39,4	0,05	1,0	0,17	3,4	0,52	10,2	2,74	54,0	0,30	5,9	0,22	4,3	0,75	14,7	5,08
	13	0,81	17,3	2,22	47,4	0,04	0,9	0,16	3,4	0,52	11,1	2,96	63,2	0,33	7,1	0,18	3,8	0,42	9,0	4,68
Werdau	06	3,10	23,6	6,95	53,0	0,76	5,8	0,08	0,6	1,20	9,2	8,90	68,0	0,31	2,4	0,02	0,2	0,68	5,2	13,10
	07	1,95	21,3	5,08	55,4	0,36	3,9	0,06	0,7	0,97	10,5	6,43	70,0	0,22	2,4	0,02	0,2	0,52	5,7	9,17
	08	1,26	23,0	3,30	60,5	0,14	2,6	0,03	0,6	0,63	11,5	4,00	73,3	0,11	2,0	0,01	0,2	0,003	0,1	5,46
	09	1,09	22,5	3,00	62,0	0,08	1,7	0,04	0,8	0,44	9,1	3,52	72,7	0,08	1,7	0,03	0,6	0,05	1,0	4,84
	10	1,12	22,4	3,01	60,1	0,06	1,2	0,07	1,4	0,42	8,4	3,52	70,5	0,09	1,8	0,04	0,8	0,21	4,2	5,00
	11	0,83	17,1	2,84	41,5	0,07	1,0	0,09	1,2	0,45	6,6	3,45	50,4	0,11	2,2	0,04	0,8	1,44	29,7	4,85
	12	0,79	16,9	2,77	48,0	0,07	1,2	0,04	0,7	0,40	6,8	3,28	56,8	0,10	2,1	0,05	1,1	1,07	23,0	4,66
	13	0,94	23,2	2,31	54,2	0,05	1,2	0,05	1,2	0,32	7,6	2,73	64,0	0,18	4,5	0,06	1,5	0,26	6,4	4,05
Deuben (Erzeugung teilw. durch Wasserkraft.)	00	—	—	3,90	44,5	0,29	3,3	0,71	8,1	3,07	35,0	—	—	—	—	—	—	0,77	9,1	8,74
	01	—	—	4,45	42,3	0,20	1,7	1,53	14,4	3,43	32,4	—	—	—	—	—	—	0,97	9,2	10,58
	02	—	—	3,70	37,8	0,20	2,0	1,60	16,3	3,20	32,7	—	—	—	—	—	—	1,10	11,2	9,80
	03	—	—	3,10	37,4	0,18	2,1	1,88	22,6	2,33	28,0	—	—	—	—	—	—	0,82	9,9	8,31

	04	—	—	2,72	34,2	0,23	2,9	1,85	23,3	2,15	27,1	—	—	—	—	—	—	0,99	12,4	7,94
	05	—	—	2,72	34,2	0,20	2,5	1,97	24,7	2,18	27,3	—	—	—	—	—	—	0,92	11,5	7,99
	06	—	—	3,13	36,7	0,19	2,2	1,78	20,8	2,34	27,5	—	—	—	—	—	—	1,08	12,6	8,52
	07	—	—	3,52	34,2	1,76	17,1	1,33	12,8	2,68	26,1	—	—	—	—	—	—	1,00	9,7	10,29
	08	—	—	3,71	41,0	0,15	1,6	1,85	20,4	2,50	27,6	—	—	—	—	—	—	0,85	9,3	9,06
	09	—	—	3,42	35,5	0,11	1,1	2,40	24,9	2,39	24,8	—	—	—	—	—	—	1,32	13,7	9,64
	10	0,89	12,4	2,91	40,6	0,04	0,6	0,47	6,6	1,16	16,2	4,58	63,8	0,89	12,4	0,15	2,1	0,65	9,1	7,17
	11	0,75	11,5	2,64	40,7	0,06	0,9	0,56	8,6	1,00	15,4	4,27	65,7	0,80	12,3	0,15	2,3	0,51	7,9	6,50
	12	1,15	18,8	1,62	26,4	0,05	0,8	0,45	7,3	0,88	14,3	3,00	48,9	0,86	14,0	0,18	2,9	0,94	15,3	6,14
	13	1,63	21,5	2,28	30,1	0,07	0,9	0,45	5,9	0,98	12,9	3,79	50,0	1,11	14,6	0,15	2,0	0,89	11,7	7,58
Pforzheim (Erzeugung teilweise durch Wasserkraft)	00	—	—	2,18	18,2	0,26	2,1	1,45	12,1	4,84	40,3	—	—	—	—	—	—	3,27	27,3	12,00
	01	—	—	2,64	21,7	0,40	3,3	1,71	14,1	4,38	36,0	—	—	—	—	—	—	3,03	24,9	12,16
	02	—	—	3,70	29,1	0,40	3,2	1,30	10,2	4,60	36,3	—	—	—	—	—	—	2,70	21,2	12,70
	03	—	—	1,68	16,4	0,38	3,6	1,38	13,4	4,44	43,1	—	—	—	—	—	—	2,40	23,4	10,28
	04	—	—	2,55	21,7	0,45	3,8	1,96	16,6	4,11	35,0	—	—	—	—	—	—	2,72	23,1	11,79
	05	—	—	3,00	26,8	0,34	3,1	1,96	17,4	3,35	29,8	—	—	—	—	—	—	2,58	22,9	11,23
	06	—	—	3,55	32,9	0,30	2,7	1,75	16,1	3,03	28,1	—	—	—	—	—	—	2,19	20,2	10,82
	07	—	—	4,13	36,1	0,40	3,5	2,22	19,4	2,59	22,7	—	—	—	—	—	—	2,10	18,3	11,44
	08	—	—	4,83	39,7	0,24	1,9	2,19	18,0	2,87	23,5	—	—	—	—	—	—	2,05	16,8	12,18
	09	—	—	5,51	41,8	0,38	2,9	2,19	16,6	2,94	22,3	—	—	—	—	—	—	2,25	17,1	13,19
	10	2,22	21,5	3,86	37,4	0,17	1,7	1,10	10,7	1,50	14,5	6,65	64,5	0,61	5,9	0,34	3,3	0,50	4,9	10,34
	11	1,76	20,3	3,09	35,6	0,23	2,7	0,88	10,1	1,58	18,2	5,77	66,5	0,45	5,2	0,26	3,0	0,41	4,7	8,67
	12	1,47	20,0	2,75	37,5	0,15	2,1	0,90	12,3	1,14	15,5	4,94	67,5	0,43	5,9	0,20	2,7	0,30	4,1	7,33
	13	1,05	15,4	2,50	36,7	0,15	2,2	1,03	15,1	1,40	20,5	5,09	74,6	0,26	3,8	0,20	2,9	0,23	3,4	6,82
Wasserkraftwerk B	03/04	—	—	—	—	0,01	3,5	0,32	97,0	in 9 u. 10		—	—	—	—	—	—	in 9 u. 10		0,33
	05/06	—	—	0,21	22,6	0,03	3,1	0,70	75,2			—	—	—	—	—	—			0,93
	07/08	—	—	0,31	31,0	0,02	1,8	0,69	68,2			—	—	—	—	—	—			1,01
	09/10	—	—	0,01	1,45	0,01	0,8	0,66	97,0			—	—	—	—	—	—			0,68
	11/12	—	—	0,09	10,1	0,01	0,9	0,79	89,0			—	—	—	—	—	—			0,89
Wasserkraftwerk C	06/07	—	—	—	—	—	—	0,08	9,8	0,58	70,7	—	—	—	—	—	—	0,16	19,5	0,82
	08/09	—	—	—	—	—	—	0,11	13,5	0,53	65,5	—	—	—	—	—	—	0,17	21,0	0,81
	10/11	—	—	—	—	—	—	0,13	16,2	0,55	68,8	—	—	—	—	—	—	0,12	15,3	0,80
	12/13	—	—	—	—	—	—	0,11	13,4	0,54	70,0	—	—	—	—	—	—	0,13	17,0	0,77

Schon eine flüchtige Übersicht der Zahlentafel zeigt, daß fast sämtliche Ausgaben für die nutzbar abgegebene Kilowattstunde im Laufe der Jahre sich vermindert haben. Die Ursache hierfür ist in erster Linie in der besseren Ausnutzung der Betriebsmittel zu suchen, infolge deren sich die unvermeidlichen, von der Leistung unabhängigen Bereitstellungs- und Arbeitsverluste (Strahlungsverluste der Kessel, Leerlaufarbeit der Maschinen und Transformatoren u. a. m.) auf eine immer mehr anwachsende nutzbare Abgabe verteilen und daher, bezogen auf die einzelne Kilowattstunde, immer geringer werden.

Weiter ist die Verminderung der Betriebskosten eine Folge zahlreicher Verbesserungen der Betriebsanlagen, und zwar sind die technischen Einrichtungen so ausgestaltet worden, daß sie nicht nur zuverlässiger arbeiten und daher geringerer Wartung bedürfen, sondern auch gegenüber früheren Jahren erhöhte Wirkungsgrade und damit verringerten Verbrauch an Betriebsstoffen aufweisen. Diese Fortschritte wiederum ergeben sich aus der Anwendung größerer Einheiten bei fast allen Einrichtungen zur Erzeugung der elektrischen Arbeit, z. B. bei Kesseln, Maschinen und Transformatoren. Auch ist vielfach die teuere menschliche Arbeitskraft durch billigere Maschinenarbeit ersetzt worden. Im folgenden werden zunächst die Höhe und zeitliche Entwicklung der einzelnen Ausgabengruppen besprochen, sowie ihr Zusammenhang mit äußeren Einflüssen; von ihrer Abhängigkeit von den Umständen des Verbrauchs wird späterhin ausführlich die Rede sein.

1. Die Ausgaben für die Verwaltung.

Für die Erörterung der Verwaltungskosten, die in den früheren Statistiken meist in die Gehälter und Löhne eingerechnet wurden, stehen nur die Angaben aus den letzten Jahrgängen der St. V. E. W. zur Verfügung, aber auch bei diesen wenigen Zahlen ist ein einwandfreier Vergleich nicht möglich, weil nicht bloß bei den einzelnen Unternehmungen, sondern auch bei ein und demselben Werke in den einzelnen Jahren verschiedenartige Ausgaben zusammengefaßt sind. Im allgemeinen werden als Verwaltungsausgaben folgende bezeichnet: die Gehälter der Betriebsleitung ganz oder teilweise, je nach ihrer Verteilung auf Verwaltung, Kraftwerk, Installationsgeschäft u. a. m., die Kosten für die kaufmännische Verwaltung, also Gehälter und Bureaumaterial, Postgebühren, Mieten, die Ausgaben für das Ausschreiben und Einziehen der Rechnungen, für die Werbetätigkeit, Versicherungen für die kaufmännischen Beamten, sowie gegen Feuersgefahr und Haftpflicht; die Versicherungen für die Arbeiter gehören zu denjenigen Ausgabengruppen, bei denen die Löhne aufgeführt sind. Weitere allgemeine Ausgaben, wie Steuern, Abgaben, Kosten für Rechtsstreitigkeiten, werden bald den Verwaltungskosten, bald den Ausgaben für

Sonstiges hinzugerechnet. Der Anteil der Verwaltungskosten an den gesamten Betriebsausgaben schwankt daher im Mittel zwischen 10 und 20%. Er ist naturgemäß bei Überlandwerken mit ausgedehntem Kleinabnehmerkreis größer als bei einzelnen Städten und bei letzteren um so größer, je kleiner das Versorgungsgebiet ist, weil gewöhnlich bei kleinem Umfang des Versorgungsgebietes die Ausnutzung und damit der Anteil der übrigen Betriebskosten geringer ist. Im Zusammenhang mit der steigenden Ausnutzung steht es auch, daß der Anteil der Verwaltungskosten mit den Jahren zurückgeht, weil die übrigen Betriebskosten mit der Erhöhung der Stromabgabe stärker wachsen als die Verwaltungsausgaben. Die scheinbaren Abweichungen von diesem Verlauf rühren meist von verschiedenartiger Zusammenfassung der Ausgabenposten in einzelnen Jahren her, in einigen Fällen auch von der Steigerung der Gehälter. Näheres hierüber ist bei der Erörterung der „Löhne" gesagt.

Die Höhe der Verwaltungsausgaben schwankt in den angeführten Beispielen zwischen 0,3 und 3 ₰ für die Kilowattstunde. Letzteren Betrag erreichen sie nur ausnahmsweise bei kleineren Unternehmungen, falls nicht besondere Ausgaben, wie Abgaben an die Gemeinden, mit eingerechnet sind. Ohne diese letzteren dürfen bei einigermaßen günstiger Ausnutzung die Verwaltungskosten für die Kilowattstunde bei kleineren Unternehmungen 2 ₰, bei größeren 1 ₰ nicht überschreiten. Im übrigen ist ihre Höhe zum großen Teil von der Ausnutzung der Einrichtungen abhängig und daher um so geringer, je mehr die Stromabgabe für Kraftzwecke die für Beleuchtung übersteigt. Unter sonst gleichen Verhältnissen gehen daher die Beträge, bezogen auf die abgegebene Kilowattstunde, mit den Jahren zurück. Dazu kommt, daß an vielen Orten eine Einschränkung der Ausgaben durch Vereinfachungen der Tarife, des Rechnungswesens, der Buchhaltung, der Lohnabrechnungen möglich geworden ist. Schließlich hat auch in die Bureaus der maschinelle Betrieb seinen Einzug gehalten: die Anwendung von Buchschreib-, Rechen-, Geldzähl- und Adressiermaschinen wirkt ebenfalls im Sinne einer Herabsetzung der Verwaltungsausgaben. Andererseits haben die Bemühungen um die steigende Ausbreitung der Elektrizität einen erhöhten Aufwand an Personal für Werbetätigkeit erfordert, sowie die erhöhte soziale Fürsorge nicht unbeträchtliche Mehrausgaben veranlaßt.

2. Die Ausgaben für die Stromerzeugung.

Weitaus den größten Anteil an den Betriebskosten beanspruchen die Ausgaben für die Stromerzeugung bzw. für den Betrieb des Kraftwerks. Sie betragen bei Wärmekraftanlagen etwa 50—80% der gesamten Betriebsausgaben; im Mittel kann mit etwa 70% gerechnet werden. Bei Wasserkraftanlagen ist dieser Anteil unter Umständen noch höher. Im einzelnen gehören zu den Betriebskosten für das Kraftwerk die Ausgaben für Brennstoff, für Wasser, für Schmierung, Packung und Dichtung, für Unterhaltung und Ausbesserungen, für Gehälter und Löhne. Die Ausgaben für Wasserbeschaffung sind in den Zahlentafeln, wie auch im folgenden nicht besonders aufgeführt, da sie meist im Vergleich zu den übrigen Kosten gering sind; wo in den Zahlentafeln solche zu berücksichtigen waren, sind sie den Kosten für Sonstiges zugezählt.

a) Die Ausgaben für Brennstoffe.

Die Kosten des Brennmaterials hängen in weitem Maße von der Art der Antriebsmaschinen ab. Explosionsmotoren und von diesen wiederum besonders die Ölmaschinen, erfordern bis zu einer gewissen Maschinengröße unter sonst gleichen Umständen geringere Brennstoffkosten als Dampfanlagen, dafür aber höhere Wartungs-, Unterhaltungs- und Ausbesserungskosten; wesentliche Unterschiede im Gesamtergebnis sind gegenüber Dampfanlagen, abgesehen von einzelnen besonderen Fällen, im allgemeinen nicht festzustellen. Von der Wiedergabe von Beispielen ist abgesehen, da in der Statistik nur vereinzelte Werke angeführt sind, die zu einem einwandfreien Vergleich herangezogen werden könnten.

Bei den mit Dampf angetriebenen Kraftwerken stellen die Kosten für Brennstoff den größten Anteil der Betriebsausgaben dar. Er wechselt zwischen 30 und 60%, beträgt im Mittel etwa 40% und wächst bei der größeren Zahl der Kraftwerke mit den Jahren etwas an, — ein Zeichen für die fortschreitende Mechanisierung der Bedienung und für die bessere Ausnutzung der Betriebsmittel; denn, da die Kohlen denjenigen Teil der Betriebskosten bilden, der am meisten von dem Verbrauch an Kilowattstunden abhängig ist, folgt, daß dort, wo die Abgabe steigt, auch der Kohlenverbrauch immer mehr hervortreten muß.

Ihrer Höhe nach sind die Brennstoffkosten, bezogen auf die abgegebenen Kilowattstunden, namentlich von der Größe der maschinellen Einrichtungen und ihrer Ausnutzung und weiter von der Art der Kohlen und der Lage des Kraftwerks abhängig.

Der Einfluß der Größe der Einzeleinrichtungen[1]) auf den Brennstoffverbrauch beginnt schon im Kesselhaus. Je größer die einzelnen Kessel, um so geringer sind unter sonst gleichen Umständen die Strahlungs- und Abkühlungsverluste, und um so größer der Wirkungsgrad. Je geringer ferner die Zahl der Maschinen, je größer also ihre Einzelleistung, um so einfacher und kürzer können auch die Rohrleitungen werden, d. h. um so geringer werden die Wärmeverluste in den Anlageteilen. — Noch beträchtlicher als durch die wachsende Größe der Maschineneinheiten ist die Kohlen- bzw. Dampfersparnis durch technische Fortschritte im Laufe der Entwicklung geworden. In erster

---

[1]) Ausführliches hierüber siehe Klingenberg (L. 163).

Linie ist hier die Anwendung höheren Dampfdruckes und der Dampfüberhitzung zu nennen, ferner die Ausnutzung der Wärme der Abgase zur Vorwärmung des Speisewassers, die Verbesserung der Feuerung durch selbsttätige Rostbeschickung, die Regelung der Verbrennungsvorgänge durch künstliche Zugbeeinflussung, die erhöhte Druckausnutzung durch Verbesserung der Luftleere in den Kondensatoren,
die Vervollkommnung der Hilfsbetriebe, wie Speise- und Kondensationspumpen, die Verhütung von Wärmeverlusten an Kesseln, Rohrleitungen und Maschinen, die Vervollkommnung der Steuerorgane an
Lokomobilen, Dampfmaschinen und Turbinen. Die Fortschritte auf dem
Gebiete des Kesselbaues ermöglichen ferner eine weitreichende Anpassung
des Kesselsystems an die Art der Brennstoffe, sowie die Verwendung
minderwertiger Kohle, die früher nicht ausgenutzt werden konnte.

Weiter ist der Grad der Ausnutzung der Betriebsmittel auf die
Höhe der Brennstoffkosten für die Kilowattstunde von größtem Einfluß. Da ein Teil der Brennstoffe stets für die vom Verbrauch unabhängigen Verluste aufzuwenden ist, folgt, daß dieser Anteil an dem
Gesamtverbrauch und damit die durchschnittlichen Einheitskosten um
so geringer werden, je größer die Ausnutzung der Betriebsmittel ist.
Dies gilt ebenso von Kesseln und Rohrleitungen, wie von Maschinen
und Nebenapparaten.

Es ist besonders bemerkenswert, daß dieser Rückgang der Kohlenkosten für die Kilowattstunde sich zu einer Zeit vollzogen hat, in der
die Kohlenpreise fast stets eine steigende Richtung aufgewiesen haben.
Dies ergibt sich aus der folgenden Aufstellung:

Zahlentafel XII.

Kohlenpreise in Mark pro Tonne (ab Grube).

| Jahr | Fiskalische Gruben | | | Rhein.-Westf. Kohlensyndikat | |
| | Saarbrücken | Oberschlesien | | Richtpreise Gasflamm | |
	Fettkohle	Nuß II	Erbs	Nuß III	Nuß IV
00	11,40	—	—	—	—
01	12,50	—	—	—	—
02	11,40	9,40	6,00	11,0	9,75
03	11,00	8,90	6,10	11,0	10,0
04	11,20	8,90	6,30	11,0	10,0
05	11,20	9,50	6,70	11,5	10,4
06	11,50	10,60	8,10	12,0	11,0
07	12,20	11,40	9,35	13,0	12,0
08	12,50	11,20	9,10	13,0	12,0
09	12,10	11,20	9,20	12,75	11,75
10	11,90	11,20	8,90	12,75	11,75
11	11,20	11,30	9,30	12,75	11,75
12	11,50	11,80	9,80	13,75	13,0
13	11,90	12,00	10,30	14,25	13,75

Diese Steigerung kommt auch zum Ausdruck, wenn man die Aufwendungen betrachtet, die die Werke im einzelnen für Kohlen zu machen hatten. In der folgenden Zahlentafel sind, um einen Vergleich zu ermöglichen, die Brennstoffkosten für je 100000 Wärmeeinheiten (WE.) berechnet. In der St. V. E. W. sind sowohl die gesamten Ausgaben für Kohlen, ferner der Kohlenverbrauch in Tonnen und der durchschnittliche Heizwert angegeben; es kann somit die Gesamtzahl der jährlich verbrauchten Wärmeeinheiten und ihr Preis pro 100000 Einheiten ohne weiteres berechnet werden, wie es in der nachfolgenden Zahlentafel XIII geschehen ist.

Die Zahlen zeigen, in welchem Maße die Höhe der Kohlenpreise von der Größe des jährlichen Gesamtverbrauchs, besonders aber von der Lage der Werke zu den Kohlengruben abhängig ist, und wie sehr die in nächster Nähe der Gruben gelegenen Kraftstationen den weiter entfernten Zentralen überlegen sind. Die Oberschlesischen Elektrizitätswerke z. B. haben für 100 000 WE. im Durchschnitt nur 8 ₰, München dagegen etwa 40 ₰, also den fünffachen Preis, hierfür aufzuwenden.

Zahlentafel XIII.

Kohlenkosten in Pfennig pro 100 000 WE.

1	2	3	4	5	6	7	8	9	10	11	12	13
Jahr	Breslau	Köln	Deuben	Dortmund	München	Oberschlesien	Plauen	Stettin	Stuttgart	Waldenburg	Wiesbaden	Würzburg
00	19,0	—	18,9	19,8	40,5	11,7	30,4	24,0	32,4	11,80	—	39,0
01	23,1	—	22,6	18,4	51,2	9,4	31,7	—	35,3	12,70	—	38,0
02	20,8	—	18,8	16,6	43,9	8,35	28,4	21,8	33,4	10,90	25,9	34,8
03	17,3	17,0	19,6	15,9	33,0	7,64	27,9	21,1	30,6	8,95	24,2	29,6
04	17,3	17,0	19,3	16,8	33,8	5,62	24,2	20,6	30,0	8,14	24,4	29,4
05	16,9	16,9	17,3	19,2	34,3	4,97	23,6	22,6	31,2	7,80	24,9	30,2
06	16,3	17,6	18,9	18,3	36,3	5,36	25,4	23,4	30,6	8,90	24,0	31,7
07	16,9	18,5	17,5	16,6	38,4	7,15	26,2	23,8	32,2	9,09	28,6	33,6
08	20,4	21,2	22,0	20,6	41,2	8,10	28,8	24,8	35,1	13,80	26,7	33,8
09	16,6	20,4	22,5	20,6	39,0	9,00	28,6	24,0	32,2	11,00	26,9	32,8
10	16,6	20,5	21,5	17,4	44,0	8,32	26,9	23,8	30,5	9,25	26,0	31,8
11	16,7	20,0	20,9	17,6	37,0	8,06	24,0	28,8	30,0	9,15	26,2	30,2
12	18,0	21,7	24,5	19,7	—	8,20	27,1	—	29,5	—	26,6	32,8
13	19,0	23,0	20,0	20,0	35,0	9,00	28,0	27,0	—	—	25,0	33,0

Wenn nach den Zahlen der Zahlentafel XI auch bei Wasserkraftwerken Kosten für Brennstoffe auftreten, so ist dies eine Folge der Verwendung von Dampfaushilfe, die sowohl in wasserarmen Zeiten als auch häufig während der Höchstbelastung zum Betrieb herangezogen wird. Da in den statistischen Berichten der Brennstoffverbrauch gewöhnlich auf die gesamte Jahreserzeugung, nicht nur auf die mittelst Dampfkraft erzeugten Kilowattstunden bezogen wird, ergibt sich ein naturgemäß wesentlich niedrigerer Brennstoffverbrauch pro Kilowattstunde, als den tatsächlichen Verhältnissen entspricht.

b) Die Ausgaben für Schmierung, Putzzeug, Packung und Dichtung.

Der Rückgang der Kosten für Schmierung, Packung und Dichtung, die einen geringen Prozentsatz der Gesamtkosten ausmachen, ist einmal auf die Einführung selbsttätiger Schmiervorrichtungen und Ölreiniger und ferner, und zwar namentlich bei größeren Werken, auf die Verwendung der Dampfturbinen zurückzuführen. Da letztere im wesentlichen nur eine einzige rotierende Welle gegenüber den zahlreichen hin und her gehenden und sich drehenden Teilen der Dampfmaschinen besitzen, da ferner bei ihnen eine geringere Anzahl Öffnungen nach außen hin abzudichten ist, ist der Verbrauch beträchtlich zurückgegangen. Die Verminderung dieser Kosten wäre noch bedeutender, wenn nicht die Anwendung des überhitzten Dampfes und die gesteigerten Ansprüche an Betriebssicherheit bessere und daher teurere Schmierstoffe bedingt hätten. Bei Wasserkraftwerken ist der Anteil dieser Stoffe an den gesamten Betriebskosten infolge der einfacheren technischen Einrichtung ein noch geringerer, dagegen ein größerer bei Öl- und Explosionsmaschinen.

c) Die Ausgaben für Unterhaltung und Ausbesserungen.

Die Beträge für Unterhaltung und Ausbesserungen weisen bei den einzelnen Werken große Verschiedenheit auf, hauptsächlich, weil die buchmäßige Behandlung dieser Ausgaben eine sehr verschiedene ist; größere Unterhaltungs- und Ausbesserungsarbeiten werden bald aus den Betriebskosten gedeckt, bald dem Erneuerungsfonds entnommen, oder auch als Neuanschaffungen gebucht. Schlüsse auf die Betriebsführung können daher aus den mitgeteilten Zahlen nicht gezogen werden; es kann lediglich gesagt werden, daß im allgemeinen die Ausgaben für die Unterhaltung im Laufe der Jahre sich erhöhen, weil naturgemäß mit der wachsenden Betriebsdauer alle Anlagen stärker beansprucht werden und daher eine sorgfältigere Wartung und größere Unterhaltungskosten erfordern.

Auf die Höhe des Anteils dieser Kosten sind zahlreiche technische Umstände von Einfluß: die Art der Betriebskraft, des Stromsystems, der Fortleitung, die Größe des Versorgungsgebietes u. a. m. So ist z. B. der Anteil bei Dampfkraftwerken geringer als bei Anlagen mit Explosionsmotoren und höher bei Wasserkraftanlagen, nicht bloß, weil es sich dort um die Unterhaltung verhältnismäßig größerer Anlagekapitalien handelt, sondern auch, weil diese Anlagen viel mehr den Beschädigungen durch die Elemente ausgesetzt sind. Weiter sind unter sonst gleichen Umständen die Unterhaltungskosten bei einem Freileitungsnetz oder bei einem ausgedehnten Überlandwerk verhältnismäßig höher als bei einem Kabelnetz oder bei einem rein örtlichen Versorgungsgebiet.

d) Die Ausgaben für Gehälter und Löhne.

Nächst den Brennstoffkosten sind die Ausgaben für Gehälter und Löhne für die gesamten Kraftwerks-Betriebskosten von ausschlaggebender Bedeutung. Ihr Anteil an den Gesamtausgaben ist um so größer, je kleiner das Unternehmen und je geringer die Abgabe an Kilowattstunden ist. Bei einer gleichmäßigen Entwicklung geht der Anteil mit den Jahren etwas zurück, weil mit steigender Ausnutzung, wie schon oben erwähnt, diejenigen Ausgaben stärker wachsen müssen, die den größten Anteil an den veränderlichen Kosten darstellen, und das sind die Brennstoffkosten. Ihrem zahlenmäßigen Werte nach gehen auch die Ausgaben für Gehälter und Löhne für die Kilowattstunde im Laufe der Jahre beträchtlich zurück, und zwar auch hier im Gegensatz zu der Tatsache, daß die Gehälter und Löhne im einzelnen fortwährend gestiegen sind. Dies geht zunächst für die Entlohnung von Arbeitern und Betriebsbeamten aus der Zahlentafel XIVa hervor.

Zahlentafel XIVa.

Steigerung von Löhnen und Gehältern.

1	2	3	4	5	6	7	8	9	10	11	12	13
Jahr	Mittleres Elektrizitätswerk Mitteldeutschlands Heizer Lohn p. Tag $\mathcal{M}$	Große westdeutsche Überlandzentrale Heizer Lohn p. Schicht $\mathcal{M}$	Maschinist Lohn p. Mon. $\mathcal{M}$	Kassenbote Gehalt p. Mon. $\mathcal{M}$	Große ostdtsch. Überlandzentrale Heizer Lohn p. Stunde $\mathfrak{d}$	Maschinist Lohn p. Stunde $\mathfrak{d}$	Süddeutsch. Elektrizitätswerk und Überlandzentrale Heizer Lohn p. Stunde $\mathfrak{d}$	Maschinist Lohn p. Stunde $\mathfrak{d}$	Kassenbote Gehalt p. Mon. $\mathcal{M}$	Sächsische Überlandzentrale Heizer Lohn p. Stunde $\mathfrak{d}$	Maschinist Lohn p. Stunde $\mathfrak{d}$	Kassenbote Gehalt p. Jahr $\mathcal{M}$
99	3,60	—	—	—	—	—	—	32,0	—	30,0	35,0	1284
00	3,80	—	—	—	—	—	33,0	—	110	30,0	35,0	1350
01	3,90	3,80	120	125	26,6	28,4	—	—	—	30,0	35,0	1416
02	4,00	3,90	120	125	27,3	29,2	—	—	—	30,0	35,0	1482
03	4,00	4,00	120	130	27,2	29,2	—	—	—	30,0	35,0	1548
04	4,00	4,10	125	130	27,2	29,5	36,0	40,0	—	30,0	35,0	1614
05	4,00	4,20	125	130	27,1	29,9	—	50,0	130	30,5	37,5	1680
06	4,00	4,20	130	135	26,9	28,7	—	—	—	34 0	39,0	1746
07	4,10	4,30	130	135	27,5	29,1	—	—	—	34,0	39,0	1812
08	4,10	4,40	140	135	28,6	30,9	—	—	—	34,0	39,0	1878
09	4,20	4,50	150	140	29,5	31,8	—	—	—	34,0	39,0	2010
10	4,30	4,50	160	140	30,3	32,3	50,0	57,0	150	37,0	42,0	2076
11	4,40	4,50	160	150	31,5	32,6	—	—	—	39,0	44,0	2142
12	4,40	4,75	160	150	32,5	33,2	—	—	—	40,5	46,0	2142
13	4,50	4,90	160	160	33,3	35,0	55,0	63,0	160	40,5	46,0	2142

(Die angegebenen Zahlen entstammen den Angaben der in Frage kommenden Werke. Die in Spalte 6 und 7 angegebenen Zahlen sind nicht die wirklichen Stundenlöhne, sondern auf Grund der Gesamtausgaben für Löhne durch Teilung der im ganzen geleisteten Arbeitsstunden errechnet.)

Bei Beurteilung dieser Zahlen ist zu berücksichtigen, daß vielfach noch die Arbeitszeit herabgesetzt worden ist. So betrug bei dem angeführten süddeutschen Unternehmen die Schichtdauer bis 1905 12 Stunden, von da ab 10 Stunden und von Ende 1913 ab gar nur 9 Stunden; die Lohnsteigerung ist also noch höher als sie in der vorstehenden Zahlentafel zum Ausdruck kommt.

In einem anderen städtischen Werke mittlerer Größe sind folgende Verhältnisse festgestellt worden:

Zahlentafel XIVb.

Änderung von Arbeitszeit und Jahreslöhnen.

1	2	3	4	5	6	7	8	9
	Heizer		Maschinisten		Hilfsmaschinisten		Monteure	
Jahr	Stunden	Lohn p. Jahr	Stunden	Lohn p. Jahr	Stunden	Lohn p. Jahr	Stunden	Lohn p. Jahr
97	4380	1029,00	4380	1320,00	4380	1105,00	3300	1200,00
05	3551	1264,18	3420	1443,20	3617	1084,27	3300	1356,70
12	2788	1618,12	2734	1807,69	2819	1376,69	3226	2075,52

Dies bedeutet teilweise mehr als eine Verdoppelung des Stundenlohnes.

Auch die Gehälter der Betriebs- und Verwaltungsbeamten haben sich wesentlich erhöht. So wurden z. B. bei dem in der Zahlentafel angeführten sächsischen Unternehmen folgende Gehälter ausgezahlt:

Zahlentafel XIVc.

Steigerung der Gehälter von Betriebs- und Verwaltungsbeamten.

Jahr	Gesamtsumme in M	Durchschnittsgehalt p. Kopf M
1908	37 189	1488
1909	46 464	1858
1910	60 401	1979
1911	70 158	2126
1912	95 435	2220
1913	103 260	2410

Die Zahlen ergeben also eine durchschnittliche Erhöhung des Einkommens um mehr als 50% innerhalb der letzten sechs Jahre.

Wenn trotzdem die Kosten an Gehältern und Löhnen, bezogen auf die Kilowattstunde, in so auffallender Weise zurückgegangen sind, so ist dies wiederum zum Teil auf die steigende Ausnutzung — häufig bei gleichbleibenden Betriebsmitteln — zurückzuführen. Weiter ist es gelungen, die persönlichen Ausgaben durch die umfangreiche Anwendung selbsttätiger Einrichtungen bei Schalt-, Sicherungs- und Regelungsapparaten, bei den Schmiervorrichtungen, bei der Kohlenzufuhr, bei der Feuerung und bei der Beseitigung der Asche herabzusetzen. In einem Kraftwerk mit einer Spitzenleistung von etwa 5000 KW. war früher zur Bedienung der zahlreichen Maschinen und Kessel ein Bestand von 20—30 Leuten erforderlich. Heute sieht man in neueren Krafthäusern kaum noch Bedienungsmannschaften. Selbst in den neuesten Riesenkraftwerken genügt für je 2—3 Maschinen heute ein einziger Mann zur Überwachung und Bedienung der Maschinen, ein weiterer zur Beaufsichtigung und Wartung der Schalt- und Meßinstrumente und zwei oder drei zur Bedienung der zugehörigen Kessel; dazu hat außer der erwähnten Einführung selbsttätiger Einrichtungen der Ersatz der Dampfmaschinen durch Turbinen und besonders die Verwendung größerer Einheiten beigetragen, denn die Wartung und Bedienung einer Maschinenanlage ist nicht so sehr durch die Größe der Maschinen als durch ihre Zahl bedingt.

Bei Wasserkraftanlagen kommt den Bedienungskosten ihrer Höhe nach eine weit geringere, ihrem Anteil nach jedoch eine weit höhere Bedeutung zu als bei Dampfkraftwerken. Zur Aufrechterhaltung des Betriebes gehört, da Brennstoffkosten und die Zuführung der Betriebsstoffe überhaupt in Wegfall kommen, ein wesentlich geringeres Personal, auf das dann aber der Hauptteil der Betriebsausgaben entfällt.

3. Die Ausgaben für die Stromfortleitung.

Die Ausgaben für die Stromfortleitung bzw. für den Betrieb des Netzes sind fast ausschließlich für Unterhaltung und Überwachung aufzuwenden; Betriebsstoffe, wie Wasser und Öl, für Kühlung oder für Hilfsmaschinen kommen nur in verschwindendem Umfang in Frage, sie sind vielmehr zu einem kleinen Teil durch Ersatzstoffe (Kupfer, Sicherungen, Isolatoren, Maste usw.), zum größten Teil durch die für die Unterhaltung und Überwachung aufzuwendenden Gehälter und Löhne bedingt. Eine genaue Festsetzung dieser letzteren, namentlich der Gehälter, ist nicht immer möglich, da die mit den Netzarbeiten betrauten Angestellten häufig auch in anderer Weise, z. B. zu Werbe- und Installationszwecken, verwendet werden. Die Netzausgaben sind daher vielfach geschätzt; dies ist jedoch für die Höhe der Gesamtausgaben nur von untergeordneter Bedeutung, da, wie aus der Zahlentafel hervorgeht, die Stromfortleitungskosten selten mehr als 10% der Gesamtausgaben betragen. Auch wird der in die Erscheinung tretende Betrag durch die Art der Verbuchung beeinflußt, indem manche Werke größere Unterhaltungsarbeiten aus den Erneuerungsrücklagen bestreiten, was zwar der Betriebsabrechnung ein günstiges Aussehen gibt, aber nicht immer mit den Grundsätzen einer einwandfreien Geschäftsführung übereinstimmt. Im übrigen sind diese Ausgaben von der Ausdehnung

des Versorgungsgebietes, von Witterungseinflüssen, von der Art der
Verlegung und von dem Alter der Anlagen abhängig; sie sind größer bei
Freileitungen als bei unterirdischer Verlegung, und zwar um so mehr,
je weiter sich das Leitungsnetz erstreckt. Namentlich in gebirgigen
Gegenden mit Rauhreifbildungen, häufigen und starken Schneefällen,
mit zahlreichen atmosphärischen Entladungen können sie einen verhältnismäßig hohen Betrag erreichen. Im Laufe der Jahre nehmen sie
allenthalben zu. Dies tritt nicht überall in Erscheinung, einmal, weil,
wie bereits erwähnt, die Deckung dieser Ausgaben zum Teil aus den
Rücklagen erfolgt, und ferner, weil sie von der Stromabgabe vollständig
unabhängig sind und daher nach ihrem Anteil an den Gesamtausgaben
und ihrem Betrag, bezogen auf die abgegebenen Kilowattstunden, abnehmen, je mehr der Verbrauch an elektrischer Arbeit anwächst.

4. Die Ausgaben für die Strommessung.

Zu den Kosten der Strommessung, von denen an anderer Stelle
(s. S. 206) noch die Rede sein wird, gehören alle Ausgaben für
das Ablesen, für die Unterhaltung, Überwachung, Nachprüfung der
Zähler und die durch die Zähler verursachten Arbeitsverluste; letztere
werden jedoch selten in die Ausgaben mit eingerechnet, da sie im Vergleich zu den übrigen Kosten gering sind und ihre einwandfreie Feststellung Schwierigkeiten bereitet. Von den übrigen Strommessungs-
ausgaben hängen die Kosten des Ablesens von der Art des Tarifes, von
der Anzahl der Abnehmer und von dem Verfahren, das zur Erledigung
des Ablesegeschäfts angewendet wird, ab. Sie wachsen ferner mit der
Anzahl der Abnehmer und mit der Ausdehnung des Versorgungsgebietes
und erreichen bei Überlandwerken und Großstädten mit zahlreichen
Kleinabnehmern so hohe Beträge, daß vielfach allein mit Rücksicht
hierauf die Einführung des Pauschaltarifes in Erwägung gezogen wird.
Von wesentlichem Einfluß auf die Kosten des Ablesens ist schließlich
das hierbei angewendete Verfahren (s. S. 339). Die Ablesekosten sind
also fast ausschließlich Personalausgaben. Dies ist auch zum großen
Teil bei den Ausgaben für Prüfung, Überwachung und Instandhaltung
der Meßeinrichtungen der Fall; außerdem treten hierbei noch Kosten
für Ersatzstoffe, wie Bürsten, Lagerzapfen, Magnete, Plomben u. a.
hinzu, ferner Ausgaben für Werkzeuge und Einrichtungen zur Eichung
und Prüfung der Zähler, Miete für die hierzu verwendeten Räume,
Heizung und Beleuchtung der letzteren. Die Höhe all dieser Ausgaben
ist in erster Linie davon abhängig, in welchem Grade Prüfung,
Überwachung und Instandhaltung stattfindet. Manche Werke beschränken sich auf gelegentliche Untersuchungen und haben selbst
keinerlei Einrichtungen zu einer sorgfältigen Pflege der Zähler; andere
Unternehmungen unterhalten einen ganzen Stab von Beamten und

umfangreiche Einrichtungen zur regelmäßigen Prüfung und Ausbesserung der Zähler. Im ersteren Fall sind zwar die Ausgaben für
Zählerüberwachung gering, doch stehen ihnen Verluste durch unregelmäßigen Zählergang und Beschwerden von seiten der Abnehmer gegenüber; im letzteren Falle werden die höheren Unkosten durch zuverlässige Zählerangaben und durch das Vertrauen der Abnehmer meist
aufgewogen, wenn auch nicht in Abrede gestellt werden kann, daß manche
Werke in dieser Hinsicht zu weit gehen. Außer von diesen, mehr den
Ansichten und Erwägungen der einzelnen Betriebsleiter entspringenden
Umständen sind die Zählerausgaben auch von der Stromart und dem
Tarifsystem bzw. dem Zähleraufbau abhängig. Sie sind naturgemäß
bei verwickelteren Meßeinrichtungen mit mehreren Anzeigevorrich-
tungen höher als bei einfachen Zählern und im allgemeinen bei Gleich-
stromzählern mit stromunterbrechenden Teilen beträchtlicher als bei
Wechselstromzählern, die derartige empfindliche und erneuerungs-
bedürftige Teile nicht besitzen.

Aus den angegebenen Ursachen sind die Ausgaben für Strommessung sowohl hinsichtlich ihres Anteils an den gesamten Betriebskosten als auch ihres Betrages für die nutzbar abgegebene Kilowattstunde sehr verschieden; sie schwanken zwischen $^5/_{10}$ und $^5/_{100}$ Pfg./Kilo-
wattstunde und zwischen 0,1 und 5% der Gesamtausgaben. Die höheren
Werte ergeben sich bei Gleichstromwerken mit verwickelteren Tarifen
und kostspieliger Zählerüberwachung (Düsseldorf, Leipzig), die nied-
drigeren Beträge bei Wechselstromwerken. Die auffällig geringen Werte
bei letzteren sind eine Folge des zum Teil in weitem Umfang eingeführten Pauschaltarifs (Oberschlesien, Werdau). Im Laufe der Zeit gehen
die Werte im allgemeinen langsam zurück, da bei gleichbleibenden
Strommessungskosten der Bedarf des einzelnen im Durchschnitt wesentlich gewachsen ist. Nur beim Hinzutritt zahlreicher neuer Kleinabnehmer macht sich vorübergehend eine Erhöhung der Werte bemerkbar.

5. Die Ausgaben für Sonstiges.

Die Ausgaben für Sonstiges umfassen bei den einzelnen Werken sehr
verschiedene Posten, so z. B. den Verbrauch an Wasser dort, wo für
seine Beschaffung besondere Aufwendungen gemacht werden müssen,
sodann die Kosten für Licht und Kraft für eigenen Bedarf, die Ausgaben für kostenlosen Glühlampenersatz bei den Verbrauchern, der
früher in einigen Werken gebräuchlich, mit der Ausbreitung der Metallfadenlampe aber allmählich in Fortfall gekommen ist, die Kosten für
Werkzeuge, für Bureaumaterial, für Steuern, Mieten, Versicherungen
usw., soweit diese Ausgaben nicht den Verwaltungskosten zugerechnet
werden.

Es muß noch erwähnt werden, daß neuerdings eine große Anzahl von Unternehmungen die elektrische Arbeit ganz oder teilweise nicht mehr selbst erzeugt, sondern von größeren Werken bezieht. Dies ist bei einigen der angeführten Beispiele zum geringen Teil der Fall (z. B. Werdau) und erklärt hier den starken Abfall der Kohlenkosten und das Anwachsen der Ausgaben für Sonstiges, in denen die Kosten des Strombezuges enthalten sind.

Ob die Werke dem Strombezug vor eigener Erzeugung den Vorzug geben, ist lediglich eine Rechnungssache. Die angeführten Beispiele zeigen, daß in der Tat große Werke vielfach die elektrische Arbeit so billig erzeugen, daß der Einkauf derselben für kleinere Unternehmungen vorteilhafter ist als die eigene Erzeugung.

II. Die Abhängigkeit der Selbstkosten von der Nachfrage.

Nachdem im Vorausgehenden Art und Umfang der Selbstkosten festgestellt sind, muß nunmehr untersucht werden, in welchem Zusammenhange die Selbstkosten mit der Nachfrage stehen, welche Umstände der Nachfrage auf die Höhe der Selbstkosten bestimmend einwirken und in welchem Umfang eine solche Einwirkung stattfindet. Diese Aufgabe ist, wie wiederholt bemerkt wurde, eine äußerst schwierige und eine zahlenmäßig genaue Lösung ist überhaupt nicht möglich; doch ist es für eine auf sicheren Grundlagen beruhende Preisfestsetzung unbedingt erforderlich, wenigstens ungefähr diesen Zusammenhang zu erkennen. — Es wird sich hierbei wiederum als zweckmäßig erweisen, Kapital- und Betriebskosten getrennt zu behandeln.

A. Zusammenhang zwischen Kapitalkosten und Nachfrage.

Da die Kapitalkosten stets in einem festen Verhältnis zu dem Anlagekapital stehen, gibt die Untersuchung des Zusammenhangs zwischen Nachfrage und Anlagekosten gleichzeitig Aufschluß über die Abhängigkeit der Kapitalkosten von der Nachfrage. Bereits bei der Besprechung der Anlagekosten ist darauf hingewiesen worden (s. S. 97), daß ihre einzelnen Teile von ganz bestimmten Umständen der Nachfrage abhängig seien. Demzufolge hat in Zahlentafel VIII eine Trennung der Anlagekosten in solche für

1. die äußere Einrichtung,
2. die maschinelle Einrichtung,
3. das Leitungsnetz und
4. die Zähler

stattgefunden.

Zahlentafel XV.

Zusammenhang zwischen Anlagekosten und Nachfrage.

1	2	3	4	5	6	7	8	9	10	11	12	13	14	15	16	17
Ort	Jahr	Anschlußwert in KW (A)	Gesamte Leistungsfähigkeit des Kraftwerks in KW (L)	Höchstbelastung des Kraftwerks (H)	Benutzungsverhältnis $\left(\frac{H}{A}\right)$	Ausbauverhältnis $\left(\frac{L}{A}\right)$	Belastungsziffer $\left(\frac{H}{L}\right)$	Kosten d. äuß. u. d. maschinell. Einrichtung des Kraftwerks — im ganzen in 1000 ℳ	für das KW ℳ	Kosten der Leitungsanlagen — im ganzen in 1000 ℳ	für d. KW Höchstbelastg. ℳ	Kosten der Zähler im ganzen in 1000 ℳ	Zahl der Abnehmer	Kosten der Zähler f. den Abnehmer ℳ	Gesamte Anlagekosten — im ganzen in 1000 ℳ	für d. KW Höchstbelastg. ℳ
Bonn. . .	00	1 126	980	250	22	87	26	627	640	430	1720	62	480	129	1 119	4480
	01	1 438	980	315	22	68	32	627	640	440	1395	65	535	121	1 132	3590
	02	1 900	1 075	666	35	57	62	657	610	446	670	72	613	117	1 175	1760
	03	2 173	1 075	500	23	50	46	651	605	448	895	86	700	123	1 185	2380
	04	2 532	1 265	650	26	50	51	782	615	456	703	95	803	118	1 334	2040
	05	3 455	1 265	990	29	37	78	796	628	485	490	106	986	107	1 387	1400
	06	4 889	2 305	1 200	25	47	52	1255	546	661	550	118	1 065	111	2 035	1700
	07	6 078	2 305	1 300	21	38	56	1252	542	752	577	129	1 180	109	2 132	1640
	08	7 272	3 825	1 450	20	53	38	1530	460	772	531	135	1 253	108	2 437	1670
	09	8 180	3 825	1 450	18	47	38	1530	400	803	555	143	1 394	103	2 476	1700
	10	8 018	4 620	1 750	22	58	38	1623	351	743	425	159	1 574	101	2 575	1470
	11	10 222	4 620	2 293	22	46	50	1625	352	886	387	176	1 786	98	2 737	1190
	12	10 891	4 620	2 456	23	42	53	1635	354	910	370	195	2 009	97	2 790	1135
	13	11 530	6 570	2 724	24	57	41	1870	284	931	342	214	2 268	94	3 065	1130
Breslau. .	00	3 065	3 021	1 104	36	98	36	2057	682	1278	1160	168	966	174	3 502	3170
	01	4 770	6 151	1 331	28	129	22	2304	375	1333	1000	185	1 119	165	6 045[1])	4550
	02	6 038	6 598	3 043	50	109	46	2330	353	1379	454	221	1 291	171	7 583[1])	2490
	03	13 854	6 769	3 380	24	49	50	5103	755	1485	440	274	1 582	173	8 382[1])	2480
	04	15 658	8 219	4 590	29	52	56	6098	742	2626	573	418	1 940	215	9 143	1990
	05	17 140	8 834	5 165	30	52	59	6171	699	2855	553	463	2 399	193	9 703[1])	1880

	06	18 915	10 764	5 198	28	57	48	6240	577	3084	593	552	2 899	190	10 442[1]	2000
	07	20 800	11 071	5 780	28	53	52	6312	570	3251	563	635	3 522	180	11 536[1]	1995
	08	23 660	11 070	5 894	25	46	54	6401	577	3547	603	725	4 077	178	12 359[1]	2100
	09	25 942	11 070	6 475	25	43	59	7365	665	4560	705	826	4 663	177	12 750	1970
	10	28 849	15 430	7 219	25	53	47	7405	480	4567	633	912	5 653	161	12 885	1790
	11	31 742	19 803	8 153	26	63	41	7447	376	4577	562	1005	7 057	143	13 029	1600
	12	35 921	19 113	9 558	27	53	50	9347	489	6965	730	1604	9 278	172	18 198	1900
	13	40 151	24 870	12 433	31	62	50	9957	400	9002	725	1561	12 176	128	20 803	1675
Chemnitz .	00	2 606	1 700	1 225	47	65	72	696	409	1282	1042	119	710	168	2 096	1710
	01	3 166	1 700	1 200	38	54	71	1018	600	1355	1130	—	868	—	2 373	1975
	02	3 611	2 400	1 380	38	66	58	1369	571	1500	1085	—	1 008	—	2 870	2080
	03	4 314	2 400	1 625	38	56	68	1515	632	1501	924	—	1 215	—	3 015	1850
	04	5 309	2 400	2 230	42	45	93	1564	650	1681	754	—	1 678	—	3 245	1455
	05	6 975	2 940	2 915	42	42	99	1690	575	1842	632	190	1 962	97	3 722	1270
	06	7 775	4 590	3 540	46	59	77	2390	520	2203	622	239	2 273	105	4 832	1361
	07	10 050	4 670	4 080	40	46	87	2456	527	2440	598	256	2 589	99	5 152	1260
	08	12 023	5 670	4 520	38	47	80	2752	485	3004	664	300	2 626	114	6 056	1340
	09	14 666	7 450	5 810	39	51	78	3262	438	3604	620	343	4 359	79	7 209	1240
	10	24 903	9 460	8 610	35	38	91	3882	410	4278	497	452	6 425	70	8 611	1000
	11	30 426	14 800	8 030	26	49	54	4900	330	5196	647	570	9 570	59	10 665	1320
	12	36 296	14 800	10 700	30	41	72	5121	346	5964	557	614	13 148	47	11 723	1090
	13	43 446	19 558	12 800	30	45	65	5770	294	6751	526	714	17 267	41	13 281	1035
Dahme . .	00	210	117	—	—	56	—	112	957	48	—	21	172	122	180	—
	01	265	117	77	29	44	66	112	957	50	650	22	203	108	183	2380
	02	296	117	69	23	40	59	112	957	51	740	25	208	120	189	2740
	03	334	117	93	28	35	80	114	975	53	570	26	300	87	191	2050
	04	372	117	104	28	31	89	113	966	54	520	30	326	92	195	1875
	05	417	153	106	25	37	69	144	945	55	520	32	341	94	230	2170

[1] In den Jahren 1901, 1902, 1903, 1905, 1906, 1907 und 1908 sind die Anlagekosten um den Betrag eines noch nicht aufgeteilten Baufonds größer als die Summen der Spalten 9, 11 und 13.

10*

1	2	3	4	5	6	7	8	9	10	11	12	13	14	15	16	17
Ort	Jahr	Anschlußwert in KW (A)	Gesamte Leistungsfähigkeit des Kraftwerks in KW (L)	Höchstbelastung des Kraftwerks (H)	Benutzungsverhältnis $\left(\frac{H}{A}\right)$	Ausbauverhältnis $\left(\frac{L}{A}\right)$	Belastungsziffer $\left(\frac{H}{L}\right)$	Kosten d. äuß. u. d. maschinell. Einrichtung des Kraftwerks — im ganzen in 1000 ℳ	für das KW ℳ	Kosten der Leitungsanlagen — im ganzen in 1000 ℳ	für d. KW Höchstbelastg. ℳ	Kosten der Zähler im ganzen in 1000 ℳ	Zahl der Abnehmer	Kosten der Zähler f. den Abnehmer ℳ	Gesamte Anlagekosten — im ganzen in 1000 ℳ	für d. KW Höchstbelastg. ℳ
Dahme . .	06	472	153	115	24	32	75	146	955	64	556	34	366	93	243	2110
	07	529	153	136	26	29	89	147	961	67	492	35	386	91	248	1820
	08	591	153	162	27	26	106	149	975	69	425	38	419	91	255	1570
	09	643	153	149	23	24	97	151	987	71	476	39	449	87	260	1745
	10	721	153	170	24	21	111	151	987	75	440	42	532	79	268	1575
	11	788	153	165	21	19	108	151	987	79	478	46	582	79	276	1670
	12	854	153	182	21	18	119	152	993	81	445	49	699	70	281	1540
	13	937	261	185	20	28	71	196	752	85	459	54	805	67	335	1810
Darmstadt	00	2 053	1 130	674	33	55	60	1 421	1260	634	940	98	670	150	2 154	3190
	01	2 223	1 265	753	34	57	59	1 264	1000	656	871	108	772	140	2 029	2700
	02	2 586	1 215	937	36	47	77	1 305	1070	674	720	119	954	125	2 099	2240
	03	2 994	1 206	1 020	34	41	84	1 314	1080	709	695	130	1 036	125	2 152	2100
	04	3 357	2 215	1 030	31	66	46	1 314	590	741	720	150	1 117	134	2 205	2140
	05	4 002	2 215	1 200	30	56	54	1 988	897	810	675	146	1 327	110	2 954	2460
	06	4 384	2 215	1 240	28	51	56	2 155	974	929	747	160	1 472	109	3 244	2610
	07	4 605	2 215	1 260	27	48	57	2 155	974	972	770	167	1 617	103	3 294	2610
	08	4 692	2 215	1 225	26	47	55	2 155	974	993	810	178	1 718	103	3 326	2710
	09	6 586	5 915	1 836	28	90	31	—	—	—	—	—	1 847	—	—	—
	10	7 167	5 785	2 030	28	81	35	4 090	708	1351	665	196	2 077	94	5 637	2770
	11	—	—	—	—	—	—	—	—	—	—	—	—	—	—	—
	12	8 996	5 800	2 310	26	64	40	4 106	710	1457	631	212	2 605	81	5 799	2510
Deuben . .	00	1 304	1 040	585	45	80	56	686	660	596	1020	39	2 400	Pauschal	1 320	2260
	01	1 287	1 040	665	52	81	64	714	685	707	1060	36	2 500		1 457	2195
	02	2 018	1 217	770	38	65	58	754	572	798	1035	44	2 600		1 595	2075

	04	2 385	1 317	783	33	55	59	777	590	811	1035	50	250	200	1 637	2090
	05	2 561	1 317	910	36	52	69	784	594	820	901	53	290	183	1 657	1825
	06	2 746	1 317	860	31	48	65	785	594	836	971	52	350	148	1 672	1940
	07	2 864	1 317	1 124	39	46	85	786	595	849	757	56	536	104	1 691	1510
	08	3 120	1 317	1 265	41	42	96	820	622	921	727	57	648	88	1 797	1420
	09	3 410	1 992	1 210	36	58	61	952	478	952	785	61	727	84	1 966	1622
	10	3 922	1 992	1 272	32	51	64	1 060	532	960	755	63	925	68	2 083	1635
	11	4 685	1 992	1 485	32	43	75	1 419	714	1201	807	71	1 086	65	2 692	1800
	12	5 378	4 032	1 700	32	75	42	1 769	439	1241	730	75	1 326	56	3 085	1820
	13	6 130	4 032	1 635	27	66	41	1 921	477	1418	867	76	1 596	48	3 415	2080
Düsseldorf	00	6 291	3 108	1 555	25	50	50	1 088	351	1836	1180	134	866	155	3 058	1960
	01	7 013	3 908	1 702	24	56	44	2 131	545	2619	1540	154	1 020	151	4 904	2880
	02	10 221	4 944	1 873	18	48	38	2 343	475	2833	1510	179	1 319	135	5 355	2860
	03	10 953	4 944	2 138	19	45	43	3 113	630	3016	1410	184	1 549	119	6 313	2950
	04	11 846	5 788	2 471	21	49	43	3 397	587	3388	1370	219	1 863	118	7 004	2840
	05	13 007	6 678	3 181	24	51	48	3 805	570	3845	1210	271	2 201	123	7 921	2490
	06	14 014	8 418	4 018	29	60	48	4 912	583	4532	1125	308	2 686	114	9 752	2420
	07	16 508	12 908	6 296	38	78	49	6 486	502	4763	757	346	3 253	106	11 595	1840
	08	19 413	15 962	6 035	31	83	38	7 251	453	4881	810	396	3 813	104	12 528	2070
	09	24 695	15 962	6 737	27	65	42	7 962	497	5396	800	436	4 577	95	13 794	2050
	10	28 604	17 512	8 828	31	61	51	8 132	464	5619	636	565	5 806	97	14 316	1620
	11	37 981	17 674	11 650	31	47	66	8 588	486	5796	496	596	7 638	78	14 979	1280
	12	44 548	21 430	14 415	32	48	67	10 089	472	6273	435	675	10 020	68	17 037	1180
	13	48 916	33 456	17 250	35	69	52	12 180	365	6500	376	711	12 575	56	19 392	1120
Kaisers-lautern.	00	1 257	945	528	42	75	56	740	784	406	770	66	469	140	1 212	2290
	01	1 362	945	518	38	70	55	825	873	431	832	73	489	149	1 329	2570
	02	1 374	945	520	38	69	55	907	960	408	785	83	515	161	1 398	2690
	03	1 474	945	570	39	64	60	907	960	414	726	86	693	124	1 407	2470
	04	1 591	945	660	42	59	70	859	910	474	718	95	777	122	1 428	2170
	05	1 740	945	760	44	54	80	859	910	490	645	107	835	128	1 456	1920
	06	1 855	1 050	830	45	57	79	859	817	501	605	114	956	119	1 474	1770
	07	1 965	1 050	848	43	53	81	862	820	514	606	125	1 061	118	1 502	1770
	08	2 173	1 050	919	42	48	87	896	853	540	588	136	1 196	113	1 572	1710
	09	2 345	1 775	1 043	44	76	59	937	526	563	540	148	1 336	110	1 648	1580

1	2	3	4	5	6	7	8	9	10	11	12	13	14	15	16	17
Ort	Jahr	Anschlußwert in KW (A)	Gesamte Leistungsfähig- keit des Kraft- werks in KW (L)	Höchstbelastung des Kraftwerks (H)	Benutzungs- verhältnis $\left(\frac{H}{A}\right)$	Ausbauverhältnis $\left(\frac{L}{A}\right)$	Belastungsziffer $\left(\frac{H}{L}\right)$	Kosten d. äuß. u. d. maschinell. Einrichtung des Kraftwerks im gan- zen in 1000 M	für das KW M	Kosten der Leitungsanlagen im ganzen in 1000 M	für d. KW Höchst- belastg. M	Kosten der Zähler im ganzen in 1000 M	Zahl der Abnehmer	Kosten der Zähler f. den Abnehmer M	Gesamte Anlage- kosten im ganzen in 1000 M	für d. KW Höchst- belastg. M
Kaisers- lautern .	10	2 521	1 775	1 024	41	71	57	937	527	595	584	153	1 520	100	1 707	1675
	11	2 766	1 775	1 093	39	64	61	965	543	605	555	164	1 712	96	1 755	1610
	12	3 183	1 775	1 211	38	56	68	965	543	632	522	172	1 962	88	1 790	1480
	13	3 616	1 775	1 183	33	49	66	965	543	654	554	177	2 143	83	1 816	1540
Lahr. . .	06	422	268	149	35	64	56	230	857	125	840	32	290	110	386	2580
	07	810	268	258	32	33	96	231	862	161	625	49	438	112	441	1710
	08	1 248	753	450	36	60	60	238	316	165	367	54	529	102	457	1010
	09	1 539	1 268	525	34	83	41	466	368	220	420	70	731	96	755	1440
	10	1 930	1 268	520	27	66	41	716	565	244	470	79	911	87	1 038	2000
	11	2 887	1 168	748	26	41	64	705	603	303	405	92	1 684	55	1 099	1470
	12	3 520	2 268	894	25	64	39	704	310	336	376	100	2 162	46	1 139	1275
	13	4 148	2 268	944	23	55	42	712	314	352	372	119	2 575	46	1 182	1250
München .	00	16 466	8 540	4 053	25	52	47	—	—	—	—	—	4 419	—	13 293	3280
	01	20 359	9 445	6 100	30	46	65	—	—	—	—	—	5 973	—	13 730	2250
	02	23 654	9 244	7 630	32	39	83	1 430	155	4 030	528	749	7 065	106	13 928	1820
	03	25 109	10 726	6 724	27	43	63	9 499	887	4 180	623	830	8 226	100	14 509	2160
	04	26 364	10 881	6 090	23	41	56	9 675	880	4 459	734	943	9 344	101	15 076	2480
	05	28 678	11 179	6 112	21	39	55	10 418	930	4 766	780	1172	10 484	111	16 356	2680
	06	30 303	11 534	7 879	26	38	69	11 807	1025	5 092	646	1339	11 466	116	18 238	2310
	07	36 263	20 916	8 190	23	58	39	15 746	750	6 213	759	1476	12 869	115	23 436	2860
	08	43 415	22 030	9 079	21	51	41	19 358	883	6 817	751	1681	14 409	116	27 850	3080
	09	47 508	22 989	10 251	22	48	45	21 403	932	7 169	698	1807	16 405	110	30 379	2960
	10	54 472	24 177	10 595	19	44	44	21 387	885	8 045	760	1827	18 656	98	31 419	2960
	11	65 604	24 198	12 365	19	37	51	22 390	925	8 933	720	1962	21 401	92	33 285	2680
	12	76 093	24 198	13 318	17	32	55	22 849	945	10 138	760	2613	25 961	100	35 600[1])	2670

Nürnberg .	00	4 709	3 150	1 815	39	67	58	1 731	550	1 510	831	282	2 187	128	3 523	1940
	01	5 129	3 150	1 815	35	62	58	1 872	594	1 556	860	298	2 360	126	3 725	2050
	02	5 428	3 150	1 808	33	58	58	2 051	651	1 597	885	313	2 507	125	3 961	2190
	03	5 742	3 150	1 958	34	55	62	2 068	657	1 628	831	327	2 659	123	4 022	2050
	04	6 115	3 150	2 068	34	52	66	2 071	657	1 683	811	339	2 845	119	4 093	1975
	05	7 066	3 150	2 470	35	45	78	2 071	657	1 755	713	357	3 161	113	4 183	1690
	06	7 551	3 150	2 402	32	42	76	2 071	657	1 879	785	394	3 498	112	4 344	1800
	07	8 407	3 150	2 548	30	37	81	2 071	657	2 015	790	441	3 916	112	4 527	1775
	08	9 384	3 150	2 655	28	34	84	2 071	657	2 136	805	482	4 430	109	4 690	1760
	09	10 153	3 150	2 780	27	31	88	2 076	660	2 255	813	533	5 034	106	4 864	1750
	10	11 739	3 150	2 950	25	27	94	2 084	661	2 377	807	606	5 937	102	5 066	1720
	11	13 251	3 150	3 160	24	24	100	2 109	670	2 624	830	687	7 057	97	5 419	1715
	12	15 980	3 150	3 470	22	20	110	2 109	670	2 928	845	796	8 837	90	5 833	1680
	13	18 442	—	4 428	56	—	—	2 109	670	3 557	804	959	11 288	85	6 624	1495
Oberlung- witz . .	00	610	400	210	34	66	53	444	1110	856	4070	73	603	121	1 373	6530
	01	874	400	250	29	46	63	501	1250	889	3560	83	843	99	1 473	5880
	02	1 420	412	430	30	29	104	487	1180	938	2180	119	1 447	82	1 545	3600
	03	2 073	650	610	29	31	94	557	858	1 005	1650	156	1 736	90	1 718	2820
	04	2 794	1 200	750	27	43	63	808	674	1 215	1620	202	2 418	84	2 225	2970
	05	3 569	1 530	920	26	43	60	1 033	674	1 777	1930	285	3 139	91	3 095	3370
	06	5 419	2 700	1 480	27	50	55	1 368	507	2 237	1510	371	4 511	82	3 976	2690
	07	7 342	4 000	2 093	29	55	52	1 868	467	2 942	1400	442	5 937	75	5 252	2500
	08	8 559	4 000	2 160	25	47	54	2 085	523	3 260	1510	507	7 287	70	5 852	2700
	09	10 402	4 000	2 480	24	38	62	2 164	540	3 832	1540	597	9 093	66	6 593	2660
	10	12 544	4 000	3 200	26	32	80	2 482	620	4 199	1310	743	10 929	68	7 423	2320
	11	15 811	4 000	4 000	25	25	100	2 627	657	5 176	1290	837	14 184	59	8 640	2160
	12	17 900	4 160	3 300	18	23	79	2 621	630	6 387	1930	920	16 815	55	9 929	3000
	13	20 449	8 320	4 460	22	41	54	2 693	324	7 037	1575	1027	20 545	50	10 757	2420
Ober- schlesien	00	5 246	7 057	3 500	67	134	50	4 046	574	4 108	1170	242	1 652	146	8 397	2400
	01	6 555	7 057	4 520	69	107	64	4 306	611	4 707	1040	311	2 944	106	9 324	2060
	02	8 022	9 277	5 740	72	115	62	4 398	474	4 949	863	387	3 530	109	9 733	1695
	03	9 994	10 557	7 140	71	106	67	5 478	518	5 633	790	471	3 552	133	11 581	1620
	04	12 523	14 857	8 860	71	119	60	7 551	506	6 314	712	539	4 406	122	14 404	1625

[1]) abzügl. Beteiligungen.

1	2	3	4	5	6	7	8	9	10	11	12	13	14	15	16	17
Ort	Jahr	Anschlußwert in KW (A)	Gesamte Leistungsfähigkeit des Kraftwerks in KW (L)	Höchstbelastung des Kraftwerks (H)	Benutzungsverhältnis $\left(\frac{H}{A}\right)$	Ausbauverhältnis $\left(\frac{L}{A}\right)$	Belastungsziffer $\left(\frac{H}{L}\right)$	Kosten d. äuß. u. d. maschinell. Einrichtung des Kraftwerks, im ganzen in 1000 $\mathscr{M}$	für das KW $\mathscr{M}$	Kosten der Leitungsanlagen, im ganzen in 1000 $\mathscr{M}$	für d. KW Höchstbelastg. $\mathscr{M}$	Kosten der Zähler im ganzen in 1000 $\mathscr{M}$	Zahl der Abnehmer	Kosten der Zähler f. den Abnehmer $\mathscr{M}$	Gesamte Anlagekosten, im ganzen in 1000 $\mathscr{M}$	für d. KW Höchstbelastg. $\mathscr{M}$
Oberschlesien	05	14 512	14 857	10 290	71	103	69	8 134	545	6 809	661	597	5 131	116	15 540	1500
	06	18 869	17 567	12 380	66	93	71	9 179	521	7 670	620	709	6 053	117	17 558	1420
	07	23 824	26 567	15 200	64	112	57	10 737	402	8 504	560	804	7 094	113	20 045	1315
	08	30 436	26 567	18 700	62	88	70	11 906	447	9 298	497	859	7 428	115	22 064	1170
	09	37 902	34 967	21 550	57	92	62	13 935	398	9 938	460	942	7 819	120	24 813	1150
	10	26 941	34 967	23 850	89	130	68	14 001	401	10 348	432	993	6 919	143	26 044	1087
	11	32 649	44 967	31 050	95	138	69	15 049	334	11 310	364	1011	5 770	174	28 118	902
	12	45 455	44 967	36 900	81	99	82	15 979	356	11 260	306	1078	5 148	210	29 130	790
	13	49 508	59 000	39 200	79	119	66	17 028	288	12 565	322	1136	4 857	235	31 647	805
Plauen . .	00	1 460	1 260	788	54	86	63	596	473	919	1165	168	890	189	1 683	2130
	01	1 715	1 300	912	53	76	70	906	697	941	1030	191	1 097	174	2 038	2230
	02	2 099	1 300	1 068	51	62	82	906	697	1 094	1020	220	1 559	141	2 220	2070
	03	2 612	1 300	1 186	46	50	92	906	697	1 252	1050	145	2 642	55	2 303	1930
	04	3 042	2 440	1 180	39	80	48	1 150	472	1 458	1235	174	3 152	55	2 782	2360
	05	4 460	2 440	1 300	29	55	53	1 466	603	1 623	1245	217	3 314	66	3 307	2540
	06	5 661	2 650	1 750	31	47	66	1 649	623	1 634	930	245	3 560	69	3 527	2020
	07	5 927	3 100	1 680	28	52	54	1 808	585	1 728	1030	261	3 970	66	3 796	2260
	08	6 358	3 100	1 721	27	49	56	1 920	620	1 803	1045	281	4 317	65	4 004	2320
	09	6 629	3 100	1 830	28	47	59	1 947	630	1 839	1000	300	4 562	66	4 087	2230
	10	7 089	3 100	2 240	32	44	72	1 815	587	2 018	902	320	4 985	64	4 153	1850
	11	10 655	3 100	2 700	25	29	87	2 115	683	3 577	1320	513	8 101	63	6 229	2300
	12	12 126	4 960	2 960	24	41	60	2 248	454	3 869	1300	570	9 618	59	6 714	2260
	13	13 649	4 960	2 910	21	36	59	2 242	451	4 118	1420	623	10 329	60	7 037	2420
Straßburg i. E.	00	7 717	5 055	—	—	66	—	2 690	532	2 378	—	515	2 153	239	5 586	—
	01	11 390	5 255	—	—	46	—	3 105	591	2 691	—	589	3 182	185	6 393	—

	02	—	6 190	2 958	—	—	48	3 361	543	3 479	1175	664	3 943	168	7 509	2540
	03	10 759	7 100	3 590	33	66	51	4 243	597	3 762	1045	744	5 416	137	8 752	2440
	04	12 823	7 100	4 385	34	56	62	4 403	620	4 326	986	894	7 362	121	9657	2200
	05	16 107	7 100	4 910	31	44	69	5 058	713	4 930	1000	973	9 540	102	10 983	2240
	06	18 632	7 750	5 910	32	42	76	5 494	710	7 471	1260	1112	12 050	92	14 084	2390
	07	22 493	8 750	6 700	30	39	77	5 801	663	9 280	1380	1200	14 602	82	16 288	2440
	08	26 625	10 122	7 430	28	38	74	5 905	585	10 253	1380	1308	17 785	74	17 478	2350
	09	31 096	10 260	8 390	27	33	81	6 393	620	11 484	1370	1312	23 025	57	19 195	2290
	10	34 941	12 608	9 460	27	36	75	8 772	695	12 270	1300	1677	30 068	56	22 719	2400
	11	40 579	16 608	10 550	26	41	64	8 893	535	13 790	1300	2090	38 012	55	24 773	2340
	12	48 154	16 780	12 550	26	35	75	9 484	565	15 580	1235	2285	47 768	48	27 348	2160
	13	—	24 000	—	—	—	—	9 060	378	19 338	—	2607	55 289	47	31 004	—
Werdau	06	1 592	—	800	50	—	—	103	—	86	107	95	920	103	284	355
	07	3 059	1 900	980	32	62	52	688	362	852	870	122	1 373	89	1 662	1695
	08	5 669	2 900	1 590	28	51	55	913	315	1 597	1000	186	2 191	85	2 696	1700
	09	7 732	2 900	2 300	30	38	79	1 024	352	2 014	875	277	3 247	85	3 314	1440
	10	10 635	2 900	3 080	29	27	106	1 080	372	2 250	732	369	4 358	85	3 700	1200
	11	12 738	2 900	3 350	26	23	115	1 121	386	2 786	833	417	5 019	83	4 324	1290
	12	16 052	8 500	4 500	28	53	53	1 217	·143	3 009	670	463	6 920	67	4 689	1040
	13	18 741	8 500	4 800	26	45	57	1 929	227	3 465	723	534	9 304	57	5 927	1230
Würzburg	00	1 197	893	340	28	74	38	729	816	280	825	24	176	136	1 033	3040
	01	1 564	893	483	31	57	54	745	835	274	568	33	236	140	1 052	2180
	02	1 871	893	488	26	48	55	747	836	285	585	40	271	147	1 073	2190
	03	1 996	893	519	25	45	57	733	821	308	605	47	374	126	1 087	2140
	04	2 271	893	635	28	39	71	733	821	371	585	62	479	129	1 165	1840
	05	2 469	893	733	30	36	82	733	821	398	543	71	571	124	1 202	1640
	06	2 722	1 398	830	31	51	59	882	632	434	523	87	713	122	1 404	1690
	07	3 049	1 398	909	30	46	65	881	630	448	494	101	833	121	1 430	1575
	08	3 356	1 511	954	28	45	63	895	592	516	542	114	929	123	1 525	1600
	09	3 667	1 511	1 108	30	41	73	896	593	531	480	122	1 078	113	1 548	1390
	10	3 997	1 511	1 168	29	38	77	878	580	565	482	132	1 260	105	1 611	1375
	11	4 217	1 520	1 297	31	36	85	878	577	578	446	141	1 419	99	1 632	1250
	12	4 437	1 520	1 317	30	34	87	904	595	608	461	150	1 601	94	1 699	1285
	13	4 785	1 520	1 312	27	32	86	905	595	774	590	164	1 979	83	1 879	1435

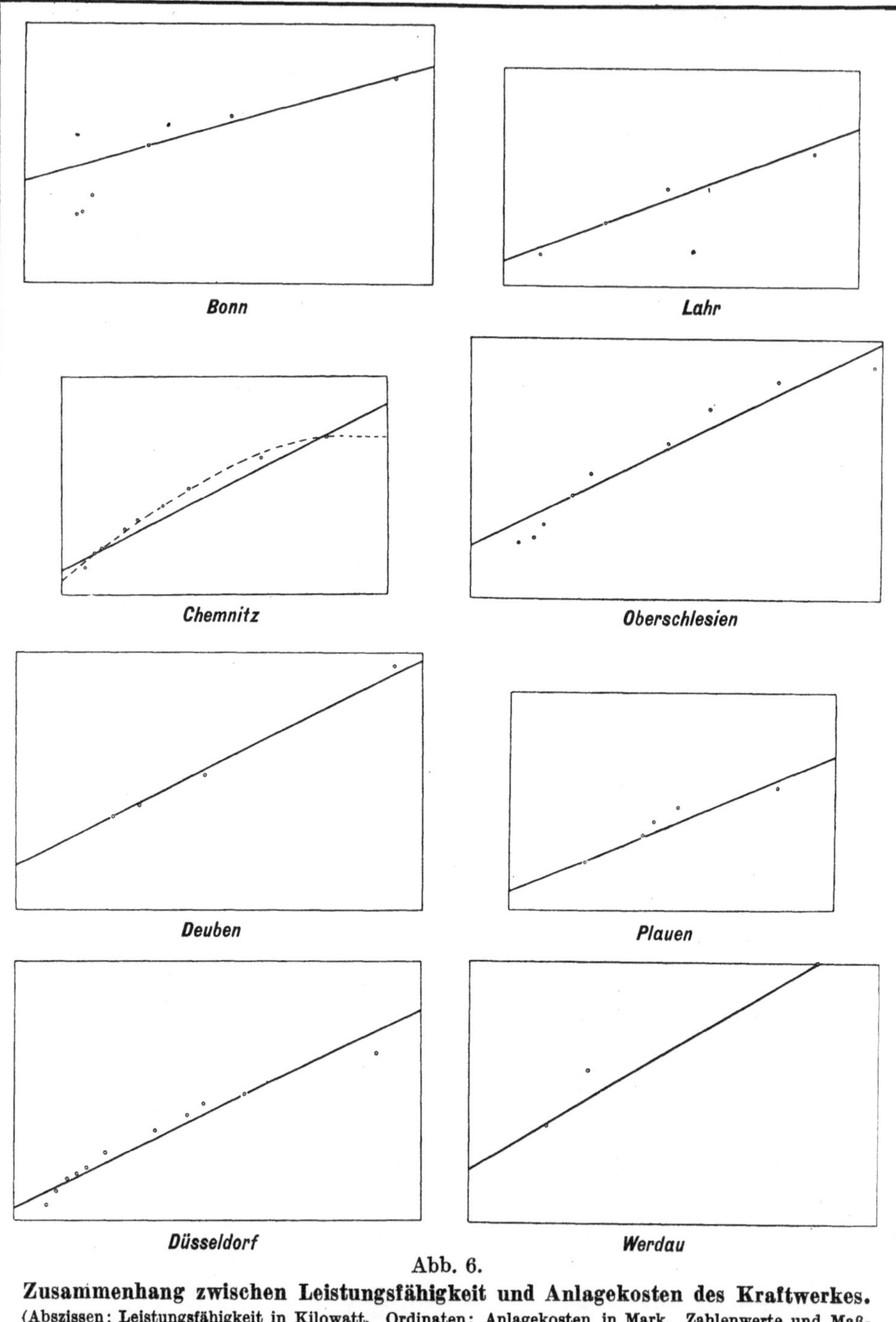

Abb. 6.

Zusammenhang zwischen Leistungsfähigkeit und Anlagekosten des Kraftwerkes.

(Abszissen: Leistungsfähigkeit in Kilowatt. Ordinaten: Anlagekosten in Mark. Zahlenwerte und Maßstäbe sind fortgelassen, da es sich hier lediglich um den Nachweis der Art des Zusammenhanges handelt.)

Die Kosten der äußeren Einrichtung des Kraftwerkes stehen unter sonst gleichen Verhältnissen in einem gewissen Zusammenhang mit der zu irgendeinem Zeitpunkt in Aussicht genommenen größten Leistungsfähigkeit des Kraftwerkes. Das Grundstück wird im allgemeinen so groß gewählt und die Gebäude in solchem Umfang erstellt, daß sie Einrichtungen bis zu einer bestimmten Höchstleistung aufzunehmen in der Lage sind; ihr Anteil an den Gesamtkosten geht daher, wie die Zahlentafel VIII zeigt, im Laufe der Zeit zurück, da die anderen Teile der Anlage wesentlichen Zuwachs erhalten, ehe für die Vergrößerung der äußeren Einrichtungen neue Aufwendungen notwendig sind. Auf sie entfallen, von Wasserkraftanlagen abgesehen, ungefähr 10—20% des Anlagekapitals, also ein verhältnismäßig geringer Anteil. In unmittelbarem Zusammenhang mit der jeweiligen tatsächlichen Leistungsfähigkeit stehen die Kosten der inneren Einrichtung des Kraftwerkes; sie wachsen stetig mit der Leistungsfähigkeit an, wenn auch nicht im gleichen Verhältnis.

Betrachtet man die betreffenden Zahlen der Tafel Nr. XV (Spalten 4, 9, 10), so scheint ein regelmäßiger Zusammenhang zwischen den gesamten Kraftwerkskosten (Kosten der äußeren zuzüglich der maschinellen Einrichtung) und der Leistungsfähigkeit nicht zu bestehen. Dies rührt jedoch weniger von dem tatsächlichen Fehlen eines solchen Zusammenhangs als vielmehr davon her, daß die einander entsprechenden Veränderungen im Kraftwerk meist nicht gleichzeitig vorgenommen werden und auch die zugehörigen Zahlungen und Buchungen oft zu späterer Zeit erfolgen. Es werden z. B. neue Grundstücke hinzugekauft oder die Gebäude vergrößert, während neue oder größere Maschineneinheiten erst sehr viel später aufgestellt werden; dann wachsen natürlich die Anlagekosten, obwohl die Leistungsfähigkeit unverändert bleibt. Oder es wird die Maschinenanlage vergrößert, ohne daß auch die Leistungsfähigkeit der Kessel in gleichem Maße erhöht wird. Oder es werden neue Maschinen aufgestellt und in Betrieb genommen, während die Bezahlung bzw. Verbuchung erst im folgenden Jahre, oder noch später, erfolgt. Dann muß naturgemäß wiederum ein Mißverhältnis zwischen den Kosten des Kraftwerks und der Leistungsfähigkeit bestehen. Faßt man dagegen bei der Betrachtung dieses Zusammenhangs größere Zeiträume ins Auge und berücksichtigt vor allem die Jahre, in denen die vorhandene Leistungsfähigkeit den tatsächlich aufgewendeten Anlagekosten entspricht, so ergibt sich, daß ein regelmäßiger, meist sogar sehr einfacher Zusammenhang zwischen den beiden Größen besteht. Dies ersieht man am besten aus der zeichnerischen Darstellung (Abb. 6). Als Beispiele hierfür sind der Zahlentafel XV folgende Werte entnommen:

Ort	Jahr	Leistungsfähigkeit KW	Kraftwerkskosten in 1000 ℳ	Ort	Jahr	Leistungsfähigkeit KW	Kraftwerkskosten in 1000 ℳ
Bonn	00/01	980	627	Düsseldorf .	08/09	16 000	7 900
	02/03	1 075	654		10/11	17 600	8 400
	04/05	1 265	790		12	21 400	10 100
	06/07	2 305	1 250		13	33 500	12 200
	08/09	3 825	1 530	Lahr	06/07	268	230
	10/12	4 620	1 630		08	753	460
	13	6 570	1 870		09/11	1 268	710
Chemnitz . .	01	1 700	1 018		12/13	2 268	974
	03	2 400	1 500	Ober-	00/01	7 057	4 100
	05	2 940	1 690	schlesien .	02	9 277	4 400
	07	4 670	2 456		03	10 557	5 478
	09	7 450	3 262		04/05	14 857	7 550
	11	14 858	4 900		06	17 567	9 180
	13	19 600	5 770		07/08	26 567	11 900
Deuben . .	00/01	1 040	700		09/10	34 967	13 900
	02/08	1 317	780		11/12	44 967	15 900
	09/11	1 992	1 000		13	59 000	17 000
	12/13	4 032	1 800	Plauen . . .	00/03	1 300	906
Düsseldorf .	00	3 100	1 100		04/05	2 440	1 400
	01	3 900	2 130		06	2 650	1 650
	02/03	4 900	3 100		07/11	3 100	1 900
	04	5 800	3 400		12/13	4 960	2 250
	05	6 700	3 800	Werdau . .	07	1 900	700
	06	8 400	4 900		08/11	2 900	1 100
	07	13 000	6 500		12/13	8 500	1 900

Die hierdurch sich ergebenden Schaulinien zeigen einen einem
Parabelast ähnlichen Verlauf und können teilweise durch eine gerade
Linie angenähert ersetzt werden, d. h. die Kraftwerkskosten K_k können
für bestimmte Zeiträume durch die Gleichung

$$K_k = a + b \cdot L$$

ausgedrückt werden, wobei L die Leistungsfähigkeit in Kilowatt bedeutet; die gleichbleibenden Werte a und b können für jeden Fall leicht
mit Hilfe der zeichnerischen Darstellung bestimmt werden. Damit sind
nun zwar die Kosten des Kraftwerkes in eine einfache Beziehung zur
Leistungsfähigkeit gebracht; um nun auch den Zusammenhang mit der
Nachfrage zu gewinnen, muß man sich erinnern, daß die Leistungsfähigkeit (L) stets als ein Vielfaches der jeweils zu erwartenden höchsten
Inanspruchnahme des Kraftwerkes (H) gewählt wird, und daß die
Höchstbelastung wiederum sich als ein Bruchteil des Gesamtanschlußwertes (A) ergibt; letztere ist aber unmittelbar durch die Verhältnisse
der Nachfrage bestimmt: je nach der Größe und Zusammensetzung des

Gesamtanschlußwertes wird sich die Höchstbelastung des Kraftwerkes einstellen und mit Rücksicht auf die letztere wird die Leistungsfähigkeit des Kraftwerkes in solcher Höhe vorgesehen, daß stets außer der jeweils zu erwartenden Höchstbelastung ein Bruchteil der gesamten Leistungsfähigkeit zu Aushilfszwecken zur Verfügung steht. Um somit den Zusammenhang zwischen Leistungsfähigkeit und Nachfrage zu bestimmen, ist das Verhältnis zwischen Höchstbelastung und Anschlußwert („Benutzungsverhältnis"), ferner zwischen Höchstbelastung und Leistungsfähigkeit („Belastungsziffer") und aus beiden schließlich das Verhältnis zwischen Leistungsfähigkeit und Anschlußwert („Ausbauverhältnis") zu untersuchen[1]). Diese Verhältnisse sind in Zahlentafel XV für verschiedene Werke und Jahre berechnet. Es zeigt sich, daß das Benutzungsverhältnis mit den Jahren langsam abnimmt, weil bei der steigenden Ausbreitung der elektrischen Arbeit der Anschlußwert in viel höherem Maße wächst als die Höchstbeanspruchung des Kraftwerkes, daß es aber für eine Reihe von Jahren als gleichbleibend angenommen werden kann, d. h. also, die Höchstbelastung ändert sich für bestimmte Zeiträume ungefähr in gleichem Maße wie der Anschlußwert und gibt somit ein Bild von der Veränderung der Nachfrage. Andererseits ist das Verhältnis der Höchstbelastung zur Leistungsfähigkeit und somit zu den Kosten des Kraftwerkes scheinbar ein ganz unregelmäßiges; es wächst bis zu einer bestimmten Grenze an, d. h. solange, bis auch die Aushilfsmaschinen zur Höchstbelastung mit herangezogen sind. Dann tritt gewöhnlich eine Erweiterung der Maschinenleistungsfähigkeit ein und das Verhältnis sinkt auf einen beträchtlich kleineren Wert, um dann allmählich entsprechend dem Anwachsen der Höchstbelastung bei gleichbleibender Maschinenleistung wieder anzusteigen. Aus Sicherheitsgründen, d. h. um stets einen bestimmten Bruchteil der Leistung im Notfalle zur Verfügung zu haben, wird man jedoch in regelmäßigem Betrieb im allgemeinen die Leistungsfähigkeit je nach der Unterteilung der Maschinensätze so bemessen, daß die Höchstbelastung nicht über 50—80% der Leistungsfähigkeit hinaus anwachsen kann. Dieses bestimmte Verhältnis wird im Laufe der Jahre sich immer wieder einstellen, so daß es, wenn man größere Zeiträume betrachtet, als ungefähr gleichbleibend angesehen werden kann. Wenn somit das Benutzungsverhältnis und die Belastungsziffer, wenn auch nur für größere Zeiträume, als feststehend bezeichnet werden können, so muß die gleiche Beobachtung sich auch bei dem Verhältnis: Leistungsfähigkeit zum Anschlußwert ergeben; in der Tat zeigt die Zahlentafel, daß auch das Ausbauverhältnis im regelmäßi-

---

[1]) Da in der Literatur noch keine Einheitlichkeit in der Bezeichnung dieser Verhältniszahlen besteht, ist ihre Benennung hier so gewählt, wie sie ihrer Bedeutung am meisten zu entsprechen scheint (siehe auch L. 181).

gen Betrieb immer wieder einem gleichen Werte zustrebt. Damit aber ist die Beziehung zwischen Anlagekosten des Kraftwerkes und der Nachfrage hergestellt: die Kosten ändern sich, wenn auch nicht stetig, so doch sprungweise, in gleicher Weise, wie der Anschlußwert. Nun ist aber der Anschlußwert keine ohne weiteres erkennbare Größe; er muß stets aus der Gesamtsumme der Einzelanschlüsse ermittelt werden und ist aus mannigfachen Ursachen nicht einwandfrei festzustellen. Dagegen ist die Höchstbelastung des Kraftwerkes jederzeit an den hierfür bestimmten Meßeinrichtungen abzulesen. Man wird daher nicht den Anschlußwert, der zwar unmittelbar ein zahlenmäßiger Ausdruck der Nachfrage ist, sondern die Höchstbelastung des Kraftwerkes als unabhängige Veränderliche der weiteren Untersuchung zugrunde legen und dies um so mehr, als, wie sich weiterhin ergeben wird, auch der hauptsächlichste Anteil der Anlagekosten, der des Leitungsnetzes, sich in bestimmter Abhängigkeit von der Höchstbelastung verändert. Dies kann man schon daraus schließen, daß die Berechnung der Leitungsquerschnitte auf Grund einer angenommenen Höchstbeanspruchung erfolgt. Zwar sind demgemäß nur die Kupferkosten proportional der Höchstbelastung; auch erfolgt die Berechnung stets so, daß das einmal ausgebaute Leitungsnetz für einige Jahre, trotz steigender Beanspruchung, ausreicht und wird dann oft in größerem Umfang erweitert als dem augenblicklichen Höchstbedarf entspricht. Weiter wird zwar jeder Leitungsstrang für eine bestimmte Beanspruchung berechnet, jedoch wird die Höchstbelastung des Kraftwerkes nicht unmittelbar durch die algebraische Summe der Einzelbeanspruchungen gebildet; schließlich erhöht unter sonst gleichen Umständen ein entfernterer Anschluß die Leitungskosten in größerem Umfang als ein in der Nähe des Kraftwerks gelegener. Trotz aller dieser gegen eine einfache Beziehung zwischen Höchstbelastung des Kraftwerks und Leitungsnetzkosten sprechenden Umstände zeigen die tatsächlichen Verhältnisse einen einfachen Zusammenhang zwischen den beiden Größen, der sich ohne weiteres bei zeichnerischer Darstellung der Leitungskosten in Abhängigkeit von der Höchstbelastung des Kraftwerkes ergibt. Wie die Abb. 7 zeigt, wird der Zusammenhang, wenn auch nicht unmittelbar durch eine gerade Linie, so durch eine Kurve dargestellt, die wenigstens streckenweise durch eine Gerade zu ersetzen ist. Für bestimmte Zeiträume ist somit der größte Teil der Kapitalkosten für das Leitungsnetz proportional der Höchstbeanspruchung des Kraftwerks anzunehmen.

Der noch verbleibende Teil des Anlagekapitals, die Kosten der Zähler, sollen der Überlegung nach in einem einfachen Verhältnis zu der Zahl der Zähler bzw. der Abnehmer stehen. In der Tat ist auch

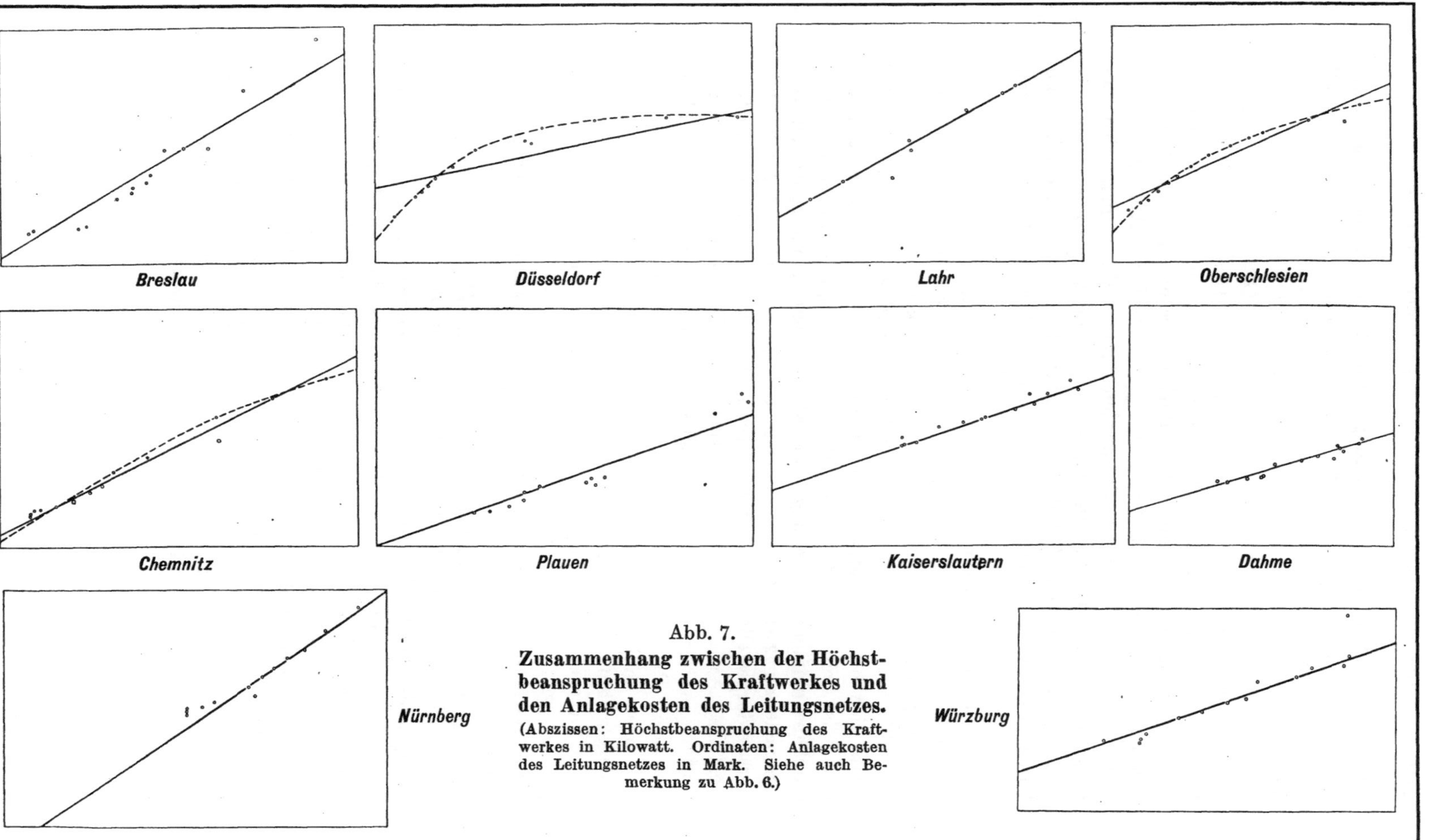

Abb. 7.

Zusammenhang zwischen der Höchst-beanspruchung des Kraftwerkes und den Anlagekosten des Leitungsnetzes.

(Abszissen: Höchstbeanspruchung des Kraft-werkes in Kilowatt. Ordinaten: Anlagekosten des Leitungsnetzes in Mark. Siehe auch Be-merkung zu Abb. 6.)

aus der zeichnerischen Darstellung, Abb. 8, zu ersehen, daß diese Abhängigkeit bei einigen Werken durch einen geradlinigen Verlauf zum Ausdruck gebracht wird; meist jedoch nehmen die Kosten weit langsamer zu als die Anzahl der Abnehmer, und so ergibt sich im allgemeinen eine parabelastähnliche Kurve. Der Grund hierfür liegt in dem starken Preisrückgang fast aller Zählerarten. Der Parabelast kann in den meisten Fällen durch eine gerade Linie ersetzt werden, so daß auch zwischen den durch die Zähler verursachten festen Ausgaben und der Nachfrage, in diesem Falle der Anzahl der Abnehmer, eine einfache Beziehung hergestellt werden kann. Wenn man aber berücksichtigt, daß das für die Zähler aufgewendete Kapital einen verhältnismäßig geringen Anteil der Gesamtanlagekosten ausmacht, daß ferner offenbar die Höchstbeanspruchung des Kraftwerkes·in gewissem Umfang durch die Zahl der Abnehmer bedingt ist, so kann man folgern, daß, nachdem Kraftwerks- und Leitungsnetzkosten, also die Hauptteile der Gesamtanlagekosten, in einfacher Beziehung zur Höchstbelastung stehen, dies auch bei den Gesamtkosten der Anlage, einschließlich der Ausgaben für die Zähler, der Fall sein muß. In der Tat ergibt sich bei zeichnerischer Darstellung auch für die Gesamtanlagekosten in Abhängigkeit von der Höchstbelastung des Kraftwerkes eine durchaus einfache Beziehung; wie Abb. 9 zeigt, kann meist der Zusammenhang zwischen den beiden Größen angenähert durch eine Gerade dargestellt werden. Es besteht also zwischen dem größten Teil der Anlagekosten und damit auch der Kapitalkosten und zwischen der Höchstbeanspruchung des Kraftwerkes einfache Proportionalität. In Anlehnung an zeichnerische Darstellungen ähnlicher Art kann die Schaulinie, die die Abhängigkeit der Anlagekosten von der Höchstbelastung des Kraftwerkes wiedergibt, die Charakteristik der Anlagekosten genannt werden. Bezeichnet man das Anlagekapital mit K, die hierdurch verursachten Kapitalkosten mit k, die Höchstbelastung mit H, so bestehen die Beziehungen

$$\text{Anlagekosten} \quad K = A + B \cdot H,$$
$$\text{Kapitalkosten} \quad k = a + b \cdot H.$$

Die gleichbleibenden Werte A und B sind ohne weiteres aus der zeichnerischen Darstellung zu berechnen; a und b stehen zu A und B im gleichen Verhältnis wie die Kapitalkosten zum Anlagekapital.

Bei der Beurteilung und Verwertung der Gleichungen und Schaulinien darf nicht außer acht gelassen werden, daß der ersichtlich gemachte Zusammenhang nur ein angenäherter, nicht aber streng gesetzmäßiger ist und sich nur unter mancherlei Vernachlässigungen nachweisen läßt. Der Nachweis einer gesetzmäßigen Abhängigkeit wäre nur dann einwandfrei zu führen, wenn alle Anlageteile stets in

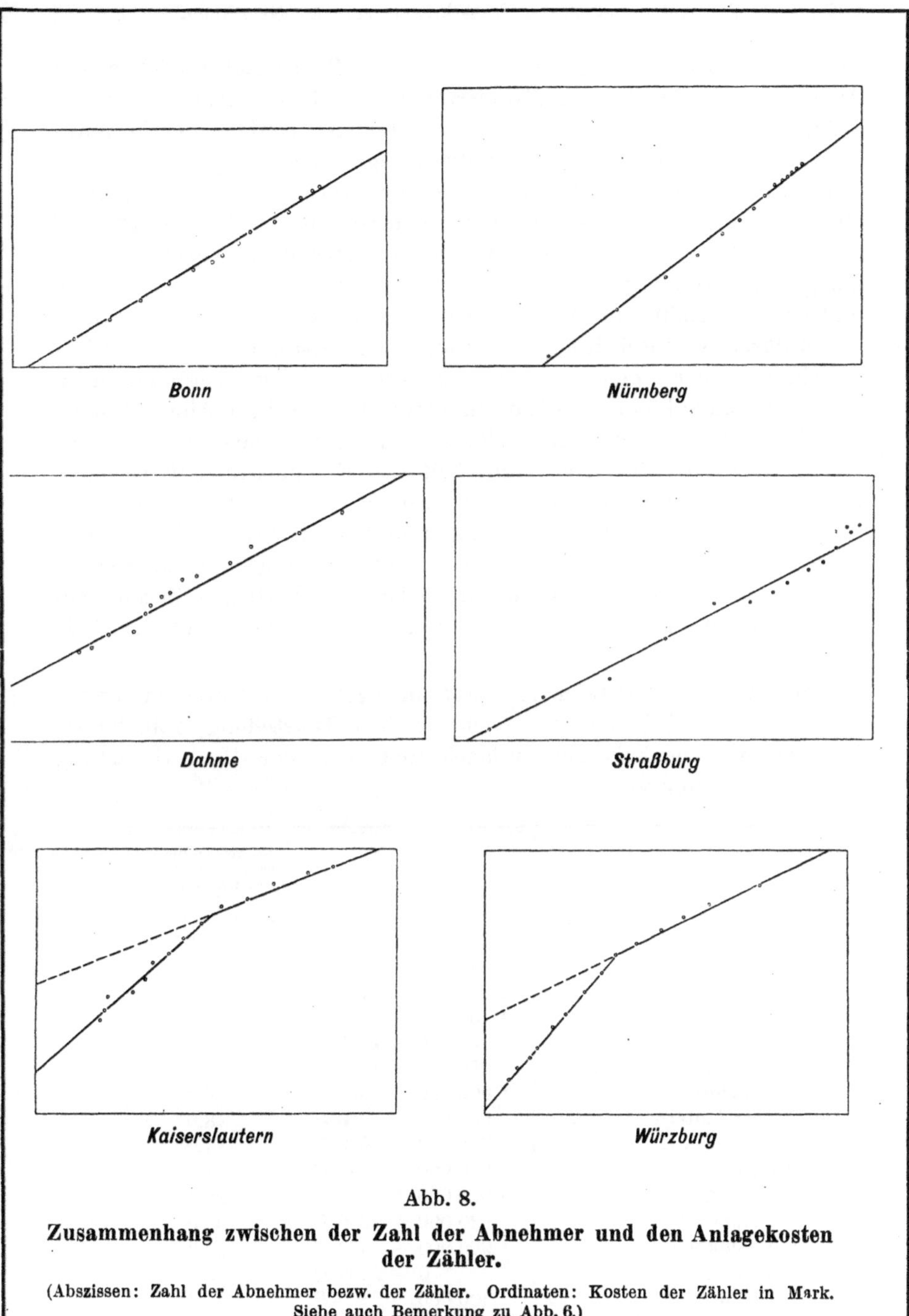

Abb. 8.

Zusammenhang zwischen der Zahl der Abnehmer und den Anlagekosten der Zähler.

(Abszissen: Zahl der Abnehmer bezw. der Zähler. Ordinaten: Kosten der Zähler in Mark. Siehe auch Bemerkung zu Abb. 6.)

gleichem Verhältnis vergrößert würden, die Preise gleich blieben und Änderungen in der Art der Stromerzeugung und Fortleitung nicht vorgenommen würden. Alle diese Voraussetzungen treffen aber in Wirklichkeit nicht zu, vielmehr werden die Anlageteile oft in sehr ungleichem Verhältnis erweitert, z. B. werden große Leitungsnetze hinzugefügt, ohne daß das Kraftwerk irgendeine Veränderung erfährt; ferner sind die Kosten ein und derselben Anlage zu verschiedenen Zeiten, selbst auf gleiche Grundlagen zurückgeführt, stark von einander abweichend, und endlich erfährt die Art der Stromerzeugung und Stromverteilung, sei es durch Wechsel des Stromsystems, der Spannung, der Antriebsmaschinen, der Leitungsverlegung usf., häufige Veränderungen. Diese Umstände können im Einzelfall recht beträchtliche Abweichungen von dem festgestellten Verlauf der Abhängigkeit verursachen; sie vermögen aber die allgemeine Gültigkeit des Ergebnisses, daß nämlich, insbesondere, wenn man längere Zeiträume ins Auge faßt, Proportionalität zwischen der Höchstleistung und dem Hauptteil der Anlagekosten und damit mit den Kapitalausgaben angenommen werden kann, um so weniger zu beeinflussen, als bei wirtschaftlichen Zusammenhängen von mathematisch genauen Gesetzen ohnedies nicht die Rede sein kann.

Für die in Zahlentafel XV zusammengestellten Unternehmungen ergeben sich auf Grund der zeichnerischen Darstellung Abb. 9a—d für die Abhängigkeit der Anlagekosten von der Höchstbelastung folgende Gleichungen:

Ort		Der von der Höchstbelastg. unabhängige Teil d. Anlagekosten in Proz. d. gegenwärt. Anlagekapitals beträgt
Bonn	$885\,000 + 800\,H$	29,0
Breslau	$2\,900\,000 + 1480\,H$	14,0
Chemnitz	$1\,100\,000 + 995\,H$	8,0
Dahme	$103\,000 + 1040\,H$	31,0
Deuben	$290\,000 + 1610\,H$	8,5
Düsseldorf	$5\,000\,000 + 850\,H$	26,0
Kaiserslautern	$900\,000 + 750\,H$	48,0
Lahr	$205\,000 + 980\,H$	14,0
München	$1\,600\,000 + 2590\,H$	4,0
Nürnberg	$1\,950\,000 + 1060\,H$	29,0
Oberlungwitz	$620\,000 + 2230\,H$	6,0
Oberschlesien	$6\,900\,000 + 670\,H$	22,0
Plauen	$0 + 2200\,H$	0,0
Straßburg	$400\,000 + 2300\,H$	1,3
Werdau	$600\,000 + 1025\,H$	10,0
Würzburg	$740\,000 + 730\,H$	40,0

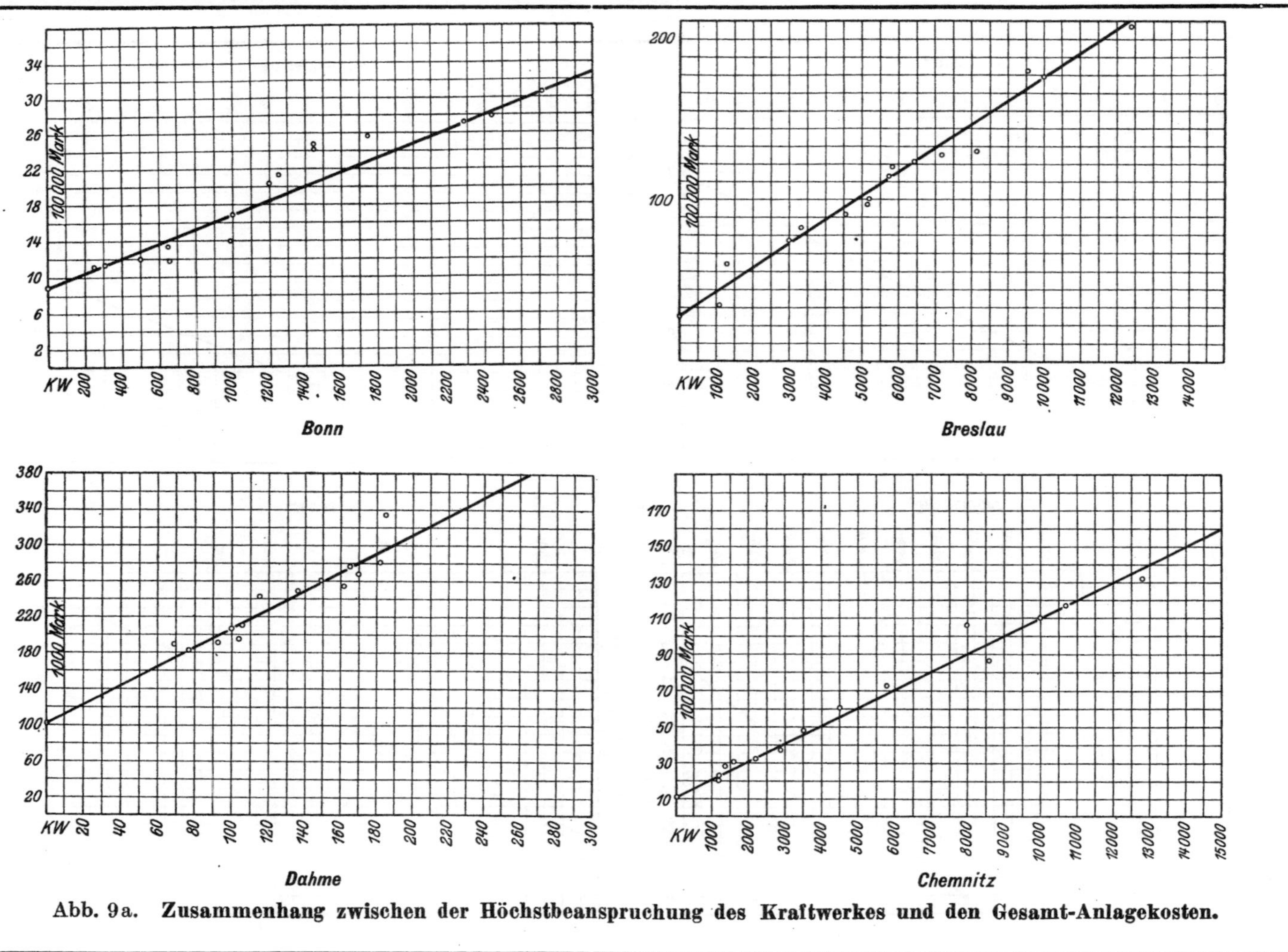

Abb. 9a.   Zusammenhang zwischen der Höchstbeanspruchung des Kraftwerkes und den Gesamt-Anlagekosten.

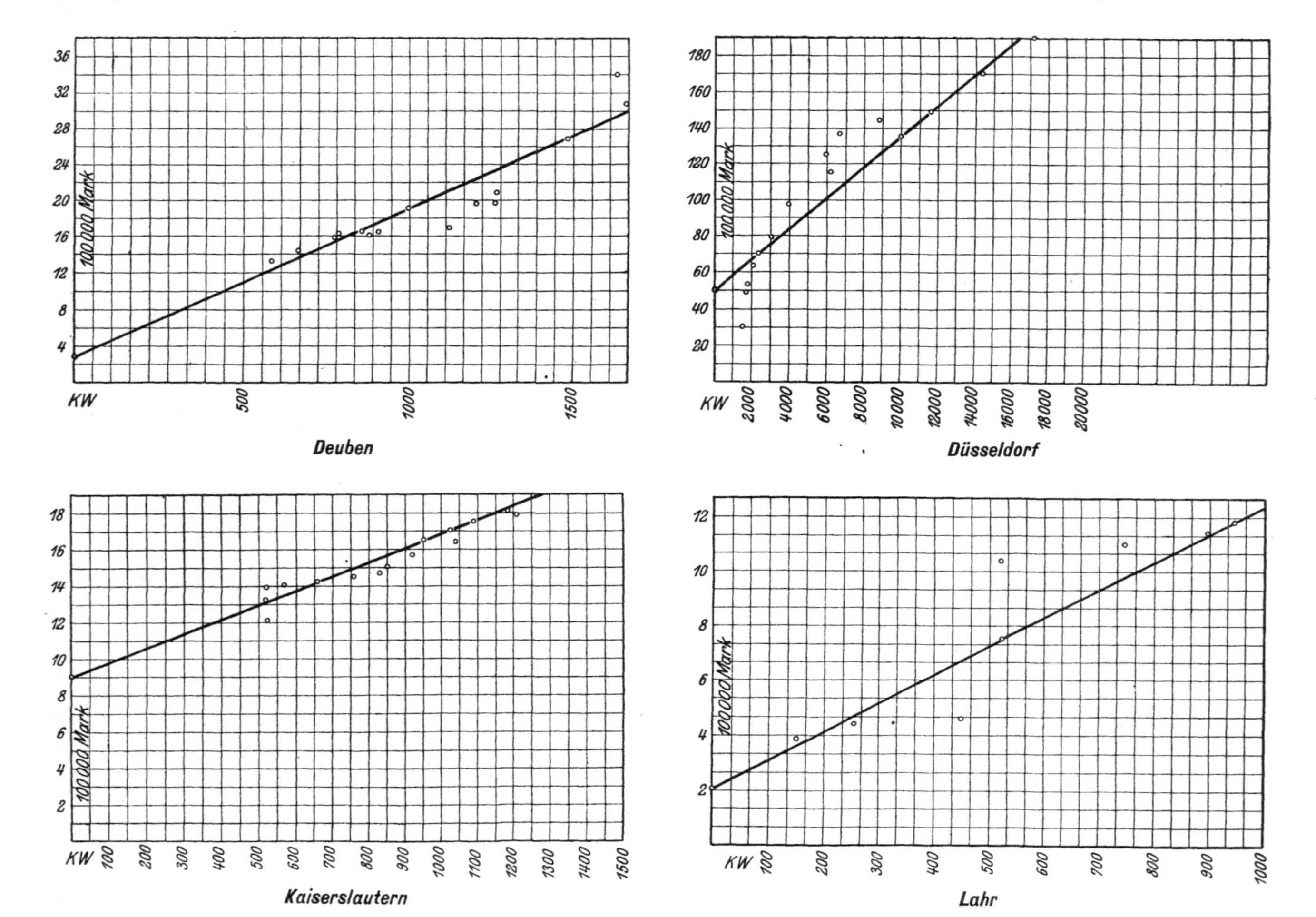

100 000 Mark
KW
Deuben
100 000 Mark
KW
Düsseldorf
100 000 Mark
KW
Kaiserslautern
100 000 Mark
KW
Lahr

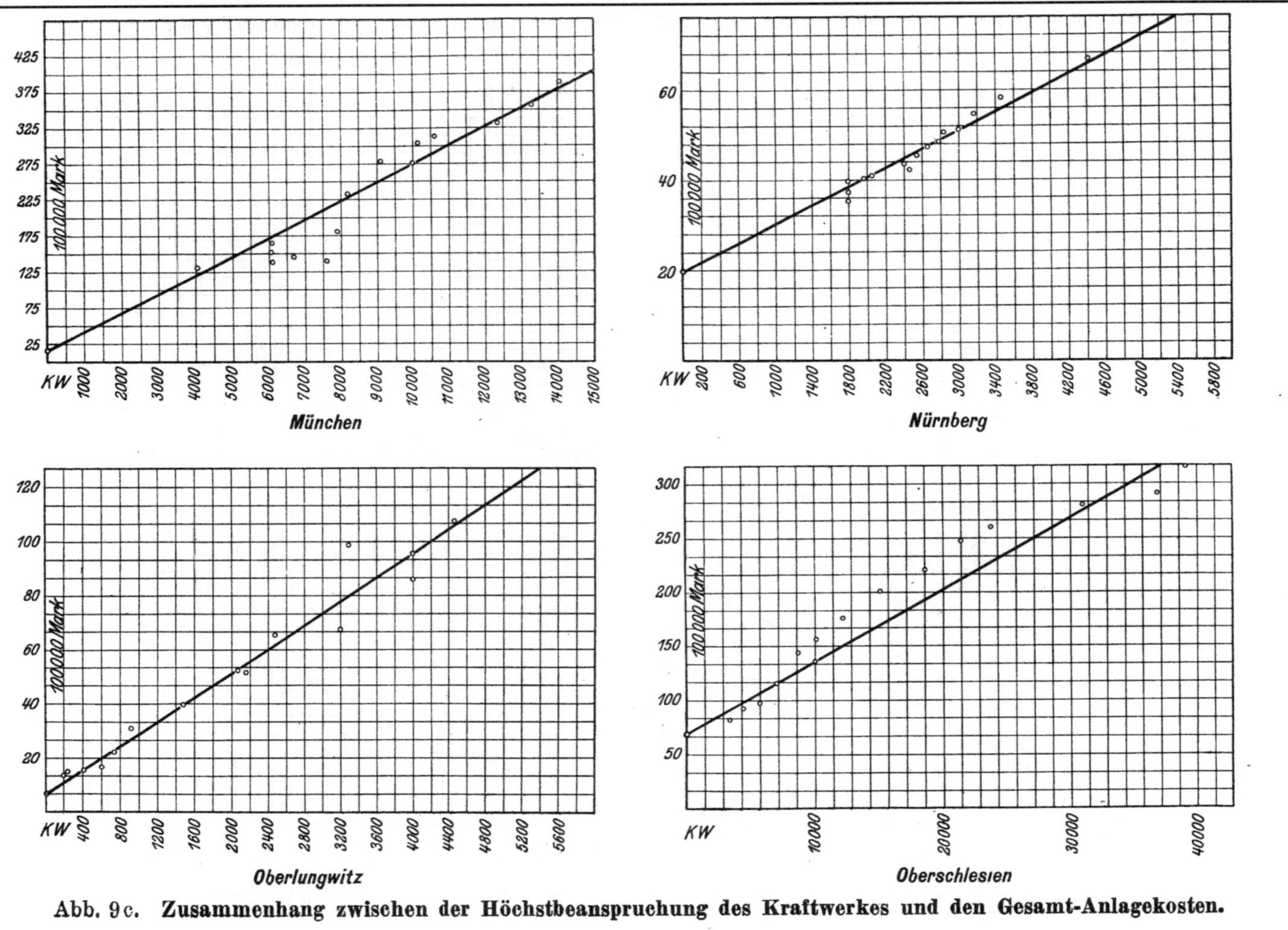

Abb. 9c. Zusammenhang zwischen der Höchstbeanspruchung des Kraftwerkes und den Gesamt-Anlagekosten.

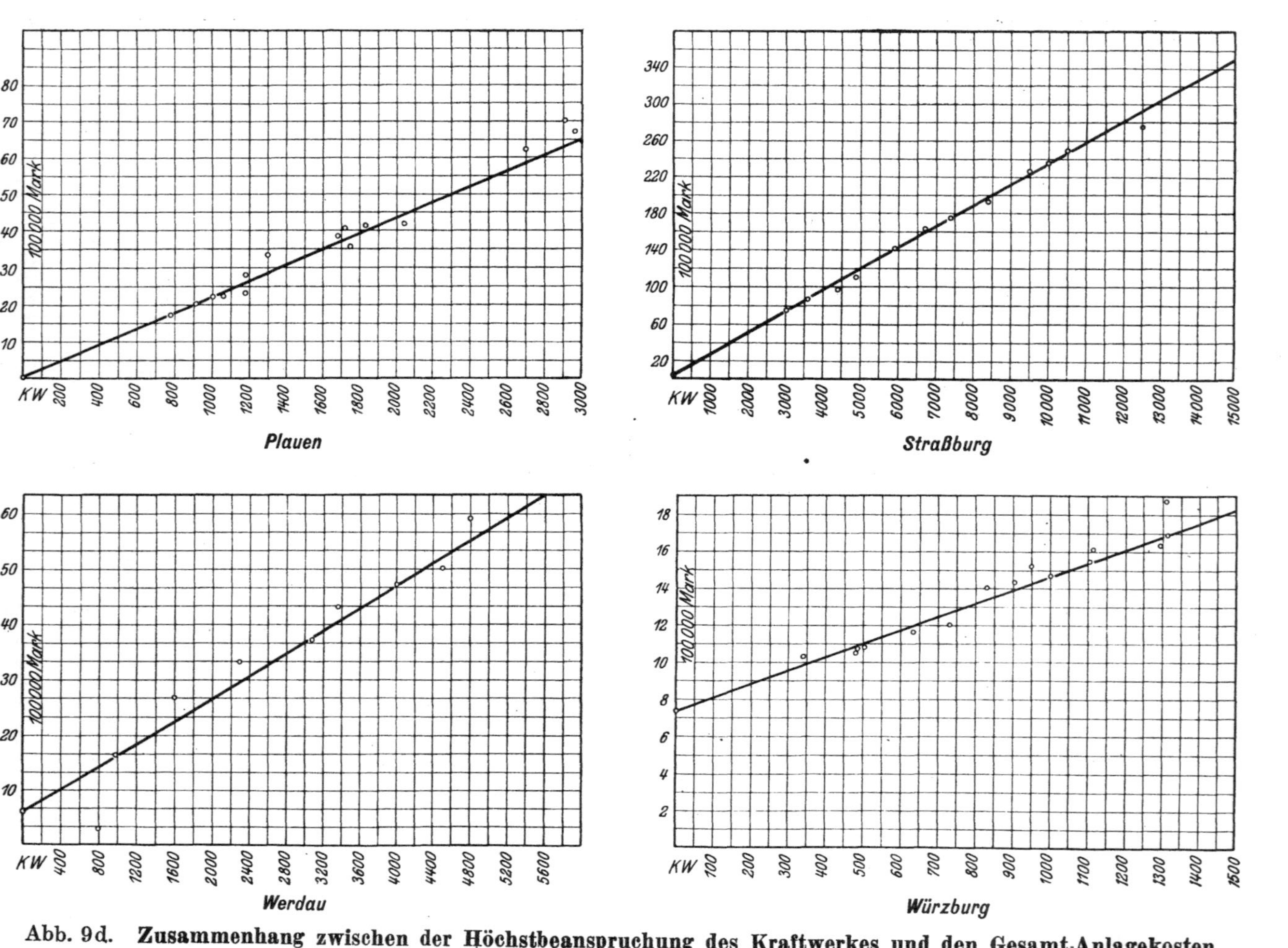

Abb. 9d. Zusammenhang zwischen der Höchstbeanspruchung des Kraftwerkes und den Gesamt-Anlagekosten.

Hieraus ist ersichtlich, daß ein Teil der Gesamtanlagekosten von der Höchstbelastung unabhängig ist. Offenbar steht dieser Teil der Anlagekosten mit der Höchstbelastung in keinem einfachen Zusammenhang, er ist vielmehr von der baulichen und technischen Anordnung der Gesamtanlage abhängig. Er enthält alle diejenigen Beträge, die über die unbedingt notwendigen Ausgaben für die Einrichtung der Elektrizitätsversorgung hinausgehen, so z. B. die Kosten für die bessere architektonische Ausgestaltung des Kraftwerkes, die Mehrkosten eines Kabelnetzes gegenüber Freileitungen, sämtliche Kosten für Vorarbeiten, für Konzessionserwerb u. a. m. Dort, wo sich ein ganz regelmäßiger und gleichförmiger Verlauf der Kostencharakteristik ergibt, kann der von der Höchstbelastung unabhängige Anteil den Bereitstellungs- und Ausstattungskosten gleichgesetzt werden. Er ist um so kleiner, je mehr alle Teile der Anlage von vornherein dem jeweiligen Bedürfnis angepaßt waren und ist dort größer, wo einzelne Teile der Anlage, wie: Grundstück, Gebäude oder Leitungsnetz wesentlich über die ursprüngliche Höchstbelastung hinaus angelegt wurden, oder um vieles teurer sind als unter sonst gleichen Verhältnissen, oder wo bei älteren Anlagen kostspielige Umänderungs- und Erneuerungsarbeiten notwendig wurden.

Die Beispiele zeigen denn auch, daß der feste Anteil bei kleineren Unternehmungen mit eng begrenztem Versorgungsgebiet, die von vornherein auf Jahre hinaus ausgebaut wurden und sich nur langsam vergrößert haben (Werke mit geringer Kraftbelastung), wie Dahme, Kaiserslautern und Würzburg, weitaus den größten Wert erreicht, daß er ferner bei großstädtischen Gleichstromwerken infolge der kostspieligen Ausstattung der Baulichkeiten, der teueren Grundstücke, der unterirdischen Verlegungsart größer ist als bei Unternehmungen, die sich aus kleineren Anfängen zu größeren Überlandwerken mit Drehstrom-Freileitungsversorgung entwickelt haben (vergl. auf der einen Seite Bonn, Breslau, Düsseldorf, Nürnberg [frühzeitiger Kabelausbau ohne entsprechende Höchstbelastung], Oberschlesien [unterirdisches Hochspannungsnetz, zwei Kraftwerke], auf der anderen Seite Deuben, Lahr, Oberlungwitz, Plauen, Straßburg, Werdau). Wie aus den Beispielen weiter ersichtlich, ist im allgemeinen der auf die Einheit der Höchstbelastung entfallende Betrag um so größer, je kleiner der von ihr unabhängige Kostenanteil ist, d. h. das Anwachsen der Höchstbelastung verursacht um so weniger zusätzliche Kosten pro Kilowatt, je größer der unabhängige Teil der Gesamtanlagekosten ist. So erfordert jedes neu hinzutretende Kilowatt der Höchstbelastung im Durchschnitt der letzten Jahre in Kaiserslautern, Würzburg, Dahme, Bonn, Düsseldorf, Nürnberg, bei denen der feste Kostenanteil über 25% beträgt, meist weniger als $\mathcal{M}$ 1000 Anlagekosten, während sich die entsprechende Summe bei Deuben, München, Oberlungwitz, Plauen, Straßburg, wo die von der Höchstbelastung unabhängigen Kosten weniger als 10% ausmachen, höher als $\mathcal{M}$ 2000 ergibt. Es handelt sich hierbei lediglich um die zusätzlichen Kosten für Erweiterungen, nicht aber um Gesamtanlagekosten für das Kilowatt Höchstbelastung; für letztere muß auch der unabhängige Kostenanteil mit berücksichtigt werden, der jedoch mit den Umständen der Nachfrage einen einfach erkennbaren Zusammenhang nicht besitzt. Es bleibt somit, da zur Verteilung der Kosten auf die Verbraucher irgendeine Beziehung hergestellt werden muß, nichts anderes übrig, als auch für diesen festen Teil eine Abhängigkeit von der Höchstbelastung anzunehmen bzw. diese Kosten jeweils auf die Höchstbelastung zu verteilen. Dies erscheint um so eher berechtigt, als sie zumeist den weitaus geringeren Teil der Gesamtanlagekosten ausmachen. Ein solches Verfahren gewährt auch den Vorteil, daß der auf das Kilowatt der Höchstbelastung entfallende Kostenanteil um so kleiner wird, je mehr die Höchstbelastung anwächst, ein Umstand, der einerseits dem Unternehmer eine gesicherte Ertragsgrundlage, andererseits dem Abnehmer die Aussicht auf spätere Verbilligung gewährleistet. Nimmt man die Kapitalkosten zu 10% der Anlagekosten an, so ergeben sich, indem man nach dem Vorausgehenden die Bereitstellungskosten auf die Höchstbelastung des letzten Jahres gleichmäßig verteilt, für die angeführten Werke für jedes Kilowatt der Höchstbelastung folgende jährliche Kapitalkosten:

Ort	Anteil an den festen Kosten		Zusätzliche Kosten		Gesamt
Bonn . . . . $\mathcal{M}$	32	+	80,00	=	112
Breslau . . . . „	23	+	148,00	=	171
Chemnitz . . . . „	9	+	99,50	=	109
Dahme . . . . „	56	+	104,00	=	160
Deuben . . . . „	18	+	161,00	=	179
Düsseldorf . . . . „	29	+	85,00	=	114
Kaiserslautern . . . . . „	76	+	75,00	=	151
Lahr . . . . „	25	+	98,00	=	123
München . . . . „	11	+	259,00	=	270
Nürnberg . . . . „	44	+	106,00	=	150
Oberlungwitz . . . . . . „	14	+	223,00	=	237
Oberschlesien . . . . . . „	18	+	67,00	=	85
Plauen . . . . „	0	+	220,00	=	220
Straßburg . . . . „	3	+	230,00	=	233
Werdau . . . . „	12	+	102,50	=	114
Würzburg . . . . „	56	+	73,00	=	129

Wie man sieht, ergeben sich für die einzelnen Unternehmungen recht verschiedene Werte; sie dürfen in dieser Form nicht ohne weiteres der Preisstellung zugrunde gelegt werden, sondern sollen nur ein ungefähres Bild von dem Zusammenhang zwischen der Höchstbelastung als Maß und Ausdruck der Nachfrage und den Kapitalkosten als Maß des Angebotes geben.

B. Zusammenhang zwischen Betriebskosten und Nachfrage.

Schon bei der Besprechung der Betriebskosten wurde festgestellt, daß einzelne Ausgabengruppen von bestimmten Umständen der Nachfrage abhängig sind. Von diesem Gesichtspunkt aus ist die Einteilung der Betriebskosten in solche für „allgemeine Verwaltung", „Stromerzeugung", „Stromfortleitung", „Strommessung" und „Sonstiges" als zweckmäßig bezeichnet worden.

Die Ausgaben für allgemeine Verwaltung umfassen einen Teil der Aufwendungen für die Betriebsleitung, die gesamten Ausgaben für den Verkehr mit den Abnehmern, also für Buchhaltung, Rechnungswesen, für die Werbetätigkeit u. a. m. Offenbar sind diese Ausgaben um so größer, je höher die Zahl der Abnehmer wächst. Damit steigt die Verantwortung der Betriebsleitung und somit auch ihr Einkommen, der Umfang der kaufmännischen Arbeiten, der Schriftwechsel, die Zahl der Buchungen, der Rechnungen; die für die Verwaltung benötigten Räume werden größer, d. h. also, mit der Zahl der Abnehmer wachsen die Ausgaben für Miete, für Versicherungen, für Bureaumaterial u. a. m. Ebenso steigen mit der Zahl der Abnehmer die Kosten für das Ablesen der Zähler, für das Einziehen der Gelder, d. h. also die Strommessungskosten. Leider geben die Veröffentlichungen der Werke über diesen Zusammenhang nicht genügenden Aufschluß; es ist bereits an anderer Stelle darauf hingewiesen worden, daß namentlich in früheren Jahren die Einteilung der Betriebskosten nach rein äußerlichen Gesichtspunkten erfolgt ist, so daß meistenteils eine Trennung der Betriebsausgaben in der oben angedeuteten Weise unmöglich ist. Auch die Statistik der Vereinigung der Elektrizitätswerke kann, obwohl die Einteilung der Betriebskosten in den letzten Jahren nach dem Zweck der Betriebsausgaben erfolgt ist, zur näheren Untersuchung dieser Zusammenhänge nicht herangezogen werden, weil auch bei gleicher Benennung verschiedenes unter den einzelnen Posten, namentlich bei den „Verwaltungskosten" zusammengefaßt ist. Selbst die ausführlichen Betriebsberichte der einzelnen Werke geben hierüber nicht immer einwandfreien Aufschluß. Es können daher nur einige wenige Beispiele angeführt werden.

In der folgenden Zahlentafel sind für eine Reihe von Werken für verschiedene Jahre die Zahl der Abnehmer und die entsprechenden Verwaltungskosten angegeben.

Zahlentafel XVI.

Zahl der Abnehmer und Verwaltungskosten.

Jahr	A		B		C	
	Zahl der Abnehmer	Ausgaben für Verwaltung $\mathcal{M}$	Zahl der Abnehmer	Ausgaben für Verwaltung $\mathcal{M}$	Zahl der Abnehmer	Ausgaben für Verwaltung $\mathcal{M}$
04	266	5 688	—	—	114	4 304
05	282	5 881	—	—	278	8 377
06	300	5 996	263	5 153	407	8 744
07	319	6 351	308	5 756	506	9 844
08	344	6 761	336	5 846	580	9 518
09	374	6 712	397	6 055	732	12 440
10	445	7 507	475	6 363	837	17 840
11	492	8 029	554	6 813	1 032	19 315
12	541	8 194	634	7 275	1 327	22 712
13	638	9 544	778	7 640	1 668	21 809

Jahr	D		E		F	
04	326	10 984	433	12 982	2 490	32 000
05	468	12 837	480	14 673	3 190	35 500
06	618	12 667	660	15 599	4 560	40 600
07	771	18 748	832	21 244	6 090	45 000
08	904	19 642	964	23 919	7 310	50 800
09	1064	19 365	1178	25 583	9 120	56 100
10	1249	19 072	1355	29 267	10 740	61 300
11	1534	21 094	1493	32 132	14 500	72 100
12	1789	22 563	1812	38 267	19 300	90 200
13	2049	25 038	2205	44 912	25 500	106 500

Die zeichnerische Darstellung (Abb. 10) ergibt einen äußerst einfachen Zusammenhang: Abgesehen von einem bestimmten festen Anteil sind die Verwaltungskosten der Abnehmerzahl unmittelbar proportional. Bedeutet K_v die Verwaltungskosten, A die Zahl der Abnehmer, so ergeben sich für die dargestellten Werke folgende Gleichungen:

$$\text{A.}\quad K_v = 3\,000 + 10{,}20 \cdot A$$
$$\text{B.}\quad K_v = 4\,250 + 4{,}40 \cdot A$$
$$\text{C.}\quad K_v = 2\,200 + 15{,}50 \cdot A$$
$$\text{D.}\quad K_v = 9\,000 + 8{,}00 \cdot A$$
$$\text{E.}\quad K_v = 4\,700 + 17{,}80 \cdot A$$
$$\text{F.}\quad K_v = 24\,500 + 3{,}25 \cdot A$$

Der feste Anteil der Verwaltungskosten wird offenbar durch diejenigen Ausgaben gebildet, die aufzuwenden wären, auch wenn nur eine Mindestzahl von Abnehmern zu versorgen wäre. Die Unterschiede in der Höhe des festen Anteils deuten auf die verschiedenartige Bezahlung der

einzelnen Beamten und die ungleiche Höhe der übrigen Ausgaben, z. B.
der Bureaumiete und Ausstattung. Es ergibt sich weiter, daß auf den
einzelnen Abnehmer nicht unbeträchtliche Kosten entfallen, die bei
den einzelnen Werken wesentlich verschieden sind. Diese Unterschiede
rühren von den mannigfachsten Umständen her, in erster Linie von der
Höhe der Gehälter und Löhne, weiter von der örtlichen Ausdehnung
des Versorgungsgebietes, von der Höhe der Steuern und Abgaben, dem
Grad der Werbetätigkeit u. a. m. Daher ist die Gültigkeit der Verwal-
tungskostengleichung keine unbeschränkte, sondern kann sich z. B.

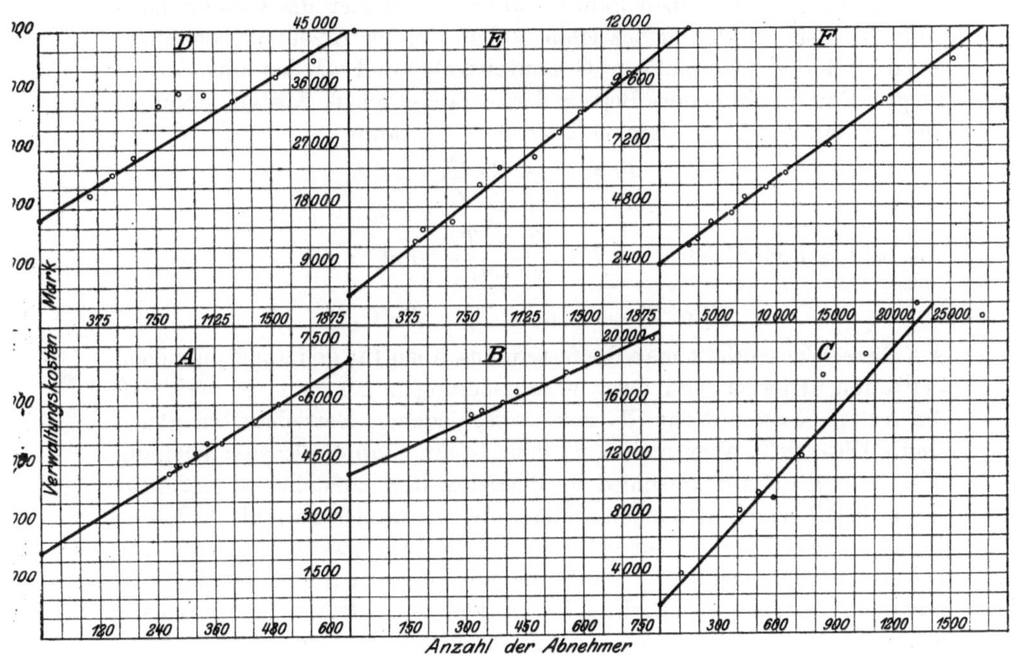

Abb. 10.

Zusammenhang zwischen der Zahl der Abnehmer u. den Verwaltungskosten.

infolge Umgestaltung der Verwaltungsanordnung ändern. Die Art der
Beziehung zwischen den Ausgaben und der Zahl der Abnehmer wird
sich jedoch immer wieder einstellen.

Der weitaus größte Teil der Betriebskosten entfällt, namentlich bei
Wärmekraftwerken, auf die eigentlichen Stromerzeugungskosten;
sie bilden den wesentlichsten Teil der Betriebsausgaben und der Zusammenhang zwischen ihnen und der Größe der Stromerzeugung ist
von jeher Gegenstand besonderer Aufmerksamkeit von seiten der Betriebsleiter gewesen. Die Versuche, sich über diesen Zusammenhang
einigermaßen Klarheit zu verschaffen, reichen bis in die erste Zeit der

öffentlichen Elektrizitätsversorgung zurück. Zuerst stellte man auf Grund von Erfahrung und einfacher Überlegung fest, daß ein bestimmter Teil der Erzeugungskosten allein für die Betriebsbereitschaft des Kraftwerkes aufzuwenden ist, auch wenn eine nützliche Erzeugung nicht stattfinden kann. Um diesen Teil der Erzeugungskosten festzustellen, hat man zuerst eine rechnerische Methode versucht (Wright, L 183). Hiernach bezeichne T die reinen Erzeugungskosten (Kohle, Öl, Bedienung usw.), während eines Monats oder eines Zeitabschnittes, in welchem die gesamte Erzeugung U groß ist und T_1 die Kosten für die gleiche Zeit desselben Jahres, während welcher die Gesamterzeugung U_1 klein ist; ferner bezeichne S den von der Erzeugung unabhängigen Teil der jedesmaligen Gesamtausgabe und R den auf die erzeugte Einheit fallenden Betrag der veränderlichen Kosten, dann ist die Gesamtausgabe in dem betreffenden Zeitraum

$$T = S + R \cdot U,$$
$$T_1 = S + R \cdot U_1,$$

aus beiden ergibt sich $\qquad R = \dfrac{T - T_1}{U - U_1}$ und

$$S = T - R \cdot U = T_1 - R \cdot U_1.$$

Auf diese Weise erhält man die festen Ausgaben für den angenommenen Zeitraum. Hierbei sind zwei Voraussetzungen gemacht, einmal, daß die festen Kosten S für die zwei verschiedenen Betriebszeiten gleich sind. Dies trifft aber nicht zu; denn wenn man die Kostengleichung $T = S + R \cdot U$ für verschiedene Betriebszeiten aufstellt, so hat S für jeden dieser Abschnitte einen anderen Wert, da sich sowohl die Löhne als auch die Leerlaufarbeit geändert haben. Die zweite Voraussetzung beruht auf der ebenfalls nicht ganz zutreffenden Annahme, daß die laufenden Kosten pro Einheit bei großer und kleiner Gesamtabgabe gleich sind. — Genauer ist eine zeichnerische Methode, die ebenfalls zuerst von Wright (L 221) angegeben, in einer etwas veränderten Form von Agthe (L 164) bekannt gemacht wurde. Man trägt als Abszissen die pro Monat erzeugten Kilowattstunden auf und als zugehörige Ordinaten die hierfür erwachsenen Erzeugungskosten. Es ergeben sich Punkte, die vielfach annähernd eine gerade Linie bestimmen, deren Verlängerung auf der Ordinatenachse den Betrag der von der Höhe der Stromabgabe unabhängigen Erzeugungskosten abschneidet. Diese Methode führt aber auch nur bei denjenigen Werken zu einem brauchbaren Ergebnis, bei denen für die einzelnen Betriebszeiträume wesentliche Unterschiede in der erzeugten Strommenge bestehen, wie dies namentlich bei kleineren Kraftwerken mit vorwiegender Lichtabgabe der Fall ist. Die Trennung der hauptsächlichsten Erzeugungskosten (Brennstoff und Löhne) nach dieser Methode ist an dem folgenden Beispiel durchgeführt.

Zahlentafel XVII.

Erzeugung und Betriebsausgaben.

Monat	1912			1913		
	Ausgaben für Bedienung $\mathcal{M}$	Ausgaben für Kohlen $\mathcal{M}$	Erzeugte Kwstd.	Ausgaben für Bedienung $\mathcal{M}$	Ausgaben für Kohlen $\mathcal{M}$	Erzeugte Kwstd.
Januar	254	841	13 043	182	657	10 567
Februar	241	844	11 010	166	570	9 403
März	350	1101	14 177	160	631	8 938
April	227	883	11 487	185	792	11 284
Mai	321	1392	18 993	264	1128	18 993
Juni	242	1664	23 137	253	1242	22 953
Juli	268	1692	26 203	266	1371	25 199
August	348	1640	27 651	356	1466	25 062
September . . .	281	1187	21 260	287	1262	20 590
Oktober.	181	790	12 361	283	829.	13 150
November . . .	200	767	11 687	223	814	13 410
Dezember	185	753	12 411	202	703	15 009
Sa.	3 098	13 554	203 420	2 827	11 465	194 558

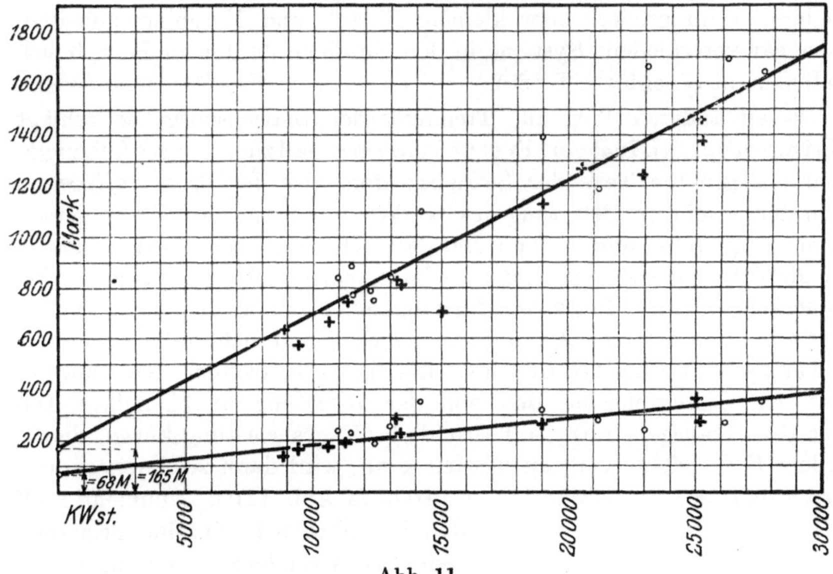

Abb. 11.

**Trennung in feste und veränderliche Ausgaben bei den Betriebslöhnen
(untere Linie) und den Brennstoffkosten (obere Linie).**

Für die zeichnerische Darstellung (Abb. 11) sind die Angaben zweier
aufeinanderfolgender Jahre benutzt, dies ist zulässig, da sich in den
Betriebsverhältnissen während der beiden Jahre nichts geändert hat.

Sie ergibt, daß von den Bedienungskosten im Jahre $68 \times 12 = 816$ $\mathscr{M}$ d. h. im Jahre 1912 26,5%, im Jahre 1913 29%, von den Kohlenkosten im Jahre $165 \times 12 = 1980$ $\mathscr{M}$, d. h. im Jahre 1912 17,6% und 1913 17,3% unabhängig von der Höhe der Erzeugung waren.

Versucht man, dieses Verfahren auch auf größere Werke anzuwenden, so wird es meistenteils aus verschiedenen Gründen versagen; einmal ist, namentlich bei überwiegender Kraftabgabe, die Erzeugung in den einzelnen Monaten nicht sehr verschieden, so daß die Betriebskostencharakteristik sehr schwer mit einiger Genauigkeit zu bestimmen ist. Ferner kann eine geringe Erhöhung oder Erniedrigung des Kohlenpreises, eine unwesentliche Abweichung im Heizwert der Kohle, die Inbetriebnahme anderer Maschinen- oder Kesseleinheiten so beträchtliche Veränderungen hervorbringen, daß die zeichnerische Darstellung nach der Agtheschen Methode meist ein unzulängliches Bild ergibt. Der Gedanke, statt der Ziffern der einzelnen Monate diejenigen aufeinanderfolgender Jahre der Berechnung zugrunde zu legen, ist zwar bestechend, führt aber fast nie zu richtigen Ergebnissen, da sich die Betriebsgrundlagen in dem Zeitraum mehrerer Jahre meist beträchtlich verschieben; es ist einleuchtend, daß die festen Kosten sich wesentlich ändern, wenn größere oder kleinere Kessel- und Maschineneinheiten, oder gar verschiedene Systeme in den einzelnen Jahren in Betrieb sich befinden (s. Soschinski L 180).

Einen anderen Weg zur Trennung der Betriebsausgaben schlägt Klingenberg (L 163) vor. Er geht davon aus, daß zunächst die Abhängigkeit des größten Teils der Betriebskosten, also der Brennstoffkosten, von der jeweiligen Belastung des Werkes annähernd durch eine gerade Linie dargestellt werden kann und daß sich die übrigen Betriebskosten in ähnlicher Weise verhalten; zeichnet man somit die gesamten Betriebskosten eines Tages in Abhängigkeit von der Belastung auf, so ergibt sich nach seinen Ausführungen wiederum annähernd eine Gerade, die er als wirtschaftliche Charakteristik bezeichnet. Sie schneidet auf der Ordinatenachse den von der Belastung unabhängigen Teil der Gesamtausgaben ab; auf Grund der Tagesbelastungskurve, die in jedem Falle leicht ermittelt werden kann, wird dann zeichnerisch das Diagramm der Betriebskosten ermittelt (s. Abb. 12)[1]. Nunmehr muß festgestellt werden, wieviel Stunden im Jahre jede einzelne Belastung vorhanden war. Wird dann für jede Jahresstundenzahl die zugehörige Belastungsstufe aufgetragen, so ergibt sich die Jahresbelastungskurve (Abb. 13)[1]; mit Hilfe der wirtschaftlichen Charakteristik kann dann das Jahreskostendiagramm ermittelt werden.

---

[1] Abb. 12 u. 13 sind dem Buch: Klingenberg, Bau großer Elektrizitätswerke I (L. 163) mit freundlicher Erlaubnis des Verfassers entnommen.

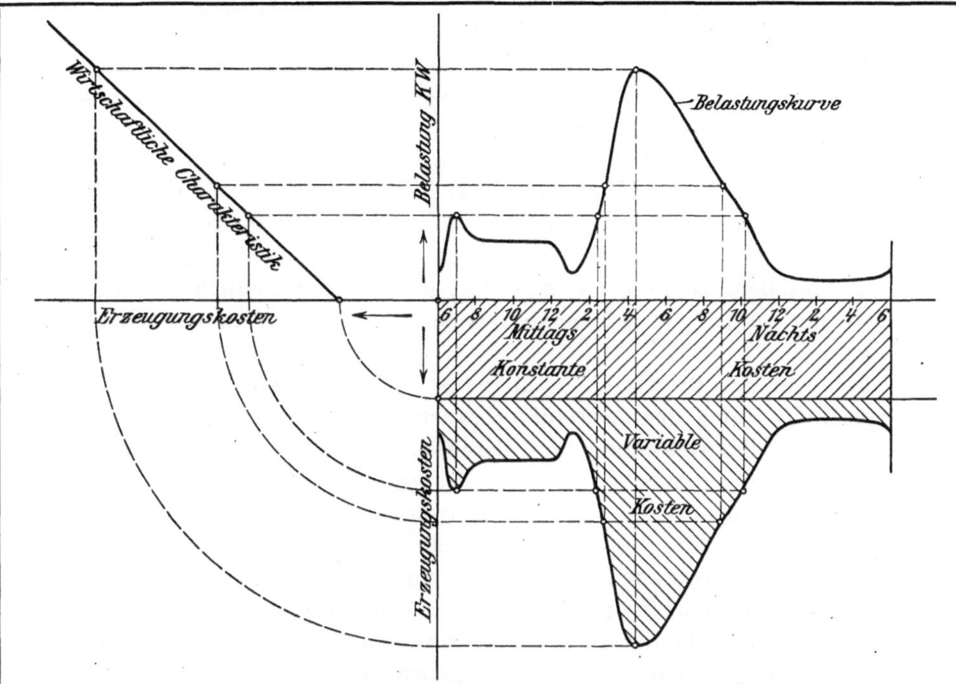

Abb. 12. **Wirtschaftliche Charakteristik, Belastungskurve und Tagesbetriebskosten.**

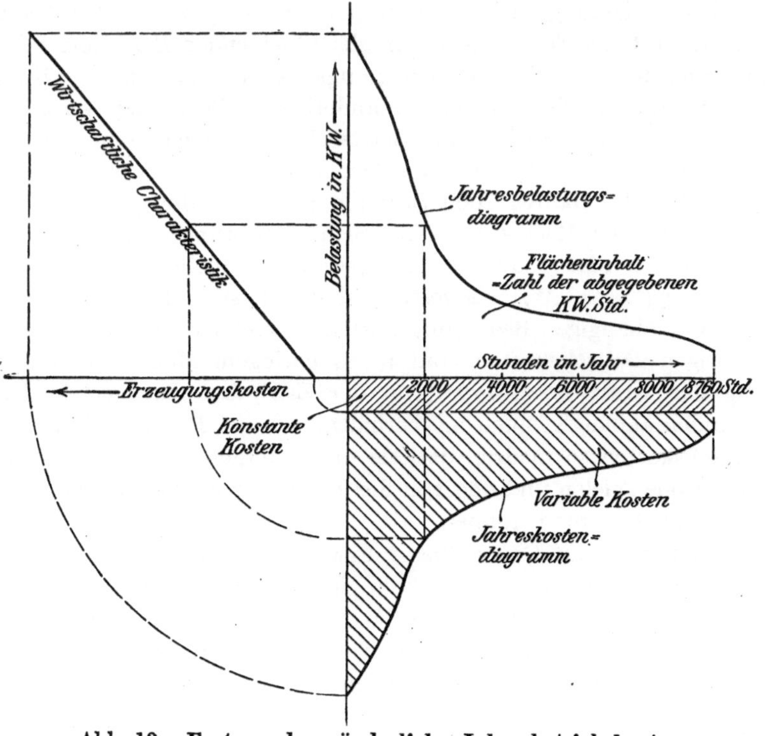

Abb. 13. **Feste und veränderliche Jahresbetriebskosten.**

Diese Methode setzt große rechnerische Vorarbeiten voraus, auch trifft die Voraussetzung, daß die wirtschaftliche Charakteristik eine Gerade ist, im allgemeinen nur für den Brennstoffverbrauch und nur bei Dampfturbinen zu; ferner dürfte es in den meisten Fällen außerordentlich schwer sein, für einzelne Belastungen die zugehörigen Betriebskosten einigermaßen genau zu bestimmen, daher dürfte auch diese Methode nur in vereinzelten Fällen Anwendung finden können.

Für größere Dampfkraftwerke, bei denen hauptsächlich Turbinen verwendet werden, führt folgende rechnerische Methode am einfachsten zum Ziele:

Die von der Belastung unabhängigen Brennstoffkosten werden in erster Linie durch den Leerlaufverbrauch der Dampfturbinen und die Kosten für die Abdeckung und Bereitstellung der Kessel verursacht, die durch einen einfachen Versuch festgestellt werden können. Die Zahl der Betriebsstunden der Dampfturbinen sowie der Kessel werden in jedem geordneten Betriebe festgestellt. Die Ausgaben für die Bedienung sind in modernen Kraftwerken zum größten Teil von der Höhe der Belastung unabhängig, können aber proportional zu der Gesamt-Betriebsstundenzahl der Kessel und Maschinen angenommen werden. Es wird sich in den meisten Fällen ergeben, daß diese Betriebsstunden mit den Zeiten gleichbleibender Belastung bzw. mit den Zeiten veränderlicher Belastung sich verändern, d. h. diejenigen Bedienungskosten, die auf die Zeiten ungefähr gleichbleibender Belastung fallen, werden den festen Teil der Bedienungskosten ausmachen, während diejenigen, die in den Zeiten veränderlicher Belastung verursacht werden, auch als veränderliche Betriebskosten angenommen werden können. Ergibt sich also für ein Kraftwerk, daß von den 8760 Betriebsstunden des Jahres 7000 Stunden auf ungefähr gleichbleibende Belastung und der Rest auf veränderliche Belastung entfällt, so kann angenommen werden, daß von den gesamten Kosten für die Bedienung ca. $\frac{7000}{8760}$ = ca. 80% als feste und der Rest = 20% als von der Belastung abhängige Bedienungskosten gerechnet werden können. Alle übrigen Betriebskosten sind in so geringem Maße von der Belastung des Kraftwerkes bzw. von der Zahl der abgegebenen Kilowattstunden abhängig, auch im Verhältnis zu den Brennstoff- und den Bedienungskosten so niedrig, daß sie im Endergebnis keine ausschlaggebende Rolle spielen und den von der Belastung unabhängigen Kosten hinzugerechnet werden können.

Wie weiterhin auf Grund dieser Erwägungen die von der Zahl der abgegebenen Kilowattstunden abhängigen Betriebskosten festgestellt werden können, läßt sich am besten an einem Beispiel erläutern:

In einem Kraftwerk mit einer Turbine von rd. 4200 KW., zwei von je 1000 KW. und sechs gleich großen Kesseln betrug der

Leerlaufverbrauch der größeren Turbine rd. 3600 kg Dampf, der der kleineren je 612 kg Dampf; zum Abdecken der Kessel bzw. zur Bereitschaftstellung waren je 700 kg Kohle für jeden Kessel und Stunde erforderlich; für Rohrleitungsverluste waren 5% zu rechnen. Die Betriebsstunden der größeren Turbine betrugen 4477, der kleineren Turbinen zusammen 4066, die Betriebsstunden der Kessel betrugen 13 100, ebensoviel die Abdeckungs- bzw. Bereitschaftsstunden. Die mittlere Verdampfungsziffer ergab sich zu 5,83, der durchschnittliche Kohlenpreis pro Tonne zu M 12,80. Die Bedienungskosten für Kessel- und Maschinenhaus bezifferten sich auf M 34 000,—, von denen nach obigen Ausführungen 70%, also M 23 800,—, als unveränderlich zu betrachten waren. Die Ausgaben für Unterhaltung und Ausbesserungen ergaben sich zu M 6000,—, für Öl zu M 1800,—, für Sonstiges zu M 3000, die für den Leerlauf der Turbinen, der Kessel und die zugehörigen Leitungsverluste auf Grund obiger Angaben erforderlichen Kohlenmengen betrugen 4174 Tonnen, so daß die festen Kohlenkosten sich auf M 53 300,— beliefen. Die Gesamtausgaben für Kohlen waren M 223 000,—, so daß für die Erzeugung von 13,1 Millionen Kilowattstunden für rd. M 170 000,— Kohlen erforderlich waren; hierzu kommt der Rest der Bedienungskosten mit rd. M 10 000,—, so daß im ganzen die veränderlichen Kosten für 13,1 Millionen Kilowattstunden M 180 000,—, oder für die erzeugte Kilowattstunde 1,37 $\mathfrak{H}$ betragen, während sich die gesamten von der Erzeugung unabhängigen Kosten ohne Verzinsung und Abschreibung auf rd. M 88 000,— belaufen.

Eine derartige Rechnung ist wohl ohne Schwierigkeit für jedes Kraftwerk aufzustellen und dürfte für die praktischen Bedürfnisse vollständig genügen.

Damit ist derjenige Betrag der Stromerzeugungskosten einwandfrei festgestellt, der unmittelbar von der Anzahl der verbrauchten Kilowattstunden, also von der Höhe des Verbrauches, abhängig ist. Nunmehr ist weiter zu entscheiden, welcher Zusammenhang zwischen dem von der Anzahl der erzeugten Kilowattstunden unabhängigen Teil der Erzeugungskosten und der Nachfrage besteht.

Ein unmittelbarer Zusammenhang ist hierbei nicht vorhanden, denn die von dem Verbrauch unabhängigen Erzeugungskosten, die zum größten Teil aus Ausgaben für Brennmaterial und Löhne bestehen, sind unter sonst gleichen Umständen lediglich von der Anzahl und Größe der Maschinen- bzw. Kesseleinheiten abhängig. Man kann jedoch annehmen, daß letztere durch die auftretende Höchstbelastung bestimmt sind und begeht somit keinen allzu großen Fehler, wenn man die von dem Verbrauch unabhängigen Kosten ebenfalls als von der Höchstbelastung abhängig betrachtet. — Von den übrigen Teilen der Betriebskosten, für Stromfortleitung, Strommessung und Sonstiges weisen nur noch die Ausgaben für Strommessung einen losen Zusammenhang mit einer Größe der Nachfrage auf, nämlich mit der Anzahl der Abnehmer. Unmittelbar bestimmt sind diese Kosten naturgemäß durch die Anzahl und die Art der Meßvorrichtungen, mittelbar somit von der Anzahl der Abnehmer; sie können daher ohne weiteres den Verwaltungskosten zugerechnet werden. — Die Kosten für die Stromfortleitung werden ausschließlich von der Art und Ausdehnung des Leitungsnetzes bestimmt; insofern, als das Leitungsnetz um so umfangreicher werden muß, je mehr Abnehmer sich an dasselbe anschließen, könnte man einen kleinen Teil der Stromfortleitungskosten als von der Zahl der Abnehmer abhängig betrachten. Die Abtrennung dieses Teiles von den Gesamtfortleitungskosten dürfte aber in den meisten Fällen kaum durchführbar sein; im übrigen ist dieser Teil der Betriebskosten im Verhältnis so niedrig, daß er bei der Preisbemessung eine nur untergeordnete Rolle spielt. Man wird daher, um eine Verteilung zu ermöglichen, bei einer kleinen Zahl großer Abnehmer Abhängigkeit von der Höchstbelastung, bei einer großen Zahl kleiner Abnehmer Abhängigkeit von der Anzahl der verbrauchten Kilowattstunden annehmen.

Ebensowenig läßt sich für die Ausgaben für Sonstiges irgendeine bestimmte Abhängigkeit von der Nachfrage angeben. Je nach der Art dieser Ausgaben wird man sie auf die Zahl der Abnehmer oder die abgegebenen Kilowattstunden verteilen.

C. Nachfrage und Gesamtkosten.

Faßt man das Ergebnis der letzten Untersuchungen zusammen, so ist festzustellen, daß die gesamten Selbstkosten sich zusammensetzen

1. aus einem kleinen, von der Nachfrage vollständig unabhängigen Betrag der Kapitalkosten,
2. zum wesentlichen Teil aus einem Betrag, der unmittelbar von der Höchstbelastung abhängig ist, und zwar sowohl bei den Kapitalkosten, wie bei den Betriebskosten,
3. aus einem Betrag, der ausschließlich durch die Anzahl der abgegebenen Kilowattstunden bzw. durch die Höhe des Verbrauches bestimmt ist; dies ist ein nicht unbedeutender Teil der Betriebskosten, und schließlich
4. aus einem Betrag, der von der Anzahl der Abnehmer abhängig ist.

Bezeichnet man die Höchstbelastung mit H, den Verbrauch mit V, die Anzahl der Abnehmer mit A, so ergeben sich die Gesamtkosten

$$K_g = a + b \cdot H + c \cdot V + d \cdot A.$$

Die Größe a kann, wie bereits erörtert, entsprechend der Höchstbelastung verteilt werden, so daß für den Zusammenhang der Gesamtausgaben die einfache Gleichung besteht

$$K_g = b \cdot H + c \cdot V + d \cdot A.$$

Auf Grund dieser Gleichung ist von Eisenmenger (L 178) eine mathematische Methode ausgearbeitet worden, die sowohl auf rechnerischem wie auf zeichnerischem Wege die Bestimmung der Konstanten der Gleichung gestattet. Eisenmenger stellt für drei verschiedene Jahre folgende drei Gleichungen auf:

$$K_{g1} = b \cdot H_1 + c \cdot V_1 + d \cdot A_1,$$
$$K_{g2} = b \cdot H_2 + c \cdot V_2 + d \cdot A_2,$$
$$K_{g3} = b \cdot H_3 + c \cdot V_3 + d \cdot A_3,$$

und bestimmt auf Grund dieser drei Gleichungen entweder auf analytischem Wege mittelst Determinanten oder auf zeichnerischem Wege die Ebenen der Selbstkosten bzw. die Konstanten für die gemeinsamen Schnittpunkte der Ebenen. Um den Einfluß von Zufälligkeiten auszuschalten, schlägt Eisenmenger vor, mehr als drei Zeitabschnitte zu wählen und statt dreier Jahresabschnitte z. B. 24 Monatsabschnitte zur Grundlage der Gleichungen zu nehmen. Es ergeben sich dann 24 lineare Gleichungen mit drei Unbekannten, für deren Auffindung Eisenmenger die Methode der kleinsten Quadrate vorschlägt.

So fein auch diese Methode hinsichtlich ihrer Form zu bezeichnen ist, so selten dürfte sie doch in praktischen Fällen Anwendung finden, weil sie zu umständlich ist, um sich allgemein einzubürgern. Auch ist bei der Auswahl der Zeiträume, für die die einzelnen Gleichungen aufgestellt werden, große Vorsicht geboten, weil jede grundlegende Änderung der Betriebsverhältnisse auch die Höhe der Konstanten beeinflußt, so daß in seltenen Fällen längere Zeiträume gefunden werden können, innerhalb deren nicht Veränderungen, die sich bei der Aufstellung der Gleichung nicht bemerkbar machen würden, vorgekommen wären.

Die wirkliche Gestaltung der Kostengleichung soll an einem Beispiel nachgewiesen werden.

Eine Überlandzentrale mittlerer Größe weist bei den nachfolgenden jährlichen Höchstbelastungen folgende Anlagekosten auf:

Jahr	Höchst- belastung KW	Gesamt- Anlagekapital in 1000 $\mathcal{M}$
07	980	2100
08	1590	2670
09	2300	3100
10	3080	3500
11	4200	4150
12	4500	4480
13	4800	4780

Daraus ergibt sich mittels zeichnerischer Darstellung die Kostencharakteristik zu

$$1\,550\,000 + 640 \cdot H.$$

Sollen die Kapitalkosten 10% des Anlagekapitals betragen, ergeben sich

$$\text{die Kapitalkosten} = 155\,000 + 64 \cdot H.$$

Die Betriebskosten ergaben sich für das Jahr 1913 wie folgt:

Verwaltungs- einschl. Strommessungskosten	$\mathcal{M}$	84 000,—
Betriebskosten	„	268 000,—
Stromfortleitungskosten	„	23 000,—
Sonstiges	„	23 000,—

Um die Abhängigkeit der Verwaltungskosten von der Anzahl der Verbraucher festzustellen, müssen die entsprechenden Zahlen auch für frühere Jahre herangezogen werden; sie betragen:

Jahr	Anzahl der Abnehmer	Verwaltungskosten in $\mathcal{M}$
07	1 370	23 300,—
08	2 190	27 000,—
09	3 360	36 300,—
10	5 560	45 500,—
11	7 580	53 000,—
12	10 800	68 000,—
13	14 450	84 000,—

Durch zeichnerische Darstellung findet man die Charakteristik der Verwaltungskosten zu

$$19\,000 + 4{,}65 \cdot A.$$

Die Verteilung der Betriebskosten ist bereits auf S. 177 durchgeführt; es ergab sich dort die Gleichung

$$\text{Betriebskosten} = 88\,000 + 0{,}0137 \cdot V.$$

Die Gleichung für die gesamten Kosten lautet somit

$$\text{Gesamtkosten} = (155\,000 + 64 \cdot H) + (19\,000 + 4{,}65 \cdot A) + (88\,000 + 0{,}0137 \cdot V) + 23\,000 + 23\,000.$$

Zur weiteren Vereinfachung wird angenommen, daß der feste Teil sowohl der Kapitalkosten wie der Betriebskosten als abhängig von der Höchstbelastung betrachtet werden kann, und zwar von derjenigen Höchstbelastung, die unter den bestehenden Verhältnissen ohne Vergrößerung der Anlage erreicht werden kann; das ist im vorliegenden Falle ca. 6000 KW. Der feste Teil der Verwaltungskosten wird entsprechend der Anzahl der Abnehmer verteilt, während die Stromfortleitungs- und sonstigen Kosten als abhängig von der Anzahl der abgegebenen Kilowattstunden (ca. 10 000 000) angenommen werden

Die Konstante 0,0137 bezieht sich auf die erzeugte Kilowattstunde; für die abgegebene erhöht sie sich im Verhältnis von 13 : 10. Dadurch erhält die Kostengleichung folgende Gestalt:

$$\text{Gesamtkosten} = 105 \cdot H + 5,97 \cdot A + 0,0224 \cdot V_1,$$

wobei V_1 die Anzahl der abgegebenen Kilowattstunden bedeutet. Demnach entfallen im Jahresdurchschnitt auf jedes Kilowatt der Höchstbelastung Kosten in Höhe von $\mathcal{M}$ 105,—, auf jeden Abnehmer von rd. $\mathcal{M}$ 6,—, auf jede abgegebene Kilowattstunde von 2,24 $\mathcal{P}$.

D. Abhängigkeit der Selbstkosten der Verkaufseinheit von der Nachfrage.

Ist der Zusammenhang zwischen den gesamten Selbstkosten und der Nachfrage nach dem Vorausgehenden festgestellt, so läßt sich weiterhin leicht übersehen, inwieweit auch die Selbstkosten für die einzelne Verkaufseinheit, also gewöhnlich für die Kilowattstunde, von der Nachfrage abhängen. Zur Ermittlung dieser Einheitsselbstkosten (k) hat man in der Formel $K = b \cdot H + c \cdot V + d \cdot A$ durch die Anzahl der Kilowattstunden V zu teilen. Es ergeben sich dann die Einheitsselbstkosten $k = \dfrac{b \cdot H}{V} + c + \dfrac{d \cdot A}{V}$. Die Größe $\dfrac{d \cdot A}{V}$ ist gegenüber den beiden anderen Bestandteilen von untergeordneter Bedeutung. Der Verbrauch (V) ferner kann dargestellt werden durch das Produkt aus Höchstbelastung (H) vervielfältigt mit einer Zeit (T), die sich ergibt, wenn man annimmt, daß der Gesamtverbrauch bei gleichbleibender Höchstbelastung (H) stattgefunden hätte (Benutzungsdauer der Höchstbelastung). Die Einheitsselbstkosten ergeben sich dann zu $k = \dfrac{b}{T} + c$, d. h. die Selbstkosten für die einzelne Kilowattstunde hängen zum größten Teil von der Benutzungsdauer der Höchstbelastung ab.

Legt man die Zahlen des oben berechneten Beispiels zugrunde, so ergibt sich hierfür ungefähr $k = \dfrac{105}{T} + 0,02$, d. h. die Einheitsselbstkosten betragen

bei einer Benutzungsdauer der Höchstbelastung von:

500 Std. 23,0 $\mathcal{P}$	2000 Std. 7,25 $\mathcal{P}$	4000 Std. 4,63 $\mathcal{P}$
1000 „ 12,5 „	2500 „ 6,2 „	6000 „ 3,75 „
1500 „ 9,0 „	3000 „ 5,5 „	8000 „ 3,31 „

Man sieht, wie rasch die Selbstkosten mit wachsender Benutzungsdauer, d. h. mit steigender Ausnutzung der Betriebsanlagen, fallen (siehe auch Abb. 17, S. 202) und wie wichtig es für die Elektrizitätswerke ist, diejenigen Umstände zu kennen, die auf die Benutzungsdauer der Höchstbelastung von Einfluß sind. Nun ist aber die Benutzungsdauer eine angenommene bzw. eine errechnete Zahl; sie hängt ab von den Verbrauchsverhältnissen jedes einzelnen Abnehmers. Dies bei jedem einzelnen Abnehmer zu untersuchen ist ausgeschlossen, dagegen können die Verhältnisse ganzer Abnehmergruppen nach dem folgenden Verfahren festgestellt werden.

In der beigegebenen zeichnerischen Darstellung (Abb. 14) sind die Belastungslinien eines kleinen Elektrizitätswerkes für drei verschiedene

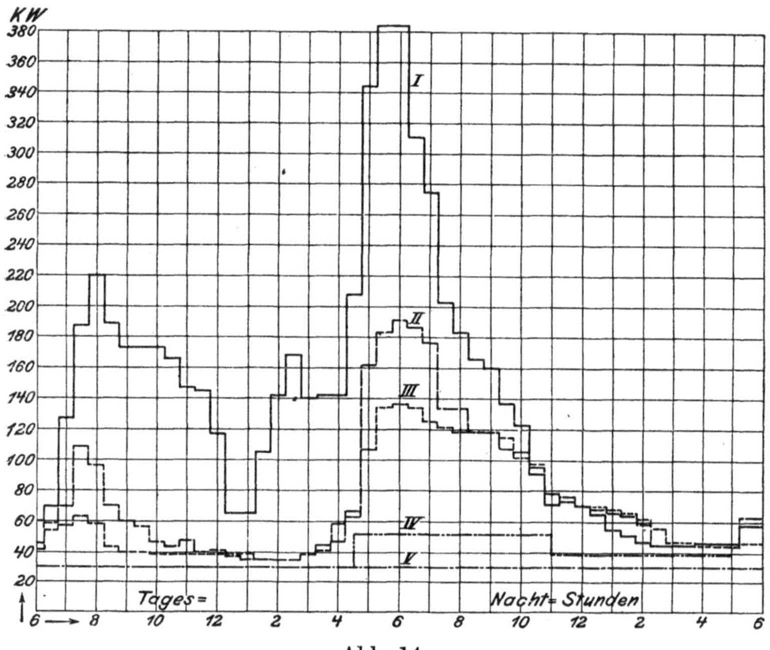

Abb. 14.
Belastungslinien eines Elektrizitätswerkes.

Tage im Dezember aufgetragen, und zwar für den Tag der Höchstbelastung des ganzen Jahres (I), ferner für einen der sogenannten Geschäftssonntage vor Weihnachten (II) und für den ersten Weihnachtsfeiertag (III). Linie I stellt somit den gesamten Bedarf an elektrischer Energie für Licht und Kraft dar, Linie II dagegen nur den Bedarf für Beleuchtung der Läden, Gastwirtschaften und Privatwohnungen, Linie III den Bedarf für Beleuchtung der Wohnungen, der Gastwirtschaften, Vergnügungsstätten und Straßen. Da in diesen Tagen der Bedarf an Licht in allen Gruppen gleichmäßig hoch ist, so geben die zwischen den einzelnen Linien liegenden Flächen den Höchstbedarf der verschiedenen Gruppen an, und zwar stellt die Fläche zwischen Linie I und II den Verbrauch an Kraft und Licht in Fabriken, Werkstätten, Bureaus, Schulen und öffentlichen Gebäuden dar (Gruppe A), die Fläche zwischen II und III die Lichtbelastung der Läden und sonstigen Geschäftsräume (Gruppe B), die Fläche zwischen III und IV den Beleuchtungsbedarf der Wohnungen, Gastwirtschaften, Vergnügungsanstalten, Kirchen und Heilanstalten (Gruppe C), die Fläche zwischen IV und V die Straßenbeleuchtung (Gruppe D), zwischen V und der Nullinie endlich die Leerlaufarbeit (E)

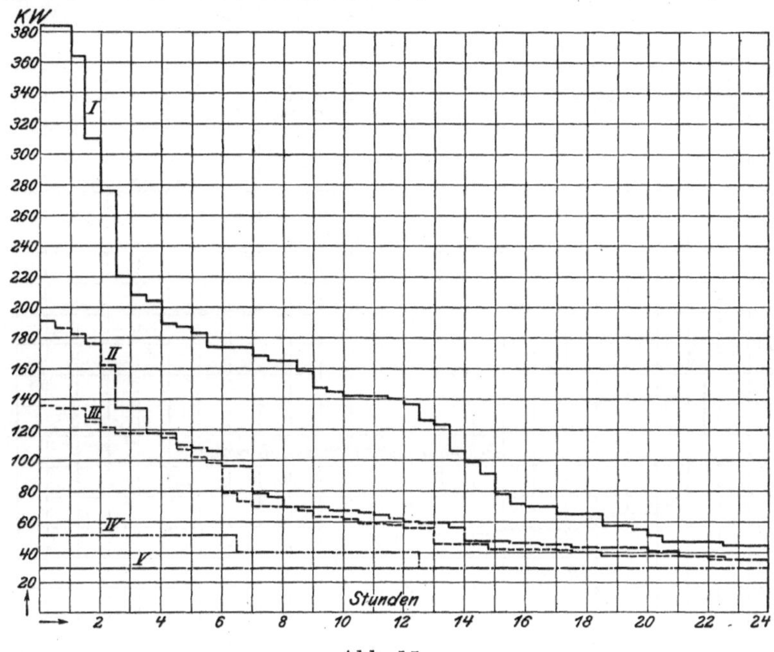

Abb. 15.

Belastungslinien eines Elektrizitätswerkes, nach der Höhe der Belastung geordnet.

Zur besseren Übersicht sind dann die Ordinaten der einzelnen Schaulinien in Abb. 15 nach ihrer Höhe geordnet; es gibt dann gleichzeitig die Abszisse jeder Ordinate die gesamte tägliche Benutzungsdauer der entsprechenden Belastung an.

In Abb. 16 sind die zwischen den einzelnen Schaulinien liegenden Flächen, die den Verbrauch der einzelnen Abnehmergruppen darstellen, besonders aufgezeichnet Es lassen sich nun aus diesen Darstellungen, insbesondere der Abb. 16, wichtige Schlüsse ziehen. Was zunächst den Anteil der einzelnen Gruppen an der Höchstbelastung betrifft, so ergeben sich bei dem vorliegenden Beispiel folgende Verhältnisse:

Verbraucher-gruppen	Anschlußwert		Anteil an der Höchst-belastung		Benutzungsziffer $\left(= \dfrac{\text{Höchstbelastung}}{\text{Anschlußwert}}\right)$
	KW	%	KW	%	%
A_K (Kraft)	500	41	90	23,4	18
A_L (Licht)	270	22	102	26,8	38
B	130	11	56	14,5	43
C	300	24	84	21,8	28
D	22	2	22	5,7	100
E	—	—	30	7,8	—
	1222	100	384	100,0	31,4

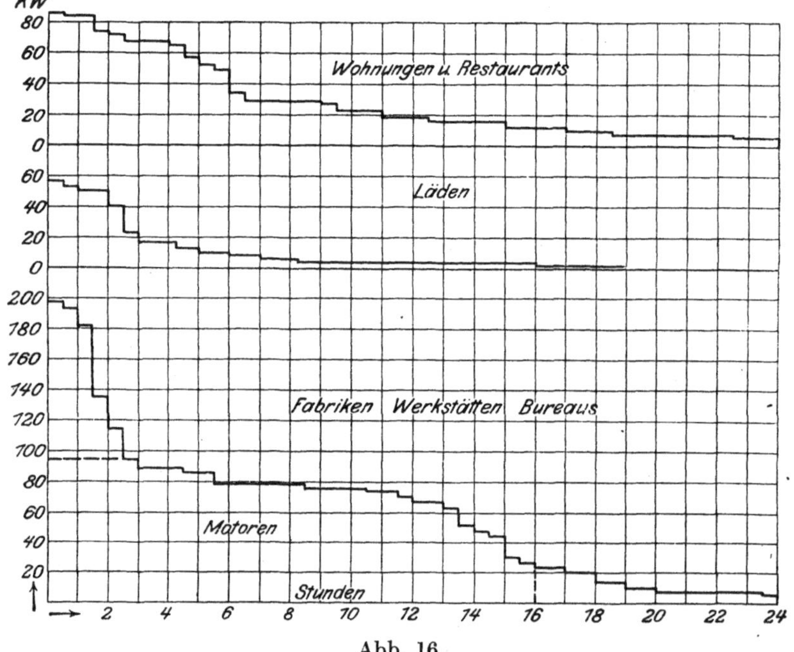

Abb. 16.
Verbrauch der einzelnen Abnehmergruppen.

Wie man sieht, sind außer der Straßenbeleuchtung die Läden und
Werkstätten mit dem größten Prozentsatz ihres Anschlußwertes beteiligt, mit 42 bzw. 43%, während von der Wohnungsbeleuchtung nur
28% und von dem Kraftanschluß nur 16% des gesamten Anschlußwertes zur Zeit der Kraftwerks-Höchstbelastung in Benutzung sind.

Über die Dauer der Arbeitsentnahme geben die Abszissen der Abb. 16
Aufschluß. Es ergibt sich zunächst, daß die Motoren fast 11 Stunden
mit gleichbleibendem Bedarf an der Belastung des Kraftwerkes teilnehmen, während die Beleuchtung der Gruppe A, die sich als Fläche

zwischen dem gleichbleibenden Kraftbedarf und der gesamten Menge der Gruppe A darstellt, sehr schnell abnimmt. Ebenso beansprucht die Wohnungsbeleuchtung einen größeren Anteil an der Kraftwerksleistung und ist von längerer Dauer als die Ladenbeleuchtung. Mißt man die Flächen der Abb. 16 aus, so erhält man die von den einzelnen Gruppen jeweils an dem Tage der höchsten Beanspruchung verbrauchten Arbeitsmenge. Es ergibt sich folgendes:

Verbraucher-gruppe	Verbrauchte Arbeitsmenge		Höchst-belastung	Benutzungsdauer der Höchst-belastung	
	am Tage der Höchst-belastung Kwstd.	im ganzen Jahr Kwstd.	KW	am Tage der Höchst-belastung Stunden	im ganzen Jahr Stunden
A_K	1200	267 000	90	12,5	2970
A_L	240	24 000	102	2,35	235
B	220	26 000	56	3,93	470
C	700	116 000	84	8,3	1380

Nach diesen Zahlen ist also die Arbeitsverteilung eine derartige, daß die Höchstbelastung der Gruppe C eine vielfach größere Benutzungsdauer aufweist als die der beiden anderen Beleuchtungsgruppen, daß aber der Kraftanschluß bzw. sein Anteil an der Höchstbelastung weitaus am meisten zu der Erhöhung der Benutzungsdauer beiträgt.

Die erhaltenen Ergebnisse können nicht verallgemeinert werden; wenn auch das Unternehmen, von dem die angeführten Zahlen herrühren, keinerlei Besonderheiten aufweist, so sind doch die Unterschiede in dem Charakter der einzelnen Unternehmungen und in dem Anteil der einzelnen Abnehmergruppen an der Belastung des Werkes so bedeutend, daß sich bei jeder die Verhältnisse anders gestalten. Es dürfte aber auf Grund der obigen Darstellungen sich als einfach erweisen, genaue Anhaltspunkte über die Benutzungsdauer und den Anteil jeder Abnehmergruppe an der Höchstbelastung zu gewinnen und so über den Zusammenhang zwischen den Selbstkosten und der Benutzungsdauer bzw. der Höchstbelastung der einzelnen Abnehmergruppen Aufschlüsse zu erhalten.

Die Benutzungsdauer selbst wiederum hängt von den wirtschaftlichen Verhältnissen des Abnehmers bzw. von seiner Wertschätzung der elektrischen Arbeit und seiner Leistungsfähigkeit ab. Letztere ist bestimmend dafür, welchen Gesamtbetrag der Abnehmer im ganzen und welchen Preis für die einzelne Kilowattstunde er aufwenden kann. Je billiger er die elektrische Arbeit einkauft, um so mehr wird er bis zu einem bestimmten Umfang von ihr Gebrauch machen oder um so mehr Abnehmer werden zum Bezuge der elektrischen Arbeit übergehen, d. h. es besteht auch ein bestimmter Zusammenhang zwischen der Höhe

der Verkaufspreise und der Benutzungsdauer der Kraftwerkshöchst-
belastung bzw. der Ausnutzung der Anlagen. Die Benutzungsdauer
ist um so größer, je geringer die durchschnittlichen Verkaufspreise sich gestalten. Dieser Zusammenhang ist bereits
öfter und eingehend in der Literatur untersucht (L. 190—199), jedoch
sind weitere Aufschlüsse über die Abhängigkeit der Selbstkosten von
den Verkaufspreisen dadurch nicht erbracht worden. Dies ist aus dem
Grunde nicht möglich, weil die wirtschaftliche Leistungsfähigkeit des
Abnehmers nicht der einzig bestimmende Umstand für die Benutzungsdauer ist, vielmehr letztere von zahlreichen anderen Umständen wirtschaftlicher und technischer Art beeinflußt wird.

Zweites Buch

Die Preisformen
und Verkaufsbestimmungen

Erster Teil.

Die Verkaufspreise elektrischer Arbeit.

I. Der Aufbau der Verkaufspreise.

Mit der Festsetzung der Höhe, Art und Zusammensetzung der Selbstkosten ist eine wichtige Grundlage für die Preisstellung gewonnen; der Unternehmer kennt damit denjenigen Betrag, den er unter allen Umständen erwirtschaften muß, wenn er keine geschäftlichen Verluste erleiden will. Diese Kenntnis würde für die Preisstellung genügen, wenn er nur einem einzigen Käufer gegenüberstehen würde; allein beim Verkauf elektrischer Arbeit trifft dies in den seltensten Fällen zu, vielmehr verteilt sich die gesamte Erzeugung auf eine große Anzahl einzelner Verbraucher, auf die die Selbstkosten je nach dem Anteil des einzelnen abzuwälzen sind.

Im folgenden wird zunächst untersucht werden, nach welchen Grundsätzen die Verteilung der Selbstkosten auf die Einzelleistungen vorgenommen werden kann und wie sich hieraus die Grundformen der Tarife ergeben. Des weiteren wird dann zu erörtern sein, in welch mannigfacher Weise diese Grundformen allmählich den Besonderheiten des Angebots und zum geringen Teil den Anforderungen der Nachfrage angepaßt wurden, d. h. wie sich die Verkaufspreise unmittelbar in ihren zahlreichen Formen gestaltet haben.

A. Die Verteilung der Selbstkosten.

Die Grundformen der Tarife.

Am Schlusse des ersten Buches wurde festgestellt, daß die gesamten Selbstkosten bei der Erzeugung elektrischer Arbeit aus drei Hauptteilen bestehen:

a) aus einem von der Anzahl der Verbraucher abhängigen Betrag;

b) aus einem Anteil, der durch die Höhe der gleichzeitigen Beanspruchung der Betriebsmittel bestimmt wird;

c) aus einem Betrag, der unmittelbar von der Zahl der verbrauchten Arbeitseinheiten abhängt.

Dieser Zusammenhang wird durch die Formel dargestellt:

$$K = c_1 \cdot A + c_2 \cdot H + c_3 \cdot V.$$

Die auf den einzelnen Verbraucher entfallenden Kosten (k) ergeben sich somit zu:

$$k = c_1 + c_2 \cdot h + c_3 \cdot v.$$

Hierbei bedeutet h die Beanspruchung der Betriebsmittel von seiten des Abnehmers zur Zeit der Höchstbelastung der Betriebsanlagen und v den Verbrauch des Abnehmers in Kilowattstunden. An Hand dieser Formel ergeben sich nun die verschiedenen Möglichkeiten zur Verteilung der Selbstkosten und die Grundformen für die Tarife.

1. Es kann die Verteilung unmittelbar im Anschluß an den Aufbau der Selbstkosten erfolgen; es entsteht so der Dreiaxentarif oder unter förmlicher Vernachlässigung des für alle Abnehmer gleichen Kostenanteils (c_1) der Grundgebührentarif.

2. Unter der Annahme, daß die Beanspruchung der Betriebsmittel in bestimmter Höhe und zu bestimmter Zeit erfolgt, kann der hierauf entfallende Anteil auch auf die Anzahl der Verbrauchseinheiten nach Schätzung verteilt werden. Es ergibt sich somit eine Verteilung nach der Anzahl der verbrauchten Arbeitseinheiten, eine Verteilungsart, die dem Zählertarif zugrunde liegt.

3. Es kann weiterhin die Annahme gemacht werden, daß auf die Einheit der Beanspruchung, gleichgültig nach welchem Maße sie gemessen wird, eine in jedem Falle voraus bestimmte Anzahl von Arbeitseinheiten verbraucht wird; es entfällt dann auf den einzelnen Verbraucher lediglich ein fester, von der Höhe seines Kilowattstundenverbrauchs unabhängiger Betrag. Auf dieser Verteilung beruht die dritte gebräuchliche Tarifgrundform, der Pauschaltarif.

Die alleinige Grundlage aller dieser Verteilungsarten bildet ihr Zusammenhang mit den Selbstkosten; es wird daher lediglich auf diese Rücksicht genommen, ohne daß den Grundsätzen, nach denen der Verbraucher bei seinem Einkauf die elektrische Arbeit bewertet, seiner Wertschätzung und Leistungsfähigkeit, Rechnung getragen wird. Nach dem Vorausgehenden ist es aber ersichtlich, daß ein Höchstwert des Erfolges nur dann erzielt werden kann, wenn auch diesem letzteren Umstand bei der Verteilung der Selbstkosten eine ausschlaggebende Bedeutung beigemessen wird, und es wird daher weiterhin zu untersuchen sein, ob nicht eine Verteilung nach diesem Grundsatz erfolgen kann bzw. wie die Grundformen der Tarife mit Bezug hierauf zu bewerten sind.

1. Die Verteilung der Selbstkosten nach ihrem Aufbau.

Der Gebührentarif.

Aus der Besprechung über die Zusammensetzung der Selbstkosten ergibt sich, daß es dem Standpunkt des Verkäufers am meisten entspricht, die gesamten Selbstkosten nach der Anzahl der Verbraucher,

nach ihrer Inanspruchnahme der Betriebsmittel und nach ihrem tatsächlichen Verbrauch an Arbeitseinheiten gleichzeitig zu verteilen. Wie
die einzelnen Beträge zahlenmäßig festzustellen sind, ist im vorhergehenden Abschnitt ausgeführt. — Eine solche Verteilung liegt der in
einigen amerikanischen Anlagen unter dem Namen „Doherty-Tarif"
eingeführten Preisstellung zugrunde; in Deutschland ist die Preisstellung auf Grund dieser Verteilung äußerst selten anzutreffen.

Beispiel 30:

Stuttgart. Für Stromabnehmer mit größerem Verbrauch kann ein besonderer Tarif für Licht- und Kraftzwecke in Anwendung gebracht werden,
welchem nachstehende Gebühren zugrunde liegen:

1. eine jährliche Grundtaxe für jedes installierte Kilowatt $\mathcal{M}$ 108,—;
2. eine jährliche Grundtaxe von $\mathcal{M}$ 36,— für den einzelnen Abnehmer, für
   Anteil an den Verwaltungskosten;
3. für die bezogene elektrische Energie sind pro Kilowattstunde zu entrichten:
   für die ersten 10 000 Kwstd. 8,5 $\mathcal{P}$ pro Kwstd. usw.

Es braucht keines Beweises, daß eine solche Verteilung der Selbstkosten äußerst verwickelt ist und von dem Verkäufer nur im Falle der
Not anerkannt werden wird. — Man stelle sich z. B. vor, daß für die
Beförderung der Eisenbahn 1. eine Gebühr für das Betreten des Bahn-
hofes, 2. eine Gebühr für die Inanspruchnahme der Züge, und 3. ein
Betrag entsprechend der Länge der zurückgelegten Strecke zu bezahlen wäre. Selbstverständlich muß auch die Eisenbahnverwaltung die
Höhe jedes einzelnen dieser Beträge kennen, sie aber auch bei der Verteilung der Kosten bzw. in der Preisstellung zum Ausdruck zu bringen,
würde unmöglich sein. Ebensowenig wird der Verbraucher elektrischer
Arbeit sich mit einer solchen Preisstellung befreunden können und sie
nur so lange dulden als ihn irgendeine Notlage hierzu nötigt.

Von der Tatsache ausgehend, daß der erste Teil der Selbstkosten-
formel, der die für alle Verbraucher gleichartigen Kosten darstellt, im
Vergleich zu den übrigen Anteilen niedrig ist, wird dieser Betrag bei
der Verteilung meist in der Form unberücksichtigt gelassen und auf
andere Weise verrechnet. Man gelangt so zu einer Verteilung bzw. zu
einer Form der Preisstellung, die einmal aus einer Gebühr, entsprechend
der Beanspruchung der Betriebsmittel besteht und aus einem Betrag,
der von dem tatsächlichen Verbrauch an Arbeitseinheiten abhängt.
Diese Tarife nennt man Gebührentarife. Die Grundgebühr soll hierbei einen der Beanspruchung der Betriebsmittel entsprechenden Betrag
aufbringen. Dies kann in den mannigfaltigsten Formen geschehen.

Schon in früheren Jahren wurde diese Verteilungsart auf Grund
theoretischer Untersuchungen eingeführt. So ist z. B. folgender Aus-
spruch Hopkinsons (L. 220) geradezu zu einem Glaubensbekenntnis
geworden:

„Die ideale Berechnungsmethode besteht in der Festsetzung einer bestimmten Summe pro Vierteljahr, welche der Anlagegröße des Verbrauchers proportional ist und außerdem in der Bezahlung für den durch den Elektrizitätszähler gemessenen tatsächlichen Verbrauch."

Da dieser Satz vom Standpunkt des Stromerzeugers aus im allgemeinen richtig ist, haben in früheren Jahren viele Elektrizitätswerke ihre Preisstellung auf dieser Verteilungsart aufgebaut, so zu Anfang der neunziger Jahre Berlin, Altona, Hamburg, Lübeck, Breslau u. a. m. Da jedoch die feste Gebühr meistenteils auf den Anschlußwert bezogen wurde, ergab sich bei den Kohlenfadenlampen und bei der geringen Ausnutzung der Motoren schließlich ein sehr hoher Durchschnittspreis, so daß dieser Tarif bei den Verbrauchern wenig Anklang fand und überdies die Anschlußbewegung hinderte.

Auf eine andere Grundlage wurde diese Verteilungsart dadurch gestellt, daß als Maß für die Beanspruchung der Betriebsmittel von seiten des Verbrauchers seine Höchstbelastung angenommen wurde. Der erste, der diesen Grundsatz zur Anwendung brachte, war Arthur Wright in Brighton (L 183, 221, 262, 269). Hiernach muß zunächst die höchste Belastung des Verbrauchers ermittelt werden. Dies geschieht mit Hilfe eines besonderen Apparates, des sogenannten Höchstverbrauchsmessers (Maximalanzeigers). Wird damit die Höchstbelastung des Abnehmers mit h KW ermittelt und bezeichnet H die Höchstbelastung des Kraftwerkes, so würde jeder Abnehmer mit der Summe:

$$s = (c_2 \cdot H) \cdot \frac{h}{H} = c_2 \cdot h$$

zu belasten sein. Da aber die einzelnen Höchstwerte nicht gleichzeitig auftreten, so würde sich eine zu hohe Gesamtsumme ergeben bzw. der Abnehmer mit einem zu hohen Betrag belastet werden. Diesem Umstand Rechnung tragend, bestimmt Wright, daß die auf die Einheit entfallende Summe im Verhältnis der Kraftwerk-Höchstbelastung zur Summe sämtlicher Einzelbelastungen vermindert wird, oder rechnerisch ausgedrückt, mit dem Verschiedenheitsfaktor (diversity factor), d. i. das Verhältnis $\frac{H}{\sum h}$ multipliziert wird.

Wenn auch die Form, in der nach dem Vorschlage Wrights diese Verteilung zum Ausdruck gebracht wurde, in Deutschland sehr selten Anwendung gefunden hat, so ist doch der Grundsatz dieser Verteilung in sehr umfangreichem Maße zur Anwendung gelangt und findet immer mehr Anhänger; man hat mit der Zeit gelernt, den Zusammenhang der Höchstbelastung des einzelnen Verbrauchers mit anderen Umständen des Verbrauches, mit seinen wirtschaftlichen Verhältnissen auf Grund der Erfahrungen festzustellen und bezieht daher die Grundgebühr auf diese Umstände, so an Stelle des tatsächlichen Höchstverbrauches auf den Anschlußwert oder auf die Größe der verwendeten Apparate, auf die elektrisch zu betreibenden Maschinen oder gar auf die mit diesen Maschinen zu bearbeitenden oder zu versorgenden Gegenstände.

Beispiele:

31 Schweiz. Pro angeschlossene Pferdekraft eine Grundgebühr von 60 frs. pro Jahr, außerdem für jede Kilowattstunde 10 cts.

32 Bremen. Für je 10 Watt der vom Höchstbelastungsmesser angezeigten Höchstbelastungen des Rechnungsjahres eine Gebühr von ℳ 3,90 und außerdem für jede vom Zähler angezeigte Kilowattstunde ein Betrag von 10 ₰.

33 Potsdam. Eine monatliche Gebühr nach der Zimmerzahl und 10 ₰ pro verbrauchte Kilowattstunde.

34 Landwirtschaftliche Überlandzentralen: Für jeden Morgen bewirtschafteter Grundfläche ℳ 1,— und für den Verbrauch an Kilowattstunden 20 ₰ pro Kilowattstunde.

35 England. Eine Grundgebühr abhängig von der Hausmiete, außerdem 1 d für jede verbrauchte Kilowattstunde.

36 Berlin. Für jeden Quadratmeter Bodenfläche der bewohnten Räume 3 ₰, außerdem für jede Kilowattstunde 16 ₰.

2. Die Verteilung nach Arbeitseinheiten.
Der Zählertarif.

Die Erkenntnis, daß die Schätzung der elektrischen Arbeit für irgendwelche Verwendungszwecke von seiten des Verbrauchers meist auf Grund der tatsächlichen Leistung, d. h. der verbrauchten Arbeitseinheiten, erfolgt, hat im Laufe der Jahre die Mehrzahl der Elektrizitätswerke dazu geführt, die Verteilung der Unkosten nach gezählten Arbeitseinheiten vorzunehmen. Die Zahl der verbrauchten Einheiten wird durch einen besonderen Meßapparat, den Zähler, festgestellt, man nennt daher diesen Tarif den Zählertarif. Hierbei werden die für alle Verbraucher annähernd gleichen Kosten meist unmittelbar von dem Verbraucher in Form einer Zählermiete erhoben, die freilich nicht für alle Verbraucher gleich ist, sondern meistens nach der Größe der Zähler und damit nach ihrem Anschaffungspreis abgestuft wird. Hierauf wird weiter unten noch zurückzukommen sein. Die übrigen festen Kosten, die durch die Beanspruchung der Betriebsanlagen entstehen, werden nach irgendwelchen Schätzungen auf den tatsächlichen Verbrauch verteilt und jede verbrauchte Einheit mit einem bestimmten Preis belegt. Stellen sich z. B. die festen Kosten für das angeschlossene Kilowatt der Beleuchtung auf etwa ℳ 100,—, und nimmt man auf Grund von Erfahrungen an, daß der wirkliche Verbrauch sich in solcher Höhe ergeben wird, als ob jedes angeschlossene Kilowatt etwa 300 Stunden im Jahr in Benutzung genommen würde, so entfallen auf jede Kilowattstunde an festen Kosten etwa 35 ₰; betragen außerdem die veränderlichen Kosten 10 ₰ für

die Kilowattstunde, so ergibt sich somit ein Gesamtpreis von 45 ₰
für die Kilowattstunde.

Man könnte sich darüber wundern, daß diese Art der Verteilung,
die doch schon bei den Vorläufern der Elektrizität, bei Gas und Petroleum, eingeführt war, nicht von vornherein als das Natürliche betrachtet
und dementsprechend verwendet wurde. Dies hat seinen Grund einmal
darin, daß es sich bei der Elektrizität nicht um greifbare und ohne
weiteres meßbare Größen, wie bei den übrigen Energieformen, handelt,
und daß daher die Herstellung der Meßapparate, ihr Preis und ihre
Zuverlässigkeit zunächst recht viel zu wünschen übrig ließen.

Ferner stehen bei den anderen Energieformen die Erzeugungskosten
zu der tatsächlich erzeugten oder verbrauchten Menge in einem viel
engeren und einfacheren Verhältnis als bei der Elektrizität. Weiter
bildete naturgemäß die geringe Vertrautheit der großen Menge mit den
Maßeinheiten der elektrischen Arbeit einen wesentlichen Hinderungsgrund für die allgemeine Einführung des Zählertarifes. Mit der wachsenden Erkenntnis der Verbraucher in technischen Dingen, mit der
Verbesserung und Vereinfachung der Meßapparate hat aber schließlich
der Umstand, daß die Verteilung der Unkosten und der Verkauf der
elektrischen Arbeit nach gezählten Einheiten vom Standpunkt des Verbrauchers aus die verständigste Methode ist, weil hiernach die Preisstellung sich am meisten der Form des Verbrauches nähert, allmählich
die ausgedehnte Verwendung des Zählertarifes herbeigeführt. Da aber,
wie schon aus dem 1. Hauptteil hervorgeht, die einzelne Kilowattstunde
abhängig von verschiedenen Umständen des Verbrauches dem Unternehmer verschiedene Erzeugungskosten verursacht, andererseits auch
für den Verbraucher die Kilowattstunden je nach ihrem Verwendungszweck einen ganz verschiedenen Wert haben, haben sich bei dem Zählertarif zahlreiche Abstufungen erforderlich gemacht, wovon weiter unten
ausführlich die Rede sein wird.

3. Die Verteilung nach Schätzung des Verbrauchs.

Der Pauschaltarif.

Dort, wo die von dem Verbrauch abhängigen Kosten im Vergleich
zu den beiden übrigen Kostenanteilen sehr gering sind, wie z. B. bei
den meisten Wasserkraftanlagen, oder wo man imstande ist, den Verbrauch auf Grund der tatsächlichen Verhältnisse als ziemlich gleichmäßig bei den einzelnen Verbrauchern anzusehen und abzuschätzen,
gelangt man unter Vernachlässigung oder unter anderweitiger Verrechnung der veränderlichen Kosten zu einer Verteilung, die eine feste Gebühr
für alle Verbraucher bzw. einen Betrag vorsieht, der in einem bestimmten Verhältnis zur Beanspruchung der Betriebsmittel von seiten der
Verbraucher steht. Da der für alle Verbraucher gleiche Anteil im Ver-

gleich zu den auf die Beanspruchung entfallenden Kostenanteilen sehr gering ist, wird meistens auch dieser Betrag vernachlässigt, so daß schließlich nur ein einziger Preis übrigbleibt, der auf die Beanspruchung der Betriebsmittel von seiten der Verbraucher bezogen wird. Ein derartiger Tarif heißt Pauschaltarif. Er besteht also in der Erhebung eines festen Preises, entsprechend der Beanspruchung der Betriebsmittel. Als Maß hierfür werden die verschiedenen Umstände des Verbrauches herangezogen und die Höhe der auf die einzelnen Leistungen entfallenden Kosten wird nach mutmaßlicher Benutzung im voraus festgesetzt. Betragen z. B., auf den Anschlußwert umgerechnet, die festen Kosten für das angeschlossene Kilowatt $\mathcal{M}$ 150,— im Jahr, und nimmt man an, daß der Verbrauch an elektrischer Arbeit ein solcher sein würde, als ob der gesamte Anschlußwert z. B. 1500 Stunden im Jahre benutzt würde, so ergibt sich bei 10 $\mathcal{Pf}$ laufenden Kosten für die Kilowattstunde ein Gesamtbetrag von $\mathcal{M}$ 150,— für die festen und $\mathcal{M}$ 150,— für die laufenden Kosten, also von $\mathcal{M}$ 300,— für das angeschlossene Kilowatt. Auf eine Lampe von einem Anschlußwert von 30 Watt würde demnach ein Pauschalsatz von $\mathcal{M}$ 9,— zu berechnen sein, auf einen Motor von 5 KW Leistung ein solcher von $\mathcal{M}$ 1500,—. Demnach ergibt sich für diese einfachste Form der Verteilung, daß für jedes Watt oder für jedes Kilowatt des Anschlußwertes eine bestimmte feste Gebühr für das Jahr zu bezahlen ist.

Diese Verteilungsart ist heute überall dort sehr verbreitet, wo die veränderlichen Kosten verschwindend klein sind, also insbesondere bei Wasserkraftanlagen, namentlich in der Schweiz und in Frankreich, sie wurde aber auch bei Wärmekraftanlagen früher viel verwendet, weil man kein Mittel hatte, den tatsächlichen Verbrauch zu messen oder diese Mittel aus irgendeinem Grunde nicht anwenden wollte oder konnte. Dies war namentlich zur Zeit der Entstehung der Elektrizitätswerke der Fall. Da die Zähler damals teuer und unzuverlässig waren, entschied man sich vielfach dafür, den voraussichtlichen Verbrauch abzuschätzen und entsprechend den veränderlichen Kosten den festen Ausgaben zuzuschlagen. Allein es stellte sich in sehr vielen Fällen bald heraus, daß die Werke damit nicht auf ihre Rechnung kommen konnten. Bei dem hohen Verbrauch der Kohlenfadenlampen, bei dem geringen Nutzeffekt der Motoren, bei der Unkenntnis über die wirkliche Benutzungsdauer der Verbrauchsapparate, übertraf entweder der wirkliche Verbrauch in vielen Fällen die Schätzungen derart, daß die Werke mit Verlust arbeiteten; oder die Preise mußten so hoch gestellt werden, daß die Verwendung der elektrischen Arbeit dem Verbraucher einen Vorteil nicht bringen konnte. So kam es, daß bei Wärmekraftanlagen der Pauschaltarif vielfach in Verruf kam, und da inzwischen eine weitgehende Verbesserung und Verbilligung der Zähler stattgefunden hatte,

13*

in sehr vielen Fällen wieder abgeschafft wurde. Seitdem jedoch durch langjährige Erfahrungen genauere Anhaltspunkte über den wirklichen Verbrauch gewonnen worden sind, ferner durch die Einführung der Metalldrahtlampe der Verbrauch der Beleuchtungsapparate auf einen Bruchteil des früheren Verbrauches zurückgeführt worden ist, seit der Wirkungsgrad der Motoren wesentlich verbessert wurde, wird diese Verteilungsart in steigendem Maße angewendet. Namentlich bei Verwendung der elektrischen Arbeit in kleineren Lichtanlagen und in landwirtschaftlichen Bezirken, wo der Verbrauch an Kilowattstunden ein verhältnismäßig geringer ist, wird der Pauschaltarif mit Vorliebe eingeführt.

So einfach der dieser Verteilungsart eigentümliche Grundsatz ist, so verschieden können die Formen sein, in die er gekleidet wird. Wie bereits erwähnt, ergibt sich die einfachste Form, wenn ein bestimmter Preis für das angeschlossene Kilowatt erhoben wird. Solche Tarife sind in letzter Zeit, allerdings nur bei kleineren Lichtanlagen, eingeführt worden.

Beispiel 37:

Steglitz. Für je 10 Watt Anschlußwert hat der Abnehmer jährlich eine Pauschale von ℳ 3,60 zu bezahlen. Die Pauschale ist unabhängig von der Zahl und Größe der in der Anlage vorhandenen Lampen.

Häufiger jedoch erfolgt die Verteilung nach den Maßeinheiten, nach denen die Größe der angeschlossenen Verbrauchsapparate bestimmt wird, indem ein fester Betrag z. B. für die Kerzenstärke der Lampen oder für die Pferdestärke des Motors erhoben wird. Solche Tarife sind vielfach in der Schweiz und in Frankreich in Gebrauch. In neuerer Zeit ist man aus der Erwägung heraus, daß diese Form der Preisstellung den Interessen der Abnehmer häufig nicht gerecht wird, zur Bildung von Tarifen übergegangen, die nicht auf die Verbrauchsapparate bzw. ihre Maßeinheiten bezogen werden, sondern auf die Tätigkeit und Gegenstände, bei denen sie verwendet werden. Dies ist namentlich in der Landwirtschaft der Fall, wo häufig die Pauschaltarife nach der Größe der bewirtschafteten Grundfläche oder nach der Viehzahl aufgestellt werden. Auch in der Kleinindustrie wird vielfach die Verteilung unmittelbar nach der Art der verwendeten Maschinen bewirkt.

Beispiel 38:

Anrath. Für jeden angeschlossenen Bandwebstuhl wird eine Pauschale von ℳ 78,— erhoben.

Weitere Formen des Pauschaltarifes werden noch bei der Erörterung der Abstufungen der Tarife angeführt werden.

4. Die Verteilung nach der Wertschätzung und Leistungsfähigkeit der Verbraucher.

Alle bisher besprochenen Verteilungsarten haben eine gemeinsame Eigentümlichkeit: sie gehen sämtlich auf äußerlich erkennbare Zeichen zurück, die ausschließlich nach ihrer Einwirkung auf die Erzeugungskosten bewertet werden. Die äußeren Zeichen aber, die die Höhe der Beanspruchung der Betriebsmittel, den wirklichen oder geschätzten Verbrauch an Kilowattstunden beeinflussen, sind selbst wiederum von der Wertschätzung und der Leistungsfähigkeit der Verbraucher abhängig. Schon aus diesem Grunde ist es daher erforderlich, bei der Verteilung der Selbstkosten auf die Wertschätzung und Leistungsfähigkeit Rücksicht zu nehmen, ganz abgesehen davon, daß, wie in dem ersten Hauptteil ausgeführt, ausschließlich diese beiden Umstände für die Beurteilung der Verkaufspreise von seiten des Verbrauchers maßgebend sind.

Man wird nun einwenden, daß es allen kaufmännischen Grundsätzen widerspricht, Ausgaben, die durch rein sachliche Leistungen und Aufwendungen hervorgerufen werden, nach Schätzungen und Erwägungen derjenigen, die sie verursachen, zu verteilen. Dieser Einwurf ist berechtigt, soweit er sich auf jene Selbstkosten bezieht, die zur tatsächlichen Aufrechterhaltung des Betriebes dienen. Es würde zu unzulässigen Verhältnissen führen, wenn man z. B. die zur Erzeugung von 2000 Kilowattstunden nötigen Kohlenkosten auf zwei Teilnehmer mit einem Verbrauch von je 1000 Kilowattstunden so verteilen wollte, daß der eine nur $^1/_3$ und der andere $^2/_3$ zu tragen hätte. Allein, wie früher ausführlich dargestellt, bestehen die Selbstkosten bei der Erzeugung elektrischer Arbeit nur zu einem kleinen Teil aus den unmittelbaren Betriebsausgaben, der größere Rest, die Kapitalkosten, können aber in diesem Sinne nicht als Betriebskosten gerechnet werden, sondern bilden einen Teil des Betriebserfolges. Ein solcher über die reinen Erzeugungskosten hinausgehender Ertrag kann aber nur dann erzielt werden, wenn die Wertschätzung der elektrischen Arbeit größer ist als die Wertschätzung der zu ihrer Erzeugung nötigen Betriebsmittel, und er kann um so höher gesteigert werden, je größer diese Wertschätzung ist. Der Grundsatz der Verteilung nach der Wertschätzung und Leistungsfähigkeit wird also auf diejenigen Kosten beschränkt werden müssen, die nicht als reine Betriebsausgaben zu rechnen sind.

Ein derartiges Vorgehen steht auf dem Gebiete der Tarifbildung keineswegs vereinzelt da. Es ist z. B. bei den Eisenbahnen in größerem Maßstab durchgeführt, insbesondere in der Abstufung der verschiedenen Klassen für Personenbeförderung und in den Spezialtarifen für niederwertige Güter. Obwohl z. B. bei dem Personenverkehr die Beförderungsleistung in den einzelnen Klassen genau die gleiche ist — die verschiedene äußere Ausstattung dient viel mehr als Erkennungszeichen denn als

Ursache der Preisabstufung —, sind die einzelnen Beförderungspreise ganz außerordentlich verschieden, es tritt hierin zum größten Teil der Grad der Wertschätzung und Leistungsfähigkeit der Bahnbenutzer hervor. Ganz ähnlich sind auch die verschiedenen Portosätze für Postkarten, Briefe und Drucksachen zu beurteilen.

Wenn somit unter Übertragung dieser Erwägungen auf den Verkauf der elektrischen Arbeit auch hier die Berechtigung einer derartigen Verteilung anerkannt werden muß, so bleibt doch noch immer ein gewichtiger Einwand gegen die praktische Durchführbarkeit dieser Verteilung bestehen. Es scheint nämlich ein äußerlich erkennbares Zeichen zu fehlen, nach dem eine entsprechende Abstufung vorgenommen werden könnte. Ein solches ist aber notwendig, wenn nicht die ganze Verteilung der Unkosten auf unsichere Grundlagen gestellt und dem Ermessen einzelner anheim gegeben werden soll, wodurch eine Quelle von Unzuträglichkeiten und Beschwerden entstehen würde.

Was zunächst die Wertschätzung betrifft, so wurde im ersten Hauptteil ausgeführt, daß sie verschieden ist, je nachdem es sich um elektrische Arbeit für Beleuchtungs-, Kraft- oder Wärmezwecke handelt. Bei der ersteren ergab sich, daß hinsichtlich der Wertschätzung Erwerbsbeleuchtung und Wohnungsbeleuchtung auseinanderzuhalten sind, daß ferner bei ersterer im allgemeinen die Wertschätzung eine größere ist als bei der letzteren. Hier ist nun eine deutliche Trennung durchaus möglich, und eine verschiedene Verteilung der durch die Erzeugung erwachsenden Kapitalkosten dürfte in jedem Falle durchzuführen sein. Nur über die Frage, in welchem Verhältnis die verschiedenen Gruppen zu belasten sind, ist stets eine besondere Untersuchung notwendig. Da es nämlich an einem sachlichen Maßstabe für die Wertschätzung fehlt, kann sich auch die Verteilung nicht unmittelbar und allgemein an feststehende Tatsachen anlehnen, sondern muß nach genauer Prüfung örtlicher Verhältnisse auf Grund von Schätzungen erfolgen. Doch treten stets irgendwelche Umstände auch äußerlich hervor, nach denen mit einiger Sicherheit Schlüsse für eine gerechte Verteilung gezogen werden können. Vergleicht man z. B. in einer Stadt die Zahl der selbständigen Haushaltungen, die Zahl der Gewerbebetriebe, der Bureaus, der offenen Verkaufsstellen usw. und stellt fest, welcher Anteil von jeder Gruppe elektrische Arbeit z. B. zur Beleuchtung benutzt, so wird man finden, daß diese Anteile bei den einzelnen Gruppen sehr verschieden sind. Ergibt sich z. B., daß von 400 offenen Verkaufsstellen 80% und von 1200 Privatwohnungen nur 20% mit elektrischer Beleuchtung versehen sind, so ist daraus zu schließen, daß die erstere Zahl ein Zeichen höherer Wertschätzung bzw. daß die Beschaffung der elektrischen Beleuchtung für die letzteren zu kostspielig ist. Da aber die angeführten Zahlen keinen vollständig sicheren Maßstab abgeben können, anderweitige sachliche

Zeichen für die Wertschätzung aber nicht vorhanden sind, so bleibt zunächst nichts anderes übrig, als auf Grund genauer Prüfungen der Verhältnisse die Verteilung der Kapitalkosten schätzungsweise vorzunehmen. Unter den bei uns herrschenden Umständen dürfte es sich z. B. in vielen Fällen als gerechtfertigt erweisen, die gleiche Arbeitsmenge für Wohnungsbeleuchtung mit zwei, die für Erwerbsbeleuchtung mit drei Kostenanteilen oder auch mit fünf bzw. mit sechs zu belasten. Wenn z. B. die Aufstellung der Kostengleichung ergibt, daß im Durchschnitt mit einem Betrage von $\mathcal{M}$ 150,— pro Kilowatt Höchstbelastung zu rechnen ist, so dürfte die Verteilung so vorzunehmen sein, daß die Wohnungsbeleuchtung mit $\mathcal{M}$ 120,— und die Erwerbsbeleuchtung mit $\mathcal{M}$ 180,— bzw. $\mathcal{M}$ 138,— und $\mathcal{M}$ 162,— zu belasten ist. Unter keinen Umständen darf aber dieses Verhältnis allgemein zugrunde gelegt werden, denn es wird und muß von Fall zu Fall verschieden sein, ja, es kann sich sogar z. B. in Städten mit reicher Privatbevölkerung ergeben, daß gerade das umgekehrte Verhältnis am Platze wäre; das ist in jedem Unternehmen auf Grund genauester Prüfung der wirtschaftlichen Lage zu entscheiden. Ob die Verteilung richtig gewählt ist, kann erst der Erfolg erweisen, und danach sind dann die Annahmen entsprechend zu verbessern. — Ganz in der gleichen Weise sind auch die Bahnen verfahren; die Preise der verschiedenen Klassen sind zum allerwenigsten durch tatsächliche Kostenunterschiede bedingt, sondern lediglich Wertschätzungszuschläge, die zuerst Annahmen waren und auf Grund der Erfahrungen verändert wurden. Es sei in diesem Zusammenhang daran erinnert, daß man aus ähnlichen Erwägungen die Fahrpreise der IV. Klasse von der Besteuerung freigelassen hat, während man die Fahrpreise der I. Klasse in wesentlich höherem Verhältnis belastet hat. Ob noch weitere Unterteilungen der beiden großen genannten Gruppen, der Erwerbs- und Wohnungsbeleuchtung, mit Rücksicht auf die Wertschätzung und Leistungsfähigkeit nötig sind, ist ebenfalls von Fall zu Fall besonders festzustellen. Es ergab sich im ersten Hauptteil, daß man bei der Erwerbsbeleuchtung nach Art der Gewerbe, und zwar im großen und ganzen in Gewerbe mit offenen Verkaufsstellen und solche mit geschlossenen Arbeitsräumen teilen kann. Es ist z. B. der Fall sehr leicht denkbar, daß an irgendeinem Ort ein Sondergewerbe besonders gepflegt wird, und es wird dann in jedem Falle zu entscheiden sein, ob nicht je nach Wertschätzung und Leistungsfähigkeit der einzelnen Gewerbegruppen besondere Vergünstigungen zu gewähren sind bzw. höhere Belastungen auferlegt werden können. Bei der Wohnungsbeleuchtung andererseits wurde festgestellt, daß hier vor allen Dingen auf die durch das Einkommen bestimmte Leistungsfähigkeit Rücksicht zu nehmen ist. Wenn nun auch das Einkommen leicht ermittelt werden kann, so ist es unter den bei uns vorherrschenden Verhältnissen doch kaum möglich, die Verteilung nach dem Einkommen des einzelnen zu richten. Eine so weitgehende Unterteilung ist aber auch unnötig; es genügt, das durchschnittliche Einkommen ganzer Bevölkerungsklassen zugrunde zu legen, das auch ohne eingehendere Ermittelungen in den meisten Fällen hinreichend bekannt ist. Dabei muß nach äußeren Kennzeichen gesucht werden, die mit dem Einkommen selbst im engsten Zusammenhang stehen. Ein solches wird z. B. durch die Zahl der beleuchteten Räume bzw. durch die Lampenzahl jedes Anschlusses dargestellt; denn es ist kein Zweifel, daß letztere in gewissem Maße mit dem Einkommen wachsen wird. Vielfach wird aber eine weitere Unterteilung der Wohnungsbeleuchtung sich erübrigen, denn an vielen Orten ist die Zahl der höheren Einkommen gegenüber den mittleren so gering, daß erstere bei einer Verteilung nach größeren Gesichtspunkten außer acht gelassen werden können. — In welcher Weise alle diese Umstände in der Form der Preisstellung zum Ausdruck kommen können und sollen, wird später besprochen werden.

Mit Bezug auf die Wertschätzung und die Leistungsfähigkeit der Verbraucher ist denn auch die bisherige Verteilung, derzufolge der Kraftstrom mit wesentlich geringeren Kostenanteilen belastet wird als der Lichtstrom, als durchaus gerecht und zweckmäßig zu bezeichnen. Wie bereits im ersten Abschnitt nachgewiesen, machen die Kraftkosten in den meisten Fällen einen bedeutend höheren Anteil der gesamten Geschäftsunkosten des Verbrauchers aus als die Ausgaben für Beleuchtung. Unter den heutigen Verhältnissen würde eine höhere Belastung dieses Teiles zu schweren Nachteilen nicht nur für die Verbraucher, sondern auch für den Erzeuger führen. Schon die Rücksicht auf den Wettbewerb der anderen Kraftquellen muß daran hindern. Ist schon bei einiger Größe der Motoren der Wettbewerb ein äußerst schwieriger, so würde jede höhere Belastung des Motorenstromes die Grenzen zugunsten der Gegner verschieben. Selbstverständlich gibt es Betriebe, wo dies nicht der Fall ist, d. h. wo die Wertschätzung eine höhere ist als den heute gebräuchlichen Kosten entspricht, z. B. bei Personenaufzügen und Ventilatoren, überhaupt bei allen motorischen Antrieben, die hauptsächlich aus Bequemlichkeitsgründen eingeführt werden, ferner zum großen Teil auch bei den landwirtschaftlichen Motoren; diese können auch unbedenklich mit höheren Preisen belastet werden.

Nun ist es ja keineswegs ausgeschlossen, daß durch irgendwelche technische Vervollkommnungen der Preis der elektrischen Arbeit so niedrig werden kann, daß Licht- und Kraftpreise vom Standpunkt der Erzeugung aus allgemein gleichgesetzt werden können, allein, wenn die Erzeugungskosten der elektrischen Arbeit im allgemeinen sinken, so wird das Verhältnis zwischen der Wertschätzung der Beleuchtung und derjenigen der Kraft ungefähr immer gleich bleiben, so daß stets dem natürlichen Zustand nach die gleiche Menge elektrischer Arbeit für Licht verwendet einer höheren Wertschätzung begegnet und daher mit höheren Kostenanteilen belegt werden kann als wenn sie zur Kraft- oder Wärmeleistung ausgenutzt wird. (Siehe auch Abschnitt b 2, S. 214.)

5. Vergleich der Tarifgrundformen.

Ein Blick in die Fachliteratur zeigt, daß über die Zweckmäßigkeit der Tarifgrundformen große Meinungsverschiedenheiten bestehen. Oft wird im gleichen Falle von dem einen der Pauschaltarif als wünschenswert bezeichnet, von dem anderen der Zählertarif für den einzig richtigen gehalten, von dem dritten schließlich der Gebührentarif als zweckmäßigste Preisstellung empfohlen. Vielfach hält man es nicht für notwendig, sich bedingungslos für eine der Grundformen zu entscheiden, sondern verwendet zwei derselben oder alle drei. Diese Meinungsverschiedenheit läßt darauf schließen, daß die Beurteilung über den Wert oder die Zweckmäßigkeit der Tarifgrundformen von verschiedenen Gesichtspunkten aus erfolgt. In der Tat muß sich eine andere Bewertung ergeben, je nachdem sie vom Standpunkt des Elektrizitätsverkäufers bzw. Erzeugers oder von dem des Verbrauchers aus erfolgt. Der Verkäufer fordert in erster Linie, daß sich die Verkaufspreise möglichst den Selbstkosten, natürlich mit entsprechendem Gewinnzuschlag, anpassen; er verlangt weiter, daß die durch den Tarif bedingten rechnerischen und buchhalterischen Arbeiten möglichst geringfügig seien, und daß die Geldeinzugskosten niedrig gehalten werden können. Der Verbraucher hingegen wird denjenigen Tarif als den zweckmäßigsten bezeichnen, der seiner Wert-schätzung und Leistungsfähigkeit entspricht, d. h. sich der Art und Wertung seines Verbrauches am meisten anpaßt; ferner verlangt er Einfachheit und Verständlichkeit des Tarifes. Je nach der Wichtigkeit, die man diesen einzelnen Forderungen beilegt, wird das Urteil über die Grundtarife verschieden sein müssen; man erkennt aber auch, daß keiner der Tarife, da alle Forderungen nicht gleichzeitig erfüllt werden können, für alle Fälle dem anderen überlegen sein kann und daß nur bei verhältnismäßig eng begrenzten Verwendungsgebieten einwandfrei dem einen oder anderen der Vorzug gegeben werden kann.

Betrachtet man die Sachlage zunächst vom Standpunkt des Elektrizitätsverkäufers, so wird man zugeben müssen, daß die Forderung möglichster Anpassung der Verkaufspreise an die Selbstkosten berechtigt erscheint; nur durch diese Anpassung scheint Gewähr dafür gegeben, daß mit Sicherheit auf einen bestimmten Ertrag gerechnet werden kann.

Eine zeichnerische Darstellung läßt am besten erkennen, inwieweit die Tarifgrundformen sich den Selbstkosten anpassen. In Abbildung 17 sind sowohl die Selbstkosten als auch die bei den einzelnen Tarifgrundformen sich ergebenden Durchschnittspreise in Abhängigkeit von der Benutzungsdauer eingezeichnet. Es ist angenommen, daß für einen

bestimmten Fall und eine bestimmte Zeit die festen Selbstkosten für
das angeschlossene Lichtkilowatt $\mathcal{M}$ 90,— und die veränderlichen 5 $\mathcal{P}$
für die Kilowattstunde betragen; beim Zählertarif sei ein Einheitspreis
von 50 $\mathcal{P}$ für die Kilowattstunde, beim Gebührentarif ein Betrag von
$\mathcal{M}$ 100,— für jedes angeschlossene Kilowatt und 10 $\mathcal{P}$ für jede verbrauchte
Kilowattstunde, beim Pauschaltarif eine Summe von $\mathcal{M}$ 300,— für jedes
angeschlossene Kilowatt festgesetzt. Es ergibt sich, wie dies schon aus
der Form der Preisstellung zu vermuten ist, daß der Gebührentarif am
meisten der Forderung möglichster Anpassung an die Selbstkosten ent-

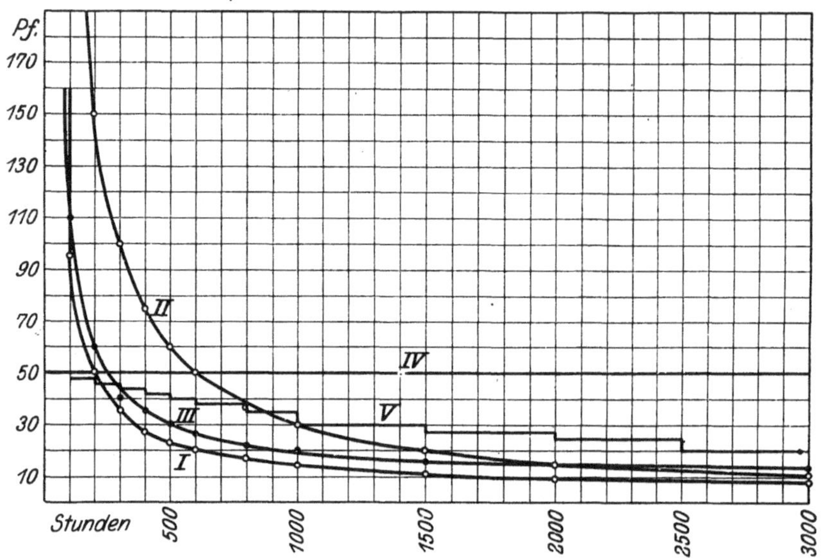

Abb. 17.   **Selbstkosten und Einheitspreise für die Kilowattstunde bei den
Tarifgrundformen in Abhängigkeit von der Ausnützung.**
I Selbstkosten. II Pauschaltarif. III Gebührentarif. IV Zählertarif.
V Zählertarif mit Rabatt-Abstufungen.

spricht. Er allein gestattet, in der den Selbstkosten ähnlichen Form
zunächst einen den festen Kosten entsprechenden Betrag und außerdem
die für den wechselnden Verbrauch aufgewendeten Erzeugungskosten,
beide mit entsprechendem Aufschlag, vom Verbraucher zu erheben.
Selbstverständlich ist hierbei von wesentlicher Bedeutung, in welcher
Form und Art die Grundgebühr erhoben wird; es ist jedoch durch entsprechende Formgebung grundsätzlich immer möglich, die Anpassung
an die Selbstkosten zu erreichen. Ungefähr ist dies, wie aus der
zeichnerischen Darstellung hervorgeht, auch beim Pauschaltarif der
Fall. Hierbei würde sich eine vollständige Übereinstimmung mit den
Selbstkosten dann ergeben, wenn die Betriebskosten verschwindend klein
wären, wie dies in angenähertem Maße bei zahlreichen Wasserkraft-

anlagen der Fall ist. — Am wenigsten entspricht, wie aus der Zeichnung hervorgeht, der Zählertarif der Forderung möglichster Übereinstimmung mit den Selbstkosten. Man ersieht aus der Abbildung sofort, daß z. B. bei einem Preis von 50 ₰ alle Abnehmer, die die Anlagen weniger als 200 Stunden ausnutzen, dem Werke Verlust bringen und daß der Abnehmer um so mehr über die Selbstkosten bezahlt, je länger er seine Anlage ausnutzt. Dieser Tatsache wird bei der Ausgestaltung der Tarife durch Abstufungen Rechnung getragen, wovon später noch die Rede sein wird. Hier handelt es sich lediglich um die grundsätzliche Bewertung. Es ergibt sich aus der Darstellung, daß bei dem Zählertarif die Preise so angesetzt werden müssen, daß die Höhe des Einheitspreises einer Benutzungsdauer entspricht, die von der Mehrzahl der Abnehmer erreicht und übertroffen wird. Immerhin wird beim normalen Zählertarif die Ungerechtigkeit bestehen bleiben, daß so manche Abnehmer, namentlich z. B. Wohnungen mit hohem Anschlußwert oder Motoren im Kleingewerbe, weit weniger bezahlen als ihrer Inanspruchnahme der Betriebsmittel entspricht, während andere, und gerade Abnehmer mit höherer Benutzungsdauer, wie Kleinwohnungen, Motoren in der Heimarbeit, im Verhältnis zu ihrer Ausnutzung zu hohe Preise entrichten. Dieser Grundmangel des Zählertarifes wird zwar häufig durch Abstufungen gemildert, kann aber nie ganz beseitigt werden; er wird um so mehr ins Gewicht fallen, je höher der Anteil der Kapitalkosten an den Gesamtausgaben ist. — Beim Pauschaltarif andererseits muß der Einheitssatz so hoch angesetzt werden, daß auch bei äußerster Ausnutzung die Selbstkosten nicht unterschritten werden können. Hierbei müssen natürlich die wirklichen Verhältnisse berücksichtigt werden, d. h. es darf z. B. nicht das theoretisch mögliche Höchstmaß der Ausnutzung, also 8760 Stunden im Jahre, sondern das in Wirklichkeit in Frage kommende, also z. B. bei Beleuchtung 1500—2000 Stunden, durchschnittlich zugrunde gelegt werden. Hierbei bleibt immer der Mangel bestehen, daß ein Abnehmer lediglich durch Verschwendung in der Lage ist, einen sehr niedrigen Einheitspreis zu erzielen, den ein anderer mit normaler Benutzung nicht erreichen kann. Dies ist jedoch bei jedem Abonnement der Fall und kann nicht verhindert werden, denn jedem Abnehmer ist ein bestimmtes und begrenztes Quantum zur Verfügung gestellt und es muß seinem Belieben überlassen bleiben, es nach Kräften auszunutzen. Im übrigen ist es für den Verkäufer von geringer Bedeutung, welchen Einheitspreis der einzelne Abnehmer beim Pauschal- oder Gebührentarif erreicht, wenn sich nur herausstellt, daß bei der jeder Tarifgrundform entsprechenden durchschnittlichen Beanspruchung der Betriebsmittel der erforderliche Überschuß erwirtschaftet wird. Daß die Höhe der Durchschnittspreise für die Kwstd. hierauf keinen Einfluß hat, ergibt sich am besten aus einem den wirklichen Verhältnissen entnommenen Beispiel.

Bei einer größeren Überlandzentrale sind Abnehmer nach Zähler-, Pauschal- und Gebührentarif angeschlossen. Bei den Pauschalabnehmern sind, möglichst ohne ihr Wissen, in zahlreichen Anlagen verschiedenster Art Zähler mit abgeblendeten Zählerscheiben eingebaut, um sichere Anhaltspunkte über den wirklichen Verbrauch zu gewinnen. Es ergaben sich in einem der letzten Betriebsjahre folgende Verhältnisse:

Zahlentafel XVIII.

Ergebnisse bei den verschiedenen Tarifgrundformen.

	Zähler	Grundgebühr	Pauschal
1. Tarif	Grundpreis 45 Pf. mit Rabatten, fern. Doppeltarif 50 u. 25 Pf.	ca. 100 ℳ für das angeschl. KW und 10 Pf. für die Kwstd.	ca. 300 ℳ für das angeschl. KW: Strombegrenzer
2. Zahl der Anlagen	7 000	465	1 522
3. Anschlußwert KW	2 300	96	144
4. Zahl der Lampen à 32 Watt . .	72 000	3 000	5 725
5. „ „ „ in einer Anlage	10,3	6,4	3,8
6. Abgegebene Kwstd.	586 000	65 000	220 000
7. „ „ f. jede Lampe	8,4	21,7	38,5
8. Benutzungsstunden der angeschl. Lampe	255	680	1 525
9. Gesamteinnahmen . . . . . . ℳ	183 000	16 000	41 500
10. Mittlere Einnahme für die Kwst.	31,3	24,5	18,8
11. Einnahme für die Lampe . . ℳ	2,62	5,35	7,25
12. Kosten des Hausanschlusses . .	30,—	30,—	30,—
13. Ausgaben für den Hausanschluß (12%) . . . . ℳ	3,60	3,60	3,60
14. Zahl der Lampen für den Hausanschluß	24	15	10
15. Kosten des Hausanschlusses für die Lampe . . . . ℳ	0,15	0,24	0,36
16. Gesamte Verwaltungskosten jeder Anlage abzügl. Zählermiete . .	4,75	4,75	2,10
17. Gesamte Verwaltungskosten jeder Lampe abzügl. Zählermiete . ℳ	0,46	0,75	0,55
18. Ausgaben für Strom (4,15 Pf. für die abgegebene Kwstd.) . . . ℳ	0,35	0,90	1,60
19. Gesamtausgaben der Lampe (Ziffer 15 + 17 + 18) . . . . . ℳ	0,96	1,89	2,51
20. Rohüberschuß jeder Lampe (Ziffer 11—19) . . . . ℳ	1,66	3,46	4,74
21. Zur Zeit der Höchstbelastung sind in Benutzung . . . . %	30	60	75
22. 1 KW der Höchstbelastung versorgt somit angeschl. Lampen à 32 Watt	104	53,5	42,6
23. Rohüberschuß für das Kilowatt Höchstbeanspruchung (Ziffer 20 × 22)	173,—	185,—	205,—

Zu den Angaben der Zahlentafel ist noch folgendes zu bemerken:
Die Zahl der Lampen ist auf Grund eines Einheitswattverbrauches
von 32 Watt (Durchschnittsanschlußwert der Pauschallampen) festgestellt. Es sind überall nur die Lampen bei gleichen Verbrauchergruppen berücksichtigt; ausgeschieden wurden Straßen-, Hof- und Fabrikbeleuchtungen. Es ist dann die Durchschnittseinnahme jeder Lampe
ermittelt und ihr die Durchschnittsausgabe gegenübergestellt. Bei letzterer wurden sämtliche Ausgaben berücksichtigt, also neben den Betriebskosten für die Kilowattstunde auch die Ausgaben für Unterhaltung, Verzinsung und Abschreibung der Hausanschlüsse und Zähler,
die Kosten der gesamten Verwaltung, des Ablesens, der Verrechnung,
der Buchhaltung und des Geldeinzuges. Es ist sodann berücksichtigt,
daß die Lampen jeder Gruppe in verschiedener Weise an der Höchstbelastung des Kraftwerkes teilnehmen, und zwar ist auf Grund langjähriger Erfahrungen festgestellt, daß die Zählerlampen mit etwa 30%,
die Pauschallampen mit etwa 75%, die Gebührenlampen mit etwa 60%
des Anschlußwertes während der Höchstbelastung des Kraftwerkes
benutzt werden. Es kann somit mit jedem Kilowatt der Höchstleistung
eine verschieden große Anzahl der Lampen jeder Gruppe gespeist werden, und so ergibt sich der für jedes benötigte Kilowatt der Höchstbelastung mögliche Überschuß durch Multiplikation dieser Zahl mit dem
Überschuß der einzelnen Lampe jeder Gruppe. Erst diese Zahl ermöglicht allein ein einwandfreies Urteil, welcher Ertrag bei jedem der drei
Grundtarife für den Elektrizitätserzeuger möglich ist. Die Berechnung
zeigt deutlich, wie falsch es ist, dieses Urteil auf den Durchschnittspreis
pro Kilowattstunde zu stützen. Trotzdem nach dem angeführten Beispiel beim Pauschaltarif der Durchschnittspreis pro Kilowattstunde nur
18,8 ₰ gegenüber 31,3 ₰ beim Zählertarif beträgt, ergibt sich bei ersterem Grundtarif ein nicht unwesentlich höherer Überschuß für jedes
benötigte Kilowatt als bei dem von den Zählerlampen beanspruchten.
Selbstverständlich dürfen die aus diesem Beispiel zu ziehenden Folgerungen nicht verallgemeinert werden, da die Verhältnisse in jedem Werke
anders liegen. So z. B. ergibt sich aus der Berechnung sofort, daß eine
wesentliche Verschiebung der Ergebnisse eintritt, je nachdem die Betriebskosten pro Kilowattstunde höher oder niedriger sind. In ersterem
Falle verschiebt sich das Verhältnis zugunsten des Zähler- und Gebührentarifes, in letzterem Falle tritt die Überlegenheit des Pauschaltarifes
noch weiter hervor. Man erkennt weiter, daß das Verhältnis der Grundpreise der einzelnen Gruppen ebenfalls auf das Ergebnis von ausschlaggebender Bedeutung ist. Es ergibt sich ferner aus der Zusammenstellung, daß für das Endergebnis die Verrechnungs- und Erhebungskosten
nicht außer Betracht bleiben dürfen. Es ist ohne weiteres ersichtlich,
daß diese Kosten sich unter sonst gleichen Verhältnissen beim Pauschal-

tarif wesentlich niedriger stellen müssen als bei den übrigen Grundformen. (Siehe Vent L 249 und S. 354 ff.) In erster Linie entfallen beim Pauschaltarif sämtliche Ausgaben für den Zähler, die, wie früher nachgewiesen, recht bedeutend sind; sie erreichen unter Berücksichtigung aller Ausgaben, der Verzinsung und Abschreibung der hierfür aufgewendeten Summen, der Unterhaltung, der Eichung, der Überwachung, der hierzu notwendigen Räume und Werkzeuge, den Betrag von 6—8 $\mathcal{M}$ pro Zähler. Weiter kommen die Kosten für das Ablesen der Zähler in Frage, ferner für das Ausschreiben der Rechnungen und das Einkassieren der Gelder. Diese Kosten sind für Zähler- und Gebührentarif gleich, bei letzterem unter Umständen noch etwas höher, je nach der Form, in die sich der Gebührentarif kleidet. Beim Pauschaltarif hingegen fallen nicht nur die Kosten für die Zähler fort, sondern auch für das Ablesen; in vielen Fällen treten die sogenannten Strombegrenzer an ihre Stelle, deren Anschaffungs- und Unterhaltungskosten aber wesentlich geringer sind als die der Zähler. Auch entfällt jeder Eigenverbrauch dieser Apparate. Die jährlichen Kosten können unter Berücksichtigung sämtlicher Ausgaben im ungünstigsten Fall mit etwa 2 $\mathcal{M}$ pro Jahr und Anlage eingesetzt werden. Auch das Ausschreiben der Rechnungen ist wesentlich einfacher, da es sich in den meisten Fällen um den Einzug gleicher Beträge handelt. Die Kosten des Geldeinzuges selbst stellen sich im Durchschnitt gleich hoch wie bei Zähleranlagen. Somit sind die Gesamtunkosten beim Pauschaltarif niedriger als beim Zählertarif. Auch wenn dieser Unterschied in vielen Fällen durch die Zählermiete ausgeglichen wird, so ist doch zu berücksichtigen, daß oft ganz erhebliche Summen in den Zählern festgelegt sind, die als werbende Anlagen nicht betrachtet werden können.

Das Beispiel zeigt aber auch deutlich, daß es für den Erfolg nicht in Frage kommt, ob sich die Verkaufspreise genau den Selbstkosten anpassen. Zu dieser Erkenntnis führt auch schon die Überlegung, daß bei einer solchen Preisstellung niemals ein höherer Überschuß erreicht werden kann, da der Verbraucher ja niemals höhere Preise zahlen kann, während er in vielen Fällen entsprechend seiner Wertschätzung einen höheren Preis zu entrichten bereit wäre. Dies führt zur Erörterung der Gesichtspunkte, nach denen die Tarifgrundformen von seiten des Abnehmers zu beurteilen sind. Die große Menge der Abnehmer wird zunächst besonders Gewicht darauf legen, daß der Tarif einfach und verständlich für sie ist. Dieser Anforderung entspricht vor allem der Pauschaltarif. Hierbei weiß der Abnehmer genau, was ihm zur Verfügung gestellt ist; er kennt im voraus einwandfrei die ihm aus dem Verbrauch der elektrischen Arbeit entstehenden Kosten, jede Überraschung in dieser Hinsicht ist ausgeschlossen. Er ist somit in jedem Falle in der Lage, ohne einen Irrtum festzustellen, ob die Verwendung der Elektrizität seiner Wertschätzung und seiner Leistungsfähigkeit entspricht. Auch wird er im allgemeinen ganz besonders den Umstand schätzen, daß ihm die elektrische Arbeit ohne ein besonderes Meßinstrument zur Verfügung gestellt wird, dem die große Masse, namentlich der kleinen Verbraucher, wie die Arbeiter und die kleinen Bauern, stets mit Mißtrauen gegenüberstehen, schon weil ihm die Grundlagen und Gesetze, nach denen die Messung erfolgt, vollkommen unbekannt sind. In dieser Hinsicht ist der Pauschaltarif nicht bloß dem Zähler-, sondern auch dem Gebührentarif überlegen. Letzterer ist überdies dem Verständnis des Durchschnittsverbrauchers noch ferner gerückt, da es im allgemeinen seiner Auffassung von Tausch und Kauf nicht entspricht, wenn er zunächst, ohne eine Leistung zu empfangen, eine feste Gebühr und späterhin noch besondere Kosten für den eigentlichen Verbrauch aufwenden muß. In dieser Beziehung findet er noch eher den Zählertarif annehmbar, wenn er auch den unmittelbaren Zusammenhang zwischen den Angaben des Zählers und seinem Verbrauch an elektrischer Arbeit nicht kennt und lediglich den Versicherungen des Verkäufers Glauben schenken muß, daß dieser Zusammenhang einwandfrei besteht. Demgegenüber bildet die doppelte Berechnung bei dem Gebührentarif eine nicht zu unterschätzende Verwicklung, und es bedarf einer überzeugenden Werbearbeit, daß der Abnehmer die mannigfachen Vorteile des Gebührentarifes einsieht. Diese bestehen für den Abnehmer darin, daß er auch ohne eine allzu weitgehende Ausnutzung, wie sie beim Pauschaltarif erforderlich ist, billige Einheitspreise erlangt und doch durch regelmäßigen Gebrauch seiner elektrischen Einrichtungen die Preise immer weiter ermäßigen kann, was im allgemeinen beim Zählertarif nicht oder nur in geringem Maße der Fall ist. Auch gestattet ihm der Gebührentarif, sofern er richtig angewendet wird, ohne weitere Meßeinrichtungen Haushaltungsapparate, elektrische Kocheinrichtungen u. a. m. auf einfache und billige Weise zu verwenden und dies wird dem wirtschaftlich besser gestellten Abnehmer zweifellos als größerer Vorzug erscheinen; er wird finden, daß ein so ausgebildeter Tarif seiner Wertschätzung der elektrischen Arbeit näherkommt als andere Formen der Preisstellung. Diese Möglichkeit, die Preisstellung der Wertschätzung und Leistungsfähigkeit der Abnehmer anzupassen, ist zwar bei allen Tarifgrundformen vorhanden, jedoch nicht in der gleich einfachen Weise. Beim Zählertarif können wohl die Einheitspreise einigermaßen nach der Wertschätzung und Leistungsfähigkeit abgestuft werden, es wird aber immerhin stets einige Schwierigkeiten bieten, einen einwandfreien Maßstab hierfür zu finden.

Einfacher ist die Berücksichtigung dieses Gesichtspunktes beim Pauschaltarif, wo bei der Bemessung der Pauschalsätze der Eigenart des Verbrauches Rechnung getragen werden kann; so können z. B. bei der Beleuchtung die Wohnzimmerlampen ohne weiteres mit höheren Preisen bewertet werden als die Lampen der Geschäftshäuser oder bei Kraftlieferungen die landwirtschaftlichen Motoren anders als die gewerblichen. In besonders einfacher Weise, vielfach ohne weitere Abstufungen, läßt sich beim Gebührentarif hierauf Rücksicht nehmen, was freilich zur Voraussetzung hat, daß die Grundlage für die feste Gebühr richtig gewählt wird. So wird sich z. B., wenn die festen Sätze auf die Anbaufläche, auf den Mietpreis, die Zimmerzahl der Wohnung oder den Anschlußwert der Verbrauchsapparate bezogen werden, in fast allen Fällen von selbst herausstellen, daß derjenige, der die elektrische Arbeit höher schätzt oder leistungsfähiger ist, auch höhere Preise bezahlt. In dieser Eigenschaft des Grundgebührentarifes und des Pauschaltarifes liegt eine große Werbekraft und es muß in diesem Punkte die Bewertung des Tarifes von seiten des Verkäufers und des Verbrauchers übereinstimmen, insofern, als derjenige Tarif, bei dem der Abnehmer Vorteile für sich vermutet, auch dem Verkäufer die Möglichkeit eines größten Ertrages gewährt. Bezüglich der Werbekraft haben Pauschal- und Gebührentarif auch noch den Vorzug, daß sie in einfacher Weise gestatten, die Kosten der Installation, sofern sie das Werk dem Abnehmer gegen Miete oder Abzahlung zur Verfügung stellen will, zu den Stromgebühren hinzuzuschlagen, was sowohl für den Abnehmer als auch für den Verkäufer eine weitgehende Vereinfachung bedeutet (s. S. 79). Freilich ist nicht zu verkennen, daß gerade bezüglich der Anschlußbewegung dem Gebühren- und namentlich dem Pauschaltarif einige wesentliche Nachteile anhaften, indem namentlich beim Pauschaltarif und bei einigen Formen des Gebührentarifes die Anschlußbewegung gehemmt wird. Soweit für jeden Apparat ein fester Satz erhoben wird, wird der Abnehmer bemüht sein, nicht mehr als unbedingt erforderlich anzuschließen und wird auf diese Weise abgehalten, die elektrische Arbeit in möglichst ausgedehntem Maße zu benutzen. Um das zu verhindern, sind verschiedene Mittel in Vorschlag gebracht worden. So wird z. B. bei einfachen Anlagen Wechselschaltung angewendet, d. h. es wird die Einrichtung getroffen, daß mittels Schalter nur die eine oder andere Lampe, nicht aber beide gleichzeitig, benutzt werden kann. Für die Pauschal- bzw. Grundgebühr kommt dann nur die eine Lampe zur Verrechnung. Ein anderes, viel gebrauchtes Mittel ist der Strombegrenzer, der zwar die Installation beliebig vieler und beliebig großer Apparate gestattet, dagegen nur einen bestimmten Stromdurchgang erlaubt. Damit ist zwar erreicht, daß der Abnehmer verschiedene Teile seiner Anlage in Benutzung nehmen kann, aber immer nur bis zu einer stets festgesetzten Grenze. Eine gelegentliche Überschreitung dieser Grenze ist nicht ohne weiteres möglich. Einige Werke bieten die Möglichkeit hierzu, indem sie gegen eine einmalige feste Gebühr den Strombegrenzer außer Betrieb setzen.

Beispiel 39:

Bremen schaltet auf Verlangen gegen eine feste Gebühr von 2 ℳ pro Abend den Strombegrenzer aus.

Es liegt auf der Hand, daß dieser Ausweg bei einem auch nur einigermaßen ausgedehnten Versorgungsgebiet undurchführbar ist und nur in Ausnahmefällen zur Anwendung gebracht werden kann. Man hat daher auf anderem Wege versucht, die Vorteile des Pauschaltarifes sich zunutze zu machen, ohne den Nachteil der Installationsbeschränkung mit in den Kauf zu nehmen, und zwar durch Anwendung der sogenannten Überverbrauchszähler. Es sind dies Meßapparate, die die verbrauchte elektrische Arbeit erst dann zählen, wenn ein bestimmtes Pauschalquantum überschritten wird.

Beispiel 40:

Oberschlesische Elektricitäts-Werke. Der Strom wird im allgemeinen nach Pauschaltarif verkauft, auf Wunsch wird ein sog. Spitzenzähler angeschlossen, der die über das Pauschalquantum hinausgehende Energiemenge mißt. Dieselbe ist mit 40 ₰ pro Kilowattstunde zu bezahlen.

Von solchen Apparaten sind bereits verschiedene Ausführungsformen ausgebildet worden, und zwar solche, die bei Überschreitung des Pauschalquantums nur den überschießenden Teil und solche, die den Gesamtverbrauch während der Dauer der Überschreitung messen. Letztere sind leichter herzustellen und daher billiger, jedoch liegt in der doppelten Bezahlung der innerhalb des Pauschalquantums verbrauchten elektrischen Arbeit eine Ungerechtigkeit (s. Laudien L 240). Im übrigen bedeutet die Anwendung derartiger Zähler eine Verquickung der beiden Tarifgrundformen, man nimmt also nicht bloß deren Vorzüge, sondern auch deren Nachteile in Kauf. So ist namentlich der Hauptvorteil des Pauschaltarifes, das Fehlen einer Meßeinrichtung beseitigt, und die Anwendung eines solchen Tarifes kann daher nur dort in Frage kommen, wo bei einund demselben Verbraucher sich wesentliche Unterschiede in dem Verbrauch bei Messung nach dem Zählertarif oder nach dem Pauschaltarif ergeben. Er stellt dann bezüglich der Ausgaben gewissermaßen eine mittlere Linie dar.

Die obigen Ausführungen zeigen, daß es im allgemeinen nicht möglich ist, eine der genannten Grundformen als eine für alle Fälle empfehlenswerte Tariform zu bezeichnen; je nach der Eigenart des Versorgungsgebietes und der einzelnen Abnehmer wird daher von Fall zu Fall zu entscheiden sein, welcher der Grundformen der Vorzug zu geben ist. Hierbei kann allerdings die Tatsache berücksichtigt werden, daß hinsichtlich der Anpassung an die Selbstkosten der Gebührentarif, hinsichtlich Einfachheit und Verständlichkeit der Pauschaltarif und der Zählertarif, bezüglich

der Anpassung an die Wertschätzung und Leistungsfähigkeit der
Verbraucher der Gebührentarif und bezüglich der Werbekraft der
Gebührentarif und der Pauschaltarif die anderen Grundformen übertreffen. Der Zweck, der mit jeder Elektrizitätsversorgung verfolgt
wird, nämlich die Anwendung der Elektrizität in möglichstem Umfange
zu fördern, kann daher in vielen Fällen nur durch die gleichzeitige Anwendung mehrerer oder aller Grundformen erreicht werden. Aber selbst
damit kann den Ansprüchen der Wirklichkeit nicht voll Genüge geleistet
werden; es ergibt sich meist noch die Notwendigkeit, innerhalb der
einzelnen Grundformen die Preise weitgehend nach besonderen Gesichtspunkten abzustufen.

B. Die Anpassung der Tarife an die Umstände des Verbrauches.

Die Form der Verkaufspreise.

Hat man sich für die Anwendung einer oder mehrerer der Grundformen entschieden, so ist damit noch nicht die Frage der Preisbildung
gelöst. Dies wäre nur dann der Fall, wenn sämtliche Abnehmer in der
gleichen Weise an der Erzeugung beteiligt wären, wenn sie also alle zu
gleicher Zeit und stets mit denselben Anteilen die Betriebsmittel beanspruchten, und wenn ferner der Verbrauch unter sonst gleichen Bedingungen stattfände. Es ist jedoch wiederholt darauf hingewiesen, daß
das auch nicht annähernd der Fall ist, vielmehr ist die Beanspruchung
des einzelnen Verbrauchers nach Größe, Umfang, Zeitdauer, Zeitpunkt
und anderen Umständen verschieden. Schon der tägliche Verlauf der
Belastung eines Elektrizitätswerkes (Abb. 18) zeigt, in welch ungleicher
Weise die einzelnen Abnehmer an der Belastung teilnehmen und somit
auf die Höhe der Selbstkosten verschieden einwirken. Es ist z. B. aus
der Belastungskurve ersichtlich, daß ein Verbraucher, der das Werk
nur in den Tagesstunden in Anspruch nimmt, in ganz anderer Weise auf
die Erzeugungskosten einwirkt, als derjenige, der nur in den Abendstunden die elektrische Arbeit beansprucht. Dies gilt auch für ein und
denselben Abnehmer, je nachdem sein Verbrauch in die Tages- oder in
die Abendzeit fällt; ähnliche Unterschiede bestehen auch für die Belastung in den Sommer- und Wintermonaten. Es ist weiter einleuchtend,
daß, da die Selbstkosten zum großen Teil durch das Anlagekapital
bedingt sind, von zwei Abnehmern mit gleichem Verbrauch derjenige
die Selbstkosten pro Einheit in günstigerem Sinne beeinflußt, der bei
geringer gleichzeitiger Beanspruchung eine längere Benutzungsdauer
aufweist, als ein Abnehmer, der das Werk mit einem hohen Anteil nur
kurze Zeit belastet.

Auch die Verbraucher selbst werden die gleiche Einheit in ganz verschiedener Weise beurteilen und bezahlen, je nachdem sie z. B. für

Beleuchtung oder für Kraft verwendet wird; oder es wird der Kleinhandwerker, der sich auf andere Weise mechanische Antriebskraft nicht
beschaffen kann, der elektrischen Arbeit eine ganz andere Wertschätzung entgegenbringen als der Großindustrielle, dem noch weitere Kraftquellen zur Verfügung stehen.

Die Elektrizitätswerke haben sich daher nicht damit begnügen können, unter Zugrundelegung einer der genannten Formen einen für alle
Fälle gleichen Einheitspreis festzusetzen. Es gibt weder einen Pauschaltarif noch einen Gebührentarif, noch einen Zählertarif, der einen für
alle Fälle gleichen Einheitspreis aufweist, vielmehr haben die Werke
dem Einfluß, den die verschiedenen Besonderheiten des Verbrauchs auf
die Selbstkosten ausüben, sowie weiterhin den Umständen der Nach-

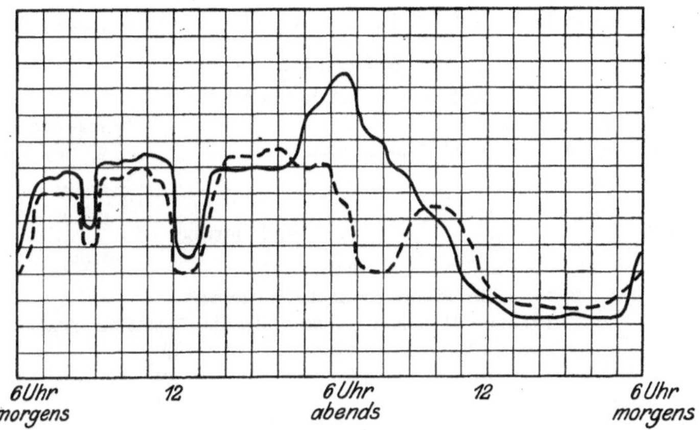

Abb. 18. **Charakteristische Belastungslinien eines Elektrizitätswerkes.**
———— Winter.   — — — Sommer.

frage weitgehend in den Tarifen Rechnung tragen müssen, und dies um so
mehr, in je weiterem Umfang die Elektrizität angewendet worden ist.

Die hauptsächlichsten Umstände, die hierbei Berücksichtigung finden, sind:

der Verwendungszweck der elektrischen Energie,
die Größe des Anschlußwertes,
die Größe des Verbrauchs,
die Beanspruchung der Betriebsmittel,
die Zeitdauer der Beanspruchung,
der Zeitpunkt der Beanspruchung,
Besonderheiten technischer und wirtschaftlicher Art,
Wertschätzung und Leistungsfähigkeit der Verbraucher.

Die Berücksichtigung dieser verschiedenen Umstände geschieht
durch Abstufungen der Einheitspreise.

1. Die Form der Abstufungen.

Die Abstufungen können hinsichtlich ihrer Form in verschiedenster Weise erfolgen. Die Preisveränderungen bzw. -ermäßigungen, um die es sich bei den Abstufungen fast ausschließlich handelt, können z. B. durch besondere Preisstaffeln oder durch prozentuale Erniedrigungen des Anfangspreises ausgedrückt werden. Beide Arten mögen im folgenden Stufenpreise bzw. Rabattpreise genannt werden.

Die Ermäßigung kann sich ferner jeweils auf den gesamten Verbrauch oder nur auf bestimmte Abschnitte desselben beziehen. Die erstere Art wird im folgenden als Abstufung nach Staffeln, die letztere als solche nach Zonen bezeichnet. Ferner können sämtliche Abstufungen entweder auf die Verrechnungseinheit (Kilowatt, Kilowattstunde, Kerzenstärke, Motorenleistung usw.) oder auf die zu bezahlende Geldsumme bezogen werden. Auch die Zahl der Abstufungen ändert sich in weiten Grenzen.

Beispiele:
Stufenpreise nach Staffeln:

Bei einer Abnahme:						beträgt der Preis:			
von	100	Kwstd.	innerhalb eines Jahres			60 ₰ pro Kwstd.			
„	200	„	„	„	„	58 „	„	„	
„	500	„	„	„	„	55 „	„	„	
„	1000	„	„	„	„ und darüber	50 „	„	„	

oder
Rabattpreise nach Staffeln:

Bei einer Abnahme:		wird folgender Rabatt berechnet:
von 100	Kwstd.	0%
„ 200	„	3%
„ 500	„	6%
„ 1000	„	15%

oder
mit der zu zahlenden Geldsumme als Grundlage der Berechnung:

Bei einer Abnahme:		beträgt der Rabatt:
von 100	ℳ	0%
„ 200	„	3%
„ 300	„	6% usw.

oder
Stufenpreise nach Zonen:

Es kosten:	die ersten	100 Kwstd.	60 ₰ pro Kwstd.		
	„ nächsten	100 „	58 „	„	„
	„ „	300 „	55 „	„	„
	der darüber hinausgehende Verbrauch		50 „	„	„

oder
Rabattpreise nach Zonen:

Der Rabatt beträgt:			
für die ersten	100 Kwstd.		0%
„ „ nächsten	100	„	3%
„ „ „	300	„	6%
für den darüber hinausgehenden Verbrauch			10% usw.

Obwohl es sich hier scheinbar um Äußerlichkeiten handelt, ist die Wahl der Form keineswegs gleichgültig. So kann es sich z. B. bei der Abstufung nach Staffeln leicht ergeben, daß bei einer kleinen Überschreitung der Grenze der Gesamtpreis für eine größere Anzahl Einheiten geringer ist als für eine kleinere Anzahl unterhalb der Grenze. Der Abnehmer wird daher, wenn er sich am Jahresende mit seinem Verbrauch nahe der Grenze befindet, dazu verleitet, elektrische Arbeit zu verschwenden, um so einen billigeren Preis zu erreichen. Um dies zu vermeiden, wird manchmal bestimmt, daß bei Überschreitung einer Stufe mindestens der der vorhergehenden Stufe entsprechende Gesamtbetrag zu bezahlen ist. In einfacher Weise ist dieser Nachteil bei der Abstufung nach Zonen beseitigt, bei der sich die Preisermäßigung nur auf den die angegebenen Grenzen überschreitenden Verbrauch bezieht. Weiterhin sind im allgemeinen die Stufenpreise den Rabattpreisen vorzuziehen, weil sie eine größere Übersichtlichkeit und einfachere Berechnungsweise gestatten. Ferner kommt bei den Stufenpreisen nach Zonen der Abnehmer stets sofort nach Erreichung einer bestimmten Zone in den Genuß des billigeren Preises, während z. B. bei der Gewährung von Rabatten die Preisvergünstigung gewöhnlich erst am Jahresende berechnet und somit erst später für den Verbraucher bemerkbar wird. Dies kann der Verbraucher nicht immer übersehen, so daß er über die wirkliche Höhe seines Preises häufig im ungewissen ist.

Im allgemeinen ist es daher vorzuziehen, Stufenpreise nach Zonen zu verwenden und der Abstufung die Maßeinheiten, nicht die Geldsummen, zugrunde zu legen, weil bei letzterer Grundlage zunächst wiederum eine Umrechnung auf die Maßeinheiten notwendig ist, wenn man die Wirkung der Abstufungen prüfen will. Die Zahl der Abstufungen muß von den örtlichen Verhältnissen, insbesondere von der Verschiedenheit der Abnehmergruppen und von der Art der Abstufung, abhängig gemacht werden.

Wie überhaupt bei der Aufstellung des Tarifschemas, ist insbesondere bei der Form der Abstufungen auf möglichste Einfachheit, Klarheit und Verständlichkeit größtes Gewicht zu legen. Die Abnehmer sind nicht geneigt und in der Lage, auf verwickelte Überlegungen einzugehen, die der Tarifform zugrunde gelegt sind. Der Abnehmer wird schon aus psychologischen Gründen gegen eine Tarifform, die ihm nicht verständlich ist, stets Mißtrauen hegen, was einem gedeihlichen Verhältnis zwischen Verkäufer und Verbraucher nicht förderlich sein kann. Freilich darf die Einfachheit nicht auf Kosten anderer wichtiger Interessen durchgeführt werden; lediglich aus Bequemlichkeitsrücksichten die Vereinfachung der Tarife durchzuführen ist verfehlt. Wo so viel gänzlich verschiedene Interessen und Rücksichten in Frage kommen, wie auf diesem Gebiete, ist es, wenigstens unter den gegenwärtigen Verhältnissen, nicht möglich, diese ohne weitgehende Nachteile so weit auszuschalten, daß z. B. der ganze Tarif in einem Einheitspreis für die Kilowattstunde besteht. Der einfachste Tarif ist nicht der, der für die Berechnung der bequemste ist, sondern der, bei dem die beiderseitigen Interessen in einfachster Weise berücksichtigt werden. Daß sich dies nicht immer in äußerlich einfacher Gestaltung des Tarifes erreichen läßt, ist zwar ein Nachteil, größer aber ist der Schaden, der durch allzu große Vernachlässigung wichtiger Rücksichten auf Kosten der Bequemlichkeit entsteht.

Welche Gesichtspunkte für die Anwendung der einzelnen Abstufungen maßgebend sind und welch mannigfache Formen hierbei zugrunde gelegt werden, wird in den folgenden Abschnitten dargelegt; bei der Auswahl der Beispiele werden hierbei in erster Linie die in Deutschland gebräuchlichen Tarife berücksichtigt, fremde Tarife nur insoweit, als die in Frage kommenden Ausführungsformen in Deutschland nicht zu finden sind.

2. Die Abstufung nach dem Verwendungszweck der elektrischen Arbeit.

Die Unterscheidung der Preise nach dem Verwendungszweck der elektrischen Arbeit ist allgemein bei allen Tarifformen und fast ausnahmslos bei allen Werken durchgeführt, und zwar derart, daß entweder die Maßeinheit — gleichgültig ob Kilowatt oder Kilowattstunde — verschieden bewertet wird, je nachdem sie zu Licht, Kraft- oder Wärmezwecken verbraucht wird, oder daß für die einzelnen Verwendungszwecke verschiedene Tarife vorgesehen werden.

Eine Abstufung der Preise zunächst für Licht und Kraft und später für Heizzwecke wurde von Anbeginn der Werke angewendet, in der Absicht, die Ausnutzung der zuerst für Beleuchtungszwecke errichteten Anlagen durch Kraftverbrauch in den schwach belasteten Tagesstunden zu heben. — Abgesehen von dieser Veranlassung, entspricht die Unterscheidung der Preise nicht so sehr den Forderungen des Verkäufers als vielmehr des Verbrauchers. Es ist sogar vom Standpunkte der Erzeugung aus ungerechtfertigt, Preisstaffelungen nach dieser Richtung eintreten zu lassen, da sich mit Rücksicht auf den Verwendungszweck allein Unterschiede in den Erzeugungskosten nicht ergeben. Deshalb ist auch zeitweise ein überaus lebhafter Kampf für die Herstellung gleicher Preise für alle Verwendungsarten elektrischer Arbeit von einer Anzahl Werke geführt worden, ohne daß es jedoch den Verfechtern des Einheitspreises gelungen ist, ihrer Ansicht allgemeine Geltung zu verschaffen. Der zwar sehr hoch zu schätzenden Einfachheit einer solchen Berechnungsweise würde vor allen Dingen der Nachteil gegenüberstehen, daß der Einheitspreis den heutigen wirtschaftlichen Verhältnissen beim Elektrizitätsverkauf nicht entspricht.

Die Bedingung, unter welcher ein Einheitspreis zu rechtfertigen wäre, ist nicht bloß der gleiche Erzeugungspreis für alle Verwendungszwecke, sondern auch die gleiche Wertschätzung von seiten des Verbrauchers. Die elektrische Arbeit wird dem letzteren vom Werk in Kilowattstunden berechnet, er aber bewertet nicht Kilowattstunden, sondern Beleuchtung, Arbeitsleistung und Wärmeerzeugung. Abgesehen von dem Bewußtsein des gleichen Ursprungs der genannten Wirkungen hat er keine Vergleichspunkte. Durch sie werden ganz verschiedene Bedürfnisse befriedigt, die sowohl in ihrer Art als auch in ihrer Stärke vollständig voneinander abweichen. Ferner kann der Nutzen, den eine Licht-Kilowattstunde dem Verbraucher bringt, mit dem einer Kraft- oder Heiz-Kilowattstunde in den allerwenigsten Fällen unmittelbar verglichen werden; letzterer ist meistenteils ein sachlicher, in Geld und Geldeswert ausdrückbarer, ersterer dagegen vielfach ein angenommener, geschätzter. Die Kraftleistung an sich ist wertlos; erst durch die Veränderungen, die sie an den Gütern hervorbringt, gewinnt sie Bedeutung; die Heizung und Beleuchtung dagegen begegnen an und für sich schon einer gewissen Wertschätzung, die Kraftwirkung verändert den Wert der Güter, die Beleuchtung hat darauf keinen Einfluß.

Es läßt sich einwenden, daß bei vielen anderen Gütern ähnliche Verhältnisse vorliegen, ohne daß derartige Erwägungen Platz greifen. Für einen Liter Milch z. B. wird der gleiche Preis gezahlt, gleichgültig, ob er unmittelbar genossen, ob er zu Butter verarbeitet, ob er in der Küche anderweitig verarbeitet wird, allein, hier hat das Gut nur den Wert, der seiner Verwendung zur Befriedigung des unwichtigsten der verschiedenen Bedürfnisse, dem sogenannten Grenznutzen entspricht. Das ist aber bei der elektrischen Arbeit nicht der Fall; die Wertschätzung, die dem Nutzen einer Licht-Kilowattstunde entspricht, ist unter den heutigen Verhältnissen eine höhere als die des Nutzens einer Kraft-Kilowattstunde oder gar einer Heiz-Kilowattstunde, und da die Elektrizitätswerke unter den heutigen Umständen mit Rücksicht auf die Erzeugungskosten mit dem Lichtpreis nicht bis auf den Kraftpreis bzw. mit beiden nicht bis auf den Heizpreis herabgehen können, folgt, daß im allgemeinen der Fall des Grenznutzens nicht eintreten kann, d. h. es müssen für die verschiedenen Wirkungen des elektrischen Stromes verschiedene Preise beibehalten werden. Eine Ausnahme bildet nur die Stromlieferung an Großverbraucher, denen mit Rücksicht auf die Möglichkeit einer eigenen Erzeugung unter gleichen Kosten Licht und Kraft zu einem Einheitspreis berechnet werden.

Ähnliche Verhältnisse, wie die eben besprochenen, liegen auch bei den Gaswerken vor; hier gelten die gleichen Erörterungen. Freilich ist der Gaspreis heute vielfach schon so niedrig, daß er sich dem Grenznutzen nähert, so daß man an manchen Orten zu einem Einheitspreis übergegangen ist. Gleichwohl sind auch in den Kreisen der Gaswerke sehr gewichtige Stimmen gegen die Zweckmäßigkeit des Einheitstarifes laut geworden, und zwar ebenfalls mit Hinsicht auf die verschiedene Bewertung des Licht- und Heizgases von seiten der Verbraucher. Die Rücksicht auf die wirtschaftliche Wertung der Verbraucher hat auch auf anderen Wirtschaftsgebieten zu einer verschiedenen Wertbemessung ein und desselben Gutes geführt. So z. B. könnte man doch auch bei dem Tarifwesen der Eisenbahn die Forderung stellen, daß die Tarife gleichmäßig für Menschen, Tiere und Güter, z. B. nach dem Gewicht oder nach dem Raumbedarf, aufgestellt werden sollen; obwohl im Grunde die eigentliche Beförderungsleistung bei allen genau dieselbe ist, werden jedoch sehr verschiedene Preise berechnet, weil die Wertschätzung der Beförderungsleistung bei den Menschen eine weit höhere ist als bei den Gütern. — Auch auf der Post sind die Tarife sehr verschieden, für die Beförderung von Briefen einerseits und Postkarten und Drucksachen andererseits, und doch ist die Leistung im letzteren Falle die gleiche, oft sogar eine höhere als im ersteren. Weiterhin ist die verschiedene Preis- bzw. Zollbemessung bei Spiritus, Salz, Gerste zu erwähnen, bei welchen Gütern trotz des ursprünglich gleichen Gegenstandes und trotz gleicher Beschaffenheit je nach dem Verwendungszweck, d. h. je nach der Wertschätzung, wesentlich verschiedene Sätze berechnet werden. Unmittelbar mit den verschiedenen Preisen der Elektrizität können auch die nach Stadtgegenden verschiedenen Mietpreise für Wohnungen gleicher Größe und gleicher Art verglichen werden; auch hier handelt es sich um Preisunterschiede, die lediglich durch die Wertschätzung der Benutzer herbeigeführt sind.

Weiterhin ist es für die Beurteilung gleicher Einheitspreise für die Wertschätzung des Verbrauchers von ausschlaggebender Bedeutung, mit welch anderen Gütern bzw. Aufwendungen der gleiche Zweck noch auf andere Weise erreicht werden kann. Auch von diesem Standpunkt aus rechtfertigt ein Vergleich mit den Kosten anderer Energieformen die ungleiche Bewertung der Licht-, Kraft- und Heiz-Energiebeschaffung auf elektrischem Wege (s. auch Abschnitt A. 4, S. 197).

Demzufolge ist denn auch fast allen Tarifen eine Abstufung nach Licht- und Kraftpreisen zugrunde gelegt, zu denen in neuerer Zeit, namentlich in der Schweiz und in England, noch ein besonderer Preis für Heizen und Kochen hinzugekommen ist.

Beispiele:

41 Beim Pauschaltarif wird in den Bedingungen der Bayerischen Elektricitäts-Lieferungs-Gesellschaft, Bayreuth, für landwirtschaftliche Zwecke für eine 25 kerzige Lampe pro Jahr $\mathcal{M}$ 10,80, für einen 1-PS-Motor pro Jahr $\mathcal{M}$ 33,— berechnet. Hierbei ist gleichzeitig die geringe Benutzungsdauer der landwirtschaftlichen Motoren berücksichtigt.

42 In Schweizer Pauschaltarifen sind vielfach für Licht Preise von 300 bis 400 frs. pro Kilowatt, für Kraft 150—200 frs. pro Kilowatt zugrunde gelegt.

43 Beim Zählertarif sind in den folgenden Beispielen andere Abstufungen als die angegebenen nicht vorgesehen:

	Licht pro Kwstd.	Preise für Kraft pro Kwstd.	Heizzwecke pro Kwstd.
Altenburger Landkraftwerke	50 ₰	20 ₰	
Flensburg	55 „	25 „	
Hadersleben	60 „	30 „	
Hanau	60 „	25 „	
Hirschberg i. Schl.	40 „	14 „	
Königshütte i. Schl.	30 „	12 „	
Neumarkt	50 „	16 „	
Barmen	verschiedene Tarife		12 ₰
Neusalza	„	„	10 „
Richmond (England)	$5^{1}/_{2}$ d	$2^{1}/_{2}$ d	$1^{1}/_{2}$ d
Lynton (England)	5 d	$2^{1}/_{2}$ d	1 d

Schon aus den wenigen Beispielen geht hervor, daß sowohl die Grundpreise als auch die Höhe der Abstufungen außerordentlich verschieden sind. Für Licht finden sich (abgesehen von Ausnahmefällen und Sonderpreisen) in Deutschland Grundpreise von 70 bis 30 ₰ für die Kilowattstunde, für Kraft 40 bis 12 ₰, für Heizung 20 bis 8 ₰. Aus dieser Verschiedenheit folgt, daß allgemeine Richtlinien bei der Festsetzung der Einheitspreise nicht bestehen. Vielfach ist, wie z. B. bei den Preisen für elektrische Heizung, die Rücksicht auf die Preise anderer Energieformen maßgebend, während bei der Festsetzung der Licht- und Kraftpreise häufig ohne jeden Zusammenhang mit den Erzeugungskosten nach der Gewohnheit bzw. nach der Erfahrung anderer die Preise festgesetzt werden. Im allgemeinen liegen die Preise für Licht in Deutschland unter 50 ₰, für Kraft unter 20 ₰ pro Kilowattstunde. In ganz wenigen Fällen hat man sich entschlossen, für alle Verwendungsarten der elektrischen Arbeit zwar einheitliche Tarife einzuführen, jedoch sind dann andere Abstufungen vorgesehen, die es ermöglichen, für Kraft- und Wärmezwecke einen wesentlich niedrigeren Durchschnittspreis zu erreichen als für Beleuchtung.

Beispiele:

44 Kaiserslautern. Preis für Licht und Kraft 40 ₰ pro Kilowattstunde bis zu 300 Benutzungsstunden des Anschlußwertes, dann 10 ₰.

45 Finsterwalde. Preis für Licht und Kraft innerhalb der Sperrzeit 50 ₰, außerhalb 20 ₰.

In beiden Fällen kommt für Kraftzwecke hauptsächlich der niedrigere Preis in Frage.

Solcher Preisstellung kann jedoch eine besondere Zweckmäßigkeit nicht zuerkannt werden; sie besitzt zwar den Vorzug der Einfachheit und ermöglicht es, die sonst getrennten Licht- und Kraftanlagen in eine

einzige zu vereinigen, außerdem wird die Aufstellung eines zweiten Zählers erspart, sie hindert jedoch die Abnehmer an der freien Benutzung
der elektrischen Arbeit für Kraftzwecke und gibt ihnen andererseits
die Möglichkeit, in unverdienter Weise die Beleuchtung zu bestimmten
Zeiten zu Preisen zu beziehen, die weit unter ihrer Wertschätzung liegen.
Die allgemeine Anwendung solcher Tarife kann deshalb nicht als vorteilhaft bezeichnet werden, wohl aber sind Fälle denkbar, wo sie für
einzelne Abnehmergruppen am Platze sind, so z. B. der letztgenannte
Tarif für das Nahrungsmittelgewerbe und für die Kleinlandwirtschaft,
welch beide Gewerbegruppen ohne Schädigung ihrer Interessen in der
Lage sind, die Benutzung der elektrischen Antriebskraft auf die Stunden
außerhalb der Beleuchtung zu beschränken, während andererseits ein
Bedürfnis für Beleuchtung in den Tagesstunden dort selten vorhanden
sein wird.

3. Die Abstufung nach der Größe des Anschlußwertes.

Der Größe des Anschlußwertes kann bei der Preisbemessung in doppelter Hinsicht Rechnung getragen werden. Einmal kann sich schon
die Verteilung der gesamten Selbstkosten oder eines Teiles derselben
auf den Anschlußwert des Abnehmers stützen, wie bei zahlreichen Pauschal- und Gebührentarifen, wobei dann die Preise nicht im Verhältnis
zu der Größe des Anschlußwertes anwachsen, so daß bei dem größeren
Anschluß die Maßeinheit mit einem geringeren Einheitspreis belegt ist als
bei dem kleineren Anschluß. Ferner können die Strompreise bei Zählertarifen entsprechend der Größe des Anschlußwertes abgestuft sein. Dabei
wird meist nicht der Anschlußwert in Kilowatt, sondern bei Beleuchtung die Art und Zahl der Lampen, sowie ihre Kerzenstärke, bei Bogenlampen Strombeanspruchung, im übrigen die Leistungsfähigkeit der
Apparate als Maßstab für die Verteilung bzw. die Preisbemessung benutzt.
Beispiele:

46 Pauschaltarif. Hohebach in Württemberg.
Es kostet eine

10 kerzige	Lampe	pro	Jahr	7,50	*M.*
16 ,,	,,	,,	,,	10,00	,,
25 ,,	,,	,,	,,	13,00	,,
32 ,,	,,	,,	,,	16,00	,,

d. h. es ergeben sich pro Kerze folgende Preise: 0,75, 0,67, 0,52, 0,50 *M.* Die
Preise pro Kerze ermäßigen sich also mit der Größe des Anschlußwertes.

47 Krafttarif der Lechwerke in Augsburg:

Motor bis	10 PS	Preis pro PS und Jahr	275	*M*
,, über 10—25 ,,	,,	,, ,, ,,	,,	250 ,,
,, ,, 25—50 ,,	,,	,, ,, ,,	,,	235 ,,
,, ,, 50—100 ,,	,,	,, ,, ,,	,,	220 ,,
,, ,, 100—300 ,,	,,	,, ,, ,,	,,	200 ,,

Derartige Tarife sind in der Schweiz sehr verbreitet.

48 Gebührentarif. Reichenbach (Vogtland). Die Grundgebühr beträgt für die beiden ersten Glühlampen einer Haushaltung 50 $\mathcal{J}$ pro Lampe und für die dritte und vierte Glühlampe 30 $\mathcal{J}$ pro Lampe und Monat; außerdem sind für jede durch den Zähler angezeigte Kilowattstunde 12 $\mathcal{J}$ zu bezahlen.

49 Zählertarif. Überlandzentrale Wolfenbüttel. Die Kilowattstunde kostet beim Anschluß von Motoren bis einschließlich 7,5 PS 25 $\mathcal{J}$, bei Anschlüssen von Motoren über 7,5 PS 20 $\mathcal{J}$.

Das Verfahren, bei dem Pauschaltarif und Gebührentarif die Kosten nach der Größe des Anschlußwertes zu verteilen, beruht auf der Annahme daß der Anschlußwert für die Höhe der festen Kosten insofern mitbestimmend ist, als die höchste Belastung des Abnehmers, die in erster Linie für diese Kosten maßgebend ist, häufig in einem festen Verhältnis zum Anschlußwert steht, in vielen Fällen mit ihm übereinstimmt. Auch will man meist von einer besonderen Messung der Höchstbelastung des einzelnen Abnehmers absehen und setzt dann, allerdings mit sehr grober Annäherung, voraus, daß allgemein oder für eine bestimmte Abnehmergruppe die höchste Beanspruchung den Anschlußwert erreicht und daß sämtliche Abnehmer auch an der Höchstbelastung des Kraftwerkes teilnehmen. Die Ermäßigung der Einheitspreise für die größeren Anschlüsse, wie sie die Beispiele zeigen, wird angewendet, um den Abnehmer zu möglichst umfangreichem Anschluß zu veranlassen und vielfach auch mit Rücksicht auf die Preise anderer Energieformen; weil sich z. B. ein Gewerbetreibender, der 100 PS benötigt, die Kraft billiger beschaffen kann als ein Handwerker, der nur einen Motor von 5 PS aufstellen will, setzt man die Einheitspreise bei dem größeren Anschlußwert entsprechend niedriger an. Auch vom Standpunkt des Erzeugers ist eine gewisse Berechtigung hierzu vorhanden, indem die Verwaltungskosten, bezogen auf die Einheit des Anschlußwertes, bei einem großen Anschluß niedriger sind als bei einem kleinen, doch sind die hierdurch entstehenden Unterschiede so geringfügig, daß damit eine so weitgehende Ermäßigung, wie sie nach dem Beispiel möglich ist, nicht zu begründen ist. Lediglich der Umstand, daß auf keine einfachere Weise die Verkaufspreise mit der Wertschätzung der Abnehmer bei Pauschal- und Gebührentarifen in Einklang gebracht werden können, läßt hier diese Abstufung einigermaßen gerechtfertigt erscheinen.

Beim Zählertarif nimmt man bei der Abstufung der Einheitspreise nach der Größe des Anschlußwertes an, daß sich der größere Anschluß auch in einem höheren Verbrauch geltend macht. Da dies jedoch keineswegs überall zutrifft, im Gegenteil vielfach der größere Anschluß eine geringere Ausnutzung aufweist, und im übrigen vom Standpunkt der Erzeugung aus die Erniedrigung der Preise mit Bezug auf die Größe des Anschlußwertes nicht zu billigen ist, so kann diese Abstufung beim Zählertarif nicht als zweckmäßig bezeichnet werden. Nur dort, wo man auf Grund genauer Kenntnis der Anschlüsse mit Bestimmtheit auch mit einer größeren Ausnutzung rechnen darf, kann eine so geartete Preisermäßigung gerechtfertigt erscheinen, jedoch sollte dann auch die größere Ausnutzung und nicht der Anschlußwert in der Form der Abstufung zugrunde gelegt werden. In Deutschland werden solche Tarife nur sehr selten angewendet, häufiger dagegen in der Schweiz, wo die Verbraucher durch die zahlreich angewendeten Pauschaltarife an eine Abstufung nach der Größe des Anschlußwertes gewöhnt sind.

4. Die Abstufung nach der Größe des Verbrauches.

Die Abstufung der Preise nach der Größe des Verbrauchs ist beim Verkaufe elektrischer Arbeit außerordentlich verbreitet. Ihre Anwendung findet, wie bei der Abstufung nach der Größe des Anschlußwertes, in doppelter Weise statt. Bei den Pauschal- und zum Teil auch bei den Gebührentarifen kommt sie dadurch zum Ausdruck, daß auf die gleiche Verrechnungseinheit ein um so höherer Preis entfällt, je höher der mutmaßliche Verbrauch sein wird. Dabei ist die Steigerung der Preise wiederum verhältnismäßig geringer als der Steigerung des Verbrauches entspricht. Daneben werden den Abnehmern noch Vergünstigungen zugestanden, die von der Höhe des Gesamtverbrauches abhängig gemacht werden. Diese letztere Art der Abstufung ist namentlich bei Zählertarifen gebräuchlich und wird bald dadurch zum Ausdruck gebracht, daß der Abnehmer einen umso geringeren Einheitspreis zu zahlen hat, je größer seine jährliche Abnahme ist, bald durch Gewährung von Ermäßigungen auf den gesamten Jahresverbrauch.

Beispiele:

Pauschaltarif:

50 Ein von der Elektricitäts-Lieferungs-Gesellschaft vielfach angewendeter Tarif lautet:

Kosten pro Lampe und Monat

bei Lampen bis zu NK	bei Wohnungen und Zubehör ℳ	bei Wirtshäusern und Bäckereien ℳ
16	0,60	0,90
25	0,90	1,35
32	1,15	1,75
50	1,50	2,25
100	3,00	4,50
200	6,00	9,00

Wirtshäuser und Bäckereien haben einen wesentlich höheren Verbrauch als Wohnräume, weshalb die Preise für Lampen gleicher Kerzenstärke erhöht sind allerdings in geringerem Verhältnis als der tatsächlichen Erhöhung des Verbrauches entspricht.

Gebührentarif:

51 In ähnlicher Weise ist die Abstufung der festen Gebühr bei dem Gebührentarif der Elektricitäts- Lieferungs- Gesellschaft durchgeführt.

Die Grundgebühren betragen

bei Lampen bis zu NK	bei Wohnungen und Zubehör ℳ	bei Wirtshäusern und Bäckereien ℳ
25	0,30	0,40
32	0,40	0,55
50	0,55	0,75
100	1,05	1,50
200	2,05	3,00

Außerdem 12 ₰ für jede verbrauchte Kilowattstunde.

52 Grundgebühr pro Kilowatt Anschlußwert 60 ℳ, außerdem 4 ₰ für jede verbrauchte Kilowattstunde. Auf den Gesamtverbrauch innerhalb eines jeden Jahres werden folgende Rabatte gewährt:

von   0— 5 000 ℳ 0%
„   5 000—10 000 „ . . . .   5 „
„   10 000—25 000 „ . . . . 10 „
„   25 000—40 000 „ . . . . 15 „
„   40 000—60 000 „ . . . . 20 „ usw.

Zählertarif:

53 (Stufenpreise nach Zonen.) Der Tarif des Elektrizitätswerkes Mainz lautet:

a) für Beleuchtungszwecke:

für die   ersten . 1200 Kwstd. innerhalb eines Jahres 45 ₰ pro Kwstd.
„ „ nächsten 1500   „   in demselben Jahre 40 „ „   „
„ „   „   2000   „   „   „   „   35 „ „   „
„ „   „   2500   „   „   „   „   30 „ „   „
„ „   „   3000   „   „   „   „   25 „ „   „
„ „   „   4000   „   „   „   „   20 „ „   „
„ den weiteren Verbrauch   „   „   „   15 „ „   „

b) für die Motoren usw.:

für die   ersten 2000 Kwstd. 20 ₰ pro Kwstd.
„ „ nächsten 2500   „   18 „ „   „
„ „   „   3000   „   16 „ „   „
„ „   „   5000   „   14 „ „   „
„ „   „   12500   „   12 „ „   „
„ „   „   25000   „   11 „ „   „
„ den weiteren Verbrauch 10 „ „   „

54 Andere Formen, Staffelrabatte auf die Geldbeträge, weist der Tarif der Überlandzentrale Fürstenfeldbruck auf.

Die elektrische Energie kostet: für Beleuchtungszwecke die Kilowattstunde 60 ₰, für Kraftzwecke die Kilowattstunde 25 ₰ mit folgenden Vergütungen am Jahresschluß, bei einem Verbrauch von:

50— 100 ℳ	5 %		1500—2000 ℳ	30	%
100— 150 „	7,5 „		2000—3000 „	35	„
150— 200 „	10 „		3000—4000 „	40	„
200— 500 „	15 „		4000—5000 „	45	„
500—1000 „	20 „		über 5000 „	50	„
1000—1500 „	25 „				

55 Straßburg. Die ersten 3000 Kwstd. innerhalb eines Jahres werden mit 40 ₰, der darüber hinausgehende Verbrauch mit 32 ₰ pro Kilowattstunde berechnet.

Eine Abstufung nach der Höhe des Verbrauches liegt auch der Einführung verschiedener Tarife für die einzelnen Größenklassen des Verbrauches zugrunde.

56 Von einem Verbrauch von 500 Kwstd. ab kommt der Doppeltarif zur Anwendung.

57 Brandenburg. Bei einem Verbrauch von mehr als 15 000 Kwstd. pro Jahr kann ein Hochspannungstarif zur Anwendung kommen.

Wie diese Beispiele zeigen, erfolgt die Abstufung nach der Höhe des Verbrauches in der verschiedensten Weise. Schon der Form nach sind alle möglichen Arten der Verrechnung vertreten, Stufen- und Rabattpreise nach Staffeln und Zonen. Vielfach wird in unmittelbarer Anlehnung an den sonst geübten kaufmännischen Gebrauch auf den gesamten Jahresgeldbetrag ein Umsatzrabatt gewährt. Zweckmäßiger ist jedoch, wie schon früher (s. S. 212) ausgeführt, die Verwendung von Stufenpreisen nach Zonen.

Die Zahl der Stufen ist außerordentlich verschieden, ebenso auch die Höhe der Stufen und der Ermäßigungen. Während bei dem Beispiel Straßburg erst bei einem Verbrauch von 3000 Kilowattstunden, entsprechend einem Betrage von ℳ 1200,—, eine einzige Ermäßigung von 20% erfolgt, sind bei dem Beispiel Fürstenfeldbruck 12 Stufen vorhanden, die schon bei einem Verbrauch von ca. 100 Kilowattstunden beginnen und in Stufen von 5 zu 5% bis 50% ansteigen.

Aus diesen großen Unterschieden in der Zahl und Höhe der Abstufungen geht hervor, daß sie meist nicht mit Rücksicht auf die Selbstkosten, vielmehr oft nach Gutdünken festgesetzt werden, um dem Drängen der Verbraucher nach Verbilligung folgend, irgendeine Ermäßigung vorzusehen. Einen Erfolg für die Verkäufer und für die Verbraucher hat aber dieses Verfahren nur dann, wenn bei den Abstufungen auf die Verbrauchsverhältnisse Rücksicht genommen wird. Es ist z. B. zwecklos, eine große Zahl von Abstufungen für höheren Verbrauch vorzusehen, wenn der größte Teil der Abnehmer nur einen geringeren Verbrauch aufweist. Ebenso ist es unzweckmäßig, z. B. Stufen von 100 zu 100 Kilowattstunden festzusetzen, wenn sich ergibt, daß deutlich unterschiedene Abnehmergruppen mit höheren Verbrauchsgrenzen vorhanden sind. Eine den Abnehmerverhältnissen entsprechende Abstufung wird sich in jedem Falle leicht feststellen lassen, wenn die Abnehmergruppen nach der Größe ihres Jahresbedarfes zusammengestellt und danach die Stufen festgesetzt werden. Dies ist zwar beim Beginn einer Elektrizitätsversorgung natürlich nicht möglich, kann aber zunächst annähernd im Anschluß an die Ergebnisse ähnlicher Werke erfolgen.

Die Abstufung nach der Höhe des Verbrauches entspricht einer allgemeinen Handelsgepflogenheit; jeder Kaufmann gibt auf die Preise seiner Waren unter bestimmten Umständen Ermäßigungen, und zwar hauptsächlich bei der Abnahme größerer Posten, weil hierdurch seine vom Umsatz unabhängigen Unkosten für das Stück verringert und der Umsatz und damit die Gewinnmöglichkeiten gesteigert werden.

Diese Erwägungen können zwar nicht ohne weiteres auf den Verkauf der elektrischen Arbeit übertragen werden, denn diejenigen Unkosten, die bei steigendem Verbrauch des einzelnen Abnehmers für die Einheit abnehmen, bilden nur einen geringen Teil der gesamten Selbstkosten; er beschränkt sich auf die Ausgaben für die Verrechnung und für den Geldeinzug. Im übrigen kann sich ein höherer Verbrauch des einzelnen Abnehmers sowohl durch andauernde geringe Belastung als auch durch seltene, aber hohe Beanspruchung der Betriebsmittel ergeben; im letzteren Falle würde vom Standpunkt des Erzeugers aus ein geringerer Einheitspreis nicht gerechtfertigt sein. Wenn trotzdem die Bevorzugung des größeren Verbrauches in den Tarifen außerordentlich häufig in die Erscheinung tritt, so geschieht dies, weil die Übertragung dieses im Geschäftsleben allgemein eingeführten und beliebten Gebrauchs auf den Vertrieb elektrischer Arbeit für den Verkäufer außerordentlich bequem und dem Abnehmer vertraut und verständlich ist. Auch hat der Unternehmer darauf Bedacht zu nehmen, daß sich manche Verbraucher große Mengen auf andere Weise billiger beschaffen können als der Kleinabnehmer und ist so auch mit Rücksicht auf die Preise anderer Energieformen zu einer Abstufung nach der Höhe des Verbrauches veranlaßt.

Im übrigen kann die Abstufung nach der Größe des Verbrauches, namentlich für Beleuchtungszwecke, weder für den Verkäufer noch für den Abnehmer als besonders vorteilhaft bezeichnet werden. Für den Unternehmer hat sie, wie bereits erwähnt, den großen Nachteil, daß sie unter Umständen gerade demjenigen Verbraucher zugute kommt, der die Betriebsmittel in ungünstigerer Weise beansprucht. Die Abnehmer andererseits müssen darin vielfach eine Ungerechtigkeit erblicken, weil sie unter sonst gleichen Verbrauchsbedingungen auf Grund ihrer wirtschaftlichen Verhältnisse nicht in der Lage sind, einen höheren Verbrauch und damit niedrigere Preise zu erzielen; häufig kommt der wirtschaftlich Stärkere in den Genuß der billigeren Preise, der nach seiner Leistungsfähigkeit und Wertschätzung hierauf gar keinen Anspruch erheben würde, und das Werk gibt in solchem Falle Ermäßigungen, die unnötig sind. Wesentlich anders liegen die Verhältnisse bei dem Verbrauch von Kraftstrom insofern, als die Abstufung nach der Höhe des Verbrauches vielfach mit der Wertschätzung und Leistungsfähigkeit der Abnehmer übereinstimmt. Denn gerade diejenigen Abnehmer, die den höheren Anfangspreis zahlen können, wie z. B. das Nahrungsmittelgewerbe oder die Kleinlandwirtschaft, haben einen entsprechend geringen

Verbrauch, während die Abnehmer mit höherem Verbrauch nicht bloß
auf billigere Preise infolge ihrer Betriebsverhältnisse angewiesen sind,
sondern sich auch unter Umständen Ermäßigungen durch die Bereitstellung anderer Kraftquellen verschaffen können. Bei diesen kann,
namentlich wenn es sich um eine gleichartige Industrie handelt, durch eine
Abstufung der Preise nach der Höhe des Verbrauches unter Umständen
eine ziemliche Übereinstimmung mit ihrer Wertschätzung und Leistungsfähigkeit, d. h., mit den Preisen eigener Erzeugung erzielt werden.

5. Die Abstufung nach der Beanspruchung der Betriebsmittel.

In einem früheren Abschnitt ist nachgewiesen, daß die von dem Verbrauch unabhängigen Selbstkosten zu der Höchstbeanspruchung der
Betriebsmittel in einem einfachen Verhältnis stehen und daß man bei
der Verteilung der Selbstkosten diesem Zusammenhang Rechnung tragen
kann. Bei dem Pauschal- und Gebührentarif wird die tatsächlich erreichte bzw. zur Verfügung gestellte Höchstleistung mit einem bestimmten
festen Kostenbetrag belegt, während bei dem Zählertarif nach dem
Wrightschen Verfahren (s. S. 228) die ermittelte Höchstleistung eine
bestimmte Zeitlang mit einem höheren Preis, der darüber hinausgehende
Verbrauch mit einem niedrigeren Preis berechnet wird. Diese letztere
Verrechnungsart birgt somit gleichzeitig eine Abstufung nach der Zeitdauer des Verbrauches in sich und wird bei der Besprechung dieser letzteren später erörtert.

Bei den beiden übrigen Tarifen äußert sich die Abstufung nach der
Höhe der gleichzeitigen Beanspruchung in einer höheren Taxe für den
höheren Verbrauch, wobei jedoch die Beträge nicht im gleichen Verhältnis wie die beanspruchte Höchstleistung ansteigen. Man hat es also hier
gleichzeitig mit einer Abstufung nach der Höhe des Verbrauchs zu tun.
Beispiele:

Pauschaltarif.

58 Oberschlesische Elektrizitätswerke. Es sind zu entrichten für
eine Höchstbelastung von:

30 Watt	. . . .	9 M pro Jahr
100 ,,	. . . .	30 ,, ,, ,,
200 ,,	. . . .	54 ,, ,, ,,
300 ,,	. . . .	78 ,, ,, ,,
400 ,,	. . . .	102 ,, ,, ,,
600 ,,	. . . .	150 ,, ,, ,,
800 ,,	. . . .	198 ,, ,, ,,
1000 ,,	. . . .	246 ,, ,, ,,

Gebührentarif.

59 Bremen. Für je 10 Watt der vom Höchstbelastungsmesser angezeigten
Höchstbelastung im Rechnungsjahr hat der Abnehmer eine Jahresgebühr von
3,90 M und außerdem für jede vom Zähler angezeigte Kilowattstunde einen
Betrag von 10 $\mathfrak{Pf}$ zu entrichten.

60 **Hamburg**. Für größere Anlagen werden berechnet:

für die ersten	50 Kw. der Höchstbelastung	140 ℳ pro Jahr und Kw.
„ „ weiteren	50 „ „ „	120 „ „ „ „ „
„ „ „	100 „ „ „	100 „ „ „ „ „
„ „ „	100 „ „ „	90 „ „ „ „ . „
„ „ „	100 „ „ • „	80 „ „ „ „ „
und darüber hinaus		70 „ „ „ „ „

Außer der festen Gebühr wird der von dem Kilowattstundenzähler gemessene Verbrauch mit 5 ₰ bei Gleichstrom oder niedergespanntem Drehstrom und mit 4 ₰ bei hochgespanntem Drehstrom für jede Kilowattstunde berechnet.

Derartige Tarife sind neueren Datums, weil sie besondere Meßeinrichtungen voraussetzen, deren einwandfreie Herstellung erst seit einigen Jahren gelungen ist. Damit ist einer der Hauptnachteile eines solchen Tarifes gekennzeichnet. Er erfordert die Verwendung eines sorgfältig hergestellten, ziemlich verwickelten Apparates, der infolgedessen verhältnismäßig hohe Kosten verursacht und dessen Wirkungsweise in einzelnen Fällen immer noch zu Mißtrauen und Streitigkeiten Anlaß gibt. Nur bei dem Pauschaltarif ist eine einfache Messung durch den Strombegrenzer möglich. Allerdings ist damit der Nachteil verbunden, daß der Abnehmer in der Benutzung seiner Anlage beschränkt ist, d. h. im allgemeinen eine größere Leistung, als ihm durch den Strombegrenzer zur Verfügung gestellt wird, nicht benutzen kann (s. S. 209).

Im übrigen ist diese Abstufung in Verbindung mit dem Gebührentarif, diejenige Methode der Preisstellung, die wie bereits früher ausgeführt, die meiste Annäherung an den Verlauf der Selbstkosten gestattet und daher, namentlich dem Verkäufer, nicht zu unterschätzende Vorteile bietet. Bei dem Abnehmer hingegen findet sie nur dann Billigung, wenn das erforderliche technische Verständnis hierzu vorhanden und eine günstige Ausnutzung seiner Betriebsanlagen möglich ist. Das ist aber verhältnismäßig selten und zwar gewöhnlich nur bei Großabnehmern der Fall. Letztere müssen, wenn sie andere Kraftquellen, namentlich eigene Erzeugung, in Vergleich ziehen, ebenfalls mit festen und laufenden Ausgaben rechnen, so daß sie bei diesem Tarif ähnliche Verhältnisse wie bei anderweitiger Beschaffung der elektrischen Arbeit bzw. der mechanischen Kraft finden. Sie haben sogar dabei den Vorteil, daß sie nur das tatsächlich erreichte Maximum bezahlen, während sie bei eigener Anlage die überhaupt mögliche Höchstleistung in Rechnung stellen müssen. Andererseits ist damit der Nachteil für sie verknüpft, daß eine einmalige oder selten wiederholte Überschreitung der Durchschnittshöchstbelastung eine wesentliche Erhöhung ihrer Gesamtausgaben verursacht. Diese Gefahr läßt sich zwar in den meisten Fällen durch eine zweckmäßige Betriebseinteilung einschränken, selten aber ganz vermeiden, so daß es bei der Anwendung eines solchen Tarifes nicht immer ohne Meinungsverschiedenheiten zwischen dem Verkäufer und dem Verbraucher abgeht. Mit Vorteil wird er daher nur dort zu verwenden sein, wo größere Belastungsschwankungen sicher vermieden werden können, z. B. in der Webstoffindustrie, in Mühlen, Papierfabriken u. a. Im Kleinverkauf jedoch bedeutet die Anwendung dieses Tarifes lediglich eine einseitige Betonung des Verkäuferstandpunktes und erfordert unter allen Umständen eine mühselige und nicht immer nützliche Werbe- und Aufklärungsarbeit; sie widerspricht vollständig den Verbrauchsverhältnissen des Kleinabnehmers und sollte daher vermieden werden.

Die Abstufung nach der Höhe der Beanspruchung liegt auch dem in neuerer Zeit angewendeten **Belastungsdoppeltarif**, auch **Blocktarif** genannt, zugrunde. Hierbei soll der Abnehmer innerhalb einer bestimmten Belastungsgrenze, die entweder von ihm selbst angegeben oder vom Werk bestimmt wird, einen niedrigeren Preis, bei Überschreitung dieser Grenze einen höheren Preis bezahlen. (Siehe Mohl L 265.)

Beispiele:

61 Vorschlag von Mohl, E. T. Z. 1911, S. 31. Bis zu einer Benutzungsstundenzahl von 2500 Stunden der zur Verfügung gestellten Höchstleistung 25 ₰, bei Überschreitung 60 ₰.

62 München. Bei Entrichtung einer Grundgebühr für eine von dem Abnehmer zu wählende Leistung (Block), gemessen in Kilowatt, beträgt der Grundpreis, solange der Block nicht überschritten wird, 15 ₰ pro Kilowattstunde, bei Überschreitung des Blockes 50 ₰ pro Kilowattstunde. Die Grundgebühr beträgt einschließlich der Gebühr für den Zähler und das elektrische Umschaltwerk monatlich 2 ℳ pro 0,1 Kilowatt. Es kann die Einrichtung auch so getroffen werden, daß der höhere Preissatz nur dann in Wirksamkeit tritt, wenn der Block innerhalb der Lichtbenutzungszeit überschritten wird.
Ein ähnlicher Tarif ist auch in Kiel eingeführt.

Eine solche Berechnungsart ist außerordentlich umständlich und stellt an das Verständnis des Durchschnittsverbrauchers Anforderungen, die nur selten erfüllt sind, ganz abgesehen von der verwickelten Meßeinrichtung, die sie erfordert. Bei eifriger und mühevoller Aufklärung sind damit Erfolge nur dann zu erzielen, wenn damit eine wesentliche Verbilligung gegenüber anderen bereits bestehenden Tarifen erzielt werden kann, was aber meist auf andere einfachere Weise zu erreichen ist.

6. Die Abstufung nach der Zeitdauer des Gebrauchs.

Die Wichtigkeit der Abstufung nach der Zeitdauer des Gebrauches ergibt sich aus der Tatsache, daß ein großer Teil der Selbstkosten feststehende, vom Verbrauch unabhängige Beträge sind. Je länger also ein Abnehmer den von ihm beanspruchten Teil der Anlagen benutzt, um so geringer wird der auf die Einheit, d. h. die Kilowattstunde, entfallende Anteil. Dieser Zusammenhang ist bereits früher (s. Abb. 17, S. 202) zeichnerisch dargestellt. Hieraus erklärt es sich, daß die Abstufung nach der Zeitdauer des Verbrauches einen außerordentlich großen Umfang angenommen hat und sich von seiten der Elektrizitätsverkäufer größter Beliebtheit erfreut.

Je nach der Grundform des Tarifs wird sie in verschiedener Weise zum Ausdruck gebracht. Beim Pauschal- und Gebührentarif ergibt sich ganz von selbst für den Verbraucher eine weitgehende Abstufung nach der Benutzungszeit; sein Einheitspreis für die Kilowattstunde wird um so niedriger, je höher die Ausnutzung seiner Anlage ist. Darin liegt für ihn der Anreiz, von der elektrischen Arbeit einen möglichst ausgiebigen Gebrauch zu machen. Sind aber die Preise von seiten des Verkäufers nicht für diesen äußersten Fall bemessen, so würde er Verlust erleiden, während andererseits der Abnehmer beim geringeren Verbrauch zu hohe Preise bezahlen würde. Man stuft deshalb auch vielfach die Pauschaltarife nach der voraussichtlichen Benutzungsdauer in der Weise ab, daß der Verbraucher mit größerer Benutzungsdauer im ganzen einen höheren Preis zu entrichten hat als der Abnehmer mit geringerer Ausnutzung, wobei der Preis gewöhnlich weniger gesteigert wird, als der angenommenen höheren Benutzungsdauer entspricht.

Beispiel:

63 Naabwerke. Die jährlichen Pauschalpreise in Mark für Licht ergeben sich aus nachstehender Tabelle:

| | Normalkerzen | | | | | |
	5	10	16·	25	32	50
Tarifklasse I, bis 500 Benutzungsstunden	6	8	12	18	25	32
„ II, „ 1000 „	8	12	16	25	32	50
„ III, „ 1800 „	12	16	22	32	50	75

Für längere Benutzungsdauer ein Zuschlag von 30% auf Tarifklasse III.

Wie ersichtlich, erhöhen sich die Preise in weit geringerem Verhältnis als die Benutzungsdauer. Derartige Tarife werden in besonders großem Umfang in der Schweiz verwendet. In ähnlicher Weise werden dort auch die Pauschalpreise für Motoren abgestuft. Die Normalpreise werden z. B. für die gesetzliche 11 stündige Fabrikarbeitszeit festgesetzt und für dauernde Benutzung vielfach eine Preiserhöhung von 25—30% vorgesehen.

Die Zeitdauer der Benutzung wird bei den Pauschaltarifen in den seltensten Fällen gemessen, vielmehr wird die Einteilung nach den Räumen getroffen, in denen die Lampen benutzt werden, bzw. nach der Verwendungsart der Motoren.

So ist z. B. in dem oben angeführten Tarif der Naabwerke folgendes gesagt:

„Unter Lampen der Tarifklasse I sind solche verstanden, welche installiert sind in Scheunen, Ställen, Vorratsräumen, Kellern und ähnlichen Räumen, welche nur selten bei Licht benutzt werden.

Unter Lampen der Tarifklasse II sind zu verstehen solche, welche in Werkstätten, Läden, Bureauräumen, ferner in Wohnzimmern, Küchen, Gängen,

Treppen, Vorplätzen sowie in Räumen mit ähnlichen Lichtverhältnissen · Verwendung finden.

Unter Lampen der Tarifklasse III fallen schließlich solche in Bäckereien, Brauereien, Schank- und Wirtschaftsräumen, ferner in Lagerräumen, Kellern und ähnlichen Räumen, welche eine besonders dunkle Lage und bei länger andauernder Benutzung größeres Lichtbedürfnis haben."

Bei den Zählertarifen handelt es sich bei der Abstufung nach der Höhe der Zeitdauer um eine Verringerung des Einheitspreises, entsprechend der größeren Benutzungsdauer. Es ist somit hier erforderlich, die Zeitdauer der Benutzung genauer festzustellen. Wäre der Teil des Anschlußwertes, der für die Benutzung der elektrischen Arbeit in Frage kommt, ein stets gleichbleibender, so würde eine einfache Division mit dieser Größe in die Zahl der jährlich verbrauchten Kilowattstunden die Höhe der Benutzungsdauer ergeben; da dies aber nicht der Fall ist, muß man sich bei der Ermittlung der Zeit auf irgendwelche Annahmen stützen. Man hat zunächst die fortwährende Benutzung des gesamten Anschlußwertes als erstrebenswertes Ziel angesehen und bestimmt demzufolge als Benutzungsdauer das Verhältnis: Gesamtverbrauch geteilt durch den vollen Anschlußwert. Wenn z. B. ein Abnehmer 325 Kilowattstunden im Jahre verbraucht hat und sein Anschlußwert sich auf 1,5 Kilowatt beziffert, so entspräche dies einer Benutzungsdauer von $325 : 1,5 = 217$ Stunden. Es ist aber ohne weiteres einleuchtend, daß diese Zahl nicht den wirklichen Verhältnissen entspricht. Man geht hierbei von der irrigen Annahme aus, daß man als den normalen Zustand die gleichzeitige Benutzung der gesamten Installation ansehen könnte. Dies ist aber bei der weitaus größten Zahl der Abnehmer ausgeschlossen; nur vereinzelte Betriebe, wie einige Läden, Bureaus, Werkstätten, können den gesamten Anschlußwert auch gleichzeitig benutzen, während dies z. B. bei allen Wohnungsbeleuchtungen ohne die weitestgehende Verschwendung überhaupt nicht möglich ist. Man gelangt infolgedessen bei dieser Berechnungsart notwendig zu unrichtigen Ergebnissen und hat vielfach eingesehen, daß eine Abstufung der Tarife nach dieser Methode in den meisten Fällen den wirklichen Verhältnissen nicht gerecht wird und hat versucht, auf andere Weise die Benutzungszeit zu ermitteln. So nähert man sich schon um einen kleinen Schritt der Wirklichkeit, wenn man statt des Anschlußwertes die wirklich erreichte Höchstbelastung jeder einzelnen Anlage der Berechnung zugrunde legt, die etwa nach der Wrightschen Methode bestimmt werden kann. (Maximaltarif.)

Beide Berechnungsarten werden häufig angewendet, bei uns meistenteils mit dem Anschlußwert, in anderen Ländern, insbesondere in England und Amerika, dagegen mit der Höchstbelastung des Abnehmers als Grundlage für die Berechnung der Zeitdauer.

Wie bei der Abstufung nach der Höhe des Verbrauches findet man auch bei dieser Tarifform die mannigfaltigste äußere Gestaltung: die Verrechnung nach Preisstufen oder mit prozentualer Ermäßigung, ferner Abstufungen nach Staffeln oder nach Zonen und endlich zahlreiche Unterschiede in der Zahl und der Höhe der Abstufungen.

Beispiele:

a) Der Anschlußwert als Grundlage für die Zeitberechnung.

64 Das Elektrizitätswerk Westfalen in Bochum berechnet für Kraft 14 ₰ pro Kilowattstunde

mit	7¹/₂%	Rabatt bei einer Benutzungsdauer von	500— 750	Std.
„	10 „	„ „ „ „ „	750—1000	„
„	15 „	„ „ „ „ „	1000—1500	„
„	20 „	„ „ „ „ „	1500—2700	„
„	25 „	„ „ „ „ „	über 2700	„

65 In einer etwas anderen Form, die früher besonders häufig gebräuchlich war, gibt das Elektrizitätswerk Bamberg eine sogenannte Benutzungsstundenprämie, indem für je 150 Stunden Benutzungsdauer bei Licht und 250 Stunden Benutzungsdauer bei Kraft ein Rabatt von 1% berechnet wird.

In vielen Fällen wird jedoch bei der Abstufung nach der Zeitdauer des Verbrauchs nur eine einzige Stufe vorgesehen und bei der Überschreitung derselben der Preis bedeutend erniedrigt.

66 In Glogau werden die ersten 400 Benutzungsstunden des Gesamtanschlußwertes in jedem Jahre mit 50 ₰ pro Kilowattstunde, der darüber hinausgehende Verbrauch in jedem Jahre mit 16 ₰ für die Kilowattstunde berechnet.

67 Eine andere Form wählt die Stadt Burg, die bei Überschreitung einer Benutzungsdauer von 900 Stunden eine Rückvergütung von 40 ₰ für Licht und 20 ₰ für Kraft für den darüber hinausgehenden Verbrauch in Aussicht stellt.

b) Die Höchstbeanspruchung als Grundlage für die Zeitberechnung.

(Siehe auch englische Beispiele S. 281.)

68 In der ursprünglichen Form des Tarifs wird das Maximum durch den Höchstverbrauchsmesser in jedem Monat ermittelt und mit einer bestimmten Stundenzahl multipliziert. Es ergibt sich dann diejenige Kilowattstundenzahl, die mit dem hohen Preis belegt wird, während der darüber hinausgehende Verbrauch mit einem niedrigeren Preis berechnet wird.

Als Muster dieses in Deutschland nicht sehr gebräuchlichen Tarifes sei der Hildesheimer Tarif angeführt; er lautet:

Von den laut monatlicher Ablesung des Wattstundenzählers sich ergebenden Kilowattstunden werden in den Monaten:

Januar	bis zu 60	Stunden
Februar	„ „ 40	„
März	„ „ 30	„
April	„ „ 30	„
Mai	„ „ 20	„
Juni	„ „ 20	„
Juli	„ „ 20	„
August	„ „ 20	„
September	„ „ 40	„
Oktober	„ „ 50	„
November	„ „ 60	„
Dezember	„ „ 70	„

mit der angezeigten Höchstverbrauchszahl vervielfältigt, und die danach sich ergebende Zahl von Kilowattstunden wird mit 50 ₰ pro Kilowattstunde berechnet. Für jede weitere Kilowattstunde, welche in den einzelnen Monaten laut Ablesung des Wattstundenzählers verbraucht wird, ist nur ein Preis von 10 ₰ zu zahlen.

Bei Kraft beträgt der Energiepreis 20 ₰ pro Kilowattstunde bis zu 70 Stunden monatlicher Benutzungsdauer des Höchstverbrauchs, der gesamte Überverbrauch wird nur mit 5 ₰ pro Kilowattstunde berechnet.

In dieser komplizierten Form, die allerdings dem Verbraucher gestattet, in jedem Monat schon auf einen niedrigeren Preis zu kommen, wird der Tarif bei uns sehr selten, in England jedoch sehr häufig angewendet. Zahlreicher sind die Werke, die den Maximaltarif in der Weise vorsehen, daß nach einer bestimmten jährlichen Benutzungsdauer des Maximums der Preis sich sehr stark erniedrigt. Vorbildlich für derartige Tarife ist die Preisberechnung der Oberschlesischen Elektricitätswerke geworden.

69 Oberschlesische Elektricitätswerke. Dort werden die ersten 500 Benutzungsstunden des Maximums mit 40 ₰, jeder weitere Verbrauch mit 4 ₰ pro Kilowattstunde berechnet. Der Tarif wird gleichmäßig für Licht und Kraft verwendet.

70 Trier erhebt während 750 Stunden 55 ₰ und dann 5 ₰ pro Kilowattstunde.

71 Eine größere Zahl von Abstufungen ist in dem Hochspannungstarif der Berliner Vororts-Elektricitätswerke vorgesehen. Unabhängig vom Verwendungszweck beträgt dort der Preis für die Kilowattstunde bei einer jährlichen Benutzungsdauer des Maximums von:

			2000 Stunden	10 ₰	
zwischen	2000	und 2250	„	9	„
„	2250	„ 2500	„	8,5	„
„	2500	„ 3000	„	8	„
„	3000	„ 3500	„	7,5	„
„	3500	„ 4000	„	7	„
		über 4000	„	6,5	„

Das Maximum wird nur in der Zeit vom 15. September bis 15. März von 4 Uhr nachmittags bis 7 Uhr gemessen. Der Berechnung wird der Durchschnitt der drei Höchstbelastungen zugrunde gelegt.

Wie bereits erwähnt, besteht der Hauptvorzug der Abstufung nach der Zeitdauer des Verbrauches in der Möglichkeit, die Verkaufspreise den Selbstkosten anzupassen bzw. denjenigen Verbrauchern, die durch Ausnutzung ihrer Anlage die Selbstkosten günstig beeinflussen, Vorteile zu gewähren. Dieser letzteren Absicht entspricht mehr die Anwendung einer größeren Anzahl von Stufen mit allmählicher Erniedrigung, der ersteren die Einführung einer einzigen Stufe mit einmaliger großer Preisermäßigung; der Abnehmer soll hierbei zunächst die auf ihn entfallenden festen Kosten entrichten, worauf dann ein wesentlich verringerter Preis zur Anrechnung gebracht wird, der unter Umständen bis nahe an die veränderlichen Ausgaben herabgesetzt wird (s. Beispiele 69 u. 70). Alle diese Absichten werden nur angenähert erreicht; einmal kann der Grundpreis nie so hoch angesetzt werden, daß die Abnehmer mit ganz geringer Benutzungsdauer den entsprechend hohen Preis bezahlen. Die Abstufungen müssen daher unter allen Umständen so bemessen sein, daß die hierdurch entstehenden Ausfälle von den Abnehmern mit höherer Benutzungsdauer gedeckt werden; der Grundsatz der gerechten Preisstellung — vom Standpunkt des Elektrizitätserzeugers aus gesprochen — ist somit bereits durchbrochen. Weiter kommt hinzu, daß die Selbstkosten zum größten Teil durch die Höchstbelastung der Betriebsmittel bedingt sind, während die Abstufung meist unter Zugrundelegung des Anschlußwertes erfolgt. Will man sich also nicht auf gänzlich unwirkliche Zahlen stützen, so muß man das Verhältnis des Anschlußwertes zur Höchstbeanspruchung berücksichtigen; das ist wohl für ganze Abnehmergruppen, nicht aber für den einzelnen Abnehmer möglich. Aber selbst, wenn bei der Bemessung der einzelnen Zeitstufen das Durchschnittsverhältnis zwischen der Höchstbelastung und dem Anschlußwert berücksichtigt werden kann, so ist immer noch nicht der Tatsache Rechnung getragen, daß die Höchstbeanspruchung des einzelnen Abnehmers durchaus nicht mit der Höchstbeanspruchung der Betriebsmittel überhaupt zusammenfällt. Diese letztere Unvollkommenheit bleibt auch bestehen, wenn man zur Berechnung der Benutzungsstunden an Stelle des Anschlußwertes die Höchstbeanspruchung des einzelnen Abnehmers zugrunde legt (Maximaltarif). Man sucht zwar diesem Umstand dadurch Rechnung zu tragen, daß man die auf die Einheit der Höchstbelastung entfallende Summe im Verhältnis: Höchstbelastung des Kraftwerkes zur Summe der einzelnen Höchstbelastungen, vermindert (s. S. 192), doch wird dadurch noch immer nicht die Möglichkeit beseitigt, daß z. B. ein Verbraucher, der überhaupt nicht an der Höchstbelastung des Kraftwerkes teilnimmt, mit einem viel zu hohen Betrag belastet wird. Man kann zwar auch diese Ungerechtigkeit einigermaßen beseitigen, wenn die Höchstbelastungsanzeiger nur zur Zeit der Höchstbelastung des Kraftwerkes eingeschaltet werden, wie dies in dem Tarif des Beispiels 71 vorgesehen ist, allein es ist dann die Verwendung so umfangreicher und verwickelter Meßapparate notwendig, daß sich deren Einführung nur bei einem verhältnismäßig kleinen Abnehmerkreis, z. B. bei Großabnehmern, rechtfertigen läßt.

Erfüllen somit derartige Abstufungen die Forderung der Anpassung der Verkaufspreise an die Selbstkosten nur in unvollkommener Weise, so ist andererseits festzustellen, daß sie der Wertschätzung und Leistungsfähigkeit des Verbrauchers durchaus nicht entsprechen. Es ist zu bedenken, daß der Abnehmer die elektrische Arbeit im allgemeinen genau so hoch z. B. in der sechsten Stunde des Gebrauches einschätzt wie in der ersten, d. h. das Licht hat für ihn denselben Wert, ob er es 200 Stunden

im Jahre benutzt oder 300; wenn er die Beleuchtung 300 Stunden
gebraucht, so sind gewichtige Gründe vorhanden, die ihn dazu veranlassen. Es ist dagegen kein Grund vorhanden, daß er die Beleuchtung
etwa in den letzten 100 Stunden des Jahres geringer einschätzen sollte
als in den ersten 200. Eine auf die Zeitdauer der Benutzung zugeschnit-
tene Verteilung der Selbstkosten stimmt also keineswegs mit der Wertschätzung des Abnehmers überein. Wenn mit derartigen Abstufungen
trotzdem einige Erfolge erzielt worden sind, so liegt dies nicht in der
Art der Abstufung selbst begründet, sondern lediglich darin, daß einzelnen, unter Umständen zahlreichen Abnehmern ermöglicht worden ist,
niedrige Durchschnittspreise zu erreichen, und zwar oft so niedrige,
daß sie im Vergleich zu anderen Energiekosten wesentlich unter der
Wertschätzung der Verbraucher liegen. Das Werk begibt sich durch
die allzu weitgehende Rücksichtnahme auf den Aufbau der Selbstkosten,
wenn anders die Einheitspreise richtig bemessen sind, einer Möglichkeit,
Gewinne zu erzielen, die ihm bei der Außerachtlassung dieser Rücksicht
auf die Zeitdauer von dem Verbraucher ohne weiteres zugestanden
würden.

Dessenungeachtet kann kein Zweifel daran bestehen, daß die Benutzungsdauer für den Erzeuger von höchster Bedeutung ist und
bei der Preisbemessung weitgehend berücksichtigt werden muß. Es ist
daher für ihn von großer Wichtigkeit, über die Zeitdauer der Benutzung
und den Anteil der Abnehmer an der Höchstbelastung einwandfreie
Aufschlüsse zu erhalten. Ein einfaches Verfahren, dem die oben erwähnten Mängel bei der sonst üblichen Ermittlung der Benutzungsstunden nicht anhaften, ist bereits früher entwickelt (s. S. 182f).

Wenn dann die Unkosten nach den auf diese Weise ermittelten Benutzungsstunden verteilt werden bzw. die Preise hiernach abgestuft
werden, so ist wenigstens die Sicherheit vorhanden, daß die Belastung
eine gerechte und den tatsächlichen Verhältnissen entsprechende ist.
Es wird dabei zugleich den Eigentümlichkeiten der Erzeugung in großen
Zügen Rechnung getragen, ohne daß bei den Einzelpreisen eine so
weitgehende Rücksicht auf die Zeitdauer und die Höchstbelastung jeder
einzelnen Anlage genommen werden muß, die der Wertschätzung des
Verbrauchers nicht entspricht. Eine Abstufung der Preise nach der
Zeitdauer der Benutzung soll daher nicht in der Weise erfolgen, daß die
Einzelpreise nach der Benutzungsdauer jedes einzelnen abgestuft wer-
den, auch nicht so, daß die erste Zeit der Benutzung mit sehr hohem,
die weitere mit sehr niedrigem Anteil belegt wird, sondern zweckmäßigerweise werden die Einheitspreise ganzer Abnehmergruppen in der Weise
abgestuft, daß die durchschnittliche Benutzungsdauer, die aus den
Belastungslinien und nicht auf Grund des Anschlußwertes oder der
Höchstbelastung zu ermitteln ist, in Rücksicht gezogen wird.

Eine Abstufung nach der Zeitdauer des Verbrauches liegt in gewissem Sinne auch vor, wenn die Preise je nach der Anzahl der Jahre ermäßigt werden, für die sich die Abnehmer zum Strombezug verpflichten. Man geht hierbei mit Recht von der Erwägung aus, daß der Verkäufer um so niedrigere Preise stellen kann, je gesicherter der Absatz auf Jahre hinaus ist; abgesehen davon, daß wohl in allen Sonderverträgen, die die Elektrizitätswerke z. B. mit Großabnehmern abschließen, im allgemeinen der Preis um so niedriger gestellt wird, je länger die Vertragsdauer ist, gibt es auch feste Tarife, in denen entsprechende Ermäßigungen vorgesehen sind.

Beispiele:

72 Glogau. Stromabnehmer, die sich auf 3, 4 oder 5 Jahre zu einer festen Stromabnahme verpflichten, erhalten auf die normalen Tarife für jedes Jahr der Verpflichtung 1% Rabatt, also für 3 Jahre 3%, für 4 Jahre 4%, für 5 und folgende Jahre 5% Rabatt.

73 Pforzheim. Abnehmern, die sich auf mindestens 10 Jahre verpflichten, wird ein billigerer Lichtstrompreis zugesichert als den normalen Konsumenten.

74 Dortmund. Je nach der Höhe der Mindestgarantie und der Verpflichtungsdauer werden besondere Preise eingeräumt. Die Verpflichtungsdauer ist noch nach der Größe der Anlagen abgestuft. So z. B. ist die Einräumung billigerer Preise bei Anlagen:

bis 2,5 KW			auf 2 volle Verwaltungsjahre	
von 2,5 „ 5,0 „	an die Bedingung	„ 3 „	„
„ 5,0 „ 50,0 „	einer Verpflichtung	„ 5 „	„
„ 50,0 „ 100,0 „		„ 10 „	„

geknüpft.

Auf die Benutzungsdauer der Anlagen ist weiterhin eine besonders weitgehende Rücksicht genommen in allen den Fällen, wo für vorübergehenden Verbrauch des Stromes bzw. für Reserveanlagen oder Aushilfszwecke besondere Preise vorgesehen werden. Es ist natürlich, daß die Werke den Gebrauch des elektrischen Stromes nicht ohne weiteres in das Belieben der Abnehmer stellen können, d. h. daß sie nicht kostspielige Einrichtungen treffen können und dann Gefahr laufen müssen, daß diese nur in ganz vereinzelten Fällen, unter Umständen nur wenige Stunden innerhalb des Jahres benutzt werden; die Werke sehen deshalb meistens für den Anschluß von Reserveanlagen, d. h. von Anlagen, die gewöhnlich nur in Notfällen neben anderen Licht- und Kraftquellen benutzt werden, besondere Preise vor.

Beispiel 75:

Pforzheim. Für nichtständige Abnehmer wird folgender Reserve-Kraftstromtarif benutzt:

Es werden berechnet bei einem Verbrauch von 0 bis 1000 Kwstd. 45 ₰ pro Kilowattstunde; bei einem Verbrauch von mehr als 1000 Kwstd. die ersten 5000 Kwstd. mit 40 ₰ pro Kilowattstunde, die zweiten 5000 Kwstd. mit 35 ₰ pro Kilowattstunde, die weiteren Kilowattstunden mit 30 ₰ pro Kilowattstunde.

Vielfach werden bei Reservekraftanschlüssen besondere Grundgebühren, je nach der Höhe der erforderlichen Aufwendungen, erhoben und außerdem die Kilowattstunde mit normalen Preisen berechnet. In manchen Fällen werden dann die tatsächlich verbrauchten Kilowattstunden auf die Grundgebühr in Anrechnung gebracht.

7. Die Abstufung nach dem Zeitpunkt des Verbrauchs.

Die Abstufung der Verkaufspreise nach dem Zeitpunkt des Verbrauchs gründet sich auf die Wahrnehmung, daß die höchste Beanspruchung der Betriebsmittel, wie schon aus der Belastungskurve (Abb. 18) hervorgeht, mit großer Regelmäßigkeit zu bestimmten Stunden eintritt. Demzufolge belastet man alle diejenigen Verbraucher, die zur Zeit der Höchstbeanspruchung elektrische Arbeit benötigen, mit einem höheren Anteil der Kosten als diejenigen, die außerhalb dieser Zeit ihre Anlage benutzen; man unterscheidet also Stunden hoher und Stunden schwacher Beanspruchung, die nach den bei uns herrschenden Verhältnissen einerseits ungefähr mit den Morgenstunden von 6—8 Uhr und den Abendstunden von ca. 4—9 Uhr im Winter und andererseits mit den übrigen Tages- und Nachtstunden zusammenfallen. Mittelst eines geeigneten Apparates (Umschaltuhr, Doppeltarifzähler) wird der Verbrauch in den verschiedenen Zeiten getrennt gemessen und die Abstufung der Preise so vorgesehen, daß der Hauptteil der Selbstkosten auf die Abnehmer zur Zeit der Höchstbelastung, auf den übrigen Verbrauch außerhalb der Hauptbelastungsstunden dagegen niedrigere Kosten, häufig wenig mehr als die reinen Betriebskosten, verrechnet werden.

Die Abstufung erfolgt aber nicht bloß nach der Tageszeit. Da bei unseren Verhältnissen die Hauptbelastung in den Wintermonaten, die schwächere Belastung in den Sommermonaten stattfindet, kann auch eine Abstufung in der Weise vorgenommen werden, daß man die Preise während der ganzen höher belasteten Jahreszeit erhöht und in den Monaten geringer Belastung erniedrigt. Diese letztere Abstufung wird bei Pauschal- und Gebührentarifen angewendet, da sich bei diesen eine Abstufung nach den Tagesstunden nicht bewerkstelligen läßt. Bei Pauschaltarifen wird manchmal die Verteilung der Kosten ungefähr im Verhältnis zu der Beleuchtungsdauer der einzelnen Monate durchgeführt. Es handelt sich hierbei weniger um eine Abstufung nach der Zeit des Verbrauches als mehr oder weniger nur um eine rechnerische Maßregel, die den Zweck hat, die Ausgaben des Abnehmers mit dem tatsächlichen Lichtverbrauch in Übereinstimmung zu bringen.

Beispiele:

Pauschaltarif.

76 Interlaken. Strompreis für die 32 kerzige Metallfadenlampe im Sommer 11 Fr., im Winter 5 Fr. (Außerdem enthält der Tarif von Interlaken noch eine große Anzahl Preise für verschiedene Klassen und Lampen.)

Es ist bei diesem Beispiel bemerkenswert, daß der höhere Preis nicht im Winter, sondern im Sommer verrechnet wird, was darauf zurückzuführen ist, daß Interlaken als Kurort seinen Hauptverbrauch im Sommer hat.

Gebührentarif.

77 Hannover. Für den ersten Lichtstromkreis von 0,5 Kw. wird eine feste Gebühr von 1,25 ℳ in den Monaten des Sommerhalbjahres und 2,50 ℳ in den Monaten des Winterhalbjahres erhoben; für jede weiteren 0,5 Kw. des Lichtanschlußwertes erhöht sich die feste Gebühr im Sommerhalbjahr um 0,75 ℳ, im Winterhalbjahr um je 1,50 ℳ monatlich. Außerdem sind für den tatsächlichen Stromverbrauch 20 ₰ pro Kilowattstunde zu entrichten.

Der Zählertarif mit Abstufung nach dem Zeitpunkt des Verbrauches, gewöhnlich „Doppeltarif" genannt, ist namentlich in Deutschland verbreitet und wird in zahlreichen Werken meist neben anderen Tarifen angewendet (s. Eswein L. 285).

Bei folgerichtiger Durchführung der Grundsätze, die zur Anwendung des „Doppeltarifes" geführt hat, ist es naheliegend, einen Unterschied für die Verwendungsart des Stromes nicht mehr zu machen, da durch die Unterscheidung nach der Zeit des Verbrauches annähernd erreicht wird, daß auf die Stunden höherer Belastung, das sind die der Beleuchtung, höhere Preise und auf die der schwächeren Inanspruchnahme der Betriebsmittel, d. h. auf die Stunden des Kraftverbrauches, niedrigere Preise entfallen.

Beispiele:

78 Trier. Die elektrische Energie wird für alle Verwendungszwecke, je nach der Benutzungszeit, zu zwei verschiedenen Preisen abgegeben:

a) gewöhnlicher Preis die Kilowattstunde zu 45 ₰,

b) ermäßigter Preis die Kilowattstunde zu 20 ₰.

Der gewöhnliche Preis gilt für den Strombezug während der folgenden Stunden:

im Januar.	. . . .	von $4^1/_2$ bis	9 Uhr nachm.
„ Februar	. . . .	„ $5^1/_2$ „	9 „ „
„ März	. . . .	„ $6^1/_2$ „	9 „ „
„ April	. . . .	„ $7^1/_2$ „	9 „ „
„ Mai	. . . .	„ 8 „	9 „ „
„ August	. . . . . .	„ 8 „	9 „ „
„ September	. . . . .	„ $6^1/_2$ „	9 „ „
„ Oktober	. . . . . .	„ $5^1/_2$ „	9 „ „
„ November	. . . . .	„ $4^1/_2$ „	9 „ „
„ Dezember	. . . . .	„ 4 „	9 „ „

Für den Stromverbrauch zu allen übrigen Tages- und Nachtstunden wird der ermäßigte Preis berechnet.

Abweichend von dieser einheitlichen Preisstellung werden häufig auch bei Verwendung des Doppeltarifes die Preise für Licht und Kraft gesondert abgestuft.

79 Glogau. Preise innerhalb der Sperrzeit: für Licht 50 ₰, für Kraft 20 ₰; außerhalb der Sperrzeit: für Licht 30 ₰, für Kraft 16 ₰.

Die Zeiten höherer Belastung (Sperrstunden) werden gewöhnlich in den einzelnen Monaten verschieden angesetzt, doch kommt auch eine einheitliche Sperrzeit nur für die Wintermonate vor. Auch die Ausdehnung der Sperrstunden ist je nach den örtlichen Verhältnissen eine durchaus verschiedene; manche Werke dehnen sie bis 10 Uhr abends, andere wieder nur bis Fabrikschluß, z. B. 6 Uhr abends, aus.

Zahlreiche Unternehmer beschränken den Doppeltarif auf bestimmte Verwendungszwecke und sehen ihn nur für Licht oder nur für Kraft vor.

Beispiele:

80 Amperwerke. Mittels Doppeltarifzähler wird elektrische Energie nur für Kraftzwecke abgegeben. Der Preis beträgt pro Kilowattstunde außerhalb der Sperrzeit 15 ₰, innerhalb der Sperrzeit 30 ₰ pro Kilowattstunde. Die Sperrzeit erstreckt sich auf die Zeit vom 1. 10. bis 31. 3. von 4—8 Uhr abends.

81 München. Der Preis während der Lichtbenutzungszeit beträgt 50 ₰ pro Kilowattstunde, außerhalb der Lichtbenutzungszeit 15 ₰ pro Kilowattstunde. Als Lichtbenutzungszeit gilt die Zeit von Sonnenuntergang bis Sonnenaufgang. Der Münchener Doppeltarif ist außerdem auf Wohnungen beschränkt.

82 Andere Werke, wie z. B. die Hamburgischen Elektrizitätswerke, knüpfen die Anwendung des Doppeltarifs an einen bestimmten Mindestverbrauch bzw. an eine bestimmte Garantie.

Die Preissätze für die Sperrzeit sind bei richtiger Preisstellung höher als beim Einheitstarif, weil sonst der einheitliche Tarif überhaupt überflüssig wäre und nur dort angewendet würde, wo die erhöhte Gebühr für die Zählermiete des Doppeltarifzählers in Frage kommt.

Die Preise außerhalb der Sperrzeit entsprechen häufig den niedrigeren Preisen bei Anwendung des Benutzungsstundentarifes mit einer einzigen Stufe; ihre Höhe ist bei den einzelnen Werken sehr verschieden. Der Tarif kann jedoch seinen Zweck nur erfüllen, wenn der Unterschied zwischen den Preisen innerhalb und außerhalb der Sperrzeit mindestens 40—50% des hohen Preises beträgt.

Bei der Unterscheidung nach der Jahreszeit ist die Preisabstufung gewöhnlich eine weniger beträchtliche. Es werden im allgemeinen nur zwei Stufen, Sommer und Winter, vorgesehen, und zwar findet man meist die Herabsetzung der Preise im Sommer, hier und da, hauptsächlich in Badeplätzen, z. B. Kissingen, Harzburg usw., auch die Erhöhung der Preise im Sommer. Auch die Verbindung beider Abstufungen nach Jahres- und Tageszeiten wird angewendet.

Beispiel:

83 Danzig. Die Lichtpreise betragen im Sommer während der Sperrzeit 40 ₰, außerhalb der Sperrzeit 35 ₰, im Winter 45 ₰ bzw. 35 ₰ pro Kilowattstunde. Für die übrigen Zwecke ist der Doppeltarif noch für die Wintermonate vorgesehen mit Preisen von 45 und 20 ₰.

Mit den niedrigeren Preisen während der Zeiten geringer Beanspruchung der Betriebsmittel sucht man vornehmlich den Verbrauch an elektrischer Arbeit während dieser Zeit zu erhöhen; durch den höheren Preis dagegen sollen namentlich die Kraftverbraucher veranlaßt werden, in der Zeit der Höchstbelastung des Werkes, in der sie zur Erhöhung der festen Kosten wesentlich beitragen würden, die Betriebsmittel nicht oder nur in geringem Maße zu beanspruchen. Es ist nun zu erwägen, ob tatsächlich der Verbrauch zu den Zeiten der geringeren Ausnutzung, also während der Tages- und späten Nachtzeit und während der Sommerzeit, durch billigere Preise gefördert werden kann, bzw. ob die Ermäßigung der Gebühren einem wirklichen Bedürfnis, d. h. der Wertschätzung des Verbrauchers, entspricht.

Nach den Ausführungen im ersten Teil (S. 11 f) ist der Verbrauch an Licht durch das Lichtbedürfnis bestimmt, das sich aber, mit wenigen Ausnahmen, auf die Abend- und Nachtstunden beschränkt. Im allgemeinen kann daher eine Verbilligung der Preise den Verbrauch am Tage nicht heben, denn ein Bedürfnis ist nicht vorhanden. In den Räumen aber, wo Beleuchtung auch am Tage nötig ist, wird dieselbe im großen und ganzen genau der Wertschätzung begegnen, die sie auch am Abend findet. Nun ist freilich damit zu rechnen, daß andere künstliche Lichtquellen den Grad der Wertschätzung herabsetzen, sofern sie billigere Preise bieten; das wird aber dann in den meisten Fällen auch am Abend der Fall sein, wenn auch nicht außer acht gelassen werden kann, daß dann noch andere Gesichtspunkte hinzutreten, die am Tage nicht beachtet werden. Die Herabsetzung der Preise am Tage hat also nur dann einen Zweck, wenn damit billigerer Wettbewerb aus dem Felde geschlagen werden kann. Nun hat man aber in den allermeisten Fällen bei dieser Abstufung nicht den Verbrauch von Licht im Auge, sondern den Kraftverbrauch. Man hält es vom Standpunkt des Erzeugers aus für ungerechtfertigt, den Preis für den Strom deshalb zu ermäßigen, weil er zur Krafterzeugung dient; man will vielmehr diese Ermäßigung nur so lange gewähren als der Verbrauch zur Zeit der Tageshelle stattfindet. Aus welchem Grunde der Kraftpreis verbilligt wird, ist für den Abnehmer gleichgültig; auf alle Fälle aber wird er die Erhöhung des Kraftstrompreises in den Abendstunden als eine äußerst drückende Last empfinden und es gibt viele Betriebe, denen es ohne große Schädigung nicht möglich sein wird, ihren Kraftbedarf in den Abendstunden einzuschränken. Es wird ihnen also gewissermaßen eine doppelte Lichtsteuer auferlegt. Daß dies nicht zur Erhöhung des Verbrauches beitragen kann, ist naheliegend. Eine Ausnahme bilden das Nahrungsmittelgewerbe und kleine landwirtschaftliche Betriebe.

Etwas anders liegen die Verhältnisse, wenn der Tarif für die späte Nachtbeleuchtung niedrigere Preise vorsieht. Hier ist das Bedürfnis nach Beleuchtung im allgemeinen vorhanden, wie z. B. bei Straßen-, Treppen- und Werbebeleuchtung; ferner gibt es verschiedene Industrien, die einen Teil ihres Verbrauches in die Stunden außerhalb der Hauptbeleuchtungszeit verlegen können. Hier sind Preisvergünstigungen am Platze, die geeignet sind, den Verbrauch zu erhöhen, somit dem Unternehmer zu dienen und andererseits der Wertschätzung des Verbrauchers entsprechen.

Von ähnlichen Gesichtspunkten aus sind die Unterschiede zwischen Sommer- und Winterpreise zu beurteilen. Auch hier kann das Bedürfnis durch niedrigere Preise im allgemeinen nicht gesteigert werden, sofern nicht noch andere als Beleuchtungszwecke in Frage kommen; vielmehr wird eine Ermäßigung der Preise nur für die Sommerzeit eher eine Verminderung der Einnahmen im Gefolge haben. Eine Ausnahme liegt dann vor, wenn Lampen ausschließlich im Sommer gebraucht werden, also z. B. in Gärten, Ausflugsorten usw., sofern es sich hierbei nicht um reine Luxusbeleuchtung handelt, die eine Ermäßigung nicht verdient. Derartige Fälle sind aber so selten, daß eine besondere Abstufung im Tarif nur eine Verwicklung bedeutet. Dagegen vollständig berechtigt, und durchaus auf wirtschaftlichen Grundsätzen fußend, ist die Erhöhung der Lichtpreise im Sommer in Badeplätzen; hier findet in der Tat eine höhere Bewertung der Beleuchtung statt und somit sind höhere Preise am Platze.

Es ist zu verwundern, daß man zur Klarstellung dieser Fragen nicht die Verhältnisse anderer, ähnlicher Gebiete zum Vergleich herangezogen hat. So sind z. B. bei den Eisenbahnen und bei der Post die hauptsächlichsten Ausgaben ebenfalls durch die größtmögliche Beanspruchung bestimmt. Auch hier tritt die größte Belastung nur kurze Zeit im Jahre auf, bei den Bahnen in der Sommerzeit, bei der Post um die Weihnachtszeit; und, obwohl doch hier mehr Gründe vorlägen, zu dieser Zeit höhere Beförderungspreise zu verlangen, hat man es nicht versucht, derartige Erschwerungen eintreten zu lassen.

Nach diesen Erwägungen bedarf es bei der Anwendung des Doppeltarifes einer sehr genauen Untersuchung der Verhältnisse, da eine oberflächliche und schematische Anwendung dieser Abstufung zu Erfolgen nicht führen kann. Daß mancherorts mit der Einführung des Doppeltarifes eine Verbesserung der Ergebnisse und eine Erhöhung des Verbrauches stattgefunden hat, ist kein Beweis für die Zweckmäßigkeit dieser Abstufung; gewöhnlich hat dann lediglich die damit verbundene, nicht unbeträchtliche Ermäßigung einen vorübergehenden Erfolg gezeitigt. Die allgemeine Anwendung des Doppeltarifes ist nur dort am Platze, wo unter allen Umständen eine Verminderung der Belastung zur Zeit der höchsten Inanspruchnahme der Betriebsmittel eintreten soll, wo also Erweiterungen vermieden werden müssen, oder wo Erweiterungen mit Verlust verbunden wären. Auch ist der Doppeltarif bei manchen Abnehmergruppen am Platze, die bei hohem Anschlußwert, aber geringer

Ausnutzung, ohne Schädigung in der Lage sind, ihr Kraftbedürfnis am Tage zu decken, während sie andererseits bei freier Wahl der Betriebszeit eine unzulässige Erhöhung der Betriebsmittel herbeiführen würden; das kann z. B. an einzelnen Orten mit starker Verbreitung des Nahrungsmittelgewerbes (Bäckereien, Fleischereien), auch in der Landwirtschaft, der Fall sein. Die allgemeine Einführung des Doppeltarifes aber, namentlich mit Zwang, ist eine wirtschaftlich verfehlte Maßnahme.

Folgt man den Erwägungen, die der Abstufung nach dem Zeitpunkt des Verbrauches zugrunde liegen, so gelangt man zu dem Ergebnis, daß eine Abstufung nur nach den Zeiten hoher und den Zeiten niedriger Belastung keineswegs dem wirklichen Verlauf der Selbstkosten genügend Rechnung trägt. Von diesem Gesichtspunkt ist es vielmehr erforderlich, je nach der Höhe der Belastung noch weitere Preisabstufungen einzuführen. Zur Bestimmung der Höhe der Abstufungen ist folgendes Verfahren vorgeschlagen worden (Lauriol, L 291; Schwabach, L 277):

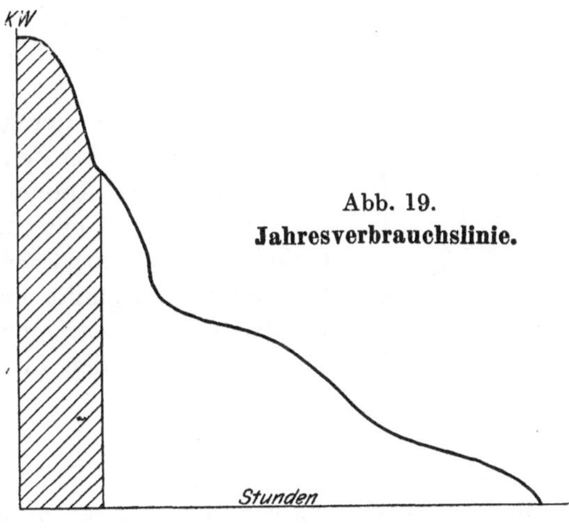

Abb. 19.
Jahresverbrauchslinie.

Man ordnet die täglichen Belastungskurven (Abb. 18) nach der Höhe ihrer Ordinaten und erhält so für jede Belastungskurve eine Linie von hyperbelartigem Charakter. Hierin bedeuten also die Ordinaten Kilowatt und die Abszissen diejenige Gesamtzahl von Stunden, während welcher die betreffende Kilowattzahl im Laufe eines Tages benutzt wurde. Addiert man sämtliche Tageskurven nach der Stundenzahl, so ergibt sich eine ganz ähnliche Kurve (Abb. 19 s. auch Abb. 13), die in ihrer Fläche den gesamten Energiebedarf eines Jahres darstellt; es müssen nun die Selbstkosten über diese ganze Fläche gleichmäßig verteilt werden und nicht, wie es bis jetzt meist geschieht, nur auf den vorderen, in der Zeichnung eng schraffierten Streifen. Man teilt nun die größte Ordinate, die der höchsten Beanspruchung entspricht, in eine Anzahl, z. B. 10, gleicher Teile und hat dann gewissermaßen 10 kleine Anlagen mit verschiedenen Benutzungszeiten (Abb. 20). Die mittlere Abszisse jedes dieser 10 Abschnitte gibt die durchschnittliche Dauer des Gebrauches an. Auf das Produkt: Zehntel der Maximalordinate mal mittlerer Abszisse ist nun je ein gleicher Anteil (K') der Selbstkosten zu verteilen. Bezeichnet l die Ordinate jeder Abteilung in KW, t die mittlere Abszisse in Stunden, so sind demnach für jeden Teil die Kosten pro Kilowattstunde

$$k' = \frac{K'}{l \cdot t'},$$

folglich sind für eine Belastung, die der Größe von n Anteilen entspricht, die Gesamtkosten

$$k_n = k_1' + k_2' + k_3' + \cdots \cdot k_n' = \frac{K}{l}\left(\frac{1}{t_1} + \frac{1}{t_2} + \cdots \cdot \frac{1}{t_n}\right).$$

Um bei dieser Verteilung auch der Tatsache Rechnung zu tragen, daß die Kosten pro Kilowatt mit der Größe der Zentrale abnehmen, dürfen die Selbstkosten jedes Zehntels nicht gleichmäßig angenommen werden, sondern müssen mit der Höhe der Ordinate kleiner werden.

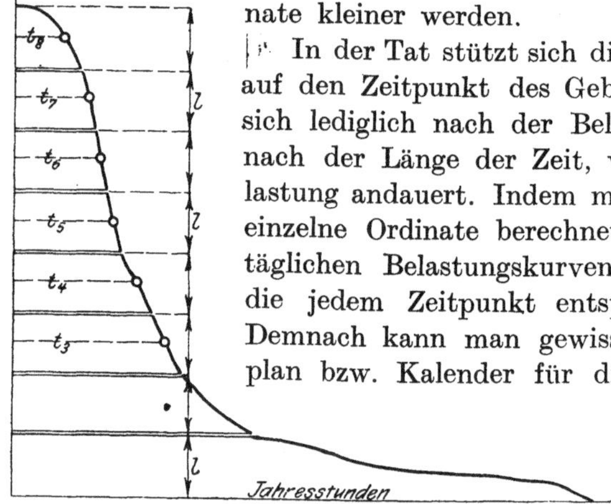

Abb. 20. **Unterteilung der Jahresverbrauchslinie nach Benutzungsstunden.**

In der Tat stützt sich diese Verteilung nicht mehr auf den Zeitpunkt des Gebrauches, sondern richtet sich lediglich nach der Belastung der Zentrale und nach der Länge der Zeit, während welcher die Belastung andauert. Indem man nun aber die für jede einzelne Ordinate berechneten Kosten (k_n) in die täglichen Belastungskurven überträgt, findet man die jedem Zeitpunkt entsprechenden Selbstkosten. Demnach kann man gewissermaßen einen Stundenplan bzw. Kalender für die Verteilung der Selbstkosten und die Abstufung der Verkaufspreise aufstellen. Es ergeben sich so von selbst Abstufungen der Selbstkosten nach Abend-, Tag- und Nachtzeit, ferner nach den Jahreszeiten, ja sogar nach den einzelnen Tagesstunden.

Solche Tarife sind schon angewendet worden; notwendig ist hierbei der Gebrauch eines besonderen Staffel-Zeitzählers (s. Baumann L 281).

Beispiel:

84 Lausanne. Als Beispiel sei die Preisberechnung der Stadt Lausanne angeführt, wo sich die Preise unmittelbar nach einem Stundenplan verändern:

Januar — Februar — November — Dezember:

Von Mitternacht bis 1 Uhr morgens	27,5 Cts. pro Kwstd.
„ 1 bis 2 Uhr morgens	10 „ „ „
„ 2 „ 6 „ „	5 „ „ „
„ 6 „ 9 „ „	27,5 „ „ „
„ 9 Uhr morgens bis Mittag	10 „ „ „
„ Mittag bis 2 Uhr nachmittags	5 „ „ „

Von 2 bis 4 Uhr nachmittags . . . . 10 Cts. pro Kwstd.
„ 4 „ 5 „ „ . . . . 27,5 „ „ „
„ 5 Uhr nachmittags bis 9 Uhr abends . . . . . . 50 „ „ „
„ 9 „ abends bis Mitternacht . . . . 27,5 „ „ „

Mai — Juni — Juli — August:

Von Mitternacht bis 1 Uhr morgens . . . . 27,5 „ „ „
„ 1 bis 2 Uhr morgens . . . . 10 „ „ „
„ 2 „ 8 „ „ . . . . 5 „ „ „
„ 8 Uhr morgens bis 7 Uhr abends . . . . 10 „ „ „
„ 7 „ abends bis 8 Uhr abends . . . . 27,5 „ „ „
„ 8 „ abends bis Mitternacht . . . . 50 „ „ „

März — April — September — Oktober:

Von Mitternacht bis 1 Uhr morgens . . . . 27,5 „ „ „
„ 1 bis 2 Uhr morgens . . . . 10 „ „ „
„ 2 „ 6 „ „ . . . . 5 „ „ „
„ 6 Uhr morgens bis Mittag . . . . 10 „ „ „
„ Mittag bis 2 Uhr nachmittags . . . . 5 „ „ „
„ 2 bis 5 Uhr nachmittags . . . . 10 „ „ „
„ 5 „ 6 „ „ . . . . 27,5 „ „ „
„ 6 „ 10 „ abends . . . . 50 „ „ „
„ 10 Uhr abends bis Mitternacht . . . . 27,5 „ „ „

Diese Einteilung kann jederzeit geändert werden.

Eine solche Abstufung berücksichtigt zwar in sehr eingehender Weise die Erzeugungsverhältnisse, läßt aber die Umstände des Verbrauches vollständig außer acht. Man kommt hierbei zu dem merkwürdigen Ergebnis, daß ein Verbraucher denselben Gegenstand, dem er zu verschiedenen Zeiten genau die gleiche Wertschätzung entgegenbringt, mehrmals am Tage mit verschiedenen Preisen bezahlen muß. Eine solche Methode muß daher mehr als eine Tarifspielerei denn als eine ernsthafte wirtschaftliche Preisstellung bezeichnet werden.

8. Gleichzeitige Anwendung mehrerer Abstufungen.

Die Erfahrung, daß die Tarifsysteme mit den verschiedenen erwähnten Abstufungen vielfach den Ansprüchen der Verkäufer und auch der Verbraucher nicht genügten, gab häufig Veranlassung, neben einer bestehenden Abstufung noch weitere hinzuzufügen. Schon den bisher besprochenen Tarifen liegt meistenteils eine doppelte Abstufung, und zwar zunächst einmal nach dem Verwendungszweck der elektrischen Arbeit und dann nach irgendeinem der besprochenen Umstände zugrunde. Weiterhin ist oft in der Erkenntnis, daß bei der Abstufung nach der Größe des Anschlußwertes oder nach der Höhe des Verbrauches die Rücksicht auf die Selbstkosten nicht genügend gewahrt ist, die Abstufung nach der Zeitdauer oder dem Zeitpunkt der Benutzung hinzugefügt worden, und andererseits hat man, um neben dem Aufbau der Selbstkosten auch anderen wirtschaftlichen Erwägungen Raum zu geben, neben der Abstufung nach der Zeitdauer und dem Zeitpunkt des Ver-

brauches weitere Abstufungen angewendet. Auch ist häufig irgendeiner bestehenden Abstufung eine zweite hinzugefügt worden, lediglich,
um dem Drängen der Verbraucher nach Verbilligung nachzugeben.

Beispiele:

Abstufung nach Anschlußwert und Zeitdauer der Benutzung.

Pauschaltarif.

85 Die Oberbayerische Überlandzentrale, München, verwendet
einen Pauschaltarif mit Benutzungsdauerklassen, stuft jedoch die Preise nochmals
nach der Größe des Gesamtanschlußwertes ab. So kostet z. B. dort eine Lampe
von 30 Watt:

bei einem Anschluß- wert von	der Tarifklasse 1 (kurze Brenndauer)	der Tarifklasse 2 (mittlere Brenndauer)
100— 500 Watt	5,40 ℳ	10,80 ℳ
500—1000 „	4,50 „	9,— „
über 1000 „	3,60 „	7,20 „ usw.

Zählertarif.

86 Kaiserslautern. Preis für Licht und Kraft 40 ₰, über 300 Benutzungsstunden des Anschlußwertes 10 ₰. Bei Anlagen über 10 Kw. Anschlußwert tritt
der Preis von 10 ₰ schon nach 200 Benutzungsstunden ein.

Abstufung nach Anschlußwert und Zeitpunkt der Benutzung.
Hannover siehe Beispiel 77.

Abstufung nach Größe und Zeitdauer des Verbrauchs.

87 Soest. Jede Kilowattstunde für Kraftzwecke kostet 17 ₰. Auf den
entnommenen Kraftstrom werden folgende Rabatte gewährt:

a) Stundenrabatt bei Benutzung jedes angeschlossenen Watts innerhalb
des Jahres:

über	800	Stunden	4%
„	1000	„	6 „
„	1200	„	8 „
„	1400	„	10 „
„	1700	„	12 „
„	2000	„	14 „
„	2300	„	16 „
„	2600	„	18 „
„	3000	„	20 „

Nach Abzug des Stundenrabatts von dem gezahlten Jahresbetrage wird auf
die sich ergebende Restsumme:

b) ein Geldrabatt gewährt, und zwar bei einer jährlichen Summe von:

über	300	ℳ	4 %
„	400	„	5 „
„	500	„	6 „
„	600	„	7 „
„	800	„	8 „
„	1000	„	9 „
„	1300	„	11 „
„	1600	„	13 „
„	2000	„	15 „
„	3000	„	17,5 „
„	4000	„	20 „

Abstufung nach Größe und Zeitpunkt des Verbrauchs.

88 **Mainz.** Bei Feststellung des Verbrauchs nach Doppeltarifmessern beträgt der Preis:

a) bei Bezug des Stromes in den Abendstunden im Monat

Januar	von $4^1/_2$—10	Uhr
Februar	„ $5^1/_2$—10	„
März	„ $6^1/_2$—10	„
April	„ $7^1/_2$—10	„
August	„ $7^3/_4$—10	„
September	„ $6^1/_2$—10	„
Oktober	„ 5 —10	„
November	„ $4^1/_2$—10	„
Dezember	„ $4^1/_2$—10	„

für die ersten 1500 Kwstd. in einem Rechnungsjahr 45 $\mathfrak{H}$ pro Kwstd.

„ „ nächsten 2000 „ „ „ „ 40 „ „ „

„ „ „ 2000 „ „ „ „ 35 „ „ „

„ „ „ 4000 „ „ „ „ 30 „ „ „

„ den weiteren Verbrauch „ „ „ 25 „ „ „

b) bei Bezug des Stromes außerhalb der unter a) genannten Abendzeiten

für die ersten 5000 Kwstd. in einem Rechnungsjahr 20 $\mathfrak{H}$ pro Kwstd

„ „ nächsten 7500 „ „ „ „ 18 „ „

„ „ „ 10000 „ „ „ „ 16 „ „

„ „ „ 10000 „ „ „ „ 15 „ „

„ „ „ 10000 „ „ „ „ 14 „ „

„ „ „ 10000 „ „ „ „ 13 „ „

„ den Mehrverbrauch „ „ „ 12 „ „

Abstufung nach Zeitpunkt und Zeitdauer.

89 **Koburg.** (Überlandzentrale.) Doppeltarif: Innerhalb der Sperrzeit 40 $\mathfrak{H}$ bis 200 Benutzungsstunden, bis herab zu 25 $\mathfrak{H}$ bei über 1000 Benutzungsstunden; außerhalb der Sperrzeit 20 $\mathfrak{H}$ bis 200 Benutzungsstunden, bis herab zu 5 $\mathfrak{H}$ bei über 1000 Benutzungsstunden.

Abstufung nach Größe, Zeitdauer und Zeitpunkt des Verbrauchs.

90 **Nürnberg.** Die Stromgebühren betragen:

a) während der Sperrzeit für jede Kilowattstunde 40 $\mathfrak{H}$,

b) außerhalb der Sperrzeit für die ersten 100 Ausnutzungsstunden im Monat für jede Kilowattstunde 12 $\mathfrak{H}$, für die folgenden 100 Ausnutzungsstunden im Monat für jede Kilowattstunde 10 $\mathfrak{H}$; für alle weiteren in einem Monat bezogenen Kilowattstunden je 5 $\mathfrak{H}$.

Auf den monatlichen Gesamtgebührenbetrag wird noch ein Verbrauchsnachlaß gewährt, welcher beträgt:

bei einem Monatsverbrauch von 200—400 Kwstd.	2%
„ „ „ „ 400—600 „	3 „
„ „ „ „ 600—800 „	4 „

und so fort für je weitere angefangene 200 Kilowattstunden je 1% mehr bis zum Höchstbetrage von 30%.

91 **Duisburg.** Auch die Stadt Duisburg staffelt den Kraftpreis sowohl nach der Höhe des Verbrauchs als auch nach der Zahl der Benutzungsstunden; außerdem erhalten diejenigen Verbraucher, welche ihre elektrische Energie während der Tageszeit beziehen, einen Rabatt von 15%.

16*

Es ist nicht zu verkennen, daß manche solcher Verbindungen gewisse Vorteile mit sich bringen, so z. B. die Verbindung eines Geldrabattes mit einer Abstufung auf die Benutzungsdauer. Es werden damit einmal die Verbraucher, die die Selbstkosten des Werkes herabdrücken helfen, bevorzugt, dann aber auch den größeren Verbrauchern berechtigte Vorteile gewährt. Viele dieser Verbindungen bedeuten jedoch lediglich eine nutzlose Verwicklung, abgesehen davon, daß sie das Abrechnungswesen ganz erheblich erschweren. So z. B. ist der Sinn einer Abstufung nach Zeitdauer und Zeitpunkt nicht einzusehen, da hierbei die Abnehmer mit langer Benutzungsdauer außerhalb der Sperrzeit doppelt bevorzugt werden. Da solche Tarife keinesfalls den Verbrauchern geläufig werden und da sich ferner in den meisten Fällen herausstellt, daß eine der Abstufungen nur ganz wenigen Verbrauchern zugute kommt, so ist es im allgemeinen vorteilhafter, hiervon abzusehen und die Abstufung nach einem einzigen gesunden Grundsatz durchzuführen, oder überhaupt verschiedene Tarife einzuführen.

9. Abstufung nach besonderen technischen und wirtschaftlichen Umständen des Verbrauchs.

Die bisher besprochenen Abstufungen berücksichtigen lediglich die Einwirkung des Verbrauchs auf die Erzeugung und sind im allgemeinen gleichmäßig bei allen Verbrauchern von Bedeutung. Es ist naheliegend, bei denjenigen Abnehmern, bei denen noch besondere Umstände die Erzeugungskosten beeinflussen, auch diese bei der Preisstellung zum Ausdruck zu bringen. So ist es z. B. vom Standpunkt der Erzeugung aus nicht gleichgültig, ob der Verbraucher in nächster Nähe des Kraftwerkes oder weit entfernt von demselben angeschlossen ist; wenn es auch nicht angängig ist, hiernach allgemein die Preise abzustufen, so kann doch in besonderen Fällen auf diesen Umstand Rücksicht genommen werden, namentlich dann, wenn z. B. von einer Stadt aus weiter entfernte kleinere Ortschaften oder Güter versorgt werden. Man hat in solchen Fällen bestimmt, daß die außerhalb der Stadt wohnenden Verbraucher höhere Preise zu zahlen haben als innerhalb der Stadt. Es ist weiterhin für die Höhe der Selbstkosten von Bedeutung, ob bei Dreh- und Wechselstromanlagen die Messung der elektrischen Arbeit auf der Hochspannungsseite der Transformatoren oder mit der normalen Verbrauchsspannung erfolgt. Im letzteren Falle hat das Werk alle Kosten der Umwandlung zu tragen, und es ist natürlich, daß dann die Preise höher sind bzw. daß das Werk in der Lage ist, die Preise zu ermäßigen, wenn die elektrische Arbeit auf der Hochspannungsseite der Transformatoren gemessen wird.

Beispiele:

92 Mainz gewährt auf die Verwendung hochgespannten Stromes gegenüber dem niedergespannten einen Rabatt von 20%.

93 In Hamburg wird bei der Lieferung von Hochspannungsstrom der Kilowattstundenpreis beim Gebührentarif von 5 auf 4 ₰ ermäßigt.

Ferner werden die Preise dort, wo mehrere Stromsysteme, z. B. Gleich- und Wechselstrom, vorhanden sind, verschieden bemessen, je nach den höheren oder niedrigeren Erzeugungskosten der beiden Stromarten.

In einigen Gleichstromwerken sind weiterhin, namentlich bei Bahnbetrieb, verschiedene Spannungen vorhanden, und es ist dort manchmal die Einrichtung getroffen, daß Kraftkonsumenten direkt von der Bahnoberleitung aus gespeist werden können. Die Preise sind dann gewöhnlich niedriger als bei Verwendung der normalen Verteilungsspannung, weil die Kosten für ein besonderes Verteilungsnetz in Wegfall kommen.

Schließlich ist auch schon ein Unterschied gemacht worden, ob der Strom aus einem oberirdisch oder unterirdisch verlegten Verteilungsnetz entnommen wird.

Beispiel: 94

Die Berliner Elektricitäts-Werke erheben in den Vororten bei Anschluß an die oberirdische Verteilungsleitung 10 ₰, bei Benutzung des unterirdisch verlegten Kabels 11 ₰ pro Kilowattstunde.

Alle diese genannten Abstufungen sind selbstverständlich nur vom Standpunkt des Unternehmers aus zu rechtfertigen, da der Verbraucher auf eine Änderung der der Abstufung zugrunde liegenden Verhältnisse keinen Einfluß hat.

In ganz anderer Weise ist dies der Fall, wenn die Abstufung auf Grund wirtschaftlicher Umstände erfolgt, die mit dem Verbrauch in irgendeinem Zusammenhange stehen. Hierher gehört z. B. die häufig angewendete Staffelung der Pauschaltarife nach den Räumlichkeiten, in denen die Lampen verwendet werden. Solche Tarife sind namentlich in neuerer Zeit in der Landwirtschaft vielfach verwendet worden, z. B. mit Abstufungen nach der Größe der bewirtschafteten Grundfläche, nach der Viehzahl oder sonst nach der Verwendungsart von Lampen und Motoren. Die Festsetzung solcher Preise geschieht auf Grund von Erfahrungen, die im Laufe der Jahre gesammelt worden sind und schließt gleichzeitig eine Abstufung nach der Höhe des Verbrauches in sich, ist aber für den Verbraucher verständlicher und übersichtlicher als die letztere.

Beispiele:

95 Bei dem Gemeindeverband des kleinen Heuberg (Württemberg) richtet sich die jährliche Pauschalsumme nach der bewirtschafteten Grundfläche, und beträgt für jeden Morgen bis zu 25 Morgen 1,20 ℳ, für jeden Morgen über 25—100 Morgen 1 ℳ. Dabei kann die Motorgröße nach Belieben des Abnehmers zwischen 2 und 5 PS gewählt werden. — Als Grundfläche gilt die gesamte dem Stromabnehmer gehörige, von ihm gepachtete oder von ihm bewirtschaftete Bodenfläche; Weinberge und Waldungen werden nicht berechnet.

96 Der Tarif des Elektrizitätswerkes Hohebach bestimmt: „Für Dreschen und Futterschneiden wird pro Jahr und Morgen 1,50 ℳ berechnet. Für diesen Preis darf nach vorheriger Anmeldung auch Obstmühle und Kreissäge zum Brennholzsägen für den eigenen Bedarf betrieben werden. Für Futterschneiden allein wird für ein Stück Vieh 3 ℳ pro Jahr berechnet, für ein Stück Jungvieh (unter 1 Jahr) 1,50 ℳ, für ein Pferd 5 ℳ.“

97 Hohenlohe-Oehringen. Der Pauschaltarif des Überlandwerkes setzt sich zusammen:

a) aus einer Motorengrundgebühr, die nach der Zahl der bewirtschafteten Morgen abgestuft ist und z. B. für 10 Morgen 8 ℳ, von 51—60 Morgen 30 ℳ beträgt,

b) aus einer Flächengebühr, und zwar für den Morgen 0,50 ℳ,

c) aus einer Viehgebühr, und zwar für jedes Stück Rindvieh und Pferd 1,80 ℳ.

Es ist ersichtlich, daß man diesen Grundsatz der Abstufung in zahlreichen Abänderungen verwenden kann.

So werden Tarife nach der Größe der Wohnungen, nach dem Flächeninhalt der bewohnten Räume (Berlin), nach der Größe der Arbeitsmaschinen (z. B. Stickmaschinen in Vorarlberg), ferner für die Verwendung von elektrischen Bügeleisen nach der Anzahl der im Haushalt vorhandenen Köpfe festgesetzt (Hohebach, Württemberg; Neckarwerke, Eßlingen) usw.

Weiterhin knüpfen Sondertarife in vielen Fällen an wirtschaftliche Eigentümlichkeiten des Verbrauches an, so die vielfach vorgesehenen Ausnahmebestimmungen für Treppen- und Werbebeleuchtungen, für Aufzüge und dergleichen; der Zusammenhang mit den wirtschaftlichen Verhältnissen des Verbrauches ist jedoch hierbei nur ein scheinbarer, weil in Wirklichkeit die Abstufung nur mit Rücksicht auf die Beanspruchung der Betriebsmittel erfolgt, doch ist eine solche Form der Abstufung durchaus zweckmäßig, weil sie gleichmäßig den Erfordernissen des Verkäufers und Verbrauchers entspricht. — Weitere Sondertarife werden für besondere Anwendungen der elektrischen Arbeit vorgesehen.

Beispiel 98:

Meißen. Klingelanlagen 1 ℳ und 2 ℳ pro Klingel, je nach Größe; 25 und 50 ₰ pro Druckknopf, Normaluhranlage 12 ℳ pro Jahr für die erste, 8 ℳ für jede weitere Normaluhr.

In diese Gruppe der Abstufungen gehört auch die hier und da, namentlich bei genossenschaftlichen Unternehmungen gebräuchliche Art, die Preise für die Zeichner der Anteilscheine bzw. für Aktionäre niedriger anzusetzen als wie für andere Verbraucher.

Beispiele:

99 Belgard. Die Bedingungen der Überlandzentrale Belgard A. G. bestimmen, daß Aktionäre die Licht-Kilowattstunde mit 35 ₰, die Kraft-Kilowattstunde mit 18 ₰, dagegen Nichtaktionäre mit 40 bzw. 20 ₰ bezahlen müssen.

100 Noch weiter geht die Überlandzentrale für den Kreis Liebenwerda und Umgegend e. G. m. b. H. zu Falkenberg, wo der Rabatt nach der Anzahl der Anteile der verschiedenen Mitglieder abgestuft wird. — Der Tarif lautet dort folgendermaßen:

a) **Kraft:**

1. Für Mitglieder Grundpreis 26 ₰ pro Kilowattstunde, außerdem wird folgender Anteilrabatt gewährt:

von	2— 9 Anteilen	21 ₰	für	200 Kwstd.	pro Anteil		
„	10—19 „	20 „	„	200	„	„	„
„	20—29 „	19 „	„	200	„	„	„
„	30—39 „	18 „	„	200	„	„	·,
„	40—49 „	17 „	„	200	„	„	„
„	50 u. mehr „	16 „	„	200	„	„	„

Der über den Anteilkonsum hinausgehende Verbrauch kostet 26 ₰ pro Kilowattstunde.

2. Für Nichtmitglieder Grundpreis 31 ₰ pro Kilowattstunde ohne Rabatt.

In ähnlicher Weise ist der Lichtpreis abgestuft.

Eine Preisstellung nach diesem Grundsatz ist verfehlt, weil sie von Gesichtspunkten abhängig gemacht wird, die weder mit dem Angebot noch mit der Nachfrage in engerem Zusammenhang stehen und daher der Steigerung des Absatzes durchaus im Wege steht. Man denke z. B., daß bei anderen Industrieunternehmungen die Aktionäre eine Preisermäßigung beim Bezug der Erzeugnisse dieses Unternehmens beanspruchten, lediglich mit der Begründung, daß sie Aktionäre seien.

10. Abstufung nach der Wertschätzung und Leistungsfähigkeit der Verbraucher.

Sämtliche bisher besprochenen Arten der Abstufung haben ein gemeinsames Kennzeichen; sie gehen nämlich auf äußerlich erkennbare, meist ziffermäßig ausdrückbare Umstände des Verbrauches zurück und berücksichtigen fast ausschließlich die Einwirkung dieser Umstände auf die Erzeugungskosten; sie stützen sich also lediglich auf das Angebot. Wie jedoch bereits früher ausgeführt (s. S. 196 f.), sind alle diese Verbrauchsumstände, also Anschlußwert, Höchstbeanspruchung, Verbrauch, Zeitpunkt, Zeitdauer der Abnahme, von der Wertschätzung und Leistungsfähigkeit der Verbraucher abhängig, hierbei ist es gleichgültig, wodurch die Wertschätzung und die Leistungsfähigkeit selbst wieder beeinflußt werden. Es wird somit auch für den Verkäufer elektrischer Arbeit von Vorteil sein, bei der Festsetzung der Preise auch auf die Umstände der Nachfrage Rücksicht zu nehmen.

Es hat nicht an Versuchen gefehlt, diesem Umstande bei der Preisbemessung Rechnung zu tragen. So bedeutet es eine Rücksichtnahme auf die Wertschätzung und Leistungsfähigkeit der Verbraucher, daß bei fast allen, namentlich den größeren Werken, eine große Anzahl von Tarifen vorgesehen ist, unter denen sich der Verbraucher den für seine Zwecke günstigsten auszusuchen vermag.

Beispiele:

101 Brandenburg a. H. Die Stromlieferungsbedingungen weisen folgende Tarife auf:

Lichttarif, abgestuft nach Benutzungsstunden, Doppeltarif, Maximaltarif für Gastwirtschaften, Pauschaltarif für kleine Anlagen.

Krafttarif, abgestuft nach Verbrauch, Doppeltarif, Tarif für Hochspannung.

102 Kiel. Tarif 1: Einheitspreis mit Abstufung nach Verbrauch, Tarif 2: Treppenbeleuchtung, Tarif 3: Belastungsdoppeltarif (Blocktarif), Tarif 4: Wohnungstarif abgestuft nach der Zimmerzahl, Tarif 5: Pauschaltarif, Tarif 6: Kraftstromtarif mit verschiedenen Abstufungen, Tarif 7: Akkumulatorentarif, Tarif 8: Sonderverträge.

Zwar hat man den Elektrizitätswerken die Buntscheckigkeit der Tarife schon häufig zum Vorwurf gemacht. Dies ist jedoch unberechtigt, denn einmal liegt eine große Auswahl an Berechnungsarten im Interesse des Verbrauchers, dann aber ist auf anderen ähnlichen Gebieten die Zahl der Preisabstufungen wesentlich größer; man denke z. B. nur an die Gütertarife der Eisenbahn oder an die verschiedenen Gebühren bei der Beförderung durch die Post, wo oftmals für die gleiche Leistung wesentlich verschiedene Preise verlangt werden.

Von der gleichzeitigen Anwendung mehrerer Tarife ist es nur noch ein Schritt, dieselben so auszubilden, wie sie tatsächlich der Wertschätzung und Leistungsfähigkeit der Konsumenten entsprechen. Ein solcher Tarif ist zum ersten Male in Deutschland von dem Elektrizitätswerk Erfurt eingeführt; derselbe lautet:

Beispiel 103:

Erfurt.

a) Der zur Beleuchtung von Läden, Kontoren, Schreibstuben und Kassenräumen verwendete Strom wird mit 15 ₰ die Kilowattstunde berechnet. Außerdem wird jedoch für jedes angeschlossene Kilowatt ein Jahresbetrag (Anschlußgebühr) von 120 ℳ erhoben.

b) Der zur Beleuchtung von Wohnungen verwendete Strom wird mit 36 ₰ die Kilowattstunde berechnet.

c) Der zur Beleuchtung von Gast- und Schankwirtschaften verwendete Strom wird mit 28 ₰ die Kilowattstunde berechnet.

Es ist deutlich erkennbar, wie der verschiedenen Wertschätzung unter gleichzeitiger Berücksichtigung des Einflusses der einzelnen Verbrauchergruppen auf die Selbstkosten Rechnung getragen ist: Die Erwerbsbeleuchtung ist mit anderen Preisen belegt wie die Privatbeleuchtung, und von der Erwerbsbeleuchtung ist besonders die für Gastwirtschaften verbilligt. Durch die Anwendung des Gebührentarifs bei der Erwerbsbeleuchtung soll erreicht werden, daß die größere Anlage, die einerseits auf größere Leistungsfähigkeit des Verbrauchers schließen läßt, andererseits auch eine geringere Benutzungsdauer aufweist, mit höheren Einheitssätzen belegt wird.

In ähnlicher Weise wird in den Tarifen amerikanischer und englischer Werke der Leistungsfähigkeit und der Wertschätzung der Verbraucher weitgehend Rechnung getragen. Zahlreiche Werke stufen dort die Einheitspreise je nach dem Verwendungsort der elektrischen Energie

ab und berechnen für Läden, Wohnungen, Gastwirtschaften, Klubs usw.
verschiedene Preise. Vor allen Dingen aber ist in England neuerdings
ein Tarif zur Anwendung gelangt, der in ganz besonderer Weise den
wirtschaftlichen Verhältnissen der Abnehmer Rechnung trägt. Es ist
dies ein Gebührentarif, dessen feste Gebühr prozentual von einem den
Besteuerungswert der Wohnungen darstellenden Betrag (assessment)
erhoben wird (s. Seabrook, L. 311 u. 312). Im allgemeinen entspricht
bei Mietwohnungen dieser Betrag dem Mietzins, beim Hauseigentümer
ist es derjenige Wert, der der Besteuerung des Hauses bzw. des Grundstückes zugrunde gelegt wird. Um die Steuerlasten für die ärmeren
Klassen zu ermäßigen, wird der Betrag des assessment an verschiedenen
Orten z. B. um 10—25% ermäßigt und dieser letztere Wert, genannt
„net assessment" oder „net rateable value" der Berechnung der Grundgebühr zugrunde gelegt, die in Höhe von 10—15% fixiert wird (s. Beispiel 125, S. 282). Dieser Tarif wurde zum ersten Male vor ca. 9 Jahren
in Norwich eingeführt und beträgt dort 12% des Besteuerungs- bzw.
Mietwertes und 1 d pro Kilowattstunde. Es ergibt sich auf diese Weise
im Durchschnitt eine Grundgebühr von 200 $\mathcal{M}$ pro maximal beanspruch-
tes Kilowatt.

Die Vorteile einer solchen Verrechnungsart sind auch bereits in
Deutschland erkannt worden, nur gestatten unsere Verhältnisse nicht
die unmittelbare Anwendung in der erwähnten Form; jedoch wird dort,
wo die Gleichmäßigkeit der Wohnungsverhältnisse die Einführung eines
solchen Tarifes ermöglicht, ein ähnliches Resultat erreicht, wenn die
Grundgebühr anstatt auf den Mietpreis auf die Zahl der Zimmer in
Anrechnung gebracht wird. Ein solcher Tarif ist zuerst in Potsdam
eingeführt worden.

Beispiel 104:

Potsdam. Die Grundgebühr beträgt monatlich:

für eine 3-Zimmer-Wohnung	2,50 $\mathcal{M}$
„ „ 4 „ „	3,50 „
„ „ 5 „ „	5,00 „
„ „ 6 „ „	7,00 „
„ „ 7 „ „	9,50 „

für größere Wohnungen pro Zimmer monatlich 3 $\mathcal{M}$ mehr.

Sollen außerhalb der Wohnung befindliche Lampen für Treppenhäuser und
sonstige Räume, Höfe usw. nach dem gleichen Tarif mit versorgt werden, so erhöht sich die Grundgebühr für jede Lampe bis zu 16 Kerzen für Treppenbeleuchtung um 30 $\mathcal{P}$ pro Monat, für jede andere Lampe außerhalb der Wohnung bis zu
50 Kerzen bei vorübergehender Benutzung um 25 $\mathcal{P}$, bei regelmäßiger Benutzung
um 75 $\mathcal{P}$. Außerdem wird für jede Kilowattstunde, gleichgültig, ob für Beleuchtung, Kraft- oder Wärmezwecke, ein Preis von 10 $\mathcal{P}$ berechnet.

Der Tarif ist seitdem in gleicher Weise in Kiel, Steglitz und anderen Orten zur Einführung gelangt, wobei in letzterer Stadt noch nach
Sommer- und Winterhalbjahr abgestuft ist.

Als weiteres Beispiel für eine Gestaltung der Tarife nach den Verhältnissen des Verbrauches sei die Erhöhung der Sommerpreise in den Badeorten, sowie die Erhebung besonderer Gebühren für Aufzugsmotoren erwähnt. In beiden Fällen stimmt übrigens die Abstufung nach der Wertschätzung mit den Verhältnissen der Erzeugung überein.

Wie aus den angeführten Beispielen ersichtlich, sind genügend äußere Kennzeichen vorhanden, um die Verkaufspreise so abzustufen, wie es auch für den Verbraucher natürlich und geläufig und daher für die Entwicklung der Elektrizitätsversorgung günstig ist, weil allein auf solche Weise eine Höchstleistung an wirtschaftlichem Erfolg erzielt werden kann.

11. Mindestgewähr und Zählergebühr.

Wie aus dem ersten Abschnitt ersichtlich, sind für jeden Verbraucher bestimmte Aufwendungen zu machen, die das Werk belasten würden, auch wenn ein Verbrauch bei dem Abnehmer nicht stattfindet. Um hiergegen eine gewisse Sicherheit zu haben, wird von manchen Unternehmungen die Bezahlung einer Mindestgewähr verlangt. Sie besteht darin, daß man einen bestimmten kleinsten Verbrauch entweder in Geldwert oder in Kilowattstunden, oder in Benutzungsstunden des vorhandenen Anschlußwertes vorschreibt. Die Form, in der die Mindestgewähr festgesetzt wird, ist sehr verschieden. Es wird z. B. verlangt, daß für sämtliche angeschlossenen Apparate im ganzen ein Mindestverbrauch garantiert werden muß, der von ihrer Größe unabhängig ist.

Beispiel 105:

Die Berliner Elektricitäts-Werke verlangen einen Minimalverbrauch bei Beleuchtungsanlagen von 40 $\mathcal{M}$ pro Jahr, bei Kraftanlagen von 64 $\mathcal{M}$.

In anderen Fällen wird die Mindestgarantie pro installierte Einheit, also pro Kilowatt, pro Lampe, Normalkerze, Pferdestärke usw. geleistet. Dabei kommen wiederum verschiedene Abstufungen vor.

Beispiele:

106 Pforzheim. Für Motorenbetrieb ist pro Monat mindestens zu bezahlen:

bis zu $^1/_{15}$ PS	1,80 $\mathcal{M}$
„ „ $^1/_{10}$ „	2,70 „
„ „ $^1/_8$ „	3,15 „
„ „ $^1/_5$ „	3,60 „
„ „ $^1/_4$ „	4,50 „

107 Burg. Es sind folgende Benutzungsstunden zu garantieren: bei Beleuchtung nach Einfachtarif 50 Stunden pro Jahr ohne und 100 Stunden mit Höchstverbrauchsmesser; bei Kraft-Einheitarif 125 Stunden ohne und 250 Stunden mit Höchstverbrauchsmesser; bei Licht-Doppeltarif 80 Stunden; bei Kraft-Doppeltarif 200 Benutzungsstunden für jedes installierte Kilowatt Anschlußwert.

Bei Pauschaltarifen, namentlich in landwirtschaftlichen Betrieben, wo erfahrungsgemäß der Verbrauch häufig ein sehr geringer ist, werden vielfach bestimmte Geldbeträge pro Jahr und Anlage vorgeschrieben.

Ferner wird die Anwendung bestimmter Ausnahmetarife an die Einhaltung von Garantien entweder hinsichtlich der Benutzungsstunden oder der Höhe des Verbrauches oder der Dauer der Bezugsverpflichtung geknüpft.

Beispiel 108:

Berlin. Der Nachttarif, demzufolge der während der Nachtzeit von 10 Uhr abends bis 7 Uhr morgens stattfindende Verbrauch mit 16 $\mathcal{S}$ pro Kilowattstunde verrechnet wird, sieht die Garantie eines Mindestverbrauchs von 500 $\mathcal{M}$ pro Jahr vor, ebenso wird für den billigen Reklamebeleuchtungstarif, der die gleiche Ermäßigung in der Zeit von 8 Uhr abends bis 7 Uhr morgens gewährt, eine jährliche Mindestbenutzungsdauer von 1200 Stunden für jede angeschlossene Lampe verlangt.

Die Festsetzung eines Mindestverbrauches in der beschriebenen Form ist in Deutschland nicht sehr verbreitet. Die Gegner einer Mindestverpflichtung weisen dabei darauf hin, daß im allgemeinen kein Kaufmann die Abnahme einer Mindestmenge vorschreibt. Doch unterscheidet sich, worauf schon wiederholt hingewiesen wurde, der Verkauf elektrischer Arbeit von fast allen Waren dadurch, daß für den einzelnen Abnehmer erhebliche Aufwendungen zu machen sind, ehe auch nur eine Mindestmenge abgenommen wird. Der Elektrizitätsverkäufer muß also abwägen, ob sichere Gewähr geboten ist, daß die Gesamtheit der Abnehmer alle Unkosten tragen wird oder ob er, um verlustbringende Anschlüsse zu vermeiden, die für den Abnehmer unstreitig unangenehme Belästigung durch eine Mindestgewähr, die die Gewinnung manches kleinen Abnehmers erschwert, wenn nicht gar verhindert, zur Einführung bringen soll. Dies scheint in großen Städten mit teuren Leitungsnetzen wohl am Platze zu sein, in allen Fällen aber dann, wenn für einzelne Abnehmer besondere Aufwendungen zu machen sind, wie dies bei fast allen Großabnehmern nötig ist. Hier muß schon in Anbetracht des gewöhnlich stark erniedrigten Preises unbedingt Gewähr gegeben sein, daß eine bestimmte Mindesteinnahme erzielt wird. Es ist zwar kein Zweifel, daß ein solches Verlangen den Abschluß von Sonderverträgen erschwert, doch darf mit Rücksicht auf gesicherte wirtschaftliche Grundlagen hierauf nicht verzichtet werden, selbst auf die Gefahr hin, daß sich im Falle der Nichterfüllung der Gewähr Streitigkeiten ergeben. Mit Rücksicht hierauf ist es zweckmäßig, den Umfang der Mindestgewähr und deren etwaige Beschränkung im Falle höherer Gewalt sehr genau festzulegen und nicht eine bestimmte Abnahme in Kilowattstunden oder Benutzungsdauer vorzusehen, sondern den für alle Fälle, auch bei Minderverbrauch, zu zahlenden Geldbetrag festzusetzen (s. a. S. 299 u. 311).

In größerem Umfang ist die Mindestgewähr in der Schweiz und in England, und besonders in den Vereinigten Staaten, eingeführt, in welch letzterem Lande kaum ein Tarif ohne eine solche Vorschrift zu finden ist. ·

In anderer Form ist auch in Deutschland die Festsetzung einer Mindesteinnahme sehr gebräuchlich, und zwar durch die Erhebung einer Zählergebühr. Außer den Gebühren für den Strombezug selbst wird nämlich mit wenig Ausnahmen überall dort, wo die elektrische Arbeit nach Zähler verkauft wird, noch eine Gebühr für die Überlassung der Meßeinrichtung berechnet. Die käufliche Überlassung dieses Apparates an den Verbraucher wird vermieden, weil es sich trotz aller technischen Vervollkommnung immerhin um einen empfindlichen und mit den Jahren unterhaltungs- und ausbesserungsbedürftigen Apparat handelt, der von dem Werk ständig überwacht werden muß. Dort, wo die Zähler sich im Eigentum der Verbraucher befinden, haben sich vielfach Streitigkeiten zwischen dem Verkäufer und dem Abnehmer ergeben, so daß es heute allgemeine Übung geworden ist, die Meßapparate nur leihweise den Verbrauchern zur Verfügung zu stellen. Die Berechtigung zur Erhebung einer Gebühr für die Benutzung der Zähler ist vielfach bestritten worden; es wird dagegen eingewendet, daß nach der Gewohnheit der Verkäufer die Kosten des Messens trägt, und daß dieses Gewohnheitsrecht Gesetz geworden ist, indem in § 448 des BGB. bestimmt ist, „daß die Kosten der Übergabe der verkauften Sachen dem Verkäufer zur Last fallen". Indes handelt es sich hier keineswegs um die Übergabe einer gekauften Sache, abgesehen davon, daß die elektrische Arbeit nach rechtlichen Begriffen überhaupt keine Sache ist. Das Werk stellt vielmehr dem Verbraucher ein unbeschränktes Quantum zur Verfügung, aus dem sich dieser beliebige Mengen zu beliebigen Zeiten entnehmen kann. Abgesehen von diesem inneren Grunde würde die Erhebung der Zählergebühr dennoch rechtsgültig sein, da der erwähnte Gesetzparagraph durch besondere Abmachungen außer Wirkung gesetzt werden kann, und eine solche liegt beim Verkauf der Elektrizität durch Anerkennung der von den Werken aufgestellten Bedingungen fast stets vor. Die Höhe der Zählergebühr wird meistenteils von der Art der Zählapparate, ihrem Meßbereich und der Verbrauchsspannung, welche Umstände die Anschaffungskosten des Zählers bedingen, abhängig gemacht.

Beispiel 109:

Brandenburg a. H. Einfachtarifzähler:

Zähler bis	3 Amp.	und	220 Volt	0,30 ℳ
„ „	5 „	„	220 „	0,50 „
„ „	10 „	„	220 „	0,75 „
„ „	20 „	„	220 „	1,00 „
„ „	5 „	„	440 „	0,75 „
„ „	10 „	„	440 „	1,00 „

Dreileiterzähler (Gleichstrom oder Drehstrom):

Zähler für	5 Amp.	. . . . .	0,60 ℳ
„ „	10 „	. . . . .	0,90 „ usw.

Doppeltarifzähler:

1. Für Lichtzwecke: Für alle Zähler erhöht sich die Monatsmiete um 50 $\mathcal{Pf}$ gegenüber den Einfachzählern.

2. Für Kraftzwecke:

$$\text{für } 10 \text{ Amp.} \ldots \ldots \ldots 1{,}50 \; \mathcal{M}$$
$$\text{„ } 20 \text{ „} \ldots \ldots \ldots 2{,}00 \; \text{„}$$

Zähler mit Höchstverbrauchsmesser:

Für die Zähler gelten die Mietsätze wie für Einfachtarifzähler mit einem monatlichen Zuschlag von 30 $\mathcal{Pf}$ pro Zähler.

Bei manchen Werken, wie z. B. Hildesheim, Karlsruhe usw., wird eine Zählergebühr nicht erhoben, wenn der Verbrauch eine bestimmte Höhe erreicht; die Zählergebühr ersetzt somit unmittelbar die Minimalgarantie. Von der Erhebung der Zählergebühr wird, mit Ausnahme der Pauschalverrechnung, die einen Meßapparat überhaupt überflüssig macht, und vielfach auch beim Gebührentarif, wo die Zählergebühr in die Grundgebühr auf einfache Weise mit eingerechnet werden kann, nur in ganz wenig Werken abgesehen, so z. B. in Berlin und Fulda.

Die Notwendigkeit der Erhebung der Zählergebühr ergibt sich zunächst durch die hohen Ausgaben für die Beschaffung der Zähler (siehe Zahlentafel XI); dies ist namentlich bei älteren Unternehmungen der Fall, bei denen noch umfangreiche Zählerbestände aus einer Zeit vorhanden sind, in der die Zähler ein Vielfaches der heutigen Einkaufspreise erforderten, ferner dort, wo besondere Zählereinrichtungen, wie beim Doppel- und Maximaltarif, notwendig sind. Daß andererseits die Zählergebühr für den Verbraucher eine höchst unerwünschte Beigabe ist, und in vielen Fällen, namentlich bei kleinen Abnehmern, den Anschluß erschwert, ist bereits früher ausgeführt (s. S. 44). Neuere Unternehmungen, die wenigstens bei normalen Zählern mit niedrigen Einkaufspreisen zu rechnen haben, werden daher nicht zu ihrem Schaden von einer Erhebung der Zählergebühr Abstand nehmen falls die Höhe der Strompreise einen Ausgleich gestattet, oder sie wenigstens, wo dies, wie beim Gebührentarif, angängig, auf andere Weise verrechnen. Ältere Werke sollten, wo dies mit Rücksicht auf das Zählerkonto möglich, die Zählermieten allmählich abbauen, unter allen Umständen aber die Gebühren für kleine Anschlüsse in den niedrigsten Grenzen halten. Zählergebühren von 1 $\mathcal{M}$ pro Monat selbst für kleine Anlagen sind unzeitgemäße Preise und daher unbedingt zu vermeiden; ein Satz von 25, 30, höchstens 50 $\mathcal{Pf}$ sollte als untere Grenze in jedem Tarif enthalten sein.

II. Die Anwendung der Verkaufspreise.

A. Die Verwendungsgebiete der Tarifsysteme.

Aus dieser schier unübersehbaren Mannigfaltigkeit der Tarifsysteme heraus haben sich für die einzelnen Verwendungsgebiete der elektrischen Arbeit bestimmte Formen der Preisstellung als vorteilhaft erwiesen und werden demgemäß bei den einzelnen Abnehmergruppen vorzugsweise gebraucht.

1. Tarife für Beleuchtungszwecke.

Für Beleuchtungszwecke wird die elektrische Arbeit vornehmlich nach dem Zählertarif, und zwar vielfach zum Einheitstarif, aber auch mit Abstufungen nach Benutzungsstunden oder nach dem Zeitpunkt des Verbrauchs, seltener nach der Höhe des Verbrauchs, berechnet. Der Gebührentarif und der Pauschaltarif sind bei uns weniger häufig vertreten. Die Verwendungsgebiete dieser einzelnen Tarifformen selbst sind deutlich zu unterscheiden, und zwar je nach dem es sich um die Beleuchtung von Wohnungen im allgemeinen, von Kleinwohnungen, von Geschäften und schließlich von Räumen mit langausgedehnter Nachtbeleuchtung handelt.

Für die Wohnungsbeleuchtung im allgemeinen wird der Einheitstarif bevorzugt. Der Privatmann beschäftigt sich ungern mit verwickelten und umständlichen Berechnungen für häusliche Ausgaben, so daß der einfachste Tarif ihm zugleich der vertrauteste und bequemste ist. Die sonst angewendeten Abstufungen haben bei der Wohnungsbeleuchtung wenig Zweck, weil sie selten so eingerichtet werden können, daß dadurch ein wesentlicher Teil der Verbraucher nennenswerte Vorteile erhält; auch entsprechen die heute gebräuchlichen Preise in den Grenzen zwischen 40 und 50 ₰ für die Kilowattstunde durchaus der Wertschätzung und Leistungsfähigkeit der hier in Frage kommenden Verbraucher, so daß weitere Abstufungen oder Ermäßigungen nicht notwendig sind. Zum Zwecke der Preisermäßigung sind daher auch die bei der Wohnungsbeleuchtung vielfach angewendeten Benutzungsstunden- und Doppeltarife nicht am Platze; sie sind nur vom Standpunkt des Verkäufers aus zu rechtfertigen, wenn dieser bei der Preisstellung durchaus nicht auf die Rücksicht auf die Erzeugungskosten verzichten zu dürfen glaubt. Dies wird jedoch in weit vollkommenerem Maße erreicht durch Anwendung des Gebührentarifes (s. Beispiele 51, 104 u. a.), der dem Verbraucher wie dem Verkäufer den weiteren Vorteil gewährt, auf die einfachste Weise, namentlich ohne zweiten Zähler, den Anschluß von Heiz-, Koch- und sonstigen Haushaltungsapparaten zu ermöglichen. Er gestattet weiter, die Zählergebühr, ferner bei Überlassung der Installation durch den Unternehmer die Miete in die Grundgebühr einzubeziehen, wodurch nicht nur das Rechnungswesen vereinfacht, sondern auch eine nicht zu unterschätzende Werbekraft auf die große Menge ausgeübt wird.

Für den Verkäufer schließlich ist der Gebührentarif von ganz besonderem Wert, weil er allein schon durch seinen Aufbau der Wertschätzung und Leistungsfähigkeit der Verbraucher Rechnung trägt. Ob die Grundgebühr auf Anschlußwert, Lampenzahl, Zimmerzahl, Mietwert usw. bezogen wird — immer wird der Verbraucher von größerer Leistungsfähigkeit infolge schlechterer Ausnutzung höhere Preise zahlen als der kleinere Abnehmer. Der Gebührentarif kann daher unter den heutigen Umständen als die zweckmäßigste Preisstellung für Wohnungsbeleuchtung bezeichnet werden, vorausgesetzt, daß die Grundlagen entsprechend den örtlichen Verhältnissen richtig gewählt werden.

Auch für Kleinwohnungen ist dieser Tarif, sofern die Anwendung elektrischer Heizapparate in nennenswertem Umfang in Frage kommt, am Platze. Wo dies nicht der Fall ist, ist in Kleinwohnungen der Pauschaltarif jedem anderen Tarif mit Zählern vorzuziehen, denn der Zähler verteuert nicht nur dem kleinen Mann die Beleuchtung in ganz beträchtlichem Maße, sondern bildet für ihn, der sich dem Werk gegenüber als der wirtschaftlich und geschäftlich Schwächere fühlt, eine Quelle steten Mißtrauens. Es ist ferner einleuchtend, daß für das Werk selbst die Last der Zählerüberwachung und Instandhaltung und die Zählerverluste um so mehr anwachsen, je weniger Lampen auf einen Anschluß kommen, wie es naturgemäß bei Kleinwohnungen der Fall ist. Will es sich bei dem verhältnismäßig geringen Einzelverbrauch gegen die hierdurch möglichen Verluste schützen, so ergibt sich die Notwendigkeit, einen Mindestverbrauch vorzuschreiben. Eine solche Maßregel eignet sich aber nicht für die große Masse der kleinen Leute. Der Arbeiter und der kleine Bauer wollen von Garantien nichts wissen; jede Berechnung, die sie nicht sofort übersehen, begegnet einem schwer zu überwindenden Mißtrauen, auch müssen sie bei ihrem kleinen Einkommen darauf achten, daß sie vor Überraschungen durch die Monatsrechnungen bewahrt bleiben, sie müssen im voraus genau wissen, wieviel sie für die Beleuchtung im ganzen Jahr zu zahlen haben. Will daher ein Unternehmen solche Abnehmer in großem Maßstab gewinnen, so ist hierzu vor allem der Pauschaltarif geeignet, der nicht nur der Wertschätzung und Leistungsfähigkeit des kleinen Abnehmers am meisten entspricht, sondern auch dem Verkäufer die Möglichkeit gewährt, wertvolle Überschüsse zu erzielen. Hierauf ist schon bei dem Vergleich der Tarifgrundformen (s. S. 204) hingewiesen worden. Aus dem dort angeführten Zahlenbeispiel ist zu ersehen, daß die Ergebnisse des Pauschaltarifes die der beiden anderen Grundformen noch übertreffen, wenn man nur die Kleinwohnungen, also die kleinen Anschlüsse, berücksichtigt, weil dann die Unkosten für die einzelnen Lampen sowohl beim Zähler, wie beim Gebührentarif, noch wesentlich höher werden als in dem Beispiel ausgerechnet, also der Überschuß gegenüber dem Pauschaltarif noch weiter herabgehen wird. Der Pauschaltarif ist daher für die Wohnungsbeleuchtung überall dort am Platze, wo einerseits eine große Anzahl kleiner Wohnungen vorhanden ist, d. h. wo es sich um eine ausgedehnte Arbeiter- oder kleine Bauernbevölkerung handelt, und wo andererseits die Erzeugungskosten niedrig sind. Die Verallgemeinerung des Pauschaltarifes jedoch, namentlich seine Einführung in besseren Privatwohnungen, in Orten städtischen Charakters, in denen die Zahl der installierten Lampen die der gleichzeitig benutzten um ein Vielfaches übersteigt, ist verfehlt, weil entweder der Abnehmer im Gebrauch seiner Beleuchtung zu sehr beschränkt werden muß, oder aber das Unternehmen zu geringe Einnahmen für die gleichzeitig in Anspruch genommenen Betriebsmittel erzielt. In neuerer Zeit hat man vielfach in Kleinwohnungen an Stelle des normalen Zählers selbstkassierende Zähler, sogenannte Automaten, verwendet. Dadurch werden bei dem Werk die nicht unbeträchtlichen Kosten des Ablesens und Rechnungsausschreibens erspart; hiervon wird später noch ausführlich die Rede sein.

Bei der Erwerbsbeleuchtung kommen meistenteils größere Einzelbeträge in Frage als bei der Wohnungsbeleuchtung; hier ist deshalb eine Abstufung nach der Höhe des Verbrauches eher am Platze, zumal die Mehrzahl der in Frage kommenden Abnehmer den dieser Abstufung zugrunde liegenden Grundsatz in ihrem eigenen Geschäftsbetrieb anwendet. Bei einem Teil dieser Abnehmergruppen, namentlich bei Läden und Bureaus, ist dagegen eine Abstufung nach Benutzungsstunden zwecklos, weil sie gewöhnlich außerstande sind, ihre Anlagen in einem dieser Abstufung entsprechenden Umfang auszunutzen; den Benutzungsstundentarif sowie den Doppeltarif empfinden sie vielmehr meist unwirksam oder gar drückend, weil sie gezwungen sind, ihre Betriebe gerade in den Stunden der höheren Preise aufrecht zu erhalten und lediglich die Erhöhung der Preise in dieser Zeit, nicht aber die Erniedrigung zu den Stunden schwacher Belastung empfinden.

Anders liegen die Verhältnisse bei denjenigen Gruppen der Erwerbsbeleuchtung, die durch ihren Betrieb zu langandauernder Benutzung der Beleuchtung gezwungen sind, wie: Wirtshäuser, Gasthöfe, Vergnügungsstätten, Bäckereien u. a. m.; diesen Abnehmern gewähren Benutzungsstunden-, sowie Doppel- und Maximaltarife wesentliche Vorteile, so daß sie bei ausreichender Aufklärung mit Erfolg verwendet werden können. Sie sind denn auch in diesen Kreisen außerordentlich verbreitet, und zwar wird vornehmlich der Doppeltarif verwendet. (Beispiel 78 u. ff., s. auch L. 290.) Da es sich um scharf umgrenzte Gewerbegruppen handelt, würde ohne die Anwendung verwickelter

Preisstellungen der gleiche Erfolg erzielt werden können, wenn einfach diesen Abnehmergruppen als solchen besondere Einheitspreise geboten würden. (Beispiel 103.) Für Abnehmer mit weit über die normale Beleuchtungszeit hinausgehendem Großverbrauch, wie: Straßenbeleuchtungen, Krankenhäuser, Postämter, Bahnhöfe, Kasernen, werden gewöhnlich Ausnahmepreise festgesetzt, ebenso für Werbe- und Treppenhausbeleuchtung, welch letztere in neuerer Zeit vielfach unter Einrechnung einer Miete für die ganze Einrichtung vorteilhaft nach Pauschalpreisen verrechnet wird. (L 302, v. Alkier L 303.)

Eine besondere Gruppe auf dem Gebiete der Beleuchtung bildet schließlich die Landwirtschaft, einmal, weil das Lichtbedürfnis von den übrigen Gruppen der Wohnungs- und Erwerbsbeleuchtung ein wesentlich verschiedenes ist und weil Wohnungs- und Geschäftsbeleuchtung vielfach nicht zu unterscheiden und auch der Lichtverbrauch in viel höherem Maße als dies sonst der Fall durch den Kraftverbrauch beeinflußt wird. Über die Anwendung der zweckmäßigsten Tarifformen wird, soweit nicht schon für den Kleinbauern der Pauschaltarif als vorteilhaft bezeichnet wurde, bei der Besprechung der Kraftversorgung der Landwirtschaft die Rede sein.

2. Tarife für Kraftzwecke.

Auf dem Gebiete der Kraftversorgung sind mit Bezug auf die Verhältnisse beim Verbrauch elektrischer Arbeit hauptsächlich folgende Gruppen zu unterscheiden:

1. Das Handwerk im allgemeinen.
2. Als besondere Gruppe des Handwerks das Nahrungsmittelgewerbe und die Reparaturhandwerker.
3. Die Landwirtschaft.
4. Die Industrie.
5. Die Abnehmer aus Luxusbedürfnis.

Bei dem Handwerk handelt es sich um unregelmäßigen und verhältnismäßig niedrigen Kraftverbrauch; trotzdem ist der Gewerbetreibende selten ohne Schädigung seines Betriebes in der Lage, den Verbrauch der elektrischen Arbeit so einzurichten, daß er z. B. bei Benutzungsstunden- oder Doppeltarif oder gar Maximaltarif vorteilhaften Gebrauch hiervon machen kann. Dagegen ist zu erwägen, daß die Ausgaben für die elektrische Arbeit eine um so größere Rolle bei dem Handwerker spielen müssen, je mehr er sie benötigt, und es wird daher seiner Wertschätzung entsprechen, wenn eine Abstufung in Abhängigkeit von der Höhe des Verbrauches ihm den Verbrauch größerer Mengen erleichtert. Damit ist dann auch zugleich Rücksicht darauf genommen, daß sich die Beschaffung anderer Betriebskraft für den Handwerker um so billiger stellt, in je größerer Menge er sie benötigt. Eine derartige Abstufung gewährt auch die Möglichkeit, die Gruppe der Nahrungsmittelgewerbe und Reparaturhandwerker mit besonderen Preisen zu belegen. Der Verbrauch dieser letzteren beiden Gruppen an elektrischer Arbeit ist, mit anderen Gewerbegruppen verglichen, außerordentlich niedrig. Auf der anderen Seite gewährt gerade diesen Gewerbebetrieben die Anwendung der elektrischen Arbeit ganz besondere Vorteile; es ist daher am Platze, für sie einen Einheitspreis, der nicht zu niedrig bemessen werden darf, vorzusehen, namentlich dort, wo sie, wie bei vielen kleinen Elektrizitätswerken, den gesamten Kraftverbrauch überhaupt darstellen. In einem solchen Falle kann, wenn gleichzeitig auf die Belastungsverhältnisse der Betriebsmittel Rücksicht genommen werden muß, der Doppeltarif zur Anwendung gelangen, weil die Mehrzahl dieser Gewerbebetriebe ohne Schädigung ihres Betriebes in der Lage ist, ihren Verbrauch an elektrischer Arbeit auf die Stunden außerhalb der Hauptbeleuchtungszeit zu verlegen. Wo noch andere Handwerksbetriebe vorhanden sind, kann, wie erwähnt, die Abstufung nach der Höhe des Verbrauches mit Vorteil verwendet werden. Die erste Stufe mit höherem Preise, der mit Rücksicht auf die Leistungsfähigkeit und die Wertschätzung der in Frage kommenden Abnehmer auf 25 ₰ für die Kilowattstunde, unter keinen Umständen aber unter 20 ₰ für die Kilowattstunde, festgesetzt werden sollte, muß dann so bemessen werden, daß die größere Zahl der Nahrungsmittelgewerbe und der Reparaturhandwerker von dieser ersten Stufe umschlossen wird. Für einzelne Heimindustrien, wie z. B. Hausweberei, Kleineisenindustrie, sind Sondertarife, die auf Grund der wirtschaftlichen Verhältnisse des betreffenden Gewerbezweiges berechnet werden müssen, am Platze.

Bei der Preisstellung für die Landwirtschaft ist besonders zu beachten, daß einmal dort vergleichsweise nur niedrige Benutzungszeiten, sehr häufig kaum 150 Stunden für das angeschlossene Kilowatt, erreicht werden, während die auf die einzelne Anlage entfallenden anteiligen Anlagekosten oft wesentlich höher als bei anderen Anlagen sind, und daß andererseits der Landwirt aus der Anwendung der elektrischen Arbeit weit größere Vorteile zieht als andere Gewerbegruppen. Der Landwirt erspart bei der Einführung des elektrischen Betriebes an Tier- und Menschenarbeit oft das Vielfache seiner Ausgaben für die elektrische Arbeit, ganz abgesehen von der Bewertung der großen sonstigen Vorteile, die der elektrische Betrieb für ihn mit sich bringt und die nicht ohne weiteres in Geld- und Geldeswert auszudrücken sind. Diesem Umstande ist jedoch bisher bei der Preisstellung für die Landwirtschaft, namentlich was die Höhe der Grundpreise betrifft, nicht Rechnung getragen worden. Wenn man erwägt, daß in normalen landwirtschaftlichen Betrieben bei Licht- und Kraftanlagen die Einnahmen für das Kilowatt und Jahr den Betrag von ℳ 30,— selten übersteigen, während

die Anlagekosten des Werkes gerade bei solchen Anlagen oft bis 1000 ℳ
für das angeschlossene Kilowatt ansteigen, so ist ohne weiteres ersichtlich, daß nicht einmal die Verzinsung und Abschreibung der Anlagekapitalien erreicht, geschweige denn ein sonst befriedigendes Ergebnis
erzielt werden kann. Zählertarife mit Kraftstrompreisen von 16 oder
gar von 12 ₰ pro Kilowattstunde, ebenso Lichtpreise von 40 ₰, selbst
von 45 ₰, für landwirtschaftliche Betriebe sind daher unter allen
Umständen zu verwerfen. Solch niedrigen Preisen ist es hauptsächlich
zuzuschreiben, wenn in früheren Jahren einzelne landwirtschaftliche
Überlandzentralen schlechte wirtschaftliche Ergebnisse aufwiesen, und
es ist zweifellos, daß diese Ergebnisse die Versorgung der rein landwirtschaftlichen Gegenden mit elektrischer Arbeit verzögert haben; dies
hätte vermieden werden können, wenn nicht auf Preisen bestanden
worden wäre, die weit unter der Wertschätzung und der Leistungsfähigkeit der Verbraucher liegen und die Elektrizitätsunternehmungen diesem
Drängen nachgegeben hätten.

An mannigfachen Bemühungen zur Verbesserung der Betriebs-
ergebnisse hat es nicht gefehlt. So hat man z. B. wiederholt in Orten
rein landwirtschaftlichen Charakters Einheitsdoppeltarife zur Anwendung gebracht; dadurch wird zwar erreicht, daß der Landwirt die
Betriebsmittel zur Zeit der sonstigen Höchstbelastung durch seinen
Anschlußwert nicht in Anspruch nimmt; da aber das Lichtbedürfnis
ein äußerst geringes ist, werden nur sehr niedrige Einnahmen für
die angeschlossenen Lampen erzielt. Die Anwendung des Doppeltarifes stößt übrigens dort auf Schwierigkeiten, wo Milchwirtschaft in
größerem Umfang betrieben wird, weil dann die Zeit, in der die Molkerei-
einrichtungen benutzt werden, gewöhnlich in die Sperrstunden hinein-
fällt. Im allgemeinen scheint es jedoch ausgeschlossen, daß man bei
Anwendung des Zählertarifes die Grundpreise für die Kilowattstunde
in der Landwirtschaft so hoch ansetzen kann, daß befriedigende Resul-
tate erzielt werden. Ein Ausweg ist die Vorschrift einer bestimmten
Mindestgebühr, die jedoch, falls sie den normalen Verhältnissen angepaßt
ist, kaum eine Verbesserung der Ergebnisse herbeiführt, und wenn sie
zu hoch angesetzt ist, zu fortlaufenden Beschwerden Anlaß gibt, weil
sich der Abnehmer benachteiligt fühlt, wenn er an Hand der Zählerangaben die Preise nachprüft. Das zweckmäßigste Mittel, dem landwirtschaftlichen Verbraucher sowohl als auch dem Verkäufer gerecht zu
werden, ist die Anwendung des Pauschal- oder Gebührentarifs, und
zwar bezogen auf die angeschlossenen Lampen bzw. Leistung der Motoren, oder noch besser, bezogen auf Gegenstände, die zu der Landwirtschaft in engster Beziehung stehen, z. B. auf die Größe der bebauten
Fläche bzw. auf den Umfang des Viehstandes (s. Beispiele 95—97; ferner
Büggeln L 233 u. 235).

17*

Die Sonderstellung der Großabnehmer (s. Birrenbach L 322; Fleig L 323) bei der Preisstellung ist dadurch bedingt, daß sie in der Lage sind, sich die erforderliche Kraft auf elektrischem oder mechanischem Wege selbst zu beschaffen. Maß und Ausdruck ihrer Wertschätzung sind daher die hierzu aufzuwendenden Kosten, nach denen sich im allgemeinen die Preisstellung zu richten hat. Es ist daher ein schwerwiegender Irrtum vieler Elektrizitätswerke gewesen, daß sie der Meinung waren, auch der Großindustrie die Preisstellung lediglich nach ihrem Ermessen vorschreiben zu können, und nicht bloß auf die in früherer Zeit teuere Erzeugung, sondern auch auf unzweckmäßige Preisstellung ist es zurückzuführen, daß es nur langsam gelungen ist, die Großabnehmer zum Anschluß an die Elektrizitätswerke zu gewinnen. Der Großabnehmer berechnet sich zunächst, welche Kosten ihm bei eigener Beschaffung der Kraft entstehen, und wird erst dann dem Bezug elektrischer Arbeit nähertreten, wenn er hierbei Ersparnisse machen kann. Dies kann er um so leichter ersehen, wenn sich die Preisstellung auch in ihrer Form möglichst den Kosten bei eigener Erzeugung anpaßt. Auch diese bestehen aus Ausgaben für die Verzinsung und Tilgung des Anlagekapitals und aus den Kosten für den Betrieb. Der Aufbau ist daher ähnlich dem der Kosten für die Erzeugung der elektrischen Arbeit, und es liegt nahe, diesen Umstand bei der Preisstellung zu berücksichtigen. Die natürliche Preisstellung ist daher der Gebührentarif, und zwar bezogen auf die Höchstbeanspruchung der Betriebsmittel.

In der Tat wird dieser Tarif für Großabnehmer häufig angewendet. Für den Verkäufer ist er in diesem Falle zweifellos die zweckmäßigste Preisbemessung; er bietet auch dem Verbraucher vor allen Dingen den Vorteil, daß er bei zweckmäßiger Betriebseinteilung auf einen sehr billigen Einheitspreis gelangen kann. Nun ist aber eine derartige Betriebseinteilung nicht in allen Fällen möglich, sei es aus Gründen der Betriebsführung, sei es aus Ungeschicklichkeit der Arbeiter. Auch fürchtet der Abnehmer bei diesem Tarif, und häufig mit Recht, daß eine einmalige Überlastung eine ganz erhebliche Preissteigerung für ihn zur Folge hat. Die Einführung des Maximaltarifes stößt daher bei denjenigen Betrieben, die eine gleichmäßige Kraftverteilung nicht erzielen können, auf Schwierigkeiten. Falls bei diesen der Gesamtverbrauch mit einiger Sicherheit angegeben werden kann, bzw. falls eine Mindestgebühr in bestimmter Höhe eingegangen wird, ist die Festsetzung eines Einheitspreises am zweckmäßigsten, der von seiten des Verkäufers unter Zugrundelegung des Maximaltarifes berechnet werden muß. Ist eine solche Festsetzung des Gesamtverbrauches nicht möglich, so wird in der Mehrzahl der Fälle eine Abstufung nach der Größe des Verbrauches vorgesehen, und zwar vielfach ein Zonentarif mit Stufenpreisen, doch werden auch andere Formen mit Erfolg angewendet (s. Eswein L 326); spielt doch die Form der Preisstellung bei den Großverbrauchern nicht die wichtige Rolle wie bei der Masse der kleinen Abnehmer, weil es sich hier meistenteils um technisch und wirtschaftlich genügend vorgebildete Parteien handelt, denen im einzelnen Falle das Ergebnis jeder Preisstellung leicht klarzumachen sein dürfte. Bei der Verschiedenheit der Verhältnisse ist ohnedies das Festhalten an einer bestimmten Tarifform für alle Fälle nicht durchzuführen, wenn man nicht entweder auf anderem Wege erzielbare Gewinne preisgeben will oder auf den Anschluß zahlreicher Betriebe verzichtet. Diese Erwägungen gelten ausnahmslos für alle Großabnehmer; unbedingt an dem Maximaltarif sollte festgehalten werden bei der Lieferung von elektrischer Arbeit an Transportunternehmungen sowie an Wiederverkäufer der elektrischen Arbeit, weil diese beiden Gruppen genau mit denselben Erzeugungsverhältnissen zu rechnen haben wie die verkaufenden Elektrizitätswerke selbst.

Die unbedeutendste Gruppe der Kraftabnehmer ist diejenige, bei der die elektrische Kraft lediglich zur Befriedigung eines Luxusbedürfnisses oder aus Bequemlichkeitsrücksichten benötigt wird. Bei der Preisstellung für diese Gruppe ist zu bedenken, daß meistenteils die Ausgaben für den dauernden Gebrauch verschwindend gering sind gegenüber den Kosten der Anschaffung, und daß daher im allgemeinen nur der Leistungsfähige von dieser Anwendung der elektrischen Arbeit Gebrauch macht. Vielfach ist daher eine besondere Preisstellung nicht notwendig, ja es werden mancherorts ohne weiteres Lichtpreise hierfür in Anrechnung gebracht oder der Verbrauch nach dem Gebührentarif verrechnet. Wo es sich um einen höheren Verbrauch handelt, so daß sich die Anlage besonderer Kraftleitungen lohnt, sollte die Verrechnung nach einem Einheitskraftpreis von möglichst hoher Stufe erfolgen.

3. Tarife für Koch- und Heizzwecke.

Während sich für Beleuchtungs- und Kraftzwecke bestimmte Tarife auf Grund langjähriger Erfahrungen als üblich und zweckmäßig eingeführt haben, handelt es sich bei den Tarifen für das elektrische Kochen und Heizen noch mehr oder weniger um Versuche. Dabei ist das Ergebnis solcher Versuche häufig nicht so sehr von der Art des Tarifes wie von der Beschaffenheit der zur Verwendung gelangenden Apparate abhängig. Dieser Umstand muß vorläufig bei der Beurteilung der Tarife stets mit in Rücksicht gezogen werden.

Der natürliche Tarif für elektrische Arbeit zu Koch- und Heizzwecken ist der Zählertarif zu entsprechend angesetzten Einheitspreisen, weil im allgemeinen die Wärmeleistung dem Aufwand an elektrischer Arbeit entspricht. Solange es sich um gelegentliche oder geringfügige Verwendung elektrischer Heiz- und Kochapparate handelt, erfolgt deshalb der Anschluß vielfach an den bereits vorhandenen Licht-

oder Kraftzählern; man nimmt die im Vergleich zu der normalen Wertschätzung des Heiz- und Kochstromes hohen Einheitspreise in Kauf, um die Verwendung eines besonderen Zählers zu vermeiden. Falls jedoch ein ausgedehnterer Gebrauch der elektrischen Arbeit zu Heiz- und Kochzwecken in Frage kommt, müssen die Einheitspreise wesentlich niedriger als für Licht- und Kraftzwecke gestellt sein, so daß sich dann ein besonderer Zähler hierfür erforderlich macht. Das lohnt sich aber nur bei großem Verbrauch, also z. B. bei ausschließlicher Anwendung der elektrischen Küche oder bei industrieller Heizung.

In allen anderen Fällen, insbesondere bei gelegentlicher Verwendung elektrischer Heiz- und Kochapparate bedeutet die Anwendung eines besonderen Zählers nicht bloß eine unerwünschte Umständlichkeit und Erschwerung für den Abnehmer, sondern auch eine wesentliche Verteuerung für das Werk. Dazu kommt, daß zur Ausnutzung eines Hauptvorteils elektrischer Heiz- und Kochapparate, der in der leichten Beweglichkeit und Tragbarkeit besteht, ein besonderes Leitungsnetz hierfür vorhanden sein müßte, was in den wenigsten Fällen wirtschaftlich durchführbar ist. Die Verwendung kleiner tragbarer Zähler hat sich nicht eingebürgert, dagegen macht man bei Apparaten, die einen gleichmäßigen Energiebedarf aufweisen, häufig von besonders hergestellten Zeitzählern, sogenannten Vergütungsmessern, Gebrauch, die zur Verhütung von Stromentnahme zu Licht- oder Kraftzwecken so eingerichtet sind, daß sie erst von einem bestimmten höheren Energiebedarf ab anzeigen. Die Angaben des Zählers in Zeitstunden werden dann mit dem Energiebedarf des Apparates vervielfältigt und ergeben so die verbrauchte Energiemenge, die mit dem für Heizzwecke bestimmten Einheitspreis berechnet und von den Angaben des Haupt-Licht- oder Kraftzählers abgezogen werden. Diese Art der Verrechnung hat sich für Bügeleisen und kleine Kochapparate vielfach eingebürgert, wenngleich hier und da über die geringe Verläßlichkeit der Vergütungsmesser geklagt wird. Die bei Anwendung besonderer Zähler üblichen Preise für Koch- und Heizzwecke bewegen sich zwischen 20 und 8 ₰; 16, 12 und 10 ₰ sind die gebräuchlicheren Sätze.

Will man einen besonderen Zähler vermeiden, so werden im allgemeinen zwei Wege eingeschlagen. Entweder man verrechnet auf Grund von Annahmen oder Erfahrungen den Stromverbrauch pauschal, ein Verfahren, das namentlich für Bügeleisen vielfach angewendet wird; die Grundlage der Rechnung bildet dann entweder der Anschlußwert des Eisens oder die Kopfzahl und die Art des Haushaltes bzw. des Verwendungszweckes. Vereinzelt werden auch andere Heizapparate zu Pauschalpreisen angeschlossen, doch kann es sich hierbei nur um Ausnahmen handeln, da die Anwendung elektrischer Heiz- und Kochapparate noch viel zu wenig nach bestimmten Normen erfolgt, so daß der Verbrauch meist auch nicht annähernd übersehen werden kann. Aus dem gleichen Grunde ist es undurchführbar, wie früher vorgeschlagen wurde, ohne Rücksicht auf den Verwendungszweck für die zur Verfügung zu stellende Energiemenge einen Pauschalpreis zu verlangen und den Gebrauch dem Abnehmer nach Belieben zu überlassen. Hierbei würden sich jedoch entweder für den Abnehmer viel zu hohe Kosten ergeben, oder er würde in dem Gebrauch der elektrischen Energie so beschränkt sein, daß ihre Vorteile nicht zur Geltung kommen können.

Der andere Weg ist die Anwendung des Gebührentarifes. Die vom Verbrauch unabhängige Gebühr kann hierbei nach irgendeiner Grundlage, z. B. Lampenzahl, Zimmerzahl, Flächeninhalt, Mietwert, berechnet werden, während der Einheitspreis so niedrig angesetzt werden muß, daß das Kochen oder Heizen in größerem Umfang wirtschaftlich durchzuführen ist. Tarife in solcher Form haben sich denn auch überall dort, wo das elektrische Kochen schon zu einiger Bedeutung gelangt ist, in großem Maße eingeführt bzw. sind zu diesem Zwecke entsprechend umgeformt worden. Die damit gewonnenen günstigen Erfahrungen lassen erwarten, daß, falls haltbare Heiz- und Kochapparate zu billigen Preisen hergestellt werden, das elektrische Heizen und Kochen zur allgemeinen Einführung kommen wird. Es ist dann nicht ausgeschlossen, daß die Belastung der Werke eine so günstige wird, daß wenigstens für Haushaltungszwecke schließlich ein Einheitspreis unter Wegfall aller sonstigen Gebühren zur Anwendung kommen kann (s. auch S. 214).

Wo die elektrische Arbeit in der Industrie zu Wärmezwecken verwendet wird, ist ein besonderer Einheitspreis am Platze; dies ist schon deshalb erforderlich, weil es sich vielfach hierbei um so riesige Energiemengen handelt, wie z. B. bei dem elektrischen Schmelzen, daß nur die allerniedrigsten Sonderpreise in Frage kommen können.

B. Übersicht über die Tarife einzelner Länder.[1])

Zeigt schon die große Verschiedenheit der im vorstehenden betrachteten Tarife in Deutschland, welch großen Einfluß die verschiedenen Umstände des Verbrauches auf die Preisbildung innerhalb ein und desselben territorialen Gebiets ausüben, so läßt sich schließen, daß sich auch in jedem einzelnen Land die besonderen wirtschaftlichen, kulturellen, klimatischen und geographischen Verhältnisse in der Tarifgebarung geltend machen; es ist daher von Interesse, von diesem Gesichts-

---

[1]) Die folgende Darstellung bezieht sich auf die Verhältnisse vor dem Kriege und ist bereits größtenteils in des Verfassers Arbeit: „Die Preisbewegung der elektrischen Arbeit seit 1898" veröffentlicht. Der bereits eingeleitete Versuch, auch Spanien, Italien, Rußland und Japan in diese Darstellung einzubeziehen, mußte leider infolge des Kriegsausbruches aufgegeben werden.

punkt aus die Tarife einiger außerdeutscher Länder zu betrachten. Der vollständigen Übersicht und des leichteren Vergleiches wegen sei auch für Deutschland nochmals eine kurze Zusammenstellung beigefügt.

1. Deutschland.

Die außerordentliche Mannigfaltigkeit der Tarife in Deutschland ist, abgesehen von der in jedem Lande bestehenden Schwierigkeit der Preisbildung, in erster Linie durch die große Verschiedenheit der einzelnen Versorgungsgebiete in wirtschaftlicher und sozialer Hinsicht bedingt. In keinem anderen Lande findet man in ähnlicher Weise — und zwar sehr oft in engster Nachbarschaft — Orte von gleicher Einwohnerzahl, von denen etwa der eine rein landwirtschaftlichen, der andere ausgesprochenen Wohnungscharakter, der dritte einen stark industriellen Einschlag und der vierte lediglich Arbeiterbevölkerung aufzuweisen hat. Daneben macht sich der allmähliche Übergang vom Agrar- zum Industriestaat allenthalben bemerkbar. Das damit verbundene Steigen der Lebensmittelpreise und der Arbeitslöhne kann nicht ohne tiefe Rückwirkung auf die Ausgestaltung der Preise derjenigen Energieform bleiben, die bei allen diesen Vorgängen eine nicht unbedeutende Rolle zu spielen berufen ist. Es ist einleuchtend, daß sich Vorgänge, wie die Entwicklung eines Landstädtchens zum bedeutsamen Industrieort, wie in Berlin-Tempelhof, oder das Erlöschen einer ganzen Industrie, wie z. B. der Tuchindustrie in Brandenburg a. H., oder die allmähliche Ausbreitung einer neuen gewerblichen Tätigkeit, wie die der Spitzenindustrie in Oberfranken vom benachbarten Sachsen aus, nicht ohne Einfluß auf die Tarifgebarung bleiben kann. Solche Verschiebungen der Verhältnisse, die in Deutschland auf dem oder jenem Gebiet bald mehr oder minder sich in dem dem Kriege vorausgehenden Zeitraum eines ungeheuren industriellen Aufschwungs und in der dem Kriege folgenden wirtschaftlichen Umstellung überall bemerkbar machen müssen, führen vielfach zur Umgestaltung und Ausgestaltung der Tarife. Indem man auf der einen Seite versucht, den neuen Verhältnissen durch neue Tarife Rechnung zu tragen, kann man nicht ohne weiteres das Alte einfach wieder abschaffen, sondern hat versucht, durch Umänderung und Zusätze die bewährten Tarife den neuen Anforderungen anzupassen.

Weitaus der größte Teil aller deutschen Elektrizitätswerke erzeugt die elektrische Arbeit mit Wärmekraftmaschinen, und zwar in überwiegendem Maße mit Kohle, die häufig — im Vergleich zu anderen Ländern — mit recht beträchtlichen Kosten beschafft werden muß; auch die anderen Brennstoffe, von wenig Ausnahmefällen abgesehen, bilden einen wesentlichen Teil der Betriebsausgaben. Die Folge ist, daß der Pauschaltarif als allgemeiner Tarif selten verwendet wird und nur neben anderen Tarifsystemen für wenige Verbrauchsgruppen in Frage kommt. Dagegen bildet der Verkauf der elektrischen Arbeit nach Zählerangaben die Regel. Die Gebührentarife erfreuen sich zwar theoretisch einer sehr großen Beliebtheit, die große Ungleichheit der Verbrauchsverhältnisse, die in anderen Ländern zum Teil in geringerem Grade vorhanden ist, steht jedoch ihrer allgemeinen Anwendung hindernd im Wege, so daß auch der Gebührentarif bis heute noch eine vereinzelte Erscheinung geblieben ist.

Die oben kurz geschilderte wirtschaftliche Entwicklung hat fast überall ein schnelles Anwachsen des Verbrauches an elektrischer Arbeit bewirkt. Es ist eine Folge dieser Erscheinung, daß die Mehrzahl der deutschen Werke diesem Bedürfnis durch die Abstufung der Preise nach der Höhe des Verbrauches und durch Verbilligung der Einheitspreise Rechnung getragen haben.

So war z. B. für Kraftzwecke in Barmen im Jahre 1898 ein Einheitspreis von 25 ₰ in Verwendung; 1906 wurden die Preise für unregelmäßige Benutzung nach der Höhe des Verbrauches von 25 bis 12 ₰, für regelmäßige Benutzung von 14 auf 10 ₰ abgestuft; 1913 traten weitere Ermäßigungen und zwar gleichzeitig auf Grund der Höhe des Verbrauches und der Benutzungsdauer hinzu, für unregelmäßige Benutzung bis herab auf 11,2 ₰, für regelmäßige Benutzung bis 4,5 ₰ pro Kilowattstunde.

In Eisenach wurden die Lichtpreise wie folgt herabgesetzt:

1897	von 80 auf 70 ₰
1903	„ 60 „
1910	„ 55 „
1911	„ 50 „
1912	„ 45 „
1913	„ 40 „

Daneben wurden 1895 Rabatte für größere Verbraucher bis 30% eingeführt, die im Jahre 1905 bis auf 50% erhöht wurden.

Die Abstufung nach der Höhe des Verbrauches ist sowohl bei Licht wie bei Kraft bei den deutschen Werken überwiegend. Das Kommunale Jahrbuch 1913/14 führt die Tarife von 250 städtischen Werken auf; hiervon gebrauchen die Abstufung nach der Höhe des Verbrauches für Licht 118, für Kraft 122 Werke. Weitaus seltener wird eine Staffelung nach der Benutzungsdauer verwendet, und zwar von etwa 40 Werken für Beleuchtung und von 43 Werken für Kraftzwecke. Häufiger, namentlich für Kraftzwecke, ist der Doppeltarif in Gebrauch, und zwar in 63 Fällen gegenüber 44 Werken, die ihn für Licht verwenden. Einheitstarife, getrennt für Licht und Kraft, ohne weitere Abstufungen, sind in etwa 40 Werken in Gebrauch, jedoch handelt es sich hierbei meistens um kleine Orte oder um einfache und gleichartige Absatzverhältnisse.

Bei Beurteilung dieser Verhältnisse ist zu beachten, daß die Mehrzahl der Werke verschiedene Tarife gleichzeitig nebeneinander benutzen.

Was die Höhe der Tarifpreise anbelangt, so bewegten sich die Lichtpreise etwa bis zum Jahre 1896 meist in der Nähe von rd. 70 ₰ pro Kilowattstunde; charakteristisch ist, daß damals die Einheitspreise nicht auf die Kilowattstunde, sondern auf deren zehnten Teil, die Hektowattstunde, bezogen wurden. Bis zum Jahre 1902/03 etwa betrugen die Lichtpreise meistens noch rd. 60 ₰ für die Kilowattstunde und sind heute mit wenig Ausnahmen auf und unter 50 ₰ gesunken.

Die Grundpreise für Kraft haben sich weniger verändert. Die Anfangspreise von 25 ₰ sind auch heute noch in manchen Fällen in Gebrauch; die Mehrzahl der Grundpreise beläuft sich auf 20 ₰, geringere Einheitspreise sind in der Minderzahl.

2. Österreich.

Im allgemeinen sind die österreichischen Tarife weder in so ausgesprochener Weise wie in Deutschland den Erzeugungsverhältnissen angepaßt, noch weisen sie eine besondere Berücksichtigung der Verbrauchsumstände auf; diese Tatsache läßt darauf schließen, daß im Verhältnis zu Deutschland die Elektrizitätswirtschaft in Österreich sich auf einer weniger fortgeschrittenen Stufe befindet.

64% aller Werke mit ca. 50% der Gesamtleistung verwenden zur Erzeugung der elektrischen Arbeit ganz oder teilweise Wasserkraft; entsprechend diesem Umstand sind die Pauschaltarife sehr zahlreich vertreten. Für die Verwendung der verschiedenen Tarifsysteme ist folgende Zahlentafel aufgestellt worden: (s. Rosenbaum L 337).

Tarifsysteme in Österreich.

Tarifsystem	Zahl der Werke	
	Lichtstrom	Kraftstrom
Zählertarif ohne Rabatt	179 (140)	142 (118)
„ mit „	167 (79)	178 (80)
Doppeltarif	8 (6)	12 (6)
Pauschaltarif	240 (164)	158 (98)
Gemischter Zähler- und Pauschaltarif . . .	142 (102)	110 (78)
Zusammen	736 (491)	600 (380)
Angaben fehlen	118 (81)	254 (192)
Gesamtzahl	854 (572)	854 (572)

Die in Klammern stehenden Werte sind vom Jahre 1909.

Es ist ersichtlich, daß die Anzahl der Werke mit Zählertarifen in höherem Maße angewachsen ist als diejenige, die nur Pauschaltarife verwendet, eine Erscheinung, die sich in jedem Lande mit dem Fortschreiten der Entwicklung auf dem Gebiete der Elektrizitätsversorgung bemerkbar macht, und zwar zunächst hauptsächlich in der Weise, daß zu den vorhandenen Pauschaltarifen die Verrechnungsart nach Zählern hinzugefügt wird.

Bei den Zählertarifen ist die Zahl der Werke, die Einheitspreise ohne weitere Abstufung verwenden, eine verhältnismäßig große. Auch dies ist ein Zeichen dafür, daß die Verbreitung der elektrischen Arbeit noch nicht den Umfang angenommen hat, der eine Anpassung an die verschiedenen Bedürfnisse auf dem Wege der Abstufung der Tarife erforderlich macht.

Bei denjenigen Werken, die Abstufungen bereits eingeführt haben, sind nähere Angaben in der Statistik nicht enthalten, doch wird in dem erwähnten Artikel angegeben, daß die Abstufung bei Beleuchtung meist nach Benutzungsstunden, bei Kraftverbrauch nach der Höhe des Bedarfes erfolgt; vermutlich wird sich hier eine ähnliche Entwicklung wie in Deutschland vollziehen, so daß die Abstufung nach der Höhe des Verbrauches allmählich überwiegen wird.

Auffallend ist die geringe Verwendung des Doppeltarifes, d. h. der Abstufung nach dem Zeitpunkt des Bedarfes; kaum 1% der Werke bedienen sich dieser Verrechnungsart. Dies ist wohl darauf zurückzuführen, daß einmal die Belastung der Werke durch Kraftstrom sich noch nicht in dem Maße bemerkbar macht wie in Deutschland, und daß die Preise der Meßapparate, die in Österreich in jedem einzelnen Falle einer staatlichen Prüfung und Beglaubigung unterliegen, wesentlich teurer sind als bei uns.

Auch verwickeltere Tarife, wie der Gebühren- und der Maximaltarif, scheinen in Österreich nur ganz ausnahmsweise in Verwendung zu sein.

Was die Höhe der Preise anbelangt, so bewegen sich die Lichtpreise zwischen 20 und 100 h (17 und 85 ₰). Ein großer Prozentsatz der Werke rechnet noch mit Grundpreisen zwischen 60 und 80 h; nimmt man den Mittelpreis von 70 h = ca. 60 ₰ als Durchschnittspreis an, so ergibt sich für Österreich ein wesentlich höherer Lichtpreis, als er zur Zeit in Deutschland in allgemeiner Geltung ist.

Die Kraftstrompreise schwanken zwischen 10 und 70 h (8,5 und 59,5 ₰). Bei einem großen Prozentsatz der Werke sind Preise von 30 bis 34 h, also im Mittel von ca. 27 ₰ in Gebrauch, d. h. auch die Kraftpreise sind höher als in Deutschland. Als mittlere gebräuchliche Pauschalpreise werden etwa 100 h für die Normalkerze und Jahr (bei Metallfadenlampen die Hälfte, also ca. 300—500 Kr. pro Kilowatt und Jahr) und für Kraftzwecke bei beschränktem Betriebe pro Pferdestärke und Jahr etwa 90—120 Kr., bei ununterbrochenem Betriebe etwa 150 bis 300 Kr. angegeben.

3. Schweiz.

Im engsten Anschluß an die rasche und lebhafte Entwicklung der Elektrizitätsversorgung weisen die schweizerischen Tarife eine Mannigfaltigkeit auf wie kaum ein anderes Land. Es sind nicht bloß fast alle Zählertarife mit ihren verschiedenen Formen vertreten, sondern auch Pauschaltarife in großer Zahl und mit vielfachen Abstufungen. Folgende Aufstellung gibt über die Verwendung der Tarifsysteme und die im Laufe der Jahre hierbei eingetretenen Veränderungen Aufschluß.

Verwendung der Tarifsysteme in der Schweiz.

Es verwenden	Beleuchtung						Kraft					
	1904		1911		1912		1904		1911		1912	
	Zahl d. Werke	%	Zahl d. Werke	%	Zahl d. Werke	%	Zahl d. Werke	%	Zahl d. Werke	%	Zahl d. Werke	%
Pauschaltarif	36	31	56	24	167	39	39	45	71	31	169	41
Zählertarif	13	11	59	25	122	28	18	20	95	42	147	36
Pauschal- und Zählertarif	66	58	118	51	141	33	31	35	61	27	93	23

Das häufige Vorkommen des Pauschaltarifes, das aus diesen Zahlen hervorgeht, wird auch durch die Tatsache bestätigt, daß im ganzen zur Zeit noch weit mehr Abnehmer die elektrische Arbeit auf Grund pauschaler Verrechnung beziehen statt nach Messung. Die Statistik macht hierüber folgende Angaben:

Jahr	Pauschalabnehmer	Zählerabnehmer
1905	100 000	35 000
1907	141 820	47 644
1909	159 177	78 200
1911	178 350	90 200
1912	298 651	151 904

Hieraus ist ersichtlich, daß die Zahl der Pauschalabnehmer die der Zählerabonnenten um das Doppelte übertrifft, daß aber die Zählerabnehmer seit 1905 eine weit stärkere Zunahme aufweisen als die Pauschalkonsumenten; ein genauer zahlenmäßiger Vergleich der einzelnen Jahre ist nicht angängig, da die Angaben der Werke in den verschiedenen Jahren unregelmäßig gemacht werden. Doch kann aus der stärkeren Zunahme der Zählerabnehmer geschlossen werden, daß der Pauschaltarif allmählich an Beliebtheit verliert. Bei der Würdigung der angegebenen Zahlen ist übrigens zu berücksichtigen, daß ein großer Teil der vorhandenen Werke mangels näherer Angaben außer Betracht geblieben ist; da es sich bei den fehlenden meist um kleinere Unternehmungen handelt, so kann angenommen werden, daß der Pauschaltarif noch eine größere Verbreitung aufweist, als aus den gemachten Angaben hervorgeht.

Diese Erscheinung ist einmal auf die frühzeitige Entwicklung der schweizerischen Werke und ferner auf die ausgedehnte und überwiegende

Verwendung von Wasserkräften bei der Erzeugung der elektrischen Arbeit zurückzuführen; benutzten doch im Jahre 1911 von 141 Werken, von denen genaue Angaben vorlagen, 121 = 86% ganz oder teilweise Wasser als Antriebskraft. Dieses Verhältnis dürfte sich bis heute kaum wesentlich verschoben haben. Die Höhe des Verbrauches an Kilowattstunden braucht daher bei der Preisbemessung nur eine untergeordnete Rolle zu spielen; es genügt meistenteils, wenn die fast ausschließlich von der Leistungsfähigkeit der Anlage abhängigen Kosten in festen Beträgen auf die Verbraucher verteilt werden. Diese Methode der Preisstellung war namentlich in der Schweiz naheliegend, da die billige Betriebskraft selbst in kleinen und unbedeutenden Orten zur Errichtung von Elektrizitätswerken schon zu einer Zeit führte, wo die Beschaffung von Zählern aus technischen und finanziellen Gründen kaum in Frage kommen konnte. Auch waren die Verbrauchsverhältnisse einfach und ließen eine gleichmäßige und einfache Verrechnung zu. Es ist nicht zu verkennen, daß in dieser ersten Zeit der Entwicklung die allgemeine Verwendung des dem Verbraucher geläufigen Pauschaltarifes der Schweiz einen Vorsprung in dem Verbrauch elektrischer Arbeit anderen Ländern gegenüber sicherte (s. auch Wyßling L 338).

In seiner einfachsten Form sieht der Pauschaltarif in der Schweiz einen einheitlichen Preis für die Normalkerze bzw. für die angeschlossene Pferdekraft vor; solche Tarife waren früher namentlich in kleineren Anlagen nicht eben selten. Mit der wachsenden Ausdehnung der Energieversorgung genügte jedoch diese einfache Form weder den Interessen der Werke noch den Bedürfnissen der Abnehmer. Es wurden nun verschiedene Wege eingeschlagen, um den veränderten Verhältnissen Rechnung zu tragen. Teilweise wurden zahlreiche Abstufungen der Pauschaltarife nach Ort, Art und Zeit der Benutzung vorgenommen, teilweise auch der Verkauf nach Messung in vollem oder beschränktem Umfange eingeführt, und zwar entweder neben dem bestehenden Pauschaltarif oder in Form des Gebührentarifes, der einerseits den Werken noch eine vom Verbrauch unabhängige Einnahme, wie der Pauschaltarif, sicherte, andererseits dem Verbraucher die Möglichkeit gab, seine Ausgaben für Beleuchtung und Kraft in gewissem Umfange dem tatsächlichen Verbrauche anzupassen.

Die heutigen schweizerischen Pauschaltarife für Beleuchtung weisen meistenteils mehrere Stufen nach der voraussichtlichen Benutzungsdauer oder nach der Art der Räume, in denen die Beleuchtung verwendet wird, auf. Die Zahl der Stufen wechselt zwischen 2 und 8 und beträgt gewöhnlich 3 oder 4, und zwar im allgemeinen: a) für selten und unregelmäßig, b) für selten und regelmäßig, c) für dauernd während der Hauptbeleuchtungszeit und d) für noch länger beleuchtete Räume. Dabei werden die Preise selten für das Watt oder für die Kerze, sondern

meistens für die Lampen verschiedener Kerzenstärke unmittelbar angegeben, wobei der Preis für die Normalkerze bei größeren Lampen
häufig geringer wird.

Beispiele:

110 Zug. Die Lampen werden durch das Personal des Werkes nach ihrer
wahrscheinlichen Benutzungsdauer in folgende Klassen eingereiht:

Klasse	Benutzungszeit per Jahr	Lokalitäten	Preise pro Kerze und Jahr	
			Kohlenfaden-lampen mit max. 3,5 Watt Stromverbrauch pro Kerze Fr.	Metallfaden-lampen mit max 1,2 Watt Stromverbrauch pro Kerze Fr.
I	bis höchstens 500 Stunden	Schlafzimmer, die nur als solche benutzt werden, Keller in Privatwohnungen, Remisen, Vorratsräume, Aborte, Estriche, Waschküchen, Badezimmer,Mostereien	0,65	0,30
II	bis höchstens 1000 Stdn.	Werkstätten, Bureaus, Ställe, Scheunen, Milch- u. Käsekeller, Treppenhäuser.	1,00	0,50
III	bis höchstens 1500 Stunden	Küchen, Verkaufslokale, Rasierstuben, Speisekammern, Privatwohnzimmer, Korridore, Käsereien, Bäckereien u. dgl., Metzgereien, Wirtschaftskeller und Aborte, Wirtschafts-Nebenzimmer	1,25	0,60
IV	mit über 1500 Stunden	Wirtschaftslokale, einschl. Korridore, Küchen, Offize, Außenlampen	1,60	0,80

111. Aarau.

Klasse	Brenndauer im Jahr	Räumlichkeiten	Zahl der Kerzen				
			5 Fr.	10 Fr.	16 Fr.	25 Fr.	32 Fr.
I	bis ca. 400 Stunden	Schlafzimmer, Salons, Waschküchen, Badezimmer, Estriche, Abtritte, Gastzimmer, Dienstzimmer, Veranden, Gärten, Sommerwirtschaftslokale, Tanzsäle und wenig benutzte Vereinslokale, nicht heizbare Kegelbahnen, Heizräume, Keller in Privathäusern, Schuppen usw.	4	8	13	19	25
II	bis ca. 800 Stunden	Bureaus, Werkstätten, Magazine, Fabrikräume, Schaufenster, Scheunen, Remisen, Eßzimmer, Arbeitszimmer, Keller in Geschäftshäusern, Stallungen mit gutem Tageslicht usw.	5	10	16	24	30

Klasse	Brenndauer im Jahr	Räumlichkeiten	Zahl der Kerzen				
			5 Fr.	10 Fr.	16 Fr.	25 Fr.	32 Fr.
III	bis ca. 1500 Stunden	Wohnzimmer, Küchen, Gänge u. Vestibüls in Wohnhäusern, Verkaufslokale, Stallungen mit wenig Tageslicht, Außenbeleuchtungen, heizbare Kegelbahnen, Wirtschaftslokale, welche nicht ständig benutzt werden usw.	6	12	20	29	36
IV	längere Brenndauer	Ständige Wirtschaftslokale, Keller, Gänge u. Aborte in Wirtschaften und Hotels, Lokale für Tag- u. Nachtdienst, Backstuben, Straßenbeleuchtung usw.	8	15	25	39	48
		Zuschlag für Umschaltung	2	3	5	7	10

Dieser Tarif gilt für Kohlenfadenlampen mit einem Stromverbrauch von durchschnittlich 3,5 Watt pro Kerze. An Stelle der Kohlenfadenlampen können zu dem gleichen Preise Metallfadenlampen von ungefähr doppelter Lichtstärke verwendet werden.

Die Berechnung nach Watt ist selten und erst in neuerer Zeit bei einigen Werken (St. Imier, Chaux de Fonds usw.) eingeführt.

Weitere Abstufungen finden sich bei Pauschaltarifen nach der Höhe des gesamten Jahresumsatzes (Kubel) zur Begünstigung größerer Anlagen, ferner kommen auch noch Abstufungen der Preise nach der Jahreszeit vor (Interlaken). Einige merkwürdige Übergangstarife sind zu erwähnen: Der Kanton Zürich stellt zwar einen Pauschaltarif den Abnehmern zur Auswahl, diese dürfen jedoch nur eine bestimmte Anzahl Kilowattstunden verbrauchen, ein größerer Verbrauch muß besonders nach Zählern bezahlt werden. In einem anderen Falle (Altdorf) wird die Pauschalgebühr nach Schätzung und auf Grund eines bestimmten Einheitspreises für die Kilowattstunde in jedem einzelnen Falle festgesetzt.

Bei Verwendung des elektrischen Stromes zu Kraftzwecken werden die Pauschaltarife regelmäßig nach der Größe des Anschlußwertes und der mutmaßlichen Zeitdauer der Benutzung abgestuft. In letzterer Hinsicht werden fast überall unterschieden:

1. Motoren für Fabrikbetriebe, deren Arbeitszeit in der .Schweiz durch Gesetz auf 11 Stunden für den Tag festgesetzt ist (Fabrikkraft),

2. Motoren für ausschließliche Benutzung während der Tagesstunden (Tageskraft),

3. Motoren mit unbeschränkter Arbeitszeit (Permanentkraft).

Die Abstufung nach der Größe des Anschlußwertes bezieht sich gewöhnlich auf die nominelle Leistung der Motoren und sieht mit steigender Anschlußgröße oft sehr beträchtliche Ermäßigungen vor. Meistenteils werden dann zunächst für Fabrikkraft zahlreiche bestimmte Einzel-

preise für jede Größenklasse angeführt, und die Preise für Permanent-
und Tageskraft durch prozentuale Erhöhung oder Erniedrigung der
Fabrikkraftpreise zum Ausdruck gebracht.

Beispiel 112:

Kraftwerke Beznau - Löntsch.

Tarif A.

Zur Benutzung während 10—11 Stunden pro Tag zwischen morgens 6 Uhr und
abends 7 Uhr (Fabrikzeit).

Pferdekräfte an der Motorwelle			Preis p. Pferde-kraft u. Jahr Fr.	Pferdekräfte an der Motorwelle			Preis p. Pferde-kraft u. Jahr Fr.
	bis	0,5 PS	250,—	über 10 bis	12,5	PS	186,—
über 0,5 „	0,75	„	232,50	„ 12,5 „	15	„	184,—
„ 0,75 „	1	„	215,—	„ 15 „	17,5	„	182,—
„ 1 „	1,5	„	210,—	„ 17,5 „	20	„	180,—
„ 1,5 „	2	„	205,—	„ 20 „	25	„	178,40
„ 2 „	2,5	„	202,50	„ 25 „	30	„	176,70
„ 2,5 „	3	„	200,—	„ 30 „	35	„	175,—
„ 3 „	3,5	„	198,75	„ 35 „	40	„	173,40
„ 3,5 „	4	„	197,50	„ 40 „	45	„	171,70
„ 4 „	4,5	„	196,25	„ 45 „	50	„	170,—
„ 4,5 „	5	„	195,—	„ 50 „	60	„	168,—
„ 5 „	6	„	193,60	„ 60 „	70	„	166,—
„ 6 „	7	„	192,20	„ 70 „	80	„	164,—
„ 7 „	8	„	190,80	„ 80 „	90	„	162,—
„ 8 „	9	„	189,40	„ 90 „	100	„	160,—
„ 9 „	10	„	188,—	Darüb. nach Vereinbarung			

Tarif B.

Zur Benutzung nur am Tage (Tageskraft) wird auf die Preise des Tarifes A
ein Rabatt von 30% gewährt. Tageskraftmotoren dürfen im Betriebe sein in den
Monaten:

Januar und Dezember .	von morgens	$8^1/_2$	bis abends	$3^1/_2$	Uhr
Februar und November.	„	„ 8	„	„ $4^1/_2$	„
März und Oktober . . .	„	„ 7	„	„ 5	„
April und September .	„	„ 6	„	„ 6	„
Mai und August	„	„ 6	„	„ 7	„
Juni und Juli	„	„ 6	„	„ 8	„

Tarif C.

Zur ununterbrochenen Benutzung Tag und Nacht wird ein Zuschlag von
30% zu den Preisen des Tarifes A berechnet.

Der allmähliche Übergang vom Pauschal- zum Zählertarif ist, wie
oben angedeutet, in sehr verschiedener Weise wahrzunehmen. Einige
Werke führen den Zählertarif nur für Ausnahmefälle, andere nur für
Anlagen von bestimmtem Umfang. Manche Werke stellen ihn den
Abnehmern ohne weitere Bedingungen zur wahlweisen Benutzung anheim, während er in größeren Städten zur ausschließlichen Verwendung
gelangt ist.

Als Zwischenstufe wird, namentlich für Kraftzwecke, in einer Anzahl Werke der Gebührentarif, meistens bezogen auf den Anschlußwert, selten auf die maximale Beanspruchung, benutzt; die Grundgebühr wird dabei, wie beim Pauschaltarif, nach der Motorenleistung und hier und da nach der mutmaßlichen Benutzungsdauer, die Preise für die Kilowattstunde in einigen Fällen nach der Höhe des Verbrauches, auch nach Benutzungsdauer und anderen Umständen abgestuft (Elektra, Baselland).

Bei Zählertarifen sieht die Mehrzahl der Orte eine Ermäßigung nach der Höhe des Verbrauches vor, und zwar bei Beleuchtungsstrom häufiger als bei Kraftstrom; die Anzahl der Stufen und Höhe der Ermäßigung ist von Werk zu Werk verschieden, Berechnungsgrundlage bildet meistens der Verbrauch in Kilowattstunden, seltener der Geldbetrag. Die Abstufung nach der Benutzungsdauer ist bei den Lichtstrompreisen weniger gebräuchlich als bei den Krafttarifen und wird im ganzen seltener als in Deutschland angewendet. — Die gleichzeitige Abstufung nach Höhe des Verbrauches und Benutzungsdauer ist nur vereinzelt zu finden. — Ebenfalls nicht sehr verbreitet ist der Doppeltarif, der hauptsächlich nur in einigen größeren Plätzen Verwendung gefunden hat; man hat jedoch das diesem Tarif zugrunde liegende Prinzip der Abstufung nach dem Zeitpunkt der Belastung noch weiter ausgebaut und in einigen Fällen Tarife aufgestellt die fast für jede Stunde des Tages einen anderen Strompreis vorsehen (Aarau, Lausanne; s. Beispiel Nr. 84, S. 240).

Eine bei den Krafttarifen nicht seltene Ermäßigung wird im Gegensatz zu deutschen Tarifen auf die Höhe des Anschlußwertes bezogen, wohl in Anlehnung an diese viel gebräuchliche Abstufung beim Pauschaltarif.

Beispiel 113:

Vevey-Montreux. Preis pro Kilowattstunde bei Motoren von:

1— 3 PS	0,125 Fr.
3— 10 „	0,120 „
10— 20 „	0,115 „
20— 30 „	0,105 „ usw. bis
100—200 „	0,075 „

Mit dieser Abstufung nach der Größe des Anschlußwertes werden auch Ermäßigungen nach der Höhe des Verbrauches und nach dem Zeitpunkt (z. B. Sommer und Winter) verbunden (Rathausen). — Maximaltarife nach englischem Muster scheinen in der Schweiz nicht in Gebrauch zu sein, wie überhaupt der Höchstbeanspruchung bei der Preisbemessung nicht die große Bedeutung eingeräumt wird, wie in anderen Ländern. Hier und da wird die Benutzungsdauer auf Grund der höchsten Belastung ermittelt.

Beispiel: 114

In merkwürdiger Weise wird der Preis auf Grund der maximalen Beanspruchung und des Verbrauches in Olten bei einem der vielen dort gebräuchlichen Tarife abgestuft. Es ist für das höchstbeanspruchte Kilowatt ein fester, mit der Größe der Beanspruchung fallender Preis zu bezahlen, z. B. bei einer Entnahme von 1 KW 400 frs., von 10 KW 352 frs.; dieser Preis entspricht einer mittleren Benutzungsdauer von 1000 Stunden pro Jahr. Ist die Benutzungsdauer geringer, z. B. nur 100 Stunden, so wird ein Abzug bis zu 65% gewährt; ist sie höher, z. B. über 2500 Stunden, so werden Zuschläge bis zu 45% erhoben.

Eine Eigentümlichkeit der Schweizer Tarife, namentlich gegenüber den deutschen, liegt in der Festsetzung einer Mindestgewähr, die fast bei keinem Werke in den Stromlieferungsbedingungen fehlt. Es ist dies gewissermaßen ein Überbleibsel des Pauschaltarifes. Auch beim Übergang zum Zählertarif wollte man auf die Sicherung einer bestimmten Einnahme nicht verzichten und hat zu diesem Zweck eine Mindestzahlung pro Jahr vorgeschrieben. Die Formen für ihre Erhebung sind sehr verschieden; während bei den Krafttarifen meistens eine feste Summe in Franken, pro Kilowatt oder in Prozent der gleichzeitig angewendeten Pauschalpreise festgesetzt wird, erhebt man beim Lichtstromverkauf entweder eine Mindestgebühr für den ganzen Anschluß (Kanton Zürich 25 Fr. pro Anschluß) oder für die Lampe (Wil 3 Fr. pro Lampe) oder für die angeschlossene Normalkerze (Freiburg 50 Cts. pro Normalkerze und Jahr) oder schließlich für das Kilowatt Anschlußwert (Luzern 660 Fr. pro Kilowatt). Die Garantiesumme wird häufig mit steigender Anschlußgröße ermäßigt.

Die hochentwickelte Elektrizitätswirtschaft der Schweiz macht sich in den Stromlieferungsbedingungen schließlich noch dadurch bemerkbar, daß fast in allen Tarifen besondere Preise für Heizen und Kochen vorgesehen sind, bald mit pauschaler, bald mit Zählerverrechnung. Ersteres ist namentlich bei der Verwendung von Bügeleisen der Fall, wo die Preise wiederum entweder nach dem Wattverbrauch, oder nach der Größe des Haushaltes abgestuft werden. Die Zählerpreise sind oft nicht unwesentlich den Lichtpreisen gegenüber ermäßigt, z. B. in Altdorf auf 7,5 Cts. im Sommer und 10 Cts. im Winter.

Ist, wie schon angedeutet, die große Mannigfaltigkeit der schweizerischen Tarife eine Folge der vielseitigen Verwendung der elektrischen Arbeit, so muß man andererseits vermuten, daß diese Entwicklung der Elektrizitätsversorgung bei hohen Energiepreisen kaum möglich gewesen wäre. In der Tat zeichnet sich auch in dieser Hinsicht die Schweiz vor anderen Ländern aus. Zwar sind die Preise, auf die gleiche Einheit bezogen, nicht billiger wie in Deutschland, es muß aber dabei berücksichtigt werden, daß die Wertung für Licht und Kraft sich im großen und ganzen immer auf den Kohlenpreis stützt, und daß von diesem Standpunkt aus bei den hohen Kohlenpreisen in der Schweiz die Preise

für elektrische Arbeit als niedrig zu bezeichnen sind. Für Beleuchtung
für mittlere Verhältnisse kann man 1,20 Fr. für die Kerze bei Kohlen-
faden- und 0,60 Fr. bei Metallfadenlampen als normal annehmen, während beim Zählertarif sich die Grundpreise meistens zwischen 40 und
60 Cts. bewegen. Die Einheitspreise für Kraft betragen für den Klein-
betrieb bei pauschaler Berechnung ungefähr 200 Fr. pro PS und Jahr,
für Fabrikbetriebe im Mittel etwa 170 Fr. pro PS und Jahr; dies würde
bei 3000 stündiger Benutzung des Anschlußwertes schon bei mittlerem
Verbrauch einem Preise von etwa 7,5 $\mathcal{A}$ pro Kilowattstunde entsprechen,
der in Deutschland nur bei größeren Unternehmungen in Frage kommt.
Noch günstiger stellen sich die Verhältnisse für durchgehenden Tag-
und Nachtbetrieb. Die Einheitspreise bei Kilowattstundenberechnung
sind sehr verschieden, die Mehrzahl der Angaben bewegen sich zwischen
10 und 25 Cts.

4. Frankreich.

Konnte in der Schweiz zwischen der ausgedehnten Verwendung der
elektrischen Arbeit und der weitgehenden Verschiedenheit der Tarifsysteme und den verhältnismäßig niedrigen Energiekosten eine Wechsel-
wirkung festgestellt werden, so muß umgekehrt aus der Höhe der französischen Preise geschlossen werden, daß die elektrische Energie dort
nicht diejenige Verbreitung besitzt, die ihr in anderen Ländern ihre
große wirtschaftliche Bedeutung gesichert hat. Zwar ist die Anzahl der
versorgten Orte in Frankreich verhältnismäßig ebenso groß, wenn nicht
größer als in anderen Ländern; allein innerhalb der Orte ist die Benutzung der elektrischen Arbeit — von Ausnahmefällen abgesehen — bei
weitem nicht in dem Maße zu finden, wie in anderen Ländern. Dies
folgt z. B. schon daraus, daß manche kleineren Orte Energie zu Kraftzwecken überhaupt nicht abgeben. In dem „Annuaire" (L 26) machen
etwa 2000 Orte über Lichtpreise und nur etwa 1350 über Kraftpreise Angaben; in den Stromlieferungsbedingungen eines Ortes mit etwa 5000 Einwohnern und kommunalem Elektrizitätswerk ist z. B. ausdrücklich betont, daß die elektrische Energie nur vom Eintritt der Dunkelheit bis
Tagesanbruch geliefert wird. Der Herausgeber der Statistik der Elektrizitätswerke (L'industrie électrique vom 10. November 1911, S. 499)
bemerkt daher in der Vorrede: „Leider ist das französische Publikum
nicht genügend mit den Vorteilen vertraut, welche die Versorgung mit
elektrischer Energie bietet, und seine Erziehung auf diesem Wege läßt
noch alles zu wünschen übrig."
Diese Tatsache ist nicht weiter verwunderlich, wenn man in
Betracht zieht, mit welch erstaunlich hohen Preisen in Frankreich gerechnet wird. In dem „Annuaire" finden sich folgende Angaben:

18*

Lichtpreise:

über   1   Fr. pro Kilowattstunde   73 Orte
       1   „   „   „   351 „
0,8—0,99 „   „   „   617 „
0,6—0,79 „   „   „   873 „
unter 0,6 „   „   „   106 „

Kraftpreise:

über   0,5 Fr. pro Kilowattstunde 325 Orte
0,3—0,5   „   „   „   451 „
0,3   „   „   „   327 „
unter 0,3 „   „   „   246 „

Bei pauschaler Berechnung ist ein Preis von 30 Fr. für die 16 kerzige Kohlenfadenlampe als normal zu bezeichnen, ein Preis, der wohl sonst in keinem Lande zu erzielen ist und den mittleren Preis der Schweiz um etwa 50% übersteigt.

Zweifellos ist die geringe Entwicklung der Elektrizitätsversorgung eine Folge dieser hohen Preise; es wurden vielfach die beim Aufkommen der Elektrizitätswerke durchaus angemessenen Kostenfestsetzungen beibehalten, ohne daß es — selbstverständlich mit Ausnahme namentlich der großen Unternehmungen, denen an der Steigerung des Umsatzes gelegen sein mußte — den Inhabern der Konzessionen notwendig erschienen wäre, durch Preisherabsetzungen die Verbraucher zu erhöhter Benutzung der elektrischen Energie anzuspornen. Auch sind in Frankreich vielfach Gas- und Elektrizitätskonzessionen in einer Hand, so daß ein gesunder Wettbewerb ausgeschlossen ist. Nicht zu übersehen ist ferner, daß der Reichtum des Landes so groß ist, daß die im Vergleich zu anderen Ländern höheren Energiekosten leichter getragen werden können, und daß ferner vielfach für die Entwicklung die Unterstützung von Handwerk und Industrie durch billige Energiepreise nicht in dem Maße erforderlich ist wie in anderen Ländern, wo die Elektrizität als wichtiges Produktionsmittel eine stetig wachsende Verbilligung erfahren hat.

Was die Art der Tarife anbelangt, so überwiegt bei der ausgedehnten Verwendung von Wasserkräften wie in der Schweiz der Pauschaltarif, der teils ausschließlich, teils wahlweise den Abnehmern zur Verfügung gestellt wird. In der Statistik der L'industrie électrique" (L 25) sind bei 322 Orten Angaben gemacht; hiervon verkaufen die elektrische Arbeit 141 Werke ausschließlich nach Pauschaltarifen, 54 gleichzeitig nach Messung und pauschal, und 127 ausschließlich nach Zählern. Die große Menge all derer, von denen Angaben nicht verzeichnet sind, scheint hauptsächlich den Pauschaltarif zu verwenden.

Über die Einzelheiten ist man auf Grund der wenigen Angaben, die von den Werken selbst zur Verfügung gestellt werden, auf Vermutungen angewiesen; allgemeingültige und für jedermann zugängliohe Tarife scheinen vielfach überhaupt nicht in Gebrauch zu sein, selbst größere Unternehmungen geben an, daß sie die Preise von Fall zu Fall festsetzen. Auch dort, wo gedruckte Bedingungen vorhanden sind, üben die Werke bei der Bekanntgabe eine weitgehende Zurückhaltung.

Der Pauschaltarif (tarif à forfait) scheint noch mehrfach in seiner einfachsten Form mit einem Preis pro Kerze und Jahr bzw. pro Pferdestärke und Jahr ohne weitere Abstufung angewendet zu werden. Als Einheit für Beleuchtung wird hierbei vielfach die französische Carcel-Kerze (= 10,9 Normalkerzen) benutzt und der Preis pro ,,carcel — an" festgesetzt (Espalion, 4150 Einwohner 42 [!] Fr. pro carcel — an).

Bei fortgeschrittener Tarifpolitik werden die Preise pro Kerze mit steigendem Anschlußwert ermäßigt, auch mehrere Kategorien nach der mutmaßlichen Benutzungsdauer vorgesehen. Daneben wird auch der Pauschaltarif auf Grund des durch einen Strombegrenzer beschränkten Maximums der Benutzung festgesetzt.

Beispiel 115:

Energie électrique du Sud-Ouest, Bordeaux:

	Jährliches Abonnement		
Lichtstärke der Lampen	1. Kategorie Fr.	2. Kategorie Fr.	3. Kategorie Fr.
5 Kerzen Kohlenfadenlampen . .	18,—	15,—	12,—
10 ,, Kohlenfadenlampen oder 20 ,, Metallfadenlampen . . .	27,—	22,80	18,—
16 ,, Kohlenfadenlampen oder 32 ,, Metallfadenlampen . . .	39,—	33,—	27,—
25 ,, Kohlenfadenlampen oder 50 ,, Metallfadenlampen . . .	51,—	43,20	36,—

oder

für	50 Watt Strombegrenzer	48 Fr. pro Jahr		
,,	75 ,,	,,	66 ,, ,, ,,
,,	100 ,,	,,	84 ,, ,, ,,
,,	150 ,,	,,	123 ,, ,, ,,
,,	200 ,,	,,	162 ,, ,, ,,
,,	300 ,,	,,	240 ,, ,, ,,

Bei Kraft wird, wie in der Schweiz, der Preis nach der Größe des Anschlußwertes abgestuft und in einzelnen Fällen ähnliche Unterscheidungen nach der mutmaßlichen Benutzungsdauer wie in der Schweiz gemacht.

Beim Zählertarif (tarif au compteur) scheinen Einheitspreise ohne weitere Abstufungen noch die Regel zu bilden. In fortgeschritteneren Werken sind Abstufungen nach den verschiedensten Grundsätzen zu finden, so relativ am häufigsten nach der Höhe des Verbrauches, seltener nach der Benutzungsdauer.

Wie in der Schweiz ist ferner beim Zählertarif für Kraftstrom vom
Pauschaltarif die Abstufung nach der Größe des Anschlußwertes übernommen und in einzelnen Fällen eine so große Zahl von Stufen vorgesehen, daß fast jeder Abnehmer eine besondere Stufe erhält.

Beispiel 116:

So weist der Tarif der Compagnie générale d'éclairage in Bordeaux
nicht weniger als 16 verschiedene Größenklassen mit 13 Zeitabstufungen bei Preisen
von 40—8 Cts. auf; der Tarif einer anderen größeren Überlandzentrale nicht
weniger als 91 Stufen von 80—14,1 Cts. pro Kilowattstunde.

Es sind dies Tarifsysteme, die sich zwar aufs engste an die Selbst-
kostenkurven anlehnen, jedoch, wie anderwärts, zu bequemerem und
einfacherem Gebrauch durch Gebührentarife ersetzt werden könnten,
wenn derartige Tarifmethoden dem französischen Publikum geläufiger
wären.

Verwickeltere Berechnungsarten wie der Maximaltarif scheinen selten in Anwendung zu sein (Société d'éclairage et de force par Electricité
à Paris), nur der Doppeltarif (tarif mobile) scheint sich einiger Beliebtheit zu erfreuen.

5. Niederlande.

In den Niederlanden, wo die elektrische Energie ausschließlich
durch Wärmekraftmaschinen erzeugt wird, herrscht der einfache Zählertarif bei weitem vor. Dabei ist häufig (namentlich in kleineren Orten)
sowohl für Licht als auch für Kraft nur ein Einheitspreis ohne weiteren
Rabatt festgesetzt. Die am meisten gebräuchlichen Sätze sind für
Licht 20 und 25 Cts. (34 und 42,5 $\mathcal{P}$), für Kraft 10 und 15 Cts. (17 und
25,5 $\mathcal{P}$), wobei letzterer Satz häufiger angewendet wird als der erstgenannte. Doch kommen auch höhere Preise vor, und zwar z. B. für
Licht bis 50 Cts. (85 $\mathcal{P}$) (Valkenburg) und für Kraft bis 27,2 Cts. (46,5 $\mathcal{P}$)
(Makkum) und niedrigere Preise, für Licht bis herab zu 15 Cts. (25,5 $\mathcal{P}$)
(Amsterdam), ja bis zu 13,6 Cts. (23,2 $\mathcal{P}$) (Arum) und für Kraft bis
herab zu 7,5 Cts. (12,8 $\mathcal{P}$) (Borne).

Auf die Grundpreise werden vielfach Ermäßigungen gewährt, jedoch
bewirken die im Vergleich zu anderen Ländern weniger verwickelten
Verbrauchsverhältnisse und das Bestreben nach möglichster Vereinfachung der Tarife, daß nur die einfacheren Formen angewendet werden.
So handelt es sich in den meisten Fällen um Preisermäßigungen für höheren Verbrauch, die in Form von gestaffelten Preisen, seltener durch
prozentuale Rabatte, zum Ausdruck gebracht werden. Auf Grund höherer Benutzungsdauer scheinen Preisherabsetzungen nur ganz vereinzelt
angewendet zu werden. So weist einen reinen Benutzungsstundentarif
in der Statistik nur das Elektrizitätswerk s'Gravenhage auf, wo für Licht
die ersten 520 Benutzungsstunden der installierten Kilowatt mit 20,
der weitere Verbrauch mit 8 Cts., für Kraft die ersten 1020 Benutzungs-

stunden mit 10, der weitere Verbrauch mit 4 Cts. berechnet werden. — Auch der Maximaltarif ist nur einmal, und zwar in der Stadt Enschede, zu finden, wo, ähnlich wie in England, die ersten 30 Stunden des Maximums in jedem Monat mit 30, die übrigen mit 5 Cts. zu bezahlen sind. Dagegen wird verhältnismäßig häufig der Doppeltarif benutzt, und zwar meist für Kraftstrom allein, vereinzelt auch für Licht und Kraft gemeinsam. Die Preise in den niedrigeren Stufen sind gewöhnlich, je nach dem Verbrauch, noch abgestuft. Innerhalb der Sperrzeit betragen die Preise vielfach 20 Cts. (34 $\mathcal{S}_l$), außerhalb der Sperrzeit meistens zwischen 9 und 5 Cts. (15,3 bzw. 8,5 $\mathcal{S}_l$).

Andere Tarife kommen nur ganz vereinzelt vor, z. B. der Pauschaltarif nur bei der Stadt Delft, wo für 16 kerzige Lampen (1,2 Watt/NK) 4 Fl. (6,80 $\mathcal{M}$) für die ersten und 3 Fl. (5,10 $\mathcal{M}$) für die weiteren Lampen und für 25 kerzige Lampen 6 Fl. (10,20 $\mathcal{M}$) bzw. 5 Fl. (8,50 $\mathcal{M}$) berechnet werden. Außerdem hat noch das Elektrizitätswerk Kennemerland einen Pauschaltarif eingeführt, wobei monatlich 26—30 Cts. pro 10 Watt berechnet werden.

Ebenso selten wie der Pauschaltarif ist der Gebührentarif in Gebrauch. In der Statistik findet sich hierfür nur ein einziges Beispiel, und zwar in Tilburg, wo für Kraft pro angeschlossenes Kilowatt und Monat 5 Fl. (8,50 $\mathcal{M}$) und außerdem 4 Cts. (6,8 $\mathcal{S}_l$) zu entrichten sind.

Als Besonderheiten sind die Tarife von Rotterdam und Vlaardingen zu erwähnen, wo für Licht und Kraft ein Einheitspreis von 25 Cts. erhoben wird. Außerdem wird die elektrische Energie im Abonnement abgegeben, und zwar für Licht zu 210 Fl. (357 $\mathcal{M}$) und für Kraft 120 Fl. (204 $\mathcal{M}$). Hierfür darf der Konsument 1200 Kilowattstunden entnehmen, der darüber hinausgehende Verbrauch ist mit 6 Cts. außerdem zu bezahlen. Erwähnenswert ist ferner, daß in Arnhem die Lichtenergie in den Monaten von November bis Februar mit 22 Cts., in der übrigen Zeit mit 15 Cts. zu bezahlen ist.

Schließlich sei noch auf eine zweckmäßige, weil nur auf die Wertschätzung der Konsumenten gegründete Abstufung in Zandvort hingewiesen, wo die Badegäste für Licht 60 Cts. (1,02 $\mathcal{M}$), die Einwohner dagegen nur 25 Cts. (42,5 $\mathcal{S}_l$) zu entrichten haben.

Im Durchschnitt scheinen im Vergleich zu deutschen Verhältnissen die Lichtpreise niedriger zu sein, während die Kraftpreise wohl etwas höher sich ergeben, so daß auch die Differenz zwischen Licht- und Kraftpreisen geringer ist als bei uns.

6. England.

Bei der Beurteilung englischer Tarife ist zu berücksichtigen, daß die Erzeugung der elektrischen Arbeit fast ausnahmslos in Wärmekraftzentralen mittels Kohle erfolgt, und daß letztere zu billigeren Preisen als auf dem Kontinent beschafft werden kann. Es sind ferner die Wohnungs- und Lebensverhältnisse gleichmäßigere als in den übrigen betrachteten Ländern; auch befindet sich das Wirtschaftsleben dort nicht in dem Prozeß der Umbildung, wie z. B. in Deutschland. Die Folge hiervon ist eine größere Gleichmäßigkeit der Tarife als in den übrigen Ländern.

Der Pauschaltarif wird in England fast nirgends verwendet; infolgedessen fehlt auch für diesen Tarif eine einfache Bezeichnung in englischer Sprache (der Ausdruck „flat rate", der in Amerika zur Bezeichnung des Pauschaltarifes gebraucht wird, bedeutet in England den Einheitstarif ohne weitere Abstufungen). Nur in ganz vereinzelten Fällen wird er (unter der Bezeichnung „fixed price system" oder „unlimited service tariff") neben anderen Tarifen, aber nur für Beleuchtung und hier und da für Bogenlampen, verwendet.

Bei den Zählertarifen sind fast alle bekannteren Arten der Abstufung zu finden, in erster Linie diejenigen, die sich den Erzeugungskosten anpassen; hierbei sind die englischen Werke vielfach zu Tarifen gelangt, die gleichzeitig in vorzüglicher Weise der Wertschätzung und der Leistungsfähigkeit der Abnehmer entsprechen.

Die einfacheren Wirtschaftsverhältnisse in den einzelnen Orten haben es namentlich in kleineren Plätzen ermöglicht, mit dem Einheitstarif (flat rate) auszukommen. Nach der Statistik des Electrician von 1913, in der Angaben über die Tarife von 510 Orten enthalten sind, verwenden 56 den Einheitstarif. Die verschiedenen Bedürfnisse der einzelnen Verbrauchergruppen und dabei die große Gleichmäßigkeit der Verbrauchsverhältnisse innerhalb der einzelnen Gruppen veranlaßten die Werke vielfach, die Preise nach diesen Gruppen abzustufen. So ist z. B. die Festsetzung eines besonderen Preises für Privatwohnungen und eines anderen Preises für Läden gebräuchlich. Auch für Reklamebeleuchtung, Kinematographentheater, Klubhäuser, Kirchen usw. werden vielfach besondere Einheitspreise berechnet.

Beispiel 117:

Bury. Beleuchtung für Geschäftsräume $3^3/_4$ d, für Läden $3^1/_4$ d, für Wohnungen $2^3/_4$ d.

Von den in Deutschland besonders gebräuchlichen Abstufungen ist auch in England die Ermäßigung nach der Höhe des Verbrauches vielfach verwendet, und zwar häufiger bei Kraft als bei Licht; dabei ist eine große Anzahl von Stufen nicht selten (Huddersfield 15 Stufen). Vielfach wird nach Entrichtung eines bestimmten Betrages eine einmalige beträchtliche Ermäßigung gewährt.

Beispiel 118:

Halifax, Licht, die ersten 1200 Kilowattstunden pro Vierteljahr 4 d, dann $2^1/_2$ d.

Fast unbekannt sind Abstufungen in der vielfach bei uns gebräuchlichen Art nach der Zeitdauer der Benutzung, d. h. unter Ermittelung der Benutzungsdauer auf Grundlage des Anschlußwertes, vielmehr wird in England für die Ermittlung der Benutzungsdauer fast ausschließlich das Maximum der Beanspruchung zugrunde gelegt und nach den von Wright angegebenen Prinzipien nach einer bestimmten Benutzungsdauer des Maximums der Preis pro Kilowattstunde bedeutend ermäßigt. Solche Tarife sind im Vergleich zu anderen Ländern außerordentlich zahlreich in Verwendung. Die vorerwähnte Statistik führt 76 Orte auf, die diesen Tarif allein für Licht, 16, die ihn nur für Kraft, und 53 Orte, die ihn gleichzeitig für Licht und Kraft eingeführt haben; in der Form ist er gewöhnlich so ausgestaltet, daß meist die Anzahl der Stunden pro Tag, seltener pro Monat oder pro Vierteljahr angegeben wird, die der Berechnung mit dem hohen Preis zugrunde gelegt wird, während der darüber hinausgehende Verbrauch einheitlich mit einem geringen Preis bezahlt wird. In einigen Fällen ist auch noch eine zweite und dritte Preisstufe vorgesehen.

Beispiele:

119 Aberdeen. $5^{1}/_{2}$ d für die erste Stunde täglicher Benutzung des Maximums, dann $1^{1}/_{4}$ d.

120 Winchester. Die erste Stunde täglicher Benutzung des Maximums 7 d, die nächsten beiden 4 d, der darüber hinausgehende Verbrauch 2 d.

121 Bristol. Für Kraft bis zu 300stündiger Benutzung des Maximums innerhalb jedes Vierteljahres $1^{1}/_{2}$ d, darüber hinaus $^{3}/_{4}$ d.

Die im Verhältnis zu anderen Ländern große Verbreitung dieses Tarifes beruht auf dem Festhalten an dem Grundsatz, daß der Verbraucher erst einen seinem Anteil an der Höchstbelastung der Betriebsmittel entsprechenden Betrag entrichten müsse, ehe ihm eine Ermäßigung der Strompreise zuteil werden kann. Ermöglicht wurde die Durchführung dieses Prinzips durch die größere Gleichmäßigkeit der Wohnungsbeleuchtung in den englischen Städten. Übrigens ist dieser Tarif fast nirgends als alleinige Berechnungsart in Gebrauch, meistens wird den Verbrauchern auch noch ein Einheitstarif, dessen Sätze sich zwischen dem hohen und niedrigen Betrag des Maximaltarifes bewegen, zur Auswahl angeboten.

Keiner besonderen Beliebtheit scheint sich in England der Doppeltarif zu erfreuen, der nur in wenigen Städten, z. B. in Cardiff, neben anderen Tarifen in Gebrauch ist. Für Kraftstrom wird manchmal ein besonders niedriger Preis angeboten, mit der Bestimmung, daß durch Sperrschalter die Verbrauchsapparate zur bestimmten Zeit abgeschaltet werden.

Ebenso wie die häufige Anwendung des Wrightschen Tarifes ist der ausgedehnte Gebrauch des Gebührentarifes (vielfach „telefone-

system" genannt) auf den Grundsatz zurückzuführen, daß durch den
Tarif vor allem die festen Ausgaben gedeckt werden müssen. Er findet
sich in den verschiedensten Formen, indem z. B. für das maximale
Kilowatt der Beanspruchung für Licht oder für Kraft oder für jede angeschlossene Lampe oder für die Gesamtanlage nach Schätzung (St.Mary-
lebone) ein fester Betrag pro Monat, Vierteljahr oder pro Jahr erhoben
und außerdem für jede verbrauchte Kilowattstunde ein sehr niedriger
Einheitssatz berechnet wird.

Beispiele:

122 Poplar. Für Geschäftsbeleuchtung 8 £ per Kilowatt und Jahr bzw. für
Bogenlampen 6 £ 10 sh per Kilowatt und Jahr, außerdem $1^1/_2$ d per Kilowattstunde.

123 Hackney. Für Kraft 1 £ per Vierteljahr und Kilowatt, außerdem $^1/_2$ d.

124 Maidstone. 8 sh per 32 Normalkerzenlampe und Jahr $+$ 1 d per Kilowattstunde.

Eine besondere Art des Gebührentarifs ist vor neun Jahren zum
ersten Male in Norwich eingeführt worden (s. auch S. 249). Die Grundgebühr wird hierbei nach dem Mietwert der Wohnungen bzw. der Häuser
abgestuft. Ermöglicht wird diese Art der Preisstellung dadurch, daß
behördlicherseits auf den Mietwert der Häuser und der Grundstücke
eine Steuer erhoben wird, so daß der dem Gebührentarif zugrunde zu
legende Wert genau bekannt ist. Der Tarif gestattet in geradezu idealer
Weise, der Wertschätzung und Leistungsfähigkeit der Konsumenten
Rechnung zu tragen, und ermöglicht es ferner, außer Beleuchtung
andere elektrische Apparate ohne weitere Erschwerung bei einfachster
Anordnung der Anlage zu gebrauchen. Es ist daher begreiflich, daß
er sich in England sehr rasch einführt, und daß er bereits in etwa
40 Städten angewendet wird. Meistenteils wird nur ein einziger bestimmter Prozentsatz des Mietsteuerwertes erhoben, in einzelnen
Fällen jedoch wird dieser Prozentsatz noch nach der Höhe des Mietwertes abgestuft.

Beispiel 125:

Sunderland. Es werden erhoben für Wohnungen mit einem Mietwert von:

15—30 £	10%
30—40 „	11%
40—50 „	12%
50—60 „	13%
60—70 „	14%
über 70 „	15%

außerdem $^1/_2$ d pro Kilowattstunde.

Die enge Anpassung der Tarife einerseits an die Betriebsverhältnisse,
andererseits an die Bedürfnisse der Verbraucher läßt erwarten, daß
sich auch die Preise auf einer verhältnismäßig niedrigen Basis bewegen.
In der Tat gehen sie selbst in der hohen Stufe beim Wrightschen

Tarif selten über 7 d (59,5 ₰) hinaus, während der niedrige Preis 1—3 d, meistenteils 2 d (17 ₰) beträgt. Bei den übrigen Lichttarifen sind die normalen Preise 5 und 6 d (42,5 und 51 ₰); fast ebensoviel Werke aber haben die Einheitspreise schon unter 5 d herabgesetzt. Für Kraft betragen bei der kleineren Zahl der Unternehmungen die Preise über $2^1/_2$ d (etwa 21 ₰). Bei der größeren Zahl entsprechen sie gerade diesem Wert oder sie liegen noch darunter. Hierbei ist zu berücksichtigen, daß bei vielen englischen Werken für die Bezahlung der Stromrechnungen innerhalb der vorgeschriebenen Zeit, z. B. innerhalb der ersten zehn Tage des Monats, ein Kassenrabatt von 5—10% gewährt wird.

Charakteristisch für das Bestreben der englischen Werke, die Verwendung der Elektrizität auch für Heiz- und Kochzwecke zu fördern, ist die Tatsache, daß für dieses Verwendungsgebiet außer dem oben erwähnten, für den Gebrauch von Heiz- und Kochapparaten sehr günstigen Gebührentarif, bei einer großen Zahl der Unternehmungen die Einheitspreise wesentlich niedriger als für Kraftzwecke vorgesehen sind, und zwar bis zu $^1/_2$ d für die Kilowattstunde herab. Es hat sich sogar zur Förderung des elektrischen Heizens und Kochens eine Vereinigung von Betriebsleitern gebildet, die sich verpflichtet haben, die elektrische Arbeit zu diesem letzten Einheitssatz (0,5 daher der Name der Vereinigung „Point five") selbstverständlich zuzüglich einer Grundgebühr zu verkaufen (L 306—314).

7. Dänemark.

Bei Betrachtung der dänischen Tarife drängt sich die Wahrnehmung auf, daß eine gewisse Ähnlichkeit mit den Preisstellungsmethoden in Holland vorhanden ist. Wie dort, ist auch in Dänemark der Pauschaltarif, nach den Quellen (L 23) zu schließen, überhaupt nicht in Gebrauch und zwar unter der gleichen Begleiterscheinung wie in den Niederlanden, d. h., bei ausschließlichem Betrieb der Elektrizitätswerke mittels Dampfkraft. Weiterhin fällt es auf, daß auch in Dänemark verwickeltere Tarife, wie der Maximaltarif oder der Gebührentarif, eine allgemeine Anwendung nicht gefunden zu haben scheinen; sie werden nur in Ausnahmefällen gebraucht. — Auch der Doppeltarif findet höchst selten Verwendung, so z. B. in Frederiksberg für Kraft.

Wenn somit in Dänemark eine sehr große Einfachheit in der Preisstellung besteht, so ist dies nicht bloß auf vergleichsweise einfache Verbrauchsverhältnisse zurückzuführen, sondern hat seine Ursache auch darin, daß die Einführung des elektrischen Betriebes in Dänemark durch Erleichterung von Installationen ganz besonders gefördert wird. Es ist klar, daß die vielfache Abstufung der Tarife in anderen Ländern aus der Notwendigkeit hervorgegangen ist, den Verbrauchern elektrischer Arbeit möglichst entgegenzukommen. Wenn nun andererseits dieses Entgegenkommen durch Erleichterung in den Installationen und bei der Beschaffung der Verbrauchsapparate bewiesen wird, so ist natürlich, daß die Tarife verhältnismäßig einfachere Gestaltung aufweisen können, ohne daß trotzdem die Abgabe elektrischer Arbeit in beschränktem Maße stattzufinden braucht.

Demzufolge weisen viele dänische Elektrizitätswerke nur einfache Kilowattstundenpreise ohne weitere Abstufungen auf. Vielfach ist dies allerdings nur bei den Lichtpreisen der Fall, während für die Kraftpreise verschiedene Staffelungen vorgesehen sind. Bemerkenswert ist, daß einige Werke, wie Frederiksberg und Skovshoved nach den wirtschaftlichen Verhältnissen der Verbraucher insofern abstufen, als z. B. in beiden Fällen für Läden und Wirtschaften ein geringerer Preis als wie für Privatbeleuchtung erhoben wird. Weiterhin wird dort, wo die elektrische Arbeit nach außerhalb gelegenen Orten geliefert wird, in letzteren ein höherer Preis berechnet als in dem Ort, wo das Kraftwerk steht, z. B. Skovshoved, Stadtdistrikt 35 Öre für Licht, 15 Öre für Kraft, Landdistrikt 40 bzw. 20 Öre.

Die Mehrzahl der Tarife ist nach der Höhe des Verbrauches abgestuft; die Stufenzahl ist meist beschränkt. Für die einzelnen Verbrauchszonen werden häufig die betreffenden Preise angegeben, selten ein Rabatt in Prozenten zum Ausdruck gebracht. Auffallend häufig im Vergleich zu anderen Ländern wird, namentlich bei den Kraftpreisen, die Ermäßigung nach der Zeitdauer der Benutzung angewendet, wohl mit Rücksicht darauf, daß die häufig geübte Zurverfügungstellung der Motoren von seiten der Werke eine besondere Begünstigung längerer Betriebszeit erforderlich macht.

Die Einheitspreise für Licht bewegen sich in den Grenzen zwischen 30 und 50 Öre (33,6 und 56 $\mathfrak{Pf}$); am meisten gebräuchlich ist der Satz von 40 Öre = 44,8 $\mathfrak{Pf}$.

Die Kraftpreise sind, wie in Schweden, etwas höher als in anderen Ländern. Der am meisten gebräuchliche Preis ist 20 Öre (22,4 $\mathfrak{Pf}$), doch ist er bei einer größeren Anzahl Werke höher (bis 35 Öre).

Die gegenüber anderen Ländern geringere Differenz zwischen Licht- und Kraftpreisen bzw. der niedrigere Preis für Licht und der höhere Preis für Kraft scheint darauf zurückzuführen zu sein, daß infolge der geographischen bzw. klimatischen Verhältnisse die Benutzungsdauer des Beleuchtungsanschlusses z. Z. des Maximums eine höhere und für die Kraft eine niedrigere ist.

8. Schweden.

In der Statistik der Vereinigung schwedischer Elektrizitätswerke (L 22) sind von einigen 70 Werken Angaben über Tarife enthalten. Danach zu schließen, weisen die schwedischen Preisformen von den Tarifen aller bis jetzt betrachteten Länder die größte Einfachheit und Übersichtlichkeit auf, eine Folge der einfachen wirtschaftlichen Verhältnisse und der vergleichsweise späten Entwicklung der Elektrizitätswerke. Letzterem Umstande ist es auch zuzuschreiben, daß der Pauschaltarif lange nicht in dem Umfange zu finden ist wie in der Schweiz, obwohl auch in Schweden Wasserkräfte zum Betrieb der Werke in großem Maße Verwendung finden. Diese geringe Verbreitung des Pauschaltarifs ist ein deutlicher Beweis, daß letzterer lediglich eine Entwicklungsstufe in der Geschichte der Preisbildung beim Verkauf elektrischer Energie darstellt und keineswegs mit der Benutzung von Wasserkräften als Antriebskraft untrennbar verbunden ist.

Von den in der Statistik angeführten Orten benutzen ausschließlich den Pauschaltarif für Licht nur 3, für Kraft nur 9 Unternehmungen, gleichzeitig mit Zählertarif für Licht 21, für Kraft 19 Werke, während 48 Orte beim Lichtverkauf und 47 Orte beim Kraftverkauf ausschließlich Messung eingeführt haben.

Dabei scheinen verwickeltere Abstufungen der Pauschaltarife, wie z. B. in der Schweiz, nicht in Anwendung zu sein. Meist ist für Licht ein Jahrespreis für Lampen verschiedener Kerzenstärken, in einigen Werken auch pro Watt und Jahr unter Anwendung von Strombegrenzern vorgesehen; auch für Kraft wird in einigen Fällen nur ein einziger Preis pro PS angegeben, bei der Mehrzahl der Werke jedoch nach der Größe der Motoren abgestuft.

Beispiel 126:

Oerebro.

0,5—10,5 PS	120 Kr. pro Jahr	
11—20,5 „	110 „	„ „
21—50 „	100 „	„ „

Bei den Zählertarifen ist in der großen Mehrzahl der Orte die Abstufung nach der Höhe des Verbrauchs in Anwendung, und zwar Stufenoder Rabattpreise ausschließlich nach Zonen; die Zahl der Stufen überschreitet dabei selten 3 oder 4. Die Grundlage für die Berechnung der Ermäßigung bilden vielfach die zu zahlenden Geldbeträge, und zwar wird nicht selten eine gemeinsame Staffel für Licht und Kraft benutzt.

Beispiel 127:

Gefle. Licht 40 Öre, Kraft 20 Öre pro Kilowattstunde; Rabatt bei einem Jahresverbrauch von:

300—1000 Kr.	5 %
1000—3000 „	10 %
über 3000 „	15 %

Preisermäßigung auf Grund der Benutzungsdauer scheint nur ganz vereinzelt im Gebrauch zu sein, während die Abstufung nach dem Zeitmoment der Benutzung, unter Verwendung des Doppeltarifs, öfter den

Verbrauchern angeboten wird, und zwar häufiger bei den Kraft- als bei den Lichtpreisen; für letztere führt die Statistik nur 4, für erstere 9 Beispiele auf.

Ganz unbekannt scheint der Wrightsche Tarif in der englischen Form zu sein; selbst bei Gebührentarifen, die von einigen größeren Werken für Kraftstrom verwendet werden, wird die Grundgebühr meist auf den Anschlußwert bezogen und der Einheitspreis pro Kilowattstunde nach der Höhe des Verbrauchs abgestuft. Nur Hemsjö (128) legt der Berechnung der Grundgebühr das Maximum zugrunde und stuft außerdem die Grundgebühr nach der Zuführungsspannung ab.

Beispiel:

128. Der Tarif lautet:

Zugeführt mit	gemessen bei	
6000 Volt	6000 Volt	80 Kr. + 3 Öre
6000 „	500/190 „	85 „ + 3 „
500/190 „	500/190 „	100 „ + 3 „

Bemerkenswert sind die Stromlieferungsbedingungen von Hemsjö auch dadurch, daß für gewisse Fälle tarifmäßig eine Gebühr von 200 Kr. pro km Fernleitung für das Jahr vorgesehen ist.

Die Grundpreise der schwedischen Tarife liegen bei Pauschalverrechnung meist unter denen anderer Länder; 30 Öre für das Watt und Jahr (33,6 $\mathcal{P}$) ist z. B. bei Beleuchtung ein Preis, der vielfach unterschritten wird, während bei Kraft 120 Kr. (etwa 135 $\mathcal{M}$) für das PS und Jahr einen mittleren Verkaufswert darstellen dürfte; dieser Preis geht in Ausnahmefällen (Finnfors) bis auf 60, ja, bis 25 Kr. für das PS und Jahr herab. Bei den Zählertarifen ist für Licht der Satz von 40 Öre (etwa 45 $\mathcal{P}$) viel gebräuchlich, dabei hält ein großer Prozentsatz der Werke den Preis niedriger; für Kraft liegt dagegen ein nicht unbeträchtlicher Teil der Angaben über 20 Öre (22,4 $\mathcal{P}$), es sind sogar Sätze von 25 (28 $\mathcal{P}$) und 30 Öre (33,6 $\mathcal{P}$) keine Seltenheit. Dies ist um so eher verwunderlich, als die Pauschalpreise für Kraft ganz wesentlich niedrigere Sätze zu erreichen gestatten; offenbar handelt es sich bei diesen höheren Sätzen, ähnlich wie in Frankreich, nur um Kleinkraftabgabe in ganz beschränktem Maße, während es sich andererseits bei dem Kraftverbrauch zu den niedrigen Pauschalsätzen um Stromlieferung größten Umfangs an die elektrochemische und metallurgische Industrie handelt, deren Entwicklung aufs engste mit billigen Energiepreisen verknüpft ist.

9. Norwegen.

Konnte bei Dänemark eine gewisse Ähnlichkeit in der Tarifgestaltung mit derjenigen der Niederlande festgestellt werden, so drängt sich bei der Betrachtung der norwegischen Tarife ohne weiteres ein Vergleich mit denen der Schweiz auf. Dies ist eine Folge einmal der Ähnlichkeit in der Bodengestaltung beider Länder, die weiterhin ähnliche wirtschaftliche Verhältnisse zur Folge haben muß, die aber auch hier wie dort die Erzeugung der elektrischen Arbeit in weitestem Maße mittelst Wasserkraft ermöglicht. Nach der oben erwähnten Statistik wird fast in allen Werken, wenigstens bei dem Lichttarif, neben dem Zähler- auch der Pauschaltarif geführt. Meist sind hierbei die Lichtpreise nur nach der Größe der Lampen abgestuft, doch wird auch eine Unterscheidung mit Rücksicht auf den Verwendungsort bzw. die Benutzungsdauer angewendet.

Bei der Kraft sind die Preise je nach der Größe der Motoren verschieden, und weiterhin nach der Benutzungsdauer (Tages- oder unbeschränkter Betrieb) abgestuft. So z. B. betragen in Kragerö die Preise zwischen 110 und 75 Kr. bei beschränkter Betriebszeit und erfahren einen Aufschlag von $33^1/_3\%$ bei unbeschränkter Betriebszeit.

Der Berechnung der Preise werden meist die installierten Pferdekräfte zugrunde gelegt, in einigen Fällen jedoch, wie z. B. in Bergen und Trondhjem die gleichzeitig maximal benutzten Kilowatt.

Als Übergangsstufe zum Zählertarif ist der Gebührentarif häufig zu finden, und zwar sowohl für Licht als auch für Kraft. So z. B. werden in Aalesund für Licht 150 Kr. für das Kilowatt und Jahr + 15 Öre für die Kilowattstunde, für Kraft 50 Kr. + 15 Öre erhoben.

Auch andere Zählertarife sind vertreten; so ist nicht selten der Doppeltarif namentlich für Kraft (z. B. Bergen und Stavanger) und selbst der Wrightsche Tarif in Porsgrund zu finden. In der Mehrzahl der Fälle jedoch wird der einfache Zählertarif verwendet und zwar vielfach ohne jede weitere Abstufung, weil ohnedies die Preise außerordentlich niedrig angesetzt sind. Die Abstufungen, die noch verwendet werden, sind die üblichen, und zwar hauptsächlich nach der Höhe des Verbrauchs, selten jedoch nach der Höhe der Benutzungsdauer. Diese letztere Abstufung ist eben dort überflüssig, wo Pauschal- oder Gebührentarife in Anwendung sind, die von selbst die Zeitdauer der Benutzung berücksichtigen.

Wie bereits oben angedeutet, sind die Einheitspreise bei Zählerverrechnung, namentlich für Licht, auffallend niedrig. Der Satz von 30 Öre (33,6 ₰) ist vielfach in Anwendung, sehr häufig jedoch niedrigere Preise bis herab zu 15 Öre (16,8 ₰).

Bei pauschaler Verrechnung ist der Preis von 8 Kr. (ℳ 8,96) für die 50-Watt-Lampe ein gebräuchlicher Wert. Bei Kraft sind Zählerpreise ebenfalls wesentlich niedriger als in den beiden anderen skandinavischen Ländern; ebenso sind die Pauschalpreise außerordentlich günstig für die Verbraucher. Als höchsten Preis weist die Statistik Kr. 136,— = ca. ℳ 152,50 pro Pferd und Jahr auf, während der mittlere Preis sich etwa bei 100 Kr. = ca. ℳ 112,— befindet. Das sind Preise, wie

sie kaum in einem anderen Land der Erde anzutreffen sind. Es ist
zweifellos, daß dadurch die wirtschaftliche Entwicklung Norwegens in
der günstigsten Weise beeinflußt werden wird.

10. Vereinigte Staaten von Nordamerika.

Bei den bisher betrachteten Ländern war es möglich, eine Gesamt-
übersicht über die dort gebrauchten Tarifsysteme zu geben; bei den
Vereinigten Staaten ist dies in gleicher Weise nicht durchführbar.
Einmal verbietet die große Zahl der Werke (etwa 6000 s. S. 4) eine
dem knappen Rahmen dieser Darstellung entsprechende Auslese zu
treffen, dann aber sind die Werke in technischer, wirtschaftlicher und
geographischer Hinsicht so durchaus verschieden und erstrecken sich
über ein so gewaltiges Territorium, daß für die Feststellung typischer
Übereinstimmungen der Tarife die einzelnen Landesteile gesondert betrachtet werden müßten. Die Entwicklung der wirtschaftlichen Verhältnisse, die eine noch weit raschere und lebhaftere ist als z. B. in
Deutschland, hat eine fast unübersehbare Fülle von Tarifformen gezeitigt, und auch die einzelnen, namentlich die großen Werke stellen
ihren Verbrauchern oft eine große Zahl von Tarifen zur Wahl, da den
verwickelten wirtschaftlichen Verhältnissen in einer oder in wenigen
Tarifformen nicht Rechnung getragen werden kann. In keinem anderen
Lande hat man denn auch in gleicher Weise versucht, durch eingehende
Erklärungen und Beschreibungen dem Verbraucher das Verständnis
der Verkaufsnormen näherzubringen, und in dieser Hinsicht übertreffen
die amerikanischen Tarife an Ausstattung und Übersichtlichkeit die
der meisten Länder. Andererseits erlaubt die größere Geschäftstüchtig-
keit auch der breiten Masse der Verbraucher, verwickeltere Tarifformen
in viel größerem Umfang anzuwenden als dies bei uns z. B. möglich
wäre.

Außer den sämtlichen in den übrigen Ländern gebräuchlichen Abstufungen findet man in den amerikanischen Tarifen vielfach unter-
schiedliche Behandlung von Wohnungs- und Geschäftsbeleuchtung
(residential rates und commercial rates), sowie für Klein- und Großverbraucher (retail rates und wholesale rates). Gleichmäßig bei
allen diesen Tarifarten tritt in ausgeprägter Form das Bestreben zutage,
in erster Linie den auf jeden einzelnen Verbraucher entfallenden Anteil der festen Kosten zu decken, ehe weitere Ermäßigungen gewährt
werden. Dieser Grundsatz kehrt bei fast allen Tarifen in zahlreichen
Variationen wieder. Bald wird eine feste Gebühr für die ganze Anlage
oder für das Kilowatt Anschluß oder Beanspruchung (demand) festgesetzt, bald wird nach Wrightschem Prinzip eine der Höchstbeanspruchung entsprechende Arbeitsmenge mit höheren Preisen berechnet;
bald wieder wird die Anzahl und die Art der zu beleuchtenden Räume

der Berechnung der höheren Preise zugrunde gelegt. Der Amerikaner nennt diese Tarife „differential" oder „two charges rates" und bezeichnet die höheren der Grundpreise mit „primary rate", die niederen mit „secondary rate". Dabei sind die Amerikaner, wie die Engländer, vielfach zu Formen gelangt, die gleichzeitig weitgehend auf die Leistungsfähigkeit und Wertschätzung der Verbraucher Rücksicht zu nehmen gestatten. Dies Bestreben zeigt sich auch schon durch die große Zahl einzelner Tarifformen, die namentlich bei größeren Werken gleichzeitig in Gebrauch sind. Zur Veranschaulichung des Gesagten seien die Tarife einer größeren Stromlieferungsgesellschaft im folgenden wiedergegeben:

Beispiel: 129

Tarif I. Wohnungsbeleuchtung: $10^1/_2$ Cts. für die ersten 6 Kwstd. jedes Monats für Wohnungen mit 3 oder weniger „aktiven" Räumen und für die ersten 2 Kwstd. für jeden weiteren Raum. (Die „aktiven" Räume werden nach bestimmten Regeln von der Gesellschaft festgesetzt; gewöhnlich werden so diejenigen Räume bezeichnet, deren Beleuchtung in die Zeit des Maximums fällt.)

$8^1/_2$ Cts. für die nächsten 6 Kwstd. jedes Monats für Wohnungen mit 3 oder weniger aktiven Räumen und für die nächsten 3 Kilowattstunden für jeden weiteren Raum.

6 Cts. für den darüber hinausgehenden Bedarf jedes Monats.

In einer Wohnung mit 10 „aktiven" Räumen sind demnach zu bezahlen:

$$\text{die ersten} \quad 6 + (10 - 3) \cdot 2 = 20 \text{ Kwstd. mit } 10^1/_2 \text{ Cts.}$$
$$\text{die nächsten } 6 + (10 - 3) \cdot 3 = 27 \quad „ \qquad „ \quad 8^1/_2 \quad „$$
$$\text{der Rest} \ldots \ldots \ldots \ldots \ldots \ldots \ldots „ \quad 6 \qquad „$$

Tarif II. Geschäftsbeleuchtung:

$10^1/_2$ Cts. für die ersten 3 in jedem Monat pro 100 Watt „aktiven" Anschlußwertes verbrauchten Kwstd.

$8^1/_2$ Cts. für die nächsten 6 in jedem Monat pro 100 Watt „aktiven" Anschlußwertes verbrauchten Kwstd.

6 cts. für den darüber hinausgehenden Bedarf.

(Unter „aktivem" Anschlußwert wird ein Teil des Gesamtanschlußwertes verstanden, der für die einzelnen Teile der Geschäftsanlagen, sowie für die verschiedenen Branchen besonders festgelegt ist.)

Tarif III. Pauschaltarif für Geschäftsbeleuchtung:

Auf Grund des Tarifes II kann auch Pauschalberechnung mit Ausschaltung zu bestimmten Stunden eintreten.

Bei Tarif II werden noch folgende Umsatzrabatte gewährt:

Bei einem monatlichen Verbrauch

	von 250 Kwstd.	0	Cts.	pro	Kwstd.
für die nächsten 250	„	0,5	„	„	„
„ „ „ 250	„	1,0	„	„	„
„ „ „ 250	„	1,5	„	„	„
„ „ „ 250	„	2,0	„	„	„
„ „ „ 250	„	2,5	„	„	„
„ „ „ 250	„	3,0	„	„	„
für allen weiteren Verbrauch	1,5	„	„	„	

Tarif IV. Pauschaltarif für Anlagen unter 200 Watt. Für je 50 Watt Anschlußwert werden pro Monat berechnet:

Für Beleuchtung bis 10 Uhr abends 0,80 $
„   „   „ 12 „   „   1,00 „
„   „   unbeschränkt   1,65 „

Tarif V. Pauschaltarif für Wohnungen und Bureauräume mit Strombegrenzer: 30 Cts. pro Monat und 25 Watt.

Tarif VI. Pauschaltarif mit Strombegrenzer bei Verwendung eines Bügeleisens bis 600 Watt: 72 Cts. pro Monat.

Tarif VII. Für elektrisches Heizen und Kochen, Kinematographen, Photographen und Batterieladung:
6 Cts. pro Kwstd. für die ersten 50 Kwstd. jeden Monats,
5 Cts. für die darüber hinaus verbrauchte Arbeit.

Tarif VIII. Elektrische Beleuchtung für Großabnehmer:

$10^1/_2$ Cts. die ersten   500 Kwstd. im Monat
$8^1/_2$ „   „ nächsten 500   „   „   „
6   „   „   „ 1 000   „   „   „
4   „   sämtlicher darüber hinausgehender Bedarf.

Tarif IX. Kleinkraft bis 4 PS:

Größe des Motors PS	Grundgebühr pro Monat $	Preis pro Kwstd. Cts.	Größe des Motors PS	Grundgebühr pro Monat $	Preis pro Kwstd. Cts.
0,25	0,65		1,5	3,75	
0,33	0,85		2,0	5,00	
0,5	1,25	2,0	2,5	6,25	2,0
0,75	2,00		3,0	7,50	
1,0	2,50		4,0	10,00	

Tarif X. Kraft über 4 PS:
Grundgebühr 2,50 $ pro Monat und Pferdestärke maximaler Beanspruchung, außerdem 2 Cts. pro Kwstd.

Tarif XI. Kraft über 4 PS (wahlweise mit Tarif X):
Grundgebühr 1,25 $ pro Monat und maximal beanspruchte Pferdestärke, außerdem 3,75 Cts. pro Kwstd.

Tarif XII. Kraftbezug außerhalb der Beleuchtungszeit: 3,125 Cts. pro Kwstd.
Sperrstunden im Oktober, November, Dezember, Januar und Februar von 4 Uhr 15 Min. bzw. 5 bis 10 Uhr.

Tarif XIII. Gleichstrom 500 Volt für Anlagen über 100 PS:
Grundgebühr 100 $ pro Monat netto + 1,33 Cts. pro Kwstd.

Tarif XIV usw. Verschiedene Tarife für Straßen- und Reklamebeleuchtung.

Bei der Beurteilung der angegebenen Preise ist zu beachten, daß es sich um Bruttopreise handelt und daß, wie bei der großen Mehrzahl der amerikanischen Werke, ein nicht unbedeutender Rabatt für pünktliche Zahlung der Stromrechnungen (prompt payment discount) gewährt wird, der wiederum in verschiedene Formen gekleidet wird. Bald wird eine prozentuale Ermäßigung in Aussicht gestellt, bald eine Erhöhung für verspätete Zahlung; bald wird für die Gewährung des Rabatts die Innehaltung eines bestimmten Termins gefordert, z. B. 10 oder 15 Tage nach Ausstellung der Rechnung, bald wird der Rabatt für verschiedene Termine gestaffelt; manchmal wird auch die Gewährung eines

Umsatzrabatts von der Einhaltung pünktlicher Zahlung abhängig gemacht.

In den oben angeführten Stromlieferungsbedingungen werden folgende „Prompt payment discounts" gewährt:

Bei Tarif I, II, III, VII, VIII 1 Cts. pro Kwstd., bei Zahlung bis zum 16. jedes Monats vorm. 10 Uhr und $^1/_2$ Cts. bei späterer Zahlung bis zum 26. vorm. 10 Uhr.

Bei Tarif IV, IX, X, XI, XII 20% der Stromrechnung bei Zahlung bis zum 16. jedes Monats vorm. 10 Uhr und 10% bei späterer Zahlung bis zum 26. vorm. 10 Uhr.

Bei Tarif V 5 bzw. $2^1/_2$ Cts für je 25 Watt bei Einhaltung der angegebenen Termine.

Bei Tarif VI 12 bzw. 6 Cts.

Eine weitere Eigentümlichkeit der amerikanischen Tarife ist die häufige Gewährung kostenfreien Lampenersatzes; dieses Verfahren hat sich schon so eingebürgert, daß an manchen Orten den Verbrauchern, die auf freien Lampenersatz verzichten, ein Nachlaß, z. B. $^1/_2$ Cts. für die Kilowattstunde, gewährt wird.

Es ist ferner zu erwähnen, daß fast ausnahmslos ein Mindestverbrauch vorgeschrieben wird, der meist nicht unbeträchtlich ist. In unserem Beispiel lauten die Bestimmungen hierfür wie folgt:

Bei Tarif I Mindestzahlung pro Monat 50 Cts für 1—5 Räume + 10 Cts. für jeden weiteren Raum.

Bei Tarif II und III 50 Cts. für Anschlußwerte bis 500 Watt + 5 Cts. für je weitere 50 Watt.

Bei Tarif VII 1 $ pro angeschlossenes KW und Monat.

Bei Tarif VIII 1,35 $ pro Monat.

Bei Tarif IX 1,25 $ bis 11,00 je nach Motorgröße.

[Bei Tarif XII 1 $ pro Monat und Pferdestärke der Zählerkapazität.

Andererseits werden auch, namentlich bei Gebührentarifen, maximale Preise für die Kilowattstunde vorgesehen.

Im allgemeinen kann etwa gesagt werden, daß der Pauschaltarif (flat rate) und von den Zählertarifen der Einheitstarif (straight line meter tarif) selten Verwendung finden, daß für Wohnungsbeleuchtung der Wrightsche Tarif in seiner ursprünglichen Form oder Zwei-Taxen-Tarife nach dem oben angeführten Beispiel, für Geschäftsbeleuchtung Umsatzrabatte im großen Maßstab, für Kraftzwecke meist Maximaltarife in Verbindung mit Abstufungen nach der Höhe des Verbrauchs angewendet werden. Zweifellos handelt es sich bei der Festsetzung so zahlreicher Formen um Übergangszustände, die allmählich zu einfacheren Tarifen überführt werden.

———————

19*

Zweiter Teil.

Allgemeine Bestimmungen über die Lieferung elektrischer Arbeit.

Die Vielheit der Abnehmer und die Verschiedenheit der Umstände beim Verbrauch elektrischer Arbeit bedingen es, daß der Bezug der elektrischen Arbeit nicht ohne weiteres in das Belieben jedes einzelnen Abnehmers gestellt werden kann. Andererseits erfordert das Bedürfnis der Verbraucher, daß auch der Elektrizitätsverkäufer hinsichtlich der Zeitdauer und Regelmäßigkeit der Lieferung und der Beschaffenheit der elektrischen Arbeit gewisse Verpflichtungen übernimmt. Diese Forderungen führen zu gegenseitigen Rechtsbeziehungen, für die gewöhnlich unter dem Namen Bestimmungen, Bedingungen, Vorschriften oder Satzungen über die Lieferung elektrischer Arbeit usw. besondere Vereinbarungen getroffen werden.

Der rechtliche Charakter der Bestimmungen ist ein verschiedener, je nachdem das Elektrizitätswerk eine „öffentliche Anstalt", d. h. ein gemeinnütziges Unternehmen öffentlicher Verbände (Gemeinden, Kreise usw.) oder ein privates Erwerbsunternehmen ist; in ersterem Falle ist das Verhältnis zwischen Abnehmer und Werk öffentlichrechtlicher, in letzterem zivilrechtlicher Natur. Ein Rechtsverhältnis dieser letzteren Art liegt bei Privatunternehmungen ausnahmslos vor. Auch bei gemeindlichen Elektrizitätswerken ist es die Regel. Um hierüber etwaige Zweifel auszuschließen, wird in den Bestimmungen mancher gemeindlicher Werke ausdrücklich darauf hingewiesen, daß das Elektrizitätswerk zwar eine Gemeindeanstalt, daß aber das auf Grund der von ihm aufgestellten Bestimmungen eingegangene Rechtsverhältnis ein privatrechtliches sei (Görlitz, Schwäb. Gmünd, Ulm a. D.). Im Gegensatz hierzu wird von anderen Gemeinden der öffentlich rechtliche Charakter der Elektrizitätsversorgung betont; so findet sich namentlich bei bayerischen Elektrizitätswerken (z. B. München, Würzburg) der Hinweis, daß „das Elektrizitätswerk eine Gemeindeanstalt im Sinne des Artikels 40 der bayerischen Gemeindeordnung" sei. Dieser Artikel, der dem § 9 des Preußischen Kommunal-Abgabegesetzes entspricht, besagt:

„Die Gemeinden sind zur Erhebung von Verbrauchssteuern und örtlichen Abgaben für die Benutzung ihres Eigentums, ihrer Anstalten und ihrer Unternehmungen befugt, soweit nicht Gesetze oder Verträge entgegenstehen."

Diese verschiedenartige Bewertung des Charakters der Elektrizitätsunternehmungen, derzufolge in dem einen Falle das Verwaltungsrecht, in dem anderen das Zivilrecht maßgebend ist, bedingt wesentliche Unterschiede in dem Rechtsverhältnis zwischen Verbraucher und Unternehmer und zwar sowohl in tatsächlicher, wie in formeller Hinsicht. In tatsächlicher Beziehung erfahren namentlich die Schuld- und Beschwerdeverhältnisse eine verschiedene Regelung, wovon weiter unten noch die Rede sein wird. In formeller Hinsicht besteht der Unterschied darin, daß die „Bestimmungen" bei öffentlich rechtlichen Unternehmungen Satzungen ebensolcher Art darstellen, die ohne weitere Anerkennung von seiten des Abnehmers für ihn verbindlich sind, falls er überhaupt die Leistungen der Gemeindeanstalt in Anspruch zu nehmen wünscht, bei Erwerbsunternehmungen jedoch als ein zivilrechtlicher „Vertragsantrag" aufzufassen sind, der in jedem einzelnen Falle einer ausdrücklichen gegenseitigen Anerkennung zur Rechtsgültigkeit bedarf. Diese letztere wird meist dadurch herbeigeführt, daß der Abnehmer durch Unterzeichnung einer Anmeldung die Bestimmungen als für sich verbindlich anerkennt und das Werk die Annahme der Anmeldung bestätigt. Einzelne Werke schließen auch unter Hinweis auf die Bestimmungen einen besonderen förmlichen Vertrag ab, oder lassen die Bestimmungen unmittelbar von dem Abnehmer unterzeichnen. Der Erfolg in rechtlicher Hinsicht ist bei allen diesen Formen ein gleicher. Am zweckmäßigsten ist die Verwendung einer Anmeldung, weil hierbei unter geringstem Aufwand auch die für jeden einzelnen Abnehmer gesondert aufzunehmenden Bestimmungen (Größe des Anschlußwertes, Sicherheitsleistung usw.) in einfacher Weise vorzusehen sind.

Welcher der bestehenden Vertragsarten in rechtlicher Hinsicht die privatrechtlichen Vereinbarungen über die Lieferung elektrischer Arbeit zuzuzählen sind, dem Kauf-, Pacht-, Miet-, Dienst- oder Werkvertrag ist unentschieden. Diese Unsicherheit rührt daher, daß sich der Begriff der elektrischen Arbeit nicht ohne Zwang in das bestehende Rechtssystem einreihen läßt (vgl. L 342—346). Nur mit Bezug auf die Stempelpflicht in Preußen hat das Reichsgericht entschieden, daß die Elektrizitätsverträge als „Lieferungsverträge über Mengen von Sachen" (Sukzessiv-Lieferungsverträge) anzusehen und demzufolge auf Grund des Preußischen Stempelsteuergesetzes vom Jahre 1909, Tarifstelle 32, Absatz 10, Ziffer 3, von der Stempelsteuer befreit sind, sofern die Elektrizität in dem Betriebe eines der Vertragschließenden hergestellt wird (s. L 348—352). Im übrigen ist die Unsicherheit über die rechtliche Stellung der Elektrizitätslieferungsverträge in der Wirklichkeit nicht von besonderer Bedeutung, da meist alle in Frage kommenden Beziehungen in den Bestimmungen bereits geregelt sind.

Da es sich bei fast allen Unternehmungen um die gleichen Rechtsbeziehungen zwischen Verbraucher und Unternehmer handelt, weisen die Bestimmungen über die Lieferung elektrischer Arbeit hinsichtlich ihres Inhalts eine weit größere Übereinstimmung auf als etwa die Preisfestsetzungen. Nur hinsichtlich ihrer Anordnung und ihrer Form ist auch hier wiederum eine große Mannigfaltigkeit festzustellen, während im Interesse einer möglichsten Ausbreitung der elektrischen Arbeit eine größere Übereinstimmung anzustreben ist. Diese läßt sich aber erzielen, da es sich im wesentlichen stets um die Berücksichtigung folgender Vorgänge handelt.

In erster Linie muß der künftige Abnehmer wissen, welcher Art die Leistungen des Unternehmers sind und wie weit dieser sich zur Lieferung elektrischer Arbeit verpflichtet. Bei jedem, der sie benötigt, erhebt sich dann sofort die Frage, welche Schritte er zu unternehmen hat, um sich die Leistungen dienstbar zu machen. Ist das Erforderliche veranlaßt, so ist die Verbindung zwischen dem Leitungsnetz und dem Anwesen des Verbrauchers, der sog. Hausanschluß, herzustellen. Auch muß für die Beschaffung und zweckentsprechende Gestaltung der Inneneinrichtung des Abnehmers Vorsorge getroffen werden, insbesondere dafür, daß nicht schädigende Rückwirkungen auf das Netz des Abnehmers ausgeübt werden können. Von der Inneneinrichtung ab geht die elektrische Arbeit in die Verfügungsgewalt des Abnehmers über; vorher muß an bestimmter Stelle die Übernahme bzw. die Messung erfolgen. Der Abnehmer ist nunmehr in der Lage, die elektrische Arbeit zu verwenden; Voraussetzung hierfür in wirtschaftlicher Beziehung ist, daß er sich über die ihm hierdurch entstehenden Kosten genau unterrichten kann, auch müssen ihm die etwaigen Beschränkungen im Gebrauch elektrischer Arbeit bekannt gegeben werden. Es folgt dann die Feststellung des Verbrauches und seine Bezahlung, bis schließlich einmal das Rechtsverhältnis zwischen Abnehmer und Werk auf irgendeine Weise, z. B. durch Kündigung von seiten des Verbrauchers, seine Erledigung findet. Hierbei, wie auch während der Dauer der Geschäftsverbindung, können Meinungsverschiedenheiten auftreten oder sonstige Vorgänge zu berücksichtigen sein, die auf die Gestaltung des Verhältnisses zwischen Abnehmer und Unternehmer von Einfluß sind.

Genau entsprechend dieser natürlichen Folge der Geschehnisse bei der Lieferung der elektrischen Arbeit können die Bestimmungen hierüber zwanglos aneinandergereiht werden; sie müssen daher folgende Abschnitte enthalten:

1. Gegenstand und Umfang der Lieferung,
2. Anmeldung zum Strombezug,
3. Hausanschluß,
4. Inneneinrichtung,
5. Übergabe und Messung der elektrischen Arbeit,
6. Preis der elektrischen Arbeit,
7. Beschränkung in der Verwendung der elektrischen Arbeit,
8. Rechnungsstellung und Zahlung,
9. Einstellung der Stromlieferung,
10. Sonstiges.

Im folgenden wird zunächst der sachliche Inhalt der einzelnen Bestimmungen, und zwar sowohl der allgemein gültigen als auch der besonderen für Großabnehmer, erörtert und weiterhin die Form besprochen werden, in der sie zweckmäßigerweise dem Abnehmer unterbreitet werden; hieraus wird sich die Möglichkeit ergeben, für normale Verhältnisse passende Beispiele anzufügen.

I. Der Inhalt der Bestimmungen.

A. Die allgemein gültigen Bestimmungen.

Bei der sachlichen Erörterung der Bestimmungen handelt es sich um Fragen wirtschaftlicher, technischer, hauptsächlich aber, wie schon angedeutet, rechtlicher Natur. Letztere ausführlich zu besprechen, ist nicht beabsichtigt, dies würde umfangreiche rechtliche Untersuchungen bedingen, die weit über den Rahmen dieser Arbeit hinausgehen und dem juristischen Fachmann überlassen bleiben müssen; hier wird auf diese Schwierigkeiten lediglich hinzuweisen sein und auf die Lösungen, die sie in gegebenen Fällen bis jetzt gefunden.

1. Gegenstand und Umfang der Lieferung.

Die Grundlage der Beziehungen zwischen dem Unternehmer und dem Abnehmer bildet die Ankündigung der Leistung des Unternehmers; er stellt in Aussicht, elektrische Arbeit zu liefern. Die aus dieser Ankündigung sich unter Umständen ergebenden Ansprüche des Verbrauchers sind verschieden, je nachdem das zukünftige Verhältnis zwischen beiden ein öffentlichrechtliches oder ein privatrechtliches ist; wo daher ein Zweifel an dem Charakter der Unternehmung bestehen kann, wie z. B. bei Gemeinden, muß in den Bestimmungen ein entsprechender Hinweis vorhanden sein. Fehlen kann ein solcher lediglich bei Privatunternehmungen, weil hier ein anderes als ein privatrechtliches Verhältnis ausgeschlossen ist. — Die elektrische Arbeit, deren Lieferung in Aussicht gestellt wird, muß von bestimmter Art und Spannung sein, es muß daher in den Bestimmungen zum Ausdruck gebracht werden, ob das Werk Gleichstrom oder Drehstrom liefert, ob Hoch- oder Niederspannung, in welch ungefährer Höhe die Spannung und die Wechselzahl zur Verfügung gestellt wird. Diese Angaben sind notwendig, weil die Gestaltung der von dem Abnehmer zu beschaffenden Einrichtungen hiervon abhängt. Da es aber ausgeschlossen ist, hinsichtlich der Höhe der Spannung und der Wechselzahl unbedingt genaue Werte dauernd einzuhalten, darf zur Vermeidung übertriebener Ansprüche ein Zusatz nicht fehlen, daß es sich nur um möglichst angenäherte Einhaltung der angegebenen Werte handelt. Ein Zusatz dieser Art schützt andererseits den Verbraucher vor allzuweit gehenden Schwankungen und bedingt die Anwendung größter Sorgfalt auf seiten des Elektrizitätserzeugers, so daß der Abnehmer im Notfall eine ausreichende Handhabe hat, den Unternehmer zur Erfüllung seiner Verpflichtung anzuhalten. Die durch Stromsystem, Höhe der Spannung und Wechselzahl umschriebene Leistung des Werkes ist als die normale zu betrachten. Für besondere Fälle wird sich der Unternehmer jedoch vorbehalten, von den vorgesehenen Normen abzuweichen und den Verbrauchern andere Stromarten und Spannungen zu liefern, sowie in Fällen dringenden wirtschaftlichen Bedürfnisses die einmal angewendete umzuändern; unter den heutigen Verhältnissen ist es z. B. ein recht häufiger Vorgang, daß ein bestehendes kleines Gleichstromwerk an das Netz einer Überlandzentrale angeschlossen wird, wobei die Wirtschaftlichkeit des Unternehmens es bedingt, das vorhandene Gleichstromnetz für Drehstromlieferung umzubauen. In einem solchen Falle muß der Unternehmer im Interesse des Ganzen die Möglichkeit haben, auch gegen den Willen einzelner den Umbau durchzuführen. Hierfür muß eine entsprechende Bestimmung vorgesehen sein. Selbstverständlich muß hierbei auch das Interesse des Abnehmers gewahrt werden, indem der Unternehmer die ohne Verschulden des Abnehmers durch Auswechselung vorhandener Einrichtungen entstehenden Kosten übernimmt, sofern dem letzteren durch Auswechselung nicht andere Vorteile geboten werden.

Von besonderer Wichtigkeit sind die Bestimmungen hinsichtlich des örtlichen und zeitlichen Umfangs der Lieferung. Wenn auch jedes Unternehmen entsprechend seinem wirtschaftlichen Zweck grundsätzlich jedem und zu jeder Zeit elektrische Arbeit zu liefern bestrebt sein wird, so sind hierbei doch gewisse Beschränkungen notwendig. Zunächst erhebt sich die Frage, ob das Elektrizitätswerk nicht verpflichtet ist, überhaupt an jedermann, der es verlangt, elektrische Arbeit zu liefern. Diese Verpflichtung ist dort als eine zwingende erachtet worden, wo es sich um einen Monopolbetrieb handelt. Aber auch in diesem Falle haben die Gerichte die allgemeine Stromlieferungspflicht (Kontrahierungszwang) verneint, da ein solcher Zwang aus dem bestehenden Rechte nicht abgeleitet werden könne (s. L 362). Anders liegt die Sache, wenn sich der Unternehmer durch Vertrag einer Gemeinde gegenüber verpflichtet hat, an jedermann Strom zu liefern, jedoch kann auch hierbei im Interesse der Betriebssicherheit und der Wirtschaftlichkeit die Stromlieferungspflicht keine unbeschränkte sein. So ist z. B. die Lieferung begrenzt durch die Leistungsfähigkeit der vorhandenen Betriebsmittel. Zwar kann der Unternehmer, sei es durch die Allgemeinheit, sei es durch Vertrag, angehalten werden, die Betriebsmittel dem Bedarf entsprechend auszugestalten, dazu bedarf es aber einer genügenden Frist und hinreichender Wirtschaftlichkeit. Daher ist die Bestimmung unerläßlich, daß die Lieferung nur erfolgen kann, soweit es die vorhandenen Betriebsmittel zulassen, bzw. daß darüber hinausgehender Bedarf nur bei genügender Wirtschaftlichkeit und in angemessener Frist befriedigt werden kann. Auch wird man die sonst uneingeschränkte Lieferung auf diejenigen Ortsteile beschränken, die schon mit Leitungen belegt sind, während die Ausdehnung der Netze auf neue Straßenzüge von bestimmten Leistungen wirtschaftlicher Art abhängig gemacht werden soll. Hierbei soll das Unternehmen allerdings nur das unbedingt Notwendige verlangen, da zu weitgehende Forderungen die Ausbreitung der elektrischen Arbeit hindern. — Ferner kann es das Werk nicht ohne weiteres übernehmen, elektrische Arbeit zu Aushilfszwecken oder als Zusatzkraft ohne Beschränkungen zur Verfügung zu stellen, weil sonst hierbei die Betriebsmittel unzureichend und daher unwirtschaftlich ausgenutzt werden. Derartige Anträge sind besonderen Vereinbarungen vorzubehalten, wenn nicht gleichartige Betriebsverhältnisse die Aufstellung von Normen auch für solche Fälle zweckmäßig erscheinen lassen (z. B. Westfalen, Kassel, Düsseldorf, Pforzheim, s. auch S. 233).

Ein weiterer Vorbehalt ist bezüglich zeitlicher Unterbrechung der Stromlieferung notwendig. Einmal muß der Unternehmer die Möglichkeit haben, die Betriebsmittel in bestimmten Zeiträumen ohne Gefahr für die Bedienungsmannschaften untersuchen und instand setzen zu lassen. Hierfür sind zeitweise einzelne Anlageteile, unter Umständen sämtliche Maschinen und Leitungsnetze, außer Betrieb zu setzen. Um die hierdurch bedingten Störungen auf das notwendigste zu beschränken, wird das Werk sie auf die Zeiten geringsten Bedarfes verlegen und ihre Dauer so kurz als möglich bemessen, auch die Abnehmer, soweit es angängig ist, zuvor von der Unterbrechung in Kenntnis setzen. — Weiter muß die Lieferungspflicht ruhen, falls durch Umstände, die das Unternehmen nicht zu vertreten hat, Störungen in der Stromzuführung hervorgerufen werden; als solche werden gewöhnlich angeführt: Verfügungen der Behörden, Krieg, Aufstand, Streik, Feuersgefahr, Naturereignisse, Betriebsunfälle, die nicht auf das Verschulden des Unternehmers zurückgeführt werden können. Durch solche gewollte oder ungewollte Unterbrechungen in der Stromlieferung kann dem Abnehmer empfindlicher Schaden erwachsen; der Unternehmer wird daher von sich aus alles tun, um sie in kürzester Zeit zu beheben, und auch, um dem Abnehmer eine Gewähr hierfür zu geben, sich in den Bestimmungen ausdrücklich hierzu verpflichten. Das ist jedoch in manchen Fällen von den Abnehmern nicht als genügend anerkannt worden, sondern wiederholt ist, namentlich bei unvorhergesehenen Störungen, versucht worden, Schadenersatz und Haftung für etwaige Unfälle vom Werke zu verlangen. Aus dem bestehenden Recht kann jedoch meist eine Haftung des Werkes ohne weiteres nicht hergeleitet werden, so daß es sich durch ausdrücklichen Ausschluß der Haftung gegen derartige Ansprüche zu sichern sucht. Die Bestimmungen weisen daher fast überall einen die Haftung und Schadenersatzanspruch ausschließenden Zusatz auf. Immerhin ist es nicht unzweifelhaft, ob ein solcher Zusatz die Werke in jedem Falle schützt; die Rechtsprechung hierüber ist unsicher, zumal damit zu rechnen ist, daß in juristischen Kreisen das Bestreben besteht, die Haftpflicht der Werke zu erweitern (s. auch unter 4).

2. Anmeldung zum Strombezug.

Den Bestimmungen über Gegenstand und Umfang der Lieferung sind die über Gegenstand und Umfang des Bezuges gegenüberzustellen. Hierbei genügt es aber nicht, wie bei ersteren lediglich allgemein gültige Sätze aufzustellen, sondern ein Teil der Verpflichtungen des Abnehmers muß zahlenmäßig genau umschrieben werden, und zwar für jeden Abnehmer besonders. Da dies in den allgemeinen Bestimmungen nicht möglich ist, geschieht es gewöhnlich durch ein besonderes Schriftstück, die Anmeldung, in der der Abnehmer die Besonderheiten seines Bedarfs angibt. Die allgemeinen Bestimmungen dagegen müssen über das Wesen, den Inhalt und die Förmlichkeiten der Anmeldung Hinweise enthalten. Zunächst muß daraus zu ersehen sein, wo die Anmeldungen zu erhalten und wo sie einzureichen sind. Ihr Bezug ist nach Möglichkeit zu erleichtern; Bezahlung hierfür zu fordern, wie dies bei einzelnen Werken noch üblich ist, ist unzweckmäßig und kann vom Abnehmer nur als Maßregel kleinlicher Bureaukratie aufgefaßt werden. Die Anmeldungen sollen den Anschlußsuchenden an möglichst vielen Orten, z. B. bei allen Geschäftsstellen des Unternehmens, bei den Installateuren usw. zur Verfügung stehen; diese Ausgabestellen sind in den Bestimmungen zu nennen.

Weiter müssen letztere über den rechtlichen Charakter der Anmeldung Aufschluß geben. Es muß festgestellt werden, ob der Abnehmer durch Unterzeichnung der Anmeldungen lediglich seinen Wunsch zum

Bezuge elektrischer Arbeit zum Ausdruck bringt — das ist die Regel —, oder ob sie die verbindliche Annahme des Vertragsangebots von seiten des Abnehmers darstellt und auf Grund der Bestimmungen über die Leistung des Unternehmers auch den letzteren verpflichtet. In diesem Falle wäre durch Unterzeichnung der Anmeldung ein förmlicher Vertrag abgeschlossen, ohne daß dem Werk Gelegenheit gegeben wäre, zu prüfen, wie die neue Abnahme auf seine Betriebsverhältnisse und Betriebsmittel einwirkt. Es ist daher geboten, daß sich das Werk die Zustimmung zur Anmeldung ausdrücklich vorbehält.

Aus den Bestimmungen über die Anmeldung muß weiter hervorgehen, welche Angaben der Abnehmer über seinen voraussichtlichen Bedarf beizubringen hat, das sind Angaben über die Art und Zahl der Verbrauchsapparate und über die Höhe des Anschlußwertes. Diese Angaben sind notwendig, weil hiervon die Bemessung des Hausanschlusses und der Betriebsanlagen abhängt. Auch die Dauer der Verpflichtungen zur Stromentnahme muß festgesetzt werden, und zwar auf Grund der örtlichen Verhältnisse; sie zu lang zu bemessen ist unzweckmäßig, weil namentlich wirtschaftlich schwächere Abnehmer vor der Übernahme langdauernder Verpflichtungen sich scheuen, und überflüssig, da es an sich sehr unwahrscheinlich ist, daß die Benutzung elektrischer Arbeit ohne zwingende Not wieder aufgegeben wird. Die Mindestbenutzungsdauer eines Jahres ist in den meisten Fällen ausreichend, und selbst dann sollte bei Umzug, beim Tod des Abnehmers oder bei einschneidenden wirtschaftlichen Vorfällen, wie z. B. Konkurs, eine frühere Beendigung des Vertragsverhältnisses möglich sein.

Eine nicht unwesentliche Verpflichtung des Verbrauchers hinsichtlich des Umfangs seines Bezuges besteht in der Gewährleistung einer Mindestabnahme, von deren Bewertung und verschiedenen Formen bereits an anderer Stelle die Rede gewesen ist (s. S. 250). Falls eine solche Mindestleistung vorgeschrieben wird, genügt es aus rechtlichen Gründen nicht, sie etwa durch Angabe der Menge der zu beziehenden elektrischen Arbeit oder der Zeitdauer der Benutzung zu umschreiben, sondern es muß ausdrücklich ausgesprochen sein, daß der Abnehmer unter allen Umständen zur Bezahlung des der Mindestgewähr entsprechenden Betrages verpflichtet ist, auch wenn sein Verbrauch ein geringerer sein sollte. Fehlt diese Bestimmung, so kann in Zweifelsfällen der Abnehmer nur zum Schadenersatz, d. h. zur Bezahlung des entgangenen Gewinnes angehalten werden.

Der durch die Anmeldung übernommenen Verpflichtung zum Bezuge elektrischer Arbeit kann der Abnehmer ohne weiteres nur dann nachkommen, wenn er gleichzeitig Hauseigentümer ist, anderenfalls könnte die Führung der Leitungen an und in das Haus und damit die Zuführung der elektrischen Arbeit von dem Grundstückseigentümer gehindert werden. Falls daher der Anmeldende nicht Grundstückseigentümer ist, so ist er verpflichtet, die Zustimmung des letzteren beizubringen. Es ist zweckmäßig, daß die Bestimmungen darüber Aufschluß geben, welche Verpflichtungen auch der Hauseigentümer durch die Unterzeichnung der Anmeldung zu übernehmen hat. Hierzu gehört neben der Erlaubnis für die Benutzung seines Eigentums zur Führung der Leitungen auch die Anerkennung des Eigentums des Elektrizitätswerkes und der freien Verfügung hierüber, also auch die jederzeitige Zulassung der Beauftragten des Werkes zum Betreten des Grundstücks und die Übertragung aller dieser Verpflichtungen auf den Rechtsnachfolger des Grundstückseigentümers. Es können jedoch diese Zugeständnisse keine unbeschränkten sein, so z. B. darf der Hauseigentümer durch die Leitungszuführung bei Bauarbeiten nicht gehindert werden.

Entsprechend diesen Bestimmungen ist der Wortlaut der Anmeldung zu gestalten. Gewöhnlich ist ein Satz an die Spitze gestellt, demzufolge der Anmeldende durch seine Unterschrift anerkennt, von dem Inhalt der Bestimmungen Kenntnis genommen zu haben und sie für sich verbindlich zu betrachten. Es ist deshalb nicht unbedingt erforderlich, andere Bestimmungen als die vorerwähnten über den Gegenstand und den Umfang des Bezuges selbst in der Anmeldung zu wiederholen. Dagegen müssen die Verpflichtungen des Hauseigentümers vollinhaltlich wiederholt werden, da für ihn, sofern er nicht selbst Abnehmer ist, nur die Anmeldung selbst verpflichtend ist.

3. Hausanschluß.

Ist durch die Unterzeichnung der Anmeldung seitens des Abnehmers und erforderlichenfalls durch die Bestätigung seitens des Werkes der Vertrag zwischen beiden zustande gekommen, so ist die Verbindung des Anwesens des Abnehmers mit dem Leitungsnetz herzustellen. Hierbei kommt das Eigentum des Hausbesitzers, des Abnehmers, des Werkes und schließlich öffentliches Eigentum in Frage. Den hierdurch entstehenden, zum Teil verwickelten Rechtsverhältnissen muß in den Bestimmungen soweit als möglich Rechnung getragen werden.

Zunächst ist genau festzulegen, was unter „Hausanschluß“ zu verstehen ist. Die Bestimmungen hierüber sind nicht einheitlich. Manche Werke rechnen den Hausanschluß bis zum Zähler, andere bis zur Befestigungsstelle der Leitungen am Haus. In ersterem Falle wird die sog. Steigleitung mit einbegriffen; sie gehört aber ihrem Wesen nach zur Inneneinrichtung und wird daher richtiger auf Anordnung und nach dem Wunsche des Hausbesitzers bzw. Abnehmers hergestellt. Endet dagegen der Hausanschluß schon an der Außenwand des Hauses oder gar an der Grundstücksgrenze, so bürdet man dem Verbraucher recht beträchtliche Kosten auf, die der Verbreitung der elektrischen Arbeit nicht gerade förderlich sind und überläßt ihm überdies die Herstellung und Überwachung von Anlageteilen, die der Verfügung des Unternehmers unterstehen sollten. Vielmehr sollte sich der „Hausanschluß" bis zu derjenigen Stelle bzw. Vorrichtung erstrecken, die zur Verhinderung schädlicher Rückwirkungen aus der Anlage des Verbrauchers auf das Leitungsnetz vorgesehen wird; das ist gewöhnlich die Hausanschlußsicherung. Unter „Hausanschluß" sollte man daher allgemein diejenigen Leitungsteile begreifen, die von der Abzweigung der nächsten durchgehenden Leitung bis zur Hausanschlußsicherung einschließlich verlegt sind. Alle Anlageteile hinter der Hausanschlußsicherung mit Ausnahme des Zählers unterliegen dann der Verfügung des Abnehmers, sämtliche Anlageteile vor der Hausanschlußsicherung einschließlich letzterer derjenigen des Werkes. Dieses allein hat also für die gesamte Herstellung, Überwachung und Instandhaltung des Hausanschlusses Vorsorge zu treffen, wird daher jegliche Hantierung und jegliche Veränderung durch Fremde an diesen Teilen verbieten, und sich auf alle Fälle das Eigentum daran vorbehalten. Dieser Vorbehalt ist jedoch auf Grund des geltenden Rechtes nicht einwandfrei; dadurch, daß der Hausanschluß sich an, unter oder über fremdem Eigentum befindet und mit letzterem teilweise in fester Verbindung steht, sind gewisse Eigentumsbeschränkungen des Werkes möglich. Der Hausanschluß könnte nämlich möglicherweise als Bestandteil oder wenigstens als Zubehör des Grundstückes, auf dem er sich befindet, angesehen werden, so daß bei Eigentumsübergängen bzw. Beschränkungen (Verkauf, Konkurs, Hypothekenbelastung) der Hausanschluß in die Verfügung des Rechtsnachfolgers übergeht. Zwar ist in neuerer Zeit (s. L 368) in einem Urteil des Oberlandesgerichts Rostock vom 21. Mai 1915 der Hausanschluß als wesentlicher Bestandteil des Grundstücks erklärt worden, auf dem das Elektrizitätswerk steht und der elektrische Strom erzeugt wird, doch ist eine andere Entscheidung nicht ausgeschlossen. Auch die Verpflichtung, dem Rechtsnachfolger die gleiche Anerkennung aufzuerlegen, sichert das Werk nicht unbedingt. Glücklicherweise haben sich trotz der ungeklärten Rechtsverhältnisse nur in äußerst seltenen Fällen Schwierigkeiten ergeben, so daß es wie bisher ausreichen dürfte, wenn sich die Werke mit der ausdrücklichen schriftlichen Anerkennung ihres Eigentums an dem Hausanschluß von seiten des Verbrauchers bzw. des Hausbesitzers begnügen.

Die unklaren Eigentumsverhältnisse sind auch die Ursache, daß über die Tragung der Kosten des Hausanschlusses einheitliche Normen nicht bestehen (s. auch S. 71). Von der Erwägung ausgehend, daß der Hausanschluß ausschließlich dem Zwecke des einzelnen Verbrauchers dient, andererseits aber in dem Eigentum des Werkes verbleiben soll, folgen die meisten Unternehmungen dem Grundsatze, die Kosten zum Teil selbst zu tragen, zum Teil von dem Verbraucher zu erheben. Wie jedoch früher ausgeführt, liegt es im Interesse einer möglichsten Ausbreitung der elektrischen Arbeit, die durch den Hausanschluß entstehende Belastung des Abnehmers gering zu halten. Aus dem gleichen Grunde sollten auch die Kosten der Instandhaltung und Überwachung des Hausanschlusses vom Elektrizitätswerk allein übernommen werden; auch entspricht es Billigkeitserwägungen, daß der Eigentümer die Kosten der Unterhaltung seines Besitzes trägt; hiervon sind nur alle diejenigen Fälle auszuschließen, in denen ein unmittelbares Verschulden des Abnehmers vorliegt. Zu den Kosten der Unterhaltung gehören auch die Ausgaben für die Feuerversicherung, diese werden aber zweckmäßiger vom Abnehmer getragen, einmal, weil er meist ohne Erhöhung seiner eigenen Ausgaben das Eigentum des Werkes in seine Versicherung mit einschließen kann und ferner, weil das Werk bei Feuersgefahr auf dem Anwesen des Abnehmers meist nicht in der Lage ist, für sein Eigentum einzugreifen. — Da sich das Werk das Eigentum und die Verfügung an dem Hausanschluß vorbehält, muß es auch die Veränderungen und Erweiterungen nach eigenem Ermessen vornehmen können und sich das Recht vorbehalten, andere Abnehmer von einem bereits verlegten und bezahlten Hausanschluß zu versorgen, ohne daß es sich hierüber mit dem ersten Ersteller auseinandersetzen muß.

4. Inneneinrichtung.

Die Verbrauchseinrichtungen der Abnehmer sind das Schlußglied in der Kette der zur Elektrizitätsversorgung dienenden Anlagen. Sie werden mittelbar oder unmittelbar stets auf Kosten und nach den Wünschen des Abnehmers ausgeführt und befinden sich ausschließlich in seiner Verfügungsgewalt. Trotzdem muß sich das Werk in den Bestimmungen gewisse Einwirkungen hierauf vorbehalten. Da durch unsachgemäße Ausführung und Verwendung Nachteile für andere Abnehmer eintreten können, ja die Sicherheit des gesamten Betriebes gefährdet werden kann, ist es unerläßlich, daß das Werk zunächst für die Ausführung der Inneneinrichtung die Einhaltung bestimmter Vorschriften fordert. Als weitere Folge dieser Vorschriften ergibt sich, daß nur derjenige Gewerbetreibende zur Ausführung zugelassen werden kann, der eine sichere Gewähr für ihre Erfüllung bietet. Das war namentlich in der Zeit nach der Entstehung der Elektrizitätswerke notwendig, in der es vielfach an entsprechend vorgebildeten und sachkundigen Arbeitern fehlte. Das Werk behielt sich daher häufig die Ausführung sämtlicher Inneneinrichtungen vor, und diese Gepflogenheit hat sich an manchen Orten bis heute erhalten. Dies entspricht jedoch nicht mehr den heutigen tatsächlichen Verhältnissen und sozialen Anschauungen; es empfiehlt sich deshalb, bei der Herstellung der Inneneinrichtungen freien Wettbewerb zuzulassen, unter der Voraussetzung, daß die von den Werken erlassenen besonderen Vorschriften eingehalten werden. Ein Hinweis hierauf ist auch in den Bestimmungen für die Lieferung elektrischer Arbeit am Platze, damit der Verbraucher ausdrücklich ihre Befolgung von dem Installateur, dem er die Ausführung seiner Inneneinrichtungen überträgt, fordern kann. Dem Werke selbst muß jederzeit die Möglichkeit gegeben werden, sich über die Innehaltung dieser Vorschriften zu vergewissern und nach Fertigstellung sich von dem Zustand der Inneneinrichtungen zu überzeugen, und, falls erforderlich, Fehler, die die Betriebssicherheit gefährden, abzustellen; es muß sich daher das Recht vorbehalten, die mit elektrischen Einrichtungen versehenen Räume des Verbrauchers, selbstverständlich unter gebührender Beachtung des Hausrechtes, zu betreten.

Für diese Prüfung sollte, falls es die wirtschaftliche Lage des Unternehmens gestattet, eine Gebühr nicht erhoben werden (s. auch S. 74). Kann jedoch davon nicht abgesehen werden, so sollte die Vergütung in keinem Falle über die Selbstkosten hinausgehen. Über die Höhe der Kosten und Art der Erhebung müssen die Bestimmungen genaue Angaben machen. Vielfach werden die Prüfgebühren den Installateuren berechnet, das kann namentlich dort, wo das Elektrizitätswerk selbst Inneneinrichtungen ausführt, Anlaß zum Mißtrauen geben; um den Schein der Ungerechtigkeit zu vermeiden, ist es daher zweckmäßiger, sie vom Verbraucher selbst zu erheben, auch wenn dadurch eine etwas größere Verwaltungsarbeit entsteht.

Die Prüfung und Überwachung der Hausanlagen dient in erster Linie den Zwecken des Elektrizitätswerkes; findet das Werk keinen Anlaß zum Einschreiten, so ist dadurch zwar auch dem Verbraucher eine gewisse Gewähr für sachgemäße Ausführung seiner Anlagen gegeben, irgendeine Verantwortung dem Verbraucher oder Installateur gegenüber soll damit jedoch nicht übernommen werden. Das Werk lehnt daher, um sich gegen Schadenersatzansprüche zu sichern, trotz der Untersuchung jede Haftung für etwaige Mängel in der Anlage und ihre Folgen ab. Ob allerdings diese Ablehnung das Elektrizitätswerk vor Haftpflicht schützt, auch wenn eigenes Verschulden der Angestellten des Werkes bei der Untersuchung nicht vorliegt, ist nicht einwandfrei festgestellt (s. Martens L 363 & Lehr 364), namentlich, wenn es sich um Beschädigungen von Personen im Bereich von Unternehmungen handelt, die das Alleinrecht für die Fortleitung und Verteilung elektrischer Arbeit besitzen. Sicher ist, daß, wie schon oben erwähnt, in juristischen Kreisen die Neigung besteht, die Haftpflicht der Elektrizitätswerke nach Möglichkeit auszudehnen. Schon aus diesem Grunde ist es unbedingt erforderlich, daß in den Bestimmungen die Haftung des Werkes nicht bloß dem Installateur, sondern auch dem Verbraucher gegenüber ausdrücklich ausgeschlossen wird.

5. Übergabe und Messung der elektrischen Arbeit.

Zwischen dem dem Werk gehörigen Hausanschluß und der vom Abnehmer erstellten Inneneinrichtung findet die Übergabe der elektrischen Arbeit statt. Sie erfolgt entweder pauschal auf Grund besonderer Vereinbarungen oder in der großen Mehrzahl aller Fälle durch Messung mittels Elektrizitätszähler. Da diese Apparate aber weder mit mathematischer Genauigkeit anzeigen, noch auch gegen Störungen unbedingt gesichert sind, können sich zwischen dem Verkäufer und dem Abnehmer allerlei Streitigkeiten ergeben und es ist notwendig, sie durch geeignete Bestimmungen nach Möglichkeit auszuschalten. Zunächst darf die Beschaffung der Meßapparate nicht dem Verbraucher überlassen werden, sondern muß ausschließlich dem Werk zustehen, da es sich hierbei um verwickelte technische Einrichtungen handelt, die nur von dem Fachmann beurteilt werden können. Auch über den Ort und die Art der Aufstellung des Zählers muß sich das Werk alle Anordnungen vorbehalten, damit es jederzeit in der Lage ist, den Zähler leicht ablesen, überwachen und nachprüfen zu lassen, und ihn möglichst allen schädlichen Einflüssen und fremden Eingriffen zu entziehen. Da der Zähler ständiger Wartung bedarf und in seinen Angaben veränderlich sein kann, ist es höchst unzweckmäßig, die Zähler dem Verbraucher käuflich zu überlassen, wie es früher vielfach üblich war. Die heutigen Bestimmungen der Werke schließen daher fast ausnahmslos den Verkauf der Zähler aus, sehen vielmehr eine Bereitstellungsgebühr, meist in monatlichen Beträgen, vor, durch die die Kosten der Verzinsung, Abschreibung, Unterhaltung und Überwachung gedeckt werden sollen. Die Rechtmäßigkeit dieser Gebührenerhebung, die fälschlich meist als Miete bezeichnet wird, steht außer Zweifel, ihre Zweckmäßigkeit nicht in gleicher Weise (s. S. 44 u. 253). Bezüglich der Feuerversicherung sollen dieselben Grundsätze wie beim Hausanschluß maßgebend sein.

Um das Vertrauen des Abnehmers in die Angaben des Zählers zu erhöhen, ist es empfehlenswert, ihm die Möglichkeit zu geben, den Meßapparat nicht nur durch die Angestellten des Werkes, sondern auch durch eine amtliche Prüfstelle untersuchen zu lassen. Macht der Abnehmer hiervon Gebrauch, so entspricht es den Grundsätzen der Billigkeit, daß die Kosten der Prüfung von demjenigen Teil getragen werden, dessen Behauptungen über die Angaben des Zählers falsch waren, d. h., falls der Zähler richtig zeigt, hat sie der Verbraucher, anderenfalls das Werk zu übernehmen. Die Grenzen für die Abweichungen der Zählerangaben.vom Sollwert sind durch Gesetz vorgeschrieben (Gesetz betreffend elektrische Maßeinheiten vom 1. Juni 1898, Ausführungsbestimmungen II im Reichsgesetzblatt Nr. 16 1901, sowie Prüfordnung für elektrische Meßgeräte). Hierbei kommen lediglich die sog. Verkehrsfehlergrenzen in Betracht, nicht die Beglaubigungsfehlergrenzen, die nur der Einstellung des Zählers zugrunde zu legen sind. Über die Kosten der Prüfung sind, wenn möglich, Angaben in den Bestimmungen zu machen.

Weiter ist das Verfahren zu kennzeichnen, das einzuschlagen ist, wenn sich bei der Nachprüfung Abweichungen über die Verkehrsfehlergrenzen hinaus ergeben. Gewöhnlich wird eine etwa erforderliche Nachberechnung, sei es zugunsten oder zuungunsten des Abnehmers lediglich auf den vorausgehenden Rechnungszeitraum beschränkt (s. Eckstein L 372 & 373); dies ist auch ein durchaus billiges Verfahren, da sich das Bestehen des Fehlers auf längere Zeit hinaus einwandfrei meist nicht nachweisen läßt. — Weiter ist der Fall denkbar, daß der Zähler ganz stillsteht; auch hierfür sind Bestimmungen vorzusehen. Läßt sich eine anderweitige Einigung oder sichere Schätzung auf Grund der Verbrauchsverhältnisse des betreffenden Abnehmers nicht erzielen, so wird gewöhnlich das Mittel aus den Angaben des vorhergehenden und nachfolgenden Rechnungszeitraumes zugrunde gelegt oder auch, falls der Verbrauch der übrigen Rechnungszeiträume diese Vermutung rechtfertigen, der Verbrauch des Vorjahres. In Ausnahmefällen wird, um allen derartigen Anlässen zu Streitigkeiten vorzubeugen, der Einbau von behördlich geeichten Kontrollzählern auf Kosten des Verbrauchers vorgesehen. In einem solchen Falle wird den Abrechnungen gewöhnlich das Mittel aus den Angaben der beiden Zähler zugrunde gelegt und im übrigen nach den oben angegebenen Grundsätzen verfahren.

6. Preis der elektrischen Arbeit.

Auf die Feststellung der Grundsätze für die Übergabe und Messung der elektrischen Arbeit muß die Angabe der Preise folgen. Demnach sind in diesem Teil der Bestimmungen sämtliche bei dem betreffenden Werk eingeführten Berechnungsarten übersichtlich aufzuführen und zwar so, daß über das Bereich ihrer Gültigkeit und über ihre Anwendung Zweifel nicht bestehen können; es ist daher zweckmäßig, das hauptsächlichste Verwendungsgebiet jeden Tarifes anzugeben. Hierbei erhöht es die Verständlichkeit und Übersichtlichkeit, wenn jeder Tarif mit einem kurzen, seinem Wesen entsprechenden Namen bezeichnet wird und nicht, wie vielfach üblich, mit Buchstaben oder Zahlen. — Notwendig ist weiter die Angabe der Einheit, die der Berechnung zugrunde gelegt wird, bzw. bei Pauschalpreisen des Zeitraumes. Als Einheit wird jetzt meist die Kilowattstunde gewählt, die Hektowattstunde und die Amperestunde, die früher vielfach üblich waren, sind nur noch höchst selten in Gebrauch; dagegen wird häufiger, namentlich bei Koch- und Heizapparaten, Bügeleisen, Treppenbeleuchtungen die Anzahl der benutzten Stunden als Rechnungseinheit verwendet.

Bei abgestuften Tarifen darf die Festlegung nicht fehlen, ob sich die Preise jeweils nur auf eine einzelne Stufe oder auf den Gesamtverbrauch beziehen und von welchem Zeitpunkt ab die Abstufungen aufs neue in Kraft treten. Wo mehrere Verrechnungsarten vorgesehen sind, ist anzugeben, unter welchen Umständen und zu welchem Zeitpunkt der Übergang von einem Tarif zum anderen stattfinden kann. Auch sind entsprechende Hinweise erforderlich, falls in einzelnen Fällen die angegebenen Verrechnungsarten nicht angewendet werden dürfen, wie bei kurzdauerndem, vorübergehendem Verbrauch und bei Verwendung der elektrischen Arbeit zu anderen als den vorgesehenen Zwecken, so z. B. bei Verwendung des Kraftstromes zur Lichterzeugung. — Bei Abstufungen nach der Höhe des Verbrauches ist anzugeben, ob bei einem Verbraucher mit mehreren Abnahmestellen bzw. mit mehreren Zählern die Verrechnung einheitlich oder für jeden Zähler getrennt erfolgt.

Schließlich wird sich der Unternehmer vorbehalten, in Ausnahmefällen von den allgemein gültigen Preisen abzuweichen und Sonderabkommen zu treffen, und die angegebenen Preise allgemein zu erhöhen, falls eine Besteuerung der elektrischen Arbeit oder der zu ihrer Erzeugung hauptsächlich verwendeten Betriebsstoffe eintritt.

7. Beschränkungen in der Verwendung der elektrischen Arbeit.

Durch die Festsetzung der Preise ist dem Abnehmer die wichtigste Grundlage zum Verbrauch elektrischer Arbeit gegeben; er kann sie nun im allgemeinen nach seinem Bedarf verwenden, muß sich aber hierbei gewissen Beschränkungen unterwerfen. Hierüber fehlen meist in den gebräuchlichen Bestimmungen entsprechende Hinweise oder sind zerstreut an anderer Stelle untergebracht. Es ist jedoch zweckmäßig, sie ausdrücklich aufzunehmen bzw. zusammenzufassen, um sie dem Abnehmer eindringlich vor Augen zu führen. Es kommen dreierlei Beschränkungen in Frage: Einmal ist die widerrechtliche Entnahme elektrischer Arbeit unbedingt verboten; dies ist zwar selbstverständlich und Zuwiderhandlungen sind ohne weiteres nach dem Gesetz strafbar, ein Hinweis aber gerade auf die Strafbarkeit ist an manchen Orten recht am Platze. Weiter darf die elektrische Arbeit nur in dem angemeldeten Umfang und zu dem vereinbarten Zweck erfolgen. Ersteres ist aus technischen Gründen notwendig, weil sonst die vom Werk erstellten Anlageteile, wie Hausanschluß, Sicherung und Zähler Schaden leiden

können, letzteres aus wirtschaftlichen Gründen; namentlich kann es
nicht gestattet werden, elektrische Arbeit, die auf Grund der Tarife
für Kraft- oder Heizzwecke bezogen ist, zu Beleuchtung zu verwenden,
auch wenn zuvor eine Umwandlung auf elektrischem oder mechanischem
Wege stattfindet. Schließlich liegt es nicht im Interesse des Unternehmers, wenn einzelne Abnehmer, z. B. Hausbesitzer, innerhalb ihres Anwesens die elektrische Arbeit selbst weiterverkaufen würden; es kann
Streitigkeiten und Schädigungen des Unternehmers vorgebeugt werden,
wenn die Bestimmungen ein derartiges Verbot enthalten.

8. Rechnungsstellung und Zahlung.

Ein weiterer wichtiger Schritt in der Abwicklung des Rechtsgeschäfts
zwischen Abnehmer und Verkäufer bildet die Bezahlung der verbrauch-
ten elektrischen Arbeit. Die Bestimmungen hierüber müssen zunächst
Aufschluß geben, ob vor oder nach dem Verbrauch zu zahlen ist. Ersteres
ist bei dem Verkauf nach Pauschalpreisen und bei Verwendung von
Münzzählern üblich, letzteres bei Anwendung gewöhnlicher Zähler, also
in der großen Mehrzahl aller Fälle. Hierbei hat dann der Bezahlung die
Rechnungsstellung und dieser wiederum die Ablesung vorauszugehen.
Über den Zeitpunkt der letzteren sind Angaben notwendig, damit der
Abnehmer nach Möglichkeit dafür Sorge tragen kann, daß die Meßapparate zur Zeit des Ablesens zugänglich sind und ohne Zeitverlust
von dem Ableser in Augenschein genommen werden können. Gewöhnlich erfolgt das Ablesen monatlich in den letzten Tagen des Rechnungs-
monats bzw. in den ersten des darauffolgenden, doch auch in längeren,
selten in kürzeren Zeiträumen. Mit der Ablesung gleichzeitig die Rechnungserteilung und Einkassierung zu verbinden, wird einstweilen nur
von wenig Werken geübt, weil hierbei die Verhinderung von Unregelmäßigkeiten schwieriger ist (s. S. 356). Meist wird bestimmt, daß dem
Abnehmer innerhalb einer gewissen Frist die Rechnung zugestellt wird
und daß diese dann an den Vorzeiger sofort zu bezahlen ist. Da dies
aber nicht überall eingehalten werden kann, sind Zahlungsfristen und
Zahlungsstellen unter Beifügung der Kassenstunden in den Bestimmungen anzugeben. Amerikanische Unternehmungen, bei denen das Einkassieren in der Wohnung des Verbrauchers seltener üblich ist, stellen,
um die Abnehmer zur möglichst raschen Zahlung zu veranlassen, einen
prozentualen Abzug an der Rechnung in Aussicht, wenn die Zahlung
innerhalb weniger Tage nach Empfang der Rechnung erfolgt. Dieser
Weg ist bei uns nicht mehr gangbar, weil der Abzug, wenn er den Abnehmer zur prompten Zahlung veranlassen soll, ziemlich beträchtlich
sein muß (5—10%), was bei unseren verhältnismäßig billigen Strom-
preisen ausgeschlossen ist. Dagegen wird ein entgegengesetzter Weg
bei einigen Werken eingeschlagen, indem sie die verspätete Zahlung mit

Strafe belegen, z. B. in Form von Mahngebühren (Belgard, Bielefeld). Dies ist nur bei Unternehmungen öffentlichen Charakters möglich, kann aber auch hier als eine empfehlenswerte Maßnahme nicht bezeichnet werden. Die große Zahl der Privatunternehmungen kommt ohne ein solches Mittel aus; höchstens kann hier die Zahlung von Verzugszinsen vereinbart werden. Dagegen ist es zweckmäßig, alle verfügbaren Zahlungsmöglichkeiten zuzulassen, z. B. Zahlung durch Postscheck und Banküberweisung oder Bankabhebung. Hinweise hierauf sollten in den Bestimmungen, sowie auf den Rechnungen enthalten sein.

Eine längere Frist für die Prüfung der Rechnungen kann im allgemeinen nur den Großabnehmern eingeräumt werden; im übrigen genügt es, wenn die Möglichkeit gewährt wird, Einwendungen gegen die Richtigkeit der Rechnungen zu erheben. Die Bestimmungen müssen eine gewisse Zeit hierfür vorsehen, ebenso die Stelle, an der die Beschwerde angebracht werden kann. Die hierfür eingeräumte Zeit darf jedoch nicht zu lang bemessen werden, da sonst die Nachprüfung des Tatbestandes erschwert wird; gebräuchlich ist ein Zeitraum von einer Woche oder von 10 Tagen nach Rechnungszustellung. Die Beschwerdestelle sollte, wenn möglich, namentlich bei größeren Unternehmungen, nicht denjenigen Dienstzweigen angegliedert werden, die das Ablesen und Einziehen besorgen, um bei dem Abnehmer nicht das Mißtrauen aufkommen zu lassen, daß Verschleierungen oder ungerechte Behandlung eintreten könnten. Die Bezahlung der Rechnungen darf durch Einwände gegen ihre Richtigkeit nicht aufgehalten werden.

Vielfach finden es die Elektrizitätswerke für notwendig, eine Sicherheitsleistung für die Erfüllung ihrer Ansprüche von dem Abnehmer zu verlangen. Dies ist bei großen Unternehmungen mit stark wechselnder Bevölkerung, die mit unsicheren Einkünften zu rechnen hat, durchaus berechtigt; bei kleineren Unternehmungen genügt es, die Möglichkeit für die Leistung einer Sicherheit vorzusehen. Es muß dann die Höhe und die Form der Sicherheit festgelegt werden, ebenso ihre Verzinsung, das Verfahren bei Inanspruchnahme und bei Rückzahlung der Gewähr.

In diesem Teil der Bestimmungen ist schließlich noch ein Hinweis auf die Folgen am Platze, die eintreten, wenn der Verbraucher seinen Zahlungsverpflichtungen nicht nachkommt. Gewöhnlich wird vorbehaltlich gerichtlicher Verfolgung der Ansprüche die Entziehung der elektrischen Arbeit angedroht. Hat diese Maßnahme keinen Erfolg, so bleibt dem Werk nur die Verfolgung der Ansprüche auf dem Wege des Zivilprozesses übrig. In einer günstigeren Lage sind hierbei gemeindliche Unternehmungen, bei denen das Elektrizitätswerk durch die Be-

stimmungen als öffentliche Einrichtung erklärt ist. Die Zahlungen an
das Elektrizitätswerk sind dann öffentliche Abgaben und die Beitreibung
kann ohne weitere Ankündigung im Wege des Verwaltungs-Zwangs-
verfahrens erfolgen; auch gilt dann in Konkursfällen die Forderung des
Werkes bevorrechtigt, während sie bei privatrechtlichem Vertragsver-
hältnis nur als einfache Konkursforderung behandelt wird. Das Werk
hat zwar dann die Möglichkeit, die Weiterlieferung des Stromes von
der völligen Bezahlung seiner Schuld abhängig zu machen; dieses Verfahren ist jedoch nicht einwandfrei anerkannt, da es als gegen die guten
Sitten verstoßend in rechtlicher Beziehung aufgefaßt werden kann.
(S. auch Eckstein L 381.)

9. Einstellung der Stromlieferung.

Die bisher besprochenen Bestimmungen regeln den Beginn und den
Verlauf des Stromlieferungsgeschäfts; es sind nun weiter Feststellungen
für seinen Ablauf bzw. seine Beendigung zu treffen. Die Einstellung
des Strombezuges von seiten des Abnehmers kann eine freiwillige und
unfreiwillige sein. In ersterem Falle endigt das Rechtsverhältnis durch
Kündigung. Hierfür muß eine Kündigungsfrist vorgesehen werden, die
nicht zu lang bemessen werden darf, weil man im allgemeinen dem Abnehmer nicht zumuten kann, über seine Licht- und Kraftbeschaffung
auf längere Zeiträume hinaus zu verfügen. Eine Kündigungsfrist von
einem Monat dürfte genügen, um dem Elektrizitätswerk erforderlichenfalls Gelegenheit zu geben, die etwa freiwerdenden Einrichtungen an
anderer Stelle vorzusehen. Die Kündigung des Abnehmers bewirkt,
sofern sie zu Recht erfolgt, eine Beendigung des Vertragsverhältnisses
dem Elektrizitätswerk gegenüber, berührt aber im übrigen die bis zur
Beendigung bereits entstandenen Verpflichtungen des Abnehmers
nicht.

Die rechtsgültige Kündigung auf Grund der Bestimmungen ist gewöhnlich ein vom Abnehmer einseitig ausgeübtes Recht; für den Unternehmer kommt sie kaum in Frage, da er, falls der Abnehmer seinen
Verpflichtungen nachkommt, von einem Kündigungsrechte keinen Gebrauch machen wird. Falls jedoch der Abnehmer seine Verpflichtungen
nicht erfüllt, so liegt bei Innehaltung der für den Abnehmer maßgebenden
Kündigungsfrist für den Unternehmer die Gefahr vor, daß der ihm in
dieser Zeit erwachsende Schaden ein zu großer wird. Hiergegen schützt
er sich, indem er sich das Recht vorbehält, in solchen Fällen ohne weiteres
namentlich ohne behördliche Entscheidung, die Stromlieferung zu unter-
brechen. Eine solche in das Wirtschaftsleben des Abnehmers tief ein-
schneidende Maßregel muß auf das unumgänglich Notwendige beschränkt
und jede Willkür ausgeschlossen werden. Gewöhnlich wird die Einstellung der Stromlieferung vorgesehen bei Verweigerung der Zahlung

nach wiederholter Mahnung, bei vertragswidriger Benutzung der elektrischen Arbeit und der hierzu dienenden Einrichtungen und bei Verweigerung des Zutritts zu den Einrichtungen gegenüber den Beauftragten des Werkes. Das Werk sollte aber, selbst wenn die Voraussetzungen zur Stromentziehung gegeben sind, vorher noch alle anderen Möglichkeiten zur Lösung der entstandenen Schwierigkeit prüfen und in seinem eigenen Interesse nur selten und in wirklich zwingenden Fällen hiervon Gebrauch machen. Selbst dann aber ist die Wiederherstellung vorzusehen und in den Bestimmungen anzugeben, ob und unter welchen Umständen nach Beseitigung der Ursachen der Stromentziehung der Strombezug wiederaufgenommen werden kann. Allzu hohe Gebühren hierfür festzusetzen ist unzweckmäßig; andererseits muß sich das Werk für Wiederholungsfälle die Möglichkeit zur dauernden Verweigerung der Stromlieferung vorbehalten.

10. Sonstiges.

Wie in anderen Verträgen, empfiehlt es sich, auch in den Bestimmungen soviel als möglich für diejenigen Fälle Vorsorge zu treffen, in denen von dem normalen Verlauf des Rechtsgeschäfts Abweichungen eintreten oder über die Auslegung der Bestimmungen Meinungsverschiedenheiten entstehen können. Bei öffentlich rechtlichem Charakter des Unternehmens ist hierbei der im Verwaltungsrecht vorgesehene Weg einzuschlagen, d. h., die Verwaltungsbehörden bzw. die Verwaltungsgerichte entscheiden. Das sonst in privatrechtlichen Verträgen vorgesehene Verfahren, ein Schiedsgericht zu berufen, eignet sich meistens nicht, da hierdurch zu große Kosten entstehen, auch das Verfahren in Anbetracht der oft geringfügigen Ursachen zu umständlich ist. Manche Werke, insbesondere solche in städtischer Verwaltung, sehen die Gemeindeverwaltung als schiedsrichterliche Behörde vor. In gewissen Fällen, namentlich, wenn die Gemeinde selbst Partei ist, kann jedoch ihre Unparteilichkeit in Zweifel gezogen werden; es empfiehlt sich deshalb, den ordentlichen Gerichten die letzte Entscheidung zu überlassen. Dabei ist, da sich die Elektrizitätsversorgung eines Unternehmens häufig auf zahlreiche Orte erstreckt, der Gerichtsstand ausdrücklich anzugeben. Einzelne Werke sehen für die Nichteinhaltung der Bestimmungen Strafen vor; dies ist unter allen Umständen als verfehlt zu bezeichnen, denn die Elektrizitätswerke sind keine Behörden, sondern wirtschaftliche Unternehmungen, die bei dem Abnehmer nicht das Gefühl aufkommen lassen dürfen, daß bureaukratische Interessen über den wirtschaftlichen Zweck des Unternehmens gestellt seien.

Weiterhin kann eine Bestimmung angefügt werden, die die Rechtsnachfolgerschaft regelt. Von seiten des Abnehmers ist die Übertragung seiner Verpflichtungen auf einen Rechtsnachfolger nur mit Genehmigung des Werkes zulässig, während sich letzteres eine Übertragung, z. B. infolge Besitzwechsels, vorbehalten muß.

Schließlich können die Bestimmungen nicht von unbegrenzter Geltung sein; ihre Änderung wird sich von Zeit zu Zeit als notwendig herausstellen. Hierauf ist ausdrücklich hinzuweisen. Die weitere Folge ist, daß auch der Zeitpunkt ihres Inkrafttretens angegeben sein muß.

B. Sonderbestimmungen für Großabnehmer.

Die in dem vorhergehenden Abschnitte erörterten Bestimmungen sind für alle Verbraucher maßgebend. Für eine besondere Gruppe der Abnehmer, die Großabnehmer, d. h. solche, deren Bedarf an elektrischer Arbeit so groß ist, daß sie eigene Erzeugung in Frage ziehen können, sind einige Zusätze und Änderungen erforderlich. Hierzu besteht von seiten des Werkes eine Notwendigkeit, weil durch den Großabnehmer ein so erheblicher Teil der Betriebsmittel beansprucht wird, daß es sich in Anbetracht des größeren wirtschaftlichen Wagnisses in höherem Maße sichern muß als beim Kleinabnehmer; aber auch von seiten des Großabnehmers werden mit Recht Besonderheiten und Vergünstigungen verlangt.

Folgende Sonderbestimmungen kommen im allgemeinen in Frage:

a) Stromsystem und insbesondere Spannung werden vielfach abweichend von der normalen Verteilung vorgesehen. Wo es möglich ist, wird die Lieferung hochgespannten Drehstromes die Regel sein. Damit das Werk über seine Betriebsmittel rechtzeitig verfügen kann, ist es erforderlich, die dem Großabnehmer zur Verfügung zu stellende Leistung zu begrenzen und für ihre Erhöhung eine entsprechend bemessene Frist vorzusehen.

b) Der Umfang des Strombezuges ist meist genauer festzulegen als beim Kleinverbraucher. Die Gewährleistung einer Mindestabnahme ist schon mit Rücksicht auf die gewöhnlich besonders niedrigen Preise unerläßlich; dabei ist besonderer Wert auf genaue Bestimmungen für den Fall eines geringeren Verbrauches zu legen. Bei manchen Großabnehmern kann sich das Werk mit der Verpflichtung begnügen, daß die gesamte im Betriebe des Abnehmers benötigte Energie von dem Elektrizitätswerk zu entnehmen ist; hierbei sind Preiserhöhungen für den Fall vorzusehen, daß der Verbrauch beträchtlich hinter dem erwarteten zurückbleibt, wenn nicht schon der Tarif in dieser Weise aufgebaut ist. Auch die Zeitdauer der Verpflichtung muß zur Sicherstellung einmal der Verzinsung und Abschreibung der für den Großabnehmer zur Verfügung zu haltenden Betriebsmittel, ferner zur Sicherung der Betriebsverhältnisse des Abnehmers wesentlich über die beim

Kleinabnehmer üblichen hinausgehen; vielfach wird hierfür ein Zeitraum von 10 Jahren vorgesehen.

c) Die Bestimmungen über den Hausanschluß müssen Erweiterungen erfahren, wenn die Aufstellung eines besonderen Transformators oder die Errichtung längerer Anschlußleitungen notwendig wird. Wie beim Hausanschluß des Kleinabnehmers behält sich das Werk die Beschaffung, Aufstellung und Überwachung dieser Anlageteile vor, weil die einheitliche Ausgestaltung dieser Einrichtungen im Interesse einer ungestörten und gesicherten Betriebsführung notwendig ist. Aus ähnlichen Erwägungen wird weiter angeordnet, daß auch die zur Aufnahme der Transformatoren und sonstigen Hochspannungseinrichtungen bestimmten Räume lediglich nach den Anordnungen des Werkes hergestellt werden. Das Betreten dieser Räume und die Bedienung der Einrichtungen kann nur den vom Werk beauftragten oder zugelassenen Personen gestattet werden. Die durch diese Einrichtungen entstehenden Kosten werden, da es sich um Anlageteile handelt, die ausschließlich für den Bedarf des Abnehmers beschafft sind, grundsätzlich durch den Abnehmer zu tragen sein, sei es durch sofortige oder allmähliche Bezahlung, sei es durch Entrichtung einer Miete. Ob und inwieweit das Werk in vereinzelten Fällen von diesem Grundsatz abgehen kann, ist nach dem Ergebnis der Ertragsberechnung zu entscheiden. Zur Vermeidung unnützer Ausgaben ist es zweckmäßig, daß sich das Werk das Recht vorbehält, von der Transformatorenstation des Großabnehmers auch andere Verbraucher zu versorgen.

d) Bei den Bestimmungen über die Meßeinrichtungen wird häufig der Einbau eines Kontrollzählers vorgesehen, der auf Kosten des Abnehmers zu beschaffen und von einer amtlichen Prüfstelle zu eichen ist. Der Stromberechnung wird dann das Mittel aus den Ablesungen beider Zähler zugrunde gelegt. Zeigt ein Zähler unrichtig an oder steht er still, so sind die Angaben des zweiten Zählers maßgebend. Um Irrtümer bei der Ablesung oder Zweifel an ihrer Richtigkeit auszuschließen, wird oft bestimmt, daß die Ablesung im Beisein je eines Beauftragten beider Parteien, häufig in kürzeren Zwischenräumen, erfolgen soll.

e) In Anbetracht der meist beim Großabnehmer in Frage kommenden beträchtlichen Summen ist bei der Preisfestsetzung ganz besondere Genauigkeit nötig; Mißverständnisse auf Grund des Tarifes müssen von vornherein ausgeschlossen werden. Da die Preise oft erheblich unter dem normalen Tarif liegen und sich vielfach den Selbstkosten des Unternehmers nähern, wird dieser, um sich vor Schaden zu bewahren, einen Vorbehalt vorsehen, der ihm gestattet, bei dauernder Preiserhöhung der zur Erzeugung hauptsächlich verwendeten Rohstoffe, insbesondere der Kohlen, einen Aufschlag eintreten zu lassen (Kohlenklausel). Dem Zwecke des Werkes ist hierbei am meisten gedient, wenn die tatsächlich von ihm gezahlten Kosten zur Preisgrundlage genommen werden und die einwandfreie Feststellung einer Preiserhöhung erforderlichenfalls einem unparteiischen Sachverständigen übertragen wird (s. auch M. V. 1916, S. 2). Es entspricht dem Grundsatze der Billigkeit, daß nicht bloß eine Preiserhöhung bei steigendem, sondern auch eine Ermäßigung bei fallendem Kohlenpreis vorgesehen wird. Kleinere Schwankungen können außer Betracht bleiben. Es genügt z. B., bei Zugrundelegung der Kohlenkosten für die Tonne für jede volle Mark Preisunterschied eine Strompreisveränderung in Aussicht zu nehmen. Ihre Höhe muß sich nach den jeweiligen Betriebsverhältnissen richten und ist auf Grund der durchschnittlich für die erzeugte Kilowattstunde verbrauchten Kohlenmengen leicht zu berechnen. Hierbei sind mittlere Werte zugrunde zu legen und nicht solche, die sich bei ungünstiger oder besonders günstiger Belastung des Kraftwerkes ergeben. Unter den angegebenen Voraussetzungen ist die Strompreiserhöhung bzw. Erniedrigung für die Kilowattstunde für jede volle Mark der Kohlenpreisbewegung, ausgedrückt in zehntel Pfennigen, dem mittleren Kohlenverbrauch in Kilogramm gleich zu setzen.

f) Die Zahlungsbedingungen brauchen nur insofern eine Änderung zu erfahren als dem Großabnehmer in Anbetracht der höheren Beträge eine Zeit zur Prüfung der Rechnungen, z. B. 10 Tage, zugestanden werden muß; dies ist um so eher möglich als die Begleichung der Rechnung meist nicht durch unmittelbare Barzahlung, sondern durch Scheck oder Banküberweisung erfolgt.

g) Entsprechend der ausgedehnten Vertragsdauer muß auch eine längere Kündigungsfrist, und zwar für beide Parteien, vorgesehen werden. Meist wird ein Jahr gewählt, mit dem Zusatz, daß der Vertrag eine weitere entsprechende Verlängerung erfährt, falls Kündigung nicht erfolgt.

h) Unter den sonstigen Bestimmungen ist die Rechtsnachfolgerschaft so zu regeln, daß beide Parteien zur Vertragsübertragung unter dem üblichen Vorbehalt genügender Leistungsfähigkeit des Nachfolgers berechtigt und verpflichtet sein müssen.

Für Meinungsverschiedenheiten wird meist ein Schiedsgericht auf Grund der Bestimmungen des Bürgerlichen Gesetzbuches vorgesehen.

Schließlich ist noch eine Bestimmung über die durch den rechtsgültigen Abschluß der besonderen Vereinbarungen entstehenden Kosten zu treffen, die gewöhnlich von beiden Parteien zur Hälfte übernommen werden.

Mit diesen Ergänzungen ist den besonderen Verhältnissen sowohl des Verbrauchers als auch des Werkes bei großen Abnahmen Rechnung getragen; in einzelnen Fällen werden sich auf Grund der Betriebsverhältnisse noch weitere Zusätze und Änderungen notwendig machen, wofür jedoch allgemeine Richtlinien nicht aufgestellt werden können.

II. Die Form der Bestimmungen.

Nach Festsetzung des Inhalts der einzelnen Bestimmungen sind sie in eine für die Veröffentlichung geeignete Form zu bringen, um dem Abnehmer zugänglich gemacht zu werden. Dies ist keineswegs von untergeordneter Bedeutung, da der Eindruck dieser Zusammenstellung, die gewöhnlich als erstes Schriftstück des Elektrizitätswerkes an den Abnehmer gelangt, von nicht zu unterschätzendem Einfluß ist. Form und Größe, Anordnung und Ausstattung, Druck und Papier müssen so gewählt werden, daß bei jedem, dem die Bestimmungen zur Hand kommen, Interesse für ihren Inhalt erweckt wird. In dieser Absicht hat der Verein der amerikanischen Elektrizitätswerke (National Electric Light Association) sich schon vor Jahren bemüht, einheitliche Grundsätze für die Aufstellung der Stromlieferungsbedingungen aufzufinden und namentlich auch für ihre Ausgestaltung und Anordnung Vorschläge zu machen (Bericht der Tarifkommission auf der Jahresversammlung der National Electric Light Association im Juni 1912). Die Vorschläge dieses Berichtes sind im folgenden teilweise verwendet.

Schon der Titel ist von Wichtigkeit. Man findet die verschiedensten Benennungen: Vorschriften, Satzungen, Bedingungen, Bestimmungen, Ordnung, Regulativ; aus naheliegenden Gründen ist jedoch schon bei der Wahl des Titels alles zu umgehen, was an bureaukratische Selbstherrlichkeit erinnern könnte; daher sind Benennungen, wie: Vorschriften, Ordnung, Regulativ und ähnliches zu vermeiden. Der Ausdruck „Bedingungen" ferner ist unrichtig, denn es ist z. B. keine „Bedingung", wenn gesagt wird, daß das Elektrizitätswerk Gleichstrom von 220 Volt liefert, oder daß die elektrische Arbeit für Kraftzwecke mit 20 ₰ für die Kilowattstunde berechnet wird. Es handelt sich vielmehr um eine Reihe von „Bestimmungen", die von dem Elektrizitätswerk für die Lieferung elektrischer Arbeit zusammengestellt sind und daher lautet der Titel richtig: „Bestimmungen über die Lieferung elektrischer Arbeit aus dem Leitungsnetz des Elektrizitätswerkes ....". Lediglich bei Gemeinden, bei denen das Elektrizitätswerk als öffentlichrechtliches Unternehmen bezeichnet ist, kann von „Satzungen" gesprochen werden.

Diese Bestimmungen sind wohl zu unterscheiden von den Vorschriften für die Herstellung elektrischer Anlagen; bei letzteren handelt es sich um Anordnungen und Vorschriften, die aber nicht den Abnehmer, sondern lediglich den Installateur betreffen. Eine Verbindung beider Veröffentlichungen, die manchmal vorgenommen wird, ist daher unzweckmäßig, weil sie für ganz verschiedene Interessenkreise gültig sind.

Nächst dem Titel fällt dem Empfänger der Bestimmungen ihre Anordnung besonders ins Auge. Vielfach wird die Form eines einfachen Blattes in Foliogröße gewählt. Dieses Format jedoch ist unhandlich und der Inhalt durch die Zusammendrängung und gleichmäßige Aneinanderreihung der Einzelheiten unübersichtlich, auch ist der Eindruck eines von oben bis unten eng bedruckten Blattes auf den Beschauer wenig günstig. Ebensowenig zu empfehlen ist ein zu kleines Format, z. B. 10 × 15 cm, weil entweder hierbei der Druck zu klein oder die Seitenzahl zu groß wird. Alle diese Unzulänglichkeiten lassen sich am besten vermeiden bei einem Format in der Breite von 12—15 und in der Höhe von 20—25 cm. Hierbei ist es möglich, einen nicht zu kleinen, gut lesbaren Druck anzuwenden und eine gute Übersichtlichkeit zu erreichen. Die Bestimmungen erhalten damit die Form eines Heftchens, das handlich, einfach unterzubringen und aufzubewahren, und leicht mit der Post zu versenden ist. Bei einer solchen Anordnung bestehen die Bestimmungen aus einer Reihe von Blättern, die nach Bedarf auswechselbar gemacht werden können, wie es in dem obengenannten amerikanischen Bericht empfohlen wird. Dies ist dort zweckmäßig, wo zahlreiche verschiedene Tarife in Anwendung sind und nicht jeder Abnehmer für alle Tarife Interesse hat, oder wo mit häufigeren Änderungen gerechnet werden muß. Auch ist es hierbei leicht möglich, die Preisbestimmungen, die wohl den wichtigsten und häufigst begehrten Teil der Bestimmungen darstellen, für die Verteilung an die Interessenten nochmals besonders drucken zu lassen und mit ausführlichen Erläuterungen zu versehen.

Auf dem Titelblatt ist außer der Benennung die rechtsgültige Firma des Unternehmens, sowie die etwaige Abkürzung, auch in kleiner Schrift die Formularnummer und der Zeitpunkt der Ausgabe sowie des Inkrafttretens anzugeben. Erforderlich ist ferner auch die Angabe des Gültigkeitsbereichs namentlich dann, wenn für verschiedene Bezirke eines Unternehmens verschiedene Bestimmungen maßgebend sind.

Hieran anschließend soll ein Blatt mit dem Inhaltsverzeichnis folgen; es enthält die Schlagwörter der einzelnen Bestimmungen, alphabetisch oder nach Paragraphen geordnet, mit Angabe der Paragraphen, Ordnungsnummern und Seitenzahl und erleichtert so außerordentlich das Aufsuchen der verschiedenen Einzelheiten. Wo Abkürzungen verwendet werden, kann ihre Erklärung hier gleich angeschlossen werden. Ebenso ist es vielfach zweckmäßig, die in den Bestimmungen gebrauchten technischen Ausdrücke kurz zu erläutern, soweit dies in den Bestimmungen selbst nicht geschieht. Es schließen sich dann die einzelnen Bestimmungen selbst in der vorn beschriebenen Reihenfolge an, die der zeitlichen Abwicklung des Stromlieferungsgeschäfts entspricht. Die Hauptabschnitte erhalten Paragraphennummern oder römische Ziffern und stark gedruckte Überschriften, die einzelnen Bestimmungen arabische Ordnungsziffern. Hierbei erhöht die Angabe des Stichwortes am Rande des Blattes die Übersichtlichkeit ganz besonders.

Die Sonderbestimmungen für Großabnehmer werden unter Zugrundelegung der allgemeinen Bestimmungen zweckmäßig in Form besonderer Verträge zum Ausdruck gebracht, die von beiden Parteien durch Unterschrift vollzogen werden.

Unter Berücksichtigung dieser Vorschläge können die Stromlieferungsbedingungen in der folgenden Fassung und Form ausgestattet werden; ein Vertragsentwurf für Großabnehmer ist angefügt.

A. Allgemeingültige Bestimmungen.

Elektrizitätswerk und Ueberlandzentrale X'HEIM, A. G., X'HEIM

Bestimmungen

über die

Lieferung elektrischer Arbeit

aus den Leitungsnetzen der

Elektrizitätswerk und Ueberlandzentrale X'HEIM A. G. (EWX)

Gültig für den Stadtkreis X'HEIM seit 1. Januar 1912

X'heim. Form. Nr. 21/3000/X. 1914.

Inhaltsverzeichnis.

— 3 —

I. Gegenstand und Umfang der Lieferung.

1. Im Stadtkreis X'heim wird

in der Innenstadt	in den Außenbezirken
Gleichstrom	Drehstrom
	von 100 Wechseln
	in der Sekunde

für Beleuchtung

mit 2 × 220 Volt Spannung | mit 3 × 225 Volt Spannung

für andere Zwecke

mit 440 Volt Spannung | mit 3 × 380 Volt Spannung

in möglichst gleichbleibender Höhe geliefert. Das E W X behält sich die Wahl der Spannung und des Stromsystems, sowie in einzelnen Fällen Abweichungen von den angegebenen Werten vor. Falls erforderlich, kann das E W X die Umänderung der Gleichstromanschlüsse für Drehstromlieferung auf seine Kosten verlangen.

Stromart und Spannung.

2. Die Lieferung der elektrischen Arbeit erfolgt in den mit Leitungen belegten Straßen, soweit es die vorhandenen Betriebsmittel zulassen, an jedermann, der diese Bestimmungen durch Unterzeichnung der Anmeldung in rechtsverbindlicher Form anerkennt. Lieferung der elektrischen Arbeit zur Aushilfe oder zur Ergänzung zu anderen Kraftquellen unterliegt besonderer Vereinbarung.

Lieferungsverpflichtung.

3. Der Abnehmer ist berechtigt, die für seinen eigenen Bedarf benötigte elektrische Arbeit zu jeder Tages- und Nachtzeit in ausreichender Menge und mit möglichst gleichbleibender Spannung und Wechselzahl zu verlangen. Verfügungen von Reichs- oder Staatsbehörden,

Unterbrechung der Lieferung.

— 4 —

Krieg, Aufstand, Arbeiterausstand, Naturereignisse, überhaupt Umstände, deren Eintreten abzuwenden nicht in der Macht des E W X steht, entbinden von der Verpflichtung der Stromlieferung so lange, bis die Störungen beseitigt sind. Ferner darf die Lieferung elektrischer Arbeit für einzelne Häuser oder Häusergruppen für die Dauer von Störungen an Maschinen und Leitungen, sowie zum Zwecke von Untersuchungen und Ausbesserungen der Anlagen unterbrochen werden.

Ablehnung von Schadenersatz. 4. Ansprüche auf Schadenersatz können in allen solchen Fällen nicht geltend gemacht werden, jedoch wird das E W X bemüht sein, jede Störung mit größter Beschleunigung zu beheben.

II. Anmeldung zum Strombezug.

Anmeldeformulare. 1. Die Absicht zum Bezug elektrischer Arbeit aus dem Leitungsnetz des E W X ist der Anmeldestelle des E W X auf vorgedrucktem Anmeldebogen mitzuteilen. Letztere sind kostenlos in sämtlichen Geschäftsstellen des Elektrizitätswerkes, sowie bei allen Installateuren erhältlich.

Verpflichtung zum Strombezug; Mindestgewähr. 2. Durch die Vollziehung der Anmeldung verpflichtet sich der Unterzeichner zum Strombezug auf Grund dieser Bestimmungen auf die Dauer eines Jahres und zur Bezahlung aller sich hieraus ergebenden Gebühren. Er übernimmt ferner die Gewähr, innerhalb jeden Jahres elektrische Arbeit mindestens im Betrage von 15 M zu beziehen und diesen Betrag auch dann voll zu bezahlen, falls sein Verbrauch ein geringerer sein sollte.

Verpflichtungen des Hausbesitzers. 3. Falls der Anmeldende nicht Besitzer des anzuschließenden Grundstückes ist, ist die schriftliche Genehmigung des Eigentümers auf der Anmeldung beizubringen. Letzterer verpflichtet sich durch seine

— 5 —

Unterschrift, die Zu- und Fortleitung elektrischer Arbeit über sein Eigentum, sowie die Anbringung von Leitungen und Leitungsträgern unentgeltlich zuzulassen, an den vom Werk erstellten Einrichtungen kein Eigentumsrecht geltend zu machen, ihre Entfernung nach Aufhören des Strombezuges zu gestatten, diese sämtlichen Verpflichtungen seinem Rechtsnachfolger zu übertragen und ihre grundbuchliche Eintragung auf Verlangen und auf Kosten des Werkes, soweit sie gesetzlich möglich ist, zu genehmigen.

4. Das E W X behält sich die Annahme der Anmeldung und damit die Verpflichtung zur Stromlieferung auf Grund dieser Bestimmungen durch schriftliche Bestätigung vor. *(Bestätigung der Anmeldung.)*

III. Hausanschluß.

1. Der Hausanschluß umfaßt die Verbindung des Anwesens mit dem Leitungsnetz von der nächsten durchgehenden Leitung ab gerechnet bis zur Hausanschlußsicherung einschließlich und ist als Bestandteil des Elektrizitätswerkes zu betrachten. *(Umfang des Hausanschlusses.)*

2. Ort und Art des Hausanschlusses wird vom Elektrizitätswerk bestimmt. *(Bestimmung von Ort und Art.)*

3. Die Beschaffung und Unterhaltung des Hausanschlusses erfolgen ausschließlich durch das Elektrizitätswerk; er bleibt stets in seinem Eigentum. Beschädigungen hieran sind dem Werk sofort mitzuteilen; für Wiederherstellung hat der Abnehmer nur im Falle eigenen Verschuldens aufzukommen. — Der Abnehmer ist verpflichtet, den Hausanschluß in der vom Werk angegebenen Höhe gegen Feuersgefahr zu versichern. *(Verfügung über den Hausanschluß, Feuerversicherung.)*

4. Zu den Kosten des Hausanschlusses hat der Abnehmer einen einmaligen Beitrag zu leisten, in Höhe der Kosten desjenigen Leitungsteiles, der über 10 m *(Kosten des Hausanschlusses.)*

bei unterirdischer Verlegung, über 20 m bei Freileitung,
von Straßenmitte aus gerechnet, hinausgeht. Dieser
Betrag wird dem Abnehmer vor Ausführung mitgeteilt
und ist sogleich nach Ausführung an die Kasse des
Elektrizitätswerkes zu entrichten.

IV. Inneneinrichtung.

Ausführung der Inneneinrichtung. 1. Für die Beschaffung der Inneneinrichtung mit Ausnahme des Zählers hat der Abnehmer zu sorgen; die Ausführung kann außer dem E W X jedem Installateur übertragen werden, der sich zur Einhaltung der vom V. d. E. aufgestellten allgemeinen und den vom E W X erlassenen besonderen Vorschriften für die Herstellung von Hauseinrichtungen verpflichtet hat.

Prüfung der Inneneinrichtung. 2. Der Anschluß der Inneneinrichtungen des Abnehmers an das Leitungsnetz erfolgt ausschließlich durch Beauftragte des Werkes, sofern bei einer vorausgehenden, vom Werke vorzunehmenden Prüfung Beanstandungen sich nicht ergeben. Die erstmalige Prüfung erfolgt kostenlos. Kann sie durch Verschulden des Abnehmers oder des Installateurs nicht ·vollständig ausgeführt oder muß sie wiederholt werden, so werden die hierdurch dem Werk entstehenden Kosten dem Abnehmer berechnet.

Ablehnung der Haftpflicht. 3. Durch die Prüfung der Inneneinrichtung übernimmt das Werk weder dem Abnehmer noch dem Installateur gegenüber irgendeine Haftpflicht und lehnt ausdrücklich jede Verpflichtung zu Schadenersatz infolge von Fehlern in der Inneneinrichtung ab.

Anmeldepflicht von Erweiterungen. 4. Erweiterungen bestehender Anlagen dürfen nur in solchem Umfange vorgenommen werden, als es die vorhandenen Betriebsmittel zulassen. Der Abnehmer ist verpflichtet, dem Elektrizitätswerk von jeder Erweite-

— 7 —

rung Kenntnis zu geben und die Genehmigung zur Ausführung einzuholen.

5. Das Werk behält sich vor, die Inneneinrichtung des Abnehmers jederzeit nachprüfen zu lassen und die Abstellung etwaiger Mängel zu verlangen. Der Zutritt zu den betreffenden Räumlichkeiten des Abnehmers ist den Beauftragten des Werkes zu gestatten, wobei Belästigungen des Abnehmers möglichst vermieden werden.

Überwachung der Inneneinrichtung.

V. Messung der elektrischen Arbeit.

1. Soweit nicht die elektrische Arbeit dem Abnehmer auf Grund besonderer Vereinbarung pauschal zur Verfügung gestellt wird, erfolgt ihre Messung durch Elektrizitätszähler, die den behördlichen Vorschriften entsprechen. Lieferung, Aufstellung, Wahl des Aufstellungsortes, Bestimmung von Art und Größe, Überwachung und Unterhaltung des Zählers erfolgt ausschließlich durch das Elektrizitätswerk. Bezüglich Beschädigungen und Feuerversicherung gilt die Bestimmung III, 3.

Aufstellung der Zähler.

2. Der Zähler bleibt dauernd im Eigentum des Werkes und wird dem Abnehmer gegen eine monatlich mit der Stromrechnung zu zahlende Gebühr zur Verfügung gestellt. Sie beträgt:

Zählergebühren.

	für Zweileiter-Zähler	für Dreileiter-Zähler
bis 3 Amp.	$\mathcal{M}$ 0,25	—
„ 5 „	„ 0,50	$\mathcal{M}$ 0,60
„ 10 „	„ 0,75	„ 0,90
„ 20 „	„ 1,—	„ 1,20
„ 30 „	„ 1,25	„ 1,50
„ 50 „	„ 1,50	„ 1,75

Für Doppeltarif und Höchstverbrauchsmesser wird ein Zuschlag von $\mathcal{M}$ 0,50 monatlich erhoben.

— 8 —

Für Hochspannungszähler und größere Apparate werden besondere Vereinbarungen getroffen.

Nachprüfung der Zähler. 3. Die Zähler werden in regelmäßigen Zeiträumen geprüft und nachgeeicht. · Sollte der Abnehmer an der Richtigkeit der Zählerangaben zweifeln, so kann er dessen Nachprüfung vom Werk oder von einem staatlichen Prüfamt verlangen. Die hierdurch entstehenden Kosten fallen dem Werk zur Last, falls die Abweichungen die gesetzlichen Verkehrsfehlergrenzen übersteigen, sonst dem Antragsteller.

Nachberechnung bei fehlerhaftem Anzeigen. 4. Im ersteren Falle findet für den zu viel oder zu wenig berechneten Betrag eine Nachberechnung, jedoch nicht über die Dauer des vorhergehenden Rechnungszeitraumes statt.

Stillstand des Zählers. 5. Wird der Zähler bei einer Ablesung stillstehend vorgefunden, so wird der Verbrauch für die betreffende Ablesezeit als Mittel der vorhergehenden und nachfolgenden Rechnungsperiode oder auf Grund des vorjährigen Verbrauches nach Schätzung ermittelt.

VI. Strompreise.

1. Für Beleuchtung wird die elektrische Arbeit nach folgenden Tarifen geliefert:

Preise für
Be-
leuchtung.

a) Pauschaltarif
(geeignet für kleine Anlagen).

Pauschal-
tarif.

Für jede im Höchstfall gleichzeitig brennende Lampe, mindestens jedoch für zwei, ist ungeachtet des wirklichen Verbrauches allmonatlich im voraus zu zahlen:

für jede Lampe bis	in Wohn- und Geschäftsräumen:	in Wirtshäusern und Bäckereien:
16 NK	ℳ 0,50	ℳ 0,75
25 ,,	,, 0,90	,, 1,35
32 ,,	,, 1,10	,, 1,65
50 ,,	,, 1,60	,, 2,40
100 ,,	,, 3,00	,, 4,50
200 ,,	,, 5,50	,, 8,25

Die Anzahl der gleichzeitig brennenden Lampen wird durch einen Strombegrenzer bestimmt.

Die zur Verwendung kommenden Lampen dürfen keinen höheren Verbrauch als 1,3 Watt für die Kerze aufweisen.

b) Grundgebührentarif
(geeignet für mittlere Wohnungen).

Grund-
gebühren-
tarif.

Für jede angeschlossene Lampe mit einem Höchstverbrauch von 1,3 Watt für die Kerze und für jede Steckdose ist allmonatlich eine Grundgebühr zu entrichten und zwar für Lampen

bis zu	16 NK	ℳ 0,20
,, ,,	25 ,,	,, 0,30
,, ,,	32 ,,	,, 0,35
,, ,,	50 ,,	,, 0,55
,, ,,	100 ,,	,, 1,00
,, ,,	200 ,,	,, 1,80
für 1 Steckdose		,, 0,50

Außerdem wird jede verbrauchte Kilowattstunde mit 12 ₰ berechnet.

Die Verwendung elektrischer Heiz-, Koch- und Haushaltungsapparate ist ohne Bezahlung von Grundgebühren gestattet.

Zonentarif.

c) Zonentarif

(geeignet für größere Wohnungen, Geschäftsräume und Läden).

Es sind zu bezahlen:

für die ersten 300 Kwstd. innerhalb jeden Jahres 45 ₰ für die Kwstd.;

für die nächsten 500 Kwstd. innerhalb desselben Jahres 40 ₰ für die Kwstd.;

für die nächsten 1000 Kwstd. innerhalb desselben Jahres 35 ₰ für die Kwstd.;

für den darüber hinausgehenden Verbrauch innerhalb desselben Jahres 30 ₰ für die Kwstd.

Die einzelnen Preise beziehen sich jeweils nur auf die angegebenen Verbrauchsstufen, nicht auf den Gesamtverbrauch; die Berechnung beginnt jedes Jahr von neuem.

Es ist gestattet, den Verbrauch verschiedener Abnahmestellen eines Abnehmers für die Preisberechnung zusammenzuziehen.

Doppeltarif.

d) Doppeltarif

(geeignet für Abnehmer mit Dauerbeleuchtung, insbesondere dunkle Geschäfts- und Wohnräume, Gastwirtschaften und Bäckereien).

Die verbrauchte elektrische Arbeit wird durch einen Doppeltarifzähler gemessen.

In der Hauptbelastungszeit im Winter (Sperrstunden), und zwar im

— 11 —

Dezember und Januar . . . . 4—8 Uhr
November und Februar . . . 5—8 „
Oktober und März. . . . . . $^1/_2$6—8 „
September und April . . . . $^1/_2$7—8 „

sind für jede verbrauchte Kilowattstunde 50 ₰, zu allen übrigen Zeiten 25 ₰ zu entrichten.

e) Treppenbeleuchtungstarif.

Falls elektrische Treppenbeleuchtung regelmäßig von Einbruch der Dunkelheit bis abends 10 Uhr angewendet wird, kann auf Antrag und nach Anbringung eines besonderen Zählers, für den die halben Gebühren berechnet werden, die elektrische Arbeit zum Preise von 30 ₰ für die Kilowattstunde berechnet werden.

2. Für **Kraftzwecke** wird die elektrische Arbeit nach folgenden Tarifen berechnet:

a) Kleinmotorentarif.

Elektrische Arbeit für einzelne Motoren unter 250 Watt Anschlußwert, die nur vorübergehend im Betriebe sind, wird nach den Beleuchtungstarifen (1 b, 1 c, 1 d) berechnet.

b) Zonentarif

(geeignet für alle kleingewerblichen Betriebe).
Es sind zu bezahlen:
für die ersten 1000 Kwstd. innerhalb
eines jeden Jahres . . . . 20 ₰ f. d. Kwstd.
für die nächsten 1000 Kwstd. innerhalb desselben Jahres . . . . . 18 „ „ „ „
für die nächsten 3000 Kwstd. innerhalb desselben Jahres . . . . . 16 „ „ „ „
für die nächsten 5000 Kwstd. innerhalb desselben Jahres . . . . . 14 „ „ „ „
für die nächsten 10000 Kwstd. innerhalb desselben Jahres . . . . . 12 „ „ „ „
für den darüber hinausgehenden Verbrauch innerhalb desselben Jahres 10 „ „ „ „

Treppen-beleuch-tungstarif.

Preise für Kraft.

Klein-motoren-tarif

Zonentarif.

— 12 —

Die einzelnen Preise beziehen sich jeweils nur auf die angegebenen Verbrauchsstufen, nicht auf den Gesamtverbrauch; die Berechnung beginnt jedes Jahr von neuem.

Es ist gestattet, den Verbrauch verschiedener Abnahmestellen eines Abnehmers für die Preisberechnung zusammenzuziehen.

Doppeltarif.

c) Doppeltarif.

Die Berechnung erfolgt genau wie bei Tarif 1d. Bäckerei- und Fleischereimaschinen werden ausschließlich nach diesem Tarif angeschlossen, soweit ihr Jahresverbrauch 1000 Kwstd. nicht überschreitet.

Maximaltarif.

d) Maximaltarif

(geeignet für Dauerbetriebe, bei mindestens 5jähriger Verpflichtung).

Die Berechnung erfolgt auf Grund der Angaben eines Höchstbelastungsmessers und des Elektrizitätszählers.

Es sind zu bezahlen:

für jedes durch den Höchstverbrauchsmesser in einem Monat angezeigte Kilowatt ℳ 8,—, außerdem für jede verbrauchte Kilowattstunde 4 ₰.

Dieser letztere Satz beruht auf einem mittleren Kohlenpreis von ℳ 12,— bis ℳ 16,— für die Tonne der vom EWX verfeuerten Kohlenmischung; er erhöht oder erniedrigt sich um 0,15 ₰/Kwstd. für jede volle Mark, der Kohlenpreisbewegung über ℳ 16,—.

Am Schlusse eines jeden Jahres werden auf den Gesamtrechnungsbetrag Rabatte gewährt, und zwar:

bei Beträgen über	ℳ 10,000	10%
,, ,, ,,	,, 15,000	15 ,,
,, ,, ,,	,, 20,000	20 ,,
,, ,, ,,	,, 30,000	25 ,,

— 13 —

Die Rabatte werden jeweils auf den Gesamtbetrag gewährt und auf die ersten Monatsrechnungen des folgenden Jahres angerechnet.

3. Die Lieferung von hochgespanntem Drehstrom unterliegt besonderer Vereinbarung; der Abnehmer muß sich auf wenigstens 5 Jahre zu einer jährlichen Mindestabnahme von 50 000 Kwstd. verpflichten.

E W X behält sich vor, abweichend von obigen Preisfestsetzungen Sonderabkommen zu schließen.

4. Soweit nicht für einzelne Abnehmergruppen bestimmte Berechnungsarten vorgeschrieben sind, steht jedem Abnehmer die Wahl des Tarifes frei; Übergang von einem Tarif zu anderen ist auf schriftlichen Antrag nur am Ende des Jahres zulässig.

5. Falls die Erzeugung oder Verteilung der elektrischen Arbeit oder die zu ihrer Erzeugung benötigten Rohstoffe mittelbar oder unmittelbar mit einer Steuer belegt werden sollten, werden sämtliche Preise um den Betrag der Steuer erhöht oder die Steuer dem Abnehmer unmittelbar in Rechnung gestellt.

Marginalien: Hochspannung, Sonderabkommen. — Tarifwahl. — Preiserhöhung durch Steuern.

— 14 —

VII. Beschränkungen in der Verwendung elektrischer Arbeit.

Widerrechtliche Entnahme. 1. Die widerrechtliche Entnahme elektrischer Arbeit, insbesondere die Benutzung unangemeldeter Verbrauchsapparate beim Pauschal- oder Gebührentarif oder die Entnahme von elektrischer Arbeit unter Umgehung des Zählers ist verboten und strafbar.

Bestimmungswidriger Gebrauch. 2. Die elektrische Arbeit darf nur in dem gemeldeten Umfange und zu dem vereinbarten Zwecke entnommen werden; die als Kraft- oder Heizstrom entnommene elektrische Arbeit darf auch nicht mittelbar zu Beleuchtungszwecken verwendet werden.

Verbot des Weiterverkaufs. 3. Die Verwendung der elektrischen Arbeit darf nur für eigene Zwecke des Verbrauchers erfolgen; Weiterverkauf ist verboten.

VIII. Rechnungsstellung und Bezahlung.

Ablesen der Zähler. 1. Über die Gebühren für die Lieferung elektrischer Arbeit und für die Zählerbereitstellung wird dem Abnehmer allmonatlich Rechnung erteilt, und zwar bei Anwendung des Pauschaltarifes im Anfang, sonst am Ende des Rechnungszeitraumes. In letzterem Falle werden die der Rechnung zugrunde zu legenden Zählerangaben von Beauftragten des Werkes, die mit einem Ausweis versehen sein müssen, tunlichst in den letzten Monatstagen abgelesen. Der Abnehmer hat dafür Sorge zu tragen, daß in dieser Zeit die Zähler ohne Zeitverlust für die Ableser zugänglich sind.

Zahlungsmöglichkeiten. 2. Die Rechnung wird dem Abnehmer in den ersten zehn Monatstagen vorgelegt; ihr Betrag muß entweder an den die Rechnung vorlegenden Kassenboten des Werkes oder spätestens innerhalb einer Woche nach Überreichung der Rechnung an die Kasse des Werkes

— 15 —

oder durch Postscheck oder durch Überweisung an das Konto des E W X bei der Y - Bank entrichtet werden. Auf besonderen Antrag kann der Rechnungsbetrag auch bei der Bank des Abnehmers abgehoben werden.

3. Erfüllungsort für sämtliche Zahlungen ist X'heim. *Erfüllungsort.*

4. Einwände gegen die Richtigkeit der Rechnung sind binnen 10 Tagen nach Zustellung bei der Beschwerdestelle des E W X anzubringen; sie berechtigen nicht zu Zahlungsaufschub oder -verweigerung, ebenso ist Aufrechnung gegen Leistungen an das E W X nicht gestattet. *Einwände gegen die Richtigkeit der Rechnungen.*

5. Das E W X ist berechtigt, die Hinterlegung einer Sicherheit für seine Ansprüche bei der Verwaltung des E W X in doppelter Höhe des voraussichtlichen größten Monatsverbrauchs in bar, in mündelsicheren Wertpapieren oder in einem Sparkassenbuch zu verlangen und sich bei Zahlungsverweigerung nach wiederholter Mahnung ohne weitere richterliche Entscheidung hieraus bezahlt zu machen. Kursverluste beim Verkaufe von Wertpapieren gehen hierbei zu Lasten des Abnehmers. Bareinlagen werden zum jeweiligen Satz der städtischen Sparkasse verzinst. Der Abnehmer hat nach Inanspruchnahme auf Verlangen die Sicherheit auf die ursprüngliche Höhe zu ergänzen. Rückzahlung der Sicherheit findet nach Einstellung des Strombezugs und Erfüllung sämtlicher Verpflichtungen des Abnehmers statt. *Sicherheitsleistung.*

6. Wird eine Monatsrechnung trotz einmal wiederholter Mahnung nicht pünktlich bezahlt, so ist das Werk zur sofortigen Absperrung des Stromes berechtigt. *Zahlungsverweigerung.*

IX. Einstellung der Stromlieferung.

1. Die Einstellung der Stromlieferung erfolgt im allgemeinen, falls nichts anderes vereinbart ist, auf Grund schriftlicher Kündigung des Abnehmers nach Ablauf *Kündigung.*

— 16 —

einer vierwöchigen Frist. Wohnungswechsel ist dem EWX rechtzeitig zu melden, da andererseits der Abnehmer für alle Verpflichtungen auch des Wohnungsnachfolgers haftbar bleibt. — Auch nach Kündigung haftet der Abnehmer dem Werk bis zur vollen Erfüllung seiner Verbindlichkeiten.

Stromentziehung. 2. Das EWX kann ohne vorherige richterliche Entscheidung die Stromlieferung einstellen:

  a) bei vertragswidriger Benutzung der elektrischen Arbeit und der dazu dienenden Einrichtungen,

  b) bei Zahlungsverweigerung nach einmal wiederholter Mahnung,

  c) bei Verweigerung des Zutritts zu den elektrischen Einrichtungen des Abnehmers gegenüber den Beauftragten des Werkes.

Die Wiederaufnahme der Stromlieferung kann nur nach völliger Beseitigung der Hindernisse und nach Erstattung der hierdurch erwachsenden Kosten erfolgen. Im Wiederholungsfalle steht dem Werk das Recht zu, die Stromlieferung dauernd zu verweigern.

X. Sonstige Bestimmungen.

Verfahren bei Streitigkeiten. 1. Streitigkeiten werden dem Magistrat X'heim zur Schlichtung vorgetragen; sollte eine der Parteien die Entscheidung nicht anerkennen, so entscheiden endgültig die ordentlichen Gerichte. Gerichtsstand ist X'heim.

Vertragsübertragung. 2. Die Übertragung der Verpflichtungen des Abnehmers auf einen Rechtsnachfolger ist nur mit Genehmigung des EWX zulässig; EWX behält sich vor, alle Rechte und Pflichten den Abnehmern gegenüber einem Rechtsnachfolger zu übertragen.

Änderungen. 3. Änderungen und Ergänzungen dieser Bestimmungen bleiben vorbehalten; in vorstehender Fassung treten sie am 1. I. 1912 in Kraft.

Anmeldung zum Bezug elektrischer Arbeit aus dem Leitungsnetz der Elektrizitätswerk und Überlandzentrale X'heim A. G.

Ort ....

Straße .... Nr. ....

Name ....

Stand ....

> Durch Unterzeichnung dieser Anmeldung verpflichtet sich der Abnehmer rechtsverbindlich zum Bezuge elektrischer Arbeit; das Werk behält sich jedoch ausdrücklich die schriftliche Genehmigung des Anschlusses vor.

Auf Grund der mir übergebenen und mir bekannten Bestimmungen über die Lieferung elektrischer Arbeit aus dem Leitungsnetz der Elektrizitätswerk und Überlandzentrale X'heim A. G. beantrage ich den Anschluß meiner Wohnung (Anwesen, Geschäftsräume, Gewerbebetrieb) an das Leitungsnetz des Elektrizitätswerkes X'heim.

Es sollen angeschlossen werden:

I. Für Beleuchtung	II. Für Kraftzwecke
......Lampen bis 50 NK = ...Watt	.... Motor........ von ....: KW
......Lampen über 50 NK = ...Watt	.... Motor........ von .... KW

III. Für Heiz-, Koch- und Haushaltungszwecke

Die Berechnung der verbrauchten elektrischen Arbeit soll erfolgen:

Für Beleuchtung nach dem ....Tarif

Für Kraftzwecke nach dem ....Tarif

Für Heiz- und Kraftzwecke nach dem ....Tarif

Ich verpflichte mich, elektrische Arbeit mindestens 1 Jahr lang und im Mindestbetrage von ℳ 15,— zu beziehen und diesen Betrag auch dann zu bezahlen, falls mein Verbrauch ein geringerer sein sollte.

X'heim, den ....19........

....
(Unterschrift des Abnehmers)

Anerkenntnis des Hausbesitzers.

1. Mit dem Anschluß meines Anwesens
   .... Straße Nr. ....
   erkläre ich mich einverstanden.
2. Ich gestatte dem E W X die Führung von Leitungen, sowie die Anbringung, Unterhaltung und etwaige Entfernung von Leitungsträgern auf meinem Anwesen, jedoch hat die Leitungsführung nach vorheriger Verständigung mit mir zu erfolgen; falls infolge Vornahme von Bauarbeiten ihre Veränderung notwendig wird, muß diese innerhalb angemessener Frist auf mein Verlangen ohne Kosten für mich erfolgen.
3. Das Eigentum des E W X an sämtlichen auf meinem Anwesen befindlichen Anlageteilen des Elektrizitätswerkes erkenne ich an.
4. Mit grundbuchlicher Eintragung der unter 2 übernommenen Verpflichtungen auf Kosten des E W X erkläre ich mich einverstanden.
5. Sämtliche Verpflichtungen werde ich meinem Rechtsnachfolger übertragen.

X'heim, den ....19........

....
(Unterschrift des Hausbesitzers)

B. Sondervertrag für Großabnehmer.

Zwischen

der Firma N. N. in Z'heim

(im nachfolgenden Abnehmer genannt)

und der

Elektrizitätswerk und Überlandzentrale A. G. in X'heim

(im nachfolgenden E W· X genannt)

wird über die Lieferung elektrischer Arbeit an den Abnehmer folgender

Vertrag

geschlossen:

§ 1.

Grundlagen des Vertrages.
Allgemeine Bestimmungen.

Die Lieferung elektrischer Arbeit aus dem Leitungsnetz des E W X an den Abnehmer erfolgt, soweit nicht im nachfolgenden Änderungen vorgesehen sind, auf Grund der hier angefügten allgemeinen „Bestimmungen über die Lieferung elektrischer Arbeit aus dem Leitungsnetz des E W X", die einen wesentlichen Bestandteil dieses Vertrages bilden.

§ 2.

Art und Umfang der Stromlieferung.

1. E W X liefert hochgespannten Drehstrom mit einer Spannung von ungefähr 3 × 6000 Volt und einer Wechselzahl von ungefähr 100 in der Sekunde in möglichst gleichbleibender Höhe, bis zu einer Entnahme von 300 Kilowatt.

Mehrbedarf des Abnehmers.

2. E W X ist verpflichtet, auf Verlangen des Abnehmers größere Energiemengen bis zur Höchstleistung von .... KW zur Verfügung zu stellen, der Abnehmer hat jedoch einen über 20 KW hinausgehenden Mehrbedarf 3 Monate vorher dem E W X anzuzeigen.

§ 3.

Gewähr des Abnehmers.

1. Der Abnehmer verpflichtet sich, seinen gesamten Bedarf für Licht- und Kraftzwecke vom E W X zu entnehmen und in jedem Jahre den auf Grund des § 6a sich ergebenden Betrag für eine Höchstentnahme von 300 KW, entsprechend $\mathcal{M}$ 27,000,—, auch dann zu bezahlen, wenn die Abnahme eine geringere sein sollte.

Verminderung der Gewähr im Falle höherer Gewalt.

2. Falls jedoch der Abnehmer durch höhere Gewalt für kürzeren Zeitraum (höchstens 1 Monat) an der Abnahme gänzlich gehindert ist, so ermäßigt sich die Mindestgewähr entsprechend der Zeitdauer des Stillstandes. Im Falle längeren Stillstandes durch höhere Gewalt kann der Strombezug nur auf Grund des Zonentarifes (§ 6b) erfolgen; sinkt der Jahresverbrauch unter 200 000 Kwstd., so erhöhen sich die Einheitspreise, jedoch nicht über die allgemeinen Tarifpreise hinaus, in

gleichem Verhältnis, wie die Abnahme unter 200 000 Kwstd. zurückgeht. In diesem Falle hat der Abnehmer jedoch mindestens $\mathcal{M}$ .... in jedem Monat für Verzinsung und Abschreibung der für ihn bereitgestellten Anlageteile zu entrichten.

In solchen Fällen ist der Abnehmer verpflichtet, spätestens 3 Tage nach Eintritt des die Erfüllung der Mindestgewähr hindernden Ereignisses dem E W X schriftlich Kenntnis zu geben.

§ 4.

1. E W X erstellt die erforderliche Hochspannungszuleitung sowie die Transformatorenstation auf seine Kosten. Für die Aufstellung der Transformatoren ist ein nach den Angaben des E W X herzurichtender Raum kostenlos zur Verfügung zu stellen. *(Beschaffung der Hochspannungseinrichtungen.)*

2. Für die Bereitstellung der Transformatoren zahlt der Abnehmer eine Jahresgebühr von $\mathcal{M}$ .... in monatlichen Raten; bei Erweiterungen der Transformatorenanlage erhöht sich die Miete entsprechend den Aufwendungen des E W X. *(Transformatorenmiete.)*

3. Sämtliche Einrichtungen, von der Niederspannungsseite der Transformatoren ab, sind von dem Abnehmer auf seine Kosten zu beschaffen. *(Einrichtungen des Abnehmers.)*

4. Jeder Teil bleibt Eigentümer der von ihm gelieferten Einrichtungen und versichert sie gegen Feuersgefahr. *(Eigentumsverhältnisse und Feuerversicherung.)*

5. Die Hochspannungseinrichtungen werden vom E W X überwacht und unterhalten. Der Zutritt zu den Hochspannungsapparaten ist nur den Angestellten des Werkes und den ausdrücklich hierzu ermächtigten Personen gestattet. Der Abnehmer verpflichtet sich, bei Störungen oder Beschädigungen am Transformator und den Hochspannungsapparaten dem E W X sofort Kenntnis zu geben und im Falle eigenen Verschuldens die Wiederherstellungskosten zu tragen. *(Überwachung der Hochspannungseinrichtungen.)*

6. Es wird dem E W X gestattet, soweit es die vorhandenen Hochspannungsräume zulassen, im Bedarfsfalle auf seine Kosten Transformatoren und Hochspannungseinrichtungen zur Versorgung anderer Abnehmer aufzustellen. *(Versorgung anderer Abnehmer.)*

§ 5.

1. Die Messung erfolgt hochspannungsseitig durch vom E W X zu beschaffende und in seinem Eigentum verbleibende Höchstbelastungsanzeiger und Kilowattstundenzähler; ersterer zeigt die während einer Viertelstunde auftretende mittlere Höchstbelastung an. *(Messung der elektrischen Arbeit.)*

2. Für die Bereitstellung, Überwachung und Unterhaltung dieser Zähler zahlt der Abnehmer allmonatlich mit der Stromrechnung eine Gebühr von $\mathcal{M}$ 0,50 für jedes zur Verfügung zu haltende Kilowatt des Höchstbedarfs, zunächst also im Jahre $\mathcal{M}$ 150,—. *(Zählergebühren.)*

Kontrollzähler.　　3. Der Abnehmer kann auf seine Kosten Kontrollzähler, die von einer amtlichen Prüfstelle geeicht sein müssen, einbauen. Der Stromberechnung wird dann das Mittel aus den Ablesungen beider Zähler zugrunde gelegt, falls ihre Angaben nicht mehr als 6% voneinander abweichen. Zeigt ein Zähler unrichtig an oder steht er still, so sind die Angaben des zweiten Zählers maßgebend.

Ablesung der Zähler.　　4. Die Ablesung erfolgt innerhalb der drei letzten Monatstage durch je einen Beauftragten der beiden Parteien.

§ 6.

Preise.　　1. Die Berechnung der verbrauchten elektrischen Arbeit erfolgt entweder nach dem nachstehenden Maximaltarif oder Zonentarif.

Maximaltarif.　　a) **Maximaltarif:**

Für jedes als Mittel aus den drei höchsten Belastungen innerhalb eines Jahres angezeigte Kilowatt ist im Jahre eine Gebühr von ℳ 90,— und außerdem für jede verbrauchte Kilowattstunde 3 ₰ zu entrichten. Der vorläufigen Abrechnung wird ein Durchschnittspreis von 6 ₰ zugrunde gelegt; die endgültige Abrechnung erfolgt am Ende jedes Kalenderjahres.

Zonentarif.　　b) **Zonentarif:**

Es werden berechnet:

für die ersten　200000 Kwstd. innerhalb eines Jahres 7 ₰ für die Kwstd.
„　„ nächsten 200000　　　„　　　　„ desselben　„　　6 „　„　„　　„
„ den darüber hinausgehenden Verbrauch „　　　„　　5 „　„　„　　„

Die Preise beziehen sich jeweils nur auf die angegebenen Verbrauchszonen, nicht auf den Gesamtverbrauch. Die Berechnung beginnt jedes Jahr von neuem.

Tarifwahl.　　2. Die Wahl des Tarifes steht dem Abnehmer, abgesehen von dem in § 3, Abs. 2, vorgesehenen Fall, frei. Der Übergang von einer Berechnungsart zur anderen kann jedoch jeweils nur am Anfang eines Vertragsjahres erfolgen. Ein dahingehender Wunsch des Abnehmers ist dem E W X 4 Wochen vor Ablauf des Vertragsjahres schriftlich mitzuteilen.

Kohlenklausel.　　3. Die angegebenen Kilowattstundenpreise gelten bei einem Preise von ℳ 15,— für die Tonne der vom E W X verfeuerten Kohlenmischung. Sie erhöhen oder erniedrigen sich (in letzterem Falle jedoch nicht unter die vorstehend genannten Sätze) für jede volle Mark der Kohlenpreisbewegung um 0,12 ₰ für jede Kilowattstunde. Bei wesentlichen Änderungen der zur Verwendung gelangenden Brennstoffe, der Antriebsart oder bei Strombezug seitens des E W X findet diese Bestimmung sinngemäße Anwendung. E W X ist verpflichtet, auf Wunsch und Kosten des Abnehmers einem in gegenseitigem Einverständnis zu benennenden Sachverständigen Einsicht in die erforderlichen Belege zu gewähren. Falls sich die beiden Parteien über den Sachverständigen nicht einigen, soll der Vorstand des Kessel-Revisions-Vereins in X'heim als Sachverständiger benannt werden.

§ 7.

1. Die Rechnung über die verbrauchte elektrische Arbeit wird dem Abnehmer jeweils innerhalb der ersten 10 Tage jedes Monats zugestellt. *Rechnungszustellung.*

2. Einwände gegen die Richtigkeit der Rechnung müssen spätestens 10 Tage nach Erhalt derselben geltend gemacht werden. *Einwände gegen die Richtigkeit der Rechnung.*

3. Die Bezahlung hat unabhängig von etwaigen Einwänden 10 Tage nach Erhalt der Rechnung durch Barzahlung oder Banküberweisung ohne Abzug zu erfolgen. *Begleichung der Rechnung.*

§ 8.

1. Die Dauer dieses Abkommens beträgt 10 Jahre, vom Tage der erstmaligen Stromlieferung an gerechnet; dieser Tag ist in gegenseitiger schriftlicher Bestätigung festzulegen. *Dauer des Abkommens.*

2. Falls nicht von einer der beiden Parteien ein Jahr vor Ablauf schriftliche Kündigung erfolgt, verlängert sich der Vertrag um jeweils 3 Jahre. *Kündigung.*

§ 9.

1. Beide Parteien sind berechtigt und verpflichtet, sämtliche Rechte und Pflichten dieses Vertrages auf einen etwaigen Rechtsnachfolger zu übertragen, falls dieser imstande ist, die Verpflichtungen dieses Vertrages zu erfüllen. *Rechtsnachfolgerschaft.*

2. Falls sich über die Auslegung des Vertrages Meinungsverschiedenheiten ergeben sollten, so entscheidet unter Ausschluß des ordentlichen Rechtsweges ein Schiedsgericht endgültig. Hierfür ernennt jede der beiden Parteien einen Schiedsrichter, dessen Wahl gegenseitig, spätestens 4 Wochen nach erfolgtem Antrag auf Berufung des Schiedsgerichtes der Gegenpartei mitzuteilen ist. Unterbleibt letzteres, so geht das Recht der Ernennung des zweiten Schiedsrichters auf die andere Partei über. Falls sich die beiden Schiedsrichter nicht einigen können, so wählen beide einen Obmann; stimmen die beiden Schiedsrichter bei dieser Wahl nicht überein, so soll der Obmann von dem Präsidenten des Landgerichts in X'heim ernannt werden. Im übrigen gelten die Bestimmungen der C. P. O. über die Schiedsgerichte. *Meinungsverschiedenheiten. Schiedsgericht.*

3. Dieser Vertrag ist in doppelter Ausfertigung ausgestellt, von denen jede der beiden Parteien ein beiderseits unterschriebenes Exemplar erhält. *Ausfertigung des Vertrages.*

4. Kosten und Stempel der Vertragsausfertigung tragen beide Parteien je zur Hälfte. *Kosten.*

X'heim, den.. Z'heim, den..

Dritter Teil

Die Einziehung der Stromgelder.

Zur endgültigen Abwicklung jeden Verkaufsgeschäfts gehört als letzter, wichtigster Schritt die Bezahlung der gekauften Ware. Im gewöhnlichen Verkehr ist die Regel, daß der Verkäufer dem Abnehmer auf Grund einer Bestellung die Ware in begrenzter Menge hingibt und dafür von ihm entweder sofort nach Aushändigung der Ware oder später gegen Rechnung Bezahlung erhält. Von diesem Vorgang unterscheidet sich der Verkauf der elektrischen Arbeit grundsätzlich; einmal bestellt der Abnehmer nicht etwa eine bestimmte Menge im voraus, sondern er verlangt, daß die elektrische Arbeit ihm jederzeit nach Bedarf zur Verfügung steht, der Verkäufer kann deshalb auch, von Ausnahmefällen abgesehen, sich nicht auf die Lieferung einer begrenzten Menge beschränken, sondern muß dem Abnehmer die elektrische Arbeit in praktisch unbegrenztem Umfang zur Verfügung stellen, aus dem sich der Abnehmer dann nach Belieben die jeweils benötigte Menge entnimmt. Letztere kann demnach erst nach Entnahme und zwar nur bei dem Abnehmer selbst festgestellt werden. Da diese Feststellung bei einer großen Anzahl von Verbrauchern und zwar zur Aufrechterhaltung eines geordneten Geschäftsganges in regelmäßigen Zeitabständen erfolgen muß, sind besondere Vorkehrungen hierzu nötig. Der festgestellte Bedarf wird dann, da die Verrechnungsweise nicht immer einfach ist und Unregelmäßigkeiten vermieden werden sollen, einer besonderen Verrechnungsstelle gemeldet, die auf Grund der ihr übermittelten Angaben die Rechnung ausschreibt, diese wiederum ist dem Abnehmer zuzustellen, und schließlich hat der Unternehmer dafür Sorge zu tragen, daß der Betrag an ihn abgeführt wird. Es ist also zwischen Abgabe der Ware und ihrer Bezahlung meist ein recht umständlicher und bei der Menge der Abnehmer und der häufigen Wiederholung aller Vorgänge recht kostspieliger Weg zurückzulegen, und es ist daher erklärlich, daß man sich bemüht hat, diesen Weg zu vereinfachen und zu verbilligen. — Im folgenden wird zunächst der gewöhnliche Geschäftsgang und die dabei entstehenden Unkosten besprochen, soweit der unmittelbare Verkehr mit dem Abnehmer in Frage kommt, und hieran anschließend die Vorschläge und Versuche zu seiner Vereinfachung. Außerhalb der Betrachtung bleiben hierbei sämtliche rein buchhalterischen Fragen sowie die formale Ausgestaltung der einzelnen Geschäftsvorgänge, soweit dies nicht zum Verständnis der beschriebenen Maßnahmen erforderlich ist.

I. Der gewöhnliche Geschäftsgang.

Das in der Mehrzahl aller Fälle angewendete Verfahren ist verschieden, je nachdem es sich um Verkauf nach Zähler- oder Pauschaltarif handelt. Beim Zählertarif sind vier verschiedene Maßnahmen notwendig: die Feststellung des Verbrauchs, die Berechnung des sich hieraus ergebenden Geldbetrages, die Mitteilung dieses Betrages an den Abnehmer und die Einziehung von seiten des Unternehmers.

1. Die Ablesung der Zähler.

Die Feststellung des Verbrauchs erfolgt durch Zähler, die von Beauftragten des Werkes gewöhnlich am Ende oder Anfang eines Monats abgelesen werden. Der Ableser trägt seine Beobachtungen in eine Liste oder ein Buch ein, das zur möglichst raschen Abwicklung nach Straßen, Hausnummern und Stockwerken geordnet sein soll. Vielfach ist gebräuchlich, die gleichen Ablesungen allmonatlich auch in eine beim Zähler aufzubewahrende Karte einzutragen, um dem Abnehmer jederzeit eine Nachprüfung seines Verbrauches auch dann zu ermöglichen, wenn er andere Benachrichtigungen, wie Rechnungen oder Quittungen, nicht zur Hand hat. Dadurch entsteht zwar beim Ablesen eine kleine Verzögerung, die jedoch in Kauf genommen werden kann, da sich der Abnehmer dann jederzeit über seinen Verbrauch auch früherer Monate unterrichten kann, was zur Erhöhung seines Vertrauens beiträgt.

Gewöhnlich wird das Ablesen auf die letzten Tage des Monats verlegt und zur Erzielung eines geordneten Geschäftsbetriebes und zur Vermeidung von Zinsverlusten nach Möglichkeit beschleunigt. Dabei ist darauf zu achten, daß die Ablesung in den einzelnen Monaten in ungefähr gleichen Zeiträumen erfolgt, um Beschwerden über vermeintlich ungleichen Verbrauch zu vermeiden und das Bild der Betriebsstatistik nicht zu verwirren, was leicht der Fall sein kann, wenn ein Ablesezeitraum um einige Tage von dem anderen verschieden ist. — Die Schnelligkeit und Zuverlässigkeit der Ablesung hängt sowohl von sachlichen wie persönlichen Umständen ab. In erster Linie ist der Aufhängeort des Zählers von Einfluß. Es ergeben sich hierbei wesentliche Unterschiede, wenn der Zähler an unzugänglichen Orten oder in dunklen Räumen angebracht ist, gegenüber der richtigen Aufhängung an ausreichend beleuchtetem und leicht erreichbarem Platze. Auch die Art des Zählers bedingt beträchtliche Verschiedenheiten; Doppeltarif- und Maximalzähler erfordern nicht bloß wesentlich höhere Zeit zum Ablesen, da verschiedenartige Angaben zu berücksichtigen sind, sondern bedingen auch Zeitverlust durch Einstellung der Uhren bzw. der Zeiger. Ferner ist die Ausführung des Zählwerkes von Bedeutung. Zähler mit springenden Ziffern sind leichter und sicherer abzulesen als solche mit Skala oder mit Uhrzeiger, die nicht bloß zum Ablesen längere Zeit beanspruchen, sondern auch leichter zu Irrtümern Veranlassung geben. Um bei Zählwerken mit Uhrzeigern das Ablesen zu erleichtern, ist in dem Ablesebuch für jeden Zähler eine Abbildung entsprechend dem Zifferblatt der Uhr vorgesehen, so daß der Ableser nur durch ein Zeichen die Stellung der Zeiger zu vermerken braucht, ohne die Zahl selbst aufzuschreiben.

Nicht weniger sind die persönlichen Eigenschaften des Ablesers zu berücksichtigen. Zur raschen und sicheren Erledigung gehört Aufmerksamkeit, Geschicklichkeit und Sorgfalt; dementsprechend muß die Wahl der hierzu Beauftragten erfolgen. In kleineren Werken, bei denen sich die Beschäftigung eines besonderen Beamten nicht lohnt, werden gewöhnlich andere Angestellte, Monteure, Bureaubeamte und dergleichen verwendet, bei größeren Werken besorgen meist die Kassenboten die Ablesungsarbeit, wobei die Anordnung so getroffen werden soll, daß sie mit der Gelderhebung beginnen können, wenn das Ablesegeschäft erledigt ist. Häufiger Wechsel in dem hierfür bestimmten Personal ist zu vermeiden, weil von eingearbeiteten Leuten nicht nur schneller und zuverlässiger abgelesen wird, sondern auch Unregelmäßigkeiten im Verbrauch leichter bemerkt werden. — Ganz kleine Werke und Überlandwerke mit zahlreichen kleinen Ortschaften bedienen sich auch mit Vorteil eingesessener und ortskundiger Gemeindebeamten, Pensionäre oder Vertrauensleute, die im Nebenberuf die einschlägigen Arbeiten verrichten.

Neben den persönlichen Eigenschaften des Ablesers ist seine Leistung von der Art des Versorgungsgebietes, der Art der Zähler und nicht zuletzt von der Art der Entlohnung abhängig. In der beigefügten Zahlentafel sind für eine Anzahl von Unternehmungen verschiedenster Art Angaben zusammengestellt. Aus Blatt II der Zusammenstellung sind verschiedenartige Ergebnisse der Ablesungen ersichtlich. Die Leistung bewegt sich zwischen 60 und 160 abgelesenen Zählern pro Tag und beträgt im Durchschnitt bei normalen Zählern etwa 100. Überschritten kann diese Zahl nur werden bei Plätzen mit großer Konsumdichte und bequemer Anbringung des Zählers. — Aus der Aufstellung ist auch ohne weiteres ersichtlich, daß die Leistung der Ableser bei Doppeltarifen oder Maximalzählern wesentlich hinter der bei einfachen Zählern zurückbleibt. Die Bezahlung der Ableser erfolgt fast ausschließlich, je nach ihrem Hauptberuf, nach Monats-, Stunden- oder Wochenlohn. Vereinzelt wird auch nach der Zahl der Ablesungen bezahlt, ein Verfahren, das, wie jedes Stücklohnsystem, zur äußersten Anstrengung anspornt, damit aber auch eine Fehlerquelle durch ungenaues Ablesen in sich birgt. Letzteres kann durch gelegentliche Stichproben auf ein Mindestmaß zurückgeführt werden; auch ist der Schaden einer ungenauen Ablesung meist nicht von Bedeutung, weil er sich durch die nächste richtige Ablesung von selbst verbessert. Immerhin scheint die Gefahr zu flüchtigen Ablesens zu groß zu sein, so daß von dieser Entlohnung in größerem Umfange nicht Gebrauch gemacht wird.

Zahlentafel XVIII.

Angaben über das Abrechnungswesen.

Blatt I.

Allgemeines.

1	2	3	4	5	6	7	8
		Tarif	Zahl der Abnehmer				
Nr.	Art u. Einwohnerzahl des Versorgungsgebietes	Z = Einfacher Zählertarif R = Zählertarif m. Rabatt D = Doppel- bzw. Maximaltarif P = Pauschaltarif	im ganzen	mit normalen Zählern	mit Doppeltarif- oder Maximal- zählern	mit Automaten	mit Pauschal- tarif
1	Kleines Landstädtchen ohne Industrie. 3300 .	Z.	350	350	—	—	—
2	Kleines Landstädtchen ohne Industrie. 4000 .	Z. D. P.	480	473	3	—	4
3	Landstädtchen mit Industrie. 5000	Z. P.	610	550	—	10	50
4	Landstadt mit Beamtenbevölkerung. 9000 . .	Z. D.	983	979	2	2	—
5	Mittlere Stadt mit wenig Industrie. 33 000 . . .	Z. R. D. P.	2 475	2 222	139	—	114
6	Mittlere Handels- u. Industriestadt. 58 000 . .	Z. D.	2328	25	1100	1203	—
7	Mittl. Stadt mit ausgeprägtem Wohnungscharakter. 40 000	Z. R.	3 422	3 385	15	22	—
8	Großstadt. 265 000 . .	Z. D. P.	16 541	12 194	1522	2016	809
9	Großstadt mit ausgedehnter Überlandversorgung 370 000	Z.	72 320	72 000	—	320	—
10	Landwirtschaftl. Überlandzentrale. 30 000 . .	Z. P.	2 552	2 460	—	38	54
11	Überlandzentrale m. vorherrsch. Großind. 29000	Z. R. P.	4 200	1 163	—	15	3 022
12	Überlandzentrale m. vorherrschender Landwirtschaft. 80 000	Z. R. D. P.	7 468	6 221	20	423	804
13	Überlandzentrale m. vorherrschender Landwirtschaft. 160 000	Z.	10 000	—	—	—	—
14	Überlandzentrale m. ausgedehnter Industrieversorgung. 107 000 . . .	Z. R. D. P.	16 396	8 488	1806	2	6 100
15	do. 700 000 . . .	Z. R. D. P.	18 410	10 045	48	358	7 959
16	do. 157 000 . . .	Z. R. D. P.	22 137	13 160	550	7	8 420
17	do. 650 000 . . .	Z. D. P.	35 900	200	100+4600	—	31 000

Zahlentafel XVIII.

Blatt II.

Angaben über die Zählerablesung.

1	2	3	4	5	6	7	8
Nr.	Ablesung (K = Kassenbote, bzw. Ableser W = Sonstige Werkangestellte O = Ortsvertreter)		Bezahlung der Ableser (Z = Zeitlohn [Stunden-, Wochen-, Monatslohn] Sp = Spesenzulage St = Stücklohn pro Ablesung)	An einem Tag werden von 1 Mann abgelesen	Kosten der Ablesung		
	durch	erfolgt		Zähler	im ganzen ℳ	pro Abnehmer u. Jahr ℳ	pro einmalige Ablesung ₰
1	W.	monatlich	Z.	60	240,—	0,69	6,0
2	W.	„	Z.	90	236,25	0,50	3,4
3	W.	„	Z.	68	300,—	0,50	4,2
4	K.	„	Z.	100	652,92	0,66	4,7
5	W.	„	Z.	Z. 95	776,—	0,35	3,0
				D. 60	139,—	1,—	8,3
					915,—	0,39	3,2
6	K. W.	„	Z.	D. 60	1 390,—	1,23	10,0
				A.110	753,—	0,63	5,2
					2 143,—	0,92	8,0
7	K. W.	„	Z.	85	2 300,—	0,67	5,5
8	K.	„	Z.	Z. 80	11 000,—	0,90	7,5
				D. 50	2 200,—	1,44	12,0
				A. 80	1 800,—	0,90	7,5
					15 000,—	0,98	8,2
9	K. W.	„	Z.	160	33 000,—	0,46	3,6
10	K.	viertelj.	Z. u. Sp.	60	einschließl. Geldeinzug		
11	K. W.	monatlich	Z.	90	876,—	0,74	4,8
12	K. W.	„	Z. u. Sp.	150	4 300,—	0,70	5,0
13	K.	„	Z. u. Sp.	55	gleichzeitig m. Rechnungsausschreiben u. Geldeinzug		
14	K.	„	Z.	Z. 120	5 500,—	0,69	5,8
				D. 60	2 200,—	1,28	10,7
				Mittel K.	7 700,—	0,81	6,8
	O.	„	St.	188,—	0,30	2,5	
				Mittel K. u.O	7 888,—	0,78	6,5
15	K. W.	„	Z. u. Sp.	65	einschließl. Geldeinzug		
16	K.	„	St.	100	4 900,—	0,36	3,0
17	K. W.	Z. monatl. P. viertelj.	Z.	D. 80	2 858,—	0,58	4,8

Zahlentafel XVIII.
Blatt III.
Angaben über die Rechnungsstellung.

1	2	3	4	5	6	7
				Kosten der Rechnungsstellung		
Nr.	Art des Rechnungs-formulars	Ausschreiben erfolgt von	Schreibleistung pro Person und Tag	im ganzen	pro Ab-nehmer u. Jahr	pro Rechnung
			Stück	M	M	$\mathit{\mathcal{S}}$
1	Quittungsbuch	Hand	90	200,—	0,58	5,0
2	,,	,,	335	360,—	0,75	5,2
3	,,	,,	400	365,—	0,60	3,8
4	Rechnung	Maschine	350	592,—	0,61	4,5
5	,,	,,	285	Z. 1290,—	0,58	4,5
				D. 140,—	1,—	8,4
				P. 53,—	0,45	3,7
				1483,—	0,60	5,0
6	Quittungsbuch	Hand	—	D. 2505,—	2,05	17,0
7	Rechnung	Maschine	500	2580,—	0,76	6,5
8	,,	,,	350	Z. 11180,—	0,92	8,6
				D. 2240,—	1,46	12,2
				P. 580,—	0,72	6,0
				14000,—	0,97	8,9
9	,,	Hand, Adres-siermaschine	215	41000,—	0,57	4,5
10	,,	,,	250	763,—	0,30	7,6
11	,,	,,	Z. 250	679,—	0,58	4,7
			P. 400	740,—	0,24	2,0
				1419,—	0,34	2,8
12	,,	Maschine	700	2620,—	0,41	3,6
13	Quittungskarte	Kassenbote	gleichzeitig mit Ablesung und Geldeinzug			
14	Rechnung	Maschine {	Remington Z.800	Z. 6000,—	0,75	6,25
			Ellioth Z. 600	D. 1500,—	0,89	7,5
			,, P. 1000	P. 2740,—	0,45	3,9
				10240,—	0,65	5,5
		O. von Hand gleichzeitig mit		O. 200,—	0,30	2,5
		Ablesen u. Geldeinzug		10440,—	0,63	5,35
15	,,	Maschine	450	3360,—	0,19	1,4
16	,,	,,	350	Z. 6600,—	0,48	4,0
				P. 3200,—	0,38	3,4
				9800,—	0,44	3,7
17	Z. Rechnung P. Quittungs-abschnitte	,,	350	D. 6285,—	1,28	11,0
				P. 2825,—	0,09	2,25
				9110,—	0,25	—

Zahlentafel XVIII.

Blatt IV.

Angaben über den Geldeinzug.

1	2	3	4	5	6	7	8
Nr.	Einziehung (K = Kassenbote, B = Sonstige Beauftragte (Bank), O = Ortsvertreter)		Bezahlung der Geldeinzieher (Z = Zeitlohn, Sp = Spesenzulage, St = Stücklohn pro Rechnung)	Pro Tag und Person werden eingezogen	Kosten des Geldeinzuges		
	durch	erfolgt		Stück	im ganzen _ℳ_	pro Abnehmer u. Jahr _ℳ_	pro Rechnung _₰_
1	B.	monatlich	St.	76	364,—	1,04	9,86
2	K.	,,	Z.	150	450,—	0,94	6,5
3	K. B.	,,	St.		1 100,—	1,80	12,0
4	K.	,,	Z.	105	655,—	0,67	5,0
5	K.	,,	Z.	80	2 240,—	0,91	7,0
6	K.	,,	Z.	Z. 90	960,—	0,86	7,0
				A. 110	720,—	0,60	5,0
					1 680,—	0,72	6,0
7	K.	,,	Z.	80	2 600,—	0,76	6,5
8	K.	,,	Z.	60	Z. 19 200,—	1,40	12,0
					A. 3 400,—	1,68	14,0
					P. 1 400,—	1,72	14,0
					24 000,—	1,44	12,0
9	K. B.	,,	Z. u. St.	120	69 000,—	0,92	7,6
10	K.	viertelj.	Z. u. Sp.	50 einschl. Ablesen	2 000,—	0,80	0,2
11	K.	monatlich	Z.	90	Z. 700,—	0,58	4,8
					P. 1 840,—	0,61	5,1
					2 540,—	0,60	5,0
12	K.	,,	Z. u. Sp.	100	5 720,—	0,79	6,7
13	K.	,,	Z. u. Sp.	55	15 347,— gleichzeitig m. Ablesung u. Rechnungsschreiben		
14	K.	,,	Z. u. Sp.	Z. 100	9 500,—	0,98	8,2
				P. 80	6 300,—	1,03	8,9
				Mittel K.	15 800,—	1,—	8,4
	O.	,,	St.		313,—	0,45	3,75
				Mittel K. u. O.	16 113,—	0,98	8,3
15	K. B.	,,	Z.	65 einschl. Ablesen	23 900,—	1,32	9,9
16	K.	,,	St.	100	Z. 8 200,—	0,60	5,2
					P. 4 000,—	0,48	4,2
					12 200,—	0,55	4,6
17	K.	Z. monatl.	Z.	D. 40	4 500,—	0,92	7,6
		P. viertelj.		P. 85	8 000,—	0,26	6,5
					12 500,—	0,35	—

Zahlentafel XVIII.
Blatt V.
Gesamtkosten.

1	2	3	4	5	6
Nr.	Kosten im ganzen pro Jahr $\mathcal{M}$	Kosten pro Abnehmer und Jahr			
		für Ablesung $\mathcal{M}$	für Rechnungsstellung $\mathcal{M}$	für Geldeinzug $\mathcal{M}$	im ganzen $\mathcal{M}$
1	804,—	0,69	0,58	1,04	2,31
2	1046,25	0,50	0,75	0,94	2,19
3	1765,—	0,50	0,60	1,80	2,90
4	1899,92	0,66	0,61	0,67	1,94
5	Z. 4086,—	0,35	0,58	0,91	1,84
	D. 395,—	1,—	1,—	0,91	2,91
	P. 157,—	—	0,45	0,91	1,36
	4638,—				1,87
6	D. 4855,—	1,23	2,05	0,86	4,14
	A. 1473,—	0,63	—	0,60	1,23
	6328,—				2,71
7	7480,—	0,67	0,76	0,76	2,19
8	Z. 41380,—	0,90	0,92	1,40	3,22
	D. 4440,—	1,44	1,46	1,40	4,30
	P. 1980,—	—	0,72	1,72	2,44
	A. 5200,—	0,90	—	1,68	2,58
	53000,—				3,20
9	143000,—	0,46	0,57	0,92	1,95
10	2763,—	—	0,30	0,80	1,10
11	Z. 2255,—	0,74	0,58	0,58	1,90
	P. 2580,—	—	0,24	0,61	0,85
	4835,—				1,15
12	12640,—	0,70	0,41	0,79	1.90
13	15347,—	—	—	—	'1,54
14	Z. 21000,—	0,69	0,75	0,98	2,42
	D. 3700,—	1,28	0,89	0,98	3,15
	P. 9040,—	—	0,45	1,03	1,48
	33740,—				2,16
	O. 701,—	0,30	0,30	0,45	1,05
	34441,—				2,10
15	27260,—	—	0,19	1,32	1,51
16	Z. 19700,—	0,36	0,48	0,60	1,44
	P. 7200,—	—	0,38	0,48	0,86
	26900,—				1,22
17	Z. 13643,—	D 0,58	Z 1,28	D 0,92	Z. 2,78
	P. 10825,—	P. —	P. 0,09	P. 0,26	P. 0,35
	24468,—				0,68

Unter den angeführten Beispielen werden bei dem Werk Nr. 13 die Ortsvertreter für gemeinschaftliches Ablesen und Geldeinziehen mit einem bestimmten Prozentsatz der eingezogenen Gelder und bei Werk Nr. 15 mit 3 ₰ für jede Ablesung entlohnt, ein Betrag, der bei den anderen Entlohnungsarten, wie die Aufstellung zeigt, kaum erreicht werden kann. Hieraus scheint hervorzugehen, daß die Bezahlung nach der Anzahl der Ablesungen vorteilhafter ist als die Zeitentlohnung.

Ein Mittelweg zwischen beiden Entlohnungsarten bildet die Festsetzung eines geringeren Gehalts und eines entsprechenden Einheitssatzes für jede Ablesung oder aber die Bezahlung einer Prämie für Überschreitung einer bestimmten Anzahl fehlerloser Ablesungen. Von diesen beiden Methoden scheint selten Gebrauch gemacht worden zu sein, wohl weil man im allgemeinen die Ausgaben für das Ablesen für zu unbedeutend hält, um hierfür besondere Entlohnungsmethoden einzuführen. Dies ist aber, wie aus der Aufstellung hervorgeht, keineswegs der Fall; es ergeben sich für jeden Abnehmer im Jahre Kosten zwischen 30 ₰ und ℳ 1,44. Fast überall liegen die Kosten über 50 ₰ pro Jahr, so daß sich bei großer Abnehmerzahl recht ansehnliche Beträge ergeben, die durch besondere Maßnahmen herabzumindern sich durchaus lohnt. Die höheren Beträge ergeben sich entsprechend der geringeren Leistung der Ableser bei Doppeltarif und Maximalzählern und sind häufig doppelt so groß als bei den einfachen Zählern.

2. Die Rechnungsstellung.

Die Ablesungen werden in Form von Büchern oder Listen der Verwaltung zunächst zur Berechnung übergeben. Bei kleineren Werken wird damit gleichzeitig das Ausschreiben der Rechnungen verbunden, bei größeren Werken jedoch wird die Berechnung von einer besonderen Stelle vorgenommen, insbesondere dann, wenn zum Ausschreiben der Rechnungen Buchschreibmaschinen verwendet werden. Die für das Ausrechnen und Schreiben der Rechnungen erforderliche Zeit und damit die Kosten sind in höherem Maße von der Gestaltung des Tarifes abhängig. Namentlich verwickelte Rabattberechnungen können wesentliche Erschwerungen und Verzögerungen verursachen. Zur Vereinfachung der Ausrechnung werden dann meist Zahlentafeln aufgestellt, die das unmittelbare Ausrechnen ersparen und das Ablesen der fälligen Beträge ohne weiteres gestatten. Da falsche Rechnungen unter allen Umständen vermieden werden müssen, ist bei der Ausrechnung äußerste Sorgfalt am Platze. Die Rechnungen werden deshalb in gut geleiteten Werken von einer besonderen Stelle nachgerechnet; damit werden dann, soweit solche Einrichtungen bestehen, die erforderlichen Buchungen verbunden. Dann erfolgt das Ausschreiben der Rechnungen. Das früher gebräuchliche Ausschreiben von Hand erforderte mit der wachsenden Ausdehnung der Unternehmungen in jedem Monat eine außerordentliche Schreibarbeit, die ohne besondere Hilfskräfte nicht zu bewältigen war. Man suchte daher nach Vereinfachungen und fand es zunächst überflüssig, den sogenannten Kopf der Rechnungen (Name, Wohnung des Abnehmers, seine Buchungsnummer und sonstige allgemeine Angaben) in jedem Monat neu zu schreiben. Das kann auf verschiedene Weise vermieden werden. Es wird z. B. an Stelle der monatlichen Rechnungen ein Quittungsbuch verwendet, in das in jedem Monat der Zählerstand, die verbrauchte elektrische Arbeit, die sich ergebenden Beträge eingetragen und der Quittungsvermerk bei Bezahlung hinzugefügt wird (s. Abb. 21 a u. b). Das Buch wird dem Abnehmer bei Beginn der Stromlieferung übergeben und der Anfangsstand des Zählers eingetragen. Der Ableser vermerkt dann am Ende des Monats den neuen Zählerstand, überbringt das Buch der Verrechnungsstelle, die die erforderlichen Eintragungen vornimmt und es dem Kassenboten zum Geldeinzug und zur Rückgabe nach Bezahlung der Rechnung aushändigt. Grundsätzlich einfach, hat dieses Verfahren jedoch verschiedene praktische Nachteile. Einmal muß das Buch gut verwahrt werden, was jedoch nicht immer geschieht; meist legt es der Abnehmer, wenn er die Rechnung bezahlt hat, achtlos beiseite und es muß bei jeder Ablesung aufs neue gesucht werden. Die meistenteils aufgedruckte Vorschrift, daß das Quittungsbuch in der Nähe des Zählers aufzubewahren sei, wird nicht immer beachtet. Weiter sind manche Abnehmer nicht damit einverstanden, daß das Buch mit den Quittungen der vorhergehenden Monate ihnen immer wieder auf einige Zeit entzogen wird. Das Werk schließlich muß außer der Rechnung im Quittungsbuch eine besondere Buchführung (Stromdebitorenbuch und besondere Einzugsliste) einrichten. Auch bei Nichtzahlung bzw. Zahlungsverweigerung ist eine einfache Erledigung nicht möglich. Infolge dieser Nachteile ist das Quittungsbuch nur bei kleineren Werken mit einfachen Verhältnissen mit Vorteil verwendbar. — Ein anderer Weg der Vereinfachung führt zur Verwendung von Karten mit abreißbaren Quittungsabschnitten (s. Abb. 22 a u. b). Die Karte selbst enthält alle allgemeinen und bleibenden Angaben, sowie eine Jahresübersicht, während die Quittungsabschnitte, von denen in entsprechender Größe gewöhnlich 12 für die 12 Monate enthalten sind, nur die mit dem Kopf der Karte übereinstimmende Buchungsnummer, den Verbrauch und die zu zahlende Geldsumme enthalten; bei Pauschalverrechnung braucht nur die letztere vermerkt zu werden (s. Abb. 23). Diese Art der Rechnung hat gegenüber dem Quittungsbuch den Vorteil, daß besondere Debitorenbücher nicht notwendig sind, daß der Kopf der Karte mit den allgemeinen Angaben stets in der Verwaltung des Werkes bleibt und dort überwacht werden kann. Der Verbraucher erhält für jeden Monat eine

Elektrizitätswerk:

№ ———

Licht

Die Gesamtausgaben für Beleuchtung werden **vermindert** durch

☛ **ausschließliche Anwendung** ☚
☛ **des elektrischen Lichts.** ☚

Stromquittungsbuch pro 19

für

in

In nächster Nähe des Elektrizitätszählers :: aufzubewahren ::

Bitte Rückseite beachten!

Erleichtern Sie

Ihre Hausarbeit

durch Anwendung

Elektrischer Kochapparate

des

Elektrischen Bügeleisens

des

Elektrischen Staubsaugers

der

Elektrischen

Waschmaschine

(Vorderseite.) Abb. 21a. (Rückseite.)

Install. Lampen /5 /10 /16 /25 NK **Motor............PS**

Konst.:............ **Name**........................ .... **Straße Nr.**...........

Datum d. Ablesung		Zähler- stand	Diffe- renz	Ver- brauchte Kwstd.	Preis pro Kwstd.	Betrag f. Strom		Messer- Miete		Motoren- Miete		Bei- steuer- Rate				Gesamt- Betrag		Quittg. d. Kas- sierend.	Vermerk d. Elek- trizitäts- werkes
						ℳ	₰	ℳ	₰	ℳ	₰	ℳ	₰	ℳ	₰	ℳ	₰		
Jan.	1																		
„																			
Febr.																			
März																			
Nov.																			
Dez.																			

Abb. 21b. (Innere Seiten.)
Schema eines Stromquittungsbuches.

Lfd. Nr. 12   Elektrizitätswerk

RECHNUNG

für Herrn .... Straße   Nr.

Jahreszusammenstellung

Monat	Stand	Ver-brauch	Betrag	Messer-miete	Bei-steuer	Motor.-miete		Sa.
19...								
Dez.								
Nov.								
Okt.								
März								
Feb.								
Jan.								
19..								
Dez.								

Tarif: ....
p. Jahr
Messermiete . . . $\mathcal{M}$ ....
Beisteuer. . . . . „ ....
Motorenmiete . . . „ ....
Bogenlampenmiete „ ....
Pauschalbetrag:
a) Strom $\mathcal{M}$ ....
b) Miete „ ______
zus. $\mathcal{M}$ ....
Apparatemiete . . „ ....

Anschlußwert;
Licht . . . . KW
Kraft . . . . „

Bemerkungen:

Glühlampen: ... / ...... / ..... NK = ... Watt
... St. Bogenlamp. Pl. Nr. ... = ... „
= .... „
Anschlußwert für Licht: ...... KW
Zugang: ....
Abgang: ....
Zähler Nr. ... Type... Amp... Volt... Ltr.
Zählerablesebuch Fol. ....

In Betrieb gesetzt: ....
Außer Betrieb gesetzt: ....

Apparate à ...... Watt = ... Watt
Motoren à ...... „ = ... „
à ...... „ = ... „
Anschlußwert für Kraft: .... KW
Zugang: ....
Abgang: ....
Zähler Nr. ... Type... Amp... Volt... Ltr.
Zählerablesebuch Fol. ....

Berechnet am: ....
„ „ ....
Verbucht am : ....
„ „ ....

Bemerkungen:

Dezember 1913   Nr. 12
Stand am
Ende d. Mts.: ....
Anf. „ „ : ______ = ... Kwstd. $\mathcal{M}$ ....
Messermiete . . . . . . „ ....
Beisteuer, Motorenmiete „ ....
.... „ ....
Betrag erhalten.   Sa. $\mathcal{M}$ ______
Bitte Rückseite beachten!

November 1913   Nr. 12
Stand am
Ende d. Mts.: ....
Anf. „ „ : ______ = ... Kwstd. $\mathcal{M}$ ....
Messermiete . . . . . . „ ....
Beisteuer, Motorenmiete „ ....
.... „ ....
Betrag erhalten.   Sa. $\mathcal{M}$ ______
Bitte Rückseite beachten!

Oktober 1913   Nr. 12
Stand am
Ende d. Mts.: ....
Anf. „ „ : ______ = ... Kwstd. $\mathcal{M}$ ....
Messermiete . . . . . . „ ....
Beisteuer, Motorenmiete „ ....
.... „ ....
Betrag erhalten.   Sa. $\mathcal{M}$ ______
Bitte Rückseite beachten!

September 1913   Nr. 12
Stand am
Ende d. Mts.: ....
Anf. „ „ : ______ = ... Kwstd. $\mathcal{M}$ ....
Messermiete . . . . . . „ ....
Beisteuer, Motorenmiete „ ....
.... „ ....
Betrag erhalten.   Sa. $\mathcal{M}$ ______
Bitte Rückseite beachten!

Christbaumbeleuchtung
mit Miniaturlampen
Vorzügl. Wirkung · Einf. Befestigung
Keine Feuersgefahr

Elektrische Öfen
ermöglichen die zweckmäßigste
und bequemste Heizung

Heißes Wasser
erhält man am bequemsten
und schnellsten durch
elektrische Kochapparate

Elektrisch betriebene
Haushaltungsmaschinen
ersparen Zeit und Dienstboten

Vorderseite.   Abb. 22.   Rückseite.

Schema einer Quittungskarte mit abtrennbaren Quittungen.

Quittung, die allerdings nicht seinen Namen trägt und gewöhnlich sehr kleines Format besitzt, was beides zu Beanstandungen Anlaß gegeben hat. Will man auch dies letztere vermeiden, so bleibt nichts anderes übrig, als für jeden Abnehmer in jedem Monat eine Originalrechnung auszuschreiben. Um hierbei das wiederholte Ausfüllen der allgemeinen Angaben zu vermeiden, kann man die Rechnung auf ganz dünnes Papier drucken und je 12 mit einem Deckblatt zu einem Block vereinigen. Der Kopf kann dann durchgeschrieben werden; ebenso wird die Rechnung jeden Monat durchgeschrieben und erscheint so einmal auf der dem Abnehmer zu überreichenden Rechnung und einmal auf dem Deckblatt, das das Stromdebitorenbuch ersetzt. Falls das Durchschreiben nicht sorgfältig erfolgt, so können durch unklare Schrift Irrtümer und Beschwerden entstehen.

Alle die genannten Vereinfachungen kommen nur für kleinere Unternehmungen bzw. für Verrechnung nach Pauschaltarif in Frage; bei größeren Unternehmungen sind sie nicht durchgreifend oder nicht übersichtlich genug. Bei diesen letzteren hat sich aber zur Vereinfachung des Rechnungswesens in der Buchschreibmaschine ein besonders wertvolles Hilfsmittel ergeben. Die Rechnungen werden gewöhnlich mit schmalen Streifen treppenförmig übereinander geklebt, so daß nur die zu beschreibenden Zeilen frei bleiben. Je nach Bedarf werden mehrere Bogen übereinander zum Durchschreiben angeordnet. Die Maschine schreibt nun zugleich die Rechnung, die Debitorenliste, die Geldeinzugsliste; sie ist ferner häufig mit Einrichtungen versehen, die gleichzeitig die wagerechten und senkrechten Summen selbsttätig zusammenzuzählen gestatten. Damit kann eine außerordentliche Raschheit und Sicherheit der Rechnungsstellung erreicht werden und infolgedessen haben sich denn auch die Buchschreibmaschinen, deren es mehrere sehr brauchbare Systeme gibt, bei fast allen größeren Unternehmungen eingebürgert und trotz verhältnismäßig hoher Anschaffungspreise bei zweckmäßiger Gestaltung und Verwendung eine wesentliche Verbilligung der Verwaltungskosten ermöglicht.

Wie aus der Aufstellung ersichtlich ist, ist die tägliche Leistung pro Arbeitskraft bzw. Maschine sehr verschieden; sie ist am geringsten bei Ausschreiben von normalen Rechnungen von Hand und wesentlich größer bei Anwendung von Quittungsbüchern. Auch die Leistungen der Maschinen sind untereinander verglichen sehr verschieden. Dies hängt von dem System der Maschinen, von der Art ihrer Anwendung, ihren Nebenapparaten, ihrer Instandhaltung, der Geschicklichkeit und Ausdauer des Maschinenschreibers ab. So schwanken die Leistungen zwischen 250 und 700 Stück pro Tag und Maschine; der Durchschnitt dürfte sich bei guten Maschinensystemen mit etwa 400—500 Stück pro Tag ergeben. Der rascheren Erledigung des Rechnungsschreibens

und der Ersparnis an untergeordneten Arbeitskräften stehen die nicht
unwesentlichen Kosten für Abschreibung, Erneuerung und Unterhaltung
der Maschinen, sowie die höheren Ausgaben für das zur Bedienung erforderliche intelligente, geschickte und daher besser bezahlte Personal
gegenüber. Wenn somit aus der Aufstellung die Überlegenheit der
Maschine über das Ausschreiben von Hand nicht ohne weiteres ersichtlich ist, so ist zu berücksichtigen, daß die Schreibarbeit bei größeren
Unternehmungen ohne die Buchschreibmaschinen kaum durchzuführen
wäre. Die Kosten für die Rechnungsstellung bewegen sich zwischen
30 ₰ und ℳ 1,46 pro Abnehmer und Jahr. Die höheren Beträge ergeben sich bei verwickelteren Tarifen, die niedrigen bei Verwendung
von Quittungsbüchern und bei Pauschaltarif. Die durchschnittlichen
Kosten dürften etwa 60 ₰ pro Abnehmer betragen.

3. Der Geldeinzug.

Nach dem Ausschreiben muß die Rechnung dem Abnehmer zugestellt werden; sodann ist für ihre Bezahlung zu sorgen. Dies geschieht gewöhnlich durch einen Kassenboten, der die von dem Werk quittierte Rechnung überreicht und den Rechnungsbetrag unmittelbar in bar in Empfang
nimmt. Dieses Verfahren hat sich bei uns im Laufe der Jahre allgemein
eingeführt, im Gegensatz zu anderen Ländern, z. B. den Vereinigten
Staaten, wo es allgemein üblich ist, daß dem Abnehmer nur die Rechnung übergeben wird, ihm die Bezahlung an das Werk aber bis zu einem
gewissen Grade überlassen bleibt. Um ihn zur pünktlichen Entrichtung
der Rechnungsbeträge anzuhalten, werden ihm ansehnliche Nachlässe
in Aussicht gestellt, falls Zahlung innerhalb weniger Tage nach Rech-
nungsempfang erfolgt (s. S. 291). Dies Verfahren ist bei uns allgemein
nicht durchführbar, weil die Rabatte recht beträchtlich sein müssen,
wenn sie zur pünktlichen Zahlung einen Anreiz bilden sollen, jedoch
ist bei der heutigen Preisstufe die Auszahlung entsprechend hoher Rabatte nicht mehr möglich.

Der Kassenbote erhält die quittierten Rechnungen mit einer Geldeinzugsliste; um Betrügereien zu vermeiden, ist hierbei eine sorgfältige
Prüfung und Sicherung erforderlich, welch letztere gewöhnlich durch
eine Gegenquittung des Kassenboten darüber, daß er eine bestimmte
Anzahl Rechnungen erhalten hat, erreicht wird. Die beste Versicherung
ist freilich die Auswahl geeigneter und zuverlässiger Persönlichkeiten.
Manche Unternehmungen bevorzugen daher für den Geldeinzug pen-
sionierte Beamten oder besonders in kleinen Orten sonstige Vertrauensleute, Gemeindebeamten und andere. — Der Kassenbote geht nun an
Hand seiner Liste von Abnehmer zu Abnehmer, weist die Rechnung vor
und läßt sich den Betrag aushändigen oder, falls dies nicht möglich ist,
läßt er die Rechnung ohne Quittung oder eine sonstige Benachrichtigung

zurück. Bei kleineren Werken bringt der Kassenbote die eingezogenen Beträge unmittelbar nach dem Werk; bei größeren Unternehmungen wird jetzt die Einrichtung vielfach so getroffen, daß er an dem Orte seiner Tätigkeit die an einem Tag eingezogenen Beträge auf das Postscheckkonto der Unternehmung einzahlt und später auf Grund der Empfangsbestätigung und der zurückgebrachten Rechnungen abrechnet und sich entlastet. Manche, insbesondere kleine Werke, übergeben das gesamte Geldeinzugsgeschäft einem besonderen Unternehmer, z. B. einer Bank und vergüten dann für jede Rechnung einen gewissen Betrag. Der Erfolg einer solchen Maßnahme ist jedoch häufig nicht so günstig, als wenn das Werk den Geldeinzug selbst überwacht, da der fremde Unternehmer meist nicht die gleiche Energie aufwenden wird, um die ausstehenden Beträge einzubringen, wie das Werk selbst.

Die Leistung der Geldeinzieher und die hierbei entstehenden Kosten sind aus der beigegebenen Aufstellung, Blatt 4 ersichtlich; sie sind verschieden nach der Art des Versorgungsgebietes, nach der Bauart der Häuser, den Gewohnheiten der Abnehmer, der Geschicklichkeit und der Energie, und nicht zuletzt der Entlohnung der Kassenboten. Das gewöhnliche ist die Bezahlung von Monats- oder Wochenlohn. Seltener ist die Entlohnung auf Grund der erzielten Leistungen, wiewohl diese Art der Vergütung die Möglichkeit gewährt, die Unkosten gering zu halten und daher besonders am Platze wäre. In der Tat zeigt das Beispiel Nr. 15 der Aufstellung, daß sehr günstige Ergebnisse damit erreicht werden können. Zweckmäßig wird bei Stücklohnsystem die Entlohnung auf Grund der Anzahl der wirklich bezahlten Rechnungen erfolgen, nicht etwa nach der Zahl der Rechnungen überhaupt oder nach der Höhe der Geldbeträge. Der Kassenbote wird dann ganz besonders auf die Erhöhung seiner Leistung bedacht sein, ohne daß er sich hierbei Nachlässigkeit zuschulden kommen lassen kann, wie sie bei der Bezahlung nach Monatslohn nicht ausgeschlossen ist. Wie die Aufstellung zeigt, ist es möglich, die Unkosten für die eingezogene Rechnung bei einem solchen System auf 5 bzw. 4 $\mathcal{A}$ herabzudrücken, während sonst die Kosten durchschnittlich höher sind.

Im übrigen zeigt die Aufstellung, daß ein merklicher Unterschied auch bei den einzelnen Tarifarten besteht, wiewohl das Ausschreiben der Rechnungen und das Einziehen der Gelder scheinbar vom Tarif nicht abhängig ist. Es ist aber zu berücksichtigen, daß bei verwickelten Tarifen der Abnehmer viel langsamer die Rechnungen prüfen kann und daß er unter Umständen von dem Kassenboten Erklärungen verlangt, wodurch Zeitversäumnisse entstehen.

Auch zwischen Pauschaltarif und Zählertarifen ist ein Unterschied in den Kosten des Geldeinzuges festzustellen; teilweise sind beim

Pauschaltarif die Kosten höher, teils niedriger als beim Zählertarif. Letzteres erklärt sich daraus, daß der Abnehmer meist in geraden Geldsummen, die er vorher genau kennt und zurechtlegen kann, zu zahlen hat. Die höheren Beträge ergeben sich dort, wo es sich um ärmere, wenig zahlungsfähige Bevölkerung handelt, die zur Bezahlung der Rechnung öfter aufgefordert werden muß.

In neuerer Zeit hat man, den Bestrebungen nach Einschränkung des Bargeldverkehrs folgend, vielfach versucht, den Zahlungsverkehr der Elektrizitätswerke in dieser Richtung umzugestalten[1]). Das ist in dem beschriebenen Rahmen des normalen Geschäftsverkehrs durch Bank- oder Postscheecküberweisung oder durch unmittelbare Bankabhebung bzw. Überweisung möglich. Alle diese Wege sind bei Elektrizitätswerken gebräuchlich, jedoch nur in beschränktem Umfang, da die geringste Zahl der Abnehmer über Bank- oder Postscheckkonten verfügt. Im übrigen bildet die Einzahlung auf das Postscheckkonto des Werkes, falls der Abnehmer nicht selbst über ein Postscheckkonto verfügt, weder eine Einschränkung des Bargeldverkehrs, noch eine Verbilligung des Geldeinzuges; sie allgemein einzuführen, verbietet sich von selbst, da man keine Mittel in der Hand hat, die pünktliche Zahlung zu erzwingen, es geschähe denn durch Festsetzung von Strafgeldern für verspätete Bezahlung, und da es für den Abnehmer eine Unbequemlichkeit bedeutet, wenn er die Einzahlung auf dem Postamt, das namentlich in ländlichen Gebieten oft recht weit von ihm entfernt ist, vornehmen soll. Die letztere Zahlungsart ist deshalb auch nur bei Großabnehmern und bei säumigen Zahlern gebräuchlich, wobei den letzteren angedroht wird, daß bei Nichtbezahlung innerhalb einer bestimmten Frist eine Mahngebühr zur Erhebung gelangt. Ein durchgreifender Erfolg, der sowohl den Bargeldverkehr einschränkt als auch die Kosten des Einzugsverfahrens vermindert, läßt sich nur dann erreichen, wenn eine größere Anzahl Abnehmer über ein Bankkonto verfügt und die Rechnungen bei der Bank zur unmittelbaren Überweisung auf das Konto des Elektrizitätswerkes vorgezeigt werden können.

---

[1]) Während der Drucklegung ist ein neuer Vorschlag des Elektrizitätswerks Straßburg i. Els. zur Förderung des bargeldlosen Zahlungsverkehrs und zur Vereinfachung des Abrechnungswesens bekannt geworden. Das Werk nimmt von seinen Abnehmern Bareinlagen in Höhe von M 100—5000 entgegen und verzinst diese Beträge mit $4^1/_2\%$. Von dem Guthaben des Abnehmers werden die Stromrechnungen jeweils abgezogen und ihm lediglich Quittung und Aufstellung seines Guthabens monatlich oder vierteljährlich zugesandt. Dieser ebenso einfache wie zweckmäßige Weg, der inzwischen auch von anderen Unternehmungen eingeschlagen worden ist, scheint geeignet, den bargeldlosen Zahlungsverkehr und die Vereinfachung der Abrechnung wesentlich zu fördern.

II. Vereinfachungen des gewöhnlichen Geschäftsganges.

Wie aus den vorhergehenden Ausführungen und den Aufstellungen ersichtlich, verursacht das Abrechnungswesen in seiner gebräuchlichen Form nicht nur recht beträchtliche Kosten, sondern stellt auch an die Umsicht und Aufmerksamkeit der Verwaltung und der ausübenden Personen große Anforderungen, so daß man deshalb vielfach versucht, Vereinfachungen und Verbilligungen in diesem Verfahren herbeizuführen. Zwei Wege sind hierbei hauptsächlich eingeschlagen worden, einmal unter Anwendung besonderer Maßnahmen, namentlich der Zusammenfassung der einzelnen Geschäftsvorgänge, ohne die Verwendung mechanischer Hilfsmittel und ferner unter Ersatz menschlicher Tätigkeit durch Anwendung besonderer Apparate.

A. Vereinfachungen ohne mechanische Hilfsmittel.

Ohne besondere Hilfsmittel läßt sich das Abrechnungswesen entweder durch Anwendung des Pauschaltarifes oder durch die Zusammenfassung einzelner bei dem normalen Geschäftsgang getrennt ausgeführter Arbeitsgebiete vereinfachen.

1. Der Pauschaltarif.

Da bei dem Pauschaltarif die Berechnung der verbrauchten elektrischen Arbeit nach Schätzung zu vorher festgelegten Sätzen erfolgt, kommt das Ablesen der Zähler und das Ausrechnen des Verbrauchs in Fortfall; auch das Ausschreiben der Rechnungen kann wesentlich einfacher gestaltet werden, da es sich meist um festliegende, in jedem Monat gleiche Beträge handelt. Die Rechnung braucht nichts weiter als einen Geldbetrag zu enthalten und wird daher bei einzelnen Werken in Form einer Quittungsmarke ausgestellt (s. Abb. 23). Auch das Einzugsgeschäft gestaltet sich einfacher, da der Abnehmer die meist abgerundeten Beträge von vornherein kennt und sie bereitlegen kann. Andererseits ist der Pauschaltarif, worauf schon früher hingewiesen wurde, in großem Umfang bei der ärmeren Bevölkerung in Anwendung, so daß das Einziehen der Beträge infolge der wirtschaftlich schlechten Lage der Abnehmer häufig Schwierigkeiten bereitet.

Diese Schwierigkeit hat man dadurch zu umgehen gesucht, daß man in Gebieten mit ärmerer Bevölkerung den Geldeinzug wöchentlich vornimmt. Die Ausgaben für den Geldeinzug werden dadurch aber wesentlich erhöht und es muß Sache besonderer Überlegung sein, ob sich eine solche Maßnahme lohnt.

Schlesische Elektricitäts- und Gas-Action-Gesellschaft, Gleiwitz

№

Herr ....

Gleiwitz, ... Str.-Nr. ....

Pauschalvertrag v. .... jährlich M ▨ vierteljährlich M ▨
Änderungen:

Vertrag v. .... gilt v. .... jährlich M ▨ vierteljährlich M ▨

Vertrag v. .... gilt v. .... jährlich M ▨ vierteljährlich M ▨

Bemerkungen:

....

(Abreißabschnitte, linker Rand, senkrecht:) Schlesische Elektricitäts- und Gas-Action-Gesellschaft, Gleiwitz — № — Ausweis über bezahlte M für elektr. Strom für die Monate Juli, Aug., Sept. 1916 laut Pauschalvertrag.

Abb. 23. Schema einer Pauschalquittungskarte.

Wie die Aufstellung zeigt, ergeben sich bei der Anwendung des Pauschaltarifs gegenüber dem normalen Geschäftsgang mit monatlicher Zählerablesung recht beträchtliche Ersparnisse. So stehen sich bei einem und demselben Unternehmen für den einzelnen Abnehmer folgende Gesamtausgaben gegenüber:

Beispiel	Ausgaben pro Abnehmer	
	bei Zählertarif	bei Pauschaltarif
5	ℳ 1,84	ℳ 1,36
8	„ 3,22	„ 2,44
11	„ 1,90	„ 0,85
12	„ 2,42	„ 1,48
16	„ 1,44	„ 0,86
17	„ 2,78	„ 0,35

Bei letzterem Beispiel ist der Unterschied so außerordentlich groß, weil die Pauschalbeträge nur vierteljährlich einkassiert werden, während es sich bei dem Zähler- bzw. Doppel- und Maximaltarif um monatliche Erledigung handelt. Diese außerordentliche Ersparnis rührt in erster Linie von dem Wegfall der Ausgaben für das Ablesen, dann aber auch von den geringeren Kosten bei der Rechnungsstellung her, während die Ausgaben für den Geldeinzug häufig die gleichen, zum Teil sogar höhere sind als bei normalen Zählern. Diese Unterschiede können auch nicht zuungunsten des Pauschaltarifes dadurch wesentlich verändert werden, daß eine häufigere Überwachung der etwa angewendeten Strombegrenzer oder des Anschlußwertes der verwendeten Lampen vorgesehen wird. Es steht vielmehr fest, daß namentlich bei großen Unternehmungen mit ausgedehntem Kleinabnehmerkreis durch Anwendung des Pauschaltarifes bei den allgemeinen Unkosten sehr beträchtliche Ersparnisse erzielt werden können.

2. Sonstige Vereinfachungen.

So wesentlich auch die Vereinfachung und Verbilligung des Rechnungswesens durch die Einführung des Pauschaltarifes ist, so verbietet sich doch seine allgemeine Einführung aus mancherlei Gründen, von denen an anderer Stelle schon die Rede gewesen ist (s. S. 201); man hat daher vielfach auf andere Weise das gleiche Ziel zu erreichen gesucht. So ist es naheliegend, die Häufigkeit der Ablesungen und Rechnungsstellung zu vermindern und die in Frage kommenden Arbeiten statt in monatlichen in zwei- und dreimonatlichen Zeiträumen vorzunehmen. Soll damit eine nennenswerte Ersparnis erzielt werden, so müssen die verringerten Ablesezeiträume bei allen Verbrauchern das ganze Jahr hindurch beibehalten werden; es genügt z. B. nicht, wie es hier und da geschieht, die verringerten Ablesezeiträume nur im Sommer einzuführen. Falls man in einem solchen Falle nicht Personal entlassen will, kommt die Anwendung einer solchen Verringerung nur einer schlechteren Ausnutzung der vorhandenen Angestellten gleich. Um eine gleichmäßige Ausnutzung auch bei verringerten Ablesezeiträumen herbeizuführen, muß die ganze Arbeit über das ganze Jahr verteilt werden und in jedem Monat die Hälfte oder ein Drittel der Abnehmer besucht werden. Doch begegnet diese Art der Vereinfachung vielfachen Bedenken. Einmal sind die meisten Abnehmer selbst gewohnt, allmonatlich sich über ihre Ausgaben Rechenschaft abzulegen und sehen daher monatliche Abrechnung lieber als solche in größerem Zeitraum; vielfach ist aber auch namentlich der kleine Abnehmer gar nicht in der Lage, die bei mehrmonatlichem Geldeinzug sich ergebenden Summen ohne weiteres frei zu machen. Für den Unternehmer besteht der Nachteil, daß er Zinsverluste hat und genaue monatliche Betriebsübersichten, die zur Überwachung und Aufrechterhaltung eines in allen Teilen geordneten Betriebes notwendig sind, nicht aufstellen kann. Der Nachteil des Zinsverlustes fällt bei Pauschaltarifen, bei denen gewöhnlich im voraus bezahlt wird, fort. Ebenso fallen bei diesem Tarif die Nachteile bezüglich der Statistik nicht so sehr ins Gewicht, da man ohnehin auf Schätzung des Verbrauches angewiesen ist. In der Tat ergeben sich denn auch hier bei der Zusammenfassung der Rechnungszeiträume außerordentliche Ersparnisse, wie insbesondere das Beispiel Nr. 17 zeigt.

Unter Beibehaltung des sonstigen normalen Geschäftsganges wird bei zweimonatlichen Abrechnungszeiträumen erreicht, daß der Abnehmer in dieser Zeit nur zwei Besuche, einmal des Ablesers und dann des Kassenboten, erhält. Das gleiche Ergebnis kann aber auch erreicht werden, wenn man die Arbeit des Ablesens und des Geldeinzuges verbindet. Der Kassenbote überbringt dann z. B. am Ende eines Monats die Rechnung für den vorhergehenden Monat und liest gleichzeitig den Verbrauch des laufenden Monats ab; dadurch wird ein zweiter Besuch des Abnehmers erspart und manche Vorteile erzielt. So wird der Abnehmer nur einmal im Monat belästigt und für das Werk ergibt sich eine nicht unwesentliche Ersparnis, die nicht nur in dem nur einmaligen Besuche des Abnehmers besteht, sondern auch in der besseren Ausnutzung der Besuchszeit, indem es sich wohl meist ermöglichen läßt, daß der Abnehmer in der Zeit, in der der Kassenbote den Zähler abliest, für die Herbeischaffung des Geldes Sorge trägt. Freilich steht dieser Ersparnis für das Werk ungefähr der Zinsverlust eines Monats gegenüber, der jedoch in der Regel nicht so bedeutend ist, daß er die Ersparnis aufwiegen und in sehr geringen Grenzen gehalten werden kann, wenn die Großabnehmer besonders behandelt werden und ihnen die Rechnung sofort nach dem Ablesen zugestellt wird.

In der Aufstellung Blatt V werden bei den Werken Nr. 10 und 15 das Ablesen und der Geldeinzug gleichzeitig vorgenommen, bei dem Beispiel 10 geschieht dies vierteljährlich, bei dem Beispiel 15, wie normal, monatlich. Der Vergleich mit den Ziffern der übrigen Werke ergibt in der Tat, daß es sich um einige Ersparnisse der Mehrzahl der anderen Werke gegenüber handelt; sie dürften bei Beispiel 15 ungefähr 30 $\mathfrak{Pf}$ pro Abnehmer und Jahr oder 2,5 $\mathfrak{Pf}$ pro Abnehmer und Monat dem Durchschnitt der übrigen Werke gegenüber betragen, d. h., bei einem Zinsfuß von 5% müßte die Rechnung des Abnehmers pro Monat mindestens M 6,— betragen, falls die Ersparnis durch den Zinsverlust wieder aufgewogen werden soll.

Von der Zusammenlegung des Ablesens und der Gelderhebung ist nun noch ein Schritt zur Vereinigung aller für die Rechnungsstellung notwendigen Maßnahmen in einen einzigen Geschäftsvorgang: Es wird bei jedem Besuch sogleich der Zähler abgelesen, an Ort und Stelle die Rechnung ausgeschrieben und sofort das Geld eingezogen. Da hierbei jede Nachprüfung der einzelnen Stufen ausgeschlossen ist, ist man allein auf die Zuverlässigkeit des Ausführenden angewiesen, oder man muß durch ein besonders ausgebildetes System nach Möglichkeit Fehler und Veruntreuungen vermeiden. In der Praxis ist dies vereinfachte System in zwei verschiedenen Arten zur Durchführung gelangt, einmal unter Verwendung sog. Vertrauensleute in kleinen abgegrenzten Bezirken oder unter Verwendung von Berufskassenboten bei normalem Umfang der zu bearbeitenden Gebiete. In ersterem Falle wird in jedem Ort eine eingesessene, besonders vertrauenswürdige Persönlichkeit ausgewählt, die die Zähler abliest, die Rechnung ausschreibt, das Geld sofort einzieht und an die Kasse des Elektrizitätswerkes absendet. Der Beauftragte wird entweder durch eine feste Summe oder durch einen bestimmten Betrag pro Rechnung entlohnt. Der Vorteil dieses Systems liegt in der raschen Abwicklung der gesamten Abrechnung, die, falls entsprechend unterteilte Bezirke den Vertrauensleuten zur Bearbeitung obliegen, innerhalb weniger Tage für das gesamte Versorgungsgebiet erledigt sein kann. Der Nachteil ist das Fehlen fast jeglicher Überwachung, falls nicht besondere Prüfbeamte angestellt und hierfür neue Ausgaben in den Kauf genommen werden. Im übrigen hängt der Erfolg dieser Maßnahme zum größten Teil von der Persönlichkeit des Vertrauensmannes ab, von seinem Ansehen bei den Mitbewohnern, seiner Energie und Umsicht. Die Annahme, daß die Verbraucher sich scheuen, einem ortseingesessenen, angesehenen Mann die Rechnungsbeträge schuldig zu bleiben, trifft nicht überall zu. An manchen Orten ist gerade die entgegengesetzte Beobachtung gemacht worden, indem der Ortseingesessene unter Umständen eher zu einem Nachgeben dem Abnehmer gegenüber bereit ist als ein fremder Kassenbote. Daß jedoch zunächst bei diesem System Ersparnisse zu erzielen sind, zeigt Beispiel 13, bei dem in einem Teil des Versorgungsgebietes der Geldeinzug auf diese Weise durch ortseingesessene Vertrauensleute erfolgt. Obwohl dort die Entlohnung der Vertrauensleute nach einem nicht einwandfreien System erfolgt (sie erhalten 4% der eingezogenen Rechnungsbeträge), ergibt sich die geringe Gesamtausgabe von $\mathcal{M}$ 1,05 pro Abnehmer, während in dem übrigen Gebiet bei Einhaltung des normalen Geschäftsganges bei Zählern $\mathcal{M}$ 2,42, bei Pauschalen $\mathcal{M}$ 1,48 Unkosten pro Abnehmer   entstehen.

Bei Verwendung von Berufskassenboten muß, damit möglichste Übersicht und Prüfungsgelegenheit geschaffen wird, das Formularwesen besonders durchdacht und eingerichtet sein; für ein solches System ist z. B. den Neckarwerken, Eßlingen, ein Gebrauchsmusterschutz erteilt; es ist von der Überlandzentrale Anhalt übernommen und in Einzelheiten verändert worden. Der Kassenbote hat die in Abb. 24 dargestellten Rechnungskarten mitzunehmen, die je nach der Verwendung der elektrischen Arbeit bzw. nach dem Tarif durch verschiedene Farben gekennzeichnet und mit laufenden Nummern versehen möglichst nach der Reihenfolge der Abnehmer in einer Mappe, für den Kassenboten nicht herausnehmbar, eingeheftet sind. An dem Zähler des Abnehmers findet er eine entsprechende Quittungskarte nach Abbildung 25 vor. Der Kassenbote trägt nun Stand des Zählers in Rechnungs- und Quittungskarte ein, berechnet leicht hieraus den Verbrauch durch Abziehen der vorhergehenden Zählerangabe, die stets unter der neuen Angabe steht, da die Karten von unten nach oben beschrieben werden, setzt den Rechnungsbetrag an Hand von bereits aus-

**Ueberlandzentrale Anhalt
Dessau.**

Garantie M. .... *Lfde. Nr.* ....

Rechnungskarte für das Jahr 191....

Name: ....   *Ort:* ________________

Stand: ....   *Straße:* ....

Zähler Nr. ....

Anschlußwert: ....

Type: ....   *Ampère:* ....   *Const.:* ....

Einfach-Tarif
Kwst. à .... *Pfg.*

Doppel-Tarif
Kwst. à .... *Pfg.*

Zählerstand Kwstd.	Ver-brauchte Kwstd.	Betrag ℳ | ₰	Datum der Ablesung 191	Zählerstand Kwstd.	Ver-brauchte Kwstd.	Betrag ℳ | ₰	Zähler-miete ℳ | ₰	Rechn.-Betrag ℳ | ₰	Zahlungs-vermerk des Kassenboten
			Dez.						
			Nov.						
			Oktob.						
			Sept.						
			August						
			Juli						
			Juni						
			Mai						
			April						
			März						
			Febr.						
			Januar						
			Vortrag						

Abb. 24.

**Schema einer Rechnungskarte zum gleichzeitigen Ablesen, Ausschreiben und
Geldeinziehen.**

Ueberlandzentrale Anhalt	Garantie M............ Lfde. Nr............
Dessau.	Einfachtarif............₰
	Zählermiete:............

Quittungskarte für das Jahr 191......

Name:............................

Ort:............................

Zähler Nr.:............................

Anschlußwert:............................

Type:............ *Amp.:*............ *Const.:*............

Tag der Ablesung	Zählerstand	Ver-brauchte Kwstd.	Betrag		Zahlungsbestäti-gung durch Coupier-Zange
			$\mathcal{M}$	₰	
Dezember					
November					
Oktober					
Septemb.					
August					
Juli					
Juni					
Mai					
April					
März					
Februar					
Januar					

Abb. 25.

Schema einer Quittungskarte zum gleichzeitigen Ablesen, Ausschreiben und Geldeinziehen.

gerechneten Tafeln für die verschiedenen Tarife ein, zählt die Zählermiete hinzu und locht in der Zahlungsbestätigungsspalte in Rechnungs-,
sowie Quittungskarte, sofern der Abnehmer bezahlt. Geschieht dies
nicht, so hinterläßt er einen Zettel mit Angabe über die Höhe der Stromrechnung und Aufforderung zur Zahlung mittels eines ferner beigelegten Postscheckformulars. Zur Überwachung der Kassenboten wird ein
dauernder Wechsel in den Ablesebezirken angewendet; außerdem werden
unvermutete Stichproben bei Zähleruntersuchungen vorgenommen. —
Über die Leistungen und Kosten dieses Systems geben die Zahlen
des Beispiels 13 der Aufstellung Aufschluß. Es ergibt sich in der Tat,
daß die Jahreskosten billiger als bei den meisten Werken mit normalem
Geldeinzug sind. Dieses System wird daher überall dort am Platze
sein, wo in einem nicht zu ausgedehnten Versorgungsgebiet eine ausreichende Überwachung durchgeführt werden kann und die Anwendung
ganz einfacher Tarife verwickelte Ausrechnungen unnötig macht.

B. Die Anwendung besonderer Apparate.

Wie bei jeder gleichmäßig wiederholten Tätigkeit hat man auch bei
dem Rechnungswesen versucht, menschliche Tätigkeit durch maschinelle zu ersetzen oder sie durch Hilfsapparate zu vereinfachen bzw. zu
unterstützen.

Zur ersten Gruppe dieser Apparate gehört der Selbstverkäufer, der
es ermöglicht, bei einem Teil der bisher beschriebenen Arbeitsvorgänge
menschliche Tätigkeit vollständig zu entbehren.

1. Der Selbstverkäufer.

Dieser zuerst in England und Amerika eingeführte Apparat bezweckt
die Vermeidung des Ablesens und des Rechnungsausschreibens; der
Abnehmer hat lediglich eine Münze in den Apparat einzuwerfen und
kann dann solange elektrische Arbeit entnehmen als dem gezahlten
Preis entspricht. Vorausgesetzt, daß der Apparat technisch einwandfrei
arbeitet, bietet seine Anwendung einige Vorteile für das Werk und den
Abnehmer. Letzterer braucht die monatliche Geldsumme für elektrische
Arbeit nicht auf einmal auszugeben, sondern kann sie in kleinen Beträgen, wie beim Einkauf der übrigen täglichen Bedürfnisse, allmählich
aufbringen. Durch den Fortfall der Monatsrechnungen verschwindet
eine Quelle von Meinungsverschiedenheiten. Die Belästigung des Abnehmers durch wiederholten Besuch der Angestellten des Werkes wird
wie bei der Zusammenlegung von Ablesung und Geldeinzug auf ein
Mindestmaß verringert. Das Werk erspart das Rechnungsausschreiben
und die doppelte Arbeit des Ablesens und Geldeinziehens wird auf einen
einmaligen Besuch beschränkt. Da Vorausbezahlung die Regel ist,
hat es wie beim Pauschaltarif einen Zinsgewinn; auch ist von besonderem

Vorteil, daß die Außenstände vermindert werden. Wenn trotz dieser Vorteile die Verwendung bei weitem nicht so allgemein ist, wie bei dem Gas-Selbstverkäufer, so liegt dies vielfach an mangelnder Wirtschaftlichkeit. Der Preisunterschied zwischen einem gewöhnlichen Zähler und einem Selbstverkäufer von zuverlässiger Ausführung ist immer noch so groß, daß die dadurch entstehenden Mehrkosten für Verzinsung, Abschreibung und Unterhaltung unter normalen Verhältnissen die Ersparnisse an Verwaltungskosten bei weitem aufwiegen. Dies zeigt ein Blick auf Blatt V der Zusammenstellung. Bei den Unternehmungen Nr. 6 und 8 werden Selbstverkäufer in größerem Umfang verwendet. Die für das Ablesen und den Geldeinzug entstehenden Kosten sind hierbei wesentlich geringer als bei den gleichzeitig angewendeten Zählern. Die Kosten würden noch bedeutend vermindert werden, wenn das Ablesen ganz in Wegfall kommen würde. Darauf wollen aber die Werke vielfach nicht verzichten, einmal, um eine Überwachung des Abnehmers durchführen zu können und die nötigen Unterlagen für die Betriebsstatistik zu erhalten. Trotzdem ergibt sich gerade an Hand dieser Beispiele, daß durch die Anwendung der Selbstverkäufer gegenüber einem normalen Zähler oder gar gegenüber dem Pauschaltarif sich ein wirtschaftlicher Vorteil nicht ergibt. Der Mehrpreis eines Selbstverkäufers beträgt unter den heutigen Verhältnissen noch mindestens $\mathcal{M}$ 25.— gegenüber einem normalen Zähler. Rechnet man nur 12% für Verzinsung, Amortisation und Unterhaltung, so ergibt sich pro Jahr ein Mehrpreis für jeden Selbstverkäufer-Abnehmer in Höhe von $\mathcal{M}$ 3,—, d. h., selbst bei dem in den Beispielen verwendeten teuren Doppeltarif und den Maximalzählern werden die Gesamtkosten des Selbstverkäufers noch bedeutend höher als bei den anderen Zählern. Daß in bestimmten einzelnen Fällen das Gegenteil der Fall ist und die Anwendung des Selbstverkäufers neben der Vereinfachung der Abrechnung auch eine Ersparnis erbringt, ändert an der allgemeinen Tatsache nichts. Erst wenn der Preis des Selbstverkäufers den des normalen Zählers nur um ein geringes übersteigt, wird er den Wettbewerb in großem Umfang aufnehmen können. Aber auch dann wird der wirtschaftlich Bessergestellte meist die gewohnte Regelung durch besondere Abrechnung vorziehen. Daß hierbei nicht bloß wirtschaftliche Gesichtspunkte maßgebend sind, ersieht man am besten daraus, daß dort, wo die gleichen Waren unter ganz denselben Verhältnissen von Selbstverkäufern und von Personen feilgeboten werden, wie z. B. bei Fahrkarten, immer noch ein sehr erheblicher Teil der Käufer, auch wenn sie das passende Geldstück zur Hand haben, den persönlichen Kauf vorziehen. Nun stellt man den Selbstverkäufer nicht so sehr dem normalen Zähler als vielmehr dem Pauschaltarif gegenüber. Hierbei können aber keine anderen Gesichtspunkte hinsichtlich der Wirtschaftlichkeit in Frage kommen als beim Vergleich des normalen Zählertarifes gegenüber dem Pauschaltarif, d. h., es hängt von den örtlichen Umständen ab, von dem Charakter der Abnehmer und den Erzeugungskosten, welchem der beiden der Vorzug zu geben ist. Es ist zwar hier und da behauptet worden, daß die Anwendung des Selbstverkäufers den Abnehmer zu höherem Verbrauch veranlaßt, da er weniger sparsam wirtschaftet als beim Zähler, bei dessen Anwendung er am Monatsende die hohe Stromrechnung fürchtet. Diesen Behauptungen widersprechen aber Versuche, die gezeigt haben, daß Abnehmer gerade beim Übergang vom normalen Zählertarif zum Selbstverkäufer weniger verbraucht haben als zuvor.

Berücksichtigt man vielmehr, wie gering häufig die mit dem Selbstverkäufer erzielten durchschnittlichen Einnahmen bei kleinen Anlagen sind, so muß man zu dem Schluß kommen, daß eine Gewähr für eine ausreichende Verzinsung des auf den einzelnen Abnehmer zu rechnenden Anteils der Erzeugungs- und Fortleitungsanlagen nicht gegeben ist und es ist ebenso unrichtig, den Selbstverkäufer als das allein geeignete Mittel zur Lösung der Kleinabnehmerfrage zu bezeichnen, wie etwa den Pauschaltarif oder den normalen Zählertarif. Dem widerspricht keineswegs die Tatsache, daß in einzelnen Fällen mit der Einführung dieses Apparates gute Erfolge erzielt wurden (Lüdenscheid, Dortmund, Hildesheim, Amsterdam). Zweifellos hat seine Einführung in allen diesen Fällen eine Verbesserung gegenüber den bestehenden Verhältnissen gebracht und das kann an vielen Orten in gleichem Maße noch der Fall sein. Es ist aber dadurch nicht der Beweis erbracht, daß an den gleichen Orten nicht auch durch andere Mittel bei entsprechend eifriger Bearbeitung der Abnehmerkreise der gleiche oder vielleicht auch ein besserer Erfolg erzielt worden wäre; es ist eben auch in dieser Frage eine Verallgemeinerung nicht möglich.

2. Sonstige Apparate zur Vereinfachung des Abrechnungswesens.

Während sich der Selbstverkäufer bereits einer großen und immer mehr wachsenden Verbreitung erfreut, handelt es sich bei den sonst angewendeten mechanischen Vorrichtungen zum größten Teil um Versuche oder um ganz beschränkte Anwendung. Ausgenommen sind Maschinen, die auch in anderen kaufmännischen Betrieben Verwendung finden und mit kleinen Abänderungen in das Abrechnungswesen der Elektrizitätswerke übernommen sind. Das sind: Rechen-, Buchschreib-, Adressiermaschinen u. a. Diese Apparate können jedoch nur die Raschheit, nicht aber die Art der Erledigung des Abrechnungswesens beeinflussen. Soweit ersteres der Fall ist, ist bereits bei der Besprechung des normalen Geschäftsganges darauf hingewiesen. Für die besonderen Zwecke des Geldeinzuges, für Elektrizitäts-, Gas- und Wasserwerke ist

ferner eine besondere tragbare Abrechnungsmaschine auf den Markt
gebracht worden, mit deren Hilfe das gleichzeitige Ablesen, Ausrechnen,
Rechnungsausschreiben und Geldeinziehen auf maschinellem Wege ermöglicht und überwacht werden soll. Die Maschine scheint jedoch
in den praktischen Gebrauch noch nicht eingeführt zu sein. Auch

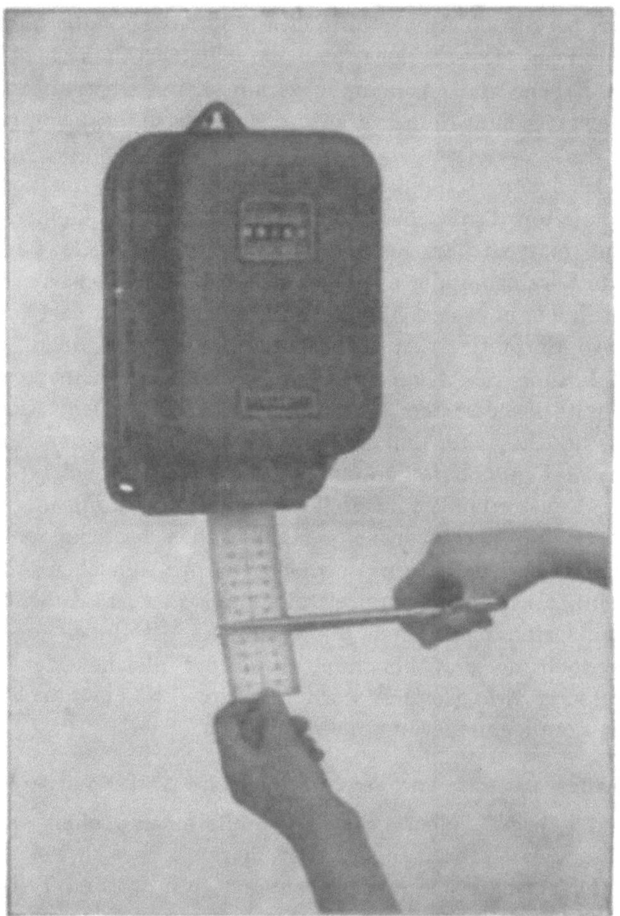

Abb. 26.

andere Vorrichtungen bezwecken, hauptsächlich das gleichzeitige Ablesen, Rechnungsschreiben und Geldeinziehen zu ermöglichen bzw. zu
erleichtern. So sind wiederholt Vorschläge gemacht worden, die Angaben des Zählers nicht in Kilowattstunden, sondern unmittelbar in
dem entsprechenden Geldbetrag zum Ausdruck zu bringen. Solche
Zähler sind im Ausland (Dänemark) sehr verbreitet. Bei uns steht der

Ausführung dieses Vorschlages die gesetzliche Bestimmung entgegen, daß die Angaben unmittelbar in den gesetzlichen Maßeinheiten erfolgen müssen. Wenn auch das Gesetz gestattet, daß es genügt, wenn die Zählerangaben durch Vervielfältigung mit einer auf dem Apparat angegebenen Zahl (Konstante) auf die gesetzlichen Maßeinheiten zurückgeführt werden können, so haben doch so ausgestaltete Zähler bei uns keine Verbreitung gefunden, weil sie stets gleichbleibende und einfache Tarife voraussetzen und so die freie Beweglichkeit in der Preisgebarung hindern. — Für das Ausrechnen auf mechanischem Wege bzw. die Ersparnis dieser Arbeit ist eine andere Einrichtung, Stromabrechnungsvorrichtung genannt, vorgeschlagen worden. Sie besteht in einem Papierstreifen, der in einem besonderen Gehäuse am Zähler untergebracht und mit geeigneten Aufdrucken versehen ist (s. Abb. 26). Beim jedesmaligen Ablesen wird von dem Streifen soviel abgeschnitten und auf das entsprechend eingerichtete Rechnungsformular aufgeklebt (s. Abb. 27) als dem jeweiligen Verbrauch entspricht. Damit sowohl dem Stromverkäufer als auch dem Abnehmer eine Überwachung möglich ist, ist der Papierstreifen doppelt gedruckt und kann durch eine durchlochte Mittellinie leicht halbiert werden. Die eine Hälfte dient zum Einkleben in das Rechnungsformular, während die andere Hälfte mit dem erhobenen Gelde als Abrechnungsunterlage der Nachprüfungsstelle des Elektrizitätswerkes zu übergeben ist. Am unteren Ende der Rechnung ist, wie die Abb. 27 zeigt, ein kleiner Kontrollstreifen angebracht, der vom Abnehmer gegengezeichnet wird, nachdem er sich von der Richtigkeit der Ablesung und Rechnung überzeugt hat. Auch dieser Apparat ist in größerem Umfange noch nicht erprobt.

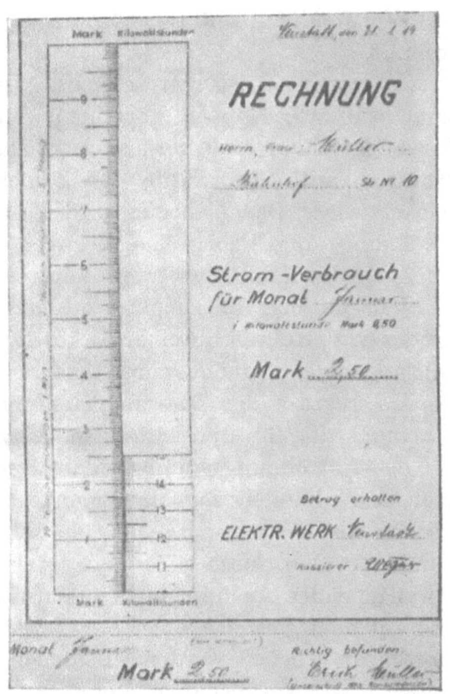

Abb. 27.

Ein gewichtiger Nachteil ist, daß für das Werk eine einfache Aufschreibung der verbrauchten Kilowattstunden nicht möglich ist. Auch müssen zur Vermeidung von Streitigkeiten das Abschneiden und Aufkleben der Rechnungsstreifen sehr sorgfältig ausgeführt werden. Berücksichtigt man dies, so wird sich ergeben, daß ein geübter Kassenbote das Ablesen, Ausrechnen und Ausschreiben der Rechnungen wohl in derselben Zeit wie das Abschneiden und Aufkleben des Streifens erledigen kann. Der Apparat wird daher nur bei kleinen Werken mit einfachen Tarifen mit Vorteil verwendet werden können, bei denen die Verwendung untergeordneter Kräfte zum Geldeinzug in Frage kommt.

Zu erwähnen ist hier schließlich noch ein in Amerika gemachter, zum Teil ausgeführter Vorschlag, der ein rasches und sicheres Ablesen der Zählerstände gewährleisten soll. Es handelt sich um eine kleine Kamera, mit deren Hilfe der Zählerstand photographiert und entwickelt wird. Das Lichtbild wird dann in das Ablesebuch bzw. auf die Rechnung aufgeklebt. Um Verwechselungen zu vermeiden, muß die Nummer des Zählers auf dem Zählwerk angebracht und mit abgebildet werden. Falsche Ablesungen sind hierdurch unmöglich gemacht, jedoch ist dieses Verfahren offenbar so kostspielig, daß an eine allgemeine Einführung nicht gedacht werden kann.

Auf Blatt V der Zusammenstellung sind sowohl die Gesamtkosten als auch die für den einzelnen Abnehmer sich ergebenden Beträge für das Abrechnungs- und Geldeinzugsgeschäft zusammengestellt. Wie man sieht, handelt es sich namentlich bei Überlandzentralen mit ausgedehntem Versorgungsgebiet um sehr erhebliche Beträge, die herabzumindern die Sorge jedes Betriebsleiters sein müßte. Wie aus den vorangehenden Ausführungen zu entnehmen ist, kann aber auch hierbei, wie auf dem ganzen Gebiet der Tariffrage, keine für alle Fälle gültige Vorschrift gegeben werden. Lediglich das Abwägen der in jedem einzelnen Falle vorliegenden Verhältnisse kann zu der Anwendung der hierfür geeigneten Mittel führen.

Schlußwort.

Das Verhältnis des Staates zum Verkaufe elektrischer Arbeit.

Der Verkauf der elektrischen Arbeit hat stets in hohem Maße das Interesse der Öffentlichkeit gefunden; namentlich ist immer wieder, und ganz besonders in der letzten Zeit, die Frage erörtert worden, ob nicht der Staat die Erzeugung und Verteilung der elektrischen Arbeit übernehmen, d. h., die gesamte Elektrizitätsversorgung in seiner Hand monopolisieren soll. Zahlreiche Gründe wirtschaftlicher und technischer Art sind sowohl für als auch insbesondere gegen ein solches Staatsmonopol geltend gemacht worden (s. L 402—413), sie alle ausführlich zu erörtern, würde zu weit über den Rahmen dieser Arbeit hinausführen; dagegen erscheint es in dem vorliegenden Zusammenhang angebracht, zu untersuchen, welche Stellung zu dieser Frage lediglich mit Bezug auf den Verkauf der elektrischen Arbeit einzunehmen sei, d. h., ob bei dem Verkauf elektrischer Arbeit die rein staatliche Wirtschaft der gegenwärtigen Regelung vorzuziehen oder etwa nachzusetzen sei.

Kauf ist Ausgleich zwischen Nachfrage und Angebot; eine naturgemäße Abwicklung ist nur bei möglichst freiem Spiel der Kräfte gewährleistet, dem Hemmungen irgendwelcher Art nur insoweit auferlegt werden sollten, als es zur Beschränkung von Auswüchsen notwendig ist. Sobald aber der Staat als einziger Unternehmer dem Heer der Käufer gegenübersteht, ist das Spiel der freien Kräfte beschränkt; der Kauf ist dann nicht mehr ein Ausgleich verschiedener wirtschaftlicher Interessen, sondern eine einseitige Anpassung der Nachfrage an das Angebot. Dies bedeutet — eine normale Entwicklung vorausgesetzt — eine Beschränkung wirtschaftlicher Möglichkeiten und somit einen Schaden für die Volkswirtschaft, insbesondere, wenn es sich um ein Gut handelt, das so zahlreiche Verwendung auf fast allen Gebieten menschlicher Tätigkeit gefunden hat.

Man kann einwenden, daß es sich hierbei um eine Anschauung handelt, deren Richtigkeit durch die Erfahrungen auf anderen Gebieten, z. B. des Verkehrswesens, insbesondere der Eisenbahnen und der Post, längst widerlegt sei. Allein dieser Einwand ist nicht stichhaltig, denn die Verhältnisse im Verkehrswesen können hinsichtlich der bei einer Monopolisierung in Frage kommenden Umstände mit denen der Elektrizitätsversorgung nicht verglichen werden. Die Eisenbahnen wie die Post befriedigen je ein einziges wirtschaftliches Bedürfnis, erstere das der Ortveränderung, letztere das der Nachrichtenübermittlung. Die Elektrizität dagegen wird zur Befriedigung zahlreicher wirtschaftlicher Bedürfnisse herangezogen, des Licht-, Kraft-, Wärmebedürfnisses und anderer mehr, wie dies in der Einleitung ausgeführt ist. Auch mit Bezug auf das Verhältnis zwischen Angebot und Nachfrage sind beide Wirtschaftsgebiete, Verkehrswesen und Elektrizitätsversorgung, grundsätzlich verschieden. Eisenbahn und Post sind die einzigen den heutigen Verhältnissen entsprechenden Mittel zur Personen-, Güter- oder Nachrichtenbeförderung, die Elektrizität dagegen auf den meisten ihrer Anwendungsgebiete eines von vielen. Das Verhältnis zwischen Angebot und Nachfrage würde sich daher bei der Elektrizität im Falle einer Monopolisierung ganz wesentlich gegenüber früher verschieben, und zwar voraussichtlich im Sinne einer Abwanderung bzw. Verminderung der Nachfrage, wenn nicht auch andere Energiequellen monopolisiert oder ein Zwang zur Benutzung der staatlichen Elektrizität eingeführt würde, beides Maßnahmen, die zu unübersehbaren wirtschaftlichen Folgen führen müßten.

Aber abgesehen von allen Erscheinungen, die ein Elektrizitätsmonopol etwa im Gefolge haben könnte, ist die Elektrizitätsversorgung für eine staatliche Monopolisierung überhaupt noch nicht reif. Voraussetzung hierfür ist zum mindesten eine gewisse Gleichartigkeit in den Verbrauchsverhältnissen. Wenn es aber noch eines Beweises bedarf, daß eine solche ganz und gar nicht vorhanden ist, so sei auf die fast unübersehbare Mannigfaltigkeit der Verkaufsbedingungen, insbesondere der Preisstellung, hingewiesen, die aus den vorausgehenden Erörterungen zu ersehen ist. Und daß diese außerordentliche Verschiedenheit wiederum auf wirtschaftlichen Notwendigkeiten beruht, geht daraus hervor, daß sie besteht trotz des eifrigen Bestrebens der beteiligten Kreise nach größerer Vereinheitlichung. Niemand aber wird ernsthaft behaupten können, daß diese Mannigfaltigkeit, die einer weitgehenden Berücksichtigung der verschiedenen wirtschaftlichen Verhältnisse der Verbraucher gleichkommt, beibehalten werden kann, wenn der Staat infolge eines Monopols als einziger Unternehmer auftritt. Diejenigen, die an eine solche Möglichkeit glauben, verkennen vollständig das Wesen staatlicher Wirtschaft, die, um möglichst vielen einigermaßen gerecht werden zu können, niemals einzelne besonders behandeln kann. Die seltenen Ausnahmen, die nach umfangreicher Vorbereitung und nach langen Umwegen möglich sind, können die Richtigkeit dieses Satzes nicht erschüttern.

Infolge dieser Notwendigkeit gleichartiger Behandlung ist es denn auch ausgeschlossen, daß der Staat eine für die weitere Ausbreitung der Elektrizitätsversorgung erforderliche Werbetätigkeit entwickeln könnte. Der Begriff des „Werbens" erschöpft sich nicht mit allgemeinen Hinweisen und Aufklärungen, sondern er erfordert auch ein Eingehen auf die Verhältnisse des Abnehmers und ihre Berücksichtigung bei der Preisstellung. Das aber ist ausgeschlossen, wenn staatliche Wirtschaft an gleichartige Behandlung aller Abnehmer gebunden ist. Gibt man also zu, daß die Vielgestaltigkeit der Preise vorläufig eine wirtschaftliche Notwendigkeit, ja einen Vorteil für die Entwicklung der Elektrizitätsversorgung bedeutet, so muß man folgerichtig die Frage nach der Zweckmäßigkeit eines staatlichen Monopols verneinen. Überhaupt ist, soweit der Verkauf elektrischer Arbeit unmittelbar an den Verbraucher in Frage kommt, jedes staatliche Eingreifen abzulehnen. Unter den bestehenden Verhältnissen haben die öffentlichen Körperschaften, insbesondere der Staat, genügend Machtmittel in der Hand, um ihre eigenen und der Abnehmer Interessen, soweit der Verkauf der elektrischen Arbeit in Frage kommt, zu wahren. Darüber hinaus einzugreifen, ist überflüssig; die Elektrizitätsversorgung gar gänzlich in die Hände des Staates überzuleiten, hieße zahlreiche an der wirtschaftlichen Entwicklung der für Deutschland so überaus wichtigen Elektrizitätsversorgung tätigen Kräfte brachlegen und ausschalten, eine Maßnahme, die insbesondere, da jetzt alle Kräfte bis zur äußersten Anspannung zur wirtschaftlichen Arbeit herangezogen werden müssen, zu verhängnisvollen Folgen führen könnte. Abgesehen von vereinzelten Mißgriffen, die sich aus den anfänglichen Mängeln an Erfahrung auf diesem Gebiete ergaben, haben sich die bisherigen Träger der Elektrizitätsversorgung bewährt, sie werden auch weiterhin ohne staatlichen Eingriff, ihrer wirtschaftlichen Verantwortung bewußt, die Elektrizitätsversorgung zum Besten der Volkswirtschaft, zum Besten der Kultur, zu fördern wissen.

Literaturnachweis.

Zur bequemeren Übersicht sind die Literaturangaben geteilt in solche allgemeinen Inhalts und solche, die Einzelfragen behandeln. Letztere sind nach ihren Beziehungen zu den einzelnen Abschnitten des Buches zusammengestellt. Die Reihenfolge ist so gewählt, daß zuerst die Bücher, sodann die deutsche und anschließend daran die fremdsprachliche Zeitschriftenliteratur aufgezählt werden, und zwar die beiden letzteren geordnet nach der Zeit ihrer Veröffentlichung. Die Angaben sind mit fortlaufenden Nummern versehen, die bei ihrer Erwähnung im Text verwendet werden (z. B.: L. 24 = Literaturnachweis Nr. 24). [1]

I. Werke allgemein-volkswirtschaftlichen Inhalts.

Werke über den Betrieb von Elektrizitätswerken und die gesamte Tariffrage. Statistische Zusammenstellungen. Zeitschriften.

Nr.	Verfasser	Titel
1	Conrad:	Grundriß zum Studium der politischen Ökonomie. I. Jena 1910.
2	—	Handwörterbuch der Staatswissenschaften.
3	Roscher:	Nationalökonomie des Handels und Gewerbefleißes.
4	Schmoller:	Grundriß der allgemeinen Volkswirtschaftslehre. Band I und II. Leipzig 1908.
5	Schönberg:	Handbuch der politischen Ökonomie.
6	Zuckerkandl:	Zur Theorie des Preises. Leipzig 1889.
7	Eswein:	Elektrizitätsversorgung und ihre Kosten. Berlin 1911.
8	Hoppe:	Die Elektrizitätswerksbetriebe im Lichte der Statistik. Leipzig 1908.
9	Laudien:	Stromtarife. Leipzig 1912.
10	Siegel:	Preisbewegung elektrischer Arbeit. München und Leipzig 1914.
11	Strauß:	Die deutschen Überlandzentralen. Berlin 1913.
12	Thierbach:	Die Betriebsführung städtischer Elektrizitätswerke. Leipzig 1911.
13	Seabrook:	The Management of Public Electric Supply Undertakings, London 1913.

[1] Es sei bei dieser Gelegenheit angeregt, die Überschriften der Abhandlungen in den Zeitschriften ihrem Inhalt mehr anzupassen. Dadurch wird das lückenlose Studium der einschlägigen Arbeiten wesentlich erleichtert. Überschriften wie: „Zur Theorie der Tarifbildung" oder „Die Popularisierung der Elektrizität" sollten nach Möglichkeit vermieden bzw. höchstens als Untertitel beigegeben werden, wenn nur ein ganz bestimmter Ausschnitt des bezeichneten Gebietes behandelt wird; die Überschrift sollte ohne weiteres erkennen lassen, welch besondere Frage erörtert wird.

Statistische Zusammenstellungen:

Nr.	Titel	Abkürzung
14	Statistisches Jahrbuch für das Deutsche Reich, herausgegeben vom Kaiserl. Statistischen Amt	St. J. D. R.
15	Statistisches Jahrbuch Deutscher Städte, herausgegeben von Neefe	St. J. D. St.
16	Kommunales Jahrbuch, herausgegeben von Lindemann, Schwander, Südekum	K. J.
17	Statistik der Elektrizitätswerke Deutschlands, im Auftrag des Verbandes deutscher Elektrotechniker herausgegeben von Dettmar	St. E. W.
18	Statistik der Vereinigung der Elektrizitätswerke, herausgegeben von Döpke	St. V. E. W.
19	Statistik der Elektrizitätswerke in Österreich, Bosnien und Herzegowina, herausgegeben vom Elektrotechnischen Verein in Wien	St. Österr.
20	Statistik der Starkstromanlagen der Schweiz, bearbeitet vom Generalsekretariat des Schweizerischen Elektrotechnischen Vereins, Zürich	St. Schweiz
21	Statistik der Elektrizitätswerke in Holland (in der Zeitschrift „De Ingenieur")	St. Holland
22	Svenska Elektricitetsverks förenigens Statistik	St. Schweden
23	Statistik for Danske Provins Elektricitätsvaerker, herausgegeben von der Vereinigung dänischer Elektrizitätswerke, Odense	St. Dänemark
24	Norske Elektricitätsvaerkers forening Statistik, bearbeitet im Auftrage der norwegischen Elektrizitätsvereinigung, Christiania, von Holst	St. Norwegen
25	Statistique des Stations Centrales de Distribution l'Energie Electrique, herausgegeben von L'Industrie Electrique	St. Fr.
26	Annuaire de l'Electricité, herausgegeben von der Zeitschrift „La Lumière Electrique"	A. Fr.
27	Table of Electricity Supply Undertakings of the United Kingdom, London, Beilage zu Electrical Trades Directory and Handbook	St. Engl. Dir.
28	Electricity Supply Undertakings, Beilage im Electrician, London	St. Engl. El.
29	Table of Electric Supply and Records, Beilage zu Electrical Times	St. Engl. El. T.
30	Statistica degli Impianti Elettrici in Italia, herausgegeben vom Ministerium für Ackerbau, Gewerbe und Handel, Rom	St. Italien
31	Central Electric Light and Power Stations, herausgegeben vom Departement of Commerce and Labar, Washington	St. Amerika
32	Statistische Zusammenstellung der Betriebsergebnisse von Gaswerkverwaltungen, herausgegeben vom Deutschen Verein von Gas- und Wasserfachmännern	St. Gas
33	Der Kohlenmarkt, Jahresberichte der Firma Emanuel Friedlaender & Co., Berlin	St. Kohlen

Zeitschriften:

Nr.	Titel	Abkürzung
34	Elektrotechnische Zeitschrift, Berlin	E. Z.
35	Elektrische Kraftbetriebe und Bahnen, München-Berlin	E. K. B.
36	Mitteilungen der Vereinigung der Elektrizitätswerke, Dresden	M. V.
37	Das Elektrizitätswerk, Halle a. S.	Ek.
38	Die Elektrizität, Berlin	Et.
39	Elektrotechnischer Anzeiger, Berlin	E. A.
40	Zeitschrift des Vereins Deutscher Ingenieure, Berlin	Z. D. I.
41	Technik und Wirtschaft, Berlin	T. W.
42	Journal für Gasbeleuchtung und Wasserversorgung, München	J. G. W.
43	Recht und Wirtschaft, Berlin	R. W.
44	Elektrotechnik und Maschinenbau, Wien	E. M.
45	Schweizerische Elektrotechnische Zeitung, Zürich	Schw. E. Z.
46	Bulletin des Schweizerischen Elektrotechnischen Vereins, Zürich	B. Schw. E. V.
47	La Lumière Electrique, Paris	L. E.
48	L'Industrie Electrique, Paris	J. E.
49	The Electrical World, New York	E. W.
50	Proceedings of the American Institute of Electrical Engineers	P. A.
51	The Electrician, London	El.
52	The Electrical Review, London	E. R.
53	The Electrical Times, London	E. T.

II. Abhandlungen über Einzelfragen.

Zu: Einleitung und erstes Buch, erster Teil.

I. Die Wertschätzung als Grundlage der Nachfrage.

Nr.	Verfasser	Titel
54	Brunn:	Handbuch für den Konsumenten elektrischer Energie. Leipzig.
55	Dettmar:	Elektrizität im Hause. Berlin 1911.
56	Fischer, G.:	Die Bedeutung der Elektrizität für die Energieversorgung Deutschlands. Berlin 1914.
57	Fischer, R.:	Die Elektrizitätsversorgung, ihre volkswirtschaftliche Bedeutung und ihre Organisation. Leipzig 1916.
58	Forstreuter:	Bedeutung der Elektrizität in der Landwirtschaft. Leipzig 1911.
59	Greineder:	Die Wirtschaft der deutschen Gaswerke. München 1914.
60	Hammel:	Der Elektromotor im Kleingewerbe und Handwerk. Frankfurt a. M. 1910.
61	Meyer, F. W.:	Die Berechnung elektrischer Anlagen auf wirtschaftlicher Grundlage. Berlin 1909.
62	Osten:	Die ländliche Elektrizitätsversorgung eine volkswirtschaftliche Frage. Berlin 1912.
63	Reisser:	Elektrische Energieversorgung ländlicher Bezirke. Berlin 1912.
64	Siegel:	Die Elektrizität als Kulturfaktor. Berlin 1912.
—	Strauß:	Deutsche Überlandzentralen. (Siehe Nr. 11.) Berlin 1913.

Nr.	Verfasser	Titel	Zeit-schrift	Jahr-gang	Seite
65	Meyer, F. W.:	Die Bedeutung neuerer wirtschaftlich-technischer Erfahrungen und Erfolge für die Entwicklung elektrischer Energieversorgungsanstalten . . .	E. Z.	1911	203
66	Dettmar:	Die elektrischen Starkstromanlagen Deutschlands und ihre Sicherheit .	E. Z.	1913	523
67	Siegel:	Die Stellung der öffentlichen Elektrizitätswerke im Wirtschaftsleben Deutschlands	T. W.	1913	173
68	Fasolt:	Die Zahl der in der öffentlichen Elektrizitätsversorgung Deutschlands beschäftigten Personen	E. Z.	1915	365
69	Ghilardi:	Les tarifs de vente de l'énergie électrique	L. E.	1913	182
70	Suhge:	Der Elektromotor im Kleinbetriebe .	E. Z.	1909	165
71	Hale:	The Supply of Electrical Power for Industrial Establishment from Central Stations	P. A.	Febr. 1910	219
72	Rushmore & Lof:	Electric Power	P. A.	Mai 1914	803
73	Krohne:	Die erweiterte Anwendung des elektrischen Betriebes in der Landwirtschaft	E. Z.	1908	928
74	Wallem:	Elektrizität in der Landwirtschaft und ihre Beziehungen zu Überland-zentralen	E. Z.	1910	671
75	Ritter:	Elektrisches Heizen, Kochen u. Bügeln	E. Z.	1909	788
76	„	Die Elektrizität im Haushalt	M. V.	1910	39
77	Wilkens:	Ist das Kochen mit Elektrizität wirtschaftlich durchführbar?	E. Z.	1910	669
78	Frei:	Elektrisches Heizen und Kochen . .	B.Schw.E.V.	1912	129
79	Steinhardt:	Das elektrische Kochen und die Elektrizitätswerke	Ek.	1913	49
80	Vogel:	Das Kochen mit Gas und Elektrizität im Haushalt	E. Z.	1913	187
81	Steinhardt:	Elektrisches Heizen und Kochen . .	E. Z.	1914	319
82	Ringwald:	Betriebsergebnisse mit der elektrischen Küche	B.Schw.E.V.	1916	184
83	Matthews:	Electric Cooking: Its present Position and Cost	E. R.	69	582
84	Wilmshurst:	The Commercial Aspect of Electric Cooking and Heating	El.	70	964
85	Morris:	Domestic Electric Cooking and Heating Results of one Jears Working . .	El.	71	970
86	—	Electric Cooking and Heating. Sondernummer der Zeitschr.: The Electrical Times 1913 6. März			
87	Grogan:	The Cooking Problem — Why Electricity is Winning	El.	72	864
88	„	Loss of Weight in Cooking	El.	72	873
89	Cooper:	Electric Cooking, Mainly from the Consumers Point of View	El.	74	768

Zu II: Die Beeinflussung der Nachfrage durch Werbetätigkeit.

Nr.	Verfasser	Titel	Zeit-schrift	Jahr-gang	Seite
90	Wikander u. andere:	Die Popularisierung der elektrischen Beleuchtung. (Mit Beiträgen von Eiler S. 754, Geist S. 733, Goldenberg S. 627, Grull S. 753, Hahn S. 706, Leitgebel S. 626, Meyer, G., S. 754, v. Miller S. 726, Müller S. 753, Petri S. 678, Schiff S. 580, Schmidt, C., S. 612, Schreiber S. 653, Stern S. 753, Thierbach S. 754, Wahl S. 755, Elektrizitätswerk Genua S. 613, Elektrizitätswerk Dortmund S. 678.)	E. Z.	1909	461 u. 935
91	Eichel:	Propaganda amerikanischer Elektrizitätswerke zur Vergrößerung des Stromabsatzes	E. B.	1909	409
92	—	Elektrizität und Gas in England und die Propaganda-Frage	E. Z.	1910	613
93	Kinzbrunner:	Die wirtschaftliche Organisation der Elektrizitätswerke und die Popularisierung der Elektrizität	E. Z.	1910	986
94	—	Die Geschäftsstelle für Elektrizitätsverwertung	E. Z.	1911	203
95	—	Erhöhung der Stromabsatzmöglichkeiten	M. V.	1911	35
96	Wikander:	Vortrag über die Geschäftsstelle für Elektrizitätsverwertung	M. V.	1911	202 u. 349
97	Loewe:	Die Popularisierung der elektrischen Beleuchtung	M. V.	1911	229
98	„	Die Popularisierung der Elektrizität	E. Z.	1911	997
99	Wikander:	Elektrizität und Gas	E. Z.	1912	11
100	Schmitz:	Stromtariffragen	E. Z.	1912	133
101	Wikander:	Über Maßnahmen zur Hebung des Stromabsatzes von Elektrizitätswerken	E. Z.	1912	327
102	Siegel:	Über Maßnahmen zur Hebung des Stromabsatzes von Elektrizitätswerken. (Mit anschließender Diskussion.)	E. Z.	1912	356
103	Heumann:	Konsumvermehrung	E. Z.	1912	1188
104	—	Verhandlungen der 22. Hauptversammlung der Vereinigung der Elektrizitätswerke	M. V.	1913	6 u. 101
105	—	Einiges über Werbung und Ausführung von elektrischen Licht- und Kraftanlagen auf dem Lande	E. A.	1913	342
106	—	Propaganda amerikanischer Elektrizitätswerke	E. Z.	1913	365
107	Heumann:	Maßnahmen zur Hebung des Stromabsatzes von Elektrizitätswerken	E. Z.	1913	1147

Nr.	Verfasser	Titel	Zeit-schrift	Jahr-gang	Seite
108	—	Neue Ziele der englischen Elektrizitäts-reklame	E. Z.	1913	1148
109	Seabrook:	Die Entwicklung der Elektrizitätsver-sorgung in Großbritannien	E. Z.	1914	827
—	„	The Management of Public Electric Supply Undertakings. (S. No. 13.) Kapitel X			
110	Doane:	Handling The Small Consumer	E. W.	63	1157
111	—	Zahlreiche Nummern der Zeitschrift Electrical World im Abschnitt: Commercial Section.			

Zu IIB1: Werbemittel zur Erregung der Aufmerksamkeit.

Nr.	Verfasser	Titel	Zeit-schrift	Jahr-gang	Seite
112	Williams:	The Value of Advertising	E. W.	65	1001

Zu IIB 2: Werbemittel zur Aufklärung und Überzeugung.

Nr.	Verfasser	Titel	Zeit-schrift	Jahr-gang	Seite
113	—	Die erste Ausstellung der Geschäftsstelle für Elektrizitätsverwertung	E. Z.	1911	372
114	Dugge:	Aufgaben der Verkehrsabteilung	M. V.	1911	426
115	—	Ausstellung in Dortmund	M. V.	1912	41
116	—	Rundfrage: Verkehrsabteilung	M. V.	1912	216
117	—	Geschäftsabteilung von Elektrizitäts-werken	E. B.	1912	436
118	—	Die elektrische Ausstellung in Nürnberg	M. V.	1912	488
119	—	Kursus für Elektrizitätsverkauf	E. Z.	1913	420
120	Heumann:	Die Baseler Elektrizitätsausstellung	M. V.	1913	455
121	Schuster:	Diapositiv und Film als Werbemittel bei Überlandzentralen	M. V.	1914	416
122	—	A Unit Schedule for Solicitors Salaries	E. W.	60	940
123	Bullard:	Rate Systems from the Central-Station Solicitors View Point	E. W.	60	1042
124	Bennett:	The Salesman	E. R.	77	525

Zu IIB 3: Die Beseitigung wirtschaftlicher Hindernisse.

Nr.	Verfasser	Titel	Zeit-schrift	Jahr-gang	Seite
125	—	Popularisierung der Elektrizität in Schweden	E. Z.	1909	1260
126	Eswein:	Mietweise Abgabe von Elektromotoren	M. V.	1911	373
127	—	Pauschaltarif und Vermietung von Hausinstallationen	E. Z.	1911	416
128	Kraetzer:	Einige praktische Erfahrungen mit der Popularisierung der Elektrizität	E. Z.	1911	1211
129	Eiler:	Praktische Erfahrungen mit Gratis-Hausinstallationen	E. Z.	1913	1024
130	—	Verkauf und Vermietung von Beleuch-tungskörpern, Installationen usw. seitens der Elektrizitätswerke und Überlandzentralen. Diskussionsabend der Gefelek	Als Sonderdruck der Geschäfts-stelle erschienen. Feb. 1914.		

Nr.	Verfasser	Titel	Zeit-schrift	Jahr-gang	Seite
131	Klein:	Neuere Erfahrungen mit Installations-erleichterungen	M. V.	1914	430
132	Eisenmenger:	Installationserleichterungen und Pau-schaltarife	E. Z.	1915	157
133	Klein:	Installations- und Bezugserleichte-rungen	M. V.	1915	391

Zu II C: Die Ausführung der Werbetätigkeit.

Nr.	Verfasser	Titel	Zeit-schrift	Jahr-gang	Seite
134	—	Briefwechsel bezüglich Installateure und Elektrizitätswerke	E. Z.	1910	1056
135	Heumann u. Nawratzki:	Das Installationsgewerbe und seine Beziehungen zu den Elek-trizitätswerken	M. V.	1912	450
136	—	Ergebnis der Umfrage über Ausführung von Installationsarbeiten	M. V.	1912 / 1913	516 / 486
137	Ely:	Elektrizitätswerke und Installations-firmen	E. A.	1913	741
138	—	Werbetätigkeit	E. Z.	1913	365
139	Nicolaisen:	Die Abnahmegebühren und Installa-tionstätigkeit der Elektrizitätswerke	E. A.	1915	284
140	—	Zahlreiche Aufsätze in der Zeitschrift „Die Elektrizität".			

Zum II. Teil: Das Angebot elektrischer Arbeit.

I A. 2 b. Die Rückstellungen.

141 Berthold: Die Verwaltungspraxis bei Elektrizitätswerken und elektrischen Straßen- und Kleinbahnen. Berlin 1906. Abschnitt VII c.

142 Haas: Die Rückstellungen bei Elektrizitätswerken und Straßenbahnen. Berlin 1916.

143 Kastendieck: Die Wertveränderung durch Abschreibung, Tilgung und Zinseszinsen. Berlin 1914.

144 Maatz: Die kaufmännische Bilanz und das steuerbare Einkommen. Berlin 1902.

145 Paul: Erneuerungs-, Ersatz-, Reserve-, Tilgungs- und Heimfallfonds. Berlin 1916.

146 Rehm: Die Bilanzen der Aktiengesellschaften. München 1903, § 136—139 und § 173; 1914, § 60—63 und § 99.

147 Reisch u. Kreibig: Bilanz und Steuer. Wien.

148 Schiff: Wertminderung an Betriebsanlagen. Berlin 1909.

149 Simon:, H. V.: Die Bilanzen der Aktiengesellschaften. Berlin 1899, 4. und 5. Kapitel.

Nr.	Verfasser	Titel	Zeit-schrift	Jahr-gang	Seite
150	Prücker:	Die Berechnung der Abschreibungen der Elektrizitätswerke. (Mit an-schließender Erörterung.)	E. Z.	1895	43
151	Schulte:	Amortisationsfonds, Erneuerungsfonds, Abschreibungen	E. B.	1904	109

Nr.	Verfasser	Titel	Zeit-schrift	Jahr-gang	Seite
152	—	Schätzungen für die Lebensdauer von Elektrizitätsanlagen	Z. D. I.	1907	1123
153	Prücker:	Höhe der Abschreibungssätze	M. V.	1908	121
154	Hartmann:	Angemessenheit der Abschreibungssätze bei Elektrizitätswerken	E. Z.	1910	1255
155	Cravens:	Abschreibung und Unterhaltung elektrischer Anlagen	E. Z.	1911	45
156	Schiff:	Die Statistiken der Vereinigung der Elektrizitätswerke	E. Z.	1912	596
157	Lewin:	Entwertung industrieller Anlagen durch den Betrieb und industrielle Besteuerung	E. Z.	1912	1087
158	Wattmann:	Sachwert von Betriebsanlagen und ihre Schätzungen	E. B.	1912	528
159	—	Abschreibungssätze auf Freileitungen	M. V.	1915	319
160	Wilkinson:	Depreciation of Lighting and Telephone Plants	E. W.	38	173
161	„	Centralstations Depreciation	E. W.	40	216
162	Flog:	Depreciation as Related to Electrical Properties	P. A.	Juni 1911	1143

Zum II. Teil:

II. Die Abhängigkeit der Selbstkosten von der Nachfrage.

Nr.	Verfasser	Titel	Zeit-schrift	Jahr-gang	Seite
163	Klingenberg:	Bau großer Elektrizitätswerke. I. Berlin 1914.			
164	Agthe:	Bericht der Kommission 1904 über Tarife	M. V.	1904	37
165	Norberg - Schulz:	Belastungsfaktor elektrischer Kraftverteilungsanlagen	E. Z.	1906	849
166	Engelmann:	Betriebskosten von Elektrizitätswerken	E. Z.	1908	922
167	Wunder:	Die Ermittlung der Selbstkosten des elektrischen Stromes	M. V.	1909	230
168	Gisi:	Graphisches Verfahren der Betriebskostenberechnung	Z. D. I.	1909	1968
169	Thierbach:	Über die Vorteile, welche die Vereinigung von Bahnstromabgabe und allgemeiner Licht- und Kraftversorgung gewährt	E. B.	1909	361
170	„	Über die Bestimmung der Selbstkosten für elektrischen Strom bei verschiedenen Benutzungsdauern	E. B.	1909	568
171	Bergmann:	Die Kosten der elektrischen Beleuchtung an der Verbrauchsstelle und die Bestimmung des Verkaufspreises der elektrischen Energie	M. V.	1911	213
172	Schulte:	Die wichtigsten theoretischen und praktischen Grundlagen eines einheitlichen Buchungsschemas	M. V.	1912	76
173	Rinkel:	Über die Wirtschaftspolitik von Wasserkraft-Elektrizitätswerken	E. Z.	1912	631

Nr.	Verfasser	Titel	Zeitschrift	Jahrgang	Seite
174	Ross:	Selbstkosten von Gasanstalten und Elektrizitätswerken	E. Z.	1912	1234
175	Rosenbaum:	Die Elektrizität und Tarifbildung der Elektrizitätswerke	E. M.	1912	564 u.1024
176	Laudien:	Stromkosten	Ek.	1913	83
177	Rossander:	Die Anwendung von symbolischen Belastungskurven f. Elektrizitätswerke	E. Z.	1913	489
178	Eisenmenger:	Über die Berechnung der Selbstkosten des elektrischen Stromes	E. Z.	1914	11
179	Schmidt, F. W.:	Zur Ermittlung der Stromselbstkosten	E. M.	1915	44
180	Soschinski:	Zur Bestimmung der Stromerzeugungskosten und Tariffrage der Elektrizitätswerke	E. Z.	1915	635
181	—	Definition von Verschiedenheitsfaktor, Belastungsfaktor und anderes	M. V.	1915	337
182	Weidhaas:	Preisbildung im Gasverkauf	J. G.W.	1916	337
183	Wright:	Cost of Electric Supply	El.	37	538
184	Marks:	The Cost of Electricity	E. W.	56	265
185	Cravath:	Demand and Diversity Factors and Their Influence on Rates	E. W.	56	567
186	Gear:	Diversity Factors	P. A.	März 1910	1365
187	Rhodes:	A Method of Studying Power Costs with Reference to the Load Curve and Overload Economics	P. A.	Februar 1912	129
188	Hobart:	The Cost of Electricity at the Source	P. A.	März 1914	391
189	Goldman:	The Multiplex Cost and Rate System	P. A.	Mai 1915	941

Zu IID. Abhängigkeit der Selbstkosten der Verkaufseinheit von der Nachfrage.

Nr.	Verfasser	Titel	Zeitschrift	Jahrgang	Seite
190	Norberg-Schulz:	Die Einwirkung der Strompreise auf die finanziellen Ergebnisse der Elektrizitätswerke	E. Z.	1909	1
191	Dettmar:	Über den Zusammenhang zwischen Stromkosten und Benutzungsdauer	E. B. / E. Z.	1908 / 1908	141 / 343
192	Agthe:	Wie kann das Maximum der Zentrale entlastet werden?	M. V.	1908	103
193	Norberg-Schulz:	Die Einwirkung der Strompreise auf die Belastungsverhältnisse	E. Z.	1911	557
194	„	Die Einwirkung der Strompreise auf die finanziellen Ergebnisse der Elektrizitätswerke	E. Z.	1911	281
195	„	Zur Tariffrage	E. M.	1912	289
196	—	Benutzungsdauer	M. V.	1911	310
197	Schouten:	Beitrag zur Theorie der Tarifbildung	E. Z.	1911	1253
198	„	Beitrag zur Theorie der Tarifbildung	E. Z.	1912	848
199	„	Beitrag zur Theorie der Tarifbildung	E. Z.	1913	1113

Zu: Zweites Buch, erster Teil:

Die Verkaufspreise elektrischer Arbeit.

Nr.	Verfasser	Titel	Zeit-schrift	Jahr-gang	Seite
—	Agthe:	Bericht der Tarifkommission 1904. (S. Nr. 164.)			
—	—	Diskussion zur „Popularisierung der elektrischen Beleuchtung". (S. Nr. 90)			
200	Multhauf:	Tarifpolitik der Elektrizitätswerke . .	M. V.	1910	10 u. 46
201	—	Über Vorzugstarife	E. A.	1910	301
202	Schmidt, F. W.:	Methoden und Apparate für Verkauf elektrischer Energie	E. A.	1911	723
203	Wikander:	Über Tarife für den Verkauf elektrischer Energie	E. Z.	1911	755
204	—	Diskussion auf der XIX. Jahresversammlung des Verbandes Deutscher Elektrotechniker. München 1911 .	E. Z.	1911	837
205	—	Über Bewertung elektrischer Energie .	E. A.	1912	483
206	Richter:	Untersuchungen über Elektrizitätstarife	E. M.	1912	889
207	Boye:	Elektrizitätstarife	E. A.	1913	479
208	—	Verhandlungen auf der XXII. Hauptversammlung der Vereinigung der Elektrizitätswerke. Trier 1913. Punkt 10: Wie verkauft man Elektrizität?	M. V.	1913	305
209	Arbeiter:	Tarifbildung beim Verkauf elektrischer Energie	E. M.	1914	487
210	Lubach:	Die weitere Entwicklung der Elektrizitätszähler und Hilfsapparate zur Messung des Verbrauchs von Elektrizität	E. Z.	1914	753
211	Stern:	Tarife für elektrischen Strom	E. Z.	1915	459
212	Cowan:	The Price of Electricity	El.	65	895
213	Burnard:	Low Rates and the Development of the Central-Station Service	E. W.	59	261
214	Simey:	La Question des Tarifs	L. E.	28	105
215	Tomlinson:	Systems of Charges for Energy . . .	E. W.	63	830
216	Bowden:	The Standardisation of Tariffs . . .	E. R.	75	33
217	Dow:	The Art of Rate-Making	E. W.	65	17
218	Norsa:	La Tarification de l'Energie électrique	L. E.	28	105

Zu I A 1: Die Verteilung der Selbstkosten nach ihrem Aufbau.

Nr.	Verfasser	Titel	Zeit-schrift	Jahr-gang	Seite
219	Wilkens:	Die Bemessung des Strompreises bei Elektrizitätswerken	E. Z.	1901	116
—	Bergmann:	Die Kosten der elektrischen Beleuchtung an der Verbrauchsstelle und die Bestimmung des Verkaufspreises der elektrischen Energie. (S. Nr. 171.)			
220	Hopkinson:	The Cost of Electric Supply	El. auch E. Z.	30 1892	29 707

Nr.	Verfasser	Titel	Zeit-schrift	Jahr-gang	Seite
221	Wright:	Somes Principles for the Profitable Supply of Electricity	El.	48	347
222	Einstein:	Central Station Rate — Schedules for Retail Customers	E. W.	56	1077
223	Eisenmenger:	The Theoretical Basis of the Multiple Rate System	E. W.	61	1085
224	Jves:	Factors in Rate-Making	E. W.	65	655

Zu I A 3: Der Pauschaltarif.

Nr.	Verfasser	Titel	Zeit-schrift	Jahr-gang	Seite
225	Bercovitz:	Zur Tariffrage	E. A.	1907	316
—	Wikander u. andere:	Popularisierung der elektrischen Beleuchtung. (S. Nr. 90.)			
226	Norberg - Schulz:	Pauschaltarif mit Strombegrenzern	E. Z.	1910	51
227	Süchting:	Elektrizität im Abonnement	M. V.	1911	102
228	—	Verluste durch Elektrizitätszähler bei kleinen Elektrizitätswerken	E. Z.	1911	350
229	—	Pauschaltarif und Vermietung von Hausinstallationen	E. Z.	1911	416
230	Wikander:	Über Tarife für den Verkauf elektrischer Energie	E. Z.	1911	755
231	Loewe:	Die Popularisierung der Elektrizität	E. Z.	1911	997
232	Glässner:	Zur Tarifpolitik	E. Z.	1911	1130
233	Büggeln:	Pauschaltarif für landwirtschaftliche Motoren	E. Z.	1912	5
234	Norberg - Schulz:	Pauschaltarif und Zähler	E. Z.	1912	207
235	Büggeln:	Betriebsergebnisse einer landwirtschaftlichen Überlandzentrale	E. Z.	1912	426
236	Bercovitz:	Die Pauschaltarife	E. Z.	1912	475 u. 505
237	Hatfield:	Ein neuer Tarifapparat	E. Z.	1912	563
238	Schmidt, Fr.:	Über neuere Elektrizitätstarife	E. A.	1913	39
239	Bergmann:	Die Entwicklung des Pauschaltarifs der O. E. W.	E. Z.	1913	620
240	Laudien:	Spitzenzähler, Relaiszähler, Überschreitungszähler	E. Z.	1914	330
241	Simon, Alex.:	Über den Pauschaltarif bei Elektrizitätswerken	E. A.	1914	358
242	Eisenmenger:	Installationserleichterungen und Pauschaltarife	E. Z.	1915	157
243	Schmidt, Fr.:	Tarifvorschläge für Elektrizitätswerke	E. Z.	1915	561
244	—	The New Flat-Rate Campagne	E. W.	57	520
245	—	Flat-Rate for Small Consumers	E. W.	58	46
—	Doane:	Handling the Small Consumer in Europe. (S. Nr. 110.)			

Zu I A 5: Vergleich der Tarifgrundformen.

Nr.	Verfasser	Titel	Zeit-schrift	Jahr-gang	Seite
246	—	Über die wirtschaftliche Bedeutung des Selbstverbrauchs und Anschaffungspreises von Elektrizitätszählern	E. A.	1909	23

Nr.	Verfasser	Titel	Zeit-schrift	Jahr-gang	Seite
—	—	Diskussion „Popularisierung der elektrischen Beleuchtung". (S. Nr. 90.)			
247	Büggeln:	Der Eigenverbrauch der Wattstundenzähler und seine Bedeutung für landwirtschaftliche Überlandzentralen (Diskussion E. Z. 1913/159 ff.) . . .	E. Z.	1912	1241
—	—	Verhandlungen auf der XXII. Hauptversammlung der Vereinigung der Elektrizitätswerke. Trier 1913. (S. Nr. 208.)			
248	Punga:	Über Pauschal-Zählertarife	E. M.	1915	53
249	Vent:	Untersuchungen über die Kosten der Strommessung und Verrechnung, sowie ihr Verhältnis zur Stromeinnahme bei Kleinabnehmern, mit Beiträgen von: Passavant, Döpke, Loewe, Norberg-Schulz, Lulofs, Gruber, Wallmüller, Klein, Ely. Auch als Sonderdruck erschienen, Dresden 1915	M. V.	1915	173
250	Lindemann:	Pauschal- und Zählertarife in der Praxis	E. A.	1916	233

Zu: Zweites Buch, erster Teil.

B. Die Anpassung der Tarife an die Umstände des Verbrauchs.

Zu 1: Die Form der Abstufungen.

Nr.	Verfasser	Titel	Zeit-schrift	Jahr-gang	Seite
—	Agthe:	Bericht der Tarifkommission 1904 über Tarife. (S. Nr. 164.)			
251	Uhl:	Der Einheitstarif	E. Z.	1911	1317
252	Thierbach:	Die Strompreisberechnung bei Staffeltarifen . . . . ·. .	M. V.	1915	180
253	,,	Fehlerhafte Tarife von Elektrizitätswerken	E. A.	1915	409

Zu 2: Die Abstufung nach dem Verwendungszweck der elektrischen Arbeit.

Nr.	Verfasser	Titel	Zeit-schrift	Jahr-gang	Seite
254	Lempelius:	Wie verschaffen wir dem Gas erweiterten Absatz? Einheitsgaspreis? Automaten?	J. G.W.	1910	361
255	Kaeser:	Gaseinheitspreis oder Doppeltarif? . .	J. G.W.	1910	{ 1129 u.1159
256	Passavant:	Einheitstarif, Benutzungsdauer und Popularisierung der Elektrizität . . .	E. Z.	1911	457
257	Greineder:	Zur Gastariffrage	J. G.W.	1912	988
258	Velde:	Tariffragen	J. G.W.	1913	293
259	Göhrum u. Fleck:	Zur Gastariffrage	J. G.W.	1913	461
260	Albrecht:	Gaspreis und Preis für elektrischen Strom	J. G.W.	1914	52
261	Nicolaisen:	Einheitstarif	M. V.	1915	331

Zu 5: Die Abstufung nach der Beanspruchung der Betriebsmittel.

Nr.	Verfasser	Titel	Zeit-schrift	Jahr-gang	Seite
262	Wright:	Zur Tariffrage der Elektrizitätswerke	E. Z.	1902	14 u. 90
—	Agthe:	Bericht der Tarifkommission 1904. (S. Nr. 164.)			
263	„	Wie haben sich Zähler mit Höchstverbrauchsanzeiger bewährt?	M. V.	1908	137
264	—	Diskussion betr. Maximaltarif auf der Hauptversammlung der Vereinigung der Elektrizitätswerke. Christiania 1910	M. V.	1910	277
265	Mohl:	Vorschläge für einen neuen Doppeltarif	E. Z.	1911	30/464
266	Gajczak:	Zur Tariffrage	E. Z.	1911	495
—	Bergmann:	Die Kosten der elektrischen Beleuchtung an der Verbrauchsstelle und die Bestimmung des Verkaufspreises der elektrischen Energie. (S. Nr. 171.)			
267	Thierbach:	Die Ausnutzung des Maximaltarifs bei Bahnen	E. B.	1913	711
—	Wright:	Cost of Electric Supply. (S. Nr. 183.)			
268	Lackie:	Methods of Charging for Public Supply of Electricity	El.	44	861
269	Wright:	Some Principles for the Profitable Supply of Electricity	El.	48	347
270	Nutting:	Central Station Rates	E. W.	56	623
271	Lackie:	Tariffs for Electrical Energy with Particular Reference to Domestic Tariffs	El.	68	885 ff.
272	Percy:	A Two Rate Tariff System with out Time Operated Control	El.	72	282
		Siehe auch die gesamte englisch-amerikanische Literatur zu: Zweites Buch, erster Teil I. A. 1, I. B. 10 und II. B. 6 und 10.			

Zu 6: Die Abstufung nach der Zeitdauer des Gebrauchs.

Nr.	Verfasser	Titel	Zeit-schrift	Jahr-gang	Seite
273	Jung:	Der Zeitzählertarif. Berlin 1916.			
274	Gruber:	Beitrag zur modernen Tarifbildung .	E. Z.	1908	333
275	Volhardt:	Über Tarife von Elektrizitätswerken mit besonderer Berücksichtigung des Hallischen Tarifs	Ek.	1913	88
276	—	Benutzungsdauertarif, beruhend auf Jahresabschlüssen	E. A.	1915	544

Zu 7: Die Abstufung nach dem Zeitpunkt des Verbrauchs.

Nr.	Verfasser	Titel	Zeit-schrift	Jahr-gang	Seite
277	Schwabach:	Zur Tariffrage der Elektrizitätswerke	E. Z.	1903	495
278	—	Bemerkungen zum Doppeltarif . . .	M. V.	1905	180
279	—	Sperrzeiten beim Doppeltarif	M. V.	1906	216
280	Dressler:	Der Doppeltarif bei Elektrizitätswerken	E. A.	1906	978
281	Baumann:	Wirtschaftlich richtiger Preis für den elektrischen Strom	E. Z.	1907	577
282	Pruggmayer:	Ein neues System der Strommessung	E. A.	1908	187

Nr.	Verfasser	Titel	Zeit-schrift	Jahr-gang	Seite
283	Link:	Der Doppeltarif und seine Nutzanwendung	E. A.	1909	689
284	—	Doppeltarifschaltung für Elektrizitätszähler	E. A.	1910	488
285	Eswein:	Doppeltarif	M. V.	1911	336 u. 370
286	Thierbach:	Wann ist eine Stromverrechnung nach Doppeltarif für den Abnehmer günstiger als eine solche nach Einfachtarif?	E. Z.	1912	83
287	Evans:	Über Doppeltarifzähler ohne Umschalteuhr	E. Z.	1912	617
288	v. Winkler:	Zur Kalkulation der Strompreise	E. M.	1913	319
289	Laudien:	Ein neuer Tarifapparat zu einem Gebühren-Doppeltarif	Ek.	1914	67
290	—	Elektrizitätswerke mit besonderen Nachttarifen für Licht	E. Z.	1914	571
291	Lauriol:	Tarification de l'Energie Electrique	E. E.	33	325
292	Pringle:	Restricted-Hour System of Power Supply	E. R.	67	354

Zu 8: Gleichzeitige Anwendung mehrerer Abstufungen.

Nr.	Verfasser	Titel	Zeit-schrift	Jahr-gang	Seite
293	Melchert:	Praktische Lösung der Tariffrage	E. A.	1910	401
294	Agthe:	Referat über: Praktische Lösung der Tariffrage	M. V.	1910	274
295	Melchert:	Praktische Lösung der Tariffrage	E. A.	1911	558
296	„	Neue Tarif- und Kassenapparate	E. A.	1914	189

Zu 9: Abstufung nach besonderen technischen und wirtschaftlichen Umständen des Verbrauchs.

Nr.	Verfasser	Titel	Zeit-schrift	Jahr-gang	Seite
297	Vietze:	Ein neuer Stromtarif für genossenschaftliche Überlandzentralen	E. Z.	1909	1061
—	Büggeln:	Pauschaltarif für landwirtschaftliche Motoren. (S. Nr. 233.)			
298	Markau:	Bemerkungen zum Potsdamer Tarif (mit Beiträgen von: Bercovitz, Norberg-Schulz, Schulte, Thierbach, Voigt, Warrelmann, Wikander; auch als Sonderdruck der Gefelek erschienen	E. Z.	1912	1132 ff.
299	Strelin:	Der wirtschaftliche Einfluß des Leistungsfaktors und die Tarifikation der komplexen Belastung	B. Schw. E. V.	1913	345
300	Nagel:	Verbesserung des Leistungsfaktors in öffentlichen Elektrizitätswerken	E. Z.	1913	1391
—	v. Winkler:	Zur Kalkulation der Strompreise. (S. Nr. 288.)			
301	Meyer, G. W.:	Verbesserung des Leistungsfaktors und deren technische und wirtschaftliche Bedeutung für die Elektrizitätswerke	Ek.	1914	57
302	—	Stromtarife für Treppenbeleuchtung	E. Z.	1914	862

Nr.	Verfasser	Titel	Zeit-schrift	Jahr-gang	Seite
303	v. Alkier:	Tarife für elektrische Treppenbeleuchtung	E. A.	1916	327
304	Hale:	A System of Charging for Electricity	E. R.	67	1002
305	Arno:	Sur la Définition Pratique et Exacte de la Charge Complexe	L. E.	14	35
306	Seabrook:	Residence Tariffs	El.	68	378
—	Lackie:	Tariffs for Electrical Energy with Particular Reference to Domestic Tariffs. (S. Nr. 271.)			
307	—	Point Fives Association, Chairmans Address	El.	71	448
308	—	The Policy of the „Point Fives" . .	El.	72	180
309	—	Tariffs of the „Point Fives"	El.	72	191
310	Cooke:	The Policy of the „Point Fives" . .	El.	72	296
311	Seabrook:	The Rateable Value Tariff for Residences	El.	72	643/686
312	—	The Assessment Tariff	El.	72	700
313	—	„Point Fives" Association, Chairmans Address	El.	74	177
314	—	The Problem of the „Point Fives" Tariff	E. R.	77	443
315	Baum:	Class Rates for Light and Power Systems of Territories	P. A.	April 1915	485

Zu 11: Mindestgewähr und Zählergebühr.

Nr.	Verfasser	Titel	Zeit-schrift	Jahr-gang	Seite
316	—	Elektrizitätszählergebühren	M. V.	1902	157
317	—	Strompreis und Verbrauchsmesser . .	E. A.	1906	658
318	Lipps:	Zählermiete	M. V.	1913	160
319	Adams:	Meter Rents and Minimum Rates . .	E. W.	55	525

Zu: Zweites Buch, erster Teil.

II A. Die Verwendungsgebiete der Tarifsysteme.

Zu 1: Tarife für Beleuchtungszwecke.

Nr.	Verfasser	Titel	Zeit-schrift	Jahr-gang	Seite
320	Riggert:	Sondertarife für Wohnungen	M. V.	1912	134
321	—	Vorschläge zur Erhöhung der Einnahmen der Elektrizitätswerke aus den Wohnungen	E. Z.	1912	459
—	v. Alkier:	Tarife für elektrische Treppenbeleuchtung. (S. Nr. 303.)			
—	Seabrook:	Residence Tariffs. (S. Nr. 306.)			
—	Lackie:	Tariffs for Electrical Energy with Particular Reference to Domestic Tariffs. (S. Nr. 271.) Siehe auch die meisten Literaturangaben von Nr. 200—218.			

Zu 2: Tarife für Kraftzwecke.

Nr.	Verfasser	Titel	Zeit-schrift	Jahr-gang	Seite
322	Birrenbach:	Die Stromversorgung der Großindustrie. Berlin 1913.			

Nr.	Verfasser	Titel	Zeit-schrift	Jahr-gang	Seite
323	Fleig:	Stromtarife für Großabnehmer elektrischer Energie. Berlin 1913.			
324	Thierbach:	Die Versorgung von Großkonsumenten	E. Z.	1909	91
325	Kübler:	Strompreis für Großabnehmer vonÜberlandzentralen	E. Z.	1912	984
326	Eswein:	Sondertarife für Großabnehmer . . .	M. V.	1913	337
327	Thierbach:	Tarife für Kleinbetriebe	E. Z.	1913	473
328	„	Tarife für Großbetriebe	E. Z.	1913	1146
329	Strauß:	Ist für einen Fabrikbetrieb der Anschluß an ein Elektrizitätswerk oder eigene Kraftanlage vorzuziehen? .	E. Z.	1914	593
330	Walden:	Commercial Motor Service Rates . .	E. W.	55	527

Zu 3: Tarife für Heiz- und Kochzwecke.

Nr.	Verfasser	Titel	Zeit-schrift	Jahr-gang	Seite
331	Ritter:	Ein neuer Vergütungsmesser	E. Z.	1909	831
—	Wilkens:	Ist das Kochen mit Elektrizität wirtschaftlich durchführbar? (S. Nr. 77.)			
332	Steuer:	Zur Frage des Heizens und Kochens mit Elektrizität	E. Z.	1911	1109
333	—	Erfahrungen mit Vergütungszählern .	M. V.	1914	301
334	—	Tarife für elektrische Öfen in Amerika	M. V.	1915	295
335	—	Cooking and Heating Tariffs	E. T.	43	311
336	—	Rates for Electric Cooking	E. W.	61	453
		Siehe auch Nr. 75—89 und 307—315.			

II B. Übersicht über die Tarife einzelner Länder.

Zu 1: Deutschland.

—	—	St. V. E. W. S. Nr. 18.
—	—	K. J. S. Nr. 16.
—	—	Tarife zahlreicher Werke.

Zu 2: Österreich.

—	—	St. Österreich. S. Nr. 19.			
337	Rosenbaum:	Stromtarife in österreichischen Elektrizitätswerken	E. M.	1913	573

Zu 3: Schweiz.

—	—	St. Schweiz. S. Nr. 20.
338	Wyssling:	Tarife schweizerischer Elektrizitätswerke. 1904.
—	—	Tarife zahlreicher Werke.

Zu 4: Frankreich.

—	—	St. Fr. S. Nr. 25.			
—	—	A. Fr. S. Nr. 26.			
339	Villaret:	Selbstkosten, Verkaufspreis und Tarifarten der elektrischen Energie . .	E. M.	1913	237
—	—	Tarife einzelner Werke.			

Zu 5: Niederlande.

—	—	St. Holland. S. Nr. 21.

Zu 6: England.

Nr.	Verfasser	Titel	Zeit-schrift	Jahr-gang	Seite
—	—	St. Engl. Dir. (S. Nr. 27.)			
—	—	St. Engl. El. (S. Nr. 28.)			
—	—	St. Engl. El. T. (S. Nr. 29.)			
340	Davis:	British Central Stations Rates . . .	E. W.	55	628
—	Seabrook:	Die Entwicklung der Elektrizitätsversorgung in Großbritannien. (S. Nr.109.)			
—	„	The Management of Public Electric Supply Undertakings. (S. Nr. 13.)			
—	—	Tarife zahlreicher Werke.			

Zu 7: Dänemark.

St. Dänemark. (S. Nr. 23.)

Zu 8: Schweden.

St. Schweden. (S. Nr. 22.)

Zu 9: Norwegen.

St. Norwegen. (S. Nr. 24.)

Zu 10: Vereinigte Staaten von Nordamerika.

341 — Veröffentlichungen der National Electric Light-Association, insbes. „Rate Research“, herausgegeben vom Rate Research Committee der N. E. L. A.

Zu: Zweites Buch, zweiter Teil.

Allgemeine Bestimmungen über die Lieferung elektrischer Arbeit.

Nr.	Verfasser	Titel	Zeit-schrift	Jahr-gang	Seite
342	Krasny:	Aufgaben der Elektrizitätsgesetzgebung. Wien 1910.			
343	Plenske:	Das Elektrizitätsrecht und das Reichselektromonopol. Berlin 1908.			
344	Schlecht:	Recht der Elektrizität. München 1906.			
345	Schreiber:	Die Elektrizität in Recht und Wirtschaft. Leipzig und Wien 1913.			
346	—	Vertragsart der Stromlieferungsverträge	M. V.	1912	48
347	Finsler:	Studien zum Entwurf eines Regulativs für die Abgabe elektrischer Energie an Abonnenten	Schw.E.Z.	1914	349
348	Eckstein:	Sind Verträge über die Leistung elektrischer Energie stempelpflichtig? .	E. B.	1913	241
349	—	Stempelpflicht von Stromlieferungsverträgen	E. Z.	1913	953
350	—	Stempelpflicht der Stromlieferungsverträge	M. V.	1914	44/93
351	Martens:	Über die Stempelpflichtigkeit der Stromlieferungsverträge in Preußen	M. V.	1915	19

Nr.	Verfasser	Titel	Zeit-schrift	Jahr-gang	Seite
352	Cantor:	Stempelpflicht eines Elektrizitätslieferungsvertrages	E. Z.	1915	153
353	—	Differenzen mit Stromabnehmern bei Lieferung von Wechselstrom an Stelle von Gleichstrom	M. V.	1911	8 u. 23
354	—	Regelung der Abgabe elektrischer Energie durch Ortsstatut	E. Z.	1913	1381
355	Borgwaldt:	Die Erhebung von Gebühren aus § 4 des Kommunal-Abgabengesetzes für kommunale Elektrizitätswerke	E. A.	1914	102
356	—	Ortsstatut über die Abgabe elektrischer Energie	E. Z.	1914	340

Zu 1 u. 4: (Schadenshaftung).

Nr.	Verfasser	Titel	Zeit-schrift	Jahr-gang	Seite
357	—	Haftpflicht für Unfälle an Hausanschlüssen	E. Z.	1908	323
358	—	Schadenshaftung aus Betrieb elektrischer Anlagen	M. V.	1912	482
359	—	Über Schadenshaftung der Elektrizitätswerke	E. Z.	1912	1066 u. 1223
360	Eswein:	Empfiehlt sich eine Verschärfung der Schadenersatzpflicht aus Betrieb elektrischer Anlagen?	R. W.	1912	388
361	Passavant:	Über die Fortbildung des Schadenersatzrechtes im Sinne einer erweiterten Haftpflicht der Elektrizitätswerke	M. V.	1913	279
362	—	Darf ein Elektrizitätswerk einem Abnehmer ohne Grund den Strom absperren?	Ek	1914	74
363	Martens:	Haftet ein Elektrizitätswerk auf Grund der Prüfung und Abnahme der Hausanlage dritten Personen zivil- oder strafrechtlich für Unfälle und Sachbeschädigungen?	M. V.	1914	174
364	Lehr:	Haftet ein Elektrizitätswerk auf Grund der Prüfung und Abnahme der Hausanlage dritten Personen zivil- oder strafrechtlich für Unfälle und Sachbeschädigungen?	M. V.	1914	242
365	—	Haftpflicht eines Elektrizitätswerkes für Schäden infolge Mangelhaftigkeit der elektrischen Anlage	E. Z.	1915	406

Zu 2: Anmeldung zum Strombezug.

Nr.	Verfasser	Titel	Zeit-schrift	Jahr-gang	Seite
366	—	Auslegung eines Stromlieferungsvertrages für Mindestabnahme	E. Z.	1912	23
367	—	Leitungsnetz und Elektrizitätszähler als Zubehör des Elektrizitätswerkes	E. Z.	1912	72
368	Martens:	Bestandteilseigenschaft von Hausanschlüssen	M. V.	1915	366

Nr.	Verfasser	Titel	Zeit-schrift	Jahr-gang	Seite
369	Thierbach:	Die Rechtsverhältnisse von Leitungsnetzen. Berlin 1915.			

Zu: 4. Inneneinrichtung.

| 370 | — | Abnahmegebühren . . . .
 Siehe auch Nr. 357—365. | M. V. | 1912 | 447 |

Zu 5: Übergabe und Messung elektrischer Arbeit.

—	—	Siehe Nr. 316—319.			
371	—	Fehlerhafte Elektrizitätszähler . . .	E. B.	1913	612
372	Eckstein:	Meßfehler bei Elektrizitätslieferung .	E. Z.	1915	79
373	—	Meßfehler bei Elektrizitätslieferung .	E. A.	1916	274

Zu 8: Rechnungsstellung und Zahlung.

374	—	Recht der Forderung für Stromlieferung im Konkurs	E. A.	1910	811
375	—	Stromlieferungsforderung im Konkurs	E. Z.	1911	273/699
376	Lipps:	Ist es beim Konkurs des Konsumenten dem Werk gestattet, dem Konkursverwalter, welcher den Vertrag fortsetzen will, den Strom solange zu sperren, bis die rückständigen Rechnungen für gelieferten Strom bezahlt sind?	M. V.	1913	159
377	Coermann:	Das Absperrungsrecht bei elektrischem Licht	E. B.	1913	566
378	Eckstein:	Der Konkurs des Elektrizitätskonsumenten	E. Z.	1914	571
379	Martens:	Forderung für gelieferten Strom im Konkurs des Abnehmers	M. V.	1914	246
380	,,	Forderung für gelieferten Strom im Konkurs des Abnehmers	M. V.	1915	22
381	Eckstein:	Der Konkurs des Elektrizitätskonsumenten	E. A.	1916	215

Zu: Zweites Buch, dritter Teil:

Die Einziehung der Stromgelder.

—	Berthold:	Die Verwaltungspraxis bei Elektrizitätswerken und elektrischen Straßen- und Kleinbahnen. (S. Nr. 141.)			
382	Thierbach:	Ein nach kaufmännischen Grundsätzen geleitetes städtisches Betriebsamt .	E. B.	1914	2
—	Vent:	Untersuchungen über die Kosten der Strommessung und Verrechnung, sowie ihr Verhältnis zur Stromeinnahme bei Kleinabnehmern. (S. Nr. 249.)			

Zu II: Vereinfachungen des gewöhnlichen Geschäftsganges.

| 383 | Klebe: | Direktes Inkasso bei Gasautomaten und gewöhnlichen Gasmessern . . . . . | J. G.W. | 1910 | 301 |

Nr.	Verfasser	Titel	Zeit-schrift	Jahr-gang	Seite
384	Schumann:	Der schreibende Gasmesser und das neue Rechnungsausschreib- und Inkassoverfahren	J. G. W.	1913	843
385	Bruckmann:	Ein neuer Weg zur Vereinfachung des Abrechnungswesens von Elektrizitäts- und Gaswerken	E. A.	1914	176
386	Mohl:	Herstellung der monatlichen Stromrechnungen mit Registriermaschinen	E. Z.	1915	171
—	Melchert:	Neue Tarif- und Kassenapparate. (S. Nr. 296.)			
—	Schmidt, Fr.:	Tarifvorschläge für Elektrizitätswerke (S. Nr. 243.)			
387	Mohl:	Registriermaschinen zum Drucken und Verbuchen von Monatsrechnungen .	M. V.	1915	281
388	Edmonson:	A Mechanical Computer for Electric Energy Rates	E. W.	59	1391
389	—	A Camera for Reading Customers Meters	E. W.	66	373

Zu II B 1: Der Selbstverkäufer.

Nr.	Verfasser	Titel	Zeit-schrift	Jahr-gang	Seite
390	Mahr:	Über Automaten	M. V.	1909	221
391	—	Bericht betr. Münzzähler	M. V.	1910	241
392	Schäfer:	Drei Abhandlungen über Gasautomaten. Berlin-München 1910.			
—	Lempelius:	Wie verschaffen wir dem Gas erweiterten Absatz? Einheitsgaspreis? Automaten? (S. Nr. 254.)			
393	Gruber:	Die Elektrizitätsautomaten	E. Z.	1911	895
394	Heumann:	Ein neuer Elektrizitätsautomat . . .	E. Z.	1912	320
395	Markau:	Altes und Neues zur Automatenfrage	E. Z.	1913	141
396	Gruber:	Erfahrungen mit Zählerautomaten . .	M. V.	1913	298
397	Döpke:	Verwendung von Münzeinwurfzählern	M. V.	1914	168
398	Gruber:	Die Münzzähler, ihre Bedeutung für die Verwaltung der Elektrizitätswerke und ihre technische Betriebssicherheit	M. V.	1914	389
399	—	Übersicht über die Verwendung von Automaten	E. Z.	1914	920
400	Lulofs:	Die Elektrizitätslieferung an Arbeiterwohnungen in Amsterdam	M. V.	1915	163 u. 383
401	Erens:	Münzzähler und Gratisinstallationen .	M. V.	1915	277

Zum Schlußwort:

Das Verhältnis des Staates zum Verkauf elektrischer Arbeit.

Nr.	Verfasser	Titel
402	Beutler:	Die geplante staatliche Elektrizitätsversorgung im Königreich Sachsen. Berlin 1916.
403	Braun, A.:	Elektrizitätsmonopol. „Die neue Zeit" 1915, Nr. 19 und 20.
404	Fischer, R.:	Die Elektrizitätsversorgung, ihre volkswirtschaftliche Bedeutung und ihre Organisation. Leipzig 1916.

Nr.	Verfasser	Titel
405	Hochström:	Die öffentliche Elektrizitätsversorgung als Einnahmequelle für den Staat. Stuttgart 1916.
406	Kautsky:	Zur Frage der Steuern und Monopole. „Die neue Zeit" 1915, Nr. 22.
—	Krasny:	Aufgaben der Elektrizitätsgesetzgebung. S. Nr. 342.
407	Klingenberg:	Elektrische Großwirtschaft unter staatlicher Mitwirkung. Berlin 1916.
408	Passow:	Staatliche Elektrizitätswerke in Deutschland. Jena 1916.
—	Plenske:	Das Elektrizitätsrecht und das Reichselektromonopol. Siehe Nr. 343.
409	Siegel:	Der Staat und die Elektrizitätsversorgung. Berlin 1915.
410	Schacht:	Elektrizitätswirtschaft. Preußische Jahrbücher, Oktober 1908.
411	Schiff:	Staatliche Regelung der Elektrizitätswirtschaft. Tübingen 1916.
412	Voigt:	Zentralisierungsbestrebungen in der Elektrizitätsversorgung. (Bericht auf der Hauptversammlung der V. E. W. Dezember 1916.)
413	Windel:	Die Monopolisierung der Erzeugung und Verteilung elektrischer Energie. Würzburg 1910.

Namenverzeichnis zum Literaturnachweis.

(Die Zahlen beziehen sich auf die Nummern des Literaturnachweises.)

Druck der Spamerschen Buchdruckerei in Leipzig.